02
SERIES

Daum 카페 우영이집 
동영상강의 pass.willbes.net

7·9급
방송통신직
(통신/전송기술)
서울시/국가직/지방직
군무원/경찰직
시험대비

우영이와 함께하는

무선공학 개론

최우영 저

RADIO ENGINEERING
TELECOMMUNICATION ENGINEERING

예문사

나날이 발전하는 통신환경, 그 환경에 발맞추기 위해 개설된 직렬이 공무원 통신직렬입니다. 다른 직렬의 경우 이론을 바탕으로 한 실무라 볼 수 있지만, 통신직렬만큼은 실무에 적용하기 위한 이론이라 할 수 있습니다.

특히 통신학 분야는 이론이 현실에 뒤처질 만큼 빠른 속도로 급변하는 분야로서, 그에 따라 새롭게 배워야 할 이론도 지속적으로 늘고 있는 실정입니다. 필자 역시 공무원 수업을 시작한 이래로, 끊임없이 새로운 것을 배울 수 있음에 뿌듯하기도 하지만, 다른 한편으로는 공부 분량이 계속 증가하는 불편함이 있습니다.

현 상황이 이렇다보니, 통신직을 준비하는 수험생들이 많은 어려움을 겪고 있는 게 사실입니다. 기본 이론은 물론 새롭게 나오는 신기술에 대한 이해도 요구되므로, 학습 분량이 다른 직렬에 비해 족히 두 배 이상은 될 것입니다. 수험생들 입장에서는 통신공학이라는 수험과목을 어떻게 준비해야 할지 막막하기도 하고, 그 방대한 학습 분량에 막연한 두려움도 있을 것입니다.

이러한 고민 끝에 생각한 것이, 출제된 기출문제를 각 과목별로 분석하여 전체 과목에서 모두 통용되는 내용과 특정 과목에서만 다루어지는 내용을 구별하는 작업이었습니다. 이 과정을 거쳐 '통신학'을 크게 '무선공학', '통신공학', '통신이론'으로 세분화 하였습니다.

'통신학' 시리즈는 다음과 같이 구성됩니다.

■ 이 책의 시리즈 구성

- 무선공학/통신공학/통신이론의 공통부분을 다루는 공통이론
- 무선공학 / 통신공학 / 통신이론

이 시리즈의 두 번째에 해당하는 본서는 '무선공학'에 대해서 다루는데, 전파공학, 안테나공학, 항법, 레이더 등을 주 내용으로 합니다. 분량이 많지 않아 유일하게 이론과 문제풀이를 한 권의 책에 담았습니다. 공부하는 데 불편함이 없었으면 합니다.

이 책이 출간되기까지 수강생 여러분들의 많은 도움이 있었습니다. 앞으로 이 책으로 공부하실 예비 수강생들도 미흡하거나 보충 및 변경이 필요한 부분에 대하여 다음카페 '우영이집'을 통해 알려주시면 최대한 적용하여 더 좋은 교재가 되도록 하겠습니다.

최 우 영

무 선 공 학 개 론

수험정보

시험개요

• 방송통신직 7급 국가직

직렬(직류)	시험과목(선택형 필기시험) 필수 7과목	주요 근무 예정기관(예시)
방송통신직 (전송기술)	국어(한문 포함), 영어(영어능력검정시험으로 대체), 한국사, 물리학개론, 통신이론, 전기자기학, 전자회로	과학기술정보통신부, 그 밖의 수요부처

• 방송통신직 9급 국가직

직렬(직류)	시험과목(선택형 필기시험) 5과목	주요 근무 예정기관(예시)
방송통신직 (전송기술)	국어, 영어, 한국사, 전자공학개론, 무선공학개론	과학기술정보통신부, 그 밖의 수요부처

• 통신기술직 9급(지방 공무원)

직렬 (직류)	선발예정인원	시험과목	주요 근무 예정기관(예시)
통신기술직	각 지자체별	국어, 영어, 한국사, 전자공학개론, 통신이론	각 도청, 시청, 구청 등

• 통신직(군무원)

직렬 (직류)	선발예정인원	시험과목	주요 근무 예정기관(예시)
통신직	각 군별(육군, 해군, 공군, 국방부)	국어, 한국사, 전자공학개론, 통신공학	각 군별

• 시험방법

제1 · 2차 시험(병합실시) : 선택형 필기시험

제3차 시험 : 면접시험

응시자격 및 접수방법(7, 9급 국가직)

1. 응시자격

① 응시결격사유 등 : 국가공무원법 제33조(외무공무원은 외무공무원법 제9조, 검찰직 · 마약수사직공무원은 검찰청법 제50조)의 결격사유에 해당하거나, 국가공무원법 제74조(정년) · 외무공무원법 제27조(정년)에 해당하는 자 또는 공무원임용시험령 등 관계법령에 의하여 응시자격이 정지된 자는 응시할 수 없습니다.

※ 응시결격사유에 대한 구체적 내용은 '5급 국가공무원 공개경쟁채용시험 및 외교관후보자 선발시험 3. 응시자격'란을 참고바랍니다.

② 응시연령

시험명	응시연령(해당 생년월일)	비고
7급 공개경쟁채용시험	20세 이상(2000. 12. 31. 이전 출생자)	
9급 공개경쟁채용시험	18세 이상(2002. 12. 31. 이전 출생자)	
9급 공개경쟁채용시험 중 교정 · 보호직	20세 이상(2000. 12. 31. 이전 출생자)	

③ 학력 및 경력 : 제한 없음

④ 지역별 구분모집의 거주기간 제한 및 임용 안내

- 9급 공채시험 중 지역별 구분 모집은 2020. 1. 1.을 포함하여 1월 1일 전 또는 후로 연속 3개월 이상 해당 지역에 주민등록이 되어 있어야 응시할 수 있습니다.(다만, 서울 · 인천 · 경기지역은 주민등록지와 관계없이 누구나 응시할 수 있습니다.)
- 9급 공채 행정직 지역별 구분모집 시험의 합격자는 해당 지역에 소재한 각 중앙행정기관의 소속기관에 임용됩니다.

2. 응시원서 접수(인터넷 접수만 가능)

① 접수방법 및 시간

- 접수방법 : 사이버국가고시센터(www.gosi.kr)에 접속하여 접수할 수 있습니다.
- 접수시간 : 응시원서 접수기간 중 09 : 00~21 : 00(시스템 장애 발생 시 연장될 수 있습니다.)
- 기타 : 응시수수료(7급 7,000원 / 9급 5,000원) 외에 소정의 처리비용(휴대폰 · 카드 결제, 계좌이체비용)이 소요됩니다.

※ 저소득층 해당자(「국민기초생활보장법」에 따른 수급자 또는 「한부모가족지원법」에 따른 보호대상자)는 응시수수료가 면제됩니다.

※ 응시원서 접수 시 등록용 사진파일(JPG, PNG)이 필요하며 접수 완료 후 변경이 불가합니다.

② 원서접수 유의사항

- 응시자는 응시원서에 표기한 응시지역(시 · 도)에서만 필기시험에 응시할 수 있습니다.
  ※ 다만, 지역별 구분모집[9급 행정직(일반), 9급 행정직(우정사업본부)] 응시자의 필기시험 응시지역은 해당 지역모집 시 · 도가 됩니다.(복수의 시 · 도가 하나의 모집단위일 경우, 해당 시 · 도 중 응시희망지역을 선택할 수 있습니다.)
- 7급 공개경쟁채용시험(선발예정인원이 10명 이상인 모집단위)에서 지방인재채용목표제를 적용 받고자 하는 자는 응시원서에 지방인재 여부를 표기 · 확인하고, 본인의 학력사항을 정확하게 기재하여야 합니다.
- 장애인 응시자는 본인의 장애유형에 맞는 편의지원을 신청할 수 있으며, 장애유형별 편의제공 기준 및 절차, 구비서류 등은 응시원서 접수 시 사이버국가고시센터(www.gosi.kr)에서 반드시 확인하시기 바랍니다.
- 접수기간에는 기재사항(응시직렬, 응시지역, 선택과목 등)을 수정할 수 있으나, 접수기간이 종료된 후에는 수정할 수 없습니다.
- 원서접수 취소마감일 21:00까지 취소한 자에 한하여 응시수수료를 환불해드립니다.
- 인사혁신처에서 동일 날짜에 시행하는 임용시험에는 복수로 원서를 제출할 수 없습니다.

⋙ 각 시험별 시험과목

국가직	9급	전자공학 무선공학
	7급	전자공학 통신이론 전자기학 물리
지방직	9급 (2과목)	전자공학 통신공학 무선공학 유선공학
서울시	9급	전자공학 통신공학
	7급	디지털 공학 통신이론 전자기학 물리
군무원	9급 (전자직)	전자공학 전자회로
	9급 (통신직)	전자공학 통신공학
	총포직	전자공학
	7급	전자공학 디지털 공학 통신공학 전자기학
경찰간부직		디지털 공학 통신이론
통신경찰	9급 (1과목)	무선공학/유선공학
해양경찰	9급	무선공학

무선공학/ 통신공학/ 통신이론 공통이론	아날로그 변복조 이론 디지털 변복조 이론 AM/FM 송수신기 구조 다중화/다원접속 PCM/다중화계위 마이크로웨이브/이동통신 위성통신/방송통신/신기술
무선공학	전파이론 급전선이론 안테나이론 항행/항법/레이더
통신공학	선로공학 오류제어 데이터 통신 (Protocol 포함) Network 관련
통신이론	신호와 시스템 푸리에 변환/라플라스 변환 정보이론 부호화 확률이론 랜덤변수와 랜덤과정 상관함수

무선공학 단원별 기출문제

구분	단원명	'23년 (국가)	'22년 (국가)	'21년 (국가)	'20년 (국가 9급)	'19년 (국가 9급)	'18년 (국가 9급)	'17년 (국가 9급)	'16년 (국가 9급)	'15년 (국가 9급)
공통	변조이론	1			2	1	1	1	1	
	AM 변조이론	2	2	3	1	1	1	2	1	1
	AM 송수신기 관련	1	1	1	1	2		1		1
	FM 변조이론	2	2	1	1	1	2	1	2	
	FM 송수신기 관련	1		1					1	1
	디지털 변조		1	1	1				1	1
	다중화관련	1	1					1		
	PCM관련	2	3	1	1	1	1	1		1
	마이크로파 통신이론	1	2	2	1	3		2		
	위성통신		1		5	2	2	4	3	2
	이동통신				3	2	3	2	3	5
	CDMA/OFDM	1	1	1		1	1	1		2
무선 공학	항법/레이더	4	2	1	1	1	2	1	2	2
	전파의 전파	1		3	1	1	2	2	3	2
	안테나공학	1	1	1	1	3	1		2	1
	선로공학	1	1	1		1	3	1		1
통신 공학	오류제어									
	정보이론			1	1		1		1	
통신 이론	–	1	2	2						
	계	20	20	20	20	20	20	20	20	20

구분	단원명	'14년 (국가 9급)	'13년 (국가 9급)	'12년 (국가 9급)	'11년 (국가 9급)	'10년 (국가 9급)	'09년 (국가 9급)	'09년 (지방 9급)	'08년 (국가 9급)	'07년 (지방 9급)
공통	변조이론			1			1	1		
	AM 변조이론		1	1	2	1	3	1	1	1
	AM 송수신기 관련	2	2			1		1		
	FM 변조이론	1	1	2	1	1		1	2	2
	FM 송수신기 관련									1
	디지털 변조		2	1	1	2		1	1	
	다중화관련	1					1		1	
	PCM관련	2		2	2		2	1	2	
	마이크로파 통신이론		1	1	3			2	1	2
	위성통신	3	1	2	1	2	2	2	1	2
	이동통신	1	6	2	2	3	2	1	3	2
	CDMA/OFDM	1			1	3	1	1	2	1
무선 공학	항법/레이더	1	1	2	1	2	2	1	1	1
	전파의 전파	1	1		1	2	3	1	2	2
	안테나공학	2	2	3	3	1	1	3	2	3
	선로공학	1		2	1		1	1		2
통신 공학	오류제어	1		1			1			
	정보이론	2	2		1	2		2	1	1
통신 이론	–	1								
	계	20	20	20	20	20	20	20	20	20

통신이론 단원별 기출문제

구분	단원명	'23년 (지방)	'23년 (군)	'22년 (고졸)	'22년 (지방)	'22년 (군)	'21년 (서울)	'21년 (국회)	'21년 (고졸)
공통	아날로그 변조	1	4	1	3	10	3	1	4
	디지털 변조	2	3	1	3	2	2		
	디지털 변환	1	2			2	1	1	
	다중화 관련		1	1		1			
	PCM 관련	4	3	1	1	3	3	1	1
	이동/위성 통신 관련	1	1		2	1	1	2	
	CDM/OFCM		2		1	3	2	3	
무선공학	전파공학			1			1		1
	안테나공학		1		1				1
통신공학	전송매체			2				1	3
	네트워크 관련	2	1	1				1	
	프로토콜 관련		2	5			1	1	6
	통신망 관련		1	5					3
	정보이론		1	1	1			1	
	채널용량		2		2	1	1		
	오류제어 (채털코딩)			1	2			2	
통신이론	신호/시스템	4	1					1	
	푸리에변환	1			2	1	3	1	
	컨벌루션/정합필터	1			1		1		
	확률/랜덤과정/상관	2			1			3	
	잡음					1		1	
기타		1					1		1
	계	20	25	20	20	25	20	20	20

구분	단원명	'20년 (서울)	'20년 (국회)	'20년 (고졸)	'19년 (서울)	'19년 (국회)	'19년 (고졸)
공통	아날로그 변조	2	2	2	3	3	
	디지털 변조	2				3	
	디지털 변환				1	1	
	다중화 관련			1	1	1	
	PCM 관련	1	2	3	1	1	2
	이동/위성 통신 관련	1	1	1	2	5	
	CDM/OFCM	2	2		2	1	
무선공학	전파공학	1	2				
	안테나공학			2			
통신공학	전송매체			1			
	네트워크 관련			1			3
	프로토콜 관련	1		6	3		8
	통신망 관련			2	1		6
	정보이론	1	2		2		
	채널용량					1	1
	오류제어 (채털코딩)	1	3		1	1	
통신이론	신호/시스템	1	2		1		
	푸리에변환	2			1	1	
	컨벌루션/정합필터	1	2				
	확률/랜덤과정/상관	4	1			2	
	잡음		1		1		
기타				1			
	계	20	20	20	20	20	20

구분	단원명	'17년 (국가 7급)	'17년 (국회 9급)	'17년 (서울 9급)	'16년 (군무 9급)	'16년 (국가 7급)	'16년 (서울 9급)	'15년 (국가 7급)	'15년 (경기 9급)	'15년 (서울 9급)	'14년 (국가 7급)	'14년 (서울 7급)
공통	아날로그 변복조이론	1	2	2	4	2	2	3	4	1	2	3
	디지털 변복조이론	2	3	1	4	3	3	2	6	2	3	1
	코딩이론	1	1	1	2				1	1		1
	무선공학		1		1					1		
	AM/FM 송수신기	1	2		3	2		1	1	1	2	2
	다중화 관련	2						1		1		
	PCM 관련		1	1	2	2		1		2	1	1
	이동/위성 통신 관련	1	4	1	3		2		1	1	1	
무선공학	전파 관련											
	안테나 관련											
통신공학	전송매체 관련											1
	네트워크 관련		1				1					1
	protocol 관련			1			2					
	통신망 관련											
	채널 용량	1	3			1	1	1	1		2	2
	오류 제어	1	1	2		2		2	1	1	2	1
통신이론	신호와 시스템			2	1	2	2		2	2		3
	확률/통계/랜덤과정	4		3	1	3	2	3		2	3	1
	CDMA/OFDM	3		3	2	1	3	2		2	1	1
	푸리에 급수/변환	3		2	1	2	2	3	1	1	2	1
	컨벌루션/정합필터				1			1	1	2	1	
기타	전자공학 관련		1	1					1			1
	계	20	20	20	25	20	20	20	20	20	20	20

구분	단원명	'14년 (서울 9급)	'13년 (국가 7급)	'12년 (국가 7급)	'11년 (지방 9급)	'11년 (국가 7급)	'10년 (지방 9급)	'10년 (국가 7급)	'09년 (지방 9급)	'09년 (국가 7급)	'08년 (국가 7급)
공통	아날로그 변복조이론	2	2	3	3	4	2	5	2	3	4
	디지털 변복조이론	4	3	2		5	1	2	1	1	3
	코딩이론			3	1	2					
	무선공학			1	2						
	AM/FM 송수신기		3								
	다중화 관련		1					1			1
	PCM 관련	1			2		2	1	2	2	1
	이동/위성 통신 관련	1	1	2	1	1	1				
무선공학	전파 관련									1	
	안테나 관련										
통신공학	전송매체 관련				1				1		
	네트워크 관련	1			2				2		
	protocol 관련	2							2		
	통신망 관련						1		2		
	채널 용량	2	1	1	1				1	1	1
	오류 제어	1	1	1			2	2	3	2	2
통신이론	신호와 시스템	2	1		1	1	3	2	1	1	
	확률/통계/랜덤과정	1	4	2	1	4	1	4		3	4
	CDMA/OFDM	1	2	1	1		1	1	3	2	2
	푸리에 급수/변환		1	2	1	2		2		3	2
	컨벌루션/정합필터	1		1	2		1			1	
기타	전자공학 관련	1		1	1	1	5				
	계	20	20	20	20	20	20	20	20	20	20

무선공학

* 시험 대상 : 국가직 · 지방직 9급(일부), 해양경찰, 경찰 정보통신직 수험생

① **무선/통신 공통부분** : 총 20문제 중 12~14문제 정도 출제됩니다. 출제 범위는 내용의 기본이해부터 심화이론까지 포함됩니다. 효율적인 학습방법은 먼저 전체적인 개념을 잡고, 단원별 문제를 풀어 내용을 숙지한 후에 개념 정리를 하는 것입니다.

② **무선공학** : 전파공학, 안테나공학, 무선신기술 관련 문제가 시험에 주로 출제됩니다. 국가직에서는 5~7문제, 경찰직에서는 10문제 정도 출제됩니다.

통신공학/통신이론/유선공학

* 시험 대상 : 지방직 · 서울시 9급, 국가직 7급, 군무원 통신직, 경력경쟁, 일부 지방직 수험생

1. 지방직 9급

일부 지역에서 제한 경쟁으로 시험보는 곳이 있으니, 그쪽은 출제범위가 많이 다릅니다. 가능한 한 카페나 기타 방법들을 잘 활용하여, 시험 범위를 잘 체크해두어야 합니다.
2021년부터는 서울시와 지방직 시험이 통합되어서 나옵니다.

① **무선/통신 공통부분** : 일반적으로 50% 이상 출제됩니다. 통신이론 문제가 많이 나올 경우 출제 비중이 다소 감소하나, 여전히 가장 높은 출제 비중을 차지하고 있습니다.

② **통신이론** : 최근 지방직 시험에서 출제 비중이 좀 많아졌습니다. 고난이도의 문제는 많이 안나오지만, 그래도 조금 넓게 공부는 하셔야 합니다. 너무 어렵게 공부하지 말고, 중요하면서 기본적인 문제 위주로 준비하세요.

③ **통신공학** : 출제 비중이 낮지만, 출제 빈도가 평균적이지 않으므로 대비해두어야 합니다. 정보이론과 오류제어 파트는 항상 나오고, 프로토콜 부분은 가끔씩 나오는 것 같습니다. 기타 통신내용은 참고로 봐주세요. 출제빈도가 낮습니다.

2. 국가직 7급

① **무선/통신 공통부분** : 일반적으로 50% 정도 출제됩니다. 기본이해를 바탕으로 한 응용문제가 주로 출제됩니다.

② **통신이론** : 최강의 난이도로 출제되는 부분입니다. 비록 난이도는 높지만, 기본적인 이해를 묻는 문제들이 많이 출제되므로 반드시 기본원리를 알아야 합니다.

③ **통신공학** : 정보이론과 오류제어 파트는 가끔 나오고, 나머지 부분은 거의 안나옵니다. 그래도 혹시 모르니 프로토콜 부분은 공부해 두시는 것이 좋을 것 같습니다.

3. 군무원 통신직

① **무선/통신 공통부분** : 가장 중점적으로 공부해야 합니다. 출제 비중도 매년 높은 편이니 완벽히 준비해 두어야 합니다. 2022년도에는 20문제 이상 나왔고, 2023년도에는 16문제가 나왔습니다.

② **통신이론** : 예전에는 조금씩 나왔지만, 2022, 2023년도에는 거의 안나옵니다. 1~2문제로 기본 개념만 익히고 넘기면 될 것 같습니다.

③ **통신공학** : 2022년도에는 거의 나오지 않았지만, 2023년도에는 8문제 정도 나왔습니다. 앞으로도 이 수준이 유지되지 않을까 생각합니다. 정리를 잘 해두셔야 할 것 같습니다.

4. 고졸 제한경쟁(유선공학개론)

① **무선/통신 공통부분** : 아날로그 변조이론은 숙지하고, 디지털과 다른 변조이론은 개념 정도만 익히면 될 것 같습니다. PCM 파트는 항상 등장하니 잘 정리하시고요. 나머지는 참고로만 봐 주셔도 될 것같습니다.

② **통신이론** : 거의 안나오니 특별히 공부하지 않아도 될 것 같습니다.

③ **통신공학** : 전송매체, 네트워관련, 프로토콜관련, 통신망 관련된 파트의 문제위주로 출제됩니다. 뒤쪽 정보이론, 채널용량, 오류제어는 잘 안오지만, 채널용량과 오류제어 정도는 시간될 때 보고 가는 것을 추천합니다.

5. 일부 지방직

① **무선/통신 공통부분** : 출제 빈도가 낮은 편입니다.

② **통신공학** : '선로공학'과 '광통신' 부분을 중점적으로 공부해야 합니다(출간되어 있는 『유선설비 기사/산업기사』 책 참고).

차례

제1편 전파의 전파

차례

제 4 편 안테나 용어 정리

제 5 편 기본 안테나

제 6 편 장/중파대 안테나

제 7 편 단파대 안테나

»» 무 선 공 학 개 론 차례

제10편 레이더와 항법

차례

제11편 실전 문제풀이

제12편 기출유사문제

PART

01

전파의 전파

WIRELESS COMMUNICATION ENGINEERING

CHAPTER 01

WIRELESS COMMUNICATION ENGINEERING

전파의 특성

SECTION 01 전파의 특성

1 전파의 일반적 특성

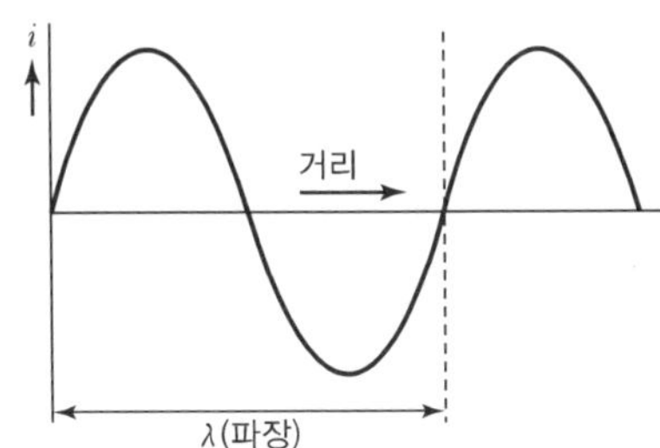

① 가로축이 시간이 아니고 거리라고 생각하면, 그림은 파가 나아가는 거리를 의미하게 된다.

② **파장** : 1사이클의 변화에 나아가는 거리 λ[m]

③ **주파수** : 1초 동안에 반복하는 사이클의 수 f[Hz]

$$T=\frac{1}{f} \Rightarrow f=\frac{1}{T}$$

④ **속도** : 1초 동안에 나아가는 거리 v[m/sec]

$$v=\lambda f=\frac{\lambda}{T}[\text{m/sec}]$$

• $v=f\lambda=c$

여기서, c : 빛의 속도
λ : 파장

• $E=h\nu=hf$

여기서, f : 주파수, ν : 진동수
h : 플랑크 상수, E : 전파의 에너지

• $v = \frac{1}{\sqrt{\varepsilon\mu}} = \frac{1}{\sqrt{\varepsilon_0\varepsilon_s\mu_0\mu_s}} = \frac{c}{\sqrt{\varepsilon_s\mu_s}}$ [m/sec]

Reference

• 주파수가 증가하면 전파가 가지는 에너지가 증가한다.
• 주파수가 아주 증가하면, 전파는 그 성질이 빛에 가까우므로 예리한 지향성, 직진성, 반사성, 등을 가지며, 광대역성을 얻기 쉬우므로 수백~수천 채널의 초다중 통신, TV 중계, 위성중계, Radar 및 고속 Data 통신에 사용된다.

2 전파의 성질

1) 횡파

파의 진행방향과 매질의 진동방향이 서로 직각을 이루고 있는 파
(전기력선과 자기력선=전자파)

* 관련 참고
종파 : 파의 진행방향과 매질의 진동방향이 일치하는 파(음파)

2) 굴절현상

전파는 균일한 매질 내를 전파할 때는 직진하며, 서로 다른 매질의 경계면을 통과할 때는 굴절한다.

3) 회절현상

균일한 매질 내에서도 전파 통로 상에 장애물이 있게 되면 그 음영부분까지 전파된다.

4) 간섭현상

둘 이상의 주파수가 서로 합성되어 동위상일 경우에는 최대, 역위상일 때는 최소로 합쳐지는 현상

5) 직선편파

전계의 진동방향이 시간에 관계없이 직선적으로 나아간다.(수평편파와 수직편파)

6) 회전편파

전계의 진동방향이 시간에 따라 변화를 한다.(원편파와 타원편파)

3 주파수의 분류

| 국제전기통신조약 부호 무선통신규칙에 의한 구분 |

명칭	파장의 범위	주파수의 범위	주파수의 구분에 의한 명칭	기호
미리어미터 Myriameter Wave	100~10[km]	3~30[kHz]	Very Low Frequency	VLF
킬로미터파 Kilometer Wave	10~1[km]	30~300[kHz]	Low Frequency	LF (장파)
헥토미터파 Hectometer Wave	1,000~100[m]	300~3,000[kHz]	Medium Frequency	MF (중파)
데카미터파 Decameter Wave	100~10[m]	3~30[MHz]	High Frequency	HF (단파)
미터파 Meter Wave	10~1[m]	30~300[MHz]	Very High Frequency	VHF (초단파)
데시미터파 Decimeter Wave	1~0.1[m]	300~3,000[MHz]	Ultra High Frequency	UHF (극초단파)
센티미터파 Centimeter	10~1[cm]	3~30[GHz]	Super High Frequency	SHF (Sub Milli파)
밀리미터파 Millimeter Wave	10~1[mm]	30~300[GHz]	Extreme High Frequency	EHF

| 위성 통신 사용 주파수 대역 |

밴드	사용주파수(GHz)	주 용도
P	0.23~1	저속 Data, HAM, 우주 탐사
L	1~2	이동위성통신(국제 및 지역)
S	2~4	이동위성통신(국가 및 지역)
C	4~8	고정 위성 통신(국제 및 지역)
X	8~12.5	군사통신
Ku	12.5~18	고정위성통신(국가 및 지역 위성)
K	18~26.5	고정위성통신(국가 및 지역위성)
Ka	26.5~40	고정위성통신(초고속 통신)
Millimeter파	40~300	차세대 연구용
Sub-millimeter파	300~3,000	미래 연구용

4 위성 통신 사용주파수 대역의 분류

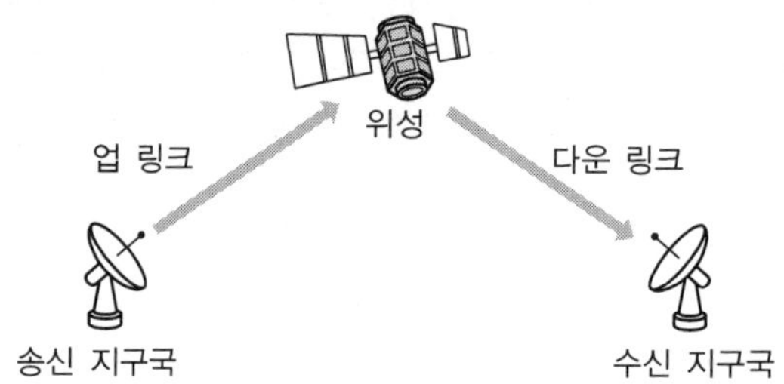

| 위성 링크(Up/Down) |

① 상향 링크(Up Link) : 지구국에서 위성까지 회선

② 하향링크(Down Link) : 위성에서 지구국으로의 회선

③ FDD : 송신과 수신을 서로 다른 주파수를 사용해서 분리하는 방식

④ 하향링크에서 상향링크보다 낮은 주파수를 사용하는 이유는 위성에 탑재할 수 있는 안테나와 통신기기는 제한을 받기 때문에 지구국의 경우보다 저이득, 저출력이 되므로 전파 감쇠가 적은 저주파수 대역을 사용

| 현재 위성 통신 상용화 주파수 대역 |

대역	상향 링크 주파수[GHz]	하향 링크 주파수[GHz]
1.6/1.5[GHz]	1.644~1.645	1.5425~1.5435
6/4[GHz]	5.925~6.425	3.7~4.2
14/12[GHz]	14.0~14.5	11.7~12.2
30/20[GHz]	27.5~31	17.7~21.2

실전문제 WIRELESS COMMUNICATION ENGINEERING

01 파장이 50[m]인 파의 주파수는 얼마인가?

① 5[MHz] ② 6[MHz]
③ 50[MHz] ④ 60[MHz]

02 평면파를 바르게 설명한 것은?

① 전자파의 진행방향에 전계, 자계의 성분이 없다.
② 전자파의 진행방향에 전계, 자계의 성분이 있다.
③ 전자파의 진행방향에 전계의 성분만 있다.
④ 전자파의 진행방향에 자계의 성분만 있다.

03 진공 중에서 주파수 3[MHz]의 파장은?

① 100[m] ② 50[m]
③ 30[m] ④ 15[m]

04 전파의 성질에 대한 설명 중 틀린 것은?

① 전파는 파장이 짧을수록 직진성이 강하다.
② 전파의 진행방향은 전계와 자계 모두에 대해 직각방향이다.
③ 전파의 속도는 자유공간에서 최대이다.
④ 전파는 종파로 진행한다.

05 3~30[GHz] 범위 내에 해당하는 주파수대는 다음 중 어느 것인가?

① HF ② VHF
③ MF ④ SHF

정답 01 ② 02 ① 03 ① 04 ④ 05 ④

06 다음 그림은 주기가 1초인 파동의 한순간 모습을 나타낸 것이다. 이 파동에 대한 설명으로 옳지 않은 것은?(단, 파동은 화살표 방향으로 진행한다.)

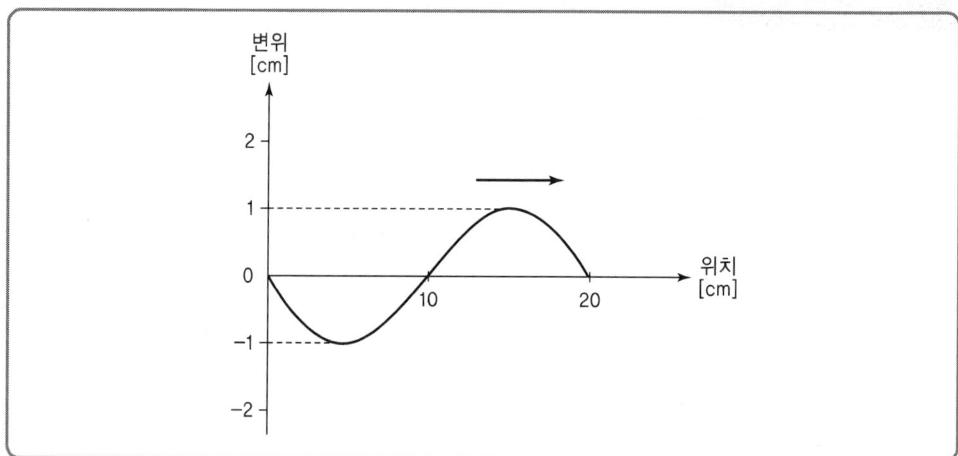

① 파장은 20[cm]이다.
② 진동수는 1[Hz]이다.
③ 전파 속력은 20[cm/s]이다.
④ 진폭은 2[cm]이다.

07 자유공간에서 진행하는 신호 $s(t) = \cos(2\pi \times 10^5 t + 10)$가 한 주기 동안 진행하는 거리[km]는?(단, 전파의 속도는 3×10^8[m/s]이다.) '16 국가직 9급

① 1.5
② 3
③ 4.5
④ 6

08 위성통신용 주파수 대역 중 4~6[GHz]는 어떤 대역에 속하는가? '10 경찰직

① L band
② S band
③ C band
④ X band

정답 06 ④ 07 ② 08 ③

CHAPTER 02 WIRELESS COMMUNICATION ENGINEERING

무선주파수 할당/분배 현황

SECTION 01 주파수 대역

유사한 성질을 나타내는 주파수 범위 : 무선주파수대역 구분, 광통신 파장대역, 주파수대역폭 참조

SECTION 02 주파수의 분배, 할당, 지정 및 회수, 재배치

① 주파수 분배(Frequency Allocation) : 주파수대역별 용도 결정

② 주파수 할당(Frequency Assignment) : 주파수대역별 이용 주체의 결정

③ 주파수 지정 : 당해 무선국에 특정한 주파수를 지정하는 것

④ 주파수 회수 : 할당, 지정, 사용승인된 주파수 전부나 일부를 철회하는 것

⑤ 주파수 재배치 : 주파수 회수하고 이를 대체하여 할당, 지정, 사용승인하는 것

SECTION 03 주요 주파수 현황(국내 통신)

1 이동전화(Celluar, PCS, 3G)

1) 2G(CDMA 주파수대역)

① 디지털 Cellular System(800[MHz] 대역)

㉠ 상향 824~849[MHz], 하향 869~894[MHz](대역폭 25[MHz]×2)

㉡ SKT, 舊 신세기통신(미국과 같은 대역임)

② 개인휴대통신서비스(PCS)(1,800[MHz] 대역)

㉠ 상향 1,750~1,780[MHz], 하향 1,840~1,870[MHz](대역폭 30[MHz]×2)

㉡ KTF+舊 한솔엠닷컴, LGT 등 각 사업자마다 10[MHz]씩 할당

2) 3G(IMT－2000)(1.9[GHz] 대) → IMT－2000 주파수대역

상향 1,920~1,980[MHz], 하향 2,110~2,170[MHz]

3) 4G

① 450~470[MHz] 전 세계 4G 공통대역, 698~806/790~806[MHz] 지역별 다른 대역 지정

② 유럽 LTE 주파수대역 권고안 : 900[MHz] 및 1.8[GHz] 대역

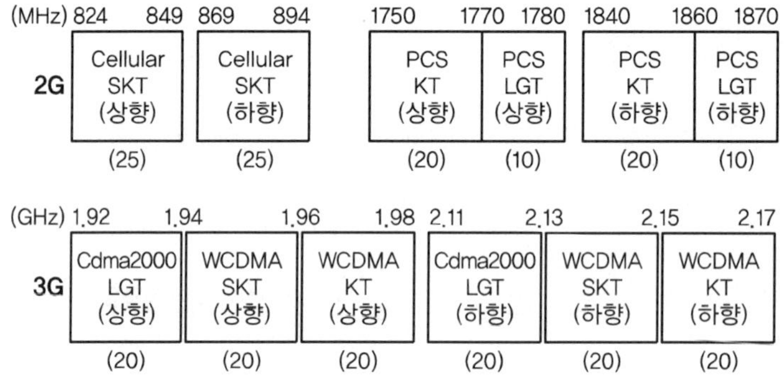

2 휴대인터넷 : 2.3~2.4[GHz]

① 대역 1 : 2,300~2,327[MHz]

② 대역 2 : 2,331.5~2,358.5[MHz]

③ 대역 3 : 2,363~2,390[MHz]

(대역 간 보호대역 4.5[MHz], 2.4[GHz]대인 무선랜과의 보호대역 10[MHz])

3 무선 LAN

2.4[GHz]대(802.11b/802.11g), 5[GHz]대(802.11a)

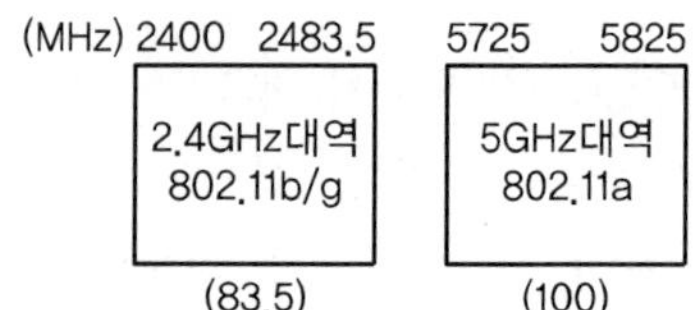

4 주파수공용통신(TRS)

① 상향 811~821[MHz], 하향 856~866[MHz], 대역폭 10[MHz]×2(전국)
② 상향 376.5~381.5[MHz], 하향 394.5~399.5[MHz], 대역폭 5[MHz]×2(지역)

5 무선데이터통신

상향 898~900[MHz], 하향 938~940[MHz], 대역폭 2[MHz]×2

6 무선호출

① 161.2~169.0[MHz], 대역폭 1.325[MHz](전국)
② 322.0~328.6[MHz], 대역폭 6.6[MHz](지역)

7 양방향 무선호출

① 상향 923.55~924.45[MHz], 대역폭 900[kHz]
② 하향 317.9875~320.9875[MHz], 대역폭 2[MHz]

8 광대역 WLL(B-WLL)

① 상향 24,252~24,750[MHz], 대역폭 500[MHz]
② 하향 25,500~26,700[MHz], 대역폭 1,200[MHz]

9 통신용 UWB

3.1~4.8[GHz], 7.2~10.2[GHz]

SECTION 04 방송용 주파수 현황(국내 방송)

1 AM 방송 : MF대역 526.5~1,606.5[kHz]

2 단파방송 : HF대역 5,950~26,100[kHz](채널 617개 전 세계 공용)

3 FM 방송 : VHF대역 88~108[MHz]

4 TV 방송 : TV 주파수대역

① VHF대역 : 54~72[MHz](CH2~4), 76~88[MHz](CH5~6), 174~216[MHz](CH7~13)
② UHF대역 : 470~806[MHz](CH14~69)(디지털 TV 용도)

5 DMB

① 위성 DMB : 2.630~2.655[GHz]
② 지상 DMB : 174~216[MHz](VHF대 TV 방송 주파수대역 공유)
(지역별로 다름, 수도권은 8.12번 채널)

6 위성방송

① 11.7~12.2[GHz](6개의 좌선회 편파 대역을 활용) : 디지털위성방송용
② 21.4~22.0[GHz] : HDTV 전송용

7 방송 중계용 : 900[MHz]

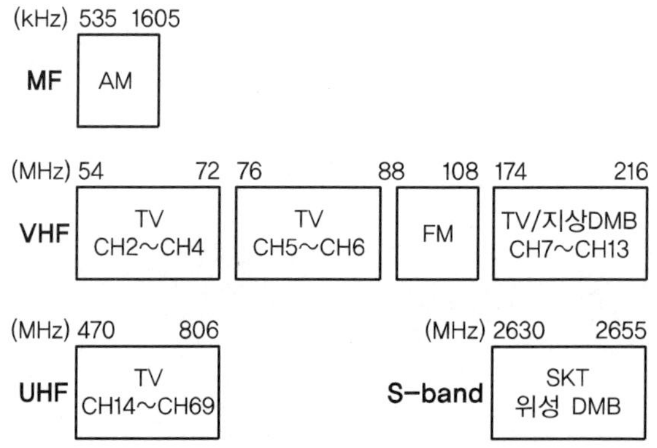

SECTION 05 개방용 주파수 현황(Unlicensed Radio)

발사하는 전파가 미약한 무선국 등

1 생활 무선국

26.965~27.405, 448.7~449.3/424.1~424.3[MHz]

2 코드 없는 전화기

① 아날로그 : 46.51~46.97/49.695~49.97, 914~915/959~960[MHz](서비스 종료 예정)
② 디지털 : 1.7, 2.4[GHz]

3 무선 마이크

① 비허가 : 928~930[MHz], 950~952[MHz]
② 허가 : 942~952[MHz]

4 RFID/USN

① 13.552~13.568[MHz] : 무선근접카드용 등
② 433.67~434.17[MHz] : 항만, 내륙 컨테이너 집하장, 부두창고 등
③ 917~923.5[MHz] : 공급망, 물류관리, 자동 통행료 징수 등

5 특정 소출력 무선국(WLAN 등)

예 2.4~2.4835[GHz], 5.725~5.825[GHz], 17.705~17.735[GHz], 19.265~19.275[GHz] 등

6 주파수 관련 기타

① GPS 신호 : 1,575.42[MHz](L1), 1,227.60[MHz](L2)
② 전자레인지 : S 밴드(2.45[GHz])
③ 항공－지상 간 : 118~136[MHz]
④ 해운 이동 : 160[MHz]대
⑤ MICS : 402~405[MHz]

실전문제

WIRELESS COMMUNICATION ENGINEERING

01 주파수 대역과 무선통신 또는 방송기술이 바르게 짝지어진 것은? '16 국가직 9급

	주파수 대역	무선통신/방송 기술
①	30[kHz]	AM 라디오 방송
②	200[MHz]	위성 DMB
③	1.8[GHz]	잠수함 간 무선통신
④	2.4[GHz]	무선 랜

정답 01 ④

CHAPTER 03

WIRELESS COMMUNICATION ENGINEERING

전파의 분류

SECTION 01 전파통로에 의한 분류

1 전파통로에 의한 전파의 분류

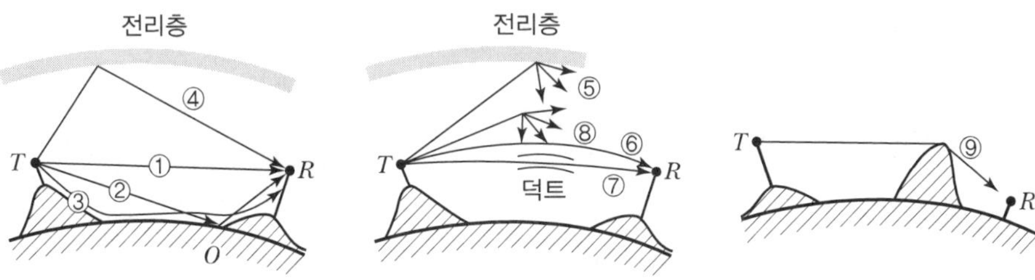

Reference

➤ **전파 양식**

① 직접파
② 대지 반사파
③ 지표파
④ 전리층 반사파
⑤ 전리층 산란파
⑥ 대류권 굴절파
⑦ 라디오 덕트
⑧ 대류권 산란파
⑨ 회절파

2 지상파(Ground Wave)

1) 직접파(Direct Wave, LOS파)

① 송신점에서 수신점에 직접 도달하는 전파

② 가시거리 영역에서 송신점에서 수신점에 직접 도달. VHF대 이상에서 이용

2) 대지반사파(Ground Reflected Wave)

대지, 건물, 반사판, 산악 등에서 반사된 후 수신점에 도달

3) 지표파(Surface Wave)

① 대지의 표면을 따라서 전파하는 전파
② 도전성인 지구표면을 따라 전파 · 장파 및 중파대에서 이용

4) 회절파(Diffracted Wave)

① 지상 장애물을 넘어 회절작용에 의해 수신점에 도달하는 전파
② 대지의 융기부나 지상의 전파 장애물을 넘어서 수신점에 도달

3 상공파(Sky Wave)

- **공간파(Sky Wave)** : 전리층, 대류권 등 지구 상층 공간을 통해 전파되는 전파(電波)를 지칭
- **공간파(Space Wave)** : 도파(Guided Wave)됨이 없이 주로 평면파의 형태로 자유공간에서 진행하는 파(波)

1) 공간파(Sky Wave)의 구분

① **대류권파** : 대류권 산란파 등
대류권 내의 불규칙한 기류에 따라 산란되며 진행하는 파

② **전리층파** : 전리층 반사파, 전리층 산란파 등
전리층에 입사되어 반사, 산란되어 나온 파

2) 대류권파(Tropospheric Wave)

① **대류권 굴절파** : 초굴절 현상, 즉 대기의 굴절률차에 의한 전파
② **대류권 반사파** : 전리층에서 반사되어 재차 지상으로 향하는 것으로 E층, F층 반사파로 나눈다.
③ **대류권 산란파** : 대기의 와류로 인한 유전율의 급격한 변동으로 인한 산란현상에 의한 전파

3) 전리층파(Ionospheric Wave)

① **전리층 반사파** : D, E, Es, F층에 의한 반사파
② **전리층 산란파** : 전자밀도 불균일에 의한 산란현상에 의한 전파
③ **전리층 활행파** : 전리층을 따라 수신점에 도달하는 전파

***** 실제 전파통로는 단독으로 존재하지 않고 둘 이상의 통로가 동시에 존재하며 주전파통로는 송 · 수신간의 거리, 사용 주파수, 전파시기 등에 의해 결정된다.

실전문제

WIRELESS COMMUNICATION ENGINEERING

01 다음 중 전파양식 중에 지상파가 아닌 것은?

① 지표파
② 회절파
③ 전리층 반사파
④ 지면 반사파

02 대지의 융기부나 기타 지상에 있는 전파 장애물을 지나 수신점까지 도달하는 전파는 무엇인가?

① 지표파
② 회절파
③ 대류권 산란파
④ 직접파

03 시계파를 의미하는 것은 무엇인가?

① 직접파+지면반사파
② 직접파+회절파
③ 직접파+전리층파
④ 회절파+직접파

04 다음 그림은 전파 양식을 설명한 것이다. 틀린 것은 무엇인가?

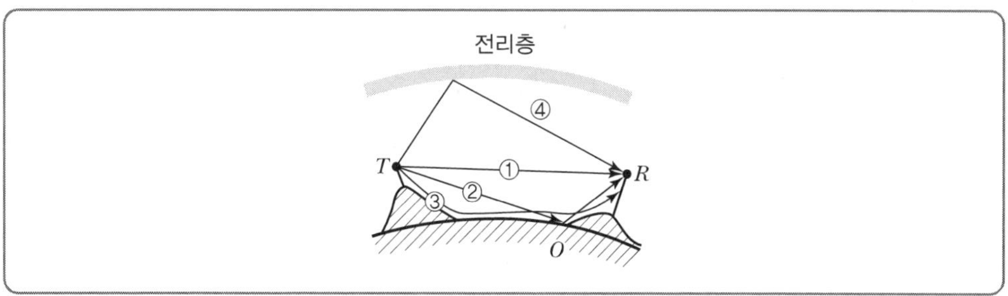

① 직접파
② 대지반사파
③ 회절파
④ 전리층 반사파

정답 01 ③ 02 ② 03 ① 04 ③

SECTION 02 주파수대에 따른 분류

1 장파의 전파특성

장파의 전파특성은 지표파와 전리층파로서 근거리에서는 지표파, 원거리에서는 지표파 및 전리층파에 의존하여 전파된다.

1) 지표파의 전파

① 지표파는 파장이 길수록, 도전율이 클수록, 유전율이 작을수록 감쇠가 적다.
② 건조지대에서 감쇠가 많고 해상에서는 감쇠가 적어 원거리까지 전파된다.

2) 전리층파의 전파

① 주간에는 D층 반사로 전파되고 야간에는 D층이 소멸, E층 반사에 의해 전파된다. 주간 전계강도는 주파수가 높을수록 D층 깊숙이 침투하여 큰 감쇠를 받고 야간에는 D층이 소멸되며 E층의 전자밀도 저하로 흡수가 적어 전계강도가 증가된다.
② 주파수가 낮을수록 전리층의 영향이 적고 주·야간 변동차도 적어진다.
③ 전파통로가 주간 및 야간일 때 모두 비교적 안정된 수신전계가 얻어진다.
④ 송·수신점이 가까운 경우 지표파 전계도 강하므로 이와의 간섭에 의해 근거리 페이딩이 발생하지만 심하지는 않다.
⑤ 전계강도는 태양흑점과 관계가 있으며 흑점수에 비례하여 변화한다.

2 중파의 전파특성

중파의 전파형식은 지표파 및 E층 반사파로 전파된다.

1) 지표파의 전파

① 주간에는 D층에서의 감쇠가 크므로 거의 지표에 도달하지 않는다. 따라서 수신전계는 지표파에만 의존한다.
② 대지의 도전율이 클수록 지표파 전파가 양호하며 주파수가 낮을수록 지표파 전계가 커진다.

2) 전리층파의 전파

① 주간에는 D층에서 감쇠가 크므로 전리층파가 존재하지 않지만 일몰 후 D층의 소멸과 E층 전자밀도의 저하로 감쇠가 적어져 전리층 반사파가 증가하므로 야간에는 전리층파가 존재하게 된다.

② 여름보다 겨울 야간에 양호한 수신이 가능하다.
③ 일몰시 전리층 반사파가 나타나기 시작하므로 지표파와의 간섭에 의한 원거리 페이딩이 나타나기도 한다.
④ 야간의 지표파에 의한 전계강도와 E층 반사파에 의한 전계강도가 같은 지점까지의 범위를 양청구역이라 한다.

3 단파의 전파특성

단파는 파장이 짧아 지표파는 감쇠가 심하여 거의 실용성이 없지만 전리층파는 흡수가 적으므로 수신전계가 커서 소전력으로 원거리통신이 가능하다.

1) 근거리 전파

① 지표파는 감쇠가 크며 직접파는 초단파대를 쓰는 것이 유리하므로 지표파와 직접파는 실용화되지 않는다.
② 도약거리 이내의 불감지대에서는 미약하나마 수신이 되기도 하는데, 이는 전리층 산란파와 산재 E층의 반사에 의한 것이다.

2) 원거리 전파

① 주로 F층 반사파에 의한 전파특성으로 전리층의 상태, 입사각 등에 의해서 달라진다.
② 전자밀도가 적을수록 임계주파수의 전파는 반사가 잘 되지만 전리층에서의 감쇠가 커지므로 MUF의 85[%]에 해당하는 주파수를 사용하며 이를 FOT라 한다.

4 초단파대 이상의 전파 특성

주파수가 높아 F_2층까지도 투과하므로 전리층파를 이용할 수 없지만 산재 E층(Es층)이 나타날 경우 전자밀도가 커 초단파도 반사하지만 그의 발생이 산발적이며 지역적이기 때문에 안정회선을 구성할 수 없다.

1) 가시거리 내의 전파

① 주파수가 높아서 지표파는 감쇠가 크므로 이용할 수 없고 직접파와 대지 반사파에 의하여 정해진다.
② 대기 굴절률로 인해 전파 가시거리는 광학적 가시거리보다 약간 멀다. 이때 지구 반경은 약 $\frac{4}{3}$배에 확대한 등가지구를 채택하여 전파통로를 직선적으로 해석한다.
③ 송·수신 안테나 높이가 높을수록 수신전계가 커진다. 송신 안테나의 높이를 일정하게 하고 수신 안테나의 높이를 높이면 수신전계는 높이에 비례하여 증가한다.

④ 전파통로 내에 장애물이 있으면 회절파와 직접파의 간섭에 의하여 Fresnel Zone이 생기고 기하학적 음영부분에도 회절파에 의한 전계 성분이 나타난다.

⑤ K형 및 Duct형 페이딩을 받으며 해상전파는 육상전파에 비하여 불안정하고 심한 페이딩을 받는다.

2) 초가시거리 전파

① 초가시거리 전파로는 산악회절이득, 라디오덕트, 대류권 산란파, 산재 E층에서의 반사, 전리층 산란파 등이 있다.

② 라디오덕트와 산재 E층 반사는 시간적 · 공간적으로 불규칙하여 안정회선을 구성할 수 없다.

③ 대류권 산란파와 전피층 산란파도 안정회선의 구성이 가능하다. 대류권 산란파는 한일 간의 통신에 이용되고 있으며 전리층 산란파는 협대역이라는 단점이 있다.

3) 마이크로파 통신의 특징

① 광대역성이 가능하다.

② 안테나 이득을 높게 할 수 있다.

③ 전파손실이 적다.

④ S/N 비를 크게 개선시킬 수 있다.

⑤ 외부의 영향이 적다.

⑥ 전리층을 통과하여 전파한다.
(위성통신이나 우주통신과 같이 전리층을 통과하여 행하는 통신이 있다.)

⑦ 회선 건설기간이 짧고 그 경비가 저렴하며 재해 등의 영향이 적다.

⑧ 중계소를 많이 설치해야 한다.

4) 전파의 창

① 우주통신을 하기 위한 상한과 하한의 주파수를 정해놓은 전파의 창은 1~10[GHz]의 대역을 말한다.

② **전파 창의 결정요인** : 대류권의 영향, 전리층의 영향, 송 · 수신계의 문제, 정보전송량의 문제, 우주잡음의 영향

SECTION 03 직접파와 대지반사파

• 지표파와 공간파로 분류되며 다시 직접파, 대지반사파, 지표파, 회절파 등으로 나누어진다.
• 지상파의 전계전류, 유전율과 같은 지형의 전기적인 특성, 습도 및 온도와 같은 전파통로상의 기상상태 등이 있다.
• 대지 및 전리층의 영향을 받는 일 없이 직접 공간을 전해지는 것으로 직접파의 가시거리는 기하학적 가시거리와 전파 가시거리로 나누어 설명가능

1 직접파의 전파 가시거리

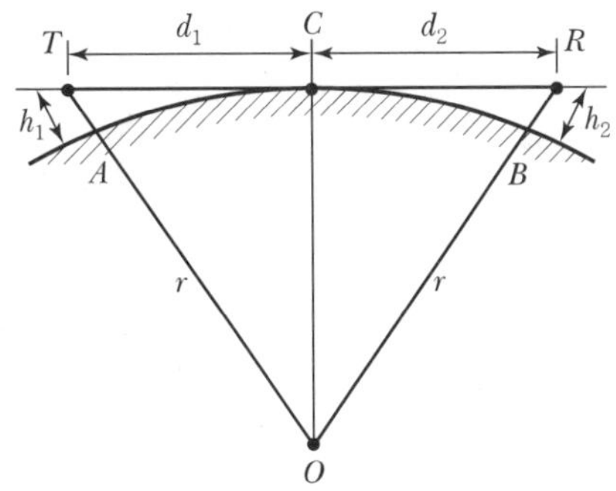

1) 기하학적 가시거리

$$d = d_1 + d_2$$
$$\fallingdotseq \sqrt{2r}(\sqrt{h_1} + \sqrt{h_2})$$
$$\fallingdotseq 3.57(\sqrt{h_1} + \sqrt{h_2})[\text{km}]$$

2) 등가 지구 반경계수(K)

가상적인 등가지구반경과 실제지구반경의 비로서, 실제 곡선적으로 진행하는 전파를 직선적으로 진행한다고 볼 수 있어 계산상 편리하며 전파투시도를 그릴 때 이용된다.

• $K = \dfrac{R(\text{등가지구반경})}{r(\text{실제지구반경})}$

• 온대지방은 $k = \dfrac{4}{3}$을 적용(우리나라는 여기에 해당됨)

3) 전파가시거리

등가지구 반경계수 $\frac{4}{3}$을 적용하면 전파통로는 직선이 되어 계산하기가 쉽다.

(기하학적 가시거리의 $\sqrt{\frac{4}{3}}$ 배)

$K = \frac{R}{r} = \frac{4}{3}$ ➡ $R = \frac{4}{3}r$ 이므로

$$d \fallingdotseq \sqrt{2R}(\sqrt{h_1} + \sqrt{h_2}) = \sqrt{\frac{4}{3}} \times \sqrt{2r}(\sqrt{h_1} + \sqrt{h_2})$$

$$= 4.11(\sqrt{h_1} + \sqrt{h_2})[\text{km}]$$

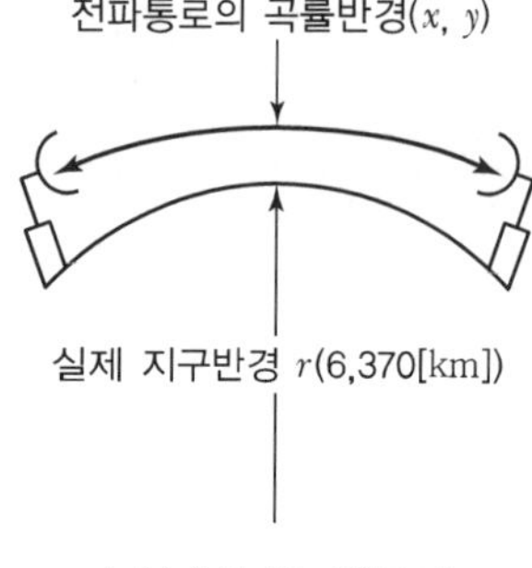

| 실제의 전파통로 |

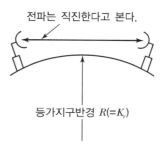

전파는 직진한다고 본다.

등가지구반경 $R(=K_r)$

| 전파통로를 직선으로 간주할 때 |

4) 전파투시도(Profile Map)

① 송 · 수신점을 포함한 대지에 수직인 단면으로서 전파통로상의 수직방향의 장애물을 계산할 때 사용

② 등가지구 반경계수 k(우리나라는 $\frac{4}{3}$)를 사용하여 그리며, 전파통로는 직선적으로 계산한다.

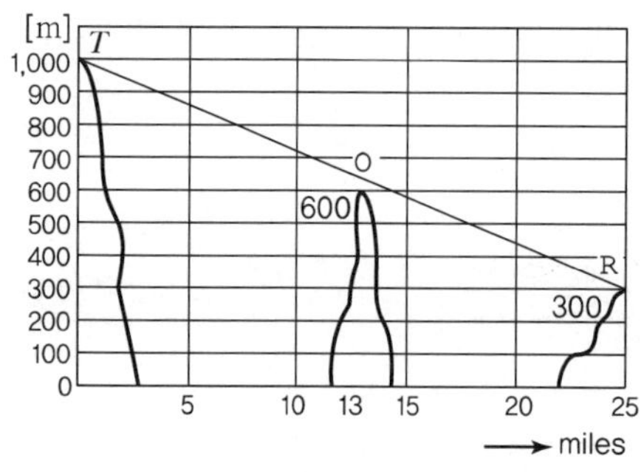

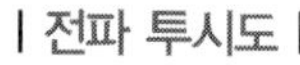

| 전파 투시도 |

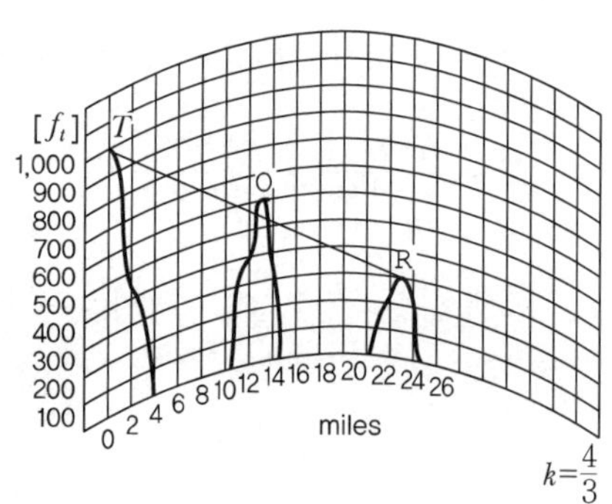

| 평면좌표상 |

2 대지반사파

① 대지를 완전도체로 가정하며 수평, 수직편파의 반사계수가 다르기 때문에 분리하여 설명한다.

② 일반적으로 직접파와 함께 나타나므로 두 파를 동시에 고려하여 수신 전체를 산출해야 한다.

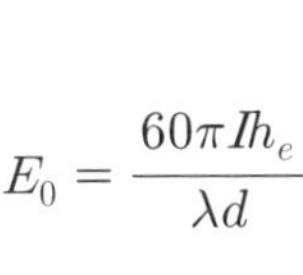

$$E_0 = \frac{60\pi I h_e}{\lambda d}$$

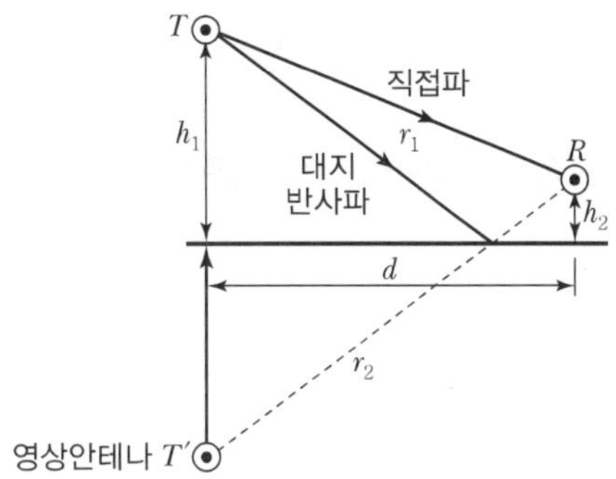

SECTION 04 지표파(Surface Wave)

수직으로 설치된 안테나에서 복사된 전파가 지표면에 따라 진행하는 전파로서 장 · 중파대의 주성분이다.

1 대지를 완전도체로 가정한 경우

$$E = 120\pi \frac{h_e I}{\lambda d} \sin\theta = 2E_0 \sin\theta$$

2 대지를 불완전도체로 가정한 경우

대지는 완전도체가 아니므로 대지의 유전율과 도전율의 영향을 받아 감쇠가 일어난다.

1) Sommerfield의 방법

도전을 변화에 따른 지표파의 감쇠율을 수치거리 개념을 이용하여 구하는 근사적 실험식

$$E = 120\pi \frac{h_e I}{\lambda d} f(\rho) \simeq 377 \frac{h_e I}{\lambda d} f(\rho)$$

여기서, σ : 도전율[℧/m]
λ : 파장[m]
d : 송 · 수신 간의 거리[km]

2) Norton과 Vander Pol의 방법

대지의 도전율과 유전율에 의한 영향을 고려한 근사적 실험식

$$E = 120\pi \frac{h_e I}{\lambda d} A\,[\mathrm{V/m}]$$

여기서, A : 감쇠정수

3 지표파의 대지에 대한 영향

① 대지의 도전율이 클수록, 유전율이 작을수록 감쇠가 적다.
② 주파수가 낮을수록 감쇠가 적다.
③ 수직편파 쪽이 수평편파보다 감쇠가 적다.
④ 지표파 전계강도가 큰 순서

4 속도에 주는 영향

① 대기 중의 전파속도보다 대지에 가까운 전파속도가 늦어지고 대지 도전율이 작을수록 속도가 늦게 된다.
② 해안선 오차 : 해안선을 횡단하는 전파는 굴절하기 때문에 일어나는 방향측정 시의 오차

5 양청구역

방송파에서 지표파에 의한 전계강도와 전리층 반사파에 의한 전계강도가 같은 지점 이내의 영역

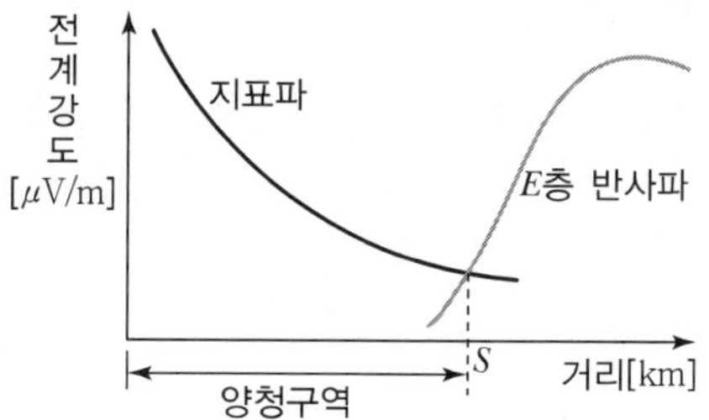

① **제1양청구역** : 잡음 방해 없이 양호한 상태로 수신될 수 있는 전계 0.25[μV/m] 이상의 영역
② **제2양청구역** : 야간에 E층 반사파가 지표에 도달하므로 원거리 수신이 가능하게 되는 다소 잡음이 발생하는 영역
③ 양청구역은 수신점의 잡음강도, 송신전력, 대지의 전기정수 등에 의해 결정된다.

실전문제 WIRELESS COMMUNICATION ENGINEERING

01 다음 중 지표파와 관계없는 것은?

① 주파수가 높을수록 감쇠가 심하다.
② 지표파의 통달 거리는 주파수 외에도 대지 도전율, 유전율에 대해서도 영향을 받는다.
③ 감쇠는 해수, 습지, 건지 순으로 커진다.
④ 수직편파보다는 수평편파 쪽이 감쇠가 적다.

02 다음 중 지표파와 E층 반사파의 간섭에 의해 양청구역이 제한되는 방송파는?

① 중파 ② 단파
③ 초단파 ④ 마이크로파

03 송 · 수신 안테나의 높이가 각각 9[m] 및 4[m]일 때 직접파 통신이 가능한 최대 송수신 거리는 얼마가 되는가?

① 10[km] ② 15[km]
③ 21[km] ④ 25[km]

04 전파투시도(Profile Map)에 관하여 옳지 못한 것은?

① 전파통로상에서 수평방향의 장애물에 관하여 살펴볼 때 사용한다.
② 송 · 수신점을 포함한 대지에 수직인 지형단면도이다.
③ 전파 통로는 직선으로 본다.
④ 등가지구 변경계수 K를 고려하여 그린다.

05 지구의 실제 반경을 r, 등가 반경을 R, 또 지구의 등가 반경 계수를 K라 할 때 이들은 어떤 관계식을 갖는가?

① $R = K^2 r$ ② $R = Kr^2$
③ $R = \frac{r}{K}$ ④ $R = Kr$

정답 01 ④ 02 ① 03 ③ 04 ① 05 ④

06 지표파의 설명으로 가장 적절하지 않은 것은? '10 경찰직

① 산악이나 시가지보다 해상이 감쇠를 적게 받는다.
② 수평 편파보다 수직 편파 쪽이 감쇠가 크다.
③ 대지의 도전율이 클수록 감쇠가 적어진다.
④ 유전율이 작을수록 감쇠가 적어진다.

07 VHF파와 마이크로파의 비교에서 옳지 않은 것은? '14 국회직 9급

① 마이크로파는 VHF파보다 광대역성을 갖는다.
② VHF파는 마이크로파보다 직진성이 강하다.
③ 마이크로파는 주로 접시형 안테나를 사용한다.
④ 마이크로파는 VHF파보다 장애물의 영향을 더 받는다.
⑤ VHF파 안테나의 길이는 마이크로파 안테나의 길이보다 길다.

정답 06 ② 07 ②

SECTION 05 회절파(Diffracted Wave)

전파의 통로 상에 장애물이 있을 경우 가시거리와의 기하학적 음영부분까지 도달되는 현상

1 Fresnel Zone

전파가 전파통로 상에서 장애물에 의해 회절작용을 일으키며, 이와 같은 회절작용에 의해 수신 전계강도가 장애물의 크기에 의해 영향을 미치는 영역을 말한다.

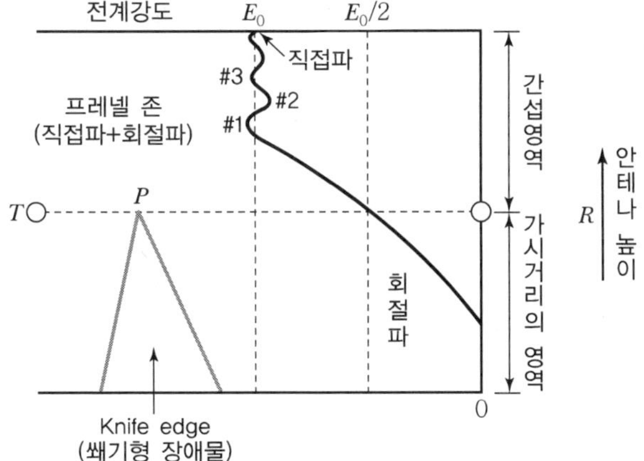

2 Fresnel Zone에서 나타나는 특성

① 송 · 수신점 사이에 Knife Edge(쐐기형 장애물)가 있을 경우 수신점의 수신 전계강도는 자유공간의 전계강도 E_0의 $\frac{1}{2}$이 된다.

② 가시선보다 낮은 수신점에서는 서서히 전계강도가 저하되는데 이 영역에는 회절파만이 존재하기 때문이다.

③ 가시선보다 높은 수신점에서는 직접파와 회절파의 간섭에 의해 수신점 부근의 전계강도 변화현상이 되풀이되면서 극대, 극소가 나타난다. 그 진폭차는 위로 올라가면 점점 작아져 자유공간의 전계강도(E_0)가 되는데 이러한 진동역역을 프레넬 존(Fresnel Zone)이라 한다.

④ 가시선에서 전계강도가 최초로 극대점이 생기는 위치까지를 제1 Fresnel Zone, 최초로 극소점이 생기는 위치까지를 제2 Fresnel Zone, 같은 형식으로 제3 Fresnel Zone, 제4 Fresnel Zone라 한다.

3 제n Fresnel Zone의 반경 $F_n(d_1,\ d_2$일 때)

$$F_n = \sqrt{n\lambda\frac{d_1 d_2}{d_1+d_2}}\,[\text{m}] = 0.55\sqrt{n\frac{d_1 d_2}{fd}}\,[\text{km}]$$

여기서, f[GHz], $f=\dfrac{c}{\lambda}$

4 클리어런스(Clearance)

자유공간 전계값(E_0)을 얻기 위한 공간적 여유(Knife Edge의 정점과 전파통로 간의 간격)

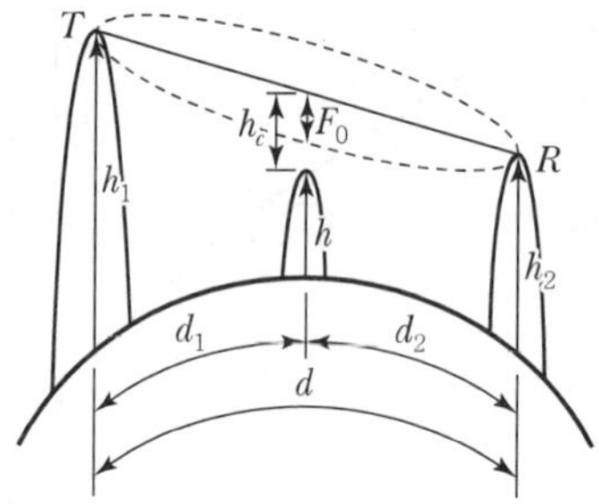

$$h_c = h_1 - \frac{d_1}{d}(h_1-h_2) - \frac{d_1 d_2}{2Kr} - h = \frac{d_1 h_2 + d_2 h_1}{d} - \frac{d_1 d_2}{2R} - h$$

여기서, R : 등가지구반경(= Kr)
r : 실제지구반경(=6,370[km])
K : 등가지구반경계수
h : Knife edge 높이

Clearance 계수 : 클리어런스 h_c와 제1 Fresnel Zone의 반경 F_1의 비

$$\mu = \frac{h_c}{F_1}$$

5 산악회절이득

초단파대(VHF대)에서 송 · 수신소 사이에 장애물이 있는 경우 장애물이 없는 경우보다 커지는 수가 있다. 이때의 두 전계의 비를 산악회절이득이라 한다.

$$G_M = \frac{\text{산악이 있을 경우의 전계강도}(E_R)}{\text{산악이 없는 경우의 전계강도}(E_R)}$$

(산악이 송 · 수신점 중앙에 있을 때 최대가 된다.)

1) 회절계수(S)

$$S = \frac{\text{회절이 있을때의 전계강도}(E_r)}{\text{회절이 없을때의 전계강도}(E_o)}$$

$$S = \left| \frac{1}{2\pi\mu} \right|$$

2) 회절손실(L_d)

$$L_d = -20\log_{10} S\,[\text{dB}]$$

$$= 20\log_{10}|\mu| + 16\,[\text{dB}]$$

실전문제

WIRELESS COMMUNICATION ENGINEERING

01 다음 중 회절이 가장 잘 되는 전파는? '16 국가직 9급

① 장파
② 중파
③ 단파
④ 극초단파

02 전파에 대한 설명으로 옳지 않은 것은? '15 국가직 9급

① 주파수가 높을수록 전리층 통과가 어려워진다.
② 주파수 대역폭이 넓어지면 전송속도를 증가시킬 수 있다.
③ 주파수가 높을수록 안테나의 길이가 짧아진다.
④ 주파수가 높을수록 장애물에서 회절 능력이 감소한다.

정답 01 ① 02 ①

CHAPTER 04

WIRELESS COMMUNICATION ENGINEERING

대류권파의 특성

SECTION 01 전파의 굴절

• 대류권(Troposphere)

대기의 대류현상이 항상 일어나서 바람, 눈, 비 등의 기상변화 현상이 일어나는 영역으로 극지방에서는 약 9[km], 온대지방에서는 10~12[km], 적도 부근에서는 약 16[km] 이하의 범위에서 초단파 이상의 가시거리의 통신이 이루어지는 영역을 말한다.

• 대기의 3요소

－기압 : 온도가 일정하면 높이와 함께 지수함수적으로 감소

－기온 : 고도가 높아질수록 감소

－습도 : 고도가 높아질수록 감소

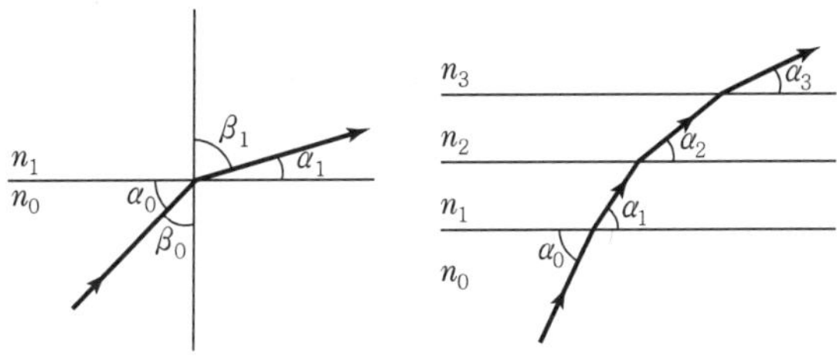

| 평면 대기층 |

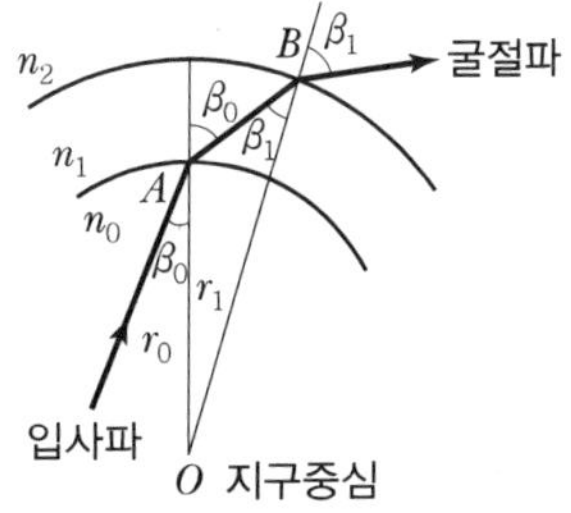

| 구면 대기층 |

1 반사와 굴절

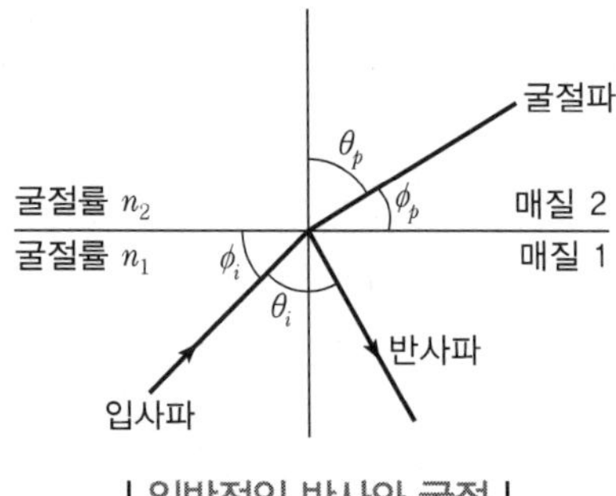

| 일반적인 반사와 굴절 |

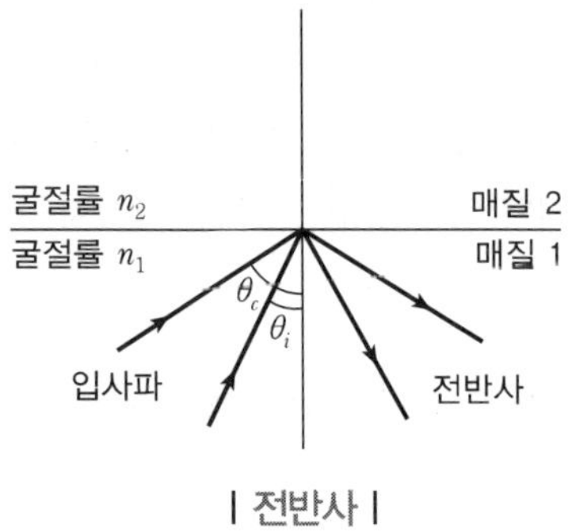

| 전반사 |

1) Snell의 법칙

$n_1 \sin\theta_i = n_2 \sin\theta_p,\ n_1 \cos\phi_i = n_2 \cos\phi_p$

전반사일 경우 $\theta_P = 90°$

$\therefore\ n_1 \sin\theta_c = n_2 \sin\theta_c = \dfrac{n_2}{n_1}$

$\theta_c = \sin^{-1}\left(\dfrac{n_2}{n_1}\right)$

여기서, $n_1 > n_2$

2) 전반사 현상

3) 임계각(Critical Angle : θ_C)

전반사가 일어나기 위한 광의 최소 입사각을 임계각 또는 전반사 보각이라 함

Reference

자유공간의 굴절률을 n_0,
전리층의 굴절률을 각각 n_1, n_2, $n_3 \cdots\cdots n_n$ 라고 놓으면
각 경계면에서는 snell의 법칙이 적용된다.

$$n_0 \sin\phi_0 = n_1 \sin\phi_1$$
$$n_1 \sin\phi_1 = n_2 \sin\phi_2$$
$$\vdots$$
$$n_{k-1} \sin\phi_{k-1} = n_k \sin\phi_k$$

따라서

$$n_0 \sin\phi_0 = n_1 \sin\phi_1 = n_2 \sin\phi_2 \cdots\cdots = n_k \sin\phi_k$$
$$n_0 \sin\phi_0 = n_k \sin\phi_k$$

자유공간의 굴절률이 $n_0 \cong 1$이고 전리층에서 전파통로가 수평으로 된다고 하면 (전반사) ϕ_k는 90°가 된다.
따라서 $n_k = \sin\phi_0$

2 굴절률의 종류

1) 상대굴절률

매질 중 공기 내의 비투자율은 1이고, 도전율은 0이다. 이때 비유전률 ε_{s1}, ε_{s2}인 대기가 연속으로 층을 이루고 있을 경우 상대굴절률은

$$n = \sqrt{\frac{\varepsilon_{s_2}}{\varepsilon_{s_1}}}$$

표준대기에서의 $n = 1.000313$

2) 수정굴절률(Modified Index of Refraction)

대기의 굴절률은 기온, 기압, 습도에 의해 결정되는데 수정굴절률은 높이에 따라 달라지는 굴절률이다.

$$n\left(1 + \frac{h}{r_0}\right) \fallingdotseq n + \frac{h}{r_0} = m$$

여기서, r_0 : 지구반경(=6.370[km])
h : 송신 안테나 높이
n : 일반 대기의 굴절률

$r = r_0 + h$

값은 1.000020~1.000500 사이의 값이다.

3) M단위 수정 굴절률(M)

수치적 취급의 편의상 M에서 1을 빼고 10^6을 곱한 것

$$M = (m-1)\times 10^6 = \left(n + \frac{h}{r_0} - 1\right)\times 10^6$$

4) 굴절률의 고도에 따른 그래프 형태

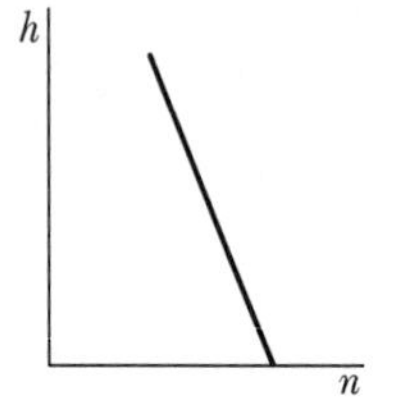

| 일반적인 굴절률 |

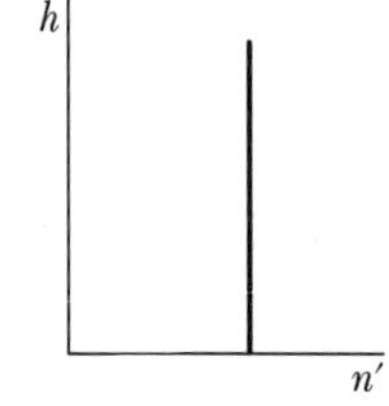

| 분포수정굴절률(지구가 구면) |

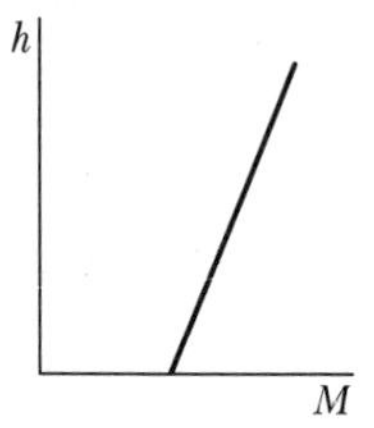

| 수정굴절률(지구가 평면) |

SECTION 02 라디오 덕트(Radio Duct)

- 초단파 이상의 전파(電波)를 원거리까지 전파시킬 수 있는 대기층
- 보통 표준 대기는 높이에 따라 유전율이 감소하나, 어떤 대기 상태에서 역전되는 층이 있는데, VHF 이상의 전파가 강하게 굴절하여 그 층에 갇히게 되며 매우 먼 거리까지 전파될 수 있는 대기층을 말한다.

1 라디오 덕트(Radio Duct)

1) M곡선

수정굴절률 M값의 높이 h에 대한 변화를 도시한 수직분포곡선으로 6종류의 대표적인 모양으로 분류된다.

2) 굴절률의 역전층$\left(\frac{dM}{dh} < 0\right)$

상층대기보다 기온이 더 낮아지는 영역이 존재하게 되고 이 영역에서는 굴절률의 역전층이 발생한다.

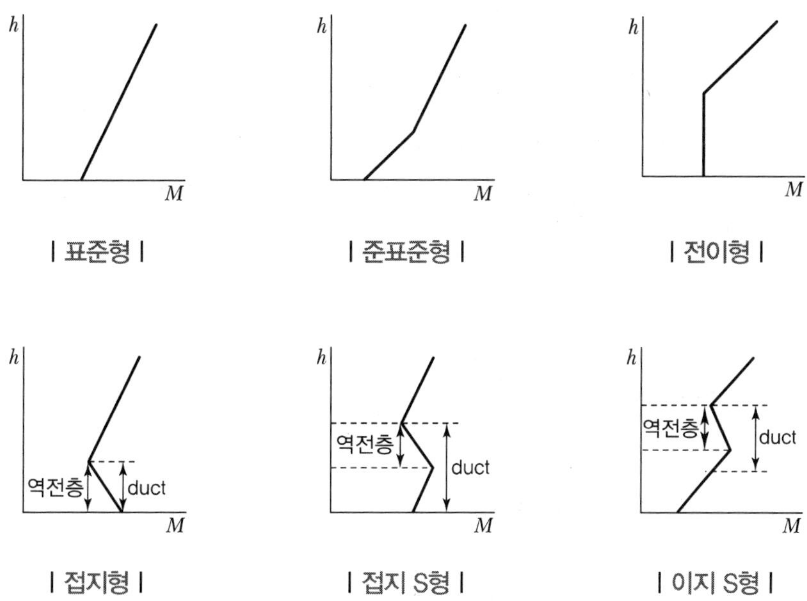

| 표준형 | | 준표준형 | | 전이형 |

| 접지형 | | 접지 S형 | | 이지 S형 |

3) 라디오 덕트(Radio Duct)

① 위 그림에서 접지형, 접지 S형, 이지 S형과 같이 h의 증가에 따라 M이 감소하는 부분은 상층에서의 굴절률 n이 급격히 감소하는 영역으로 굴절률의 역전층 $\left(\frac{dM}{dh} < 0\right)$을 의미하며 라디오 덕트(Radio Duct)라고 한다.

② 역전층에 들어온 전파는 쉽게 외부로 빠져나가지 못하고 원거리까지 형성되어 있는 경우는 초가시거리까지 전파된다.

③ 라디오 덕트는 일종의 도파관과 같은 기능을 가지며 라디오 덕트 내에서는 도파관의 경우처럼 차단주파수 이상의 전파만을 통과시키기 때문에 전파할 수 없는 장거리까지 감쇠를 일으키지 않고 전파가 가능하다. 그러나 안정성에서는 우수하지 못해 실용화가 어렵다.

4) 라디오 덕트의 발생원인

① 이류에 의한 Duct

육지의 건조한 대기가 해변으로 이동하여 저온 다습한 해면상의 대기와 겹쳐 기온의 역전과 습도의 불연속 면에 의해 발생

② 전선에 의한 Duct

온난한 기단 밑에 한랭한 기단이 유입될 때 발생하는 것으로 굴절률이 불연속한 면에서 발생하며, S형 덕트를 발생

③ 야간냉각에 의한 Duct

야간에 열복사에 의해 지면이 대기보다 빨리 냉각되어 지표면 부근에 온도의 역전층이 형성되는 것으로 접지형 덕트를 발생

④ 침강(하강 기류가 생기는 현상)에 의한 Duct

고기압권 내 하강기류가 건조해 있을 때 이 기류가 습기가 많은 해면이나 지면에 도달하면 습도의 불연속성이 발생하는데 S형 덕트를 발생

⑤ 대양상의 Duct

건조 덕트라고 하며 무역풍이 자주 일어나는 대양상에서 발생하며, S형 덕트를 발생

2 대류권 산란파

1) 대류권 산란파의 발생원인

① 대기는 부분적인 온도, 습도 변화가 상존하므로 전파가 입사되면 일부는 반사하고 일부는 굴절하게 되는데 이러한 현상을 산란(Scattering)이라 한다.

② 송·수신점에서 가시범위의 공간에 각각 안테나의 지향 Beam이 쇄교하는 사선부분의 대기에서 전파는 산란현상을 일으키며 초 가시거리까지도 미약한 전파가 수신가능하게 된다.

③ 대류권 산란파의 전파손실

300[km] ➡ 180~220[dB](자유공간의 전파손실보다 훨씬 많이 발생한다.)

300[km] ➡ 100~140[dB](일반적인 자유공간)

2) 대류권 산란파의 특징

① 지리적 조건의 영향을 받지 않는다.

② 수신전계는 짧은 주기의 Fading을 수반하지만 비교적 안정하므로 공간 다이버시티를 사용하여 방지할 수 있다.

③ 기본전파손실은 매우 크다.

④ 매우 넓은 영역에서 발생하므로 지향성이 예민한 안테나는 오히려 수신 전계 강도가 약해지며 대전력 송신기가 필요하다.

Reference

➤ 초가시거리 전파

초단파는 가시거리 통신만 가능한데, 다음 이유들 때문에 초가시거리 통신이 가능하다.

- Radio Duck 전파
- 산악회절 전파
- 대류권 산란전파
- 전리층 산란전파
- E_s층에 의한 전파

• 실전문제 WIRELESS COMMUNICATION ENGINEERING

01 라디오 덕트의 발생 원인이 아닌 것은?

① 이류성 덕트　　② 전선에 의한 덕트
③ 대양상의 덕트　　④ 선택성 덕트

02 그림과 같이 대류권에서 높이 h에 따른 수정 굴절률 M(Modified Index of Refraction)의 값의 변화가 주어졌다면 라디오 덕트(Radio Duct)가 가능한 범위는?

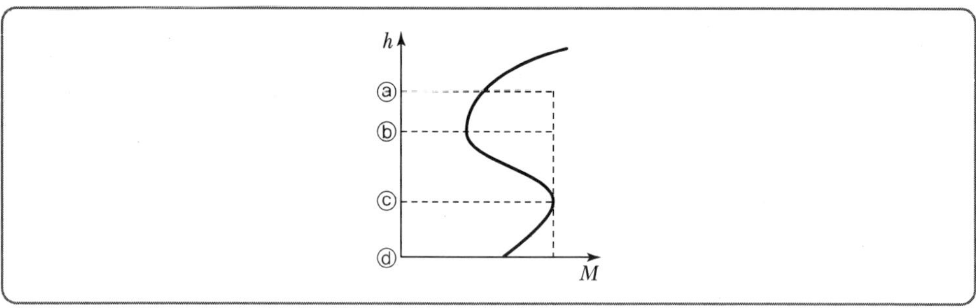

① ⓐ와 ⓑ사이　　② ⓐ와 ⓒ사이
③ ⓑ와 ⓒ사이　　④ ⓑ와 ⓓ사이

정답 01 ④ 02 ④

SECTION 03 페이딩(Fading)

- Fading : 전파경로 상의 여러 요소들의 영향 때문에 수신 전계강도에 시간적인 크기의 변동이 생기는 일이 일어나는 것
- 대류권파의 Fading(K형과 덕트형의 영향이 크고, 계절에 영향을 많이 받는다.)
- 경로가 다른 2개 이상의 전파가 간섭(신호 간 상호간섭)한 결과, 진폭 및 위상이 불규칙하게 변하는 현상
- 전파(電波)가 전파되는 경로 상의 매질 변동 등에 의해 수신 전계강도가 불규칙하게 변동되는 현상

1 대류권파의 페이딩

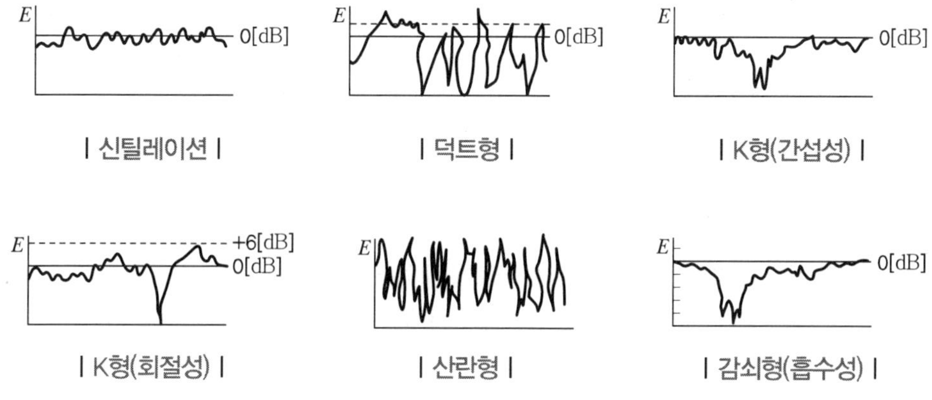

| 신틸레이션 | | 덕트형 | | K형(간섭성) |

| K형(회절성) | | 산란형 | | 감쇠형(흡수성) |

1) 생성원인에 의한 분류

① 신틸레이션(Scintillation)형 Fading(영향이 적음)

㉠ 원인 : 대기 중의 와류에 의하여 유전율이 불규칙한 공기뭉치가 발생하고 이곳에 입사된 전파는 산란하게 되는데, 이 산란파와 직접파의 간섭에 의해 발생하는 Fading(주간, 여름에 발생, 풍속과 관련)

㉡ 방지대책 : AGC(Automatic Gain Control), AVC(Automatic Voice Control)

② 라디오 덕트(Radio Duct)형 Fading(영향이 많음)

㉠ 원인 : 전파 통로상에 라디오 덕트가 발생할 때 나타나는 Fading

㉡ 직접파의 전파통로 위에 덕트가 발생하여 여기서 반사된 전파와 직접파가 간섭을 일으키며 발생(간섭성)

㉢ 송 · 수신점 근처에 덕트가 발생하여 대부분의 전파가 덕트에 의해 위로 굴절하므로 수신점에 도달하는 전파가 미약하게 되는 Fading(흡수성)

㉣ 주기가 길고 수신전계의 변동 폭이 크므로 마이크로파대의 통신에 치명적이다.

㉤ 방지대책 : 합성수신법(Diversity)

③ K형 Fading(영향이 많음)

㉠ 원인 : 대기의 높이에 따른 등가지구반경계수 K의 변화에 의해 발생하는 Fading

㉡ 방지대책 : AGC, AVC

④ 산란형 Fading

㉠ 원인 : 다수 산란파의 수신전계는 수많은 간섭파의 합성이므로 진폭이 시시각각 변화하여 발생하는 Fading

㉡ 방지대책 : 합성수신법(Diversity)

⑤ 감쇠형 Fading

㉠ 원인 : 비, 구름, 안개, 눈 등에 의한 흡수, 산란 및 대기에서의 흡수 및 감쇠가 변화하기 때문에 발생하는 Fading(10[GHz] 부근에서 많이 발생)

㉡ 방지대책 : AGC, AVC

2) 주파수 특성에 의한 분류

① 동기성 Fading(주파수에 상관없이 발생하는 Fading)

㉠ 둘 이상의 다른 주파수를 동시에 전파시켰을 때 Fading이 동기하여 두 주파수에 동시에 일어나는 Fading

㉡ 감쇠형 Fading, 회절형 K형 Fading이 이에 속한다.

② 선택형 Fading(특정 주파수에만 발생하는 Fading)

㉠ 둘 이상의 다른 주파수를 동시에 전파시켰을 때 Fading이 각각 독립적으로 발생하는 Fading

㉡ Duct형 Fading과 산란형 Fading이 여기에 속한다.

실전문제 WIRELESS COMMUNICATION ENGINEERING

01 다음 중 초단파대 이상에서 일어나는 페이딩(Fading)이 아닌 것은?

① 신틸레이션 페이딩(Scintillation Fading) ② 덕트형 페이딩(Duct Fading)
③ 도약성 페이딩(Skip Fading) ④ K형 페이딩(K-type Fading)

02 송신 안테나에서 전파의 가시거리 184.95[km] 되는 지점에 높이가 400[m]인 수신 안테나를 설치하였다고 하면 송신 안테나의 최소 높이는 얼마로 해야 되겠는가?(단, 두 지점 간의 대지는 평탄하다고 가정한다.)

① 425[m] ② 525[m]
③ 625[m] ④ 725[m]

03 지구의 반경을 $R=6,370$[km]라고 할 때 표준대기의 굴절률 $n=1.000313$이고 대류권 내의 전파통로의 높이를 300[m]라 하면 M단위의 수정 굴절률은 얼마인가?

① 313 ② 340
③ 353 ④ 360

04 이동통신에서 수신신호의 크기가 불규칙적으로 변하는 것은 무선채널의 어떤 특성으로 인한 것인가? '15 국가직 9급

① 페이딩 ② 경로손실
③ 백색잡음 ④ 다이버시티

05 송신된 신호가 산란, 회절, 반사 등으로 여러 경로를 통해 수신될 때 수신된 신호의 크기와 위상이 불규칙하게 변화하는 현상을 무엇이라고 하는가? '14 국회직 9급

① 도플러 효과 ② 경로 손실
③ 지연 확산 ④ 페이딩
⑤ 심볼 간 간섭

정답 01 ③ 02 ③ 03 ④ 04 ① 05 ④

WIRELESS COMMUNICATION ENGINEERING

전리층(Ionosphere)

SECTION 01 전리층

1 전리층과 전리층파

1) 전리층(Ionosphere)

① 지구 상층 대기를 구성하고 있는 분자나 원자가 태양으로부터의 자외선, X선 등의 복사 에너지에 의하여 전리되어 분자, 원자 이온 및 전자가 혼재하는 영역

② 지구로부터 대략 50[km] 이상에서 400[km] 이하의 영역, 400[km] 이상에서는 기압이 10^{-6}[mmhg] 정도로 거의 진공에 가까움

③ 지구 상층의 이온화된 층

④ 이 층은 전파(電波)를 반사시키는 작용을 함

2) 전리층파(Ionospheric Wave)

① 지상 100~400[km]의 전리층에서 반사되거나 산란되는 전파

② 전파의 굴절, 반사, 산란 이외에도 감쇠, 편파면의 회전 등이 발생됨

2 전리층 구분 및 특성

1) 전리층은 전자 밀도에 따라 높이 및 층상구조로 구분

① D층(70~90[km])

② E층(100~120[km])

③ 스포라딕 E층(Sporadic－E, Es)

E층의 높이에서 전리도가 높고 출현이 불규칙한 스포라딕 E층(Sporadic－E, Es)이 불규칙한 반사층을 형성하여, 초단파의 이상전파현상을 일으키는 일이 있음

④ F층(150~수백[km], 하절기 F_2 및 F_2층)
하절기 주간의 F층은 F_2과 F_2층으로 나누어짐

* 전리층의 전자 밀도는 태양활동도, 계절, 시각, 위도, 경도 등에 의해 변화

⑤ 극지방과 적도지방에서는 지구자계의 영향을 받아 큰 차이가 난다.

㉠ 저위도 적도지방에서는 전리층의 불규칙성이 높다.

㉡ 고위도의 전리층은 강하입자에 의한 전리작용이 더해져(오로라 현상) 특히 복잡하게 변화됨

⑥ 장파(LF), 중파(MF)대 전파는 주로 D, E층의 영향을 받으며, 단파대(HF)는 E, F층에 지배됨

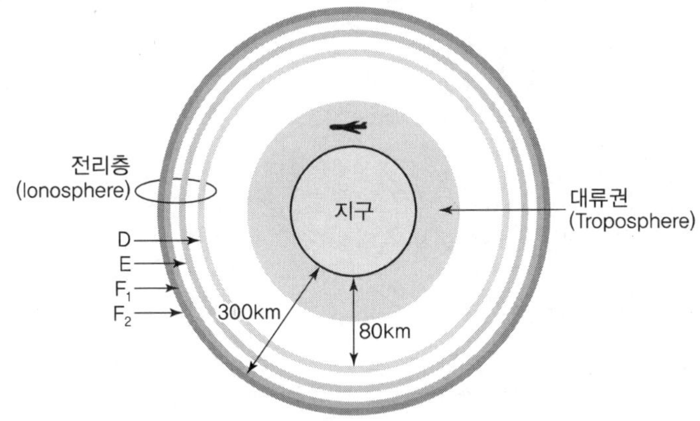

SECTION 02 전리층의 특성

1 전리층의 종류

전리층은 낮은 층에서부터 D, E, E_S(Sporadic E Layer, 산재 E층), F_1, F_2층으로 구분

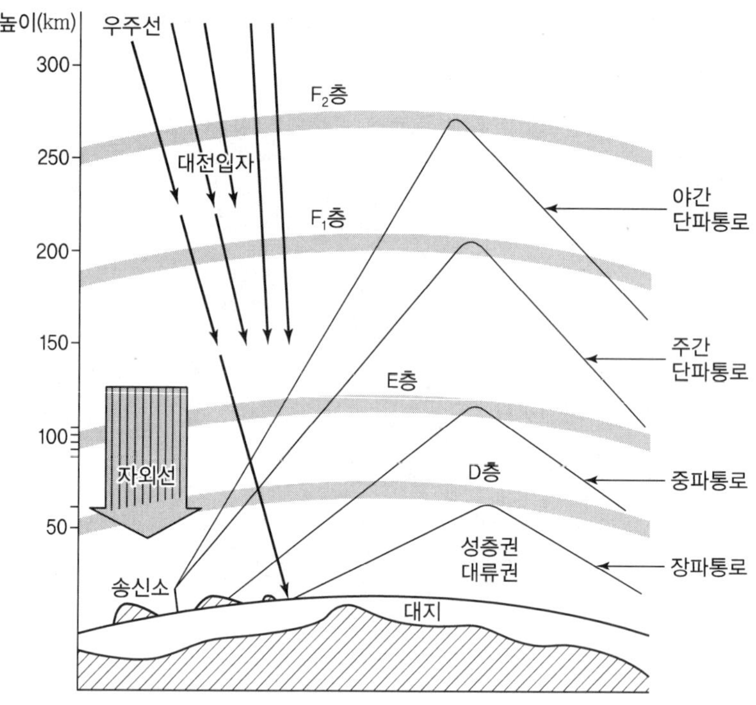

2 전리층의 주 · 야 변화

전리층의 전자밀도가 주 · 야간에 따라 변화하여 D층의 경우 주간에 생성되어 야간에 소멸하며 F층은 주간에 F_1, F_2층으로 명확하게 구분되지만 야간에는 구분이 불분명해진다.

3 전리층의 관측

1) 이론상 높이(겉보기 높이)

겉보기 높이 $h' = \frac{ct}{2}$

여기서, t : 전파가 되돌아오는 시간

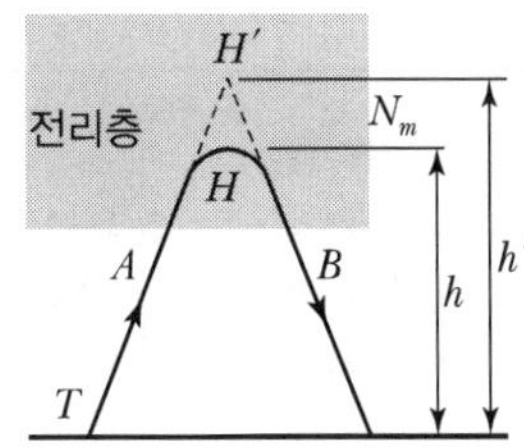

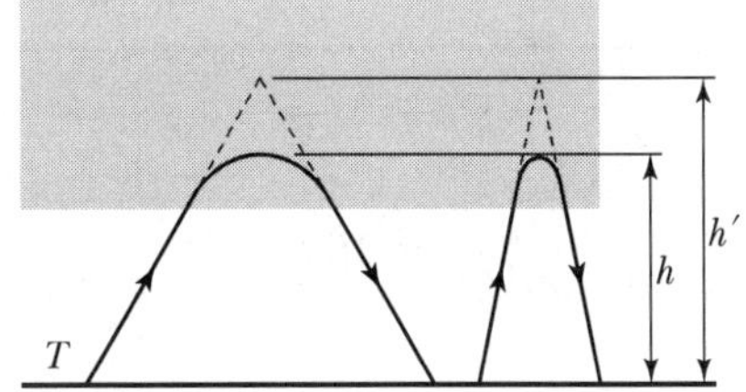

2) 임계주파수

① 1~20[MHz]로 연속적으로 변화시키며 주파수를 발사하면 어떤 주파수에 이르러 더 이상 반사되지 않고 투과하는 주파수가 발생한다. 이때 반사와 투과의 경계가 되는 주파수를 전리층의 임계주파수라 한다.

② 전리층을 투과하는 주파수 중 가장 낮은 주파수 또는 전리층을 투과하지 못하는 주파수 중 가장 높은 주파수로 표현할 수 있다.

4 전리층의 굴절률

전리층의 굴절률(n)

$$n \simeq \sqrt{1-\frac{81N}{f^2}} = \sqrt{1-\left(\frac{f_c}{f}\right)^2}$$

여기서, N : 전자밀도[개/m^3]　　　f : 송신주파수
f_c : 임계주파수

5 위상속도 군속도

1) 위상속도(V_p) : $V_p = \frac{c}{\sqrt{\varepsilon_r}} = \frac{c}{n}$

2) 군속도(V_g) : $V_g = c \cdot \sqrt{\varepsilon_r} = c \cdot n$

3) 전리층 굴절률은 항상 $n<1$이므로

위상속도(V_p) > 광속(c)

군속도(V_g) < 광속(c)

4) 위상속도(V_p), 군속도(V_g) 관계

$V_p \cdot V_g = c^2$ 일정

| 전리층 요약정리 |

종류 구분	D층	E층	E_S층	F_1층	F_s층
층의 높이	약 50~90[km]	약 100~120 [km]	약 100[km]	약 200~300 [km]	약 200~400 (약 350[km])
전자 밀도	4(최소)	3	F층보다 가끔 크게 될 때가 있으나 불규칙	2	1(최대)
전리의 원인	태양의 자외선	태양의 자외선		태양의 자외선	태양의 자외선
일 변화	전자밀도는 정오에 가장 크고 야간에는 소멸한다.	전자밀도는 태양 천정각에 비례	중위도에서 한낮에 자주 발생하나 변동이 매우 심하다.	한낮에 전자밀도가 크고 밤에는 F_2층과 합쳐진다.	태양천정각과는 직접 관계하지 않으나 정오에 최대가 된다. 일출, 일몰시에 전자밀도가 저하한다.
계절 변화	여름에 자주 발생하고 겨울에는 적다.	여름 6~8월에 자주 나타난다.	여름 6~8월에 자주 나타난다.	주간과 여름에 명료하게 나타난다.	그렇게 많이 변화하지 않는다.
연 변화	흑점수와 약간 관련	D층과 동일	태양 흑점주기에 별로 영향을 받지 않는다.	흑점수와 관련	태양의 흑점 주기에 지배된다.
지리적 분포	저위도일수록 전자밀도가 크고 경도적으로 대칭성이 있다.	D층과 동일	출현범위는 좁은 지역에 한정된다.	저위도일수록 전자밀도가 크다.	경위도적으로 대칭성은 없다.
전파에 주는 영향	장파에 대한 반사층으로 작용하나, 일반적으로는 감쇠층으로 작용한다.	중파는 잘 반사되고 단파 이상은 통과한다. 야간에는 장중파를 잘 반사한다.	단파 통신에는 방해를 주나 80[MHz] 정도의 초단파는 잘 반사하는 경우가 자주 있다.	중파 및 단파대를 반사하나, 주야에 따라 사용가능 주파수가 변화한다.	단파 통신에 유효하게 이용되지만 초단파는 통과한다. 주파수는 교체하여 사용해야만 된다.

SECTION 03 전리층 전파의 여러 가지 공식들

1 수직입사파의 반사

① 굴절률과 주파수 사이의 관계식

$$n = \sqrt{1 - \left(\frac{f_0}{f}\right)^2} = \sqrt{1 - \frac{81N}{f^2}}$$

㉠ $f < f_0$이면 n은 허수가 되어 전파는 반사한다.(투과된 파가 존재하지 않는다.)

㉡ $f > f_0$이면 n은 0보다 크게 되어 투과한다.(물론 약간은 반사파도 존재)

㉢ $f = f_0$이면 $n = 0$이 되어 반사와 투과의 임계점이 된다.(임계주파수)

② $n = 1$: 같은 매질이므로 모두 투과하는 경우이다.

③ 이때의 임계주파수 f_c는

$$f_0 = 9\sqrt{N_{max}}$$

여기서, N_{max} : 최대전자밀도[개/m^3]

2 비스듬하게 입사된 전파에서의 여러 가지 Parameters

① 입사각 ϕ_0(수직선과 입사파가 이루는 각)로 전리층에 경사지게 입사한 전파는 굴절률이 단계적으로 변화 마침내 지구로 되돌아온다.

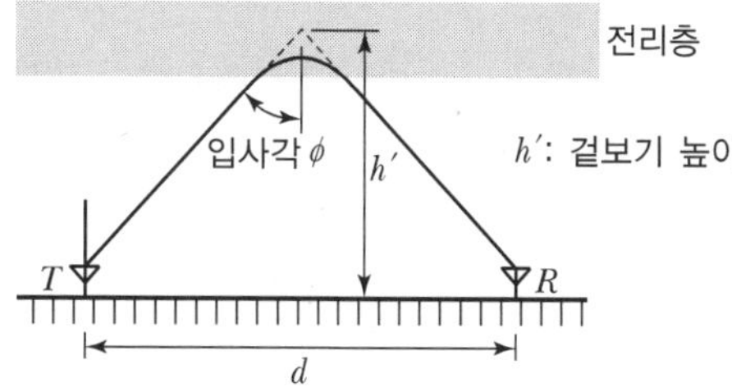

Snell의 법칙에 의해 $\sin\phi_0 = n_k$이므로

$$n_k = \sqrt{1 - \left(\frac{f_0}{f}\right)^2} \Rightarrow \sin\phi_0 = \sqrt{1 - \left(\frac{f_0}{f}\right)^2}$$

양변을 제곱하여 정리하면

$$\sin\phi^2 = 1-\left(\frac{f_0}{f}\right)^2$$

$$\left(\frac{f_0}{f}\right)^2 = 1-\sin\phi^2 = \cos\phi^2$$

양변에 루트를 씌우면,

$$\frac{f_0}{f} = \cos\phi$$

Reference

$$\sin^2\theta + \cos^2\theta = 1$$

㉠ Snell의 법칙

$$n_0\sin\phi_0 = n_k\sin\phi_k$$

자유공간의 굴절률이 $n_0 \cong 1$이고 전리층에서 전파통로가 수평으로 된다고 하면(전반사) ϕ_k는 90°가 된다.

$$n_k = \sin\phi_0$$

㉡ 정할(Secant)의 법칙

$$f = \frac{f_0}{\cos\phi_0} = f_0\sec\phi_0$$

② 송 · 수신점이 결정되었을 때 전리층 반사파를 이용하여 통신할 수 있는 주파수 중 가장 높은 주파수(MUF)를 구하는 식이다.

$$f = f_0\sec\theta = f_0\sqrt{1+\tan^2\theta} = f_0\sqrt{1+\left(\frac{d}{2h'}\right)^2} \quad \because \tan\theta = \frac{\frac{d}{2}}{h'}$$

$$f = f_0\sqrt{1+\left(\frac{d}{2h'}\right)^2}$$

양변제곱하면

$$\left(\frac{f}{f_0}\right)^2 = 1 + \left(\frac{d}{2h'}\right)^2$$

d에 대해서 다시 정리하면,

$$d = 2h'\sqrt{\left(\frac{f}{f_0}\right)^2 - 1}$$

Reference

$$\sin^2\theta + \cos^2\theta = 1$$

양변에 $\cos^2\theta$ 를 나누면,

$$\frac{\sin^2\theta}{\cos^2\theta} + 1 = \frac{1}{\cos^2\theta}$$

$$\tan^2\theta + 1 = \sec^2\theta$$

$$\therefore \sec\theta = \sqrt{1 + \tan^2\theta}$$

③ 도약거리(Skip Distance)

㉠ $f \leq f_0$: 도약거리 발생하지 않는다.

㉡ $f > f_0$: 도약거리 발생한다.

$f > f_0$이므로 직각으로 발사하면 전리층 반사파가 지상에 도달하지 않는다. 따라서 비스듬한 각도로 전파를 쏘면 진리층 반사파가 생긴다. 이때 전리층 1회 반사파가 지표에 도달하는 최소 거리가 되는 지점과 송신점 간의 거리를 도약거리라고 한다.

㉢ 도약거리 d

$$f = f_0 \sec\theta$$

$$f = f_0\sqrt{1 + \left(\frac{d}{2h}\right)^2}$$

$$d = 2h'\sqrt{\left(\frac{f}{f_0}\right)^2 - 1}$$ 이 된다.

㉣ 전리층에서의 여러 가지 관계

- 전리층의 겉보기 높이에 비례
- 사용주파수가 임계주파수보다 높을 때만 발생
- 사용주파수가 높을수록 크게 된다.

④ 불감지대

㉠ 단파통신의 특징 : 지표파 통신 ➡ 멀리까지 도달하지 않는다.
전리층 반사파 통신 ➡ 도약거리 발생

㉡ 지표파도 도달하지 못하고 전리층 반사파도 도달하지 않는 지역 발생(근거리에서)
➡ 불감지대

㉢ 전리층 산란파에 의해 미약한 전파가 수신되기도 한다.

⑤ 주파수 변화에 따른 도약거리와 불감지대의 특성

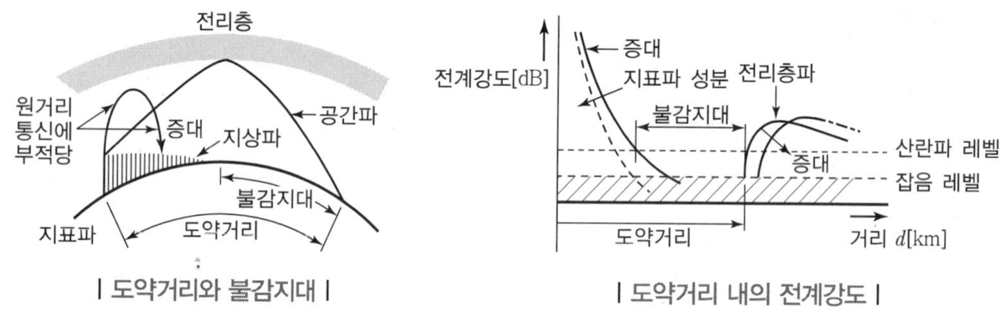

| 도약거리와 불감지대 |　　| 도약거리 내의 전계강도 |

SECTION 04 MUF, LUF, FOT의 용어정리

1 MUF(Maximum Usable Frequency : 최고사용주파수)

$$f_{\max} = f_0\sqrt{1+\left(\frac{d}{2h'}\right)^2}$$

① 송 · 수신점 간의 거리가 주어졌을 때 전리층 반사파를 이용하여 통신할 수 있는 가장 높은 주파수

② 임계주파수, 전리층이 높이, 송 · 수신점의 거리 등에 의해 결정되며 전리층의 상태가 시시각각으로 변화하기 때문에 임계주파수와 전리층 상태도 시시각각으로 변화하게 되고 MUF도 변화하게 된다.

③ MUF는 통과와 반사의 경계주파수이므로 송 · 수신소 간에 주파수 선정에 있어 가장 중요하다.

2 LUF(Lowest Usable Frequency : 최저사용주파수)

① 전리층을 통과할 때의 감쇠(제1종 감쇠)는 주파수가 낮을수록 증대하므로 송신전력과 기타를 정하면 수신 가능한 최저 주파수가 존재한다.

② 주간이나 여름철에 LUF가 높다.(제1종 감쇠는 전자밀도가 클수록 크다.)

③ 수신점에서 필요한 S/N비를 확보하기 위한 LUF 결정요인

㉠ 전리층의 감쇠량 : 태양흑점, 계절, 위치 등의 영향

㉡ 수신점의 잡음 강도

㉢ 입사각 : 송수신점 간의 전파 통로의 길이 및 위치

㉣ 송신전력 및 안테나 이득

㉤ 수신장치의 최소 필요입력전력

㉥ 통신방식

㉦ 수신 공중선의 지향 특성

3 FOT(Frequency of Optimum Transmission : 최적운용주파수)

FOT = MUF × 0.85

① MUF는 사용 가능 주파수의 상한이고, LUF는 하한을 표시한다. MUF는 전리층 전자밀도 등의 변동에 의해서 통과될 가능성이 많고, LUF는 감쇠로 인한 통신불능이 염려되므로 FOT를 선정하여 사용한다.

② 감쇠가 적고 투과 염려도 없는 주파수로서 MUF의 85[%]에 상당하는 주파수

③ MUF 및 LUF 곡선은 전리층 상태를 예측하여 전파예보로써 발표하며 전파예보에 의해 사용주파수의 선정, 사용시간, 24시간 업무용 주파수 선정, 필요한 송신전력 등을 결정하고 있다.

④ FOT는 감쇠가 가장 적고 가장 안전하게 통신할 수 있는 주파수이다.

	주야 비교	FOT 선정시 주의	이유
MUF	야간에 감소	야간에 약간 낮은 주파수를 사용한다. (Complement 주파수 사용)	전리층의 전자밀도 감소
LUF	야간에 감소		

4 전파예보곡선

① 지구상 두 점 간의 가장 능률적인 통신을 할 수 있도록 시간별 최적 사용 주파수를 예보하는 곡선

② 아래 그림의 (a), (b), (c)에서 MUF > LUF의 범위가 통신가능 주파수가 되며, 특히 (c)그림에서 서울과 런던 사이에서는 한국시간(KST) 11 : 00~14 : 00까지는 MUF < LUF이므로 통신이 불가능한 시간이 된다.

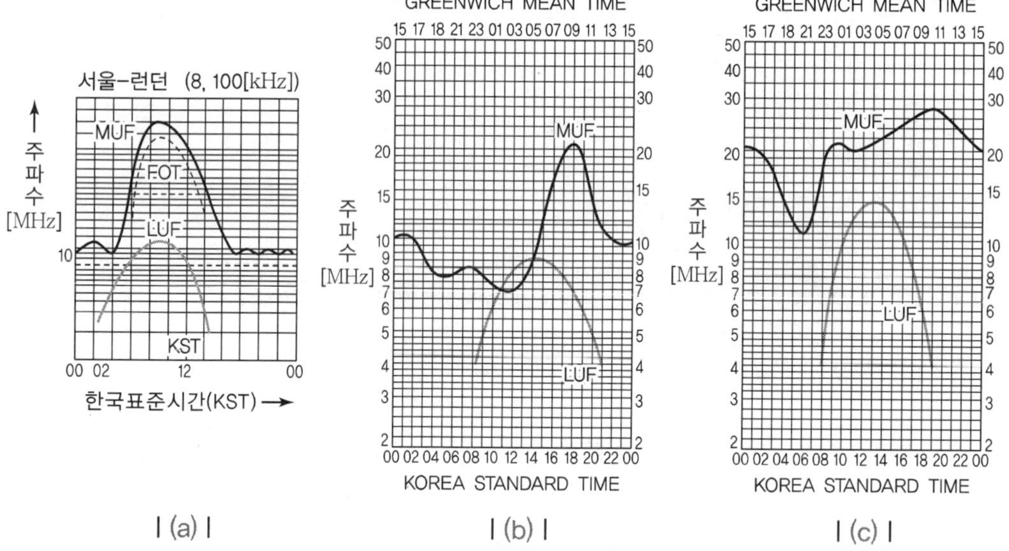

| (a) | | (b) | | (c) |

5 Complement 주파수

전리층 반사파는 일변화, 계절변화, 연변화 등을 하므로 단파대를 사용하는 고정통신회선에서는 항상 통신을 하기 위한 여러 개의 주파수가 필요하다. 이때 가변 가능한 여러 개의 주파수를 Complement 주파수라 한다.

실전문제

WIRELESS COMMUNICATION ENGINEERING

01 최적운용 주파수(FOT)와 최고 사용 가능 주파수(MUF)의 관계 중 옳은 것은?

① FOT=MUF×0.85
② FOT=MUF×0.75
③ FOT=MUF×85
④ FOT=MUF×75

02 지표면으로부터 전리층을 향하여 수직으로 펄스파를 발사한 후 0.0004초에 반사파를 확인했다. 어느 층에서 반사 되었는가?

① D층
② E층
③ F_1층
④ F_2층

03 전파에 대한 설명으로 옳지 않은 것은? `15 국가직 9급

① 주파수가 높을수록 전리층 통과가 어려워진다.
② 주파수 대역폭이 넓어지면 전송속도를 증가시킬 수 있다.
③ 주파수가 높을수록 안테나의 길이가 짧아진다.
④ 주파수가 높을수록 장애물에서 회절 능력이 감소한다.

04 전파의 '도약거리'에 대한 설명 중 옳은 것을 바르게 묶은 것은? `10 경찰직 9급

㉠ 전리층의 반사파가 처음으로 지상에 도달하는 점과 송신점 사이의 거리를 의미한다.
㉡ 사용주파수가 전리층에 입사되는 정도에 따라 다르게 나타난다.
㉢ 전리층의 높이에 반비례한다.
㉣ 사용주파수가 임계주파수보다 클 때 생긴다.
㉤ 주간 및 야간에 관계없이 도약거리는 동일하다.

① ㉢, ㉣, ㉤
② ㉠, ㉡, ㉤
③ ㉠, ㉡, ㉣
④ ㉡, ㉢, ㉣

정답 01 ① 02 ① 03 ① 04 ③

SECTION 05 전파의 감쇠 & 델린저 & 자기람

- 단파 통신에서는 전파가 전리층을 통과 및 반사하여 지상에 되돌아온다. 이렇게 전파가 전리층을 통과/반사하면 에너지의 손실을 받는다.
- 이런 에너지 감쇠는 평균충돌 횟수, 전자밀도, 사용주파수, 전리층의 전파통로의 길이 등과 관련이 있다.

1 전리층에서 에너지 감쇠의 종류

① 제1종 감쇠 : 전파가 전리층을 통과할 때 받는 감쇠량

② 제2종 감쇠 : 전파가 전리층에서 반사될 때 받는 감쇠량(주파수가 높을수록 전리층 내부 깊숙이 전파가 들어감)

특성 비교	제1종 감쇠	제2종 감쇠	비고
감쇠 원인	전리층을 투과할 때 받는 감쇠	전리층에서 반사될 때 받는 감쇠	
사용주파수	제곱에 반비례	제곱에 비례	
전자밀도	비례	반비례	확인 요
충돌 횟수	비례	비례	
입사각(θ)	비례	반비례	비스듬하게 입사
영향 정도	주간 > 야간, 여름 > 겨울 저위도 > 고위도		전자밀도와 관련
감쇠층	F층 반사파 ➡ D층, E층 E층 반사파 ➡ D층	F층 반사파 ➡ F층 E층 반사파 ➡ E층	
MUF/LUF와의 관계	LUF와 관련	MUF와 관련	주의

2 델린저 현상(Dellinger Effect)

소실현상이며 1935년 미국 천문학자 Dellinger가 발견하였다. 원거리의 단파통신의 수신 전계가 갑자기 저하되어 수신 불능 상태가 되었다가 몇 분에서 몇 시간 후에 점차적으로 회복된다. 태양의 불규칙한 폭발에 의해 다량의 자외선이 방출되어 D, E층의 전자밀도가 증가되어 임계주파수는 높아지고 전리층 내의 전파감쇠를 증가시키기 때문에 발생한다. 델린저 현상은 위와 같이 태양과 관련이 되어 있기 때문에 야간에는 나타나는 법이 없다. 단파대에서만 생기고 주파수가 낮을수록 그 영향은 크고, 20[MHz] 이상에서는 거의 이 현상이 일어나지 않는다.

① 델린저 현상(Dellinger Effect)=(소실현상 : Fade-Out)

태양표면의 폭발에 의해 복사되는 자외선이 돌발적으로 증가하여 전리층을 교란하는 현상으로 자외선이 E층, D층의 전자밀도를 증가시켜 이상전리가 일어나 임계주파수의 상승, 전리층 내의 감쇠가 커짐으로써 발생한다.

3 자기람(=자기폭풍우, Magnetic Storm)

태양면의 폭발 또는 흑점의 활동이 심할 때 지구 자계의 세기가 급속히 그리고 이상적으로 변동하는 현상으로 단파통신이 불가능해지고 수 시간 내지 수 일 간에 걸쳐 회복 된다. 자기람은 태양 면이 폭발할 때 많은 대전 입자가 방출되어 이것이 지구를 도달하면서 지구 자계의 영향을 받아 극지방 부근에서 환상으로 흐르며 전리층을 변화시켜 고위도 지방에 큰 영향을 준다. F_2층의 임계주파수는 낮아지고 단파 중에서 20[MHz] 이상의 주파수에 많은 영향을 준다. 발생주기는 태양의 자전주기인 27일 간격으로 일어나기도 하지만 대체로 불규칙한 편이다. 자기람은 태양에서 복사되는 미립자가 대기의 상층에 충돌해서 전리를 일으켜 그 때문에 이상전류가 흘러 이것에 의해서 생기는 이상전류가 지구자계를 소란시킴으로서 발생한다.

자기폭풍, 오로라의 영향으로 태양활동이 활발해지면 방출된 대량의 하전 미립자가 지구에 도달하여 지구자장의 작용으로 고위도 지방에 집결해서 전리층을 교란하는 현상이다.

	델린저 현상	자기람 현상	비고
발생원인	자외선의 이상증가	하전 미립자	
발생상황	예측 어려움, 돌발적으로 발생	예측가능, 서서히 발생	
지속시간	수 분~수 십분	수 시간~1일~2일	
발생지역(범위)	저위도 지방(좁은 지역)	고위도 지방(넓은 지역)	
발생시간	주간(여름)	주야 무관(계절 무관)	
발생 후 진행방향	저위도 ➡ 고위도(회복은 역순)	고위도 ➡ 저위도	
관련 전리층	D, E층의 전자밀도 증가 (F층과는 상관없다.)	F층의 전자밀도 감소	
통신에 주는 영향	단파통신에 영향(1.5~2.0[MHz])	단파통신에 영향(20[MHz] 이상)	
극복 방법	사용주파수를 높인다.	사용주파수를 낮춘다.	
주파수 선정시 유의점	LUF 선정시 주의	MUF 선정시 주의	

실전문제

WIRELESS COMMUNICATION ENGINEERING

01 다음 중 단파대에서 제1종 감쇠의 설명으로 맞는 것은?

① E층의 전자밀도가 클수록, 주파수가 낮을수록 크다.
② E층의 전자밀도가 클수록, 주파수가 클수록 크다.
③ E층의 전자밀도가 작을수록, 주파수가 낮을수록 크다.
④ E층의 전자밀도가 작을수록, 주파수가 클수록 크다.

02 자기람과 델린저 현상에 대한 방지대책으로 옳은 것은?

① 자기람 및 델린저 현상에 대하여 모두 주파수를 높게 한다.
② 자기람 및 델린저 현상에 대하여 모두 주파수를 낮게 한다.
③ 자기람은 주파수를 낮게 하고 델린저 현상은 주파수를 높게 한다.
④ 자기람은 주파수를 높게 하고 델린저 현상은 주파수를 낮게 한다.

03 델린저 현상(Dellinger Effect)을 가장 강하게 받는 전파대는?

① 장파 ② 단파
③ 초단파 ④ 극초단파

04 태양의 폭발에 의해 방출되는 하전 입자가 지구 전리층을 교란시켜 전파방해가 발생하는 자기 폭풍(Magnetic Storm) 현상에 대한 설명으로 옳지 않은 것은? '15 국가직 9급

① 태양폭발이 선행하기 때문에 미리 예측할 수 있다.
② 3~20[MHz] 주파수대역보다 낮은 주파수 신호가 더 큰 영향을 받는다.
③ 지속시간이 비교적 길어 1~2일 또는 수일 동안 계속된다.
④ 지구 전역에서 발생하며 고위도 지방에서 더 심하다.

05 전리층의 1종 감쇠에 대한 설명으로 잘못된 것은? '10 경찰직 9급

① 전리층을 통과할 때 받는 감쇠이다. ② 전자 밀도에 비례한다.
③ 주파수의 제곱에 비례한다. ④ 전리층을 비스듬히 통과할수록 크다.

정답 01 ① 02 ③ 03 ② 04 ② 05 ③

SECTION 06 전리층 전파에서 발생하는 제 현상

1 페이딩(Fading)

- 수신전계 강도가 두 개 이상의 통로를 다르게 하고 있는 전파 간의 간섭현상
- 수신전계가 커졌다 약해졌다 하거나 찌그러지는 것으로 전파의 수신 상태가 시간적으로 변동하고 수신음이 불규칙적으로 변동함으로써 수신 장애를 주는 현상

1) 간섭성 Fading

① 동일 송신전파를 수신하는 경우에 전파의 통로가 둘 이상인 경우 이들 전파가 간섭하여 일으키는 Fading

㉠ 근거리 Fading : 방송파대에서 지상파와 전리층 반사파(E층 반사파) 두 전파의 간섭에 의한 Fading으로 양청구역이 줄어든다.

㉡ 원거리 Fading : 단파에서 전리층 반사파 상호 간의 간섭에 의한 Fading

② 방지책

㉠ 근거리 Fading : 페이딩 방지용 안테나

㉡ 원거리 Fading : 공간 합성수신법, 주파수 합성수신법, MUSA 방식

2) 편파성 Fading

① 전파가 전리층을 통과하는 경우 지구자계의 영향으로 전리층 반사파는 정상파와 이상파로 갈라지고 이들이 합성되어 타원편파가 된다. 이 타원의 축은 시시각각으로 회전하므로 일정방향의 안테나로 수신하면 안테나의 유기전압이 변한다. 이와 같이 편파면의 회전에 의해 생기는 Fading

② 방지책 : 편파합성수신법

3) 흡수성 Fading

① 전파가 전리층을 통과하거나 반사할 때 감쇠(흡수)를 받는다. 이 감쇠량의 변화 때문에 생기는 Fading

㉠ 동기성(Synchronous) Fading : 동시에 2개 이상의 주파수를 전파할 때 두 주파수에 동시에 발생하는 Fading

㉡ 선택성(Selective) Fading : 동시에 2개 이상의 주파수를 전파하는 경우 두 주파수가 각기 독립적으로 발생하는 페이딩. 전리층에서의 전파의 감쇠는 주파수와 밀접한 관계를 갖고 있기 때문

② 방지책
- 동기성 Fading : 수신기에 AGC 회로를 부가
- 선택성 Fading : 주파수 합성법, 단측파대(SSB) 통신방식

4) 도약성 Fading

① 도약거리 근처에서 발생하는 Fading으로 전파가 전리층을 시각에 따라 투과하거나 반사함으로써 발생하는 현상으로 전자밀도의 시간적 변화율이 큰 일출, 일몰 시에 많이 발생

② 방지책 : 주파수 합성수신법

2 Fading 방지법

1) 수신기에 AGC 또는 AVC 회로나 진폭제한기(Limiter) 사용

주로 흡수성 Fading 방지용으로 사용

2) 페이딩 방지용 안테나 사용 ➡ 지향성을 갖게 한다.

① 중파(방송파대) 송신일 때 사용

② MUSA(Multiple Unit Steerable Antenna System) 방식 ➡ 지향성이 예민한 공중선 사용

3) 합성 수신법(Diversity) 사용

서로 상관이 적은 2대 이상의 수신기를 사용하여 그의 출력을 합성 또는 선택함으로써 Fading 영향을 경감시키는 것이다.

① 공간 합성 수신법(Space Diversity)
둘 이상의 수신 안테나를 서로 다른 장소에 설치하여 그 출력을 합성 또는 양호한 출력을 선택, 수신하여 페이딩의 영향을 경감시키는 방법

② 주파수 합성 수신법(Frequency Diversity)
한 개의 안테나로 서로 다른 둘 이상의 주파수를 발사하여 수신 측에서 합성 또는 선택하여 수신하는 방법

③ 편파 합성 수신법(Polarization Diversity)
전리층 반사파는 지구자계의 영향으로 타원편파가 발생하므로 수직성분과 수평성분을 가지게 되어 편파성 Fading을 발생시킨다. 이에 수신 측에서 수평편파 안테나와 수직편파 안테나 두 개를 따로 설치하여 각 편파성분을 분리 · 합성 수신하여 Fading의 영향을 경감시키는 방법

④ 루트 합성 수신법(RD ; Route Diversity)

둘 이상의 루트를 전환하도록 해서 회선의 불가동률이 규격 이하로 유지하게 하여 페이딩에 의한 영향을 억제하는 방법으로 매우 큰 이격거리(10[km] 이상)를 갖고 루트를 선정하기 때문에 많이 사이트가 이중으로 설치되는 것이 문제가 된다.

⑤ 시간 합성 수신법(Time Diversity)

같은 신호를 연속해서 전송하여 페이딩에 의한 영향을 억제하는 방법

⑥ MUSA(Multiple Unit Steerable Antenna System) 방식(=입사각 합성 수신법 : Angle Diversity)

수신 안테나로 수신하는 전파는 전파경로가 여러 경로를 가지므로 상호 간섭이 발생하기 한다. 이때 예리한 지향성을 갖는 빔 안테나를 이용해서 최대 전계 강도가 되는 전파 도래방향으로 지향성을 갖도록 수신해서 페이딩의 영향을 억제하는 방법

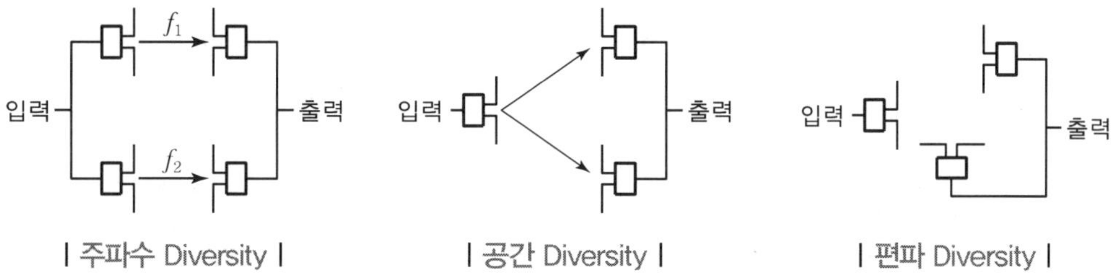

| 주파수 Diversity | | 공간 Diversity | | 편파 Diversity |

3 에코(Echo) 현상

1) 에코의 원인

① 동일 특성의 신호가 일정한 시간간격으로 되풀이되는 현상

② 하나의 송신소에서 발사된 전파가 두 개 이상의 다른 경로를 통해 수신 안테나에 도달하는데 각기 경로의 차에 의해 도달하는 시간에도 약간의 차이가 생기며, 이와 같은 시간차에 의해 동일한 신호가 여러 번 되풀이 되는 현상

2) 에코의 종류

① 근거리 에코

㉠ 송신점 부근에서 전리층 반사파와 대지 반사파의 산란에 의해 나타나는 현상

㉡ 송 · 수신점 간의 거리가 가까울 경우 : 주전파(지표파), 에코(전리층 반사파)

② 다중 에코

㉠ 송 · 수신점 간의 거리가 먼 경우 같은 방향에서 오는 전파라도 발사된 각도에 따라 전리층에서 반사되는 횟수가 다르게 되는데, 이들 전파가 수신되는 경우 발생하는 현상이다.

㉡ 주전파(전리층 1회 반사파), 에코(전리층에서 반사되는 횟수가 2회 이상의 여러 파들)

③ 역회전 에코

㉠ 지구를 서로 반대로 전송되는 두 전파에 의한 전파 도달 시간차에 의하여 나타남

㉡ 주전파(거리가 가까운 쪽에서 전파되어 온 신호), 에코(주전파의 방향과 반대방향으로 전파되어온 전파)

④ 지구일주 에코

㉠ 주전파와 같은 방향으로 진행하여 지구를 거듭 일주 또는 2~3주 한 것이 재차 수신되어 전파가 에코 신호로 나타나는 것이다.

㉡ 주전파(바로 전달되는 파), 에코(지구를 한 바퀴 돌고 다시 돌아오는 파)

⑤ 지자극 에코

극지방을 통과하는 단파신호가 독특한 왜곡을 받아 마치 에코와 같이 수신되는 현상

⑥ 장시간 지연 에코

원거리 에코라 하며 에코는 일반적으로 주전파에 대하여 지연시간이 0.3초 이하지만 경우에 따라 수초에서 수분 정도 지연되어 도달하는 현상

3) 에코의 영향

① 전파의 도달 시간파가 짧을 때는 그다지 영향이 없다.

② 고속도 통신, 사진 전송에 주는 영향이 크다.

4) 에코의 방지법

① 첨예한 단일 지향성을 갖는 빔(Beam) 안테나를 사용한다.

② 사용 주파수를 교체한다.

③ 공중선에 반사기를 단다.

4 대척점 효과(Antipode Effect)

① 지구상 한 점에 대하여 정반대의 위치에 있는 지구상의 한 점을 대척점이라 하며 이 대척관계에 있는 2지점 간의 대원통로는 무수히 많이 있으므로 수신점에는 모든 방향에서 전파가 도달하게 되어 거리가 먼 데도 불구하고 수신전계가 크게 되는 특이한 현상

② 전파의 도래방향이 시간적 · 계절적으로 규칙적으로 변화하므로 페이딩이 비교적 적지만 전파의 방위측정은 불가능하다.

＊ 한국의 대척점 : 아르헨티나의 부에노스아이레스

5 룩셈부르크 효과(Luxemburg Effect)

① 주파수가 다른 2개의 전파 간의 간섭현상으로 전리층의 1점을 두 전파가 지날 때 복사전력이 강한 쪽의 전파에 의해 다른 쪽 전파가 변조되어 이를 수신하면 강한 쪽의 전파가 혼입되는 현상이다.

② 방해국이 장파이고 피해국이 중파인 경우 방해변조가 크게 일어난다.

③ 변조되는 주파수가 높을수록 약하다.

④ 일출 전에 크고 일몰과 함께 소멸된다.

실전문제 WIRELESS COMMUNICATION ENGINEERING

01 다음 중 단파대에서 심하며 지구자계의 영향을 받는 페이딩(Fading)은?

① 편파성 페이딩
② 선택성 페이딩
③ 간섭성 페이딩
④ 흡수성 페이딩

02 페이딩(Fading)을 방지하기 위해서는 종류에 따라 적당한 방법을 선택하여야 한다. 적당한 방법이 아닌 것은?

① 간섭성 페이딩(Fading)에 대해서는 공간 다이버시티(Space Diversity)와 주파수 다이버시티(Frequency Diversity)를 합성하여 사용한다.
② 편파성 페이딩(Fading)에 대해서는 서로 수직으로 놓인 안테나를 사용하여 합성한다.
③ 흡수성 페이딩(Fading)에 대해서는 AVC(Automatic Voice Control) 회로를 첨가하여 방지한다.
④ 선택성 페이딩(Fading)은 공간 다이버시티(Space Diversity)가 적당하다.

03 선택성 페이딩(Fading)을 경감시키는 대책으로서 적당한 것은?

① 주파수 합성법
② 공간 합성법
③ MUSA
④ MUF

04 태양의 폭발에 의해 방출된 자외선이 E층의 전자밀도를 증가시켜 통신을 불가능하게 만드는 현상은?

① 델린저 현상
② 대척점효과
③ 룩셈부르크 현상
④ 페이딩 현상

정답 01 ① 02 ④ 03 ① 04 ①

05 주파수가 다른 2개의 전파가 같은 전리층의 1점을 지나갈 때 복사전력이 강한 쪽의 전파에 의하여 다른 쪽의 전파가 변조되어 강한 쪽의 전파가 혼입되는 현상을 무엇이라 하는가?

① Luxemburg Effect
② Control Point
③ Antipode Effect
④ Magnetic Storm

06 간섭성 페이딩의 경감법은?

① 공간 다이버시티 방식
② 편파 다이버시티 방식
③ SSB 통신 방식
④ MUSA 방식

07 두 개 이상의 안테나를 서로 떨어진 곳에 설치하고 두 출력을 합성하여 페이딩을 방지하는 방식으로 옳은 것은?

① 주파수 다이버시티
② 공간 다이버시티
③ 편파 다이버시티
④ 변조 다이버시티

08 단파통신에서 페이딩(Fading)에 대한 방법으로 적합하지 못한 것은?

① 간섭성 페이딩은 공간 합성 수신법을 사용한다.
② 편파성 페이딩은 편파 합성 수신법을 사용한다.
③ 흡수성 페이딩은 수신기에 AVC를 부가한다.
④ 선택성 페이딩은 수신기에 AGC를 부가한다.

정답 05 ① 06 ① 07 ② 08 ④

SECTION 07 전파잡음

1 발생원인에 의한 분류

1) 자연잡음

① 은하잡음
② 우주잡음
③ 태양잡음
④ 공전잡음

2) 인공잡음

2 잡음성질에 의한 분류

1) 불규칙성 잡음

① 연속성 잡음 : 연속음으로 발생하는 잡음
② 충격성 잡음 : 돌발적으로 발생하는 잡음

2) 동기성 잡음

주기성을 가진 잡음으로 인공잡음의 대부분

3) 우주잡음(Cosmic Noise)

지구권 밖의 우주에서 발생하는 잡음

① 태양잡음

태양 활동에 수반해서 발생하여 지구에 도달하는 잡음 전파로 Corona와 같은 고온부에서의 열교란에 기인한다.

㉠ 태양잡음의 발생원인

ⓐ 태양활동의 정온시 발생

흑체방사나 흑점상공의 코로나에서의 방사에 의해 발생한다.

ⓑ 태양활동의 아웃 버스트(Out burst)시 발생

흑점, 델린저 현상에 관련하여 발생한다.

ⓒ 태양활동의 태양전파폭풍시 발생

ⓓ 버스트 시 발생

광학적 관측과는 관계없이 단시간에 돌발적으로 일어난다.

㉡ 태양잡음의 특징

ⓐ 초단파 통신에만 방해 요인으로 작용한다.

ⓑ 태양잡음을 관측하여 델린저, 자기람 등의 예보 등에 사용한다.

② 은하잡음

태양 이외의 항성에서 발생하는 잡음으로서 이 잡음 전파의 강도는 방향과 파장에 따라서 다르나 은하의 중심 방향에서 가장 세다. 초단파 통신에 장애를 주고 20~100[MHz] 범위의 주파수 분포를 가지며 200[MHz] 넘으면 거의 문제가 되지 않는다.

4) 공전잡음(Static Noise)

• 뇌우를 동반하는 낙뢰 방전에서 발생한 폭이 좁은 펄스 모양의 전파로 수신됨.

• 공전의 발생

(저위도 > 고위도, 육상 > 해상, 장파 > 중파 > 단파 : 주파수가 낮을수록 심하다.)

① 공전잡음의 종류

㉠ 클릭(Click) : 수신출력이 짧고 날카로운 “카락카락” 소리 혼입.

㉡ 그라인더(Grinder) : 수신출력에서 “윙윙” 소리 혼입

㉢ 힛싱(Hissing) : 수신출력에서 “슈우슈우” 소리 혼입 : 공전 가운데 많이 발생(큰 장애요인)

② 공전잡음의 경감법

㉠ 지향성 공중선을 사용 : 전파의 도래방향과 공전방향이 다를 때

㉡ 비접지 공중선을 사용 : 뇌우에 의해 안테나를 통한 대지로의 방전이 있을 때

㉢ 수신 대역폭을 좁게 하여 선택도를 높인다.

㉣ 송신 출력을 증대시켜 수신점의 S/N을 크게 한다.

㉤ 짧은 파장을 사용한다.

㉥ 수신기에 잡음억압회로, Limiter 등을 사용 : 충격성 잡음 억제

㉦ 공전은 완전히 제거할 수 없기 때문에 공전이 적게 발생하는 위치에 수신기 설치

5) 인공잡음

산업사회가 만들어 낸 잡음으로 전자기기로부터 발생되는 잡음이다.

① **불꽃방전** : 불꽃방전을 발생시키는 부분을 가진 기계에서 발생한다.(고주파용접, 항공기 내연기관, 계전기 등)

② **취동접촉** : 전기회로의 취동접촉부가 불완전 접촉이나 단속 때문에 잡음을 발생한다.(전기 드릴, 전동기의 브러시 등)

③ **코로나방전** : 고압 송전선이나 오존발생기 등이 원인이다.

④ **글로방전** : 네온사인, 수은등, 형광등 등의 글로 방전에 의해서 생긴다.

⑤ **지속진동** : 고주파 가열, 고주파 의료기, 기타 수신기 등에 의해 생긴다.

⑥ **도시잡음** : 이상에서 설명한 여러가지 인공잡음이 동시에 일어나서 이것들의 총합으로서 잡음이 존재한다.

⑦ **백색잡음(White Noise)** : 불규칙적인 잡음, 연속적 잡음

6) 잡음방해의 일반적인 개선 방법

① 송신전력을 크게 하거나 안테나의 지향성을 예민하게 하여 이득을 높임으로써 수신전력을 크게 한다.

② 내부잡음이 적도록 수신기의 설계를 적절히 한다.

③ 수신기의 실효대역폭을 좁게 한다.

④ 전원회로에 필터를 삽입하거나 차폐를 잘한다.

⑤ 적절한 통신방식을 선택한다.

⑥ 동축급전선을 사용하고 수신기에는 잡음억제회로를 채택한다.

7) 등가잡음온도

① 복사체에서 발생되는 잡음전력(P_r)을 어떤 저항체에서 발생된 열잡음전력(P_r)으로 간주할 때의 온도를 등가 잡음 온도라고 한다.

$$P_r = KTB$$

여기서, K : 볼츠만 상수(1.38×10^{-23}[J/°K])
T : 수신기 대역폭
B : 등가잡음온도[°K]

② 등가 잡음 온도는 주파수, 양각 이득, 부엽의 지향성에 의해 결정되며 복사저항과는 관계가 없다.

SECTION 08 전파의 창(Radio Window)

위성 통신에 가장 적합한 1~10[GHz]의 대역을 말한다.

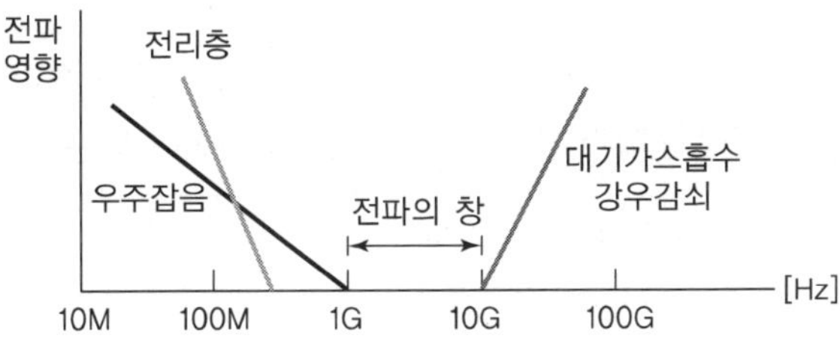

- 전파의 창 결정요소
  ① 전리층의 영향
  ② 대류권 영향
  ③ 우주 잡음의 영향

실전문제

WIRELESS COMMUNICATION ENGINEERING

01 주파수가 다른 2개의 전파가 같은 전리층의 1점을 지나갈 때 복사전력이 강한 쪽의 전파에 의하여 다른 쪽의 전파가 변조되어 강한 쪽의 전파가 혼입되는 현상을 무엇이라 하는가?

① Luxemburg Effect　　② Control Point
③ Antipode Effect　　④ Magnetic Storm

풀이 룩셈부르크 효과(Luxemburg Effect)의 설명이다.

02 공전의 경감 대책으로 맞지 않는 것은?

① 대역폭을 좁게 하여 선택도를 좋게 한다.
② 송신출력을 증가 시킨다.
③ 수신기에 억제회로를 삽입한다.
④ 사용주파수를 낮춘다.

풀이 공전은 주파수가 높을수록 적게 발생하고, 낮을수록 많이 발생한다.

03 다음 중 인공 잡음의 원인에 속하지 않는 것은?

① 글로우 방전　　② 코로나 방전
③ 불꽃 방전　　④ 공전 방전

풀이 공전은 대기잡음이다.

04 다음 중 공전의 특징이 아닌 것은?

① 주로 초단파 통신에 방해를 주며 200[GHz]이상에서는 문제가 되지 않는다.
② 장파대의 공전은 겨울보다 여름에 자주 나타나며 강도도 크다.
③ 공전은 적도 부근에서 가장 격렬히 발생한다.
④ 단파대에서는 한밤 중 전후에 최대이고 정오경에 최소가 된다.

정답 01 ① 02 ④ 03 ④ 04 ①

풀이 • 발생원인에 따라 크게 자연현상에 의해 생기는 자연잡음과 여러 가지 전기기기 · 송전선 · 자동차 등에서 생기는 인공잡음으로 나뉜다.
• 대표적인 자연잡음으로는 대기 중의 자연현상에 따라 생기는 천둥 등의 대기잡음(空電)이 있다. 이것은 수십[MHz] 이하의 주파수대에서 주된 잡음원(雜音源)이 되어 단파통신 등에 장애를 준다. 태양에서 방사되는 태양잡음이나 은하계 천체로부터 방사되는 은하잡음을 우주잡음이라 하는데, 이들은 우주통신이나 전파천문 관측에 영향을 주고 있다.
• 또 대기나 대지(大地) 등에 의한 열잡음도 우주잡음이 작아지는 수백[MHz] 이상의 주파수대에서 문제가 된다.
• 인공잡음은 가정용 전기기기 · 자동차 · 전차 · 송전선 등 전기를 이용하는 모든 기기와 설비류에서 생긴다고 본다.
• 수십[MHz] 이하의 주파수대에서는 특히 송전선잡음이, 그 이상의 주파수대에서는 자동차잡음이 주요 잡음원이다. 그러나 잡음원의 종류 · 크기 · 장소 · 시간 등은 매우 다양하므로 인공잡음에 대하여 일반적인 경향을 단정 짓기는 어렵다.

05 공전의 잡음을 경감시키는 방법 중 적당하지 않은 것은?

① 지향성 안테나를 사용한다.
② 수신기의 수신대역폭을 넓게 하여 수신 전력을 증가시킨다.
③ 높은 주파수를 사용한다.
④ 비접지 안테나를 사용한다.

풀이 대역폭을 좁게 해야 잡음의 양이 줄어든다.

06 다음 중 혼신의 방해를 가장 적게 하는 방법은?

① 안테나의 접지를 완전하게 한다.　② 안테나의 도체 저항을 적게 한다.
③ 지향성 안테나를 사용한다.　④ 안테나의 높이를 높게 한다.

풀이 혼신을 줄이기 위해서는 한쪽 방향에서 오는 것만 수신하는 방법이 하나의 방법이 될 수 있다.

07 대기 중 H_2O에 의한 전파의 흡수감쇠가 가장 큰 주파수대역은 몇[GHz]대역인가?

① 0.5　② 2.5　③ 5.5　④ 10.5

풀이 대기잡음은 10[GHz] 이상의 높은 주파수에서 많이 발생한다.

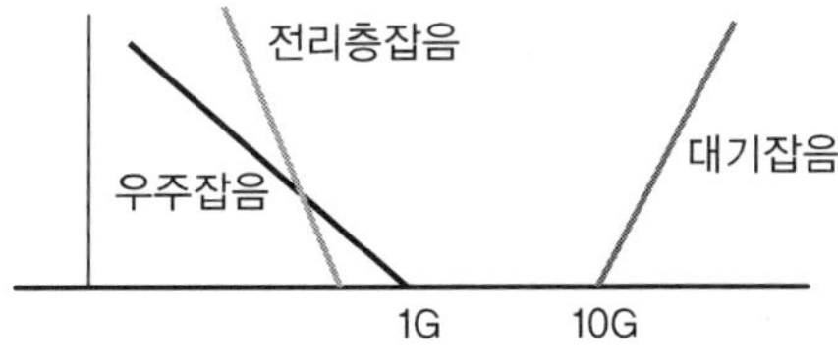

정답 05 ② 06 ③ 07 ④

08 전파의 창(Radio Window)의 범위를 결정하는 중요한 요소가 아닌 것은?

① 전리층의 영향
② 도플러 효과의 영향
③ 대류권의 영향
④ 우주 잡음의 영향

풀이 전파의 창
㉠ 우주통신을 하기 위한 상한과 하한의 주파수를 정해놓은 전파의 창은 1~10[GHz]의 대역을 말한다.
㉡ 전파 창의 결정요인
대류권의 영향, 전리층의 영향, 송·수신계의 문제, 정보전송량의 문제, 우주잡음의 영향

09 우주 통신용 무선 주파수에 대한 설명 중 틀린 것은?

① 100[MHz] 보다 낮은 주파수는 전리층에서 반사되며 흡수에 의한 감쇠를 받는다.
② 10[GHz] 보다 높은 주파수는 비, 구름, 대기에서의 흡수에 의한 감쇠를 받는다.
③ 1[GHz]에서는 우주 공간의 잡음, 특히 은하계에서 발생하는 잡음 비교적 크다.
④ 우주 통신에 적합한 주파수 1[GHz] 이하이며 이를 전파의 창(Radio Window)이라고 한다.

10 우주 잡음은 주파수가 얼마 이상에서 영향이 없어지는가?

① 200[MHz] ② 500[MHz] ③ 1,000[MHz] ④ 2,000[MHz]

11 전파(電波) 전파(傳播)의 현상 중 틀린 것은?

① 지표파가 도달하지 못하고 전리층 반사파도 도달하지 못하는 지역을 불감지대라고 한다.
② 페이딩(Fading)이란 송신안테나에서 발사된 전파가 수신측에 도달할 때 여러 가지 통로의 차에 의해 시간적 차이가 생겨 같은 신호가 여러 번 되풀이 되어 나타나는 것을 말한다.
③ 태양에 의한 무선통신에 영향을 주는 현상으로 델린저 현상과 자기람(Magnetic Storm)이 있다.
④ 공전(Atmospherics)이란 기상변화에 따른 공중전기의 변화 등에 의해서 발생하는 대기잡음을 말한다.

풀이 에코의 원인
㉠ 동일 특성의 신호가 일정한 시간간격으로 되풀이되는 현상
㉡ 하나의 송신소에서 발사된 전파가 두개 이상의 다른 경로를 통해 수신 안테나에 도달하는데 각기 경로의 차에 의해 도달하는 시간에도 약간의 차이가 생기며, 이와 같은 시간차에 의해 동일한 신호가 여러 번 되풀이 되는 현상

정답 08 ② 09 ④ 10 ④ 11 ②

12 수신 안테나에 전파가 도달할 때, 시간차에 의해 같은 신호가 여러번 되풀이하여 나타나는 현상은?

① 페이딩(Fading)
② 에코(Echo)
③ 태양흑점(Sun Spot)
④ 자기 폭풍(Magnetic Storm)

13 공전이나 각종 인공 잡음 등을 억제하기 위해 사용하는 회로는?

① AGC
② AFC
③ ANL
④ ACC

풀이 ANL
Automatic Noise Limiter(자동 잡음 제한기)

14 위성통신에 사용하는 전파의 창에 대한 주파수대로 가장 적절한 것은? '10 경찰직 9급

① 20[GHz]
② 10~15[GHz]
③ 1~10[GHz]
④ 1[GHz]

15 전파의 창(Radio Window)은 위성통신을 행하는 데 가장 적합한 주파수(1~10[GHz])를 지칭한다. 다음 중 전파의 창의 범위를 결정하는 요소는 모두 몇 개인가? '10 경찰직 9급

㉠ 우주 잡음의 영향
㉡ 대류권의 영향
㉢ 전리층의 영향
㉣ 도플러 효과

① 1개
② 2개
③ 3개
④ 4개

16 공전(公電) 잡음을 경감시키는 방법으로 적당하지 않은 것은? '10 경찰직 9급

① 수신대역폭을 좁히고 수신기의 선택도를 좋게 한다.
② 접지 안테나를 사용한다.
③ 송신출력을 증대시켜 수신점의 S/N비를 크게 한다.
④ 수신기에 적절한 억제회로(Limiter)를 사용한다.

정답 12 ② 13 ③ 14 ③ 15 ③ 16 ②

PART 02

전자기파 이론

WIRELESS COMMUNICATION ENGINEERING

CHAPTER 01 WIRELESS COMMUNICATION ENGINEERING

전자기파의 기본 이론

SECTION 01 전자기파 기본 이론

1 전자파의 성질

1) 전자파는 횡파(Transverse Wave)

① 전계, 자계의 진동방향과 직각인 방향으로 진행하는 파

② 전계, 자계가 서로 얽혀 도와가며 고리모양으로 진행하는 파

③ 전자파는 평면파이다.

2) 횡전자파(TEM ; Transverse Electro Magnetic Wave)

TEM파란 전파의 진행방향(z 방향)에 전계와 자계가 존재하지 않고, 진행방향에 직각인 방향에 전계와 자계가 존재하는 횡파 성분의 전자파

① TEM 모드 : 전행방향(없음), 직각방향(E와 H)이 존재

② TE 모드(H파) : 진행방향(H), 직각방향(E)이 존재

③ TM 모드(E파) : 진행방향(E), 직각방향(H)이 존재

3) 평면파(Plane Wave)

진행하여도 모든 점에서 동일한 크기와 위상을 갖는 이상적인 파동(TEM파의 일종)

4) 전자파는 직진, 반사, 굴절, 회절, 간섭, 감쇠 등의 성질이 있다.

5) ε, u가 클수록 전자파의 속도(v)는 늦어지고 λ는 짧아진다.

$$v = \frac{1}{\sqrt{\varepsilon\mu}} = f\lambda$$

6) 위상속도 및 군속도

① 위상속도(Phase Velocity) : 동일 위상이 반복되는 시간과 동일위상이 반복되는 거리와의 비(위상의 한 점이 이동하는 속도)

$$v_p = \frac{c}{n}$$

여기서, n : 매질의 굴절률
c : 광속(3×10^8m/s)

② 군속도(Group Velocity) : 매질 내에서 파가 에너지를 전파하는 속도

$$v_g = nc$$

한편 $v_p \cdot v_g = \frac{c}{n} \cdot nc = c^2$의 관계가 있다.

7) 전자파는 편파성을 갖는다.

수직 ⇔ 수평 편파, 원형 ⇔ 타원형 편파 등으로 구분

2 전자파의 기초이론

1) Ampere의 주회적분의 법칙

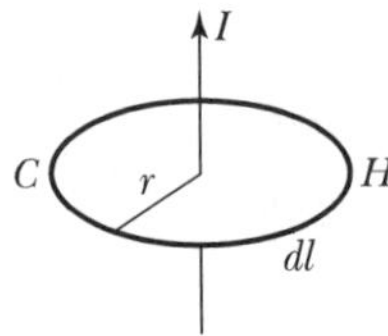

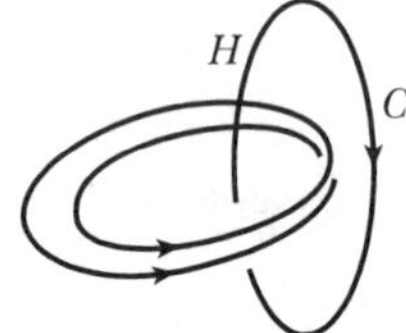

① Ampere의 오른나사 법칙

㉠ 전류의 방향 : 나사의 진행방향

㉡ 자계의 방향 : 나사를 돌리는 방향

② Ampere의 주회적분

㉠ 임의 폐곡선 C에 의한 자계 H[AT/m]의 선적분은 이 폐곡면으로 된 평면을 통과(쇄교)하는 전류 I와 같다.

㉡ 적분형 : $\oint_c H \cdot dl = \sum I$

㉢ 미분형 : $\mathrm{rot}\, H = \nabla \times H = J$[A/m^2]

③ 비오-사바르 법칙(Bio-Savart's Law)

$$H = \frac{I}{4\pi}\int_a^b \frac{\sin\theta}{r^2} dl [\mathrm{Wb/m}]$$

㉠ 임의의 폐로에 전류 I[A]가 흐를 때 r만큼 떨어진 지점에서의 자계

㉡ 암페어의 주회적분 법칙을 이용해서 자계를 구하는 경우에는 자계가 대칭인 경우에 제한된다. 이런 제한을 개선하기 위해 실험에 의한 전류에 의해 발생하는 임의의 점에서의 자계 H를 구하는 방법을 식으로 유도

2) Faraday 전자유도 법칙

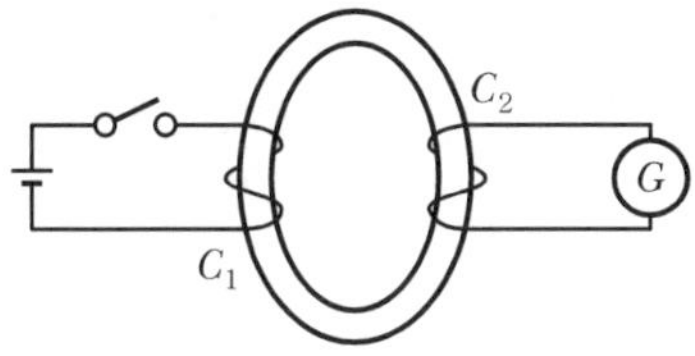

① 전자유도 현상(Electromagnetic Induction)

도선에 전류가 흐르게 되면 그 주위에 자계가 발생하고 자계 에너지가 축적되며 역으로 도선 주위에 자계가 존재하도록 하여 도선과 쇄교하는 자속을 변화시키면 도선에 전류가 흐른다.

② Faraday 법칙

어떤 폐회로에 쇄교하는 자속이 시간적으로 변화를 일으키면 이 폐회로에는 전류가 흐르게 되는 기전력이 발생한다고 말할 수 있다.(전기와 자기 사이에는 유도 현상이 일어남)

③ 유도기전력(Induced Electromagnetic Force)

유도 전류(Induced Electric Current)

④ Lantz의 법칙

유도 기전력은 쇄교자속의 변화를 방해하는 방향으로 전류가 흐르도록 한다.

⑤ 자기유도 작용(=자기 인덕턴스)

코일이 코일 자체의 자장변화에 따라서 내부적인 유도기전력을 가지는 현상

자기유도기전력 $e = L\frac{di}{dt}$[V]

⑥ 상호유도(Mutual Induction)

㉠ 권선이 N_1 인 코일에 전류(I_1)가 흐를 때, 권선이 N_2 인 코일에 유기되는 유도기전력

e_{21}은 상호 유도기전력 $e_{21} = -M_{21}\dfrac{dI_1}{dt}$[V]

㉡ 저항 : 전류의 흐름을 방해하는 성질

㉢ Inductor : 전류의 변화를 방해하는 성질

⑦ 유도기전력

$e = -\dfrac{d\phi}{dt}$(쇄교하는 자속의 시간적 변화는 기전력을 발생)

⑧ 자속밀도 B[Wb/m^2]인 곳에서 임의의 폐회로를 쇄교하는 전체자속 ϕ[Wb]는

$$\phi = \int_s B \cdot ds$$

⑨ 폐회로를 따라 발생하는 유기전계 E[V/m]라 하면 유기기 전력 e[V]는

$$e = \oint_c E \cdot dl$$

• 적분형 : $\oint_c E \cdot dl = -\int_s \dfrac{\partial B}{\partial t} \cdot ds$

• 미분형 : $\nabla \times E = -\dfrac{\partial B}{\partial t}$

3) Gauss 법칙

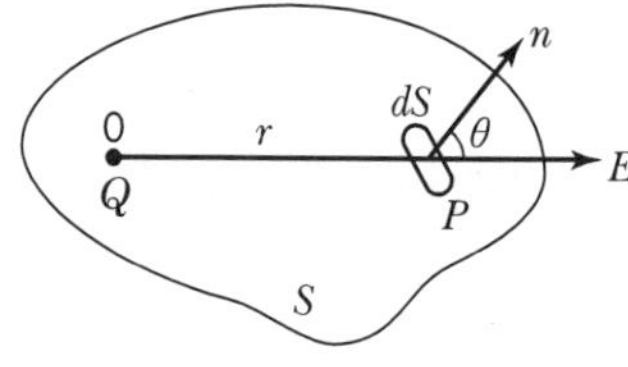

① 단위 체적에서 발산하는 전속은 단위 체적 내의 전하밀도와 같다.

② Q가(+)이면 ➡ 전속이 발생, Q가(−)이면 ➡ 전속이 소멸

③ 임의 체적 V내에 전하가 존재하지 않을 경우에는 체적 내에서 전속의 발생이나 소멸이 일어나지 않으므로 전하량 Q는 0이 된다.

$$\oint D \cdot ds = Q$$

$$\oint B \cdot ds = 0$$

④ 임의의 폐곡면을 통해 나가는 총 전기력선수는 폐곡면 내 총 전하의 $\frac{1}{\varepsilon}$ 배와 같다.

㉠ 적분형 : $\oint_s E \cdot n \ ds = \frac{Q}{\varepsilon}$

여기서, n : 전기력선의 수

㉡ 미분형 : $\nabla \cdot E = \frac{\rho}{\varepsilon_0}$

4) 표피효과(Skin Effect)

① 전류변화에 의해 주변자계가 변화되어 그 영향으로 인해 도체 내의 전류가 표면 부근에 집중되어 흐르는 현상

② 표피 깊이(Skin Depth)

도체 표면과 비교해서 그 값이e^{-1}배(0.368)로 감소되는 깊이

$$\delta = \sqrt{\frac{2}{\mu w \sigma}} = \sqrt{\frac{1}{\mu \pi f \sigma}}$$

③ 전자차폐(Electromagnetic Shielding)

표피효과에 의해 전계, 자계가 도체 내부에 들어가지 못하도록 하는 것

3 전도전류와 변위전류

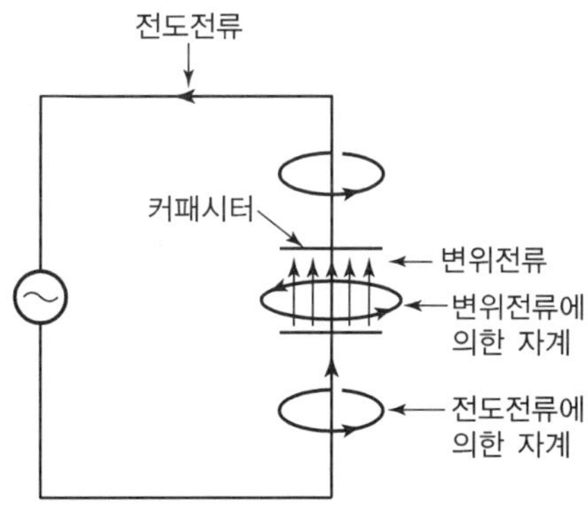

1) 전도전류(Conduction Current)

① 전하가 정지하고 있는 정전계에서는 전하가 정지하고 있으므로 도체의 전위는 언제나 등전위이고, 도체 내부의 전계는 0이다. 그러나 도체에 어떤 전기력을 인가하면 전위차가 생겨 전하는 힘을 받아 이동하게 되는데 이와 같이 전하의 이동을 전류라고 한다.

② 금속과 같은 도체에는 자유전자가 많이 존재하므로 금속에 전계를 인가하는 경우 가해진 전계 방향과 반대방향으로 전자가 이동하여 전류가 흐른다. 이와 같이 금속과 같은 도체 내에서 자유전자의 이동으로 인해 발생하는 전류를 전도전류라고 한다.

2) 변위전류(Displacement Current)

① 전류는 도체뿐만 아니라 진공이나 유전체 중에도 있을 수 있으며 특히 전자의 이동에 의하지 않는 전류를 변위전류라고 한다.

② 즉, 유전체에 존재하는 전류를 생각하면 교류 전원 중(+)반주기 동안 평형 도체판(콘덴서)에 충전되는 동안에는 전극 사이에 전류가 흐르지 않게 되어 전류는 불연속한 것으로 본다.

3) 전도전류와 변위전류의 비교

전도전류(i_c)(Conduction Current)	변위전류(i_d)(Displacement Current)
전도체(도전체)에 흐르는 전류	유전체에 흐르는 전류
전하(전자)의 이동에 의해 흐르는 전류	전속밀도의 시간적 변화에 의해 흐르는 전류
$I_C = \frac{dQ}{dt} = \int_s Jds[\mathrm{A}]$	$D = \varepsilon E = \frac{Q}{S}[\mathrm{C/m^2}]$ $I_D = \frac{dQ}{dt} = S\frac{dD}{dt} = \int_s \frac{dD}{dt} ds[\mathrm{A}]$
$\oint_c H \cdot dl = I_C + I_D = \int_s J \cdot ds + \int_s \frac{dD}{dt} \cdot ds[\mathrm{A}]$	

CHAPTER 02

WIRELESS COMMUNICATION ENGINEERING

Maxwell 방정식

1 Maxwell 방정식

① 전자파 해석의 기본이 되는 방정식으로 전계와 자계의 관계를 나타낸 방정식

② Maxwell 방정식의 기초 방정식

㉠ Ampere의 주회적분의 법칙(1법칙)

㉡ Faraday의 전자유도 법칙(2법칙)

㉢ Gauss 법칙(3, 4법칙)

Reference

➤ **Stoke의 정리**

선적분은 회전한 면적분과 같다.

$$\int_c H \cdot dl = \int_c rot\, H \cdot dS = \int_c \nabla \times H \cdot dS$$

2 Maxwell 제1방정식

① Ampere의 주회적분 법칙으로부터,

$$\oint_c H \cdot dl = \sum I$$

② 이때 I 는 전도전류와 변위 전류의 합이므로,

$$\oint_c H \cdot dl = I_C + I_D = \int_s J \cdot ds + \int_s \frac{dD}{dt} \cdot ds[\mathrm{A}]$$

③ Stoke의 정리를 이용하면,

$$\oint_c H \cdot dl = \oint_c \nabla \times H \cdot ds = \int_s J \cdot ds + \int_s \frac{dD}{dt} \cdot ds[\mathrm{A}]$$

④ 양변을 미분하여 정리하면,

$$rot\ \ H = \nabla \times H = J + \frac{\partial D}{\partial t}$$

⑤ 물리적 의미 : 시간에 따라 변화하는 전계는 자계의 회전을 일으킨다.(자계를 발생시킴)

3 Maxwell 제2방정식

① Paraday의 전자유도법칙으로부터,

$$e = -\frac{d\phi}{dt} \text{와 } \phi = \int_s B \cdot ds \Rightarrow e = -\int_s \frac{\partial B}{\partial t} \cdot ds$$

② 폐회로를 따라 발생하는 유기전계 E[V/m]라 하면 유기기 전력 e[V]는

$e = \oint_c E \cdot dl$이므로,

$$e = \oint_c E \cdot dl = -\int_s \frac{\partial B}{\partial t} \cdot ds$$

③ Stoke의 정리를 이용하면,

$$\oint_c E \cdot dl = \oint_c \nabla \times E \cdot ds = -\int_s \frac{\partial B}{\partial t} \cdot ds$$

④ 양변을 미분하여 정리하면,

$$\nabla \times E = \mathrm{rot}\, E = -\frac{\partial B}{\partial t}$$

⑤ 물리적 의미 : 시간에 따라 변화하는 자계는 전계의 회전을 일으킨다.(전계를 발생시킴)

4 Maxwell 제3방정식(=전기장의 Gauss 법칙)

① Maxwell의 제1방정식$\left(\mathrm{rot}\, H = \nabla \times H = J + \frac{\partial D}{\partial t}\right)$의 양변에 Divergence를 걸면

$$\mathrm{div} \cdot \mathrm{rot}\, H = \mathrm{div}\, J + \frac{\partial}{\partial t}(\mathrm{div}\, D)$$

② 어떤 Vector를 Rotation시키고, Divergence시키면 항상 "0"이 된다.

③ $\mathrm{div}\,J = -\dfrac{d\rho}{dt}$ (전하의 연속 방정식에 의거)

$$0 = -\frac{\partial \rho}{\partial t} + \frac{\partial}{\partial t}(\mathrm{div}\,D)$$

④ 다시 정리하면,

$$\mathrm{div}\,D = \rho$$

$$\mathrm{div}\,E = \frac{\rho}{\varepsilon}$$

⑤ **물리적 의미** : 어떤 폐곡면 내의 단위체적당 전하밀도를 ρ라 할 때 이 폐곡면의 단위 체적으로부터 발산되는 전기력선의 수는 단위체적 전하밀도 ρ의 $\dfrac{1}{\varepsilon}$배와 같다.

5 Maxwell 제4방정식(= 자기장의 Gauss 법칙)

① Maxwell의 제2방정식$\left(\nabla \times E = \mathrm{rot}\,E = -\dfrac{\partial B}{\partial t}\right)$의 양변에 Divergence를 걸면

$$\mathrm{div}\cdot\mathrm{rot}\,E = -\frac{\partial}{\partial t}(\mathrm{div}\,B)$$

② 어떤 Vector를 Rotation시키고, Divergence시키면 항상 "0"이 된다.

$$0 = -\frac{\partial}{\partial t}(\mathrm{div}\,B)$$

③ 다시 정리하면,

$$\mathrm{div}\,B = 0$$

$$\mathrm{div}\,H = 0$$

④ **물리적 의미** : 자속선이 발산하지 않음을 나타낸다. 즉, 자속은 연속임을 나타낸다. (N과 S극이 한 몸)

| Maxwell 방정식 |

	미분형	적분형
제1방정식	$\text{rot}\, H = \nabla \times H = + \frac{\partial D}{\partial t}$	$\oint_c H \cdot dl = \int_s J \cdot ds + \int_s \frac{dD}{dt} \cdot ds[\text{A}]$
제2방정식	$\nabla \times E = \text{rot}\, E = - \frac{\partial B}{\partial t}$	$\oint_c E \cdot dl = - \int d_s \frac{\partial B}{\partial t} \cdot ds$
제3방정식	$\text{div}\, D = \rho$ ➡ $\text{div}\, E = \frac{\rho}{\varepsilon}$	$\oint_s D \cdot ds = \int_v \rho \cdot dv = Q$
제4방정식	$\text{div}\, B = 0$ ➡ $\text{div}\, H = 0$	$\oint B \cdot ds = 0$

| 전기장과 자기장의 비교 |

전기(Electric)		자기(Magnetic)	
적용소자	콘덴서(C)	적용소자	코일(L)
전하	$Q[\text{C}]$	자하	$m[\text{Wb}]$
유전율	$\varepsilon[\text{F/m}]$	투자율	$\mu[\text{H/m}]$
쿨롱의 법칙(F)	$F = \frac{1}{4\pi\varepsilon} \frac{Q_1 Q_2}{r^2}[\text{N}]$	쿨롱의 법칙(F)	$F = \frac{1}{4\pi\mu} \frac{m_1 m_2}{r^2}[\text{N}]$
전기장의 세기(E)	$E = \frac{1}{4\pi\varepsilon} \frac{Q}{r^2}[\text{V/m}]$	자기장의 세기(H)	$H = \frac{1}{4\pi\mu} \frac{m}{r^2}[\text{AT/m}]$
F와 E의 관계	$F = QE,\ E = \frac{F}{Q}$	F와 H의 관계	$F = mH,\ H = \frac{F}{m}$
전속밀도(D)	$D = \frac{1}{4\pi} \frac{Q}{r^2}[\text{C/m}^2]$	자속밀도(B)	$B = \frac{1}{4\pi} \frac{m}{r^2}[\text{Wb/m}^2]$
E와 D의 관계	$D = \varepsilon E,\ E = \frac{D}{\varepsilon}$	H와 B의 관계	$B = \mu H,\ H = \frac{B}{\mu}$
전위(V)	$V = \frac{1}{4\pi\varepsilon} \frac{Q}{r}[\text{V}]$		
E와 V의 관계	$E = \frac{V}{r},\ V = rE$		

- $\varepsilon_0 = 8.8554 \times 10^{-12} = \frac{1}{36\pi} \times 10^{-9}[F/\text{m}]$, $\mu_0 = 4\pi \times 10^{-7}[\text{H/m}]$
- $\frac{1}{\sqrt{\varepsilon_0 \mu_0}} = 3 \times 10^8[\text{m/sec}]$, $\sqrt{\frac{\mu_0}{\varepsilon_0}} = 120\pi = 377[\Omega]$

CHAPTER 03 WIRELESS COMMUNICATION ENGINEERING

전자기파 사용 공식들

1 파동방정식(달랑베르 방정식)

① 자유공간에서 전자파가 전파될 때 전계 및 자계 상호 간에 만족하는 방정식

② Maxwell 제1, 2방정식의 미분형

$$\nabla \times H = J + \frac{\partial D}{\partial t} \quad \nabla \times E = -\frac{\partial B}{\partial t}$$

양변에 회전을 취하면

$$\nabla \times \nabla \times E = -\frac{\partial J}{\partial t} - \mu\varepsilon\frac{\partial^2 E}{\partial t^2}$$

$$\nabla \times \nabla \times H = \nabla \times J - \mu\varepsilon\frac{\partial^2 H}{\partial t^2}$$

전하분포가 없는($\rho = 0,\ \sigma = 0$) 자유공간($J=0$) 내에서는

$$\nabla^2 E = \mu_0\varepsilon_0\frac{\partial^2 E}{\partial t^2}$$

$$\nabla^2 H = \mu_0\varepsilon_0\frac{\partial^2 H}{\partial t^2}$$

위 식을 전계 자계에 관한 파동방정식 또는 달랑베르 방정식이라 한다.

③ 가장 간단한 경우인 전계, 자계는 x, y 평면에서 균일하며 파동이 z 방향으로 진행하는 평면파의 E_x 성분

$$\nabla^2 E_x = \varepsilon\mu\frac{\partial^2 E_x}{\partial t^2}$$

이수식의 일반해에서 전파의 진행속도 v를 구하면,

$$v = \frac{1}{\sqrt{\varepsilon\mu}}$$

④ 자유공간의 전파의 속도

$$v = \frac{1}{\sqrt{\varepsilon_0 \mu_0}}$$

⑤ 일반적인 전파의 속도

$$v = \frac{1}{\sqrt{\varepsilon\mu}} = \frac{1}{\sqrt{\varepsilon_0 \varepsilon_s \mu_0 \mu_s}} = \frac{1}{\sqrt{\varepsilon_0 \mu_0}} \frac{1}{\sqrt{\varepsilon_s \mu_s}} = \frac{c}{\sqrt{\varepsilon_s \mu_s}}$$

2 고유 임피던스(특성 임피던스)

전자계 내의 모든 점에서의 전계와 자계의 비

$$Z_0 = \frac{E}{H} = \sqrt{\frac{\mu_0}{\varepsilon_0}} = 120\pi \simeq 377[\Omega]$$

3 Poynting 정리(Poynting 벡터)

① 정의 : 단위시간당 단위면적을 통과하는 전자파의 에너지[W/m^2]

② $P_{y=} E \times H = EH\sin\theta = EH(\because E \perp H)$

$$P_{y=} \frac{E^2}{Z_0} = \frac{E^2}{120\pi} = \frac{E^2}{377}[\mathrm{W/m^2}]$$

4 전자계 에너지 밀도

$$W = W_e + W_m = \sqrt{\varepsilon\mu}\, EH[\mathrm{J/m^3}]$$

① $W_e = \frac{1}{2}\varepsilon E^2[\mathrm{J/m^3}]$: 전계 에너지 밀도

② $W_m = \frac{1}{2}uH^2[\mathrm{J/m^3}]$: 자계 에너지 밀도

* 자유공간에서 전계, 자계 에너지 밀도는 다음과 같다.
$W_e = W_m$

5 전파의 속도를 나타내는 공식들

① 자유공간의 전파의 속도

$$v = \frac{1}{\sqrt{\varepsilon_0 \mu_0}}$$

② 일반적인 전파의 속도

$$v = \frac{1}{\sqrt{\varepsilon\mu}} = \frac{1}{\sqrt{\varepsilon_0 \varepsilon_s \mu_0 \mu_s}} = \frac{1}{\sqrt{\varepsilon_0 \mu_0}} \frac{1}{\sqrt{\varepsilon_s \mu_s}} = \frac{c}{\sqrt{\varepsilon_s \mu_s}}$$

③ 도체 내 전파의 속도

$$v = f\lambda = \frac{2\pi f}{2\pi/\lambda} = \frac{w}{\beta}$$

여기서, $\beta = \frac{2\pi}{\lambda}$: 위상정수

④ 무손실 선로 전파의 속도

$$v = \frac{w}{\beta} = \frac{w}{w\sqrt{LC}} = \frac{1}{\sqrt{LC}} \text{[m/sec]}$$

실전문제

WIRELESS COMMUNICATION ENGINEERING

01 자유공간에서 진행하는 신호 $s(t) = \cos(2\pi \times 10^5 t + 10)$가 한 주기 동안 진행하는 거리[km]는?(단, 전파의 속도는 3×10^8[m/s]이다.) '16 국가직 9급

① 1.5 ② 3
③ 4.5 ④ 6

02 x축 방향으로 진행하는 어떤 파동이 $y = \sin(\pi x - 5\pi t)$ 형태의 함수로 주어진다. 이 파동의 파장과 진행 속도는?(단, y는 매질의 변위, x는 x축 방향의 위치로서 x와 y의 단위는 미터[m]이고 t는 시각으로서 단위는 초[s]이다.)

① 0.4[m], 0.2[m/s] ② 0.4[m], 5[m/s]
③ 2[m], 0.2[m/s] ④ 2[m], 5[m/s]

03 다음 그림은 파장, 진폭 및 전파 속력이 모두 같은 두 파동 A, B가 서로 반대 방향으로 진행할 때, 어느 순간에서 두 파동의 모습을 나타낸 것이다. 0.5초 후에 두 파동이 중첩하여 위치 25[cm]에서 변위가 4[cm]가 되었다. 각 파동의 전파 속력[cm/s]은?(단, 두 파동이 전파될 때 각 파동의 파장, 진폭 및 전파속력은 바뀌지 않는다.)

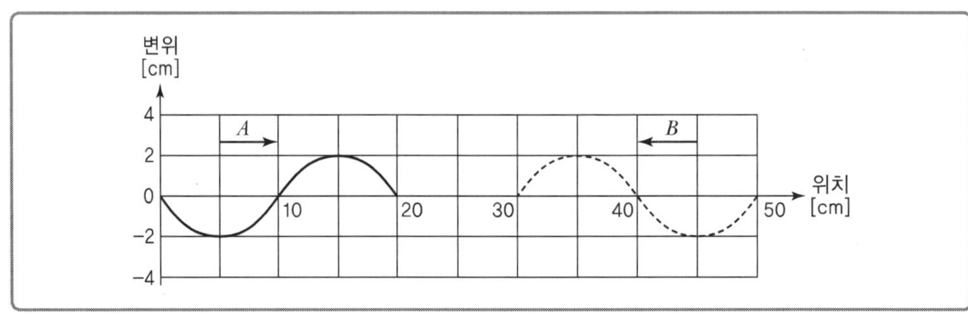

① 10 ② 15
③ 20 ④ 40

정답 01 ② 02 ④ 03 ③

04 진공 중에서 주파수 12[MHz]인 전자파의 파장은 몇 [m]인가? '14 서울시

① 0.04 ② 0.25
③ 0.4 ④ 25
⑤ 40

05 유전율 ε, 투자율 μ인 매질 내를 진행하는 전자파의 전파 속도는 얼마인가? '14 서울시 7급

① $\mu\varepsilon$ ② $\sqrt{\frac{\mu}{\varepsilon}}$
③ $\frac{1}{\sqrt{\mu\varepsilon}}$ ④ $\sqrt{\frac{\varepsilon}{\mu}}$
⑤ $\sqrt{\mu\varepsilon}$

06 전계와 자계가 정현파(Sinusoidal Wave)의 형태로 진동하는 균일 평면 전자기파에서, 무손실 매질에서의 전계의 진폭(E_m)과 자계의 진폭(H_m) 사이의 상관관계로 옳은 것은?(단, ε는 유전율, μ는 투자율이다.) '15 서울시 7급

① $\frac{H_m}{E_m} = \frac{\varepsilon}{\mu}$ ② $\frac{H_m}{E_m} = \sqrt{\frac{\varepsilon}{\mu}}$
③ $\frac{H_m}{E_m} = \sqrt{\frac{\mu}{\varepsilon}}$ ④ $\frac{H_m}{E_m} = \frac{\mu}{\varepsilon}$

07 자유공간에서 균일 평면파의 전계가 $\overrightarrow{E} = 40\cos(0.6\pi \times 10^8 t - 0.2\pi z)\overrightarrow{a_z}$ [V/m]일 때, 이 평면파의 파장 λ[m]는? '14 국가직 7급

① 10 ② 15
③ 20 ④ 25

정답 04 ④ 05 ③ 06 ② 07 ①

08 자유공간에서 전파하는 균일 평면파의 전계가 $\vec{E} = 20\cos(2\times 10^{8}t + \beta z)\vec{a_y}$ [V/m]일 때, 다음 중 옳지 않은 것은?(단, $\varepsilon_0 = \frac{1}{36\pi}\times 10^{-9}$[F/m], $\mu_0 = 4\pi\times 10^{-7}$[H/m]이다.)

'14 국가직 7급

① 이 파의 파장은 3π[m]이다.
② 이 파는 y축 방향으로 진행한다.
③ 이 파가 전파하는 공간의 고유임피던스는 120π[Ω]이다.
④ 이 파는 진행하면서 전계 세기의 최대 크기가 변하지 않는다.

09 비유전율(ε_r)이 4이고, 비투자율(μ_r)이 9인 무손실 매질을 진행하는 평면 전자파의 위상 속도[m/sec]와 이 매질의 고유 임피던스는 얼마인가? '08 7급

① 5×10^{7}[m/sec], 약 251[Ω]
② 2×10^{8}[m/sec], 약 251[Ω]
③ 5×10^{7}[m/sec], 약 566[Ω]
④ 2×10^{8}[m/sec], 약 566[Ω]

10 맥스웰방정식의 미분형과 관련 법칙이 서로 옳게 짝을 이룬 것을 〈보기〉에서 모두 고른 것은?(단, D는 전속밀도, ρ는 공간전하밀도, E는 전계, H는 자계, J는 전도전류밀도, B는 자속밀도이다.) '09 서울

	맥스웰방정식 미분형	관련 법칙
ㄱ.	$\nabla\cdot D=\rho$	가우스 법칙
ㄴ.	$\nabla\times E=\frac{\partial H}{\partial t}$	패러데이 전자유도 법칙
ㄷ.	$\nabla\times H=J+\frac{\partial D}{\partial t}$	암페어 주회적분 법칙
ㄹ.	$\nabla\cdot B=\rho$	가우스 법칙

① ㄱ, ㄷ
② ㄴ, ㄹ
③ ㄱ, ㄴ, ㄷ
④ ㄱ, ㄷ, ㄹ

정답 08 ② 09 ③ 10 ①

11 유전율 ε 및 투자율 μ이 일정하고, 전하분포가 없는 균질 완전 절연체 매질에서 전자 파동방정식으로 옳은 것은?(단, $\overrightarrow{E}$, $\overrightarrow{H}$는 각각 전계 및 자계이다.) '14 서울시 7급

① $\nabla^2\overrightarrow{E} = -\mu\varepsilon\frac{\partial\overrightarrow{E}}{\partial t}$, $\nabla^2\overrightarrow{H} = -\mu\varepsilon\frac{\partial\overrightarrow{H}}{\partial t}$

② $\nabla^2\overrightarrow{E} = -\mu\varepsilon\frac{\partial\overrightarrow{E}}{\partial t}$, $\nabla^2\overrightarrow{H} = \mu\varepsilon\frac{\partial\overrightarrow{H}}{\partial t}$

③ $\nabla^2\overrightarrow{E} = -\mu\varepsilon\frac{\partial^2\overrightarrow{E}}{\partial t^2}$, $\nabla^2\overrightarrow{H} = \mu\varepsilon\frac{\partial^2\overrightarrow{H}}{\partial t^2}$

④ $\nabla^2\overrightarrow{E} = \mu\varepsilon\frac{\partial\overrightarrow{E}}{\partial t}$, $\nabla^2\overrightarrow{H} = \mu\varepsilon\frac{\partial\overrightarrow{H}}{\partial t}$

⑤ $\nabla^2\overrightarrow{E} = \mu\varepsilon\frac{\partial^2\overrightarrow{E}}{\partial t^2}$, $\nabla^2\overrightarrow{H} = \mu\varepsilon\frac{\partial^2\overrightarrow{H}}{\partial t^2}$

정답 11 ⑤

PART 03

급전선 이론

IRELESS COMMUNICATION ENGINEERING

CHAPTER 01

WIRELESS COMMUNICATION ENGINEERING

급전선과 급전방식

1 급전선(Feeder)

송신기에서 송신 안테나까지 또는 수신안테나에서 수신기까지 접속된 고주파 전송선로

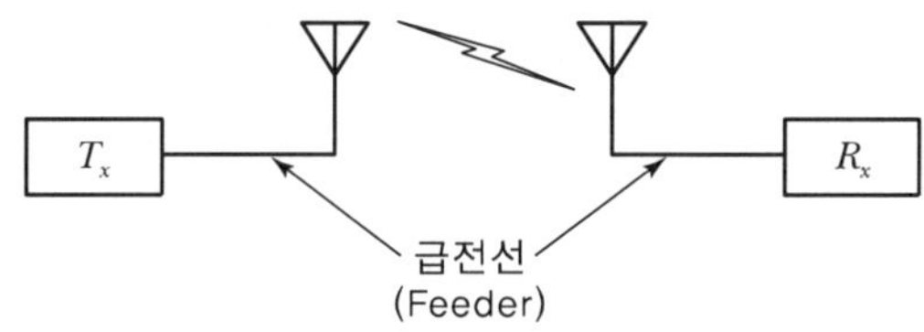

2 급전선의 필요조건

① 전송효율이 좋을 것
② 급전선의 파동 임피던스가 적당할 것
③ 유도 방해를 주거나 받지 않을 것
④ 송신용일 때는 절연내력이 클 것
⑤ 가격이 저렴하고 취급이 용이할 것

3 동조 급전선과 비동조 급전선

1) 동조 급전선

급전선의 길이를 사용파장에 대해서 일정한 관계를 갖게 하고, 공중선과 급전선을 포함해서 동조시키도록 한 것으로 급전선상에 정재파가 존재한다.

2) 비동조 급전선

급전선의 길이가 사용파장에 대하여 특별한 관계가 없으며, 급전선상에 진행파만 있고, 정재파는 생기지 않도록 한 것이다.

3) 동조급전선과 비동조 급전선의 비교

구분	동조 급전선	비동조 급전선
급전선상의 전송파	정재파	진행파
정합장치	불필요	필요
전송손실	크다.	작다.
전송효율	나쁘다.	좋다.
송신기와 안테나 사이거리	가까울 때(단거리용)	멀 때(장거리용)
급전선 길이와 파장관계	유	무
급전선	평형형 급전선	평형형, 불평형형 모두 사용

4 전압급전과 전류급전의 방식

1) 전압급전

급전점이 공중선 전압 파복점에서 급전하는 방식

2) 전류급전

급전점이 공중선 전류 파복점에서 급전하는 방식

3) 전압급전과 전류급전의 비교

<table>
<tr><th colspan="2">구분</th><th>전압급전</th><th>전류급전</th></tr>
<tr><td colspan="2">안테나 길이</td><td>λ(대표)</td><td>$\lambda/2$(대표)</td></tr>
<tr><td colspan="2">급전점</td><td>전압의 최대값</td><td>전류의 최대값</td></tr>
<tr><td rowspan="2">급전선 길이</td><td>직렬회로</td><td>$\lambda/4$의 기수배</td><td>$\lambda/4$의 우수배
($\lambda/2$의 정수배)</td></tr>
<tr><td>병렬회로</td><td>$\lambda/4$의 우수배
($\lambda/2$의 정수배)</td><td>$\lambda/4$의 기수배</td></tr>
</table>

4) 전압급전과 전류급전의 구별

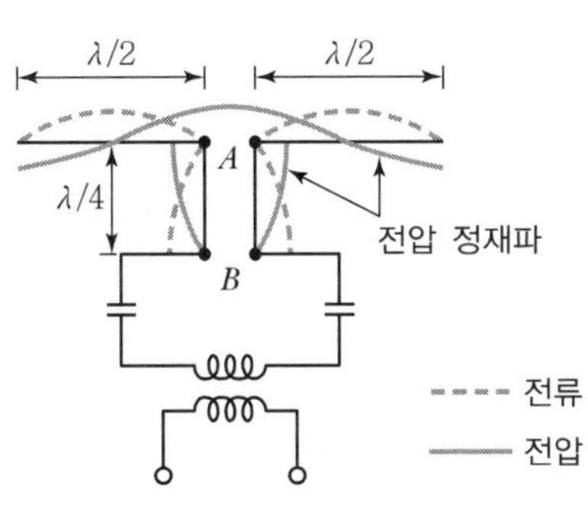

(a) 직렬 공진회로

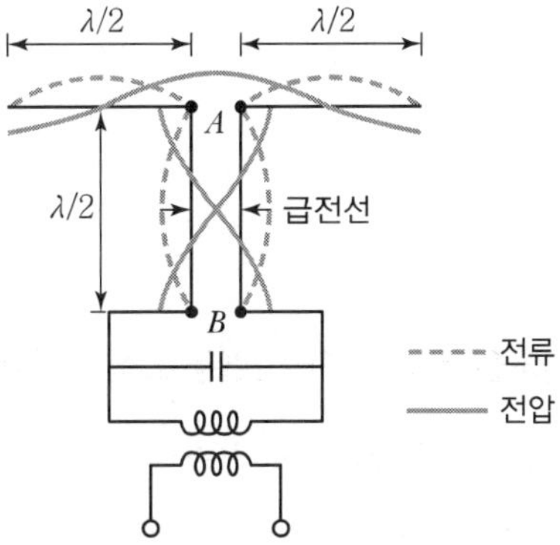

(b) 병렬 공진회로

| 전압급전방식 |

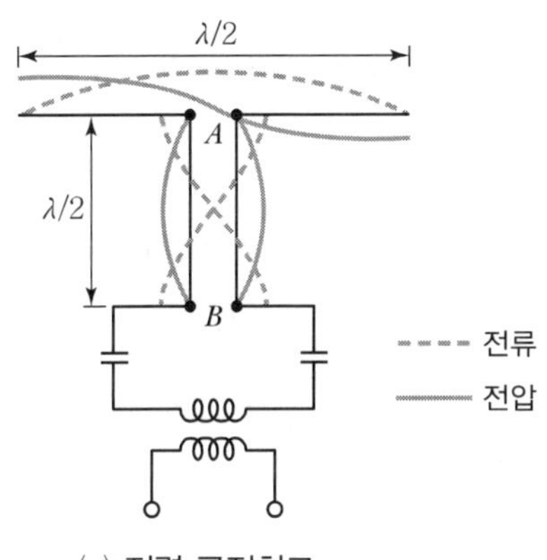

(a) 직렬 공진회로

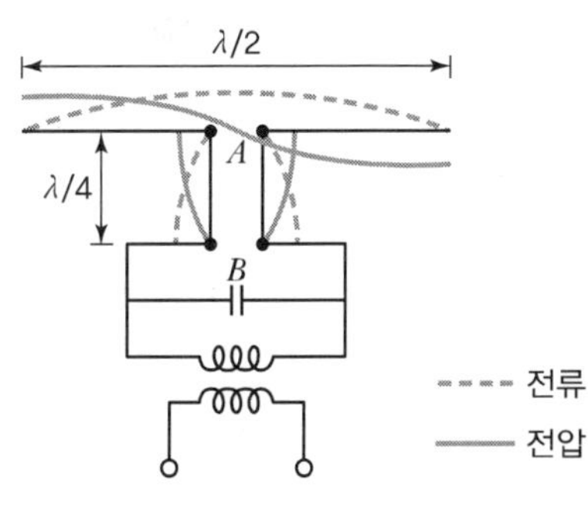

(b) 병렬 공진회로

| 전류급전방식 |

WIRELESS COMMUNICATION ENGINEERING

전송 선로의 제정수

1 전송선로의 등가회로(분포정수회로 해석)

① **분포정수회로** : 저항(R), 인덕턴스(L), 컨덕턴스(G), 정전용량(C) 등과 같이 4개의 요소가 미소한 값으로 연속적으로 분포되어 있는 회로(비교 : 집중정수)

② 1차정수(단위길이당 존재하는 값) : $R[\Omega/\mathrm{m}]$, $L[\mathrm{H/m}]$, $C[\mathrm{F/m}]$, $G[\mathrm{S/m}]$ (분포정수)

③ 2차정수 : 임피던스(Z), 어드미턴스(Y)

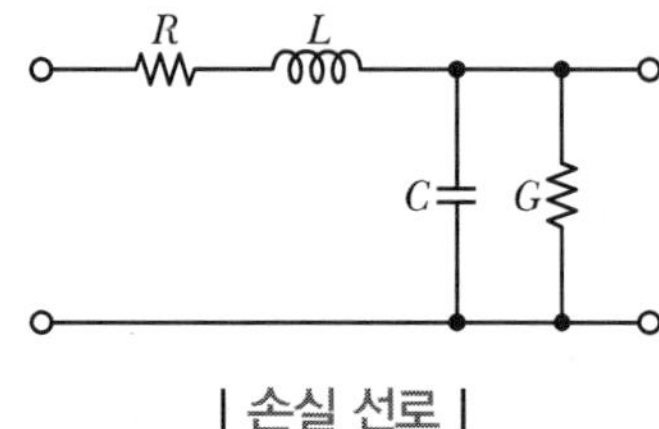

| 손실 선로 |

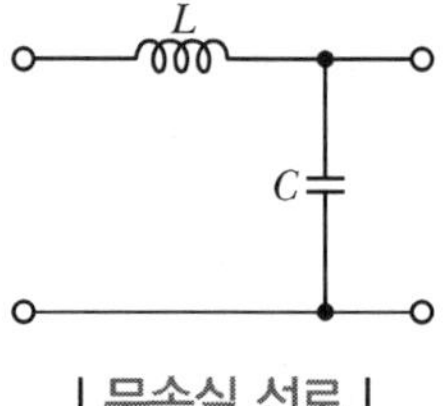

| 무손실 선로 |

④ 선로의 단위길이당 직렬 임피던스(Z)와 병렬 어드미턴스(Y)는

$$Z = R + jwL = R + jX[\Omega/\mathrm{m}]$$

$$Y = G + jwC = G + jB[\mho/\mathrm{m}]$$

2 전파정수

$$r = \alpha + j\beta$$

여기서, α : 감쇠정수
β : 위상정수

$$\gamma = \sqrt{ZY} = \sqrt{(R + jwL)(G + jwC)}$$

$$\gamma = \frac{1}{2}\left(R\sqrt{\frac{C}{L}} + G\sqrt{\frac{L}{C}}\right) + jw\sqrt{LC}$$

* 감쇠정수 : $\alpha = \frac{1}{2}\left(R\sqrt{\frac{C}{L}} + G\sqrt{\frac{L}{C}}\right) = \frac{1}{2}\left(\frac{R}{Z_0} + \ GZ_0\right)[\neq p/\mathrm{m}]$
* 위상정수 : $\beta = w\sqrt{LC}$

3 특성 임피던스

$$Z_0 = \sqrt{\frac{Z}{Y}} = \sqrt{\frac{(R+jwL)}{(G+jwC)}} = \sqrt{\frac{L}{C}}\left[1+j\left(\frac{G}{2wC} - \frac{R}{2wL}\right)\right]$$

① 무손실선로일 때($R = G = 0$)

$$Z_0 = \sqrt{\frac{L}{C}}$$

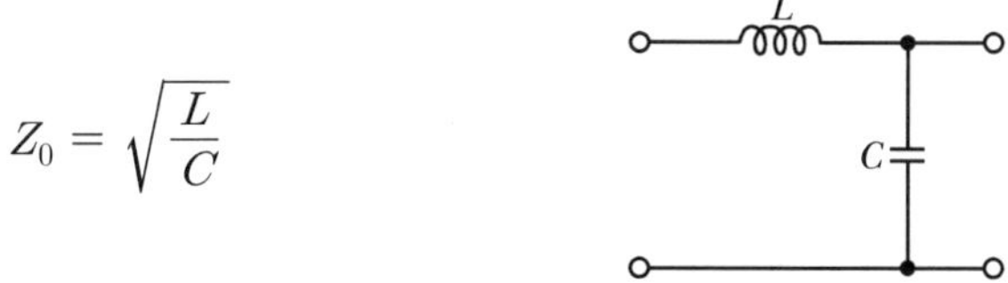

② 무왜곡 조건(Z_0의 허수부가 "0"이 되는 경우)

$$\frac{G}{C} = \frac{R}{L} \ \Rightarrow \ RC = GL$$

CHAPTER 03 WIRELESS COMMUNICATION ENGINEERING

반사계수와 정재파비

1 반사계수, 투과계수

1) 반사계수 = $\dfrac{\text{반사 전압 또는 전류}}{\text{입사 전압 또는 전류}}$

$$\Gamma = \left| \frac{Z_L - Z_0}{Z_L + Z_0} \right|$$

여기서, Z_0 : 특성 임피던스
Z_L : 부하 임피던스

$0 \le \Gamma \le 1$의 값을 갖는다. $\Gamma = 0$이라는 것은 완전정합을 의미한다.

2) 투과계수 = $\dfrac{\text{투과 전압 또는 전류}}{\text{입사 전압 또는 전류}}$

$$T = \frac{2Z_L}{Z_L + Z_0} = 1 - \Gamma$$

여기서, Z_0 : 특성 임피던스
Z_L : 부하 임피던스

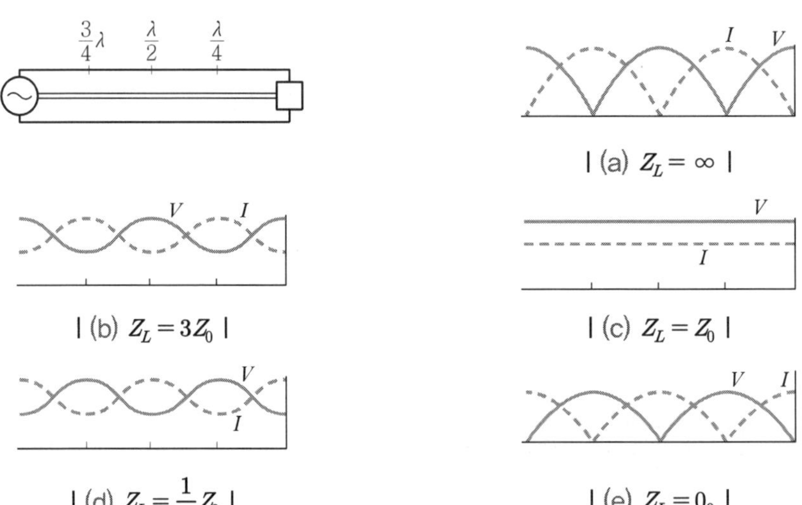

| 부하저항의 크기에 따른 선로의 전압 전류 파형의 변화 |

2 정재파비(VSWR)

1) 정재파비 = $\dfrac{\text{정재파의 최대전압 또는 전류}}{\text{정재파의 최소전압 또는 전류}}$

$$S = \frac{|V_{max}|}{|V_{min}|} = \frac{|V_f + V_r|}{|V_f - V_r|} = \frac{|1+\Gamma|}{|1-\Gamma|}$$

여기서, V_f : 입사전압
V_r : 반사전압

$1 \le S \le \infty$의 값을 가진다.
$S=1$이라는 것은 완전정합을 의미한다.

2) 진행파만 존재하는 경우

① 무한장 선로
② 정합($Z_L = Z_0$)
③ 정규화 부하 임피던스가 1일 때 : $\bar{z} = \dfrac{Z_L}{Z_0} = 1$
④ 반사계수 $\Gamma = 0$
⑤ 정재파비 $S=1$

3) 반사계수와 정재파비의 관계

	반사계수(Γ)	정재파비(VSWR)
Z_0, Z_L을 알고 있을 때	$\Gamma = \left\lvert \dfrac{Z_L - Z_0}{Z_L + Z_0} \right\rvert (Z_L > Z_0)$	$VSWR = \dfrac{Z_0}{R_L}(Z_0 > R_L)$
V_f, V_r을 알고 있을 때	$\Gamma = \dfrac{V_r}{V_f}$	$VSWR = \dfrac{V_f + V_r}{V_f - V_r}$
V_{max}, V_{min}을 알고 있을 때	$\Gamma = \dfrac{V_{max} - V_{min}}{V_{max} + V_{min}}$	$VSWR = \dfrac{V_{max}}{V_{min}}$
Γ, $VSWR$ 두 값 중 하나를 알 때	$\Gamma = \dfrac{S-1}{S+1}$	$VSWR = \dfrac{1+\Gamma}{1-\Gamma}$
반사계수(Γ)가 0인 경우		
반사계수(Γ)가 1인 경우		
정재파비(VSWR)가 1인 경우		
정규화 임피던스가 1인 경우		

CHAPTER 04 WIRELESS COMMUNICATION ENGINEERING

선로 임피던스와 정합조건

1 선로의 임피던스

$$Z = Z_0 \frac{Z_L + j Z_0 \tan \beta l}{Z_0 + j Z_L \tan \beta l}$$

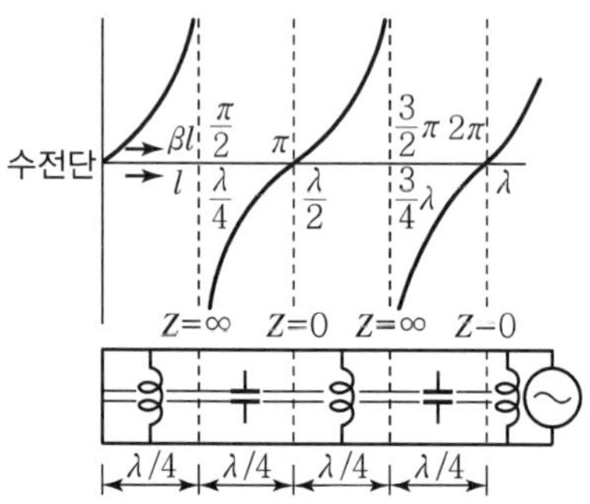

| 수전단 단락 시의 선로의 길이와 입력 임피던스와의 관계 |

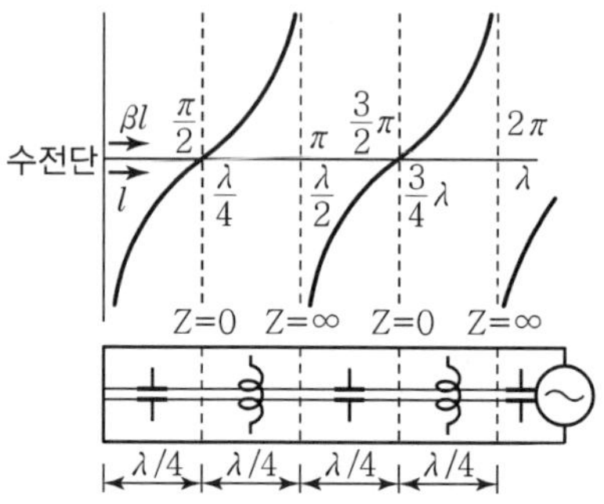

| 수전단 개방 시의 선로의 길이와 입력 임피던스와의 관계 |

① 수단 단락의 경우($Z_L = 0$)

$$Z_{SC} = j Z_0 \tan \beta l$$

② 수단 개방의 경우($Z_L = \infty$)

$$Z_{OC} = Z_0 \frac{1}{j \tan \beta l} = -j Z_0 \cot \beta l$$

③ 수단 단락, 개방 시의 임피던스 곱이 전송선로의 특성 임피던스가 된다.

$$Z_0 = \sqrt{Z_{sc} \cdot Z_{oc}}$$

2 임피던스 정합(Impedance Matching)

1) 정합

급전선에서 부하로 최대 전송 효율을 전달하기 위해서는 급전선의 특성 임피던스와 부하 임피던스를 같게 만드는 것. 정합이 안 된 경우에는 반사에 의해 급전선상에 정재파가 실려 전력 손실이 커진다.

2) 정합조건

최대 전력이 부하에 공급되기 위한 조건

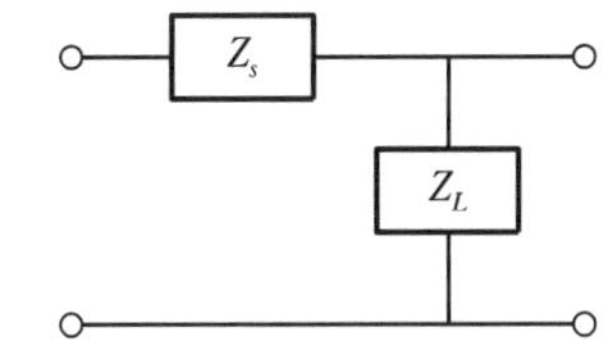

$Z_s = R_s + jX_s,\ Z_L = R_L - jX_L$

| 공액 임피던스 정합 |

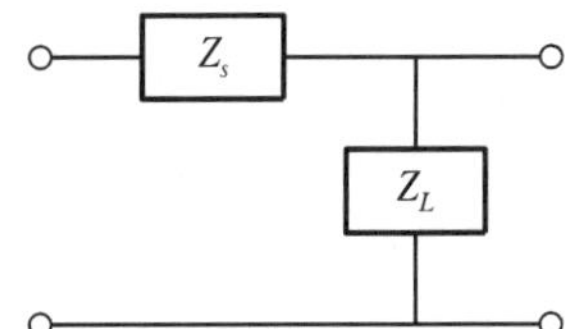

$Z_s = R_s + jX_s,\ Z_L = R_L + jX_L$

| 영상 임피던스 정합 |

① 공액 임피던스 정합

전원의 내부 임피던스와 부하 임피던스가 공액 복소 관계

즉, $R_L = R_S,\quad X_L = -X_S$

전원으로부터 부하에 최대전력을 전송하기 위한 조건

② 영상 임피던스 정합

전원과 부하의 임피던스가 같고 동상인 관계

즉, $R_L = R_S,\quad X_L = X_S$

최대 전력은 전달되지 않으나, 접속점에서 반사파가 존재하지 않게 되는 조건

③ 전원 및 부하의 임피던스가 모두 순저항인 경우

공액 임피던스 정합=영상 임피던스 정합

대부분 이 경우가 많다.

Reference

➤ **정합이 이루어지지 않는 경우 발생 현상**

- 급전선의 손실증가
- 최대 전력 전송의 저하
- 대전력의 경우 급전선의 절연파괴 우려
- TV 방송의 이중상(Ghost) 현상, FM 방송의 왜율(Distortion) 증가

CHAPTER 05 WIRELESS COMMUNICATION ENGINEERING

급전선의 종류 및 특성

SECTION 01 구조에 따른 분류

	평행2선식(평형형)	동축케이블(불평형형)
구조	D, ε_r, d, d	절연체, 외부 도체, 내부 도체, d, D
특성 임피던스	$Z_0=\sqrt{\dfrac{L}{C}}=\dfrac{276}{\sqrt{\varepsilon_r}}\log_{10}\dfrac{2D}{d}[\Omega]$ • 선간격(D), 선경(d)에 의해 결정된다. • 200~600[Ω]을 주로 사용	$Z_0=\sqrt{\dfrac{L}{C}}=\dfrac{138}{\sqrt{\varepsilon_r}}\log_{10}\dfrac{D}{d}[\Omega]$ • 내부도체 외경(d), 외부도체 내경(D)에 의해 결정 • 50~75[Ω]을 주로 사용
비고		최적비(손실최소조건) : $\dfrac{D}{d}=3.6$
특징	① 보통 VHF에서는 300[Ω], UHF에서는 200[Ω]의 것이 사용된다. ② 동축 케이블에 비하여 특성 임피던스가 높다. ③ 내압이 높으므로 대전력에서도 사용할 수 있다. ④ 잡음의 영향을 받기 쉬운 결점이 있다. ⑤ 설치비가 싸고 수리가 간단하나 조정이 다소 까다롭다. ⑥ 외부에서의 유도 방해가 있으나 송신에는 지장이 없으므로 주로 송신용으로 많이 사용된다.	① 평행 2선식 급전선 등에 비하여 특성 임피던스가 낮다.(75[Ω]과 50[Ω]이 가장 많다.) ② 따라서 동일 전력을 전송하는 경우, 선간 전압이 낮아도 된다. ③ 외부 도체를 접지하여 사용하므로 외부의 유도 방해는 거의 완전히 방지된다. ④ 외부 도체의 내경과 내부 도체의 외경비가 3.6일 때, 감쇠가 가장 적다. ⑤ 큰 전력일 때 내압을 높이기 위해서는 내경, 외경이 커야 하므로 비싸지고 접속도 곤란해진다. ⑥ 주파수가 높아져도 급전선에서 외부로 전파를 방사하지 않는다.
특징	⑦ 동일 전력을 전송하는 경우, 동축 급전선보다 선간 전압이 높다.	⑦ 사용 주파수 범위는 유전체 충전물일 경우 약 1,000[MHz]대까지, 공기 유전물일 때 긴 전송선에서는 약 3,000[MHz]대까지, 짧은 길이에서는 약 10,000[MHz]대까지 사용할 수 있다.

SECTION 02 정합회로

1 집중정수 회로에 의한 정합

급전선과 안테나 사이에 L과 C회로를 넣어서 정합을 시키는 방법

① 평행2선식의 경우 : L을 두개 양쪽으로 나란히 달아두고 임피던스가 큰 쪽에 C를 달아준다.

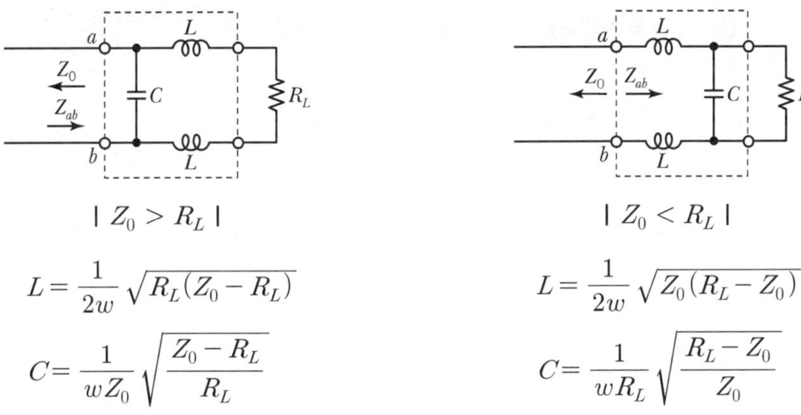

| $Z_0 > R_L$ |

$$L = \frac{1}{2w}\sqrt{R_L(Z_0 - R_L)}$$

$$C = \frac{1}{wZ_0}\sqrt{\frac{Z_0 - R_L}{R_L}}$$

| $Z_0 < R_L$ |

$$L = \frac{1}{2w}\sqrt{Z_0(R_L - Z_0)}$$

$$C = \frac{1}{wR_L}\sqrt{\frac{R_L - Z_0}{Z_0}}$$

② 동축 급전선의 경우 : 동축이므로 L을 하나 달아주고 임피던스가 큰 쪽에 C를 달아준다.

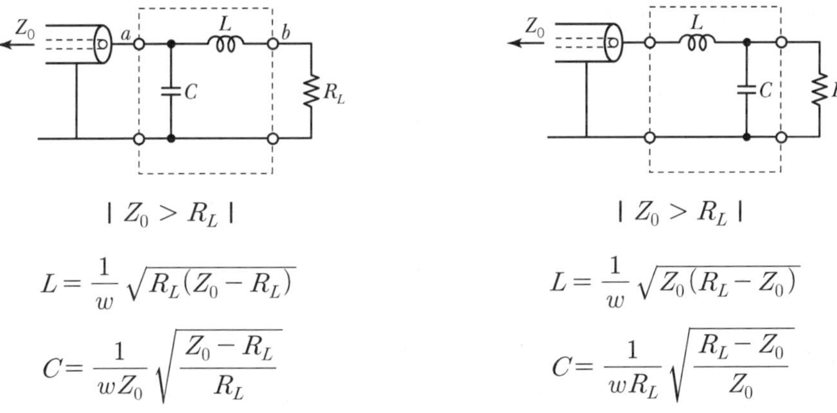

| $Z_0 > R_L$ |

$$L = \frac{1}{w}\sqrt{R_L(Z_0 - R_L)}$$

$$C = \frac{1}{wZ_0}\sqrt{\frac{Z_0 - R_L}{R_L}}$$

| $Z_0 > R_L$ |

$$L = \frac{1}{w}\sqrt{Z_0(R_L - Z_0)}$$

$$C = \frac{1}{wR_L}\sqrt{\frac{R_L - Z_0}{Z_0}}$$

2 분포정수 회로에 의한 정합

집중상수(L, C)를 이용하지 않고 선로의 입력 임피던스가 선로의 길이에 의해 변화하는 방법으로 정합한다.

1) $\lambda/4$ 임피던스 변환기(= Q 변성기)에 의한 정합

$\lambda/4$ 길이의 도선을 삽입하여 임피던스를 정합시키는 방법

	급전선과 부하의 경우	급전선과 급전선의 경우	급전선과 부하 임피던스의 값의 차이가 큰 경우
회로	a, b, Z_0, Z', R, $\lambda/4$	a, b, c, d, Z_0, Z', Z_0, R, $\lambda/4$, $\lambda/4$	급전선, Q변성기, Q변성기, Z_0, Z', Z_0', R, $\lambda/4$, $\lambda/4$
정합 수식	$Z' = \sqrt{RZ_0}$	$Z' = Z_0\sqrt{\dfrac{Z_0}{R}}$	$\dfrac{Z'}{Z'_0} = \sqrt{\dfrac{Z_0}{R}}$

2) Stub에 의한 정합(Trap 정합)

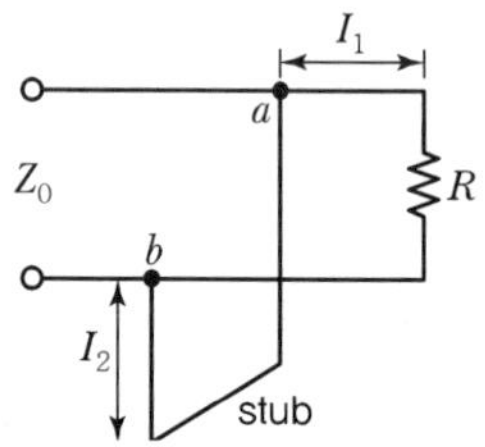

① 트랩정합에는 L형, T형, π형 등이 있으며, 발사전파에 고조파가 포함되는 경우 이 고조파에 공진할 수 있는 트랩(LC 직렬회로)을 접속하면 그 고조파는 접지되어 안테나에 나타나지 않게 된다.

② 안테나에서 발사된 전파의 고조파를 제거한다.

③ 선로의 길이를 조절하여 임피던스 정합이 가능한 이 보조선로를 정재파 트랩 또는 스터브(Stub)라 한다.

3) Y형 정합, T형 정합

① 반파장 안테나와 평행 2선식 급전선을 정합

② 중앙부에 길이 l만큼 적당히 간격을 두고 급전했을 때 간격의 변화를 일으켜 정합시킨다.

4) 테이퍼 선로에 의한 정합

① 급전선의 특성임피던스를 선로상에서 연속적으로 변화시켜 정합시킨다.

② 선로의 특성임피던스를 2~8 파장의 범위 내에서 천천히 변화를 일으키는 선로를 말한다.(내부도체만 서서히 감소)

3 평형, 불평형 변환회로(상호 변환회로 : Balun = Balanced + Unbalanced)

평형 급전선과 불평형 급전선을 접속하고 정합시키는 상호변환회로이다.

1) 집중정수에 의한 Balun

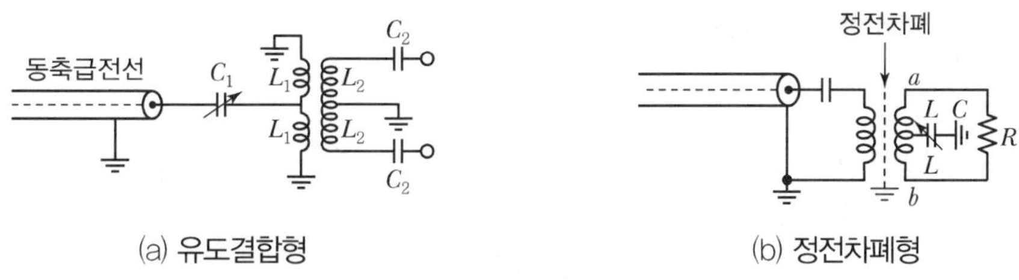

(a) 유도결합형 (b) 정전차폐형

| 전자 결합형 |

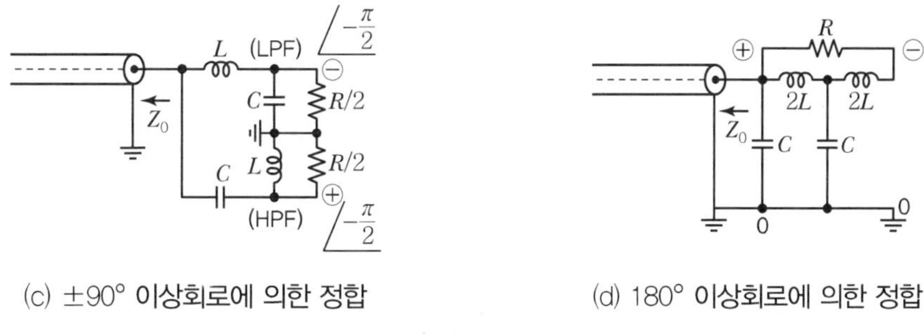

(c) ±90° 이상회로에 의한 정합 (d) 180° 이상회로에 의한 정합

| 위상 변환형 |

동축 케이블과 평행 2선로를 접속하는 방법으로 1차측 코일의 중심에서 상하 반대로 구성된 코일에 의하여 2차측에 평행전류가 흐르도록 한다.

2) 분포정수에 의한 Balun

① 스페르토프(Sperrtopf)

동축케이블과 반파장 다이폴 안테나와의 정합(임피던스 변환비 ➡ 1 : 1). 저지투관으로 동축 케이블의 외측에서 $\lambda/4$ 길이의 도체 원통을 덮어씌우고 통의 입구에서 바라본 임피던스가 무한대로 되어 불평형 전류가 흘러 들어오는 것을 방지하는 임피던스 변환기

② U형 발룬

75[Ω]의 동축 케이블과 300[Ω]인 평행 2선식 급전선을 정합(임피던스 변환비 ➡ 1 : 4). 길이가 $\lambda/2$인 선로를 반파장 우회선로(U자형)으로 구성하여 평행 2선식 선로와 접속시키면 평형선로와 접속점에서 대지 간의 전압은 동일하며, 위상이 180° 차이가 나는 두 개의 전압 E, $-E$로 되고 접속점에서 $2E$로 된다.

이때 전류는 $\frac{I}{2}$가 되므로, 임피던스는 $R_L = \frac{2E}{\frac{I}{2}} = 4\frac{E}{I} = 4Z_0$가 된다.

③ 분기 도체형(평형 부하형)

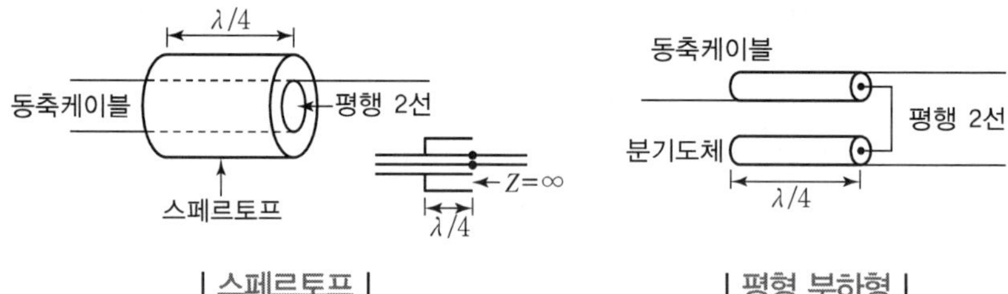

| 스페르토프 | | 평형 부하형 |

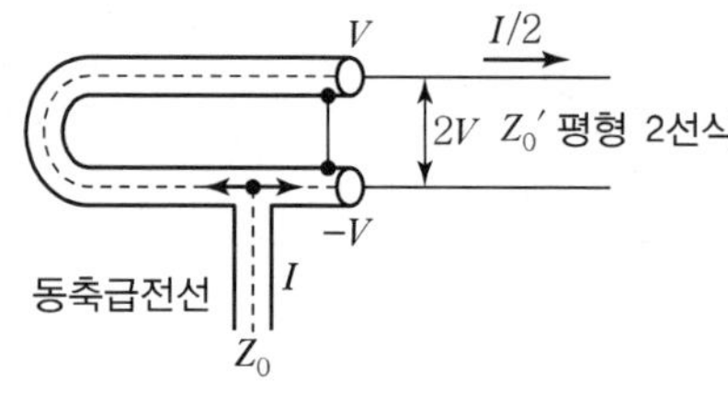

| U형 발룬 |

CHAPTER 06 WIRELESS COMMUNICATION ENGINEERING

도파관(Wave Guide)

SECTION 01 도파관의 성질

마이크로파용 급전선으로 속이 빈 금속관이며 구형도파관, 원형도파관이 있다.

1 표피효과(Skin Effect)

① 전류변화에 의해 주변자계가 변화되어 그 영향으로 인해 도체 내의 전류가 표면 부근에 집중되어 흐르는 현상

② 표피 깊이(Skin Depth) : 도체 표면과 비교해서 그 값이 e^{-1}배(0.368)로 감소되는 깊이

$$\delta = \sqrt{\frac{2}{\mu w \sigma}} = \sqrt{\frac{1}{\mu \pi f \sigma}}$$

2 도파관의 특성

① 저항손실, 유전체 손실이 적으며 복사손실이 없다.
② 절연파괴가 일어나도 큰 문제가 되지 않는다.
③ 고역여파기(HPF)로서 작용한다.(차단 주파수와 차단 파장이 존재)
④ 취급전력이 크다.
⑤ 외부전자계와 완전히 격리할 수 있다.

3 도파관 내에 전송되는 전파양식(Mode)

Mode(모드) : 도파관 내에서 전자파가 관 내벽에서 반사를 반복하면서 전송되기 때문에 독특한 전자파가 형성되는데, 이 때 도파관 내의 전자계의 분포도를 모드라 한다.

① TE(H)모드 : 전파의 진행방향에 자계 성분만 있고 전계 성분이 없는 모드(Transverse Electric) : E=0
② TM(E)모드 : 전파의 진행 방향에 전계 성분만 있고 자계 성분이 없는 모드(Transverse Magnetic) : H=0

③ TEM 모드

㉠ 전계와 자계는 모두 전파방향과 수직방향을 갖는 회전파(TEM)이므로 진행방향의 전계와 자계는 존재하지 않는다.

㉡ 속이 빈 도파관에서는 존재할 수 없으며 두 개의 도체로 구성된 동축선로나 평행 2선식 선로 등에 존재한다.

④ TE, TM파는 E=0, H=0에 따라 결정한다.

⑤ 전자파

㉠ 일정한 평면상의 모든 점에서 동일한 값을 가지는 균일 평면파이다.

㉡ 전계와 자계는 모두 전파방향과 수직방향을 갖는 회전파(TEM)이므로 진행방향의 전계와 자계는 존재하지 않는다. 이런 것을 횡편파(Transverse Wave)라 한다.

4 구형 도파관의 전파양식(Mode)

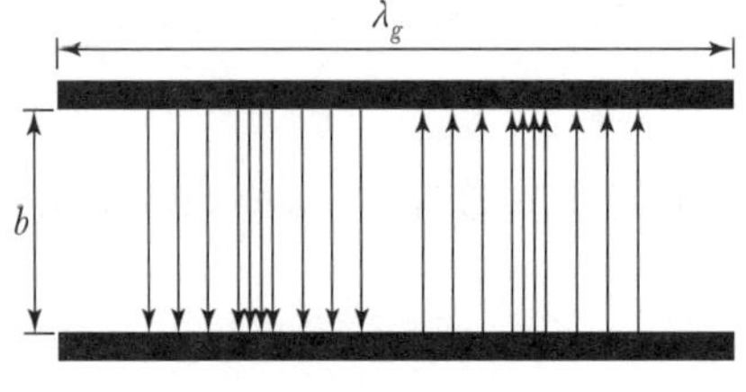

| TE_{10} 모드 측면도 |

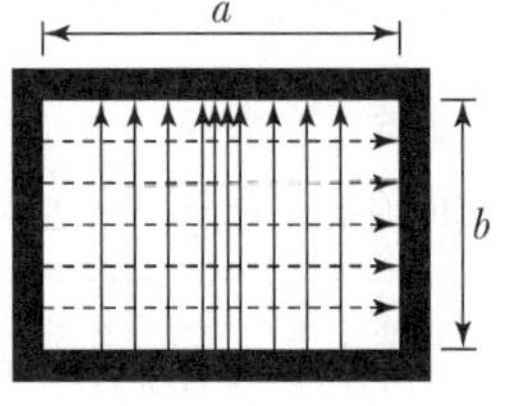

| TE_{10} 모드 단면도 |

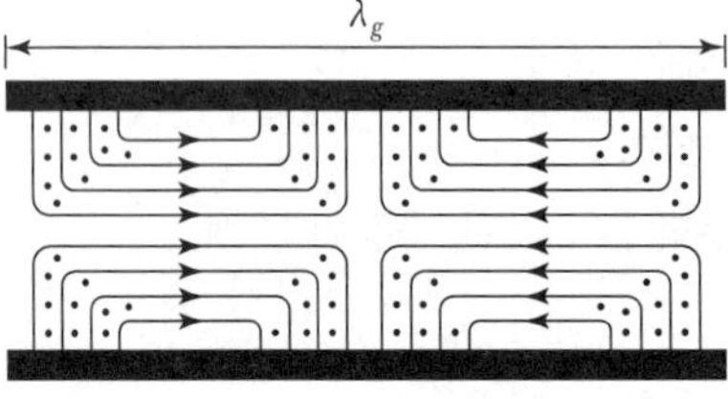

| TE_{11} 모드 측면도 |

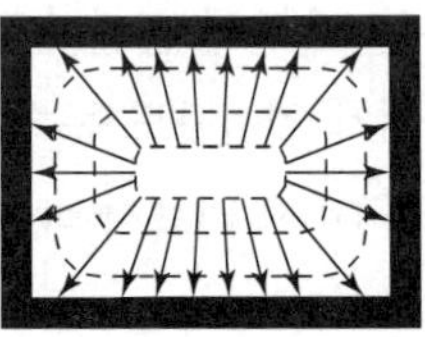

| TE_{11} 모드 단면도 |

① TE_{mn}, TM_{mn}

여기서, m : 긴 변의 전계, 자계 분포의 반주기의 수

n : 짧은 변의 전계, 자계 분포의 반주기의 수

② 기본(주) 모드 ➡ 차단파장이 가장 긴 모드

TE_{mn} 모드일 경우 : $TE_{10}(H_{10})$: $\lambda_c = 2a$

TM_{mn} 모드일 경우 : $TM_{11}(E_{11})$: $\lambda_c = \dfrac{2ab}{\sqrt{a^2+b^2}}$

5 원형 도파관의 전파양식(Mode)

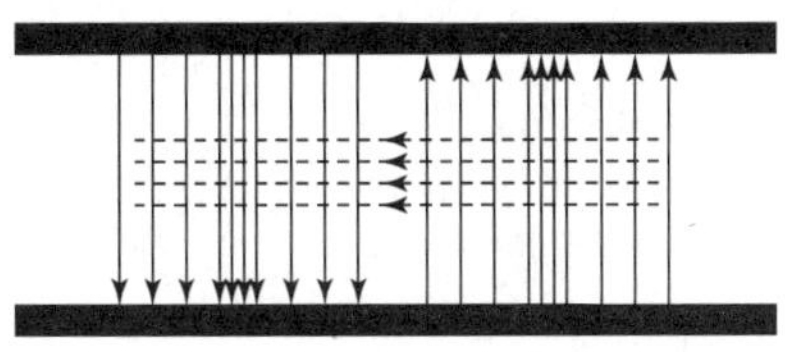

| TE_{10} 모드 측면도 |

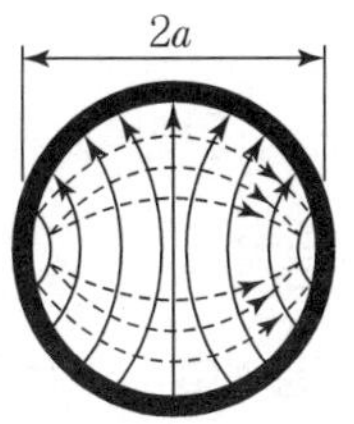

| TE_{10} 모드 단면도 |

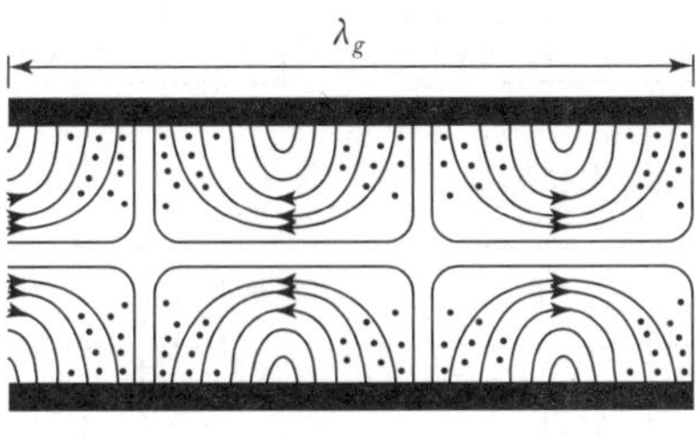

| TE_{11} 모드 측면도 |

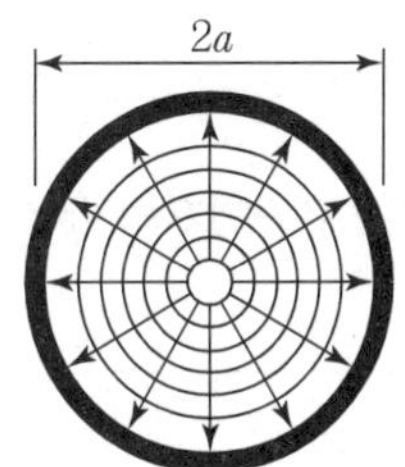

| TE_{11} 모드 단면도 |

① TE_{mn}, TM_{mn}

여기서, m : 도파관에서 관벽까지의 반지름 상에서 전계, 자계 분포의 변화횟수
n : 중심각 2π[rad] 회전할 동안 전계, 자계 분포의 변화 횟수

② 기본(주) 모드 ➡ 차단파장이 가장 긴 모드

TE_{mn} 모드일 경우 : $TE_{11}(H_{11})$

TM_{mn} 모드일 경우 : $TM_{01}(E_{01})$

6 도파관의 전송손실과 여진 방법

1) 도파관 손실

차단 주파수 이하의 신호 주파수에 의한 감쇠손실을 일으키는 것
반사손실, 유전체손실, 관벽전류의 저항손실

2) 도파관 여진

① 의미

동축 케이블과 도파관 간의 전력 변환기를 말하는 것으로 도파관에 전력을 급전하거나 반대로 도파관의 에너지를 꺼낼 때 동축 케이블 사이에 오도록 한다.

② 도파관 여진 방법

정전적 결합에 의한 여진, 전자적 결합에 의한 여진, 작은 루프 안테나에 의한 여진

7 기타 도파관의 일반적 특성

1) 도파관 분기

① E면 T분기(3개의 분기 Mode가 E면 내에 존재)

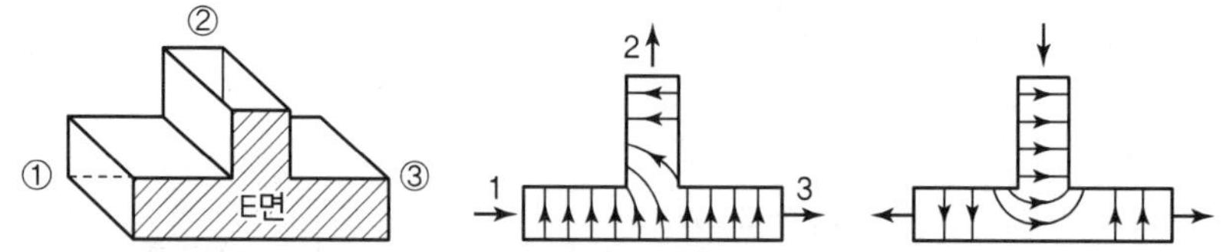

② H면 T분기(3개의 분기 Mode가 H면 내에 존재)

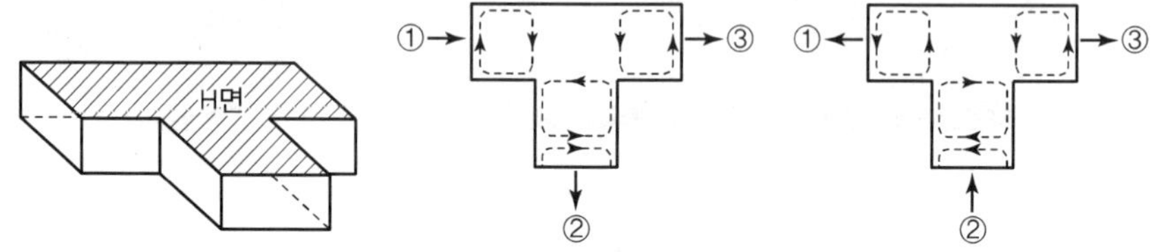

2) 매직 T(Magic Tee)

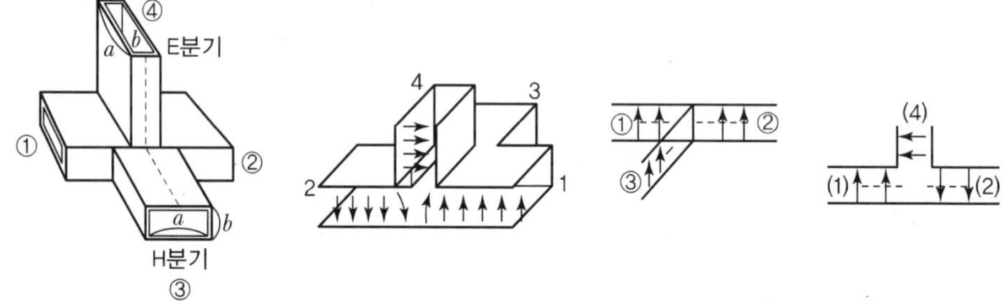

① 도파관 내에서 E면 T분기와 H면 T분기를 Hybrid T 접속시킨 것

② A에서 입사된 전파는 B, D로는 나가지만 C로는 나가지 않는다.

③ C로 입사된 전파는 B, D로는 나가지만 A에서는 출력을 볼 수 없는 도파관

④ 임피던스 브릿지, 주파수 변별기, 반사계수, 전력 측정, 아이솔레이터(격리기) 등에 사용

3) 방향성 결합기

주도파관에 분기회로로 부도파관을 결합하고 $\frac{\lambda_g}{4}$ 간격을 두어 구멍 a, b를 만들어 결합시키면 두 도파관에서 특정 방향으로 진행하는 전자파를 부도파관의 한쪽에만 결합파가 발생하도록 한다. 즉, A로 들어온 전파는 B, D쪽으로 B로부터 들어온 전파는 A, C 쪽으로 전송된다.

4) 서큘레이터(Circulator)

다수 개의 개구가 도파관에 접속되어 각각의 개구에서 입사된 전파는 반사를 일으키지 않고 옆에 있는 개구로만 감쇠 없이 출력을 보이며 나머지 다른 개구에서는 출력을 볼 수 없는 회로로 전파가 각 개구를 일정한 방향으로 순환하는 회로를 말한다.

8 도파관의 임피던스 정합

1) $\lambda/4$ 임피던스 변환기(Q변성기)에 의한 정합

임피던스가 Z_A, Z_C인 두 도파관을 정합하는 경우 임피던스가 $Z_B = \sqrt{Z_A Z_C}$인 $\lambda_g/4$길이의 도파관을 삽입하여 정합하는 방법

2) 스터브(Stub)에 의한 정합

선로에 병렬로 스터브(Stub)를 접속하여 부하에서의 길이와 스터브의 길이를 적당히 조절하여 정합하는 방법

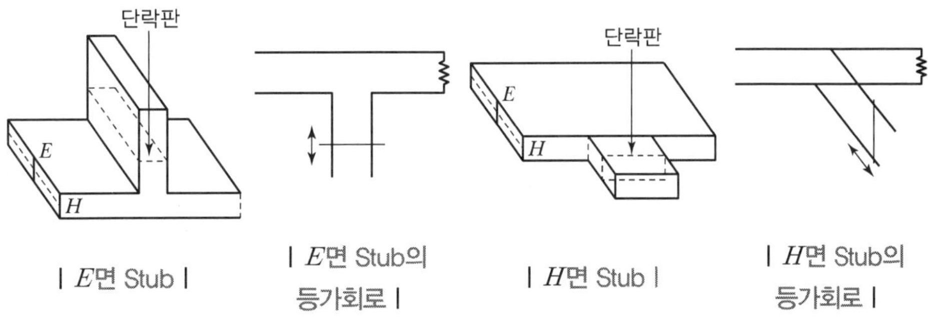

| E면 Stub | | E면 Stub의 등가회로 | | H면 Stub | | H면 Stub의 등가회로 |

3) 도파관 창(Wave Window)에 의한 정합

① 도파관 축과 직각으로 공극(Slot)이 있는 얇은 도체판을 삽입해서 정합을 얻는 방법

② 도파관 창 ➡ 임피던스 변환

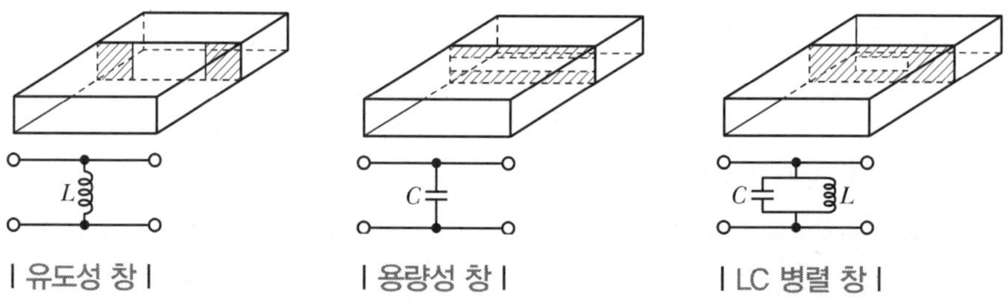

| 유도성 창 | | 용량성 창 | | LC 병렬 창 |

실전문제

WIRELESS COMMUNICATION ENGINEERING

01 동조 급전선과 비동조 급전선에 대한 비교 설명으로 가장 적절하지 않은 것은? '10 경찰직 9급

① 동조 급전선은 급전선이 짧을 때 사용하고, 비동조 급전선은 급전선 길이가 길 때 사용된다.
② 동조 급전선은 급전선 상에 정재파를 발생시켜서 급전하고, 비동조 급전선은 급전선 상에 정재파가 생기지 않도록 급전한다.
③ 동조 급전선은 정합장치가 필요하고, 비동조 급전선은 정합장치가 불필요하다.
④ 동조 급전선의 전송효율은 나쁘고, 비동조 급전선의 전송효율은 양호하다.

02 고주파 전력을 안테나에 공급하는 선로인 급전선(Feed Line)의 필요조건으로 옳지 않은 것은? '15 국회직 9급

① 급전선에서 전력손실이나 흡수가 없을 것
② 외부로의 전자파 복사 및 누설이 없을 것
③ 다른 통신선로에 유도 방해를 주거나 받지 않을 것
④ 전송효율이 좋고 임피던스 정합이 용이할 것
⑤ 입사파와 반사파의 크기가 동일할 것

03 전송선로에 대한 설명으로 옳지 않은 것은? '15 국가직 9급

① 반사계수가 0.5일 때 전압정재파비는 3이다.
② 이상적인 급전선에서 반사계수는 0이 되어 전압정재파비는 1이다.
③ 단락회로의 반사계수는 1이다.
④ 개방회로의 전압정재파비는 무한대이다.

04 300[Ω]의 TV 급전선(Feeder)에 75[Ω]의 안테나를 접속하면 전압정재파비(VSWR)는? '14 국회직 9급

① 0.25 ② 4
③ 6 ④ 8
⑤ 10

정답 01 ③ 02 ⑤ 03 ③ 04 ②

05 길이가 l이고, 부하임피던스가 Z_L인 무손실 전송선로에서 부하임피던스가 0(단락)과 무한대(개방)일 때, 전송선로의 입력임피던스는 각각 $j50[\Omega]$과 $-j200[\Omega]$이다. 이 전송선로의 특성임피던스[Ω]는? '12 국가직 9급

① 25 ② 50 ③ 75 ④ 100

풀이 전송선로의 특성 임피던스=수단 단락과 개방 시의 임피던스의 곱

$$Z_0 = \sqrt{Z_{sc} \cdot Z_{oc}} = \sqrt{50 \times 200} = 100$$

06 다음 그림과 같은 무손실 전송선로에서 반사파의 전력이 입사파 전력의 4[%]인 경우 전압 정재파비(VSWR ; Voltage Standing Wave Ratio)는? '07 국가직 9급

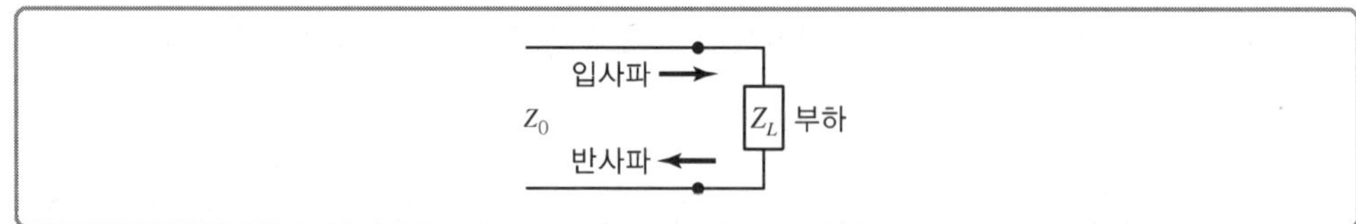

① 0.25 ② 1.5 ③ 2 ④ 2.5

풀이
- $\Gamma = \sqrt{\dfrac{P_r}{P_f}} = \sqrt{\dfrac{0.04P_f}{P_f}} = \sqrt{\dfrac{4}{100}} = \dfrac{2}{10}$
- $\text{VSWR} = \dfrac{1+\Gamma}{1-\Gamma} = \dfrac{1+0.2}{1-0.2} = 1.5$

07 그림과 같이 특성임피던스가 Z_0인 무손실 전송선로에 종단이 단락($Z_L = 0[\Omega]$)되었을 때, 입력 단에서 바라본 입력 임피던스 $Z_{in}[\Omega]$는?

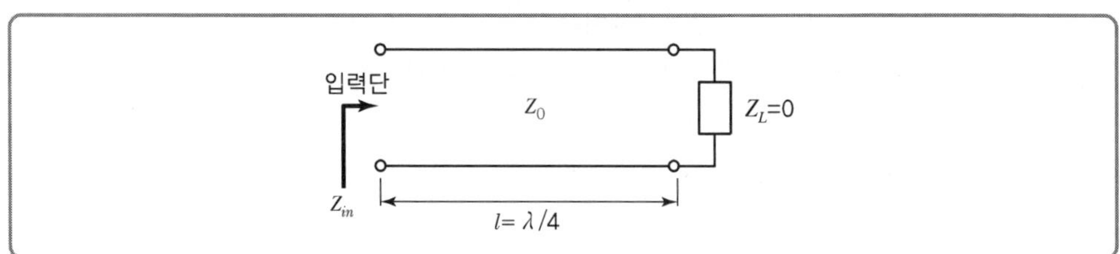

① 0 ② ∞ ③ Z_0 ④ $\dfrac{1}{Z_0}$

풀이
- 수단 단락의 경우($Z_L = 0$) : $Z_{SC} = jZ_0 \tan\beta l$
- f의 주파수에서는 $l = \dfrac{\lambda}{4}$, $\beta l = \dfrac{\pi}{2}$, $\tan\beta l = \infty$ 이므로, $Z_{in} = \infty$ 이다.

정답 05 ④ 06 ② 07 ②

08 전송선로를 다음과 같이 집중소자로 등가화할 때, 무손실 전송선로가 되기 위한 조건은?

'12 국가직 9급

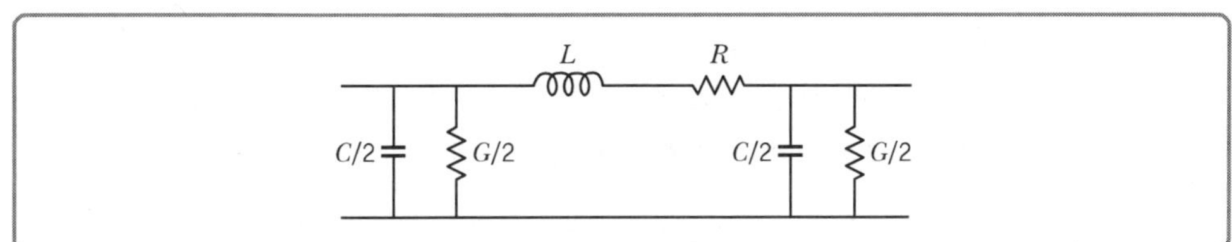

	R	G		R	G
①	0	0	②	0	∞
③	∞	0	④	∞	∞

풀이 무손실 선로 : $R = G = 0$

09 마이크로파에서 무손실 전송선로의 특성임피던스를 올바르게 나타낸 것은? '09 국가직 9급

① $\sqrt{\dfrac{L}{C}}$ ② $\sqrt{\dfrac{C}{L}}$

③ $\sqrt{\dfrac{1}{LC}}$ ④ $\sqrt{LC}$

풀이

$$Z_0 = \frac{E}{H} = \sqrt{\frac{\mu}{\varepsilon}} = \sqrt{\frac{L}{C}}$$

10 다음 설명 중에서 옳지 않은 것은? '09 지방직 9급

① 전송선로의 특성 임피던스는 전송선로의 물리적 크기에 의해 결정된다.

② 전자기파에서 자계가 지표면과 수평하게 분포하는 경우 수직편파의 특성을 갖는다.

③ 안테나 지향성은 빔폭에 의해 결정된다.

④ 전송선로와 부하 사이에 임피던스 정합이 이루어진 경우 정재파비는 무한대와 같다.

풀이 ④ 전송선로와 부하 사이에 임피던스 정합이 이루어지면 정재파비는 0이 된다.

정답 08 ① 09 ① 10 ④

11 마이크로파 통신에 사용되는 도파관을 설명한 것으로 옳지 않은 것은? '09 지방직 9급

① 도파관은 저역통과 필터로 동작하여 차단주파수보다 낮은 신호를 통과시킨다.
② 도파관은 고역통과 필터로 동작하여 차단주파수보다 높은 신호를 통과시킨다.
③ TE 모드에서는 모든 전계가 신호의 전달방향과 수직이다.
④ TM 모드에서는 모든 자계가 신호의 전달방향과 수직이다.

풀이 도파관은 차단주파수보다 높은 주파수를 통과시키는 고역통과 필터의 일종이다.

12 무손실 전송선로에서 파의 속도[v]와 특성 임피던스 [Z_0]로 옳은 것은?

① $v=\sqrt{\dfrac{L}{C}},\ Z_0=\dfrac{1}{\sqrt{LC}}$
② $v=\sqrt{\dfrac{C}{L}},\ Z_0=\dfrac{1}{\sqrt{LC}}$
③ $v=\dfrac{1}{\sqrt{LC}},\ Z_0=\sqrt{\dfrac{L}{C}}$
④ $v=\dfrac{1}{\sqrt{LC}},\ Z_0=\sqrt{\dfrac{C}{L}}$

13 무손실 전송선로의 단위길이당 커패시턴스와 인덕턴스가 각각 $C'=200[\mathrm{pF/m}]$과 $L'=500[\mathrm{nH/m}]$일 때, 전송선로 상의 전자파의 속도 $v_p[\mathrm{m/s}]$와 특성임피던스 $Z_0[\Omega]$는?

'15 국가직 7급

① 107, 100
② 107, 50
③ 108, 100
④ 108, 50

14 고주파 전력신호를 안테나에 공급할 때 사용하는 도파관의 동작원리는 다음 중 어느 필터에 해당하는가? '15 국회직 9급

① 고역통과필터
② 저역통과필터
③ 대역통과필터
④ 대역제거필터
⑤ 전역통과필터

15 특성 임피던스 80[Ω]의 무손실 전송선로에 $100+j80[\Omega]$의부하가 연결되어 있다. 부하 연결점에서 파장의 $\dfrac{1}{8}$배 거리만큼 이동한 위치에서 바라본 입력 임피던스[Ω]는?

① $100+j80$
② $100-j80$
③ $128+j80$
④ $128-j80$

정답 11 ① 12 ③ 13 ④ 14 ① 15 ④

16 균일 평면파가 무손실 등방성인 완전 유전체에서 전파되어 가고 있다. 이때 다음 설명 중 옳지 않은 것은? '14 국가직 7급

① 감쇄상수는 0이다.
② 파장은 자유공간에 비해 길다.
③ 전계와 자계 사이의 위상차는 없다.
④ 위상속도는 자유공간의 경우에 비해 느리다.

17 특성 임피던스가 Z_0인 전송선로에 부하 임피던스 Z_L이 연결되었을 때, 다음 중 옳지 않은 것은?

① 전송선로와 부하가 정합되면 $(Z_0 = Z_L)$ 전압반사계수(Γ)는 0이고 반사가 일어나지 않는다.
② 전송선로와 부하가 정합되면 $(Z_0 = Z_L)$ 정재파비(S)는 1이다.
③ 전송선로의 끝이 개방되면 전압반사계수(Γ)는 1이고 반사가 일어난다.
④ 전송선로의 끝이 개방되면 정재파비(S)는 0이다.

정답 16 ② 17 ④

PART 04

안테나 용어 정리

WIRELESS COMMUNICATION ENGINEERING

CHAPTER 01 WIRELESS COMMUNICATION ENGINEERING

안테나 용어 정리

SECTION 01 안테나 이득

1 이득의 정의

① 안테나에 급전되는 가용 전력을 주어진 방향으로 얼마나 공간 방사 전력으로 변환시킬 수 있는가를 나타내는 능력

② 전송선로에서 안테나 급전점으로 공급된 전력을 공간으로 방사시키는 능력

③ 따라서, 안테나를 공간 증폭기라고 표현하기도 함

④ 주어진 방향으로 안테나가 에너지를 집중시킬 수 있는 능력을 말한다. 이는 안테나 형상에 따라 다르며, 이득이 클수록 송신출력을 줄일 수 있다.

⑤ 기준 안테나와 임의 안테나의 최대 복사방향으로 동일거리의 포인팅 전력의 비로서 임의의 안테나가 기준 안테나와 비교하여 얼마만큼의 전력을 복사 또는 흡수할 수 있는가를 나타낸다.

2 정의 및 공식

1) 안테나 이득의 정의

① 주어진 방향으로 안테나의 단위입체각당 방사전력과 이와 동일 전력을 사용하여 등방성 안테나 또는 반파장 다이폴 안테나의 단위입체각당 방사전력과의 비

② 최대 복사 방향(Boresight)에서의 기준 안테나와의 단위입체각당 방사전력 비

2) 안테나 이득에 대한 공식(절대이득의 경우)

$$\Rightarrow \frac{(\text{단위입체각당 안테나방사전력})}{(\text{단위입체각당 등방성안테나방사전력})}$$

3 안테나 이득 측정

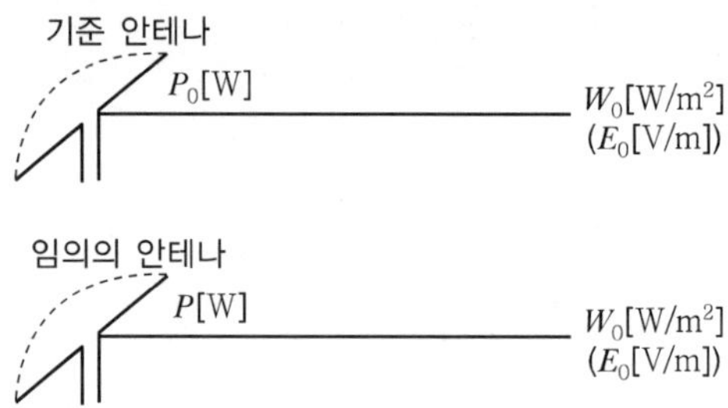

$$G = \frac{\dfrac{\text{최대 복사 방향으로 임의 거리에서의 포인팅 전력}}{\text{공급 전력}} \| \text{임의 안테나}}{\dfrac{\text{최대 복사 방향으로 임의 거리에서의 포인팅 전력}}{\text{공급 전력}} \| \text{기준 안테나}}$$

$$= \frac{\dfrac{W}{P}}{\dfrac{W_0}{P_0}} = \frac{\dfrac{E^2/120\pi}{P}}{\dfrac{{E_0}^2/120\pi}{P_0}} = \frac{\dfrac{E^2}{P}}{\dfrac{{E_0}^2}{P_0}}$$

$$= \left(\frac{P_0}{P}\right)\left(\frac{E}{{E_0}^2}\right)^2$$

1) 동일 전계인 경우

$$G = \left(\frac{P_0}{P}\right) \mid_{E=E_0}(\text{동일 전계})$$

2) 동일 전력인 경우

$$G = \left(\frac{E}{E_0}\right)^2 \mid_{P=P_0}(\text{동일 전력})$$

3) [dB]로 표현

$$G[\text{dB}] = 10\log_{10} G[\text{dB}] = 10\log_{10}\left(\frac{P_0}{P}\right) + 20\log_{10}\left(\frac{E}{E_0}\right)[\text{dB}]$$

$$G[\text{dB}] = 10\log_{10}\left(\frac{P_0}{P}\right)[\text{dB}] \mid_{E=E_0}$$

$$G[\text{dB}] = 20\log_{10}\left(\frac{E}{E_0}\right)[\text{dB}] \mid_{P=P_0}$$

4 이득의 종류

안테나 이득은 절대이득(G_h)과 상대이득(G_a)으로 구분

1) 절대이득

이론적으로만 가능한 등방성 안테나(Isotropic Antenna)를 기준(대부분 1[GHz] 이상)
절대이득 : dBi(i=Isotropic)

2) 상대이득

기준안테나인 무손실 $\lambda/2$(반파장) 안테나(Dipole Antenna)를 기준(대부분 1[GHz] 이하)
상대이득 : dBd(d=Dipole)

3) 양자 간 관계식

상대이득(dBd)=절대이득(dBi)+2.15[dB]

구분	기준 안테나	$G_a = 1.64 \quad G_h = 3G_v$	용도
절대이득(G_a)	무손실 등방성 안테나	$G_a = 1$	마이크로파대 입체 안테나
상대이득(G_h)	$\lambda/2$(반파장) 다이폴 안테나	$G_a = 1.64$	초단파대 이하의 비접지 선형 안테나
지상이득(G_v)	$\lambda/4$보다 극히 짧은 수직접지 안테나	$G_a = 3$	접지 안테나

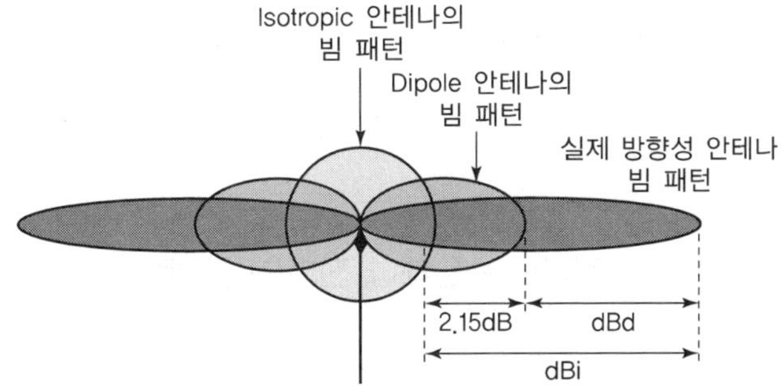

4) 수치 例

① 0dBd(다이폴안테나 기준)=2.15dBi(등방성안테나 기준)
=무지향성(Omni−Directional)=Unity Gain

② dBi=dBd+2.15, 상대이득(dBd)=절대이득(dBi)+2.15[dB]

5 안테나 이득(Gain) 및 지향성(Directivity) 간의 차이

1) 안테나 이득은 포괄적인 개념임

① 단지 방향만 고려하는 지향성(도)보다는 이를 포괄하는 입출력 전력의 비를 다룸

② 안테나 내부구조로 인한 저항성 손실(도전율, 유전체 손실 등)도 포함하는 개념

③ 에너지를 주어진 방향으로 기준이 되는 안테나에 비해 얼마나 집중시킬 수 있는 능력과 손실까지 포함하는 개념이라고 할 수 있음

④ 안테나 형상에 따라 다르며, 결국 이득이 클수록 송신 출력을 줄일 수 있음

2) 안테나 이득

① 주어진 방향으로 지향성(D) 및 복사효율(η)을 곱한 것

$$G = D \times \eta$$

② 주로, 주어진 방향으로 기준 안테나에 대한 복사 전력의 비로 나타냄

3) 지향성

지향성은 순전히 방향만 관련되는 이득의 비

주어진 방향의 복사세기 대비 전 방향의 평균복사세기와의 비

* 이 둘 모두가 방향에 따라 변화되므로 특별한 언급이 없으면, 안테나 이득 및 지향성 모두 최댓값(최대 복사방향)을 의미함

6 안테나 이득, 실효 개구면적, 안테나 복사전력 간의 관계

1) 실제 전파를 송수신하는 데 사용되는 실효적인 면적(실효개구면적)에 따른 안테나 이득

$$G_e = \frac{4\pi}{\lambda^2} A_e$$

2) 실질적으로 공간에 전파되는 안테나 전파출력 전력

$$P_r = P_t \times G_t [\mathrm{W}] = 10\log P_t + 10\log G_t [\mathrm{dB}]$$

여기서, P_r : 안테나 복사전력

P_t : 송신기 출력

G_t : 안테나 이득

SECTION 02 안테나 복사전력 & EIRP & ERP 관계

1 안테나 복사전력(Antenna Radiated Power)

① 특정한 안테나는 형태에 따라 각각의 안테나 이득을 갖고 있기 때문에 이득이 큰 안테나를 사용하면 송신출력을 줄일 수 있으므로 송신출력과 안테나의 이득을 곱한 값을 안테나 복사전력이란 용어로 규정하고 있다.

② 산출식

$$P_r = P_t \times G_t[\mathrm{W}] = 10\log P_t + 10\log G_t[\mathrm{dB}]$$

여기서, P_r : 복사전력
P_t : 송신기 출력
G_t : 안테나의 이득

2 ERP, EIRP

일반적으로 둘 다 안테나 복사전력을 말하나, 구체적으로 안테나 이득을 고려한 복사전력

① 등가등방복사전력(EIRP ; Equivalent Isotropic Radiated Power)
㉠ 안테나에 공급된 전력과 주어진 방향에서 등방성 안테나를 기준으로 하는 안테나 절대이득(dBi)과의 곱
㉡ 안테나에 전달된 순전력에 주어진 방향으로 송신안테나의 절대이득을 곱한 값

② 실효복사전력(ERP ; Effective Radiated Power)
㉠ 안테나에 공급된 전력과 주어진 방향에서 반파장 다이폴 안테나를 기준으로 하는 안테나 상대이득(dBd)과의 곱
㉡ 주어진 방향에 대해 최대 세기 방향으로 복사되는 전력

③ 실제적으로 EIRP보다는 실효복사전력(ERP ; Effective Radiated Power)를 많이 사용
무선규칙(Radio Regulation)에서는,

㉠ 공중선에서 복사된 전력을 E.R.P(Effective Radiated Power, 실효복사전력)로 하여,
㉡ 공중선에 공급되는 전력과 상대이득(반파장 다이폴 안테나를 기준으로 함)의 곱으로 정의하고 있음

3 등가등방복사전력, 실효등방성복사전력, 유효등방성복사전력(EIRP ; Equivalent Isotropic Radiated Power, Effective Isotropic Radiated Power)

① EIRP란 마이크로파대 등에서 공중선으로 복사되는 전력(Antenna Transmitted Power)을 나타내는 말로써, 안테나에 공급되는 전력과 주어진 방향에서 등방성 안테나의 이득(절대이득)과의 곱을 말한다.

② 표현식 : $EIRP = P_t \times G_a$[W]

여기서, P_t : 안테나 출력=Transmitter Power
G_a : 안테나 이득

4 실효복사전력(ERP ; Effective Radiated Power)

① 실효복사전력이란 안테나에 공급되는 전력과 주어진 방향에서 반파장 다이폴 안테나의 안테나 이득과의 곱을 말한다.

② 표현식 : $ERP = P_t \times G_h$[W]

5 ERP와 EIRP의 비교

① $ERP = EIRP + 2.15$[dB]

여기서, 2.15[dB]는 다이폴 안테나의 이득(1.64배)

② 무선규칙(Radio Regulation)에서는 공중선에서 복사된 전력을 E.R.P(Effective Radiated Power, 실효복사전력)로 하여, 공중선에 공급되는 전력과 상대이득(반파장 다이폴 안테나를 기준으로 함)의 곱으로 정의하고 있다.

③ 비교표

	ERP	EIRP
명칭	실효복사전력	실효등방성 복사전력
기준안테나	반파장 안테나	등방성 안테나
적용이득	상대이득(G_a)	절대이득(G_h)
이득단위	dBd	dBi
적용범위	대부분 1[GHz] 이하	대부분 1[GHz] 이상
산출식	$P_r = P_t \times G_h$[W]	$P_r = P_t \times G_a$[W]
크기	EIRP의 1.64배(2.15[dB])	EIRP

SECTION 03 실효 개구면적과 안테나 이득

1 개구면 능률(Aperture Efficiency)

① 혼 안테나(Horn Antenna), 파라볼라 안테나 등의 개구면 안테나(Aperture Antenna)에 대하여 그 물리적 개구면적(A_p)을 전파적으로 바라다 본 실효단면적(A_e)과의 비(η)를 개구면 능률이라 한다.

② **표현식** : $\eta = A_e / A_p$

③ 이 비는 일반적으로 안테나의 개구면이 전면에 걸쳐서 전자계가 등진폭 및 등위상으로 여진된 경우에 정면방향의 이득 G_0(이상적인 상태)와 실제로 분포하는 전자계에 의한 이득과의 비가 일정하기 때문에 개구면 안테나의 효율을 나타내는 양으로 하여 사용되며 이득계수(Gain Factor)라고도 말한다.

2 ANT 실효개구면적

① 실효개구면적이란 1[GHz] 이상에서 주로 사용되는 입체 ANT의 개구 전체 면적 중 실제 전파를 송 · 수신하는 데 사용되는 면적임

② 한편 1[GHz] 이하에서 사용되는 선형 ANT에 있어서도, 전파를 송수신하는 실효개구 면적이 존재함

$$\text{개구효율 } \eta_a = \frac{\text{실효 개구면적}(A_e)}{\text{기하학적 개구면적}(A)}$$

$$A_e(\text{실효 개구면적}) = \frac{P_a(\text{수신 최대 유효전력})}{P_o(\text{자유공간의 최대 포인팅전력})}[\text{m}^2]$$

$$A_e = \frac{\lambda^2}{4\pi} G_a, \ G_a = \frac{4\pi}{\lambda^2} A_e$$

3 기본 안테나의 이득을 구하는 공식

1) 미소 Dipole ANT의 실효개구면적

① 전력밀도×실효개구면적=전력이므로

$$\frac{E^2}{120\pi}\times A_e = \frac{V^2}{4R} = \frac{(E\times l)^2}{4\times 80\pi^2\left(\frac{l}{\lambda}\right)^2} \text{에서 } A_e = 0.119\lambda^2$$

② Loop ANT의 실효개구면적

$$\frac{E^2}{120\pi}\times A_e = \frac{V^2}{4R} = \frac{(E\times he)^2}{4\times 320\pi^4\frac{(AN)^2}{\lambda^4}}$$

③ Loop ANT 실효고

$$he = \frac{2\pi AN}{\lambda} \quad A_e = 0.119\lambda^2$$

④ λ/2 Dipole ANT의 실효개구면적

$$\frac{E^2}{120\pi}\times A_e = \frac{V^2}{4R} = \frac{(E\times he)^2}{4\times 73.13}$$

$$\left(\frac{\lambda}{2} \text{ Dipole ANT 실효고 } he = \frac{\lambda}{\pi}\right) \quad A_e = 0.131\lambda^2$$

⑤ 등방성 ANT의 실효개구면적
등방성 ANT가 전력 밀도 W인 공간에 놓여 있을 때

수신전력=전력밀도×흡수면적이므로 $P_R = W\times\frac{\lambda^2}{4\pi}$, $W=\frac{4\pi P_r}{\lambda^2}$

$$\text{실효개구면적} = \frac{\text{수신전력}}{\text{전력밀도}} \text{이므로}$$

$$A_e = \frac{P_R}{\frac{4\pi}{\lambda^2}P_R} = \frac{\lambda^2}{4\pi} = 0.08\lambda^2$$

4 주파수대별 복사능력의 표현 지수

구분	복사능력 표현 정수
장 · 중파대 안테나	미터 · 암페어[m · A]
단파대 안테나	이득(G)
초단파대 이상의 입체 안테나	실효개구면적(A_e)

1) 장 · 중파대 안테나의 복사능력 표현 정수

Meter－Ampere[m · A]

① ANT의 실효고와 기저부 전류의 곱

② 수신전계강도 E는 Meter－Ampere에 비례

③ ANT의 방사(복사)전력은 Meter－Ampere 제곱에 비례

④ 장 · 중파 ANT의 복사능력을 나타냄

2) 수신전압

실효고 h_e인 ANT로, 전계강도 E를 수신한 경우 수신전압

$$V = E \cdot h_e$$

3) 수신최대유효전력

$$P_e = \frac{V^2}{4R_r} = \frac{(E \cdot h_e)^2}{4R_r}$$

여기서, R_r : ANT 복사저항

5 G/T와 EIRP(실효등방성 복사전력)

1) G/T

위성통신지구국 수신기 성능을 나타내는 지수로 G(ANT 이득) T는(수신기잡음온도) 많은 수의 지구국이 다원접속방식에 의해 1개의 위성을 사용할 경우 개개의 지구국의 성능이 서로 다르면 회손 품질의 균일화도 힘들며 각 지구국에 대한 주파수나 송신출력 할당도 어려워짐 따라서 표준지구국 경우 다음 값 이상으로 G/T값을 규정하고 있다.

$$G/T[\text{dB}] = 35 + 20\log\frac{F}{45}[\text{dB}]$$

여기서, F : 주파수[GHz]

2) EIRP(Effective Isotropic Radiated Power : 실효등방성 복사전력)

실효등방성 복사전력으로 목적방향을 향해 송신 ANT가 방사할 수 있는 전파세기의 정도를 나타낸다.

$$EIRP = P_t \cdot G_t$$

여기서, P_t : 송신 ANT 출력 전력
G_t : 송신 ANT 이득

6 복사전계강도 – 미소다이폴의 복사전계강도를 기본으로 해서 각 ANT의 전계강도 산출

① 미소다이폴(Hertz 다이폴, 미소 Doublet) 복사전계강도

$$E = \frac{60\pi Il}{\lambda d} = \frac{60\pi}{d}\sqrt{\frac{P_r}{80\pi^2}} = \frac{6.7\sqrt{P_r}}{d}$$

여기서, $P_r = 80\pi^2 I^2\left(\frac{l}{\lambda}\right)^2$을 대입

② 반파장 다이폴 ANT의 복사전계강도

$$E = \frac{60\pi Il}{\lambda d} = \frac{60\pi Ihe}{\lambda d} = \frac{60I}{d} = \frac{7\sqrt{P_r}}{d}$$

여기서, $P_r = 73.13I^2$ 대입

③ $\lambda/4$ 수직접지 ANT의 복사전계강도(영상 ANT를 고려하면 전계강도는 2배)

$$E = \frac{120\pi Il}{\lambda d} = \frac{120\pi Ihe}{\lambda d} = \frac{60I}{d} = \frac{9.9\sqrt{P_r}}{d}$$

여기서, $P_r = 36.56I^2$ 대입

Reference

$$E = \frac{313\sqrt{P_r}}{d}[\text{mV/m}]$$

여기서, P_r : [kW]
d : [km]

④ 등방성 ANT의 복사전계강도

$$E = \frac{5.48\sqrt{P_r}}{d}$$

⑤ $h \ll \dfrac{\lambda}{4}$ 인 접지 ANT의 복사전계강도

$$E = \frac{9.5\sqrt{P_r}}{d}$$

Reference

안테나 효율(η)이 주어진 경우 $\sqrt{\ }$ 안에 집어넣어서 산출

7 ANT의 Q(선택도, 양호도, 첨예도)

$$Q = \omega_0 \frac{P_m(\text{공진회로에 축적되는 전력 최대치})}{P_L(\text{공진회로의 손실전력 평균치})}$$

$$Q = \frac{\omega L_e}{R_e} = \frac{1}{\omega C_e R_e} = \frac{1}{R_e}\sqrt{\frac{L_e}{C_e}} = \frac{1}{R_e} Z_0$$

ANT 특성 임피던스 $Z_0 = \sqrt{\dfrac{Z}{Y}} = \sqrt{\dfrac{L_e}{C_e}} = 138\log\dfrac{2l}{d}\,[\Omega]$

여기서, l : 도선길이
d : 도선직경

① Q가 큰 ANT 경우 : Z_0 크고, ANT 직경 가늘고, 주파수특성은 협대역임

② Q가 작은 ANT 경우 : Z_0 작고, ANT 직경 굵고, 주파수특성은 광대역임

SECTION 04 안테나의 지향 특성

안테나로부터 그 주변에 어떠한 강도의 전파를 복사하고 있는지 또한 어떤 방향으로 강하고 어느 방향으로 약한가 하는 전파의 분포모양을 각도의 함수로 나타낸 것을 지향성(Directivity) 또는 지향 특성이라고 함

1 지향 특성

안테나에서 말하는 지향성이란 안테나 이득이나 마이크로폰의 감도 등이 일정한 방향성을 가지는 성질을 말한다.

2 특징

① 지향성/지향도는 총 방사전력이 전방향으로 균일하게 분포되었다고 가정할 때, 최대 방사전력이 이와 비교해서 얼마나 큰 지를 나타내게 된다.

② 이의 도식화 모양은 각 방향의 세기에 대응한 좌표점의 궤적을 수평면, 수직면으로 나눈 평면도로 도시한다.

③ 평면도의 종류로는 쌍향성, 단향성(단일 지향성) 등이 있다. 형상으로는 특히 8자형, 하트형 등이 있다.

④ 한편, 지향성이 없는 것은 무지향성(Omni－Directional 또는 Isotropic)이라고 한다.

3 지향성 계수/지향도

1) 지향성(Directivity)

① 지향도는 지향 특성을 나타내는 계수로, 최대복사방향의 값을 1로 하여 상대적인 전계강도로 나타내며, 이를 D로 표기한다.

② 복사도체를 원점으로 하여, 이로부터 복사되는 전파의 방향에 따른 상대적 크기를 극좌표 형식으로 나타낸 것. 복사 구면상의 최대 복사강도와 평균 복사강도와의 비

2) 지향성 계수(지향 계수, Directional Coefficiency)

복사도체로부터 복사되는 전파의 크기는 최대 복사 방향의 값을 1로 하여 상대적인 크기를 D로 나타낸 것(보통 극좌표(r, θ, ϕ)를 사용하여 수평과 수직면 내 지향성의 2가지를 나타냄)

① 수직면 내 지향성 계수 $D(\theta)=\dfrac{E_\theta(\theta\text{방향의 전계강도})}{E(\text{최대복사방향 전계강도})}$

$(\phi=0)$(H면 지향성)

② 수평면 내 지향성 계수 $D(\phi) = \dfrac{E_\phi(\phi\text{방향의 전계강도})}{E(\text{최대복사방향 전계강도})}$

($\theta = 0$)(E면 지향성)

- 등방향성 안테나의 지향도는 $D=1$이며,
- 반파장 다이폴 안테나의 지향도는 $D=1.64$(2.15[dB])이다.

3) 미소 Dipole과 반파장 Dipole을 원점에 수직으로 놓았을 경우 수직면과 수평면 내의 지향성 계수

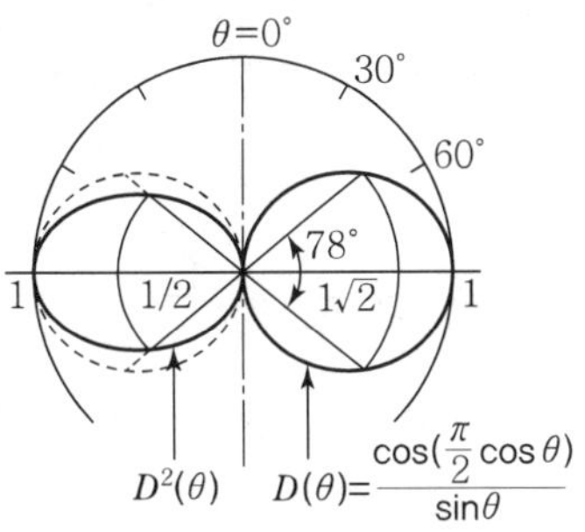

| 반파장 다이폴 |

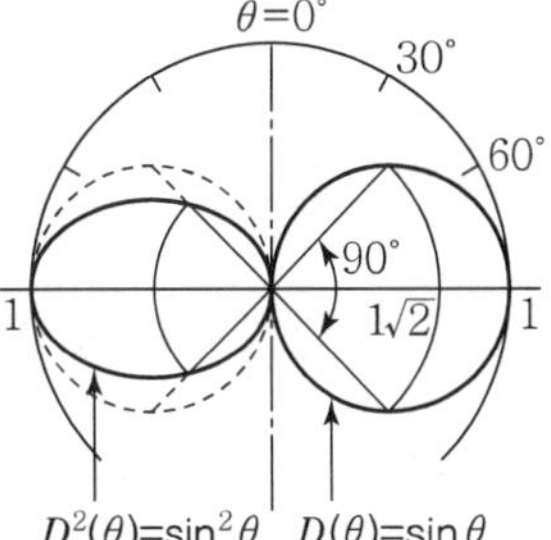

| 미소 다이폴 |

	$D(\theta)$ 수직면 내 지향성계수	$D(\phi)$ 수평면 내 지향성계수
미소 Dipole (수직으로 설치)	$\sin\theta$(8자 지향특성)	1(무지향성)
반파장 Dipole (수직으로 설치)	$\dfrac{\cos\left(\dfrac{\pi}{2}cos\theta\right)}{\sin\theta}$(8자 지향특성)	1(무지향성)

SECTION 05 안테나 패턴

1 안테나 패턴(Antenna Pattern) or 빔 패턴(Beam Pattern)

① 안테나 패턴이란 안테나 관련 파라미터 정보를 원격지(Far Field, 원방계)에서 측정하여 그래프적으로 나타낸 것을 말한다.

② 통상적으로 안테나가 원하는 방향으로 전자파를 방사하거나 수신할 수 있는 특성

③ 안테나 패턴으로는,

㉠ Field의 크기(E−plane, H−plane), 위상, 지향도 같은 것으로 표시하는 것이 대부분

㉡ 이를 표현하는 방식으로는 구좌표계에 의한 3차원 또는 직각 좌표계에서 2차원으로 그려내어 표시

2 복사패턴 : 지향성 계수의 모양을 공간좌표 그림으로 도시한 것

① 전계 패턴 : 전계강도(E)의 상대치인 $D(\theta)$로 표시한 것(초단파대 이하 사용)

② 전력 패턴 : 복사전력 상대치인 $D^2(\theta)$로 표시한 것(μ−파대에서 사용)

③ 위상 패턴 : 복사전계의 위상에 의해 지향성을 도시한 것

➤ 복사 Pattern에 따른 ANT 분류

- 지향성 ANT : 특정한 방향으로 전파를 복사하는 복사패턴을 갖는 ANT(단향성과 쌍향성이 있음)
- 전방향성 ANT : 수직면은 지향성이고, 수평면은 무지향성 복사 패턴 ANT
- 등방성 ANT : 모든 방향으로 균일한 복사패턴을 갖는 ANT로 가상적인 ANT이며, ANT 이득과 지향성을 나타내기 위한 기준 ANT로 사용됨

3 주엽, 부엽, 주빔, 메인 로브, 사이드 로브(Primary Beam, Main Lobe, Side Lobe)

1) 주엽

복사패턴에서 복사가 최대로 되는 방향의 빔

Main Lobe란 안테나 복사 패턴이 최대가 되는 방향을 포함하는 복사 Lobe(둥근 돌출부)를 말하며, 보통 안테나를 설계할 때 원하는 방향으로의 최대 에너지 전송 등을 나타낼 때 이용한다.

2) 부엽

주엽 이외의 작은 빔(측엽+후엽)

Side Lobe는 Main Lobe 이외에 작게 붙어 생기는 성분을 말하며, 통상적으로는 안테나의 역할이 없어 보이지만 때로는 이를 절묘하게 이용하는 경우도 있다.

3) 전후방비

주엽이 부엽에 비해 큰 복사 패턴을 갖는 ANT를 지향성 ANT라고 하며, 지향성의 정도를 나타내기 위한 반치각, 전후방비라는 Parameter를 사용함

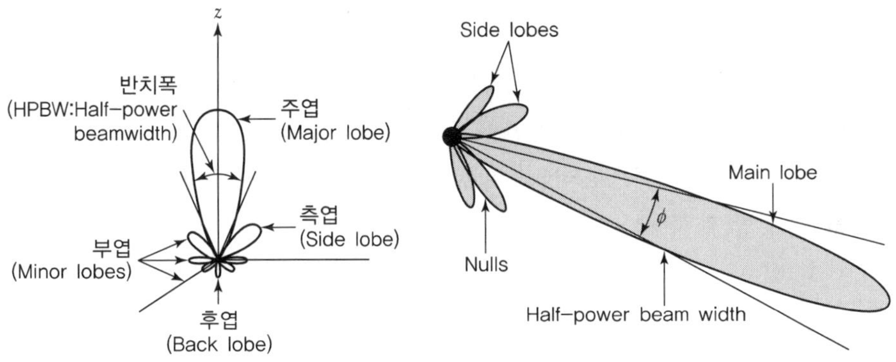

4 반치폭(HPBW ; Half Power Beam Width, 반전력 빔폭)

반전력 빔폭(HPBW)은 주 빔(Main Lobe)의 최대 복사방향에 대해 -3[dB](전력차원에서는 최대 복사전력의 $\frac{1}{2}$, 전계차원에서는 복사 전계강도의 $\frac{1}{\sqrt{2}}$)되는 두 점 사이의 각을 말한다.

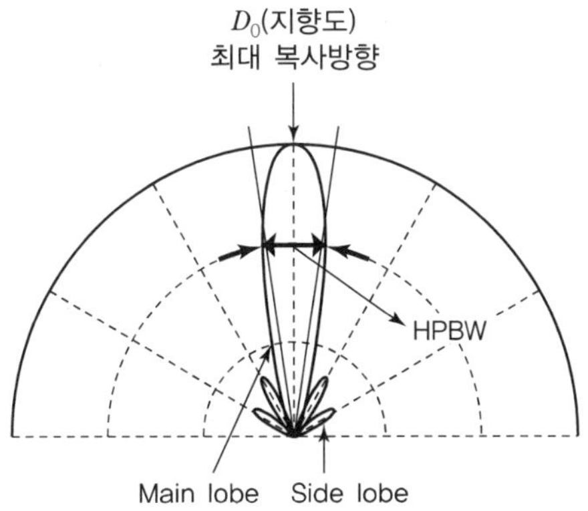

1) 반치각

반치폭 또는 빔폭으로서 지향성의 정도를 나타내는 물리량으로서 주엽의 날카로운 정도(첨예도)를 나타내며, 이 값이 작을수록 예리한 지향성을 의미함

① 주엽의 최대복사방향에 대하여 -3[dB] 되는 두 방향 사이의 각

② 전계 패턴(Field Pattern)에서는 최대복사전계강도의 $\frac{1}{\sqrt{2}}$ 되는 두 방향 사이의 각

③ 전력 패턴(Power Pattern)에서는 최대복사 전력의 $\frac{1}{2}$ 되는 두 방향 사이의 각(미소 Dipole은 90°, 반파장 Dipole은 78°가 됨)

2) 전후방비(FB)

① 주엽 전계 강도의 최댓값과 후방($\theta = 180° \pm 60°$)에 존재하는 부엽 전계 강도의 최댓값의 비(전파를 효과적으로 이용하기 위해 목적방향으로만 강한 전파를 복사하고, 지향성을 갖게 할 때 사용하는 정수)

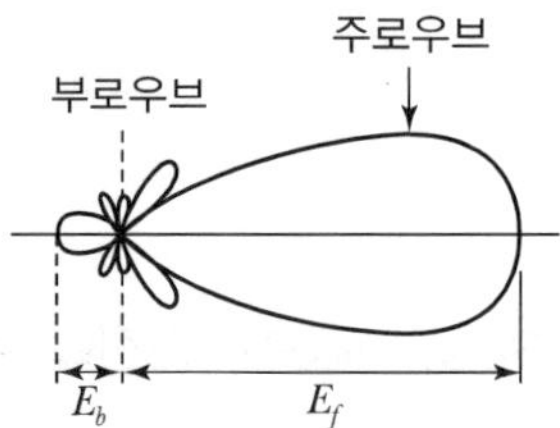

$$FB = 20\log\frac{E_f(\text{전방 전계강도의 최대값})}{E_b(\text{후방 전계강도의 최대값})}\,[\text{dB}]$$

② μ −파 ANT를 무선중계에 사용할 경우는 ANT 후방에 방사가 있으면 혼선을 일으키므로, 가능한 한 전후방비가 큰 ANT 사용이 좋음

SECTION 06 다중 안테나 기술과 MIMO

1 빔 형성(BF Beamforming, Beam-Forming)

① 빔 형성이란 안테나에서 전파를 원하는 특정 방향으로만 방사되도록 방향성을 갖는 전파(電波) 빔을 만들어내는 기술을 말한다.

② 빔 형성은 공간적으로 멀티플렉싱(공간분할 다중화)을 가능하게 한다.

③ 각 안테나별로 위상정보를 조정하여 기지국과 이동국의 위치각도에 따라 신호의 세기를 조절함으로써 주변의 간섭을 제거하여 성능을 높일 수 있는 기술이다.

④ 스마트 안테나(AAS ; Adaptive Antenna System)

2 섹터 안테나(Sector Antenna, Sectorized Antenna)

① 섹터안테나는 CDMA 방식 등의 이동통신 셀의 각 기지국에서 주로 사용되는 형태의 안테나를 말한다.

② 특정 각으로부터 오는 신호에 대해서는 안테나 이득을 크게 주고 다른 방향에서 오는 간섭신호에 대해서는 매우 작은 이득을 주도록 설계됨

③ 매크로 셀을 담당하는 매크로 기지국의 경우,

㉠ 무방향성은 360° 전체를 커버

㉡ 지향성은 120°씩 3개 섹터 구조로, 하나의 셀 내에서 3개가 120°씩 커버하는 섹터 안테나 사용

④ λ/2 소자를 반사판에 부착하여 지향성을 높인 구조

⑤ 기지국의 각 섹터에서 송신을 위한 1개 안테나와 수신을 위한 2개의 안테나를 사용

* IS-95 CDMA 시스템에서는 120°로 구분하여 안테나를 설치하여 1개의 셀을 3개의 영역(Sector)으로 나누어 사용함

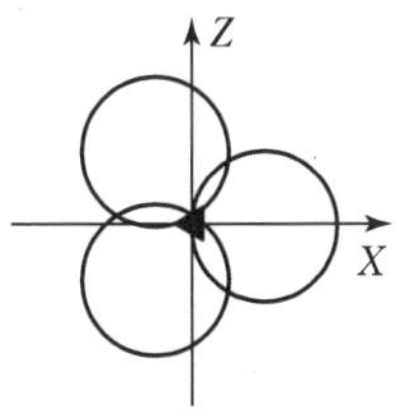

| Top View, 3 Sector |

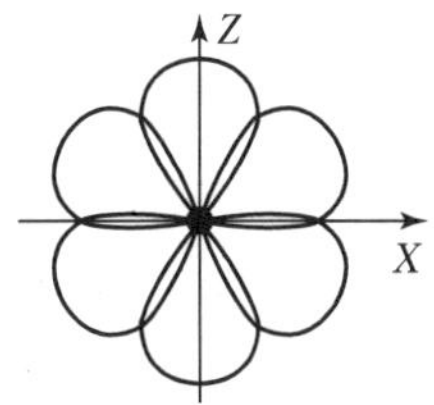

| Top View, 6 Sector |

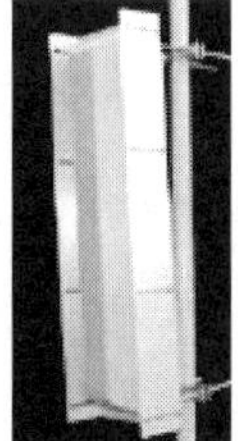

3 스마트 안테나(Smart Antenna)

스마트 안테나는 원하는 안테나 빔 패턴을 형성해 주는 배열 안테나(공간처리 능력)와 기저대역에서의 디지털 신호처리 기술(신호처리 능력)이 결합된 안테나를 말한다.

1) 스마트 안테나의 특성

① 송신 측의 공간상 위치에 따라 안테나 빔을 맞추어 형성
원하는 방향으로 전파가 집중되어 각 단말기가 저전력으로 통화가 가능하므로 배터리 수명의 연장 가능

② 원하는 가입자가 있는 곳에서는 보강간섭이 일어나도록, 그리고 원치 않는 가입자는 간섭신호로 상쇄간섭이 일어나도록 함

③ 스마트 안테나는 통화 채널 간 방해 전파(Interfering Noise)를 최소화하여 통화 품질을 향상시키고 가입자 수를 증가시킬 수 있다.

2) 구분

빔 형성 방법의 적응도 정도에 따라 두 가지로 분류된다.

① 적응 어레이 안테나
(Adaptive Array Antenna)
안테나 배열에서 각 단위 요소별로 입사된 신호들을 특정 기준하에서 결합하여 다른 공간상에 위치한 Co-channel 사용자로부터의 간섭 신호와 원하는 신호를 분리하여 수신하는 방식

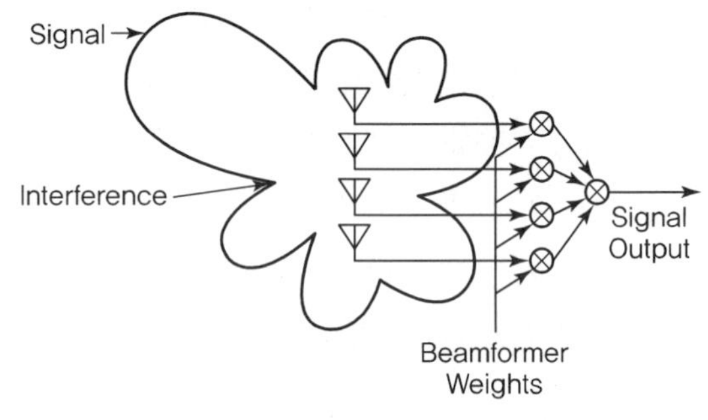

② 스위칭 빔 어레이 안테나(Switching Beam Array Antenna)
미리 정해진 안테나 빔 패턴 중에 수신 전력에 따라 최고의 성능을 줄 수 있는 빔 패턴을 선택 수신하는 방식

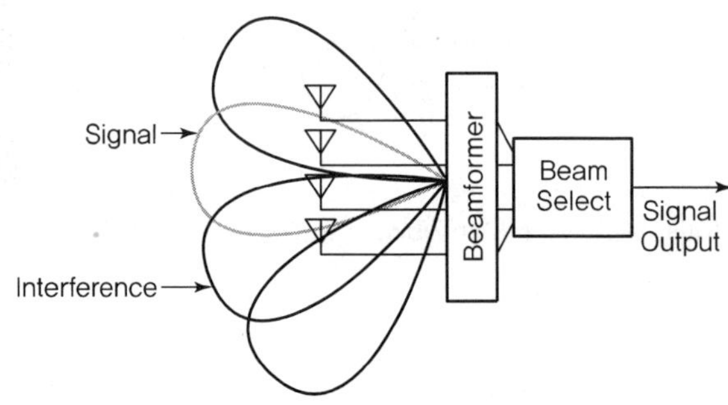

4 Multiple Antenna Technology 다중 안테나, 다중 안테나 기술

다중 안테나 기술은 송수신기에 2개 이상의 복수의 안테나를 사용하여 대용량, 고속으로 안정된 통신을 이루려는 기술을 말한다.

1) 기술적 분류

① 빔 형성 기술
② 다이버시티 기술
③ 멀티플렉싱 기술

2) 다중 안테나 사용 시 얻을 수 있는 이득(이점)

① 어레이 이득(Array Gain) : 공간 신호처리를 통하여 다중 채널을 통해 수신되는 신호의 SNR를 최대화
② 다이버시티 이득(Diversity Gain) : 단일 데이터 스트림을 동시에 다중 채널을 통해 전송함으로써 얻는 이득
③ 공간 다중화 이득(Spatial Multiplexing Gain) : 여러 데이터 스트림을 서로 다른 채널들을 통해 전송함으로써 얻는 이득
④ 간섭제거 이득

3) 복수 안테나 설치 위치에 따른 분류

① SISO(Single Input Single Output) : 단일 송신 안테나, 단일 수신 안테나
② SIMO(Single Input Multiple Output) : 단일 송신 안테나, 다중 수신 안테나
③ MISO(Multiple Input Single Output) : 다중 송신 안테나, 단일 수신 안테나
④ MIMO(Multiple Input Multiple Output) : 다중 송신 안테나, 다중 수신 안테나

5 다중 입출력, 다중 입출력 안테나 기술, 다중입력 다중출력(MIMO ; Multiple Input Multiple Output)

- MIMO 기술은 다수의 안테나를 사용하여 고속의 통신을 이루려는 다중 안테나 기술을 말한다.
- 기존에는 디지털통신은 주로 시간 차원만의 신호처리 위주이었으나 MIMO는 시간 차원뿐만 아니라 공간 차원의 신호처리를 결합한 것

1) 기술 분류

동일 데이터 전송 여부에 따라

① 공간 다중화(Spatial Multiplexing) 기법
- ㉠ 서로 다른 데이터를 여러 송수신 안테나를 통해 동시에 전송하는 방법
- ㉡ 송신단에서는 각 전송 안테나를 통해 서로 다른 데이터를 전송하고, 수신단에서는 적절한 간섭제거 및 신호처리를 통하여 송신 데이터를 구분해내어, 전송률을 송신 안테나 수만큼 향상시키는 SDM(Spatial Division Multiplexing, 공간분할다중화) 기법
- ㉢ G. J. Foschini가 다중 안테나에서의 채널 용량의 증가를 최초로 입증

② 공간 다이버시티(Spatial Diversity) 기법
- ㉠ 같은 데이터를 다중의 송신 안테나에서 전송하여 송신 다이버시티를 얻음
- ㉡ 공간-시간 채널 코딩(Space Time Channel Coding) 기법의 일종인 다중의 송신 안테나에서 같은 데이터를 전송함으로써 송신 다이버시티 이득(성능이득)을 극대화시킴
- ㉢ 전송률을 향상시키는 방법은 아님, 다이버시티 이득에 의한 전송의 신뢰도를 높이는 기술임
- ㉣ 예 시공간 블록 부호(STBC ; Space-Time Block Code)

③ 수신기에서 송신기로의 채널 정보의 귀환 여부에 따라
- ㉠ 개루프 방식 : BLAST, STTC 방식 등
- ㉡ 폐루프 방식 : TxAA 등

2) 역사

1990년대 초 벨 연구소에서 처음 거론, BLAST MIMO 개발

➤ BLAST(Bell Lab Layered Space Time)
BLAST 기술 : 다중 안테나를 사용하여 시스템이 사용하는 전체 주파수 영역은 증가시키지 않은 채, 송수신 안테나의 개수를 동시에 증가시킴으로써 채널용량을 증가시켜 보다 많은 데이터를 한 번에 전송시키는 방법

SECTION 07 대역폭(Bandwidth)

1 개요

① 일반적으로, 주파수대의 폭을 말한다.
   ㉠ 이는 신호가 차지하고 있는 주파수 범위(Spectrum)이며,
   ㉡ 대역폭은 정보를 실을 수 있는 능력(量)과 비례한다.

② 한편, 광통신에서 사용하는 파장대역 폭은 주파수대 폭과 관련하여 다음과 같이 정의함

➡ $\Delta f = f_2 - f_1 = \dfrac{c}{\lambda_2} - \dfrac{c}{\lambda_1} = \dfrac{c(\lambda_1 - \lambda_2)}{\lambda_1 \lambda_2} \fallingdotseq \dfrac{c\Delta\lambda}{\lambda_{02}}$

여기서, λ_0 : 중심 파장

2 데이터 통신(인터넷 등)에서의 대역폭(또는 Throughput)

① 네트워크가 초당 처리할 수 있는 데이터 전송능력(단위 : 초당 전송되는 비트의 수, 채널용량)을 의미한다.
② 즉, 어떤 링크가 수용할 수 있는 트래픽의 최대 가용 용량을 의미한다.
③ 이 경우에서의 대역폭은 인터넷 QoS의 중요 척도가 된다.
④ 한편, 일반적으로 통신채널상의 전송용량은 채널용량 참조

3 대역폭을 정의하는 방법(분류)

일반적으로 스펙트럼 밀도 상에서 신호 에너지 또는 신호 전력의 몇 %가 집중적으로 존재하는 구간을 정의하는 방법에 따라 주파수 대역폭은 달라질 수 있음

- 범위 폭을 정의하는 방법에 따라 3[dB] 대역폭, 절대 대역폭 등으로 나눌 수 있음

① **3[dB] 대역폭(반 전력 대역폭)** : 최고 값 전력의 절반에 해당하는 대역폭
② **등가 대역폭(잡음 등가 대역폭)** : 잡음이 차지하는 면적과 등가적으로 같은 대역폭
③ **영점 대 영점 대역폭(Null to Null 대역폭, Zero－crossing 대역폭)** : 스펙트럼 상에서 최초의 0점까지를 차지하는 대역폭
④ **부분전력 대역폭** : 전력의 99% 또는 z%를 차지하는 대역폭
⑤ **x[dB] 대역폭** : 전력밀도가 지정된 0[dB] 기준레벨보다 적어도 x[dB] 낮은 대역폭
⑥ **절대 대역폭** : 스펙트럼이 0이 되기 시작하는 주파수 폭이라 정의되지만, 실제 파형에서는 무한대이므로 잘 쓰이지 않는다.

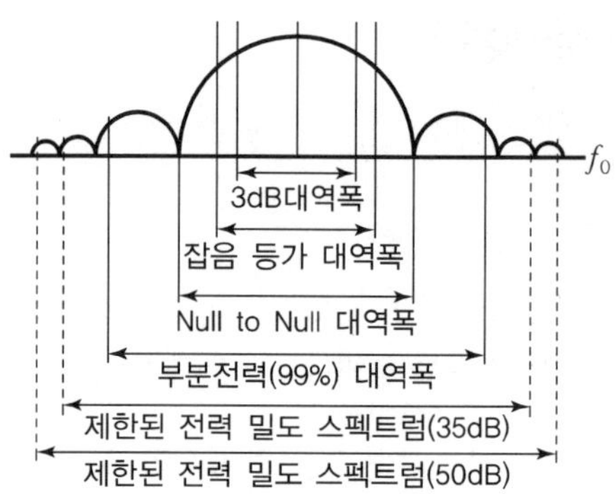

SECTION 08 편광(Polarization)

1 편파, 편광, 분극(Polarization, Polarized Wave)

1) Polarization(편광, 편파)

① 전자기파의 '편파(偏波)'

㉠ 전자기파의 편파는, 그 진행방향에 수직한 어떤 고정점/면에서 전기장(E Field, 전계) 성분의 파동을 말함

㉡ 전기장 벡터의 끝이 그리는 궤적

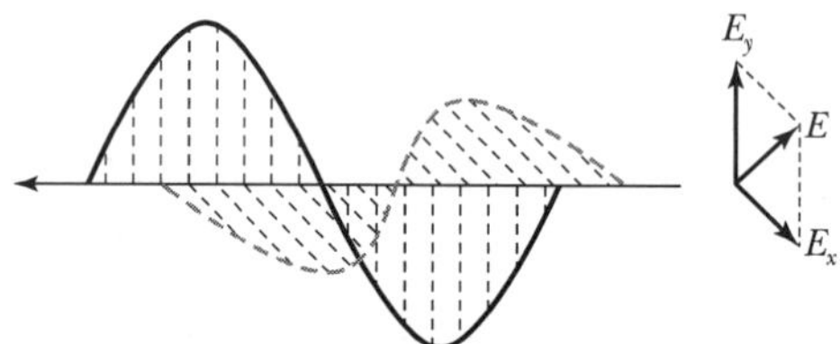

㉢ 예 안테나마다 방사되는 파(波)에 대한 안테나 고유의 편파 특성을 가짐

② 빛의 '편광(偏光)'

㉠ 빛의 경우에 편파보다는 편광이라고 표현

㉡ 진동방향이 제한되는 현상(빛의 흡수, 산란, 반사, 통과, 굴절 상황에서)

㉢ 예 편광기, 편광 이용 광변조기, 광스위치 등

㉣ 입사면, 복굴절, 편광모드분산, 프레넬 방정식 등 참조

③ 유전체의 '분극(分極)'

㉠ 유전체에서 외부 전계 등에 의해 유도된 전기쌍극자모멘트의 정렬을 분극이라 함

㉡ 영어로는 모두 Polarization이라고 씀

2) 편파(편광)의 분류

① 선형 편파/직선 편파(Linear Polarization)

㉠ 전계 벡터 방향이 항상 단일한 일차원 방향으로만 진동함

㉡ 선형편파의 상세구분

- 전자기파가 대지에 대해 전계 벡터의 궤적 변화가 수평/수직에 따라, 수평편파(Vertically Polarized), 수직편파(Horizontally Polarized)로 구분
- 입사평면과의 전계 벡터 성분이 평행이냐 수직이냐에 따라, 평행편광, 수직편광으로 구분

② 타원형 편파(Elliptical Polarization)

㉠ 편파 중 가장 일반적인 형태임

㉡ 전계 벡터 궤적이 좌우방향에 따라 : 좌선회 타원편파(LHEP), 우선회 타원편파(RHEP)

③ 원형 편파(Circular Polarization)

㉠ 타원형 편파의 특별한 형태

㉡ 전계 벡터 궤적이 좌우방향에 따라 : 좌선회 원편파(LHCP), 우선회 원편파(RHCP)

④ 무편광(Unpolarized Light) - 자연광(태양광)

무편광(Unpolarized)은 전계방향이 랜덤한 경우(모든 방향 성분이 다 있음)

3) 안테나의 편파 특성

① 회전방향

㉠ 전파의 진행방향에 따라 우향 또는 좌향(Right-hand 또는 Left-hand)

㉡ 우향(Right-hand) 편파의 예

② 축 비율(AR ; Axial Ratio)

㉠ 주축 대비 부축의 비율(AR=Emax/Emin)

㉡ 축비율이 1이면 원형편파, ∞이면 직선편파, 1~∞이면 타원형 편파

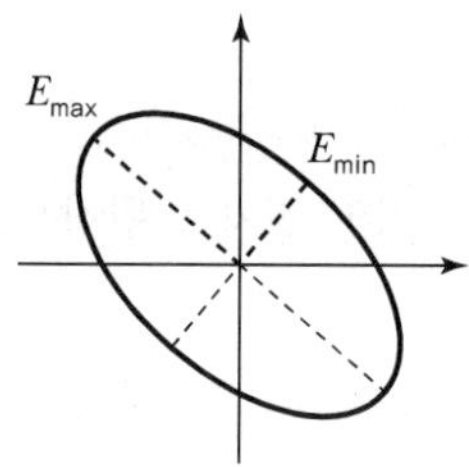

③ 동일 편파(Co Polarizaion), 교차 편파(Cross Polarization)

㉠ 동일 편파 : 원하는 편파 성분

㉡ 교차 편파 : 동일 편파 성분과 수직인 편파 성분

④ 타원의 경사(Inclination)

2 입사파와 입사평면

1) 개요

① 입사파(Incident Wave) 및 반사파(Reflected Wave, Reflective Wave) : 서로 다른 매질의 경계면에서 진행하는 입사파 및 반사되어 나오는 반사파

② 입사 평면 : 경계면에 비스듬히 입사하는 파의 입사각, 반사각, 투과각을 규정하는 평면

③ 수직편광, 평행편광 : 전기장 진동방향이 입사평면과 수직 또는 수평

④ 수직편파, 수평편파 : 직선편파를 갖는 전파의 전기장 진동방향이 대지면에 수직 또는 수평

2) 입사평면, 입사각, 반사각

① 입사평면(Plane of Incidence)

㉠ 매질 경계면에 비스듬히 입사하는 파의 입사각, 반사각, 투과각을 규정할 수 있는 평면

㉡ 즉, 입사파, 반사파, 투과파를 포함하는 평면

㉢ 또는, 매질 경계면과의 수직선 및 입사파를 포함하는 평면

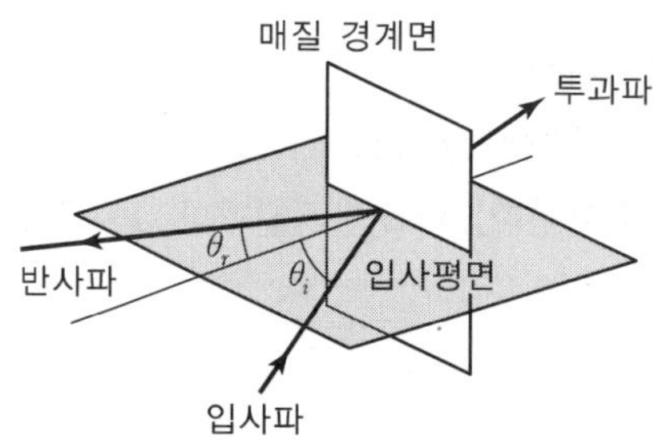

② 입사각, 반사각

그림에서 입사각 : θ_i 반사각 : θ_r

3) 수직편광 및 평행편광

① 수직편광, 수직편파, TE파, s편광(Perpendicular Polarization)
전기장 진동방향이 입사평면과 수직(입사면에 수직)

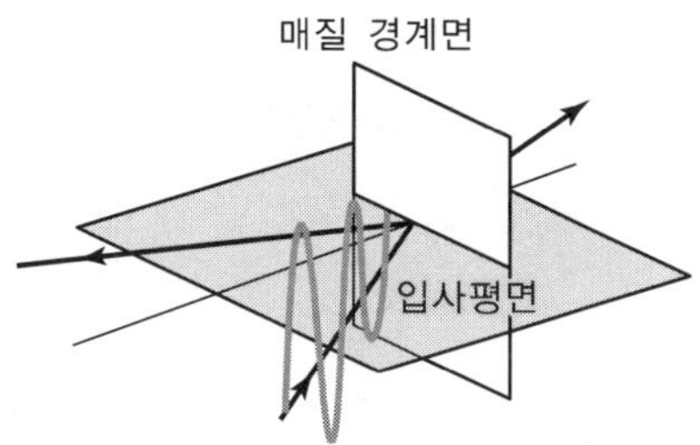

② 수평편광, 평행편광, 평행편파, TM파, p편광(Parallel Polarization)
전기장 진동방향이 입사평면과 평행(입사면에 평행)

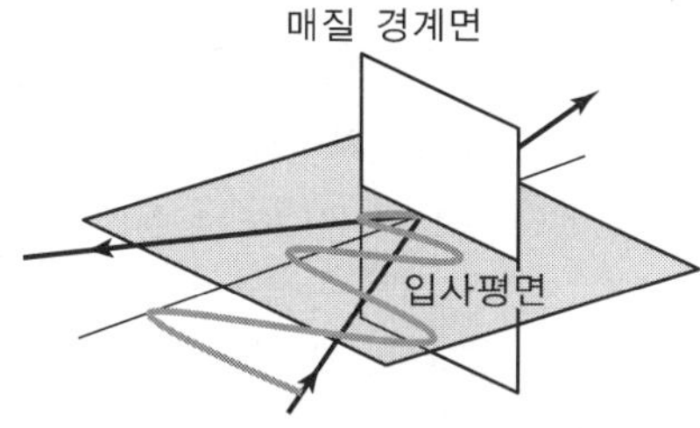

* s 또는 p편광은 독일어 Senkrecht(수직), Parallel(평행)에서 유래
* 관련 참고 용어 : 브르스터 각(Brewster Angle)

4) 수직편파, 수평편파(전파(電波), 안테나 분야)

직선편파를 갖는 전파는 대지에 대해 전계 벡터의 궤적 변화가 수평/수직에 따라,

① 수직편파(Horizontally Polarized Wave) : 전계 벡터의 궤적변화가 수직(자계는 수평)
② 수평편파(Vertically Polarized Wave) : 전계 벡터의 궤적변화가 수평(자계는 수직)

3 편파면의 분류

1) 편파(편광)의 분류

① 선형 편파/직선 편파(Linear Polarization)

㉠ 선형 궤적을 따라 진동하는 전계

* 전계 벡터 방향이 항상 단일한 일차원 방향으로만 진동함

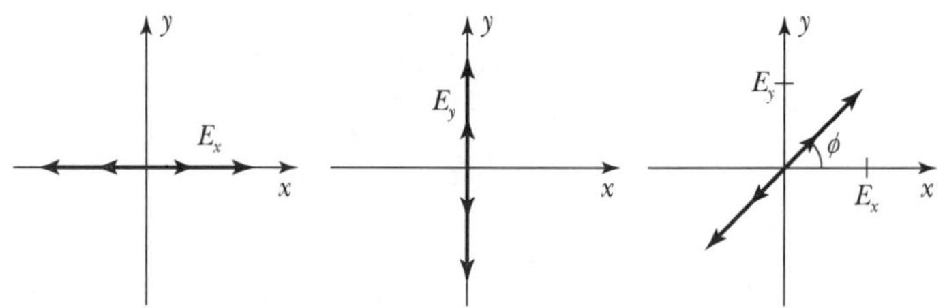

㉡ E_x 및 E_y 간의 위상 차이 $\phi = \phi y - \phi x = 0°$ 또는 $180° = m\pi$(m : 정수)

㉢ 직선편파의 구분

- 전자기파가 대지에 대해 전계 벡터의 궤적 변화가 수평/수직에 따라, 수평편파(Vertically Polarized), 수직편파(Horizontally Polarized)로 구분
- 입사평면과의 전계 벡터 성분이 평행이냐 수직이냐에 따라 평행편광, 수직편광으로 구분

② 타원형 편파(Elliptical Polarization)

㉠ 편파 중 가장 일반적인 형태임

㉡ 전계 벡터 궤적이 좌우방향에 따라 좌선회 타원편파(LHEP), 우선회 타원편파(RHEP)로 구분

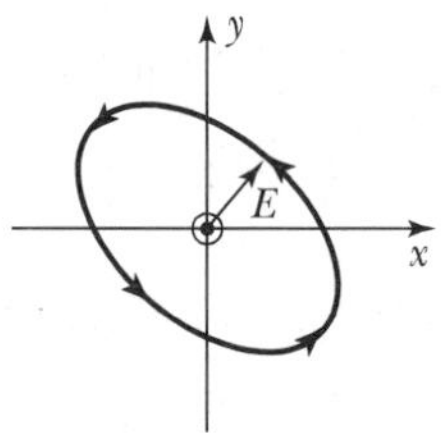

- 오른손 엄지손가락이 전파방향이고 나머지 손가락이 시간에 따른 전계의 회전방향이면, 우회전타원편파(RHEP ; Right-Handed Elliptical Polarization)

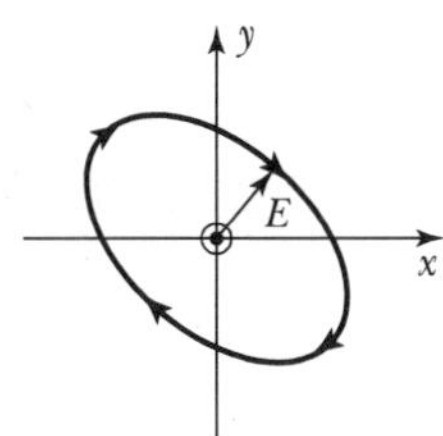

- 왼손 엄지손가락이 전파방향이고 나머지 손가락이 시간에 따른 전계의 회전방향이면, 좌회전타원편파(LHEP ; Left-Handed Elliptical Polarization)

  위 그림에서 전파방향은 종이를 뚫고 앞으로 나오고 있음

③ 원형 편파(Circular Polarization)

㉠ 타원형 편파의 특별한 형태

㉡ 전계 벡터 궤적이 좌우방향에 따라 ; 좌선회 원편파(LHCP), 우선회 원편파(RHCP)로 구분

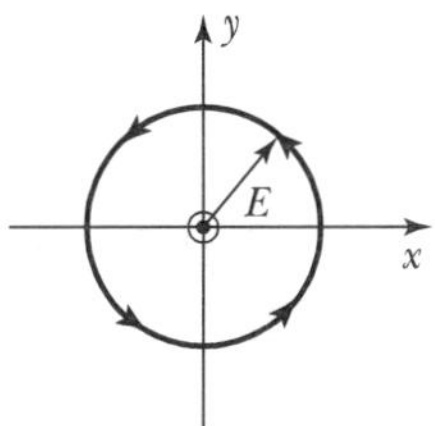

- 오른손 엄지손가락이 전파방향이고 나머지 손가락이 시간에 따른 전계의 회전방향이면, 우회전원편파(RHCP ; Right-Handed Circular Polarization)

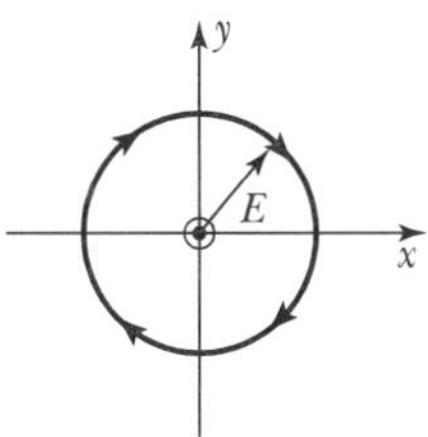

- 왼손 엄지손가락이 전파방향이고 나머지 손가락이 시간에 따른 전계의 회전방향이면, 좌회전원편파(LHCP ; Left-Handed Circular Polarization)

  위 그림에서 전파방향은 종이를 뚫고 앞으로 나오고 있음

㉢ E_x 및 E_y 간의 위상차이 $\phi = \phi y - \phi x = \pm 90° = \pm \frac{\pi}{2}$

④ 무편광(Unpolarized Light) – 자연광

㉠ 무편광(Unpolarized)은 전계 방향이 랜덤한 경우(모든 방향 성분이 다 있음)

㉡ 예 태양광(자연광으로써 제멋대로의 무편광되는 광) 등

SECTION 09 안테나의 특성 관련 용어들

1 공중선 전력, 공중선 전력밀도

1) 개요

공중선 전력은 송신 공중선계의 급전선에 공급되는 전력을 말한다.

2) 공중선전력 및 복사전력

안테나에서 복사된 복사전력을 공중선전력으로 말하는 것이 타당한 듯하나, 실제 측정에서 복사된 전파로부터 전 복사전력을 정확히 측정하는 것은 사실상 어렵다.

3) 공중선 전력 측정 이유

① 간섭 등을 최소화하기 위해 송신전력을 필요 최소한으로 제한이 요구되나

② 통신품질 면에서 송신전력을 일정 이상의 강도를 유지할 필요가 있음

4) 공중선 전력의 표시 형태

반송파 전력(무변조시 전력), 첨두 전력, 평균 전력, 공중선전력밀도 등

5) 공중선 전력의 단위

① 절대치에 대해서는 와트[W], 또한 정격치에 대한 편차로써 백분율로도 표시 가능

② 통상적으로 주파수에 대한 전력밀도로 표시하기도 한다.
(공중선전력밀도 mW/[MHz] 등)

2 전파 임피던스, 파동 임피던스(Wave Impedance)

① 전파 임피던스는 전계와 자계와의 관계를 전압과 전류의 관계와 유사하게 전기회로의 임피던스 개념을 전자파에 확장한 것

② 자유 공간의 평면파에 대해 전계 E와 자계 H 사이의 관계식

③ 표현식은 $E = Z_0 \cdot H$이다.

이때, 자유공간 상의특성 임피던스 Z_0는 $Z_0 = \sqrt{u_0/\varepsilon_0} = 120\pi = 376.6[\Omega]$

3 듀플렉싱, 듀플렉서, 송수 분파기(Duplexing, Duplexer)

1) Duplexing

① 이동통신 등에서 상향 링크 및 하향 링크 등을 구분하여 결국 양방향 통신이 가능하도록 하는 이중화 기능을 말하며,

② 안테나에서는 1개 안테나로 송신 및 수신을 구분하여 주는 이중화 기능을 말한다.

2) 구분 방식

① 동시에 양방향으로, 아니면 한 번에 한 방향으로 하는지 여부에 따라, 전이중 전송방식 및 반이중 전송방식으로 구분한다.

㉠ 전이중 : 동시에 양방향으로 전송이 가능

㉡ 반이중 : 한 번에 한 방향으로만 전송 가능

② 이동통신 등에서 상향/하향 링크를 구분하는 방식으로 크게 FDD 및 TDD가 있으며, 또한 이 둘을 결합한 HDD(Hybrid Division Duplexing) 방식이 있다.

㉠ FDD(Frequency Division Duplexing) : 상하향에 별도의 주파수대역 할당, 따라서 상하향에 별도 RF 단이 필요, Full-Duplex(전이중) 가능, 지연이 작으며, 고속 전송 및 이동성에 유리하다.

㉡ TDD(Time Division Duplexing) : 상하향에 동적으로 시간슬롯 할당, 비대칭 전송에 유리, 상하향 링크가 시간에 따라 분리되기 때문에 기지국 간 정확한 시간 동기가 필요, 고속의 전송에 다소 불리하다.

㉢ HDD : FDD 및 TDD 단점을 보완 혼합한 방식으로, 6[GHz] 미만의 주파수대역에서 이동통신용으로 연속적인 광대역을 할당할 만한 여유 주파수 자원이 없어 다중대역/다중모드를 사용하기 위해, TDD용 대역 2개를 일정주기로 상하향으로 바꾸는 방식 등이 연구되고 있다.

3) Antenna Duplexer

Duplexer란 하나의 공용 안테나를 이용하여 송수신 신호를 분리하기 위한 것으로서, 송신신호와 수신신호의 주파수차를 이용하여 분리하는 일종의 대역 필터로 송신신호와 수신신호 사이의 상호 간섭과 잡음을 최소로 억제하고 불필요한 신호를 제거하는 기능을 갖는다.

SECTION 10 Smith－Chart

1 Smith－Chart 개요

① 마이크로파 공학에서 전송선로 이론의 가장 중요한 이용분야로서 임피던스 변환 및 임피던스 정합(Matching)을 들 수가 있다.

② 전송선로에서 임피던스가 정합이 되지 않으면(부하 임피던스가 선로의 고유 특성임피던스와 일치가 되지 않은 경우) 부하로부터 반사파가 존재하게 되어 부하에 최대전력 공급이 되지 않는다. 동시에 선로 상에는 정재파가 존재하게 되어 선로 상에서 저항손실이 발생하게 된다.

③ 실제로 이러한 문제를 해결하기 위하여 널리 이용되는 "임피던스 정합방법"에 대하여 어려운 수학적인 해석을 간편하고, 실용적인 도표 상에서(Smith－Chart) 정확히 데이터를 얻을 수 있게 된다. 이러한 Smith－Chart는 극좌표상에 그린 저항과 리액턴스가 일정한 궤적을 이루고 있으며, 극좌표상의 원의 반경은 반사계수의 크기를 나타낸다.

④ 이 도표를 이용하면 임피던스가 선로 상에서 어떻게 변환되고 또, 임피던스, 반사계수 정재파비, 그리고 전압이 최소로 되는 위치 등 중요한 전송선로 해석이 가능해진다.

⑤ 선로에 의한 임피던스 변환식

$$Z_i = Z_0 \frac{Z_L + jZ_0 \tan\beta l}{Z_0 + jZ_L \tan\beta L}$$

⑥ 전기 관련의 문헌이나 서적에서 스미스차트를 조사하면 "Z평면에서 $R \geq 0$ 범위의 R＝일정, X＝일정한 직선군을 Γ평면에 사상(寫像)한 도표, ……" 라는 식으로 설명이 쓰여있을 것으로 생각한다.

⑦ 직교 좌표계를 둥근 변형된 도표에 사상한 것뿐이라고 생각할 지도 모르지만, 이것이 임피던스 변환에 매우 유용한 것이다. 스미스차트를 이용하면 번거로운 계산을 하지 않아도 임피던스 변환을 기하학적으로 구할 수 있다.

⑧ Smith Chart는 임피던스와 반사계수와의 관계를 도표화한 것으로, 직렬회로(소자)의 취급에 적합하다. 병렬회로(소자)를 취급하는 경우에는 어드미턴스(Admittance)로 생각하는 편이 간단하다.

⑨ 어드미턴스와 반사계수와의 관계를 도표화한 것을 어드미턴스 차트(Admittance Chart)라 부르고, 스미스 차트와 어드미턴스 차트를 서로 겹쳐 작성한 것은 이미턴스 차트(Immitance Chart)라 부른다.

⑩ 차트상에서는 임피던스(또는 어드미턴스)를 기준이 되는 특성 임피던스로 정규화하여 표시한다. 여기서 취급하는 주파수대에서는 대부분의 경우 특성 임피던스 50[Ω]을 기준으로 하고 있다.(예 $25 + j10[\Omega] \rightarrow 0.5 + j0.2$)

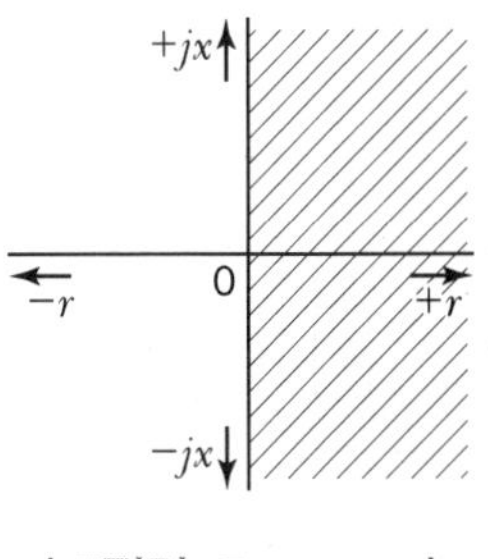

| Z평면 $Z=r+jx$ |

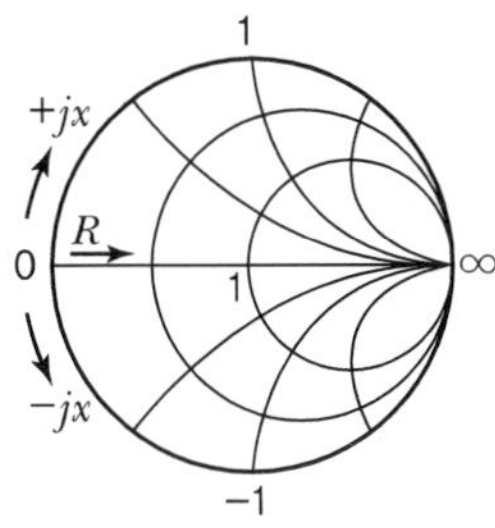

| 스미스차트 |

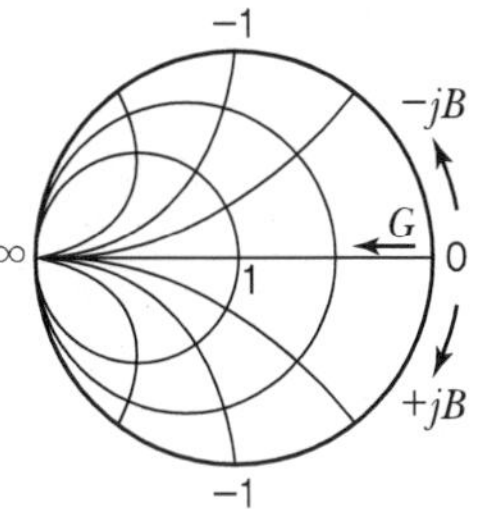

| 어드미턴스 차트 |

2 임피던스 및 어드미턴스 이동

1) 직렬 L과 직렬 C의 이동

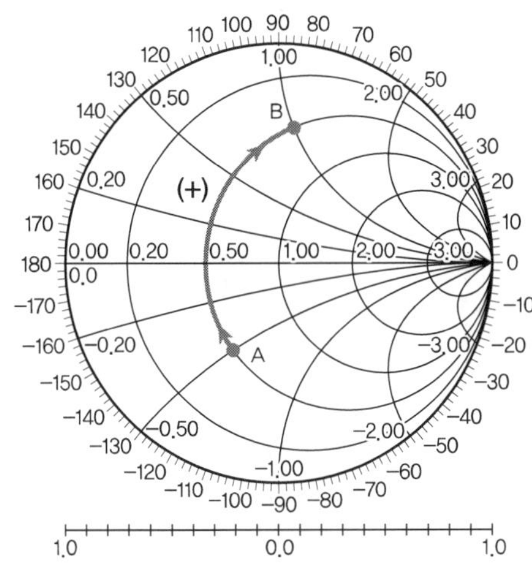

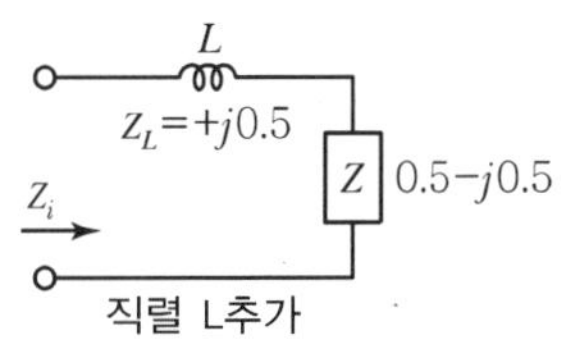

직렬 L추가

Simich chart상 임피던스에
직렬로 L연결시는 그 임피던스
위쪽(시계방향, +방향)으로 이동
$Z_i = 0.5 + j1$

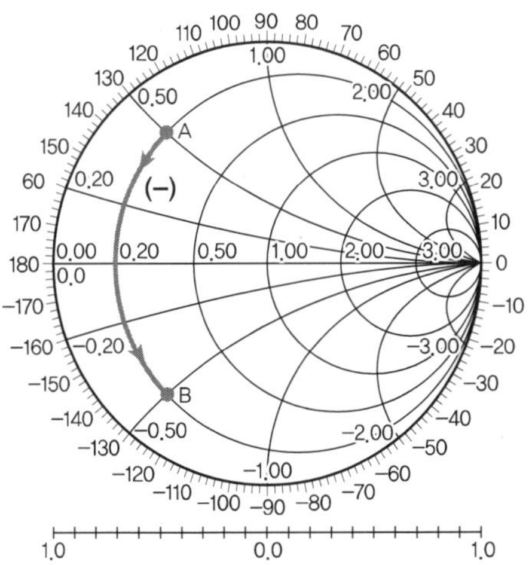

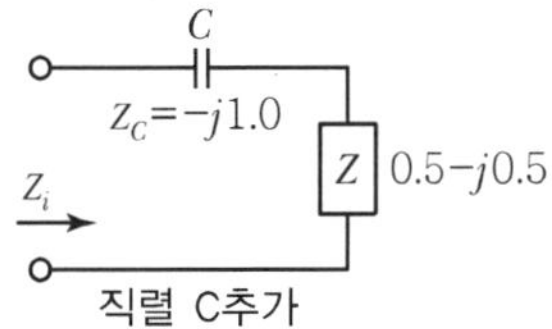

직렬 C추가

Simich chart상 임피던스에
직렬로 C연결 시는 그 임피던스
위쪽(반시계, −방향)으로 이동
$Z_i = 0.2 - j0.5$

2) 병렬 L과 병렬 C의 이동

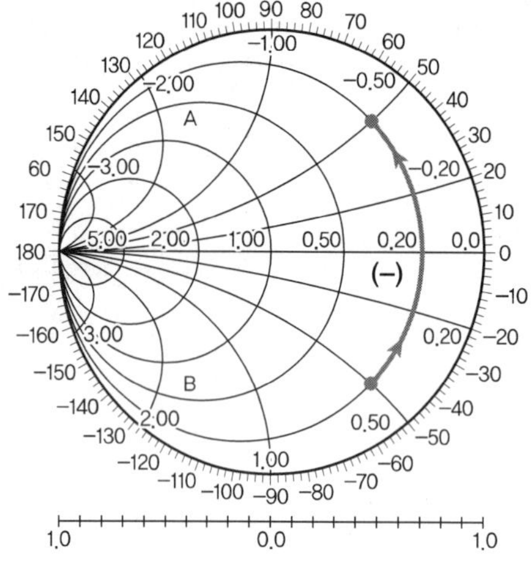

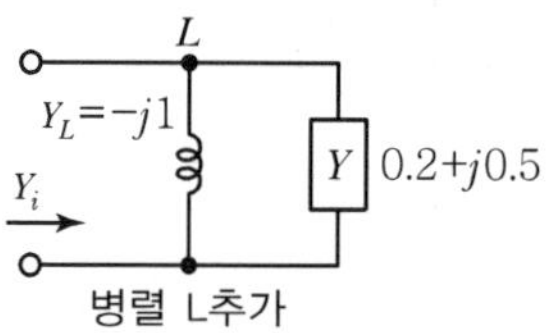

Simich chart상 어드미턴스에
직렬로 L연결 시는 그 어드미턴스
위쪽(반시계, −방향)으로 이동
$Y_L = 0.2 + j0.5$

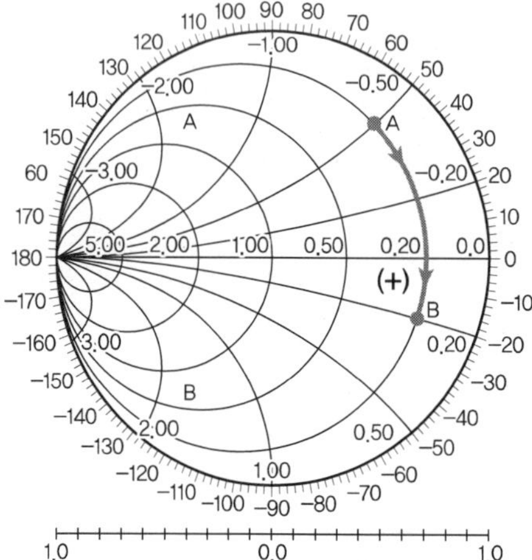

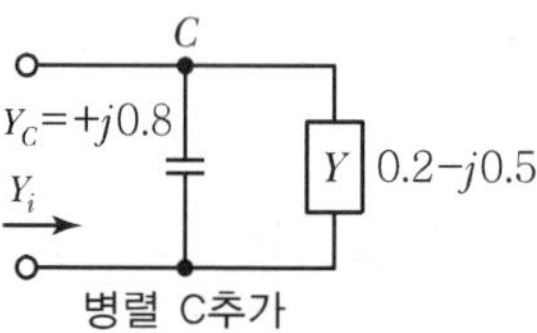

Simich chart상 어드미턴스에
직렬로 C연결 시는 그 어드미턴스
아래쪽(시계, +방향)으로 이동
$Y_i = 0.2 + j0.2$

3) 전체정리

	L	C
직렬(임피던스)	시계(+)	반시계(−)
병렬(어드미턴스)	반시계(−)	시계(+)

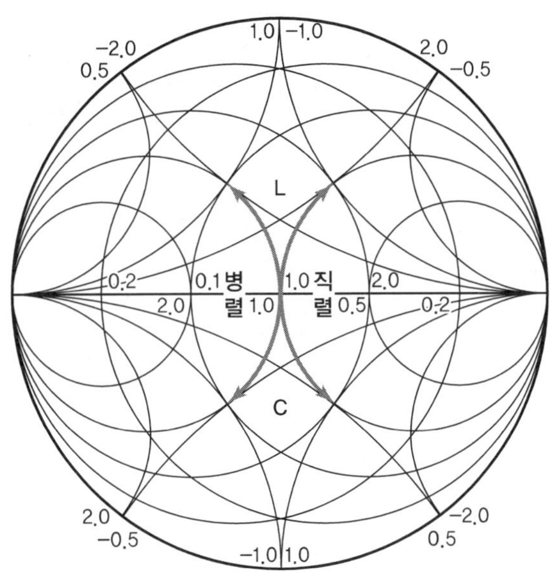

4) 소자 환산 공식

	L(인덕턴스)	C(커패시턴스)
직렬(임피던스)	$L = \frac{x'N}{w}$	$C = \frac{1}{wx'N}$
병렬(어드미턴스)	$L = \frac{N}{b'w}$	$C = \frac{b'}{wN}$

3 매칭회로(소자값 산출)

- 스미스차트 상에서의 움직임을 확실히 알 수 있도록 여기서는 10[Ω] 저항과 10[nH]의 직렬회로에 대한 1[GHz]에 있어서 매칭을 생각해 보기로 한다.
- 이 회로의 1[GHz]에 있어서 입력 임피던스는 $Z_{in} = 10 + j62.8$[Ω]이 된다.
- 50[Ω]으로 정규화하면 $Z = 0.2 + j1.26$이다. 우선, 스미스차트 상에 이 점을 플롯한다. 이 점의 정규화 어드미턴스는 $Y = 0.12 - j0.78$이다.

1) 병렬 콘덴서+직렬 콘덴서에 의한 매칭

① 이 점을 같은 컨덕턴스 원에 따라 이동시켰을 때에 중심을 통하는 같은 레지스턴스 원과 부딪치는 점의 임피던스, 어드미턴스를 차트에서 판독하면 다음 그림에 나타낸 바와 같이 된다.

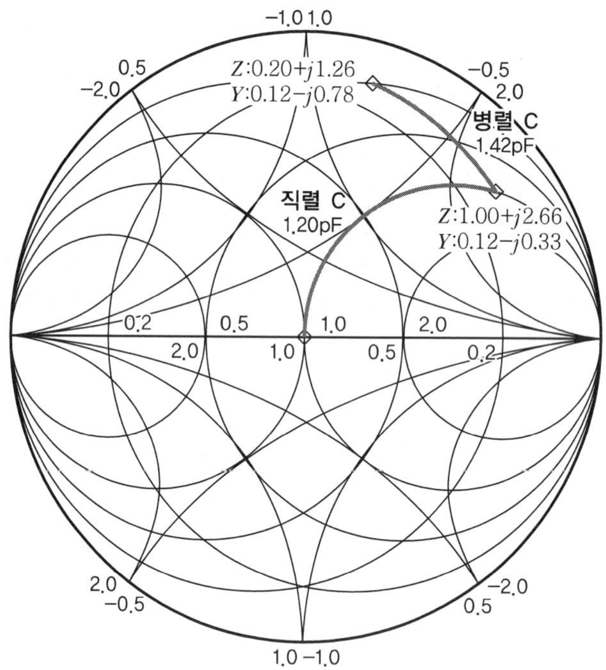

② Z, Y의 값의 변화에 주목하면 Z는 실수부와 허수부의 양쪽이 변화하고 있지만, Y는 허수부만 변화하고 있다. 이 Y의 허수부 변화로부터 필요한 소자를 구할 수 있다.

③ Y의 허수부만 변화하고 있기 때문에 직렬의 소자가 아니라, 병렬의 소자임을 알 수 있다. 서셉턴스가 플러스 방향으로 변화하고 있으므로 그 병렬소자가 콘덴서임을 알 수 있다.
➡ 병렬 콘덴서의 값 구하기 : 허수부(정규화 서셉턴스 성분)의 변화량은 0.45

$$C = \frac{b'}{wN} = \frac{0.45}{2\pi \times 10^{9} \times 50} = 1.42[\text{pF}]$$

④ 이 점을 중심을 통하는 같은 리액턴스 원에 따라 이동시켜, 차트의 중심으로 가지고 가자. 중심은 Z=1.0+j0, Y=1.0+j0이므로, 앞의 점에서 이동시킬 때에 Z는 허수부만 변화하고, Y는 실수부와 허수부의 양쪽이 변화한다.

⑤ Z의 허수부만 변화하기 때문에 직렬의 소자가 필요하다는 것을 알 수 있다. 그리고, 리액턴스가 마이너스 방향으로 변화하고 있으므로 그 직렬소자가 콘덴서임을 알 수 있다.

➡ 직렬 콘덴서의 값 구하기 : 허수부(정규화 리액턴스 성분)의 변화량은 2.66

$$C = \frac{1}{wx'N} = \frac{1}{2\pi \times 10^9 \times 2.66 \times 50} = 1.20\,[\mathrm{pF}]$$

2) 직렬 콘덴서+병렬 인덕터에 의한 매칭

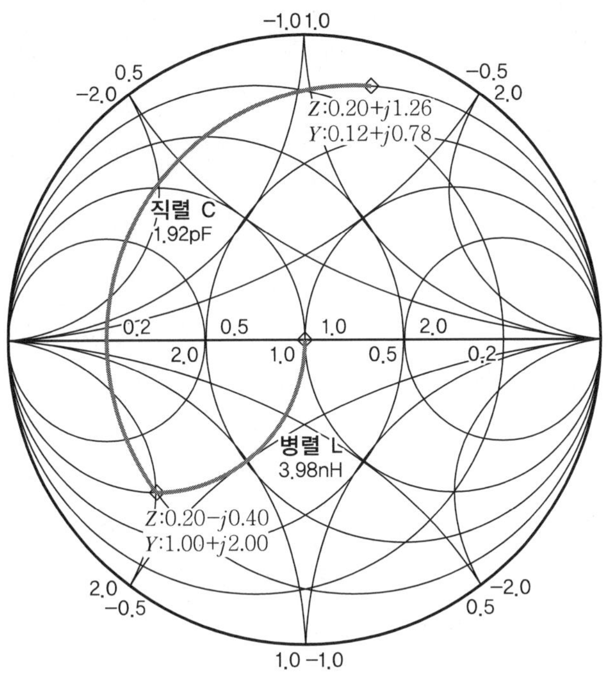

① 레지스턴스 원에 따라 이동시켜, 중심을 통하는 같은 컨덕턴스 원과의 교점으로 가지고 간다. 다음에, 같은 컨덕턴스 원에 따라 이동시켜 중심으로 가지고 간다.

② 각 점의 Z, Y의 값은 다음 그림과 같다.

③ 앞에서와 같이 하여, 각 소자의 종류와 값을 구할 수 있다.

➡ 직렬 콘덴서의 값 구하기 : 허수부(정규화 리액턴스 성분)의 변화량은 1.66

$$C = \frac{1}{wx'N} = \frac{1}{2\pi \times 10^9 \times 1.66 \times 50} = 1.92\,[\mathrm{pF}]$$

➡ 병렬 코일의 값 구하기 : 허수부(정규화 서셉턴스 성분)의 변화량은 2.00

$$L = \frac{N}{b'w} = \frac{50}{2\pi \times 10^9 \times 2.00}$$

3) 병렬 콘덴서+직렬 인덕터에 의한 매칭

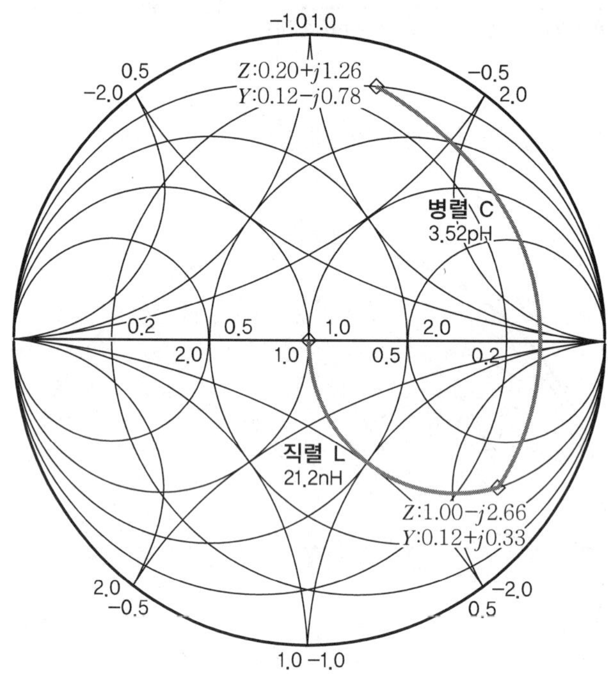

① 컨덕턴스 원에 따라 이동시켜, 중심을 통하는 같은 컨덕턴스 원과의 교점으로 가지고 간다. 이번에는 다음 그림과 같이 다른 또 하나의 교점까지 이동시킨다.

② 레지스턴스 원에 따라 이동시켜, 중심으로 가지고 간다.

③ 각 점의 Z, Y의 값은 다음 그림을 참조. 앞에서와 같이 하여, 각 소자의 종류와 값을 구할 수 있다. 각 소자의 계산식만 나타낸다.

➡ 병렬 콘덴서의 값 구하기 : 허수부(정규화 서셉턴스 성분)의 변화량은 1.11

$$C = \frac{b'}{wN} = \frac{1.11}{2\pi \times 10^9 \times 50} = 3.52[\mathrm{pF}]$$

➡ 직렬 코일의 값 구하기 : 허수부(정규화 리액턴스 성분)의 변화량은 2.66

$$L = \frac{x'N}{w} = \frac{2.66 \times 50}{2\pi \times 10^9} = 21.2[\mathrm{nH}]$$

실전문제 WIRELESS COMMUNICATION ENGINEERING

01 안테나에 대한 설명으로 옳지 않은 것은? '16 국가직 9급

① 안테나 이득은 안테나 유효면적의 제곱에 비례한다.
② 안테나에서 방사된 전파의 전력은 거리의 제곱에 반비례한다.
③ 등방성 안테나(Isotropic Antenna)의 지향성은 1이다.
④ 전압정재파비(VSWR)는 1 이상이다.

02 안테나 이득이 20[dB]인 송신안테나에서 10[W]의 전력이 방사되었을 때 유효등방성방사전력(EIRP)[dBW]은? '15 국가직 9급

① 10 ② 20
③ 30 ④ 40

03 지구국 안테나에 급전되는 송신 전력이 30[dBW], 송신 안테나 이득이 50[dB], 위성 수신 안테나 이득이 40[dB], 안테나 지향 오차를 포함한 전파 경로상의 총 손실이 220[dB]일 때, 위성의 수신 전력[dBm]은? '16 국가직 9급

① −70 ② −100
③ −130 ④ −140

04 절대이득이 기준 안테나로 사용되는 안테나는?

① 무손실 $\frac{\lambda}{4}$ 수직접지 안테나 ② 무손실 등방성 안테나
③ 무손실 $\frac{\lambda}{2}$ 다이폴 안테나 ④ 무손실 루프 안테나

정답 01 ① 02 ③ 03 ① 04 ②

05 복사전력밀도가 최대 복사방향의 1/2로 감소되는 값을 갖는 각도로 지향 특성의 첨예도를 표시하는 것은?

① 전후방비(Front to Back Ratio)
② 주엽(Main Lobe)
③ 부엽(Side Lobe)
④ 빔폭(Beam Width)

06 안테나 이득은 안테나의 지향성에 대한 척도이다. 안테나 이득과 관계가 없는 것은?

'10 지방직 9급

① 안테나의 유효면적　② 반송파의 주파수
③ 안테나의 송신전력　④ 반송파의 파장

07 송신 전력의 크기가 10[W], 수신 전력의 크기가 1[mW]일 경우, 자유 공간 손실은 몇 [dB]인가?(단, 이상적인 전방향 안테나를 가정한다.) '07 국가직 9급

① 40　② 60
③ 80　④ 100

08 출력이 50[dBm]이고 송신 안테나 이득이 13[dB]인 송신기로부터 50[m] 거리에서의 전력 밀도에 가장 가까운 값은?(단, 단위는 [W/m²]이고, 손실이 없다고 가정한다.)

'10 지방직 9급

① $\frac{1}{5\pi}$　② $\frac{1}{2\pi}$
③ $\frac{1}{50\pi}$　④ $\frac{1}{20\pi}$

09 길이 L, 특성 임피던스 Z_0인 무손실 전송선로에 임피던스 Z_L인 부하가 연결되었을 때, 스미스 도표(Smith Chart)를 이용하여 구할 수 있는 것으로 옳지 않은 것은? '11 7급

① 전압 반사계수　② 입력 임피던스
③ 정재파비　④ 공진주파수

정답 05 ④ 06 ③ 07 ① 08 ④ 09 ④

PART

05

기본 안테나

IRELESS COMMUNICATION ENGINEERING

CHAPTER 01 WIRELESS COMMUNICATION ENGINEERING

안테나의 기본 이론

SECTION 01 안테나(Antenna)의 개념과 분류

1 안테나

① 도체에 전류를 흐르게 하면 그 주위에 전자파가 방사된다.(송신)
또한, 전자파가 전파되는 곳에 도체를 두면 그 도체에 유도전류가 흐른다.(수신)

② 이 같은 원리에 의해 만들어진 도체를 안테나라 함

㉠ 전송선로 또는 도파관을 따라 진행하는 파(波)를 자유공간으로 전자파를 효과적으로 방사 또는 수신하는 가역성 있는 변환장치

㉡ IEEE 정의로는, 송수신시스템에서 전자파를 방사 또는 수신하기 위해 설계된 부분

㉢ 도체 또는 유전체 구조로 됨

2 안테나의 종류

1) 사용 주파수에 따른 분류

① **장파, 중파용** : 접지 안테나, 루프 안테나 등

② **단파용** : 반파장 다이폴 안테나, 롬빅 안테나 등

③ **초단파용** : 헬리컬 안테나, 야기 안테나 등

④ **극초단파용** : 혼 안테나, 단일 슬롯안테나, 파라볼라 안테나, 반사판 안테나, 카세그레인 안테나, 렌즈 안테나, 혼 리플렉터 안테나 등

2) 대역폭에 따른 분류

① **광대역** : 로그 안테나, 스파이럴 안테나, 나선 안테나

② **협대역** : 패치 안테나, 슬롯 안테나

3) 동작 원리에 따른 분류

① 정재파 안테나(공진형 안테나) : 안테나 도선에 정재파를 태우고 공진시키는 대부분의 안테나

② 진행파 안테나

㉠ 안테나 도선 상에 정재파만 존재하는 안테나

㉡ 롬빅 안테나, 피쉬본 안테나, 헬리컬 안테나 등

4) 전류 소스(Current Source)에 따른 분류

① 전기장 소스 : 미소 다이폴 안테나

② 자기장 소스 : 미소 루프 안테나

5) 방사 패턴에 따른 분류

① 등방성 안테나 : 모든 방향으로 균등하게 방사

② 전방향성(무지향성) 안테나 : 한 평면 위에서 일정한 패턴으로 방사

6) 빔 형태에 따른 분류

① 전방향(Omnidirectional) : 다이폴 안테나

② 원형 빔(Pencil Beam) : 파라볼라 접시 안테나

③ 부채형 빔(Fan Beam) : 배열 안테나

7) 기하학적 모양에 따른 분류

① 선 안테나(Wire Antenna)

㉠ 직선형 : 다이폴 안테나

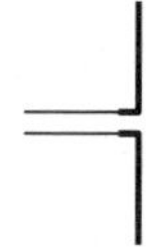

㉡ 루프형 : 루프 안테나

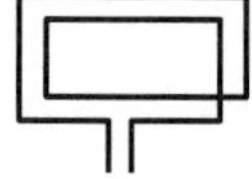

㉢ 나선형 : 헬리컬 안테나(Helical Antenna)

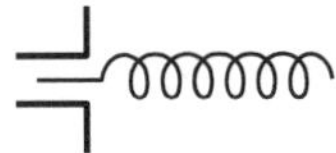

② **개구면 안테나** : 혼 안테나(Horn Antenna), 렌즈 안테나, 또는 파라볼라 안테나 등

③ **평면형 안테나** : 패치 안테나, 평면 다이폴 안테나, 스파이럴 안테나

④ **반사판 안테나(Reflector Antenna)**

㉠ 평면 반사판 안테나

㉡ 코너 반사판 안테나

㉢ 곡면 반시판 안테나 또는 파라볼라 안테나(Parabolic Antenna)

⑤ **배열 안테나 등**

8) 이득에 따른 분류

① **고이득 안테나** : 파라볼라 안테나

② **중이득 안테나** : 혼 안테나

③ **저이득 안테나** : 다이폴 안테나, 루프 안테나, 슬롯 안테나, 패치 안테나

9) 응용분야에 따른 분류

① **위성방송용** : 파라볼라 안테나, 렌즈 안테나, 슬롯 안테나 등

② **이동통신 기지국용** : Omni-Directional 안테나, 섹터 안테나, 적응배열 안테나(스마트 안테나), 복편파 안테나, 파라볼라 안테나 등

③ **이동통신 이동국(단말)용**

㉠ Retractable 안테나, 고정 나선형 안테나, 슬리브 안테나 등

㉡ 이동통신용 단말기 안테나는 통상 헬리컬 안테나 및 모노폴 안테나의 결합형을 사용한다. 그 구조는 길이가 각각 $\lambda/4$의 변형인 헬리컬 안테나와 모노폴 형태의 Whip 안테나로 결합 구성된다.

3 안테나 관련 주요성능 파라미터들(방사 특성)

① 방사패턴

② **빔폭** : HPBW 등

③ Directivity(지향성)

④ 방사효율

⑤ 안테나 이득 : dBi, dBd
⑥ 안테나 복사전력 : E.I.R.P, E.R.P
⑦ 실효개구면적
⑧ Polarization(편파) : 선형편파, 타원편파, 원 편파
⑨ 안테나 임피던스
⑩ 주파수 대역폭등

SECTION 02 안테나의 기본이론

Antenna : 선모양의 도체에 무선 주파 전류를 흐르게 하면 전자파가 복사된다.

1 안테나의 기본 이론

① 집중정수회로(일반전기회로)와 안테나에서 취급되는 전기회로(분포정수회로)와는 커다란 차이가 있다.
② 전기회로는 공급 전력 모두를 회로의 구성소자들에 의해서 소비가 일어나기 때문에 공간에 복사되는 전자파 에너지는 극히 적다.
③ 마찬가지로, 전자파 에너지가 존재하는 공간에 일반 전기회로를 위치하게 하면 회로에 유기되는 에너지가 매우 적기 때문에 효율적이지 못하다.
④ 따라서 비효율적인 것을 어떤 에너지 변환 과정을 통해 효율이 우수해지도록 크기와 형태를 달리 하면서 설계된 에너지 변환장치로 특수한 전기회로를 안테나라고 할 수 있다.
⑤ 안테나는 특수한 전기회로로서 실제 R, L, C는 존재하지 않지만 그 값을 분포하고 있기 때문에 분포 정수 회로라고 볼 수 있다.

⑥ 안테나는 효율이 좋은 에너지 변환기이다.
㉠ 송신 안테나 : 전력을 전자파로 변환하는 안테나
㉡ 수신 안테나 : 전자파를 전력으로 변환하는 안테나
㉢ 안테나 전력 : 첨두 전력, 반송파 전력, 평균 전력, 규격전력 등으로 표시됨

2 안테나 등가회로 : RLC 직렬 회로

① 고유 주파수
② 고유 파장

③ 공중선의 고유 주파수의 측정

㉠ 발진기를 안테나 회로에 소 결합시킨다.

㉡ 발진 주파수를 변화시켜 공중선 전류계가 최대가 되는 점을 구한다.

㉢ 이때의 발진기의 주파수를 주파수계로 측정한다. ➡ 이것이 공중선의 고유 주파수이다.

3 기본 안테나의 종류

① 등방성 안테나(이상적인 안테나)

② 미소 다이폴(헤르츠 다이폴 : Hertz Dipole) 안테나

③ $\frac{\lambda}{2}$(반파장) 다이폴 안테나

④ $\frac{\lambda}{4}$ 수직접지 안테나

SECTION 03 미소 다이폴, Hertz Dipole 안테나

1 미소 다이폴(Short Dipole) 안테나

① Hertz는 1888년 두개의 금속 막대 끝에 금속구를 붙이고 이 두 전극 사이에 고전압을 가하니 금속 막대 사이에 변위전류가 흐르고 전자파가 발생하여 퍼져 나감을 실험적으로 확인하였다.

② 이렇게 길이가 아주 짧은 선형 도체를 미소 다이폴(Short Dipole=Hertz Dipole)이라고 한다.

③ 2개의 짧고($dl \ll \lambda$) 가늘고($a \ll d$) 균일한 전류(Ioaz)에 의한 전자파 방사 도체
미소 전류 도체를 도선길이 전체에 걸친 균일 전류로 가정함

④ 안테나에서 방사되는 전자기파계의 해석의 기초가 됨.

㉠ 시변 전류 → 전자파 방사

㉡ 미소 전류 요소를 합성하면 → 일반적인 안테나의 전자파의 방사 해석의 기초가 됨

⑤ 이러한 미소전류요소를 헤르츠 더블릿, 이상적 다이폴, 미소 다이폴 등으로 칭함

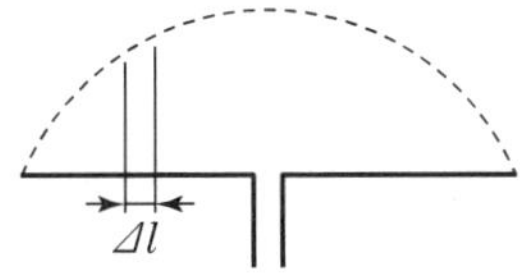

2 복사전자계 방정식

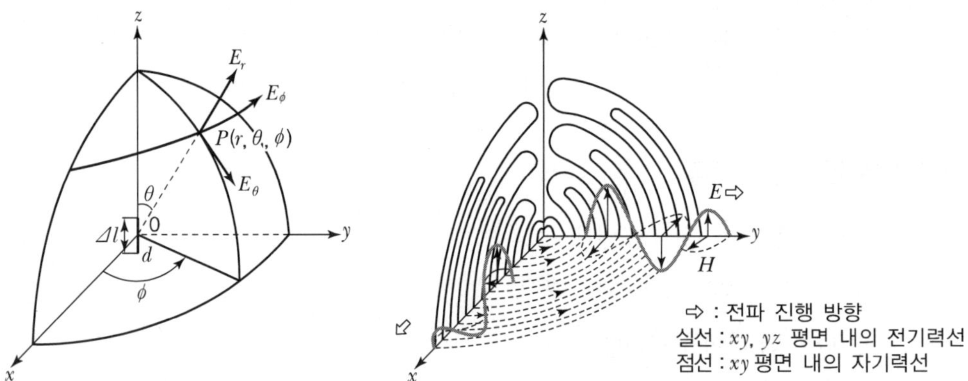

① 직각 좌표계 및 구좌표계의 원점에 세운 미소 Dipole의 자유공간의 임의의 점 P에서 형성된 전계와 자계를 해석

② Vector 포텐셜과 맥스웰 방정식을 적용하여, 전계와 자계를 산출하면, 벡터 포텐셜(Vector Potential) : 자장 B를 만드는 에너지원을 말한다.

③ 미소 전류소의 시연된(Retarded) 표현

$$[I] = I_0 \cos\omega\left(t - \frac{r}{u}\right) = I_0 \cos(\omega t - \beta r)$$

④ 미소 전류소에 의한 벡터자기퍼텐셜

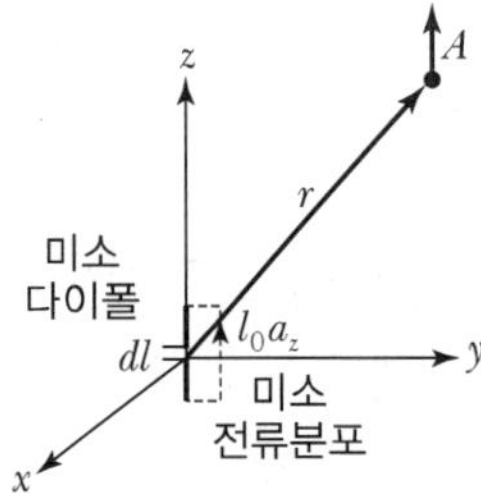

$$A = \frac{\mu}{4\pi}\frac{[I]dl}{r}a_z = \frac{\mu}{4\pi}\frac{I_0 dl}{r}e^{-j\beta r}\text{(페이저 형식)}$$

⑤ 벡터자기퍼텐셜로부터 자계의 계산

$$B = \mu H = \nabla \times A$$

⑥ 계산된 자기장으로부터 전계의 계산

$$\nabla \times H = \varepsilon\frac{\partial E}{\partial t} \text{ 또는 } \nabla \times H = j\omega\varepsilon E$$

⑦ 벡터자기퍼텐셜에 의한 전자기장 성분별 계산

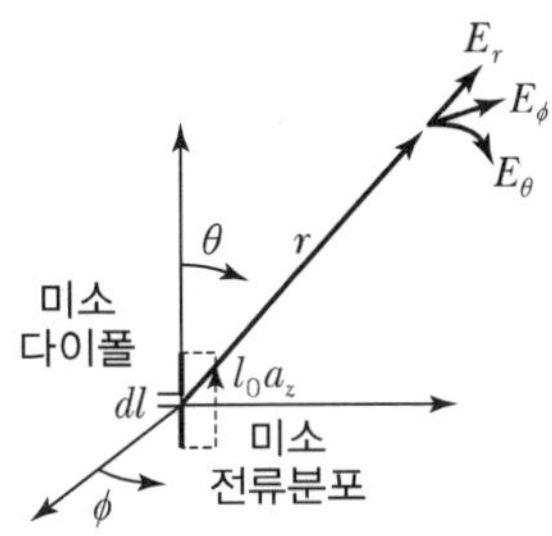

$$H_r = H_e = 0$$

$$H_\phi = \frac{I_0 dl}{4\pi}\sin\theta\left[\frac{j\beta}{r} + \frac{1}{r^2}\right]e^{-j\beta r}$$

$$E_\phi = 0$$

$$E_r = \frac{\eta I_0 dl}{2\pi}\cos\theta\left[\frac{1}{r^2} - \frac{j}{\beta r^3}\right]e^{-j\beta r}$$

$$E_\theta = \frac{\eta I_0 dl}{4\pi}\sin\theta\left[\frac{j\beta}{r} + \frac{1}{r^2} - \frac{j}{\beta r^3}\right]e^{-j\beta r}$$

$$H_\phi = K\left[\frac{1}{r} + \frac{1}{j\beta r^2}\right]$$

$$E_\theta = K\left[\frac{1}{r} + \frac{1}{j\beta r^2} + \frac{1}{(j\beta)^2 r^3}\right]$$

여기서, I : 헤르츠 발진기의 전류

$\beta = \frac{2\pi}{\lambda}$

r : 헤르츠 발진기에서의 거리

l : 헤르츠 다이폴의 길이

㉠ 복사전계 미소 다이폴의 전자계의 구성

㉡ $\frac{1}{r^3}$에 비례 : 정전계

$\frac{1}{r^2}$에 비례 : 유도전자계

$\frac{1}{r}$에 비례 : 복사전계

3 복사전계 미소 다이폴의 전자계의 구성

$$E_\theta = K\left[\frac{1}{r} + \frac{1}{j\beta r^2} + \frac{1}{(j\beta)^2 r^3}\right]$$

$$H_\phi = K\left[\frac{1}{r} + \frac{1}{j\beta r^2}\right]$$

① 정전계 : $\frac{1}{r^3}$에 비례하는 항

안테나 부근의 주성분(자계성분은 존재하지 않으며 전계만 존재)

② 유도계 : $\frac{1}{r^2}$에 비례하는 항

유도전계, 유도자계로 구성

③ 복사계 : $\frac{1}{r}$에 비례하는 항

원거리 주성분(무선통신에 이용)(복사전계, 복사자계로 구성)

④ 세 성분의 크기가 같아지는 점(정전계=유도계=복사계)

$$\frac{1}{r} = \frac{1}{\beta r^2} = \frac{1}{\beta^2 r^3}$$

$\frac{1}{r} = \frac{1}{\beta r^2}$ 에서 양변에 r을 곱하면,

$$1 = \frac{1}{\beta r}$$

$$r = \frac{1}{\beta} = \frac{\lambda}{2\pi} = 0.16\lambda \quad \left(\because \beta = \frac{2\pi}{\lambda}\right)$$

㉠ $r = 0.16\lambda$인 지점은 정전계, 유도계, 복사계의 크기가 같다.
㉡ $r < 0.16\lambda$인 지역에서는 정전계가 지배적이다.
㉢ $r > 0.16\lambda$인 지역에서는 복사계가 지배적이다.

4 복사전계의 세기

① 자유공간의 미소 다이폴로부터 임의의 점 P에서의 전계강도 E_θ는

$$E_\theta = \frac{60\pi I l}{\lambda d}\sin\theta\,[\mathrm{V/m}]$$

② 최대 복사방향으로의 전계강도 E는 $(\theta = 90°)$

$$E_\theta = \frac{60\pi Il}{\lambda d}[\mathrm{V/m}]$$

5 복사전력

미소 다이폴을 중심으로 한 구면상의 임의의 점에서 포인팅 전력($E \cdot H$)을 구면 전체에 대해 적분하여 구한다.

$$P_r = \int_0^{2\pi} d\phi \int_{\pi/2}^{-\pi/2} [E \times H] r^2 \sin\theta d\theta$$

$$= \int_0^{\pi} P_0 2\pi r \sin\theta \cdot r d\theta = \int_0^{\pi} \frac{E^2}{120\pi} \cdot 2\pi r \sin\theta \cdot r d\theta$$

$$= 60\pi^2 \frac{I^2 l^2}{\lambda^2} \int_0^{\pi} \sin^3\theta \cdot d\theta \left(E = \frac{60\pi Il}{\lambda d}\sin\theta \text{이므로}\right)$$

$$P_r = 80\pi^2 I^2 \left(\frac{l}{\lambda}\right)^2 [\mathrm{W}]$$

$\left(\theta = 90°\text{일 때 최대, 포인팅 전력 : } EH = \frac{E^2}{120\pi}\right)$

6 복사저항

$$R_r = \frac{P_r}{I^2} = 80\pi^2 \left(\frac{l}{\lambda}\right)^2 [\mathrm{W}]$$

① 복사전력을 그 전류 실효치의 제곱으로 나눈 값
② 회로시험기로서 측정이 불가능

7 복사전계와 복사전력의 관계

$$E = \frac{60\pi Il}{\lambda d} = \frac{60\pi}{d}\sqrt{\frac{P_r}{80\pi^2}} = \frac{\sqrt{45P_r}}{d} = \frac{6.7\sqrt{P_r}}{d}[\mathrm{V/m}]$$

실전문제 WIRELESS COMMUNICATION ENGINEERING

01 다음 전파의 성분 중 거리에 따라 가장 감쇠가 급격히 변하는 것은?

① 정전계
② 복사계
③ 정자계
④ 유도계

02 원거리 통신에 이용될 수 있는 것은 어느 성분인가?

① 정전계
② 전자계
③ 유도계
④ 복사계

03 헤르츠 다이폴에서 발생하는 세 가지 전자계에 관한 설명으로 옳지 않은 것은?

① 복사전계는 파장과 관계가 있다.
② 0.16λ 이내의 거리에서는 복사전계의 크기가 가장 크다.
③ 정전계는 수반하는 자계가 없으면 에너지 이동이 없다.
④ 복사계는 통신에 이용되고 있다.

04 자유 공간에 놓인 미소 다이폴(Dipole)에 의한 임의의 점에서 복사전계를 나타낸 식은?

① $\frac{\sqrt{45P_r}}{d}$[V/m]
② $\frac{\sqrt{49P_r}}{d}$[V/m]
③ $\frac{\sqrt{30P_r}}{d}$[V/m]
④ $\frac{9.8\sqrt{P_r}}{d}$[V/m]

05 미소 다이폴의 복사저항 값은?

① $\sqrt{\frac{4SP_r}{r}}$
② $\frac{\lambda^2 G}{4}$
③ $I^2 Rr$
④ $80\pi^2\left(\frac{l}{\lambda}\right)^2$

정답 01 ① 02 ④ 03 ② 04 ① 05 ④

06 미소 다이폴 안테나의 전방사전력을 표시하는 식은 다음 중 어느 것인가?(단, 파장 : λ[m], 안테나 전류 : I[A], 안테나의 길이 : l[m]로 한다.)

① $P_r = 40\pi^2 r^2 \left(\frac{l}{\lambda}\right)^2$[W]

② $P_r = 60\left(\frac{\pi Il}{\lambda}\right)^2$[W]

③ $P_r = 80\left(\frac{\pi Il}{\lambda}\right)^2$[W]

④ $P_r = 120\pi^2 r^2 \left(\frac{l}{\lambda}\right)^2$[W]

정답 06 ③

SECTION 04 λ/2(반파장) Dipole 안테나(Half－Wave Dipole Antenna)

• 길이가 같은 2개의 전선을 일직선으로 가설하고 그 중앙에 급전선을 연결한 것을 Dipole(or Doublet) ANT라고 한다.

• 아래 그림과 같이 중앙에서 급전하거나 전력을 뽑아내는 ANT로서, 일반적으로 표준 ANT로 알려져 있다.(반파장 Dipole ANT는 미소 Dipole의 연속적인 분포로 취급함)

1 다이폴 안테나의 구분

① 헤르츠 다이폴(Hertzian Dipole) 또는 미소 다이폴(Infinitesimal Dipole) : 2개의 짧고 ($dl \ll \lambda$) 가늘고($a \ll d$) 균일한 전류에(Ioaz)에 의한 다이폴 안테나

② 단형 다이폴(Short Dipole) : 2개의 짧고($dl \ll \lambda$) 가늘($a \ll d$)지만 비균일 전류에 의한 다이폴 안테나

③ 반파장 다이폴 안테나(Half－Wave Dipole Antenna) : 그 길이가 파장의 1/2이며, 단파 · 초단파에서 주로 사용

④ 다이폴 안테나(Dipole Antenna) : 그 길이가 임의의 길이인 경우

2 다이폴 안테나의 특징

① 모든 안테나의 기본이 되는 가장 일반적인 형태

㉠ 한쪽 끝 또는 중앙에 급전선을 접속하여 사용

㉡ TV 수상용으로 다이폴 안테나에 반사기나 도파기를 추가(야기안테나)하는 등 여러 가지 변형된 것이 사용됨

② **안테나 복사 해석** : 미소 다이폴(헤르츠 다이폴)들이 연속되어 합쳐진 형태로 해석

③ **안테나 지향성** : 8자 모양을 가지며, 수직면은 무지향성

3 반파 다이폴 안테나 특성

① **장점** : 공진 시 입력 리액턴스가 0

② 안테나 길이 : λ/2

③ 비 접지 안테나

④ **대지에 수평으로 설치** : 수평 편파 다이폴 안테나

⑤ **대지에 수직으로 설치** : 수직 편파 다이폴 안테나

⑥ 복사 저항 : $R_{rad} = \dfrac{2P_{rad}}{I_{02}} \fallingdotseq 73[\Omega]$

㉠ 75[Ω] 동축케이블과의 임피던스 정합이 용이함

⑦ 반파장 다이폴 전류분포

㉠ 안테나 전류 진폭이 안테나 중앙에서 최대값

- 정현파 반 파장 범위에서 변하는 선 전류 분포(필라멘트 전류)를 가짐
- 양쪽 끝에서 0이 되며, 전압은 양쪽 끝에서 최대가 됨

㉡ 급전 : 도선의 중앙에서 급전하는 형식

⑧ 미소 길이 헤르츠 다이폴에 의한 원거리계에서의 자기벡터퍼텐셜

$$dA_z = \frac{\mu}{4\pi} I_0 \cos\beta z \frac{dz}{r} e^{-j\beta r}$$

4 반파장 다이폴 안테나의 종류

① 수평 반파장 다이폴 안테나 : 지면과 평행한 안테나, 보통 HF에서의 교신과 VHF, UHF의 TV 방송에 많이 사용

λ/2

② 수직 반파장 다이폴 안테나 : 지면과 수직한 안테나, 보통 VHF, UHF에서의 교신에 많이 사용한다. 수평면에서 무지향성인 점이 특징

③ V형 반파장 다이폴 안테나 : V형을 이루고 있는 안테나, 임피던스가 50[Ω]이어서 특별한 용도에 많이 이용됨

5 안테나의 전류, 전압 분포

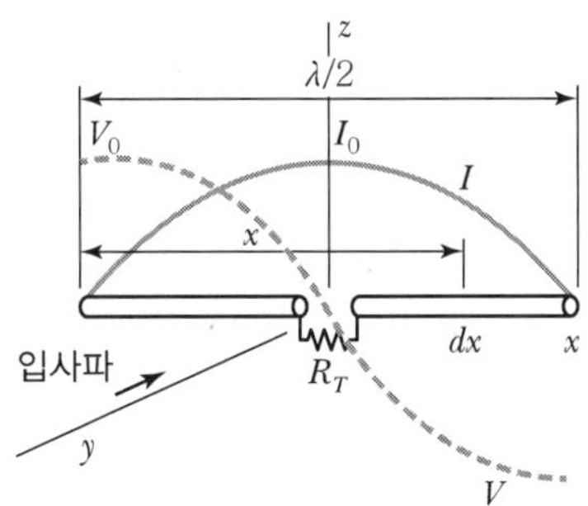

① 전류분포

$$I_x = I_0 \sin\beta x = I_0 \sin\frac{2\pi}{\lambda}x\,[\mathrm{A}]$$

정현적 분포(중앙 : 최대, 끝단 : 최소)

② 전압분포

$$V_x = V_0 \cos\beta x = V_0 \cos\frac{2\pi}{\lambda}x\,[\mathrm{V}]$$

여현적 분포(중앙 : 최소, 끝단 : 최대)

6 실효길이(비접지 안테나일 경우)

안테나 전체에 대하여 전류분포가 균일하지 못하기 때문에 복사전계, 복사전력, 복사저항을 구하기가 어렵다. 따라서 미소 다이폴같이 전류분포가 균일한 등가적 길이를 만들어 계산해야 편리한데 이때의 길이를 '실효길이'라 하며 아래 그림에서 ▨ 면적과 ▫ 면적을 같게 하였을 때의 높이가 된다.

$$I_0 \cdot h_e = \int_{-\frac{l}{2}}^{\frac{l}{2}} I_x dx$$

$$\therefore\ h_e = \frac{\lambda}{\pi}[\mathrm{m}]$$

$(l = \dfrac{\lambda}{2}$ 이므로)

$$h_e = \frac{\lambda}{\pi} = \frac{2l}{\pi} = 0.64l\,[\mathrm{m}]$$

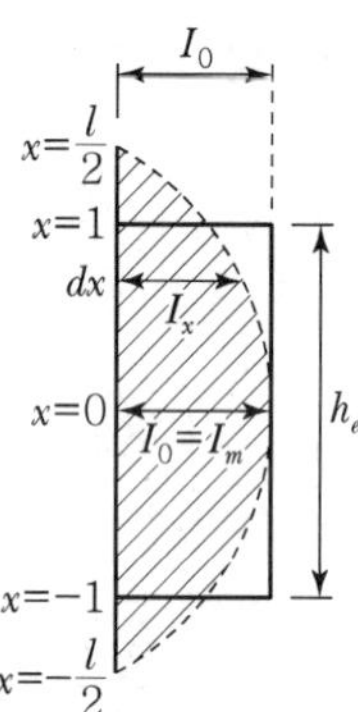

7 반파장 다이폴안테나의 여러 재원

1) 복사전계

$$E = \frac{60\pi I_0 h_e}{\lambda d}\frac{\cos\left(\frac{\pi}{2}\cos\theta\right)}{\sin\theta}[\mathrm{V/m}]$$

여기서, $\dfrac{\cos\left(\frac{\pi}{2}\cos\theta\right)}{\sin\theta}$는 지향계수

최대 복사방향의 전계강도($\theta = 90°$), $\left(h_e = \dfrac{\lambda}{\pi}\right)$

$$E = \frac{60\pi I_0 h_e}{\lambda d} = \frac{60 I_0}{d}$$

2) 복사전력

$$P_r = \int_0^{2\pi} d\phi \int_{2\pi}^{-2\pi} (E \times H) r^2 \sin\theta d\theta = 80\pi^2 \left(\frac{h_e}{\lambda}\right) I^2 [\mathrm{W}]$$

$$\simeq 73.13 I^2 [\mathrm{W}]$$

3) 복사저항

$$R_r = \frac{P_r}{I^2} = 80\pi^2 \left(\frac{h_e}{\lambda}\right)^2 \simeq 73.13[\Omega]$$

반파장 다이폴 안테나의 복사 임피던스 : $Z_r = 73.13 + j42.55[\Omega]$

4) 복사전계와 복사전력의 관계

$$E = \frac{60\pi I h_e}{\lambda d} = \frac{60 I_0}{d} = \frac{60}{d}\sqrt{\frac{P_r}{73.13}} = \frac{7\sqrt{P_r}}{d} [\mathrm{V/m}]$$

5) 단축률

$\lambda/2$(반파) 다이폴의 복사 임피던스 Z_r은 $Z_r = 73.13 + j42.55[\Omega]$으로, 인덕턴스 성분($j42.55[\Omega]$이 존재하여 안테나 길이를 $\lambda/2$로 할 경우 공진이 일어나지 않는다.

그러므로 안테나 길이를 $\lambda/2$보다 조금 짧게 하면 인덕턴스 성분($j42.55[\Omega]$이 제거되어 공진하게 되는데, 이때의 단축하는 비를 단축률이라 하며 $\lambda/2$ 다이폴 안테나를 제작할 경우 반드시 고려해야 한다(약 3~10[%] 정도).

$$\delta = \frac{42.55}{\pi Z_0} \times 100[\%]$$

여기서, Z_0 : 도선의 특성 임피던스

$$Z_0 = 138 \log_{10} \frac{2l}{d}$$

여기서, l : 안테나 길이
d : 안테나 직경

6) 반파장 다이폴 안테나의 특성

① 비접지 안테나로 구성 가능

② 직렬공진 상태에서 이용가능 ➡ 전류가 최대 ➡ 효율 우수

7) 지향특성

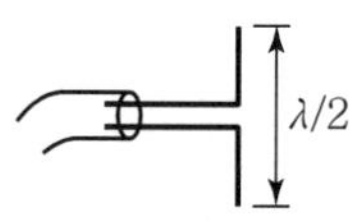

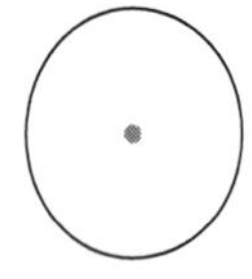

(a) 수직면에서 본 방사패턴

(b) 수평면에서 본 방사패턴

| 반파장 다이폴 안테나(Half Wave Dipole) |

실전문제 WIRELESS COMMUNICATION ENGINEERING

01 다음 중 길이 l[m]인 반파장 안테나의 실효고는?

① 0.32l[m] ② 0.42l[m]
③ 0.54l[m] ④ 0.64l[m]

02 반파장 다이폴 안테나의 복사저항은?

① 36.6[Ω] ② 73.13[Ω]
③ 293[Ω] ④ 300[Ω]

03 길이 3[m]의 반파장 안테나가 있을 때 기본파의 고유주파수는 몇 [MHz]인가?

① 3 ② 6
③ 25 ④ 50

04 반파장 다이폴(Dipole) 안테나의 실효길이는?(단, λ는 파장)

① $\frac{\lambda}{\pi}$ ② $\frac{\pi}{\lambda}$
③ $\frac{\lambda}{2\pi}$ ④ $\frac{2\pi}{\lambda}$

05 100[MHz]용 반파장 공중선에 유기되는 기전력은?(단, 전계강도는 5[mV/m]라 한다.)

① 1.67[mV] ② 2.35[mV]
③ 4.77[mV] ④ 5.25[mV]

정답 01 ④ 02 ② 03 ④ 04 ① 05 ③

06 $\frac{\lambda}{2}$ Doublet 안테나의 복사저항은 $73.13 + j42.55$이다. 전류는 10[A]이고 복사전력은?

① 425.5[W] ② 4,255[W]
③ 731.3[W] ④ 7,313[W]

07 길이가 $\frac{\lambda}{4}$인 수직 접지 안테나가 공진하고 있을 경우의 실효높이를 나타내는 식은?

① $\frac{\lambda}{\pi}$ ② $\frac{\pi}{\lambda}$
③ $\frac{\lambda}{2\pi}$ ④ $\frac{2\pi}{\lambda}$

08 FM 라디오방송신호가 100MHz로 전송될 경우, 이 신호를 수신하는 데에 가장 적합한 안테나 길이는? '14 국회직 9급

① 2.5[m] ② 2[m]
③ 1.5[m] ④ 1[m]
⑤ 0.5[m]

09 반파장 다이폴 안테나에서 10[A]의 전류가 흐를 때 600[km] 떨어진 점의 최대 복사방향에서의 전계 강도는?(단, 실효길이 $h_e = \lambda/\pi$) '10 경찰직 9급

① 10[mV/m] ② 4[mV/m]
③ 2[mV/m] ④ 1[mV/m]

10 반파장 다이폴(Dipole) 안테나를 사용하여 주파수 3[GHz]인 신호를 전송하는 경우, 최대 방사효율을 갖는 안테나 길이는?(단, 전파의 속도는 3×10^8[m/s]이다.) '10 국가직 9급

① 1[cm] ② 5[cm]
③ 10[cm] ④ 50[cm]

정답 06 ④ 07 ③ 08 ③ 09 ④ 10 ②

SECTION 05 λ/4 수직 접지 안테나

① 전체의 길이가 λ/4로서 대표적인 접지 안테나

② 지상에 수직인 도체를 세우고 하단에서 고주파 전력을 공급하는 형태의 ANT를 접지 ANT 또는 수직 접지 ANT라고 한다.(즉 다음 그림과 같이 ANT 전체길이가 사용파장의 1/4인 접지 ANT임)

③ **전기 영상 효과** : 대지가 완전도체라고 가정하고, 안테나의 한쪽을 접지하는 경우 대지 반사파가 지표면 위에 세워진 도체 부분과 마찬가지로 안테나 소자가 지중에 존재하고 있는 것과 같은 효과를 낸다.

1 안테나의 전류, 전압 분포

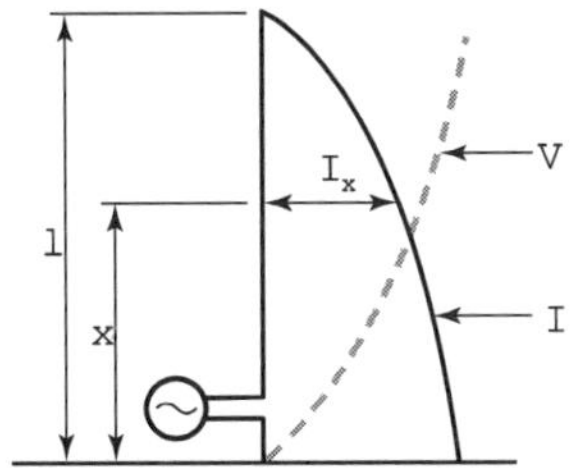

1) 전류분포

$$I_x = I_0 \cos \beta x = I_0 \cos \frac{2\pi}{\lambda} x \,[\mathrm{A}]$$

여현적 분포(기저부 : 최대, 선단 : 최소)

2) 전압분포

$$V_x = V_0 \sin \beta x = V_0 \sin \frac{2\pi}{\lambda} x$$

정현적 분포(기저부 : 최소, 선단 : 최대)

2 실효고(접지안테나일 경우)(비접지 ➡ 실효길이)

비접지 안테나에서 이야기한 실효길이를 접지안테나에서는 실효고라고 한다.

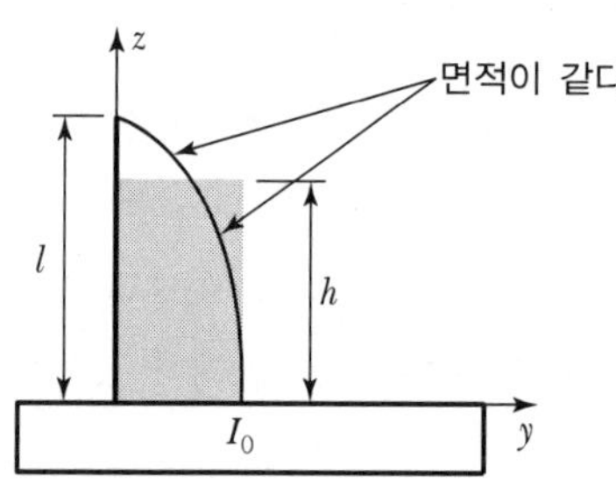

$$I_0 \cdot h_e = \int_0^l I_x dx$$

$$\therefore\ h_e = \frac{\lambda}{2\pi}[\mathrm{m}]$$

($l = \dfrac{\lambda}{4}$ 이므로)

$$h_e = \frac{\lambda}{2\pi} = \frac{4l}{2\pi} = 0.64l[\mathrm{m}]$$

접지 안테나의 실효고(h_e)와 급전점의 전류(I_0)의 곱($h_e \times I_0$)을 미터－암페어(Meter－ampere)라고 하는데, 장 · 중파대 안테나에 대한 복사효과를 표현하는 데 이용되는 단위이다. 미터－암페어의 값이 크면 복사전력도 커진다.

3 $\lambda/4$ 수직 접지 안테나의 여러 재원

1) 복사전계

① 대지를 완전도체로 가정하면 영상 안테나의 영향으로 실효고가 2배가 된다.

$$E = \frac{60\pi I_0 (2h_e)}{\lambda d}\sin\theta = \frac{120\pi I_0 h_e}{\lambda d}\sin\theta[\mathrm{V/m}]$$

② 최대 복사방향의 전계강도($\theta = 90°$)

$$E = \frac{120\pi I_0 h_e}{\lambda d} = \frac{60 I_0}{d}[\mathrm{V/m}]$$

2) 복사전력

영상안테나는 실제로 전력을 복사하지는 않으므로

$$P_r = \frac{1}{2}80\pi^2\left(\frac{2h_e}{\lambda}\right)^2 I^2 = 160\pi^2\left(\frac{h_e}{\lambda}\right)^2 I^2 \simeq 36.56I^2\,[\mathrm{W}]$$

3) 복사저항

$$R_r = \frac{P_r}{I^2} = 160\pi^2\left(\frac{h_e}{\lambda}\right)^2 \simeq 36.56[\Omega]$$

$\lambda/4$ 안테나의 복사 임피던스 : $Z_r = 36.56 + j21.27[\Omega]$

4) 복사전계와 복사전력의 관계

$$E = \frac{120\pi I h_e}{\lambda d} = \frac{60I_0}{d} = \frac{60}{d}\sqrt{\frac{P_r}{36.56}} = \frac{7\sqrt{2}\sqrt{P_T}}{d} = \frac{9.9\sqrt{P_T}}{d}[\mathrm{V/m}]$$

실전문제

WIRELESS COMMUNICATION ENGINEERING

01 수직접지 안테나의 길이가 15[m]일 때 고유 주파수는?

① 4[MHz]　　② 4.5[MHz]
③ 5[MHz]　　④ 5.5[MHz]

02 복사전력 P[W]인 수직 접지 안테나에서 최대 복사방향으로 d[m] 만큼 떨어진 점의 전계의 세기는?

① $\frac{7\sqrt{P}}{d}$[V/m]　　② $\frac{9.9\sqrt{P}}{d}$[V/m]
③ $\frac{222\sqrt{P}}{d}$[V/m]　　④ $\frac{313\sqrt{P}}{d}$[V/m]

03 수직접지 안테나의 수평면 내 지향 특성으로 옳은 것은?

①
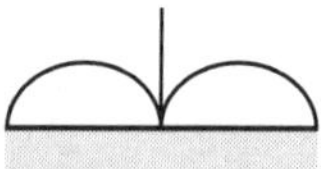
②

③
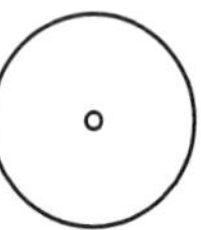
④

정답 01 ③ 02 ② 03 ③

CHAPTER 02 WIRELESS COMMUNICATION ENGINEERING

기본 안테나의 응용

SECTION 01 고유주파수와 Loading 방법

- 접지ANT 경우 끝이 개방되어 있으므로 반사파가 발생되는데 ANT의 길이를 적당히 변화시키면 공진되어(반사파 혼입으로) 정재파가 발생한다.
- ANT에 기저부에서 여진을 하는 경우, ANT가 직렬 공진하는 주파수 가운데 가장 낮은 주파수를 고유주파수, 직렬 공진하는 파장 중에 가장 긴 파장을 ANT의 고유파장이라 한다.
- 다시 말해서 ANT 고유파장은 그 ANT가 전기적으로 고유진동을 일으켰을 때 ANT상의 전류나 전압 파장을 의미한다.

1 비접지 ANT(반파장 Dipole ANT) 경우

① 안테나 길이 l의 $\lambda/2$ 홀수배인 경우 : ANT 등가회로가 직렬공진회로(급전점에서 전류가 최대치임)

② 안테나 길이 l이 $\lambda/2$ 짝수배인 경우 : 병렬공진(급전점에서 전류최소임)

③ 고유주파수 $f_0 = \dfrac{c}{\lambda_0} = \dfrac{c}{2l}[\text{Hz}]$, 고유파장 $\lambda_0 = 2l[\text{m}]$

④ $\lambda/2$ Dipole ANT 경우

㉠ 공진주파수 $f_0 = \dfrac{1}{2\pi\sqrt{L_e C_e}}$

㉡ 고유파장 $\lambda_0 = 2l$ ($l = \dfrac{\lambda}{2}$로부터)

㉢ 고유주파수 $f_0 = \dfrac{c}{\lambda_0} = \dfrac{c}{4l}[\text{Hz}]$

2 접지 ANT(λ/4 수직접지 ANT) 경우

① 안테나 길이 l이 λ/4 홀수배인 경우 : 직렬공진(급전점에서 전류최대)
② 안테나 길이 l이 λ/4 짝수배인 경우 : 병렬공진(급전점에서 전류최소)

③ λ/4 수직접지 ANT 경우

㉠ 공진 주파수 $f_0 = \dfrac{1}{2\pi\sqrt{L_e C_e}}$

㉡ 고유 파장 $\lambda_0 = 4l[\mathrm{m}]$, $(l = \dfrac{\lambda_0}{4}$ 로부터$)$

㉢ 고유 주파수 $f_0 = \dfrac{c}{\lambda_0} = \dfrac{c}{4l}[\mathrm{Hz}]$

3 ANT의 Loading

- ANT를 고유주파수 이외의 주파수로 동작시키면 공진하지 않고 리액턴스 성분이 많아져서 ANT 전류가 감소하고 전파 방사가 작아진다. 그러므로 원래 ANT가 갖는 고유주파수 이외의 주파수로 사용하기 위해서는 ANT의 입력리액턴스가 0이 되도록 가변콘덴서나 코일을 삽입하여 동조를 취하는데 이를 ANT-Loading이라고 한다.
- 이러한 리액턴스를 ANT 하단에 삽입하는 것을 Base-Loading, 중앙에 삽입하는 것을 Center-Loading, 위쪽 끝에 삽입하는 것을 Top-Loading이라고 한다.

1) 연장 Coil(연장선륜) : Base-Loading의 한 방법

ANT 고유파장보다 좀 더 긴 파장(좀 더 낮은 주파수)에 공진시킬 경우 연장 Coil을 직렬로 삽입한다.(짧은 ANT로도 긴 ANT 와 동일효력을 가짐. 즉 같은 ANT인데도 그 길이가 길어진 효과임)

① $f_0 = \dfrac{1}{2\pi\sqrt{L_e C_e}}[\mathrm{Hz}]$(ANT 공진)

② $f_1 = \dfrac{1}{2\pi\sqrt{(L+L_e)C_e}}[\mathrm{Hz}]$

(L을 넣었을 때의 공진)

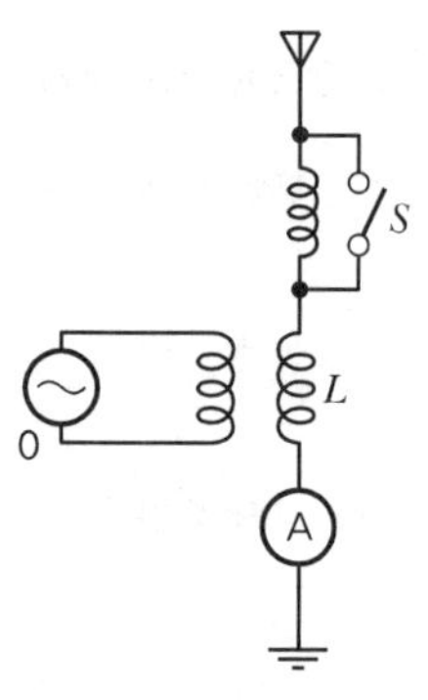

③ $f_1 < f_0$: 고유주파수가 감소하는 효과

④ $\lambda_1 > \lambda_0$: 고유파장이 증가하는 효과

⑤ 안테나의 길이를 등가적으로 길게 하는 효과

2) 단축콘덴서(단축용량) : Base – Loading의 한 방법

ANT 고유파장보다 좀 더 짧은 파장(좀 더 높은 주파수)에 공진시킬 경우 단축 콘덴서를 직렬로 삽입한다.(긴 ANT로도 짧은 ANT와 동일 효력을 가짐. 즉 같은 ANT인데도 그 길이가 짧아진 효과임)

① $f_0 = \dfrac{1}{2\pi\sqrt{L_e C_e}}$ [Hz](ANT 공진)

② $f_2 = \dfrac{1}{2\pi\sqrt{L_e \dfrac{C \cdot C_e}{C + C_e}}}$

(C를 넣었을 때의 공진)

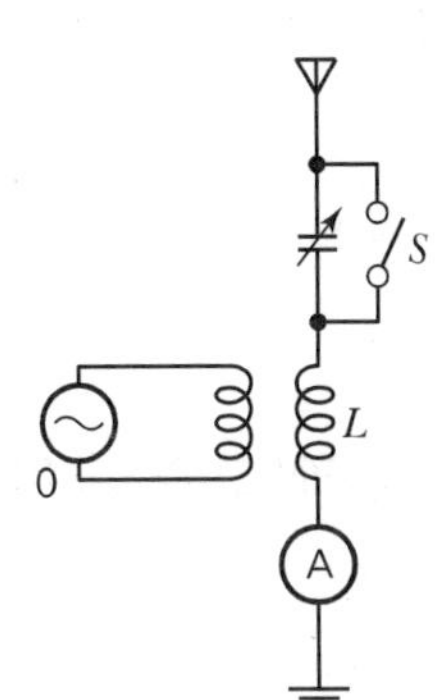

③ $f_2 > f_0$: 고유주파수가 증가하는 효과

④ $\lambda_2 < \lambda_0$: 고유파장이 짧아지는 효과

⑤ 안테나의 길이를 등가적으로 짧게 하는 효과

3) 상단 부하(Top Loading) : 대지와의 정전용량

그림과 같이 ANT 꼭대기에 정관(頂冠)이나 수평전선을 설치하면 용량 C_t가 C_e와 병렬되어 공진 주파수를 낮출 수 있다. 이러한 ANT를 정관ANT라 한다.(상단부하는 역 L형, T형, 수평전선으로 구성됨)

① $f_0 = \dfrac{1}{2\pi\sqrt{L_e C_e}}$ [Hz](ANT 공진)

② $f_3 = \dfrac{1}{2\pi\sqrt{L_e (C + C_e)}}$ (정관을 넣었을 때의 공진)

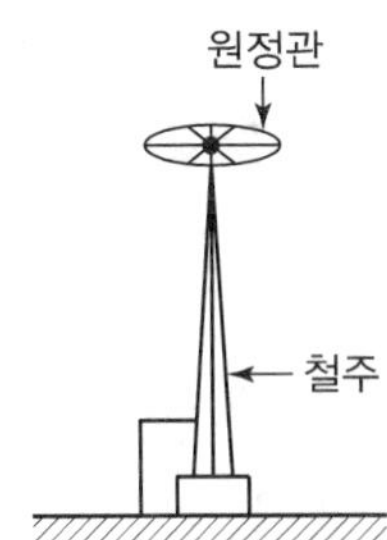

③ $f_3 < f_0$: 고유주파수가 감소하는 효과

④ $\lambda_3 > \lambda_0$: 고유파장이 증가하는 효과

⑤ 안테나의 길이를 등가적으로 길게 하는 효과

• 실전문제 WIRELESS COMMUNICATION ENGINEERING

01 안테나의 고유주파수보다 더 높은 주파수에서 공진시키기 위해 삽입하는 것은?

① 연장코일　　② 단축 콘덴서
③ R.L.C　　④ 의사 안테나

02 안테나의 고유주파수를 높게 하려면 다음 중 어느 방법을 사용하면 되는가?

① 안테나의 직렬로 코일을 접속한다.
② 안테나와 병렬로 코일을 접속한다.
③ 안테나와 직렬로 콘덴서를 접속한다.
④ 안테나와 병렬로 콘덴서를 접속한다.

03 톱 로딩(Top Loading)의 효과는 다음 중 어느 것인가?

① 고유주파수의 증가　　② 실효길이의 감소
③ 복사저항의 감소　　④ 복사효율의 증가

04 안테나에 사용되는 연장선륜(Loading Coil)을 사용하는 목적은 무엇인가?

① 안테나의 고유파장보다 짧은 파장의 전파에 공진시키기 위하여
② 안테나의 고유파장보다 긴 파장의 전파에 공진시키기 위하여
③ 지향성을 개선하기 위하여
④ 방사저항을 줄이기 위하여

05 무선송신설비에 있어서 안테나의 기저부에 코일(L)을 삽입하였을 때의 효과는?

① 등가 연장　　② 등가 단축
③ 고유주파수 증가　　④ 접합

정답 01 ② 02 ③ 03 ④ 04 ② 05 ①

06 안테나의 고유주파수를 높이기 위한 가장 적당한 방법은?

① 안테나에 병렬로 코일을 접속한다.
② 안테나에 직렬로 코일을 접속한다.
③ 안테나에 직렬로 콘덴서를 접속한다.
④ 안테나에 병렬로 콘덴서를 접속한다.

07 사용하고자 하는 주파수의 파장을 λ, 안테나의 공진파장을 λ_0 라고 할 때, $\lambda > \lambda_0$ 인 경우에는 무엇을 삽입하여 안테나를 공진시키는가?

① 의사 안테나 ② R.L.C
③ 단축 콘덴서 ④ 연장 코일

08 안테나의 고유주파수를 높게 하려면 다음 중 어느 방법을 사용하면 되는가? '10 경찰직 9급

① 안테나에 병렬로 코일을 접속한다.
② 안테나에 직렬로 코일을 접속한다.
③ 안테나에 병렬로 콘덴서를 접속한다.
④ 안테나에 직렬로 콘덴서를 접속한다.

09 안테나를 고유주파수 이외의 주파수에서 효과적으로 사용하기 위하여 안테나의 입력 리액턴스 성분이 0이 되도록 L이나 C를 삽입하여 동조시키는 기술을 표현하는 용어는?

'11 국가직 9급

① 안테나의 로딩(Loading) ② 안테나의 이득
③ 안테나의 지향성 ④ 안테나의 Q(Quality Factor)

10 공진 주파수 $f_0 = \frac{1}{2\pi\sqrt{L_e C_e}}$ 인 $\frac{\lambda}{4}$ 수직접지 안테나에 연장코일을 직렬로 연결했을 때 나타나는 현상으로 옳은 것은? '12 국가직 9급

① 공진 주파수가 높아진다. ② 공진 주파수가 낮아진다.
③ 복사저항이 커진다. ④ 복사저항이 작아진다.

정답 06 ③ 07 ④ 08 ④ 09 ① 10 ②

SECTION 02 등방성 · 지향성 · 지향성 안테나

1 등방성 안테나(Isotropic Antenna)

1) 등방성

광학/전자기학에서 나온 말로, 모든 방향에서 물리적 성질이 같음을 의미한다.

2) 등방성 안테나

① 안테나 이득이 모든 방향으로 균일 이득을 보이는 안테나

② 물리적으로 실현 불가능한 가상적 무손실성 안테나를 의미함

③ 이때 복사패턴의 형상은 완전한 구의 형태임

3) 광학적(전자기적) 등방성

① 전파 또는 빛의 진행방향 속도가 진행파의 편광상태에 무관한 매질의 특성을 일컬음

② 광학적 등방성 물질 : 액체, 유리, 정방정계 및 육방정계 고체의 결정 등

③ 굴절률이 빛의 편광상태와 무관한 물질

4) 이방성(Anisotropic)

방향에 따라 물리적으로 다른 성질을 보임

① 일반적으로, 물질은 등방성이라기보다는 방향에 따라 서로 다른 성질을 갖는다.

② 이는 물질을 구성하고 있는 원자의 배열(Alignment)에 기인

* 여기서, 물리적 성질은 굴절률, 유전율, 자화율, 전도도, 점도 등을 말한다.

2 무지향성 안테나(Omni-Directional Antenna)

1) 무지향성(Non-Directional)

① 말뜻 그대로는 특정방향이 없는 무방향성을 지칭하지만

② 안테나, 마이크 등에서는 단일평면(수평면) 상의 전방향성을 의미함

* 한편, 상하좌우 모든 방향으로 균등한 물리적 성질(감도 등)을 갖는 것은 '등방성'임

2) 전방향성(Omni-Directional, 무지향성)

① 지향도 D=1=0[dB]

㉠ 주어진 평면(수평면, 방위각면 Azimuth Plane)에서는 무지향적 패턴을 보이나

㉡ 이에 수직한 면(수직면, 앙각면 Elevation Plane)에서는 지향적 패턴을 보임

② 지향성 패턴의 특별한 경우로 볼 수 있음

3) 전방향성 안테나(Omni – Directional Antenna)

① 단일 평면상에서 방사패턴이 전방향으로 일정한 안테나

② 예로는 이상적 다이폴 안테나(도넛 형태의 모양)

③ 방송용 등에 적합

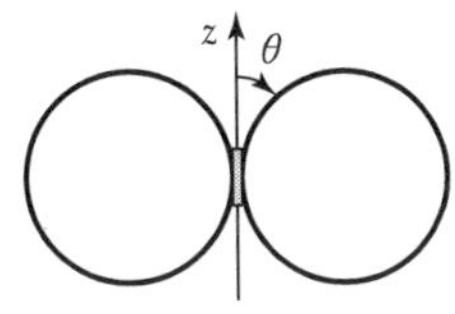

| 수평에서 보았을 때 |

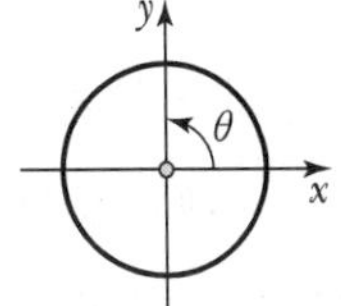

| 수직에서 보았을 때 |

4) 종류

① 다이폴 안테나

② 모노폴 안테나

③ 헬리컬 안테나 등

3 배열 안테나(Array Antenna)

1) 배열 안테나의 개념

단일 안테나 소자로는 얻을 수 없는 방사 패턴이 요구될 때, 복수의 안테나 소자를 배열해서 각각의 안테나 소자의 여진 조건을 제어함으로써 원하는 지향성(방사 패턴)을 얻도록 하는 안테나

2) 부가 설명

① 구현

㉠ 방사소자들의 집합체를 기하학적으로 배열하여 요구되는 방사패턴을 얻음
전기적으로 전류위상을 변화시킴으로써 공간적으로 원하는 방사패턴을 얻음

㉡ 배열 안테나 전체의 방사계는 각 방사 소자의 방사계를 벡터적으로 합한 것임

② 배열 조정 방법

㉠ 공간적 배치 구조(선형, 원형, 구형 등)

㉡ 방사소자 간 거리

㉢ 각 방사소자의 급전 크기

ⓓ 각 방사소자의 급전 위상
ⓔ 각 방사소자의 방사패턴

③ λ/2 소자를 여러 개 배열하여 사용하는 방식
㉠ 시스템의 복잡도를 고려하여 보통 4~12개 정도가 사용됨
㉡ 급전 전력을 각 안테나 소자에 분할하여 공급
㉢ 지향성을 강화하고 안테나 이득을 높이는 구조

3) 배열 안테나 분류

① 급전 형태에 따라
㉠ 병렬 급전형 : 모든 ANT에 동시 급전
㉡ 직렬 급전형 : 전송선로에 안테나 소자를 주기적으로 설치

② 안테나 빔 패턴에 따라
㉠ Uniform Linear Array Antenna
㉡ Uniform Circular Array Antenna

③ 배열 소자의 기하학적 형태에 따라
㉠ Linear Array Antenna(선형배열안테나)
㉡ Planar Array Antenna(평면배열안테나)
㉢ Nonplanar Array Antenna(비평면배열안테나)

4) 배열 안테나 특징

① 광대역성
② 마이크로파대에서 고이득이면서도 빔 조작이 가능
③ 고지향성 안테나(안테나의 전기적 크기를 크게 함으로써)
④ 이동통신기지국에 많이 사용

5) 위상 배열(Phased Array) 안테나

① 배열 각 소자 안테나의 전류 위상을 변화하며 원하는 방사 패턴을 얻는 방식
② 레이더 등에 많이 이용

CHAPTER 03 WIRELESS COMMUNICATION ENGINEERING

안테나 이론 요약정리

분 류		등방성 ANT	미소 Dipole	반파장(λ/2) Dipole	λ/4 수직접자 ANT	비 고
전기장의 세기(기본)			$E=\dfrac{60\pi Il}{\lambda d}$	$E=\dfrac{60\pi Ihe}{\lambda d}=\dfrac{60I}{d}$	$E=\dfrac{120\pi Ihe}{\lambda d}=\dfrac{60I}{d}$	* $\dfrac{\lambda}{4}$ ANT의 E가 2배인 것은 영상 ANT 때문
전력(Pr)			$Pr=80\pi^2I^2\left(\dfrac{l}{\lambda}\right)^2$	$P_r=I^2R_r=73.13\,I^2$	$P_r=I^2R_r=36.56\,I^2$	
복사저항(Rr)			$R_r=80\pi^2\left(\dfrac{l}{\lambda}\right)^2$	$R_r=80\pi^2\left(\dfrac{he}{\lambda}\right)^2=73.13$ $(=73.13+j42.56)$	$R_r=160\pi^2\left(\dfrac{he}{\lambda}\right)^2=36.56$ $(=36.56+j21.28)$	
실효고				$he=\dfrac{\lambda}{\pi}\left(=\dfrac{2}{\pi}\times\dfrac{\lambda}{2}\right)$	$he=\dfrac{\lambda}{2\pi}\left(=\dfrac{2}{\pi}\times\dfrac{\lambda}{4}\right)$	
절대이득		기준안테나(1)	1.5	1.64	3.28	
상대이득				기준안테나(1)	2	
전기장의 세기(전력과 비교)		$E=\dfrac{\sqrt{30P_T}}{d}$ $\left(=\dfrac{5.5\sqrt{P_T}}{d}\right)$	$E=\dfrac{\sqrt{30P_TGa}}{d}$ $=\dfrac{6.7\sqrt{P_T}}{d}$	$E=\dfrac{\sqrt{30P_TGa}}{d}=\dfrac{7\sqrt{P_T}}{d}$	$E=\dfrac{\sqrt{30P_TGa}}{d}=\dfrac{9.9\sqrt{P_T}}{d}$	Ga＝절대이득
실효면적		$Ae=0.08\lambda^2\left(=\dfrac{\lambda^2}{4\pi}\right)$	$Ae=0.08\lambda^2Ga$ $=0.119\lambda^2$ $\left(\dfrac{3}{8\pi}\lambda^2\right)$	$Ae=0.08\lambda^2Ga=0.131\lambda^2$		$Ga=\dfrac{4\pi}{\lambda^2}Ae\left(\therefore Ae=\dfrac{\lambda}{4\pi}Ga\right)$ $loop\ ANT=0.119\lambda^2$
지향성	수직		$\sin\theta$	$\dfrac{\cos\left(\dfrac{\pi}{2}cos\theta\right)}{\sin\theta}$		
	수평		1	1		

PART 06

장/중파대 안테나

IRELESS COMMUNICATION ENGINEERING

CHAPTER 01

WIRELESS COMMUNICATION ENGINEERING

공중선(Antenna)

SECTION 01 안테나의 분류

1 개요

① 도체에 전류를 흐르게 하면 그 주위에 전자파가 방사된다.(송신)

② 또한, 전자파가 전파되는 곳에 도체를 두면 그 도체에 유도전류가 흐른다.(수신)

③ 이 원리에 의해 만들어진 도체를 안테나라 하며, 결국 자유공간으로 전자파를 방사하거나 수신하는 장치를 말한다.

2 안테나의 분류별 종류

1) 주파수에 따른 분류

① **장파, 중파용** : 접지 안테나, 루프 안테나 등

② **단파용** : 반파장 다이폴 안테나, 롬빅 안테나 등

③ **초단파용** : 헬리컬 안테나, 야기 안테나 등

④ **극초단파용** : 혼 안테나, 단일 슬롯안테나, 파라볼라 안테나, 반사판 안테나, 카세그레인 안테나, 렌즈 안테나, 혼 리플렉터 안테나 등

2) 동작 원리에 따른 분류

① **정재파 안테나** : 안테나 도선에 정재파를 태우고 공진시키는 대부분의 안테나

② **진행파 안테나** : 안테나 도선 상에 정재파만 존재하는 안테나
롬빅 안테나, 피쉬본 안테나, 헬리컬 안테나 등

3) 특성에 따른 분류

① 등방성 안테나

② 무지향성 안테나

③ 선형 안테나

㉠ 직선형 : 다이폴 안테나

㉡ 루프형 : 루프 안테나

㉢ 나선형 : 헬리컬 안테나(Helical Antenna)

④ **개구면 안테나** : 혼 안테나(Horn Antenna), 렌즈 안테나, 또는 파라볼라 안테나 등

⑤ **반사판 안테나** : 파라볼라 안테나(Parabolic Antenna)

⑥ 배열 안테나 등

4) 응용 분야에 따른 구분

① **위성방송** : 파라볼라 안테나, 렌즈 안테나, 슬롯 안테나 등

② **이동통신 기지국** : Omni−Directional 안테나, 섹터 안테나, 적응배열 안테나(스마트 안테나), 복편파 안테나, 파라볼라 안테나 등

③ **이동통신 이동국(단말)**

㉠ Retractable 안테나, 고정 나선형 안테나, 슬리브 안테나 등

㉡ 이동통신용 단말기 안테나는 통상 헬리컬 안테나 및 모노폴 안테나의 결합형을 사용한다. 그 구조는 길이가 각각 $\lambda/4$의 변형인 헬리컬 안테나와 모노폴 형태의 Whip 안테나로 결합 구성

3 안테나 성능 파라미터

① 방사패턴

② Directivity(지향성)

③ 안테나 이득

④ E.I.R.P

⑤ E.R.P

⑥ Polarization(편파)

⑦ 임피던스

⑧ 대역폭 등

4 가역성 소자(Reciprocal Device)

안테나는 가역성 소자라고 하는데, 이 말은 안테나는 송수신을 따로 구분하지 않고 송수신 시 동일하게 동작한다는 말이다.

CHAPTER 02 WIRELESS COMMUNICATION ENGINEERING

안테나 종류와 특성

SECTION 01 장/중파대 안테나의 일반적인 특성

지표파 이용, 수직 편파 이용, 접지 안테나 이용, 대전력 이용

➡ $\lambda/4$ 수직 접지 안테나

1 특성

① 수직편파에 의한 지표파를 주로 사용 ➡ 수직 접지 안테나 사용

② 고유파장의 안테나를 얻기 어렵다.(복사능률, 이득이 낮다)
사용파장이 아주 길어져 대부분 안테나 길이를 $\lambda/2$, $\lambda/4$로 할 수가 없으므로 $\lambda/4$보다 짧은 도선을 지상에 세운 접지 안테나를 사용한다.

③ 광대역성을 얻기 어려우며 대전력 송신용으로 사용

④ 사용파장이 길기 때문에 안테나의 실효고를 높이는 구조의 안테나를 많이 사용
(연장코일이 필요 : 등가적으로 안테나 길이 연장)

⑤ $\lambda/4$ 안테나의 복사 저항은 약 36[Ω]이며, 도선의 길이가 짧을수록 복사 저항이 낮아진다.

⑥ 설치비가 비싸고 광대역성을 얻기가 어렵다.

⑦ 근거리 Fading 발생 ➡ 정관 안테나 사용

2 복사효율/접지방식

1) 복사효율

$$\eta = \frac{R_r}{R_r + R_l} \times 100[\%]$$

여기서, R_r : 복사저항
R_l : 손실저항

복사효율을 향상시키기 위하여 접지 안테나에는 접지저항(손실저항의 대부분을 차지)을 감소시키기 위한 접지방식이 아주 중요하다.

2) 접지방식의 종류

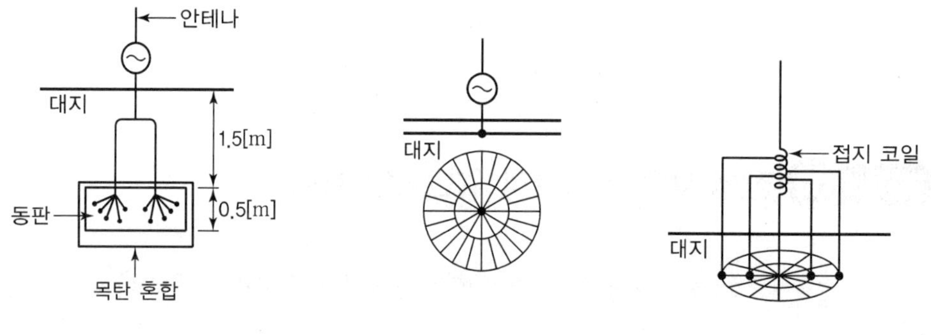

| 심굴접지(지중 동판식) |　| 방사상 접지(지선망 접지) |　| 다중 접지 |

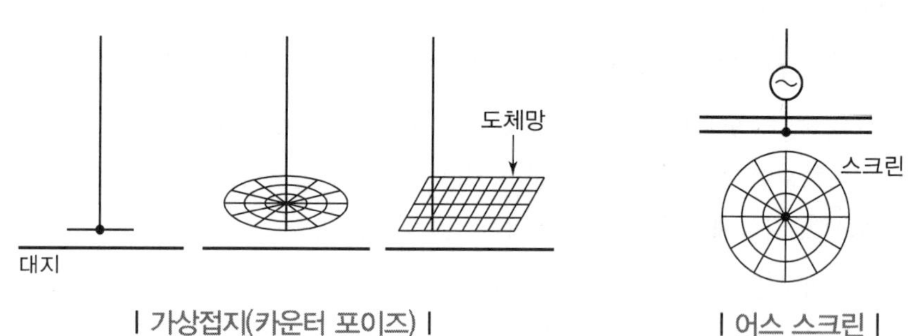

| 가상접지(카운터 포이즈) |　| 어스 스크린 |

① **심굴접지** : 수분이 많고 도전율이 양호한 경우에 사용하며 수분을 잘 흡수하는 목탄을 묻혀서 접촉저항을 감소시키는 방식
   ㉠ 접지저항 : 10[Ω] 정도
   ㉡ 용도 : 소전력 송신기용

② **방사상 접지(지선망 접지)** : 공중선 높이와 같은 길이의 동선을 방사상으로 수십 줄 매설하는 방식
   ㉠ 접지저항 : 5[Ω] 정도
   ㉡ 용도 : 중파방송용

③ **카운터 포이즈(용량접지 방식)** : 대지의 도전율이 나쁜 경우, 동판 매설이 곤란한 지역에 지선망을 대지와 절연시켜 설치하는 방식
   ㉠ 접지저항 : 1~2[Ω] 정도
   ㉡ 용도 : 건조지, 암반, 건물의 옥상, 수목이 가득한 지역에 사용

④ **다중접지** : 안테나의 전류를 지선망의 각 분구에 똑같게 흘려서 전류가 기저부에 밀집하는 것을 방지하여 접지저항을 감소시키는 방식

㉠ 접지저항 : 1~2[Ω] 정도

㉡ 용도 : 대전력 방송국용

⑤ **어스 스크린** : 실효고와 같은 폭의 면적에 스크린을 묻어 접지하는 방식

3 안테나의 종류

① λ/4 수직 접지 안테나

② 원정관(Top Loading) 안테나

③ 역 L형 안테나

④ T형, 우산형 안테나

⑤ Loop 안테나

⑥ Adcock 안테나

⑦ Bellini−Tosi 안테나

⑧ Wave 안테나(Beverage 안테나)

SECTION 02 λ/4 수직 접지 안테나

1 전류/전압 분포

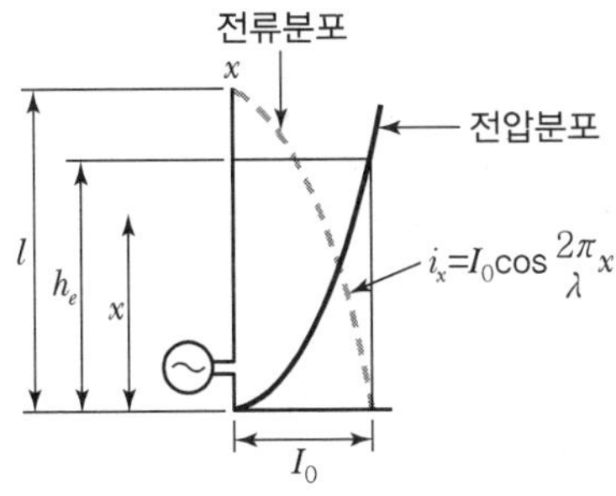

2 지향특성

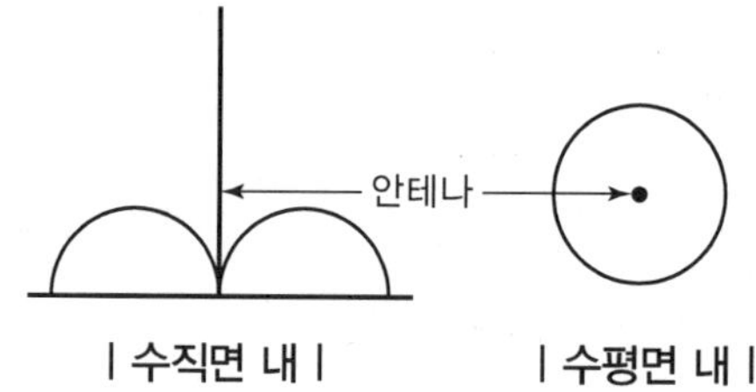

① 수직면 내 지향성 : '쌍반구형'

② 수평면 내 지향성 : '무지향성'

3 여러 재원

① 실효고 : $h_e = \dfrac{\lambda}{2\pi}$

② 전계강도 : $E = \dfrac{120\pi I h_e}{\lambda d} = \dfrac{60I}{d} = \dfrac{9.9\sqrt{P_T}}{d} = \dfrac{9.9\sqrt{P_T \eta}}{d}$

(효율(η)을 고려할 경우)[V/m]

③ 복사전력 : $P_r = 100\pi^2 \left(\dfrac{h_e}{\lambda}\right)^2 I^2 \simeq 36.56 I^2$[W]

④ 복사저항 : $R_r = \dfrac{P_r}{I^2} \simeq 36.56$[Ω]

⑤ 상대이득 : $G_h = 2$

4 안테나 특성

① 주로 수직편파를 이용(지표파를 복사)

② 장 중파용 송신 안테나에 사용

③ 급전점 : 접지점에서 급전한다.

④ 입력임피던스는 36.56[Ω]이다.

5 용도

장 · 중파대 방송용, 전류 급전을 널리 사용

실전문제

WIRELESS COMMUNICATION ENGINEERING

01 길이가 $\lambda/4$인 수직 접지 안테나가 공진하고 있을 경우의 실효높이를 나타내는 식은?

① $\frac{\lambda}{\pi}$
② $\frac{\pi}{\lambda}$
③ $\frac{\lambda}{2\pi}$
④ $\frac{2\pi}{\lambda}$

02 수직 접지 안테나의 길이가 15[m]일 때 고유 주파수는?

① 4[MHz]
② 4.5[MHz]
③ 5[MHz]
④ 5.5[MHz]

03 $\lambda/4$ 수직 접지 안테나의 상대 이득은 같은 전력의 반파장 안테나의 상대이득에 비하여 몇 배가 되는가?

① 2배
② $\frac{1}{2}$배
③ $\sqrt{2}$배
④ $\frac{1}{\sqrt{2}}$배

04 복사전력 P[W]인 수직 접지 안테나에서 최대 복사방향으로 d[m] 만큼 떨어진 점의 전계의 세기는?

① $\frac{7\sqrt{P}}{d}$[V/m]
② $\frac{9.9\sqrt{P}}{d}$[V/m]
③ $\frac{222\sqrt{P}}{d}$[V/m]
④ $\frac{313\sqrt{P}}{d}$[V/m]

정답 01 ③ 02 ③ 03 ① 04 ②

05 다음 중에서 수직 접지 공중선에서 고유파장은 어느 것인가?

① 공중선의 길이의 $\frac{1}{4}$배
② 공중선의 길이의 4배
③ 공중선의 길이의 $\frac{1}{2}$배
④ 공중선의 길이의 2배

06 대지의 도전율이 나쁜 경유(건조지, 암산, 건물의 옥상 등)에 적용되는 접지 방식은?

① 자선망 방식
② 카운터 포이즈(Counter Poise)
③ 다중접지방식
④ 동관을 지하에 매설하는 방식

07 공중선의 방사효율을 향상시키기 위해서는 접지저항을 경감하도록 해야 하므로 여러 가지 방법들을 고안하여 접지하고 있다. 다음 글의 접지방식은 무엇에 관한 설명인가? '10 경찰직 9급

> 안테나에서 가까운 지점에 지하수가 나올 정도의 깊이에 동봉을 상수면보다 0.5[m]이하가 되도록 매설하고 그 주위에 수분을 흡수하도록 숯(목탄)을 넣어서 접촉저항을 감소시키는 접지방식이다. 가접지 또는 보조접지에 이용하며, 접지저항은 10[Ω] 전후인데, 수분이 많고 대지의 도전율이 양호한 경우나 소전력의 송신 공중선에 사용된다.

① 심굴 접지
② 방사상 접지
③ 카운터 포이즈
④ 다중 접지

정답 05 ② 06 ② 07 ①

SECTION 03 정관 안테나

1 원정관(Top－Loading) 안테나 특성

안테나의 선단에 원정관을 설치한 안테나

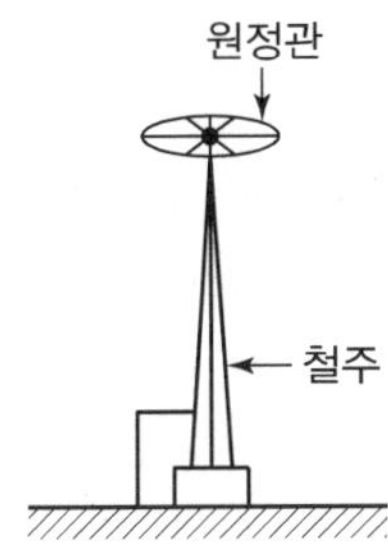

1) 특성

① 근거리 Fading 방지용 중파대 ANT : 고각도 방사 억제

㉠ 원정관을 이용하여 공중선 높이를 등가적으로 '0.53λ'로 할 경우

㉡ 고각도 복사가 억제(양청구역이 확대)

㉢ 근거리 Fading(E층 전리층 반사파와 지표파의 상호간섭에 의한 전계강도 변화) 방지

② 공진주파수 감소(공진파장 증가 → 실효고 증가)

③ 복사저항과 효율증대, 지향성 예리해짐

④ 정관에 의해 고각도 복사 억제되어, ANT 수신면 쪽으로 더 많은 전파가 복사됨

⑤ 공진 주파수 $f = \dfrac{1}{2\pi\sqrt{L(C+C_e)}}$

2) 용도

① 근거리 Fading 방지용 안테나

② 표준 중파방송용

2 원정관 안테나의 종류(역 L형, T형, 우산형 안테나 등)

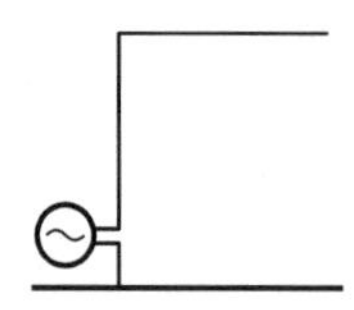
| 역 L형 안테나 |

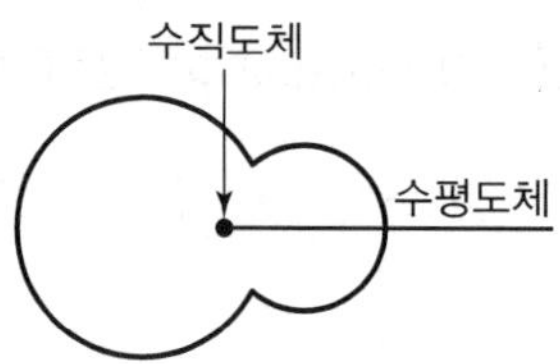

| 역 L형 안테나 지향성 |

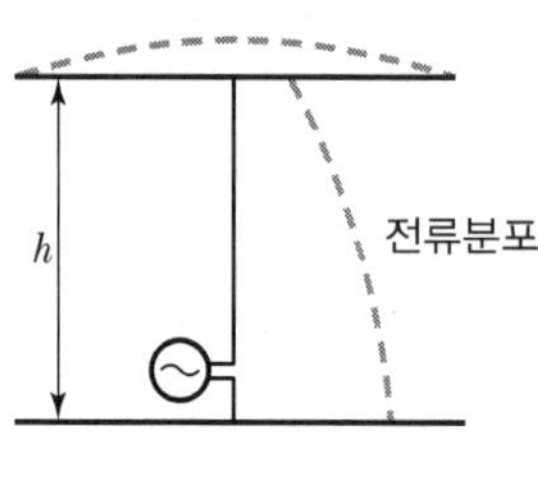

| T형 안테나 |

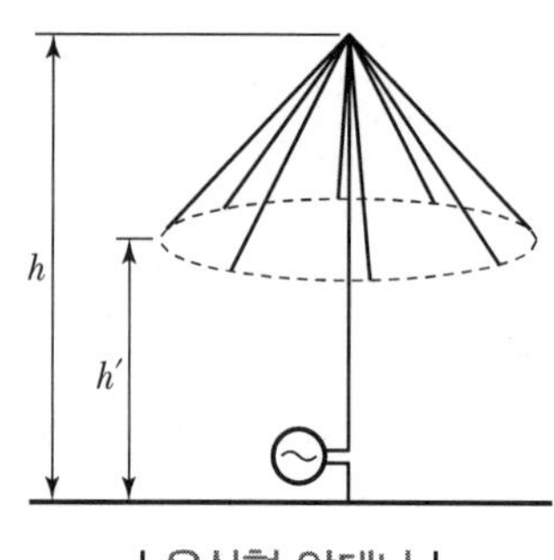

| 우산형 안테나 |

1) 특성

① 수평부 역할

㉠ Top Loading의 일종

㉡ 대지와의 정전용량이 크게 되어 실효고 증대, 복사저항 증대, 전계강도가 증대된다.

㉢ 수신전압을 유기시키지 못하므로 무효 복사부라고 한다.

② 실효고

㉠ ($l \neq h$인 경우) $h_e = \dfrac{h(h+2l)}{2(h+l)}$ [m]

㉡ ($l = h$인 경우) $h_e = \dfrac{\lambda}{2\sqrt{2}\pi}$ [m]

③ 용도

㉠ 안테나 높이를 충분히 할 수 없을 때 사용

㉡ 선박 등의 이동국

실전문제

WIRELESS COMMUNICATION ENGINEERING

01 다음은 정관형(Top Loading) 안테나에 대한 설명이다. 틀린 것은?

① 고각도 방사를 적게 하여 양청구역을 넓힌다.
② 대지와의 정전용량을 증가시킨다.
③ 중파방송에서 많이 사용된다.
④ 정관은 실효길이를 감소시키는 역할을 한다.

02 톱 로딩(Top Loading)의 효과는 다음 중 어느 것인가?

① 고유 주파수의 증가
② 실효길이의 감소
③ 복사저항의 감소
④ 복사효율의 증가

03 안테나의 고유 주파수를 높게 하려면 다음 중 어느 방법을 사용하면 되는가?

① 안테나의 직렬로 코일을 접속한다.
② 안테나와 병렬로 코일을 접속한다.
③ 안테나와 직렬로 콘덴서를 접속한다.
④ 안테나와 병렬로 콘덴서를 접속한다.

04 정관 안테나에서 정관(Top Loading)의 역할에 해당되지 않는 것은?

① 실효길이를 증대시킨다.
② 대지와의 정전용량을 증가시킨다.
③ 고유주파수를 증가시킨다.
④ 고각도 방사를 억제시킨다.

정답 01 ④ 02 ④ 03 ③ 04 ③

SECTION 04 방향탐지용 안테나(Loop 안테나)

1 Loop 안테나

도선(Wire)을 정방형, 삼각형, 원형 등으로 여러 번 감아서 만든 안테나

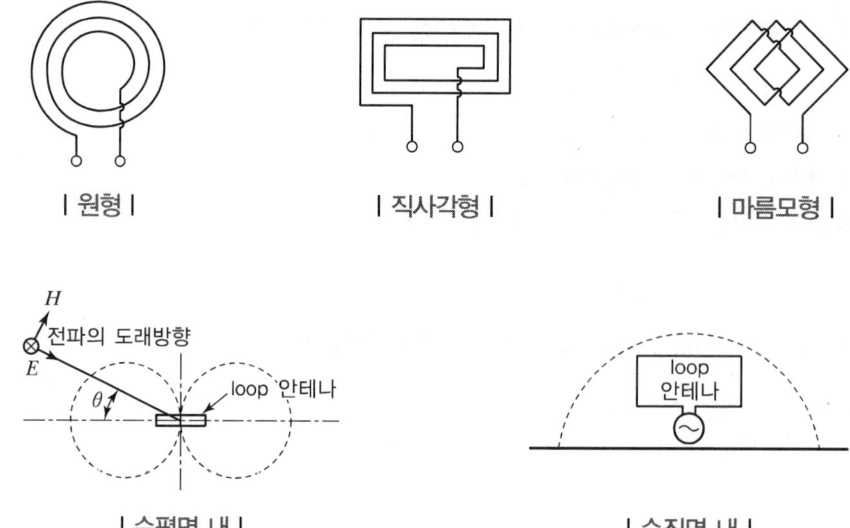

| 원형 | | 직사각형 | | 마름모형 |

| 수평면 내 | | 수직면 내 |

1) 루프 안테나 특성

① **단점** : 복사저항 및 실효고가 작고 효율이 나쁘고 급전선 임피던스 정합이 어려움

② **방사패턴** : 루프 면에서 최대, 루프 면과 수직에서 0

③ **지향성 특성** : 8자형 지향특성

④ **방사세기** : 루프의 형태(모양)과는 무관하고, 단지 루프 면적에만 관계됨

⑤ **복사저항** : $R_{red} = 340\pi^4 \dfrac{S^2}{\lambda^4}$

⑥ **소형화** : 소형화가 가능하며 이동 용이

⑦ **크기 구분**

㉠ 전기적 소형 : 전체 둘레 길이 $\lambda/10$ 이하

㉡ 전기적 대형 : 둘레 길이 1λ 정도

⑧ **주요 용도**

㉠ 방향탐지(탐색루프)용, 전계검출(전계강도 측정), UHF TV 수신안테나 등

㉡ 주로 수신용으로 많이 사용

2) 루프 안테나 특징과 문제점

① 180° 불확정성

㉠ 방향 탐지시 수평면 내 지향특성이 전 · 후 대칭이므로 전방도래 전파인지 후방도래 전파인지 확정할 수 없다.

㉡ 개선 : Loop 안테나와 수직접지 안테나를 조합하여 사용(Heart형 단일방향의 지향특성)

② 야간오차

㉠ 야간에 전리층 반사파에서 발생하는 편파면의 변화 때문에 발생하는데, 수평편파 성분이 안테나의 수평도선에 유기되어 발생하는 오차

㉡ 개선 : Loop 안테나의 수평도선을 제거(Adcock 안테나)

③ 복사전계 및 수신전압은 전파도래방향과 루프면이 일치($\theta = 0°$)할 때 최대

④ 실효고 $h_e = \dfrac{2\pi AN}{\lambda}$ [m]

여기서, A : Loop 면적
N : 권수

⑤ 전계강도 $E = \dfrac{60\pi I h_e}{\lambda d} = \dfrac{120\pi^2 IAN}{\lambda^2 d}$ [V/m]

2 Adcock 안테나

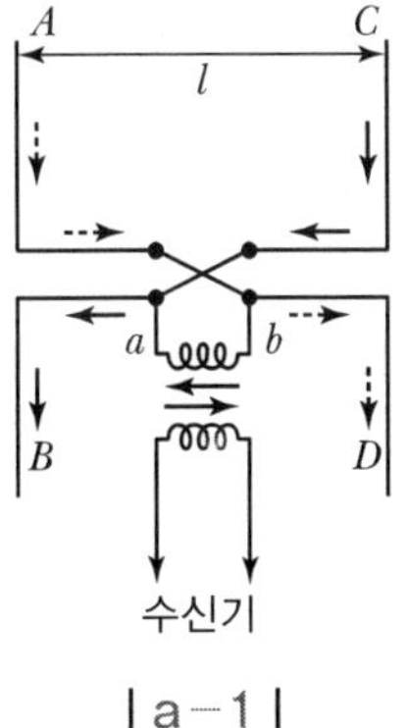

| a–1 |

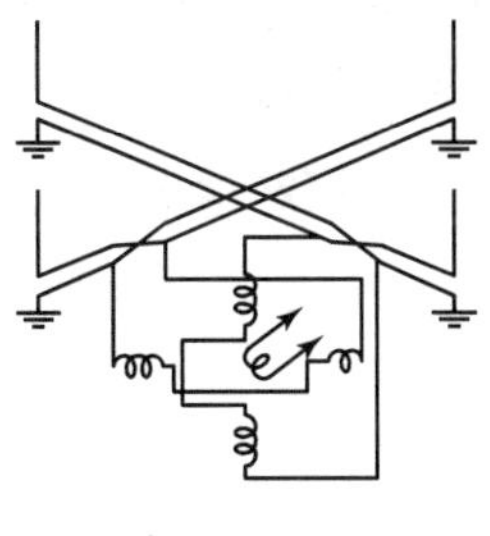
| a–2 |

1) Adcock 안테나 특성

① 야간에 전파의 도래 방향 측정이 곤란한 루프 안테나의 결점을 제거하기 위해 고안하였다.
② H자형 또는 U자형으로 만들어지는데, 이들은 루프를 형성하지 않으므로, 전자파의 전장 성분에 의하여 기전력이 유도되어 전류가 흐른다.

③ **실효 높이** : $h_e = \dfrac{2\pi lhe}{\lambda}$ [m]

여기서, l : 두 수직도체 사이의 간격
h_e : 수직도체 한 개의 실효고

④ **지향 특성** : 수평면 내 지향성은 8자형 특성
⑤ **loop 안테나와 다른 점** : 수직면 지향성으로서 Adcock 안테나는 위쪽으로부터 경사지게 들어오는 전파를 거의 수신하지 않으므로 야간효과를 제거한다.

2) Adcock 안테나 용도

① 야간오차 방지용　　② 방향 탐지용

3 Bellini－Tosi 안테나(직교 Loop 안테나)

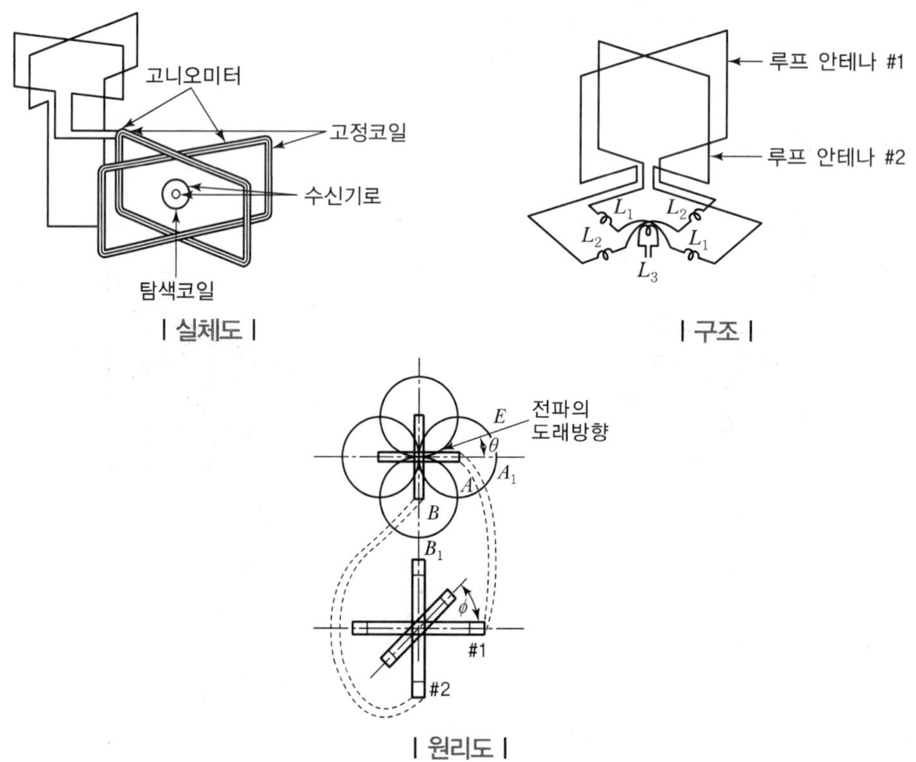

1) 특성

① Loop 안테나 두 개를 직각으로 배치하고 코일로 구성된 고니오미터의 고정 코일 L_1, L_2에 접속시킨 후 고정 코일의 중심을 축으로 하여 회전할 수 있는 탐색 코일을 수신기에 접속한 구조

② 안테나를 고정시켜 놓고 적당한 장치를 부설하여 안테나를 회전시키는 것과 같은 효과를 얻도록 한 것이다.

③ 자동 코일에 유기되는 기전력은 $\phi-\theta=0$, π일 때 최대로 되며, $\phi-\theta=\pm\frac{\pi}{2}$일 때에는 최소로 된다.

여기서, θ : 전파의 도래각
ϕ : 가동 코일의 회전각

㉠ 0°, 180°일 때 최대감도
㉡ 90°, 270°일 때 최소감도

2) 용도

자동방향 탐지(ADF)용 안테나

4 Heart형 공중선

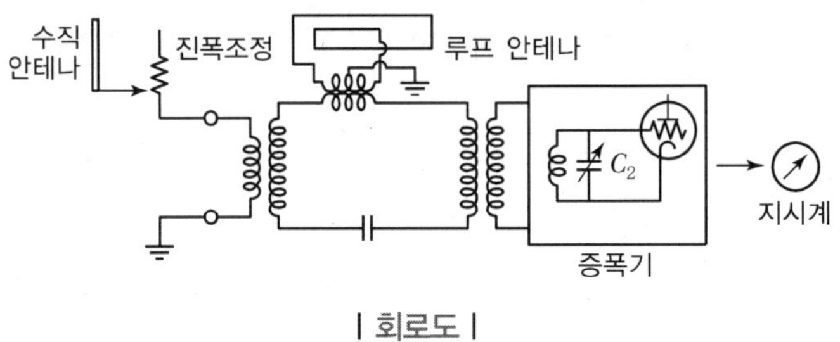

| 회로도 |

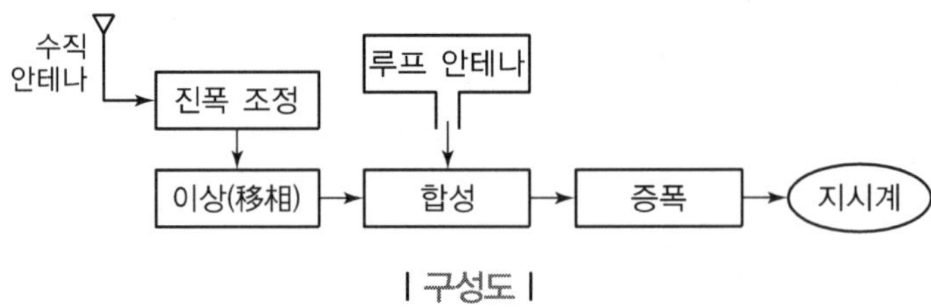

| 구성도 |

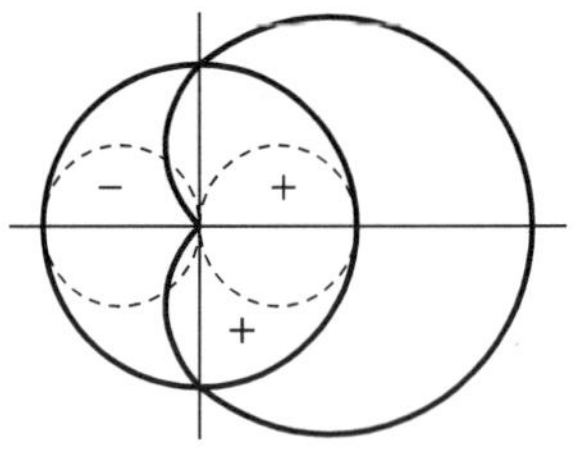

| Cardiod형 지향특성 |

① 구조

루프 공중선과 수직 접지 안테나와의 조합이다.

② 지향 특성

8자형의 지향성 공중선인 루프 공중선과 무지향성의 수직 공중선을 조합하면 카아디오이드 (Cardiod)형 또는 Heart형의 단일 지향특성을 얻는다.

③ 용도

방향 탐지용

실전문제

WIRELESS COMMUNICATION ENGINEERING

01 루프(Loop) 안테나에 관한 설명으로 옳지 못한 것은?

① 실효 길이는 권수에 비례하고 파장에 반비례한다.
② 루프 안테나의 수평면 내 지향특성은 8자현이다.
③ 전파도래 방향과 루프면이 일치할 때 최대 감도이다.
④ 급전선과 정합이 쉬워 효율이 좋다.

02 면적 0.5[m²], 권수 100인 루프 안테나를 1[MHz]의 수신용으로 사용할 때 실효고는 얼마인가?

① π[m]　② $\pi/2$[m]
③ $\pi/3$[m]　④ $\pi/4$[m]

03 반경 50[cm], 권수 80회의 원형루프 안테나를 사용해서 500[kHz]의 전파를 수신하는 경우 실효고는 얼마인가?

① 10[cm]　② 16[cm]
③ 66[cm]　④ 87[cm]

04 Loop 안테나의 수직면 내 지향 특성?

①
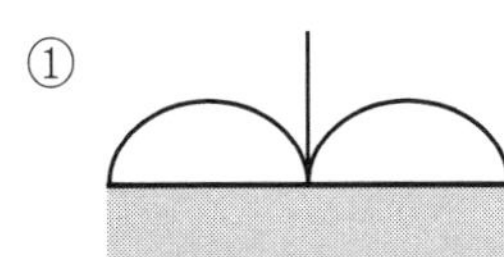

②
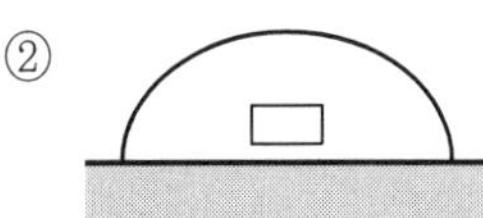

③
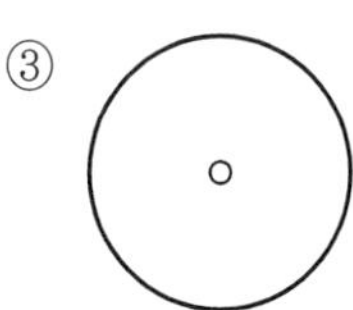

④
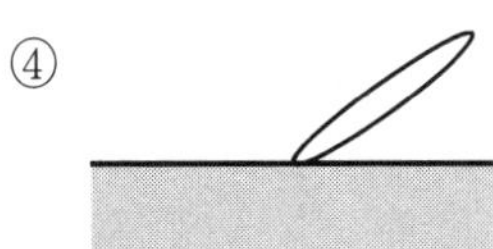

정답 01 ④ 02 ③ 03 ③ 04 ②

05 Loop 안테나의 설명 중 틀린 것은?

① 8자형 지향특성을 갖는다.
② 급전선과 정합이 쉽다.
③ 방향탐지 무선표지 또는 측정에 이용된다.
④ 소형으로 이동이 용이하다.

06 루프 안테나 장·중파대의 방향 탐지에 사용하는 경우 발생되는 문제점은 야간오차이다. 이를 방지하기 위하여 루프 안테나의 수평부분을 제거한 안테나는?

① 애드코크(Adcock) 안테나
② 웨이브(Wave) 안테나
③ T형 안테나
④ 역 L형 안테나

07 무선항행 보조장치로 사용되는 방향탐지기에 대한 설명으로 옳지 않은 것은?

'12 국가직 9급

① 고니오미터는 전파의 도래각을 측정하는 데 사용된다.
② 야간오차 경감효과를 얻고자 애드콕(Adcock) 안테나를 사용한다.
③ 루프안테나를 사용하는 경우 전후방의 전파도래 방향을 결정하기 어렵다.
④ 공중선 장치는 방향탐지기의 전원을 공급하는 장치이다.

정답 05 ② 06 ① 07 ④

SECTION 05 Wave 안테나(Beverage 안테나)

1 Wave 안테나(Beverage 안테나) : '진행파형 안테나'

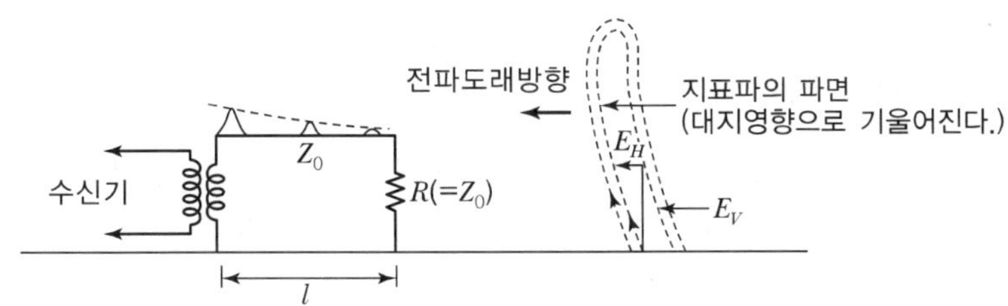

| 구조 및 동작원리 |

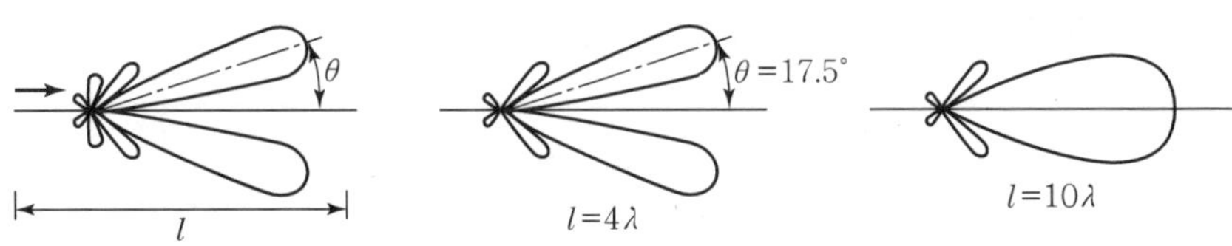

| 수평면 내 지향특성 |

1) Wave 안테나 특성

① **진행파만 존재** : 도선의 특성 임피던스와 같은 종단저항을 연결

② 단일 지향성이다.(도선이 길수록 지향성은 예민하다.)

③ 구조가 간단하며 길이가 수[km]이다.

④ 수신주파수가 변화되어도 지향성, 감도가 별로 변화되지 않으며 몇 개의 주파수를 동시에 수신가능하다.

⑤ 대전력 용량에도 적합하다.

⑥ 전파가 대지 표면을 전파할 때 파면이 진행방향으로 기울어져 수평 성분이 발생되는데 이 수평 성분을 이용한 수신 공중선이다.

⑦ 광대역 주파수 특성이 있다.(진행파형 ANT)

⑧ 공중선 이득이 크다.

⑨ 다중 수신(Multiple Reception)이 가능하다.

⑩ 저효율이다.

2) Wave 안테나 용도

① 장 · 중파대(100[kHz] 이하) 수신용 안테나
② 원거리 통신용
③ 대전력 통신용

2 진행파형 안테나의 특성

① 도선의 한쪽 끝을 특성 임피던스로 종단시켜 도선에 진행파만 존재하도록 구성
② 비동조가 되게 하여 파장에 따른 지향특성의 변화가 적게 구성.
③ 단일 지향성, 고이득 ANT가 되게 설계됨
④ **광대역 특성** : 사용주파수가 변하더라도 안테나의 특성변화가 극히 적게 나타나는 성질

3 진행파형 안테나와 정재파형 안테나의 특성 비교

진행파형 안테나	정재파형 안테나
단향성	쌍향성
광대역성	협대역성
이득이 크다.	이득이 작다.
넓은 설치장소	소규모 가능
효율이 낮다(부엽(Side Lobe)이 많다).	효율이 높다(부엽(Side Lobe)이 적다).

4 진행파형 안테나 종류(주파수대별 분류)

① 장 · 중파대 안테나 ➡ Wave 안테나(=Beverage 안테나)
② 단파대 안테나 ➡ Rhombic 안테나
Half Rhombic 안테나
진행파 V형 안테나
Fishbone(어골형) 안테나
Comb(빗형) 안테나
③ 초단파대 안테나 ➡ Helical 안테나

실전문제 WIRELESS COMMUNICATION ENGINEERING

01 다음 중 웨이브(Wave) 안테나의 특징이 아닌 것은?

① 광대역 지향성 수신 안테나이다.
② 주로 단파대 수신용 안테나이다.
③ 진행파 안테나의 일종이다.
④ 동일 방향에서 도래하는 몇 개의 전파를 동시에 수신할 수 있다.

02 웨이브 안테나의 설명으로 틀린 것은?

① 효율이 높다.
② 광대역 특성을 갖는다.
③ 진행파 안테나이다.
④ 장 · 중대파의 수신용이다.

03 진행파 공중선의 특성 중 적합하지 않은 것은?

① 대역폭이 좁다.
② 구조가 간단하다.
③ 단방향성이다.
④ 넓은 설치 면적이 필요하다.

정답 01 ② 02 ① 03 ①

PART

07

단파대 안테나

IRELESS COMMUNICATION ENGINEERING

CHAPTER 01

WIRELESS COMMUNICATION ENGINEERING

단파대 안테나의 특성

- 전리층 반사파 이용, 수평 편파 이용, 비접지 안테나 이용, 이득이 높다.
- $\lambda/2$ 수평 Dipole 안테나
- 공중선을 공진시켜 사용한다.

1 일반적 특성

① 파장이 짧아 고유파장의 안테나를 얻기 쉽다.
(복사효율, 이득이 높다.) : 장파와 비교

② 공중선 길이는 $\lambda/2$보다 단축(3~10[%] 정도)해야 한다.

③ 주로 수평편파를 이용하므로 접지가 불필요하다.

④ 광대역성이며 예민한 지향특성을 갖는다.

⑤ 설치비가 비교적 저렴하다.

⑥ 복사효율이 좋고(약 75~95%), 반사기 등을 사용할 수 있어 안테나의 이득을 높게 할 수 있다.

2 종류

① $\lambda/2$ 다이폴(Doublet) 안테나

② 진행파 안테나

㉠ Rhombic 안테나 ㉡ Half Rhombic 안테나 ㉢ 진행파 V형 안테나
㉣ 어골형(Fishbone) 안테나 ㉤ 빗형(Comb) 안테나 ㉥ 정재파 V형 안테나

③ 역V형 안테나/Bent 안테나

④ Zeppeline 안테나(Picard 안테나)

⑤ 광대역 다이폴 안테나

⑥ Trap 안테나

⑦ Array 안테나

⑧ Beam 안테나

실전문제

WIRELESS COMMUNICATION ENGINEERING

01 단파 안테나에 주로 사용되는 Antenna가 아닌 것은?

① Dipole Antenna
② Beam Antenna
③ Rhombic Antenna
④ Adcock Antenna

02 단일 방향성이 아닌 안테나는?

① 롬빅(Rhombic) 안테나
② 야기(Yagi) 안테나
③ 웨이브(Wave) 안테나
④ 루프(Loop) 안테나

03 다음 중 진행파를 이용하지 않은 안테나는 어느 것인가?

① 웨이브 안테나(Wave Antenna)
② 롬빅 안테나(Rhombic Antenna)
③ 어골형 안테나(Fish Bone Antenna)
④ 슬리브 안테나(Sleeve Antenna)

04 반파장 다이폴 안테나에 대해 잘못된 것은?

① 반송 주파수의 $\lambda/2$ 길이를 갖는 공진 안테나이다.
② 진행파형 안테나이다.
③ 전류는 양쪽 끝에서 0이 된다.
④ 전압은 양쪽 끝에서 최대가 된다.

정답 01 ④ 02 ④ 03 ④ 04 ②

05 다수의 반파장 안테나를 동일 평면상에 규칙적인 종횡으로 배열하고, 각 소자에 동일한 진폭, 동일 위상의 전류를 급전하면 배열면과 직각 방향으로 예민한 지향성을 갖는 안테나는?

① 루프(Loop) 안테나
② 애드콕(Adcock) 안테나
③ 롬빅(Rhombic) 안테나
④ 빔(Beam) 안테나

06 진행파 공중선의 특성 중 적합하지 않은 것은?

① 대역폭이 좁다.
② 구조가 간단하다.
③ 단방향성이다.
④ 넓은 설치 면적이 필요하다.

정답 05 ④ 06 ①

CHAPTER

WIRELESS COMMUNICATION ENGINEERING

02 안테나의 종류 및 특성

SECTION 01 $\lambda/2$ 다이폴 안테나

1 구조 및 지향 특성

1) 수평 다이폴 안테나의 구조 및 특성

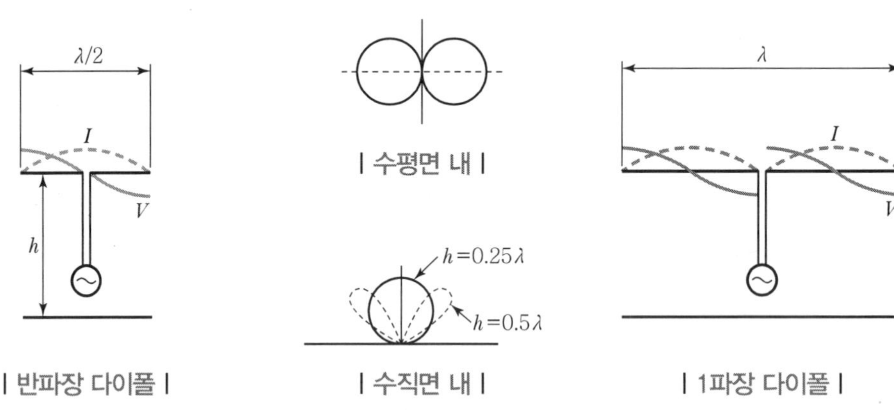

| 반파장 다이폴 |　| 수평면 내 |　| 수직면 내 |　| 1파장 다이폴 |

2) 수직 다이폴 안테나의 구조 및 특성

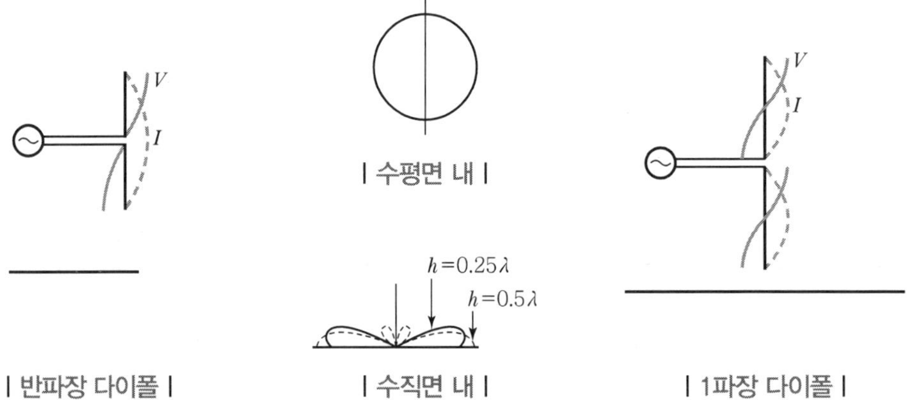

| 반파장 다이폴 |　| 수평면 내 |　| 수직면 내 |　| 1파장 다이폴 |

2 특성

① 도선을 $\lambda/2$ 길이로 하여 펼쳐 놓은 것으로 그 중앙에다 무선 주파 전력을 공급한다.
② 비접지 안테나이며 대지에 평행으로 친 것을 수평 편파 다이폴 안테나, 수직으로 친 것을 수직 편파 다이폴 안테나라 한다.
③ 안테나 전류 분포는 중심부에서 최대, 양 선단에서 0이 되며, 전압 분포는 중앙에서 최소, 양 끝에서 최대인 정재파가 실린다.
④ 수평면 지향 특성은 8자 지향성을 가지며, 수직면은 지상고에 따라 다르나, 상당히 높을 때는 대체로 원형이 된다.
⑤ 단파 이상의 송 · 수신 안테나로 고정 통신에 주로 사용된다.
⑥ 수평면 내의 지향성은 8자형 특성을 갖는다.
⑦ 방사 저항은 약 73[Ω]이며 , 방사리액턴스는 약 43[Ω]이다.($Z_r = 73.13 + j\,42.55[\Omega]$)
⑧ 주로 수평 안테나에 의한 수평 전파를 방사하며 공간파를 이용한다.

3 여러 가지 Parameters

① 실효고 $h_e = \dfrac{\lambda}{\pi}[\mathrm{m}]$

② 전계강도 $E = \dfrac{60\pi I h_e}{\lambda d} = \dfrac{60I}{d} = \dfrac{7\sqrt{P_r}}{d}[\mathrm{V/m}]$

③ 복사전력 $P_r = 73.13I^2[\mathrm{W}]$

④ 복사저항 $R_r = \dfrac{P_r}{I^2} \simeq 73.13[\Omega]$

⑤ 반치각 78°

⑥ 상대이득$(G_h) = 1(0[\mathrm{dB}])$

⑦ 단축률 $\delta = \dfrac{42.55}{\pi Z_0} \times 100[\%]$

⑧ 실효개구면접 $A_e = 0.131\lambda^2[\mathrm{m}^2]$

4 용도

단파대 고정 통신용

실전문제 WIRELESS COMMUNICATION ENGINEERING

01 반파장 다이폴 안테나에 대해 잘못된 것은?

① 반송 주파수의 $\lambda/2$ 길이를 갖는 공진 안테나이다.
② 진행파형 안테나이다.
③ 전류는 양쪽 끝에서 0이 된다.
④ 전압은 양쪽 끝에서 최대가 된다.

02 길이 3[m]의 반파장 안테나가 있을 때 기본파의 고유주파수는 몇 [MHz]인가?

① 3　② 6
③ 25　④ 50

03 반파장 다이폴 안테나의 복사저항은?

① 36.6[Ω]　② 73.13[Ω]
③ 293[Ω]　④ 300[Ω]

04 100[MHz]용 반파장 공중선에 유기되는 기전력은?(단, 전계강도는 5[mV/m]라 한다.)

① 1.67[mV]　② 2.35[mV]
③ 4.77[mV]　④ 5.25[mV]

정답 01 ② 02 ④ 03 ② 04 ③

SECTION 02 제펠린 안테나 / 트랩 안테나 / 역V형 안테나

1 Zeppeline 안테나(Picard 안테나)

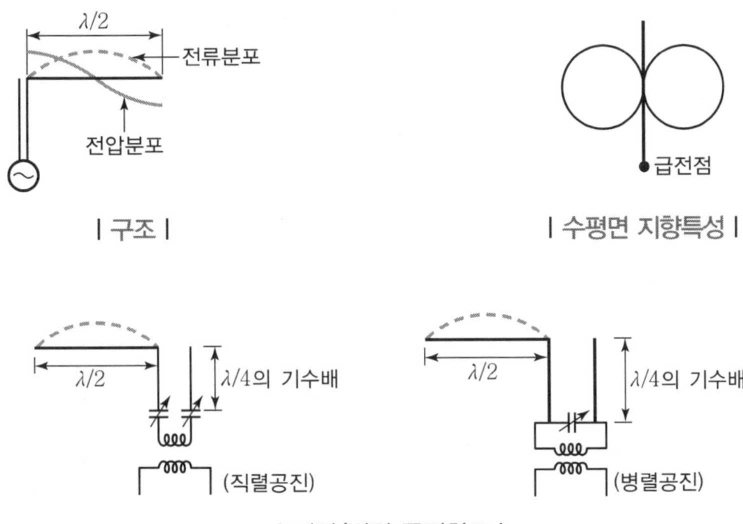

| 구조 |　　| 수평면 지향특성 |

| 직렬/병렬 공진회로 |

1) 특성

① 전압급전방식(공중선의 중앙에서 급전하지 않고 끝단에서 급전)

② 평형형 동조급전선을 사용

③ 수평면 내 8자형 지향특성

④ 급전회로가 직렬공진회로 ➡ 급전선 길이는 $\lambda/4$의 기수배
급전회로가 병렬공진회로 ➡ 급전선 길이는 $\lambda/4$의 우수배($\lambda/2$의 정수배)

2) 용도

구조가 간단하여 간이 시설에 주로 사용

2 트랩(Trap) 안테나

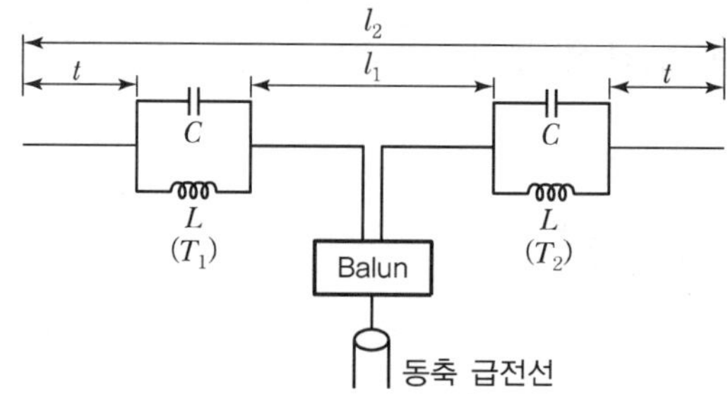

① 다수의 주파수를 수신하고자 하는 경우에 사용

② $l_1 = \dfrac{\lambda_1}{2}$ 로 하여 f_1에 공진되도록 하고 LC 병렬공진회로의 공진주파수를 f_1에 맞추면 이 회로는 f_1에 대하여 트랩으로 동작하여 나머지 t부분은 전파 발사와 무관하게 된다.

③ f_1보다 낮은 f_2를 인가하면 LC 병렬공진회로는 유도성 리액턴스 성분을 갖게 되어 연장선륜으로 작용하게 되고 t를 포함하여 f_2에 공진한다. 이로써 한 개의 안테나로 f_1, f_2의 두 주파수를 수신할 수 있다.

3 역V형 안테나/Bent 안테나

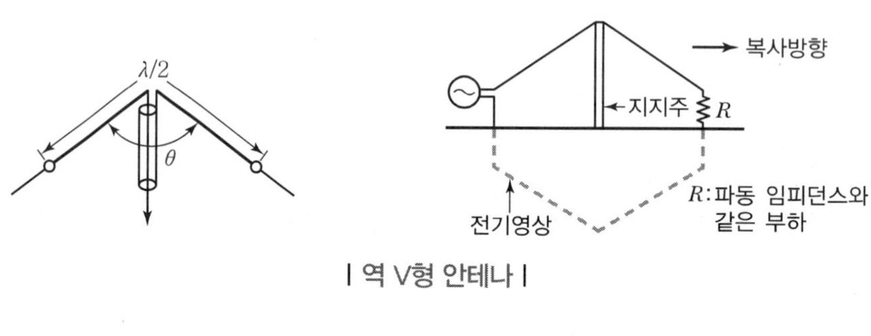

| 역 V형 안테나 |

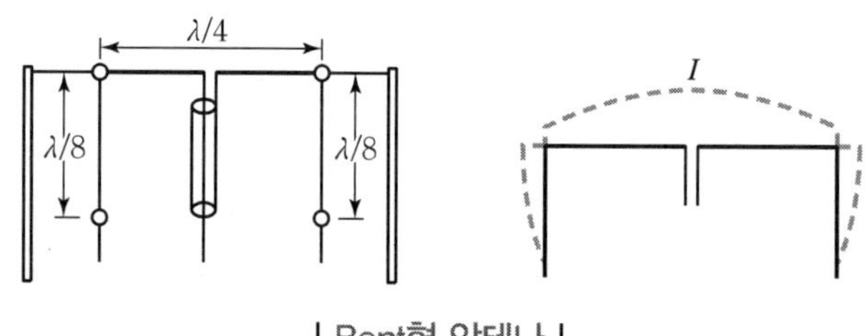

| Bent형 안테나 |

1) 특성

① 안테나 설치면적이 좁은 경우나 주위 시설물을 이용하기 위하여 $\lambda/2$ 다이폴 안테나를 변형시킨 안테나

② Bent형의 실효고 $h_e = \dfrac{\lambda}{\sqrt{2}\,\pi}$ 로써 $\lambda/4$보다 높기 때문에 복사 효율이 좋다.

2) 용도

아마추어 무선용

실전문제

WIRELESS COMMUNICATION ENGINEERING

01 제펠린 안테나는 어떤 경우에 많이 사용하는가?

① 급전선의 영향을 적게 할 때
② 임피던스 정합회로가 필요할 때
③ 전류 급전을 할 때
④ 공간적으로 반파장 더블렛을 설치하기 곤란할 때

정답 01 ④

SECTION 03 Array 안테나 / Beam 안테나

1 Array 안테나

- 단일 안테나 소자로는 얻을 수 없는 방사 패턴이 요구될 때, 복수의 안테나 소자를 배열해서 각각의 안테나 소자의 여진 조건을 제어함으로써 원하는 지향성(방사 패턴)을 얻도록 하는 안테나
- 고이득, 예리한 지향성을 키우기 위하여 안테나 소자를 여러 개 배열(Array)한 안테나

1) Broadside Array

소자 배열축과 수직인 방향으로 예리한 지향성이 나타나는 배열 안테나

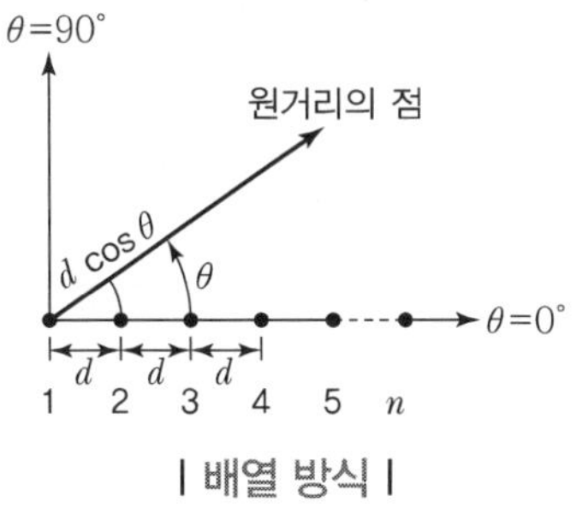

| 배열 방식 |

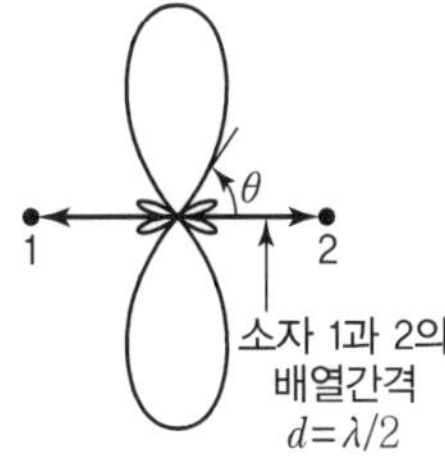

| 전계 패턴 |

2) End-fire Array

소자 배열축 방향으로 예리한 지향성이 나타나는 배열 안테나

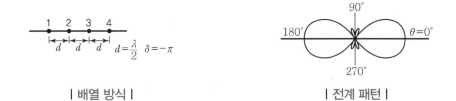

| 배열 방식 | | 전계 패턴 |

3) Phase Array

① 각 안테나 소자에 적당한 위상차를 두어 급전하여 여러 가지 지향특성을 나타내는 배열 안테나

② 이러한 원리의 수신 안테나 방식을 MUSA 수신방식이라 한다.

4) 지향성적의 원리

① 동일 규격의 안테나를 여러 개 배열한 경우의 지향특성을 나타낸다.

② 합성지향성=안테나 소자 한 개의 지향성×등방성 복사체를 배열한 경우의 지향성

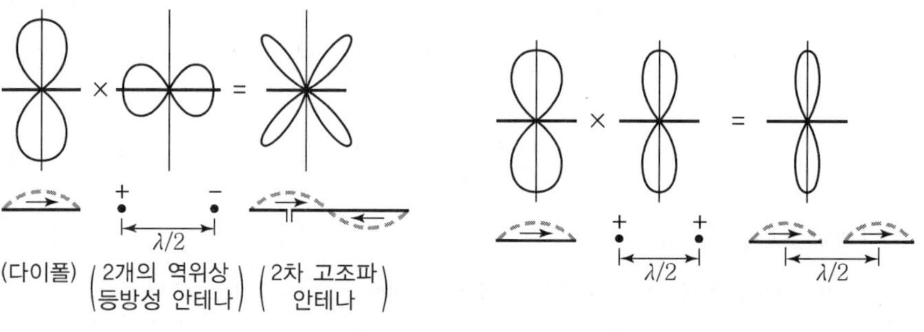

| Broadside Array | | End-fire Array |

5) Array 안테나 이득

① 최대 복사방향으로 임의의 점에서 기준 안테나 전계강도 E_0와 Array 안테나의 전계 강도 E가 같다면

$E_0 = KI_0$, $E = KNI$ ➡ $I_0 = NI$

② Array 안테나 이득은

$$G_n = \frac{E^2/P(\text{임의의 } array \text{ 안테나})}{E_0^2/P_0(\text{기준 반파장 다이폴 안테나})}\|E = E_0 = \frac{P_0}{P}\|E = E_0$$

$$= \frac{I^2 R_0}{I^2 R} = \frac{(NI)^2 R_0}{I^2 R} = N^2 \frac{R_0}{R}$$

여기서, N : 소자수

R_o : 기준반파 다이폴 안테나 복사저항(=73.13[Ω])

R : 임의의 Array 안테나 복사저항

③ [dB]로 표현하면

$$G_n[\text{dB}] = 10\log_{10} G_n[\text{dB}]$$

$$= 10\log_{10} N^2 \frac{R_0}{R}[\text{dB}]$$

$$= 20\log_{10} N[\text{dB}] + 10\log_{10} R_0[\text{dB}] - 10\log_{10} R[\text{dB}]$$

$$= 20\log_{10} N[\text{dB}] - 10\log_{10} R[\text{dB}] + 18.68[\text{dB}]$$

④ Array 안테나의 이득은 소자수(N), 복사저항(R)에 의해 달라지며 소자수가 많을수록 고이득, 예리한 지향성을 갖는다.

2 빔(Beam) 안테나

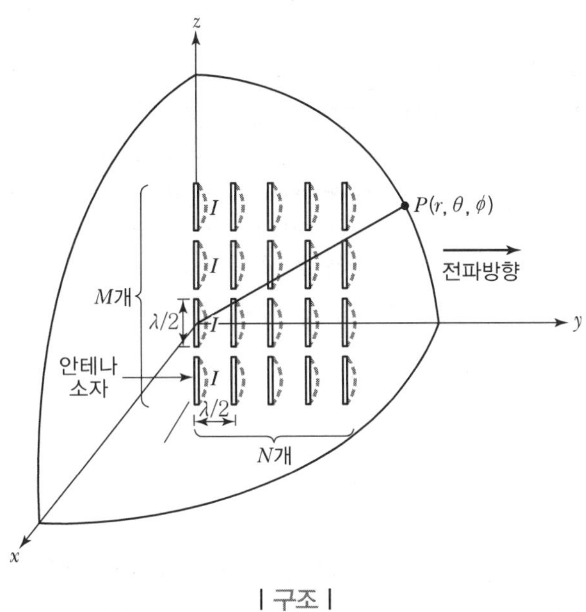

| 구조 |

1) 특성

① λ/2 다이폴 안테나를 평면 내에 λ/2 간격으로 $M\times N$개를 배열하고 동일 위상, 동일진폭의 전류를 급전하여 각 소자의 복사방향을 한 방향으로 집중시켜 고이득, 예리한 지향성을 갖게 한 대표적인 Array 안테나

② 전계강도 $E=MN\dfrac{60I}{d}$[V/m]

③ 고이득, 예리한 지향성을 갖는다.

④ 근접주파수의 혼신 및 방해가 적다.

⑤ 주파수 이용도가 넓다.

⑥ 공전잡음, 인공잡음의 방해를 경감할 수 있다.

2) 용도

단파대 고정통신용 고이득 안테나

• 실전문제 WIRELESS COMMUNICATION ENGINEERING

01 자유공간 내에 있는 그림과 같은 12소자 빔 안테나의 이득은 얼마인가?(단, 반파장 다이폴의 복사저항은 73.13[Ω], 전복사 저항은 452.3[Ω]이다.)

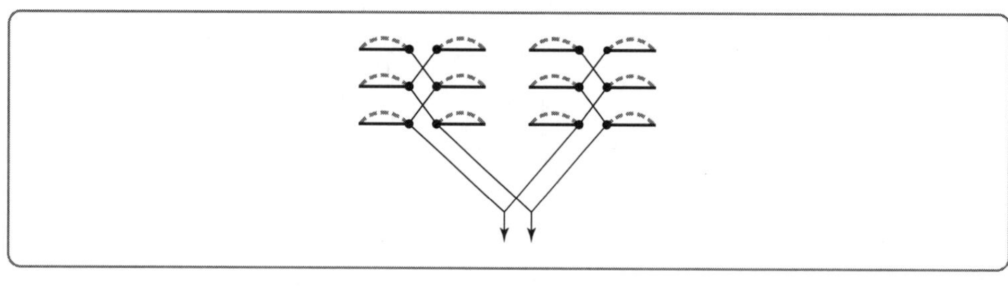

① 5.82　② 6.74　③ 7.85　④ 23.28

02 다수의 반파장 안테나를 동일 평면상에 규칙적인 종횡으로 배열하고, 각 소자에 동일한 진폭, 동일 위상의 전류를 급전하면 배열면과 직각방향으로 예민한 지향성을 갖는 안테나는?

① 루프(Loop) 안테나　② 애드콕(Adcock) 안테나
③ 롬빅(Rhombic) 안테나　④ 빔(Beam) 안테나

03 빔 안테나(Beam Antenna) 소자의 총수를 N, 복사저항을 R_1, 표준 더블렛 안테나(Doublet Antenna)의 복사저항을 R_2라 하면 이득은?

① $G = N\dfrac{R_1}{R_2}$　② $G = N\dfrac{R_2}{R_1}$
③ $G = N^2\dfrac{R_1}{R_2}$　④ $G = N^2\dfrac{R_2}{R_1}$

04 빔(Beam) 안테나의 소자수를 2배로 하면 이득의 증가는 보통 몇 [dB]가 되는가?

① 2[dB]　② 4[dB]
③ 6[dB]　④ 8[dB]

정답 01 ④ 02 ④ 03 ③ 04 ③

05 빔 안테나의 소자수가 4개이다. 이 안테나의 이득은 얼마인가?(단, 하나의 안테나의 복사저항이 100[Ω]이고, 전 복사저항은 400[Ω]이다.)

① 1 ② 4
③ 8 ④ 16

06 안테나의 소자들을 여러 개 써서 Array로 할 때 어떤 목적으로 쓰는가?

① 임피던스 정합이 잘 된다.
② 지향성을 갖게 할 수 있다.
③ 안테나의 전력손실이 줄어든다.
④ 불필요한 잡음을 제거한다.

07 안테나에 반사기를 붙이면 어떤 효과가 나타나는가?

① 급전선과의 정합이 용이하다.
② 광대역 특성이 얻어진다.
③ 지향성을 갖도록 만들 수 있다.
④ 접지저항이 작아진다.

08 안테나 어레이(Antenna Array)를 사용하는 스마트 안테나(Smart Antenna)에 대한 설명으로 옳지 않은 것은? '08 국가직 9급

① 어레이 안테나에 수신된 신호에 동일한 가중치를 준다.
② 전파의 보강 간섭, 상쇄 간섭의 원리를 이용한다.
③ 안테나의 지향성을 강화할 수 있다.
④ 안테나 주 빔(Main Beam)의 방향을 변화시킬 수 있다.

09 와이브로(Wibro) 시스템에 사용되고, MIMO(다중입력 다중 출력) 신호처리 기술과 결합하여 안테나 빔 방사 방향을 컴퓨터 프로그램으로 자유롭게 제어할 수 있는 안테나는? '11 국가직 9급

① 슬롯 안테나 ② 루프패치 안테나
③ 스마트 안테나 ④ 접시 안테나

정답 05 ② 06 ② 07 ③ 08 ① 09 ③

SECTION 04 Rhombic 안테나

1 롬빅 안테나 특성

1) 구조

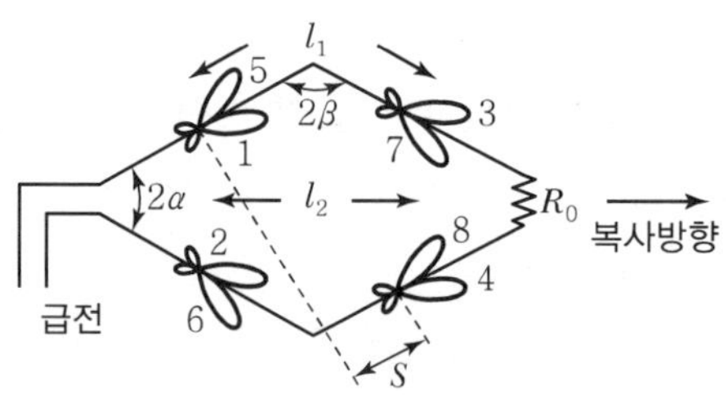

2) 지향특성

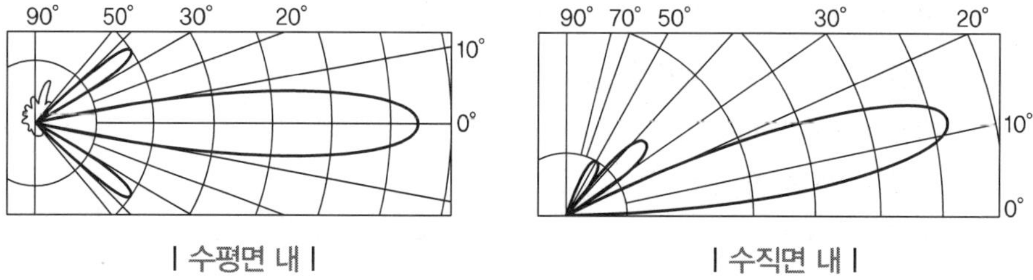

| 수평면 내 | | 수직면 내 |

3) 특성

① 진행파형으로 단향성이다.

② α가 작을수록 l이 길수록 고이득, 예리한 지향성을 갖는다.

③ 이득은 8~13[dB] 정도

④ 광대역성, 효율이 나쁘다.(부엽이 많다.)

⑤ 수평편파를 이용

⑥ 구조는 간단하나 넓은 설치장소가 필요하다.(한 변의 길이가 3λ 정도)

⑦ 급전점의 특성임피던스 : 400~800[Ω]으로 가장 높다.

⑧ 전리층 반사를 이용하여 원거리 통신에 적합한 단파대용 안테나이다.

4) 용도

① 단파대 고정국 송 · 수신용

② VHF－TV중계용 수신 안테나로 사용

2 Half Rhombic 안테나

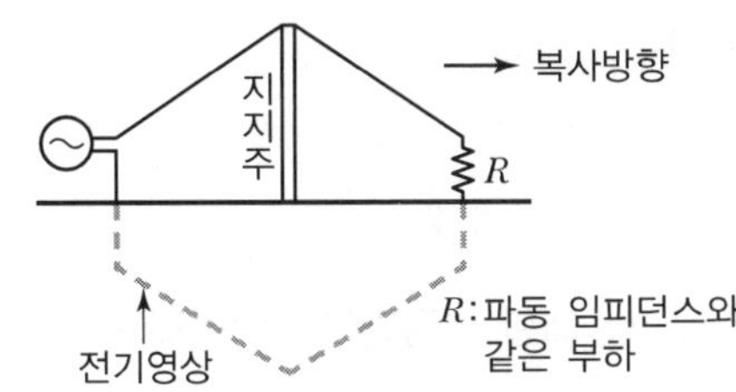

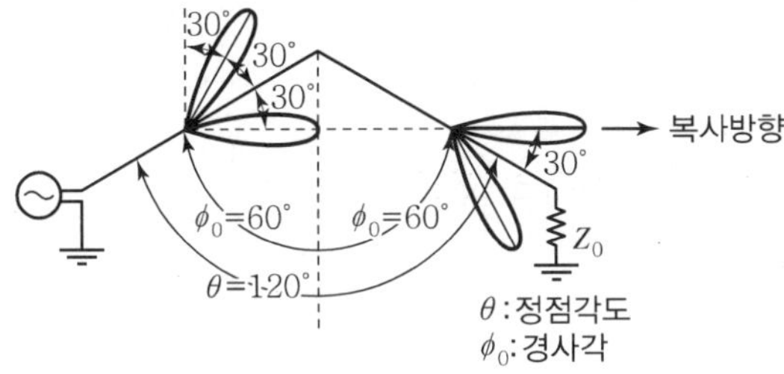

① 롬빅 안테나의 반을 수직으로 세운 수직편파용 송 · 수신 안테나

② 단파대의 높은 주파수에서 사용

실전문제 WIRELESS COMMUNICATION ENGINEERING

01 다음 롬빅(Rhombic) 안테나에 대한 설명이다. 틀린 것은?

① 진행파형 안테나이다.
② 광대역성이다.
③ 8자형 지향성이다.
④ 단파통신에 주로 사용된다.

02 롬빅(Rhombic) 안테나와 관계없는 것은?

① 진행파 안테나이다.
② 수직편파로 효율이 좋다.
③ 종단저항이 필요하다.
④ 전리층 반사파를 수신한다.

03 안테나에 대한 설명으로 가장 적절하지 않은 것은? '10 경찰직 9급

① 루프(Loop) 안테나는 8자형 지향 특성이 있고 소형이므로 이동이 용이하다.
② 빔 안테나는 안테나의 소자 수가 많을수록 지향성은 예민하게 되고 높은 이득의 안테나로 된다.
③ 롬빅 안테나는 반사파를 얻기 위하여 종단저항을 사용한다.
④ 파라볼라 안테나는 지향성이 예리하고 이득은 높으나 광대역 임피던스 정합이 어렵다.

정답 01 ③ 02 ② 03 ③

SECTION 05 단파대 안테나들

1 진행파 V형 안테나

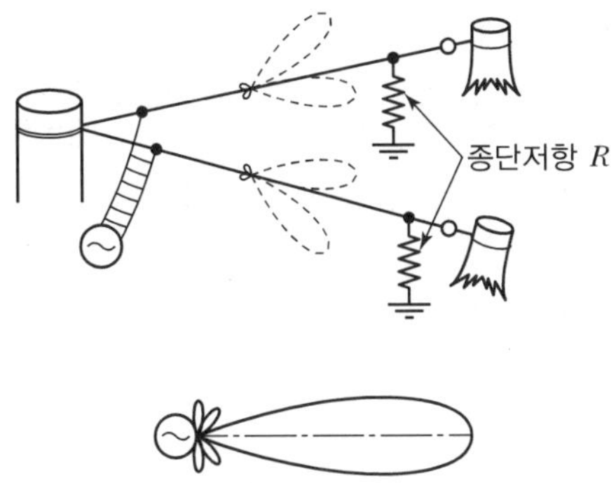

① 롬빅 안테나의 반만을 사용하여 각 변에 종단저항을 설치한 안테나

② 수평편파를 이용

③ 간이형 광대역 안테나로 사용

2 어골형(Fishbone) 안테나

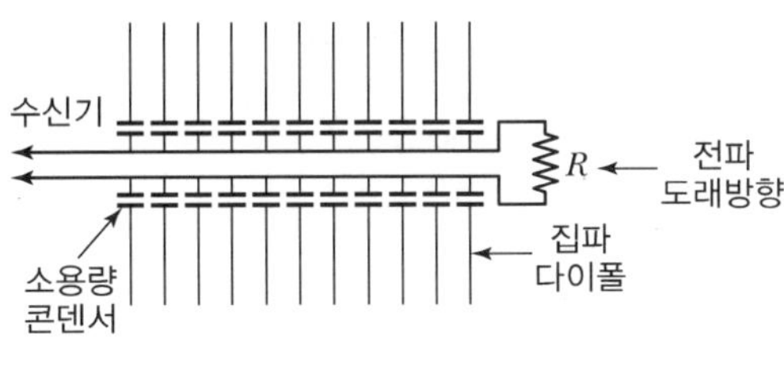

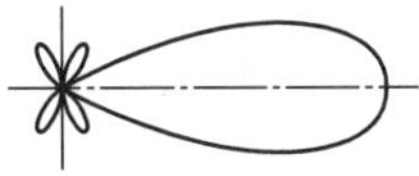

① 평형2선식 급전선의 양측에 비공진소자(집파 다이폴)를 미소용량을 통하여 다수 개 소결합하여 마치 물고기 뼈모양을 한 형상의 안테나

② 집파 다이폴의 배열간격은 $\lambda/2$ 정도로 하며 길이는 $3\sim5\lambda$ 정도이다.(배열 간격이 너무 밀하면 오히려 이득이 떨어진다).

③ 집파 다이폴에서 전파를 모아 그 기전력을 급전선에 결합시킨다.

④ 수평편파를 이용한다.

⑤ 단파대 수신용 안테나로 사용한다.

3 빗형(Comb) 안테나

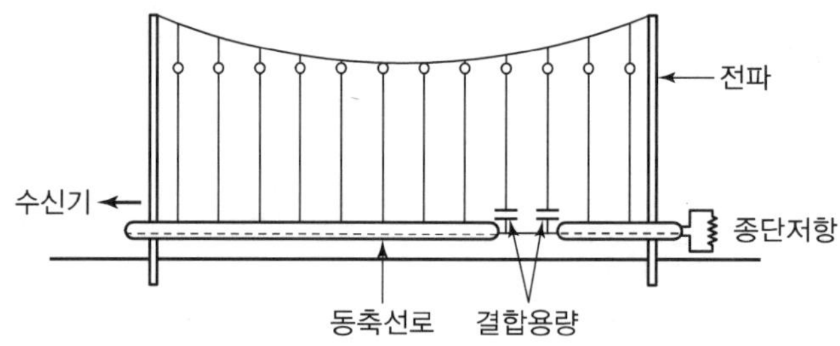

① 어골형 안테나의 반을 수직으로 설치한 안테나
② 수직편파를 이용한다.
③ 단파대 수신 안테나로 사용

4 정재파 V형 안테나

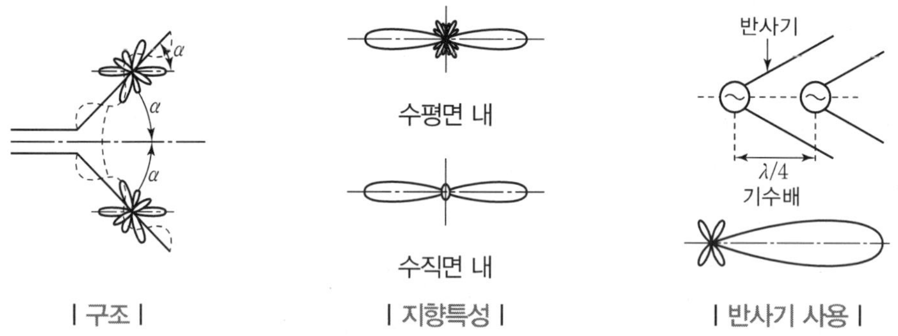

| 구조 | | 지향특성 | | 반사기 사용 |

① 각 도선의 길이는 진행파 안테나보다 짧게 한다.
② 8자형 지향특성이며 단향성으로 하기 위하여 안테나 후방 $\lambda/4$의 기수배 되는 위치에 반사기를 부착한다.
③ 협대역성, 효율이 높다(부엽이 작다).

• 실전문제 WIRELESS COMMUNICATION ENGINEERING

01 단일 방향성이 아닌 안테나는?

① 롬빅(Rhombic) 안테나
② 야기(Yagi) 안테나
③ 웨이브(Wave) 안테나
④ 루프(Loop) 안테나

02 다음 중 진행파를 이용하지 않은 안테나는 어느 것인가?

① 웨이브 안테나(Wave Antenna)
② 롬빅 안테나(Rhombic Antenna)
③ 어골형 안테나(Fish Bone Antenna)
④ 슬리브 안테나(Sleeve Antenna)

정답 01 ④ 02 ④

PART

08

초단파대 안테나

CHAPTER 01

WIRELESS COMMUNICATION ENGINEERING

초단파대 안테나의 특성

1 특성

① 단파대 선형 안테나와 극초단파대 입체 안테나 양자의 특성을 이용할 수 있어 가장 많은 종류의 안테나가 사용된다.

② 주파수대역이 넓은 통신(FM 통신방식, TV 방송 등)에도 사용되므로 광대역 임피던스 안테나로도 중요하다.

③ VHF대의 주파수를 사용하므로, TV와 밀접한 관련이 있는 안테나가 많이 있다.
안테나의 분류 중 TV송신용과 TV수신용을 구별하는 문제도 잘 나옴

④ 초단파대(VHF와 UHF 일부)는 파장이 짧기 때문에 단파대에 비하여 취급이 편리하다.

2 종류

1) Folded 다이폴 안테나

2) 수직편파용 수평면 내 무지향성 안테나

① Braun 안테나

② Whip 안테나

③ 동축(다이폴) 안테나

④ Collinear 안테나

3) 수평편파용 수평면 내 무지향성 안테나

① Single Turnstile 안테나

② Super Turnstile 안테나

③ Super Gain 안테나

4) 무급전소자부 안테나

① 반사기와 도파기

② Yaggi 안테나

③ TV수신용 광대역 Yaggi 안테나

④ Collinear Reflector 안테나

5) Helical 안테나

① End Fire Helical 안테나
② Broad Side Helical 안테나

6) 광대역 임피던스 안테나

① 정임피던스 안테나
② 쌍원추형(Biconical) 안테나
③ 디스콘(Discone) 안테나
④ 부채형(Fan) 안테나
⑤ 대수주기(Log Periodic) 안테나

3 TV 송 · 수신용 안테나

1) TV 수신용 안테나

① 대수 주기형 안테나
② V라인 인테나
③ 진행파 안테나
④ 원형 루프 어레이 안테나
⑤ 인라인 안테나

2) TV 송신용 안테나

① 헬리컬 안테나
② Turn Stile
③ Super-turn Stile Ant
④ Super-gain Ant
⑤ 쌍루프 안테나

4 안테나가 광대역성을 갖도록 하는 방법

① 안테나의 Q를 낮추는 방법(원통형 ANT, Fan, Discone ANT)
② 진행파 여진형 소자를 사용하는 방법(롬빅, Fish Bone ANT)
③ 보상회로를 사용하는 방법(Super-gain, U라인 ANT)
④ 자기 상사형으로 하는 방법(대수주기 ANT)
⑤ 상호 임피던스의 특성을 이용하는 방법(2-dipole, 4-dipole ANT 등)

• 실전문제

WIRELESS COMMUNICATION ENGINEERING

01 안테나 특성을 광대역으로 하기 위한 방법으로 적합하지 않은 것은?

① 안테나의 Q를 적게 한다.
② 진행파 공중선으로 한다.
③ 파라볼라 안테나처럼 개구면적을 크게 한다.
④ 슈퍼게인 안테나처럼 보상회로를 사용한다.

정답 01 ③

CHAPTER 02 WIRELESS COMMUNICATION ENGINEERING

안테나 종류 및 특성

SECTION 01 폴디드(Folded) 안테나

다이폴 안테나를 접은(Folded) 것으로, 반파장 다이폴 안테나의 양단을 접속시켜 복사부분을 2중으로 설계한 안테나

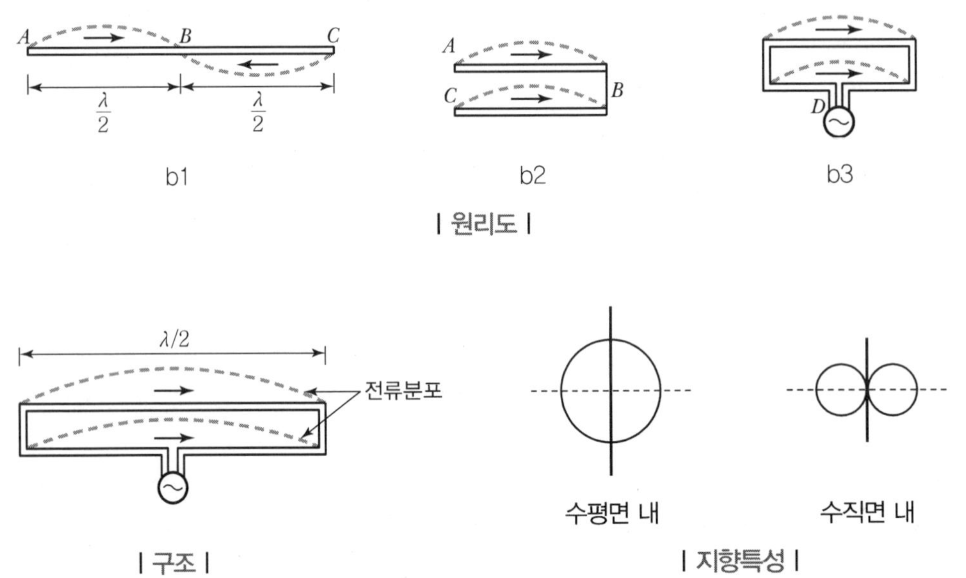

| 원리도 |

| 구조 |

| 지향특성 |

1 폴디드 안테나의 특성

① 반파장 다이폴 안테나의 양단에서 도선을 구부려 반파 다이폴에 근접시켜 설치하고 각각의 양단에 접속한 것이다.

- 두 가닥의 도선에 존재하는 전류는 동위상, 동진폭을 나타냄(정현파 분포)

② 급전점 임피던스

$$R = n^2 \times R_0$$

여기서, n : 소자수
R_0 : 반파 다이폴 복사저항(=73.13[Ω])

㉠ 2개 접어진 안테나인 경우

$$R = 4 \times 73.13 \simeq 293[\Omega]$$

㉡ n개 접어진 안테나인 경우

$$R = n^2 \times 73.13$$

㉢ 1번 접어서 만든 폴디드 안테나인 경우 반파 다이폴 안테나 임피던스의 4배(293[Ω])가 되며, 이는 평형2선식 급전선의 특성 임피던스(약 300[Ω]와 거의 같기 때문에 별도의 정합장치가 없이 직결된다.

③ 전계강도, 이득, 지향성은 반파 다이폴과 동일
④ 반파 다이폴에 비해 실효고는 2배이며 개방전압($V_0 = E_0 \cdot h_e$)도 2배가 된다.
(수신최대 유효전력은 변화 없다.)
⑤ λ/2 안테나에 비하여 광대역성을 갖는다.
⑥ 기계적으로 구조가 견고하다.

2 폴디드 안테나의 용도

① 야기 안테나의 1차 복사기로 사용
② VHF, UHF대의 낮은 주파수대 안테나로 사용

실전문제

WIRELESS COMMUNICATION ENGINEERING

01 다음은 폴디드(Folded) 안테나의 특징을 설명한 것이다. 잘못 설명된 것은?

① 전계강도, 이득, 지향성은 반파장 안테나와 동일하다.
② 실효길이는 반파장 안테나의 2배이고, 수신안테나로서 사용할 때 개방전압은 2배로 된다.
③ TV의 75[Ω] 동축 케이블과 정합이 직결된다.
④ 반파장 안테나에 비해서도 도체의 유효단면적이 크고, 방사저항이 크며 Q가 낮게 되어 약간 광대역성을 갖는다.

02 임피던스 정합회로를 쓰지 않고도 평행2선식 급전선과 직접 연결 가능한 안테나는?

① 반파장 안테나
② 폴디드 안테나
③ 빔 안테나
④ 야기 안테나

03 Folded Antenna를 만들 때 일반적으로 n(소자수) 개로 접으면 급전점 임피던스는 몇 배로 증가하는가?

① n^2
② n
③ $\frac{1}{n}$
④ $\frac{1}{n^2}$

04 길이가 반파장인 2선식 폴디드(Folded) 안테나 도선의 굵기는 같고 두 도선은 충분히 접근해 있는 것으로 한다면 급전점 임피던스는?

① 36.56[Ω]
② 73[Ω]
③ 192[Ω]
④ 292[Ω]

정답 01 ③ 02 ② 03 ① 04 ④

SECTION 02 야기(Yaggi) 안테나

야기 안테나는 도파기, 투사기, 복사기로 구성된 안테나로서 흔히 TV 수신 안테나로 많이 알려져 있다. 일본의 야기, 우노다 두 사람이 개발해낸 안테나이다.

1 반사기, 도파기, 투사기

① **급전소자(투사기)** : 안테나 소자에 직접 전류를 흘려서 전파를 복사하는 안테나 소자

② **무급전소자(반사기, 도파기)** : 투사기 근처에 형성된 강한 전자계에 안테나 소자를 놓으면 방사결합에 의해 전류가 흘러 전파가 복사되는 안테나 소자

2 야기(Yaggi) 안테나

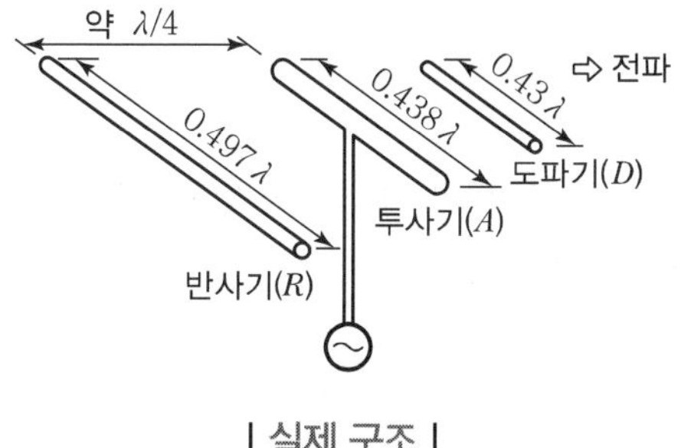

| 실제 구조 |

R A D ⇨ 전파

$\lambda/2$보다 조금 길다.

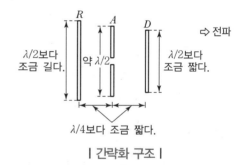

약 $\lambda/2$

$\lambda/2$보다 조금 짧다.

$\lambda/4$보다 조금 짧다.

| 간략화 구조 |

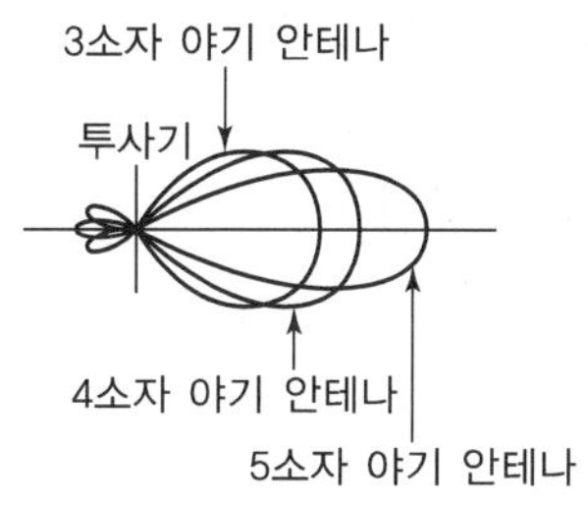

| 도파기 개수에 따른 방사패턴 |

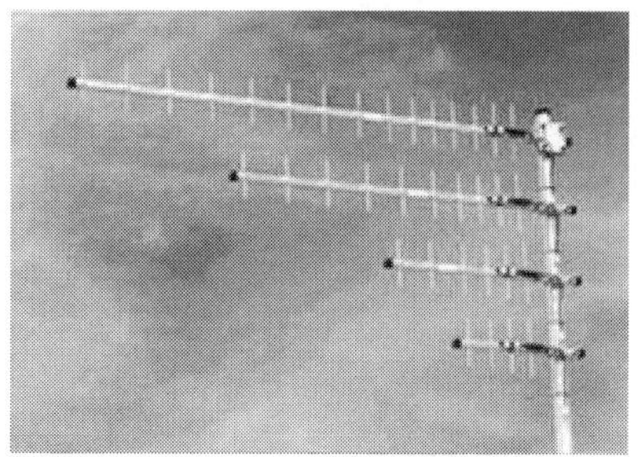

| 실제 야기 안테나 |

1) 구조

- 급전소자(투사기)와 무급전소자(반사기, 도파기)로 구성
- 도파기, 투사기, 반사기 순으로 안테나 소자가 길어진다.

① 반사기

파장의 1/2의 길이보다 긴 도체이다. 복사기에서 발사된 전파를 반사한다. 따라서 반사기의 뒤로는 전파가 발사되지 않는다. 보통 1개의 반사기를 사용한다.

㉠ $\lambda/2$보다 길게 되므로 유도 성분을 갖게 되어 전파를 반사한다.

㉡ 투사기 $\lambda/4$후방에 위치한다.

㉢ 전류위상이 90° 진상이다.

② 도파기

㉠ 파장의 1/2의 길이보다 짧은 도체이다. 복사기에서 발사된 전파를 강화시켜준다.

㉡ 따라서, 도파기 방향으로 전파가 진행하게 되며 지향성도 이 방향으로 생성된다.

㉢ 도파기의 개수가 증가할수록 지향성이 더욱 날카로워지고 이득이 증가한다.

- $\lambda/2$보다 짧으므로 용량성분을 갖게 되어 전파를 유도한다.
- 투사기 $\lambda/4$ 전방에 위치한다.
- 전류위상이 90° 지상이다.

③ 투사기(복사기)

일반적인 반파장 다이폴 안테나이다. 진파는 이 복사기에서 송신되거나 수신된다. $\lambda/2$ 길이로써 사용파장에 공진하여 전파복사된다.

2) 특성

① 단향성의 예민한 지향특성을 갖는다.(소자수가 많을수록 고이득, 예리한 지향성을 갖는다.)

㉠ 지향성은 도파기 방향으로 입체적인 지향성을 갖고 있다. 임피던스는 25[Ω]이다.

㉡ 통상 7~15[dBi] 정도이다.

㉢ 진행파형 소자를 사용(Wave 안테나, Rhombic 안테나 등)

㉣ 반사기를 사용(Yagi 안테나, Corner Reflector 안테나 등)

② 이득

$$G \fallingdotseq \frac{10L}{\lambda}$$

여기서, L : 소자 배열축 사이의 거리

③ 구조는 간단하나 고이득이다.

④ 협대역 특성을 갖는다.(단점)

3) 용도

① TV 수신용

② UHF대 고정통신용

3 TV 수신용 광대역 야기(Yagi) 안테나

1) 하나의 안테나로 한 채널 이상의 TV 전파를 수신할 수 있게 한 안테나

① VHF TV : Low Band(6개 채널 이상 54~88[MHz]), High Band(7개 채널 이상 174~216[MHz])

② 채널의 대역폭은 6[MHz]이므로 가능한 광대역 특성의 안테나를 설계해야 한다.

2) 광대역을 부여하는 방법

① 안테나의 Q를 낮춘다.

② 진행파 여진형 소자를 이용한다.

③ 보상회로를 사용한다.

④ 자기상사형으로 한다.

⑤ 상호 임피던스 특성을 이용한다.

3) 종류

① U－Line형

High Band에서 고이득인 안테나로서 Folded 다이폴에 $\lambda/4$의 U자형 트랩을 사용하여 광대역성을 갖게 한 안테나

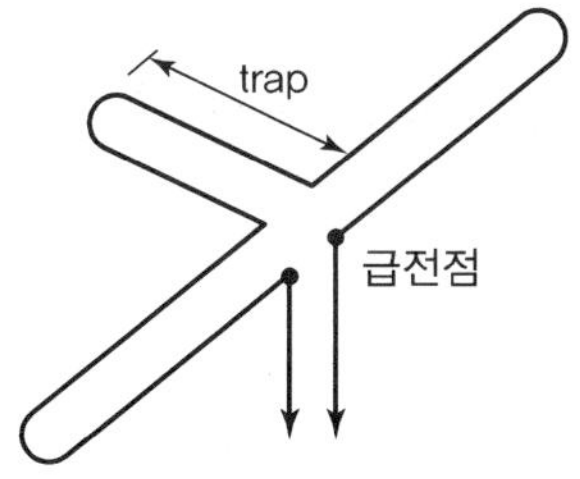

② In Line형

Low Band에서 고이득인 안테나로서 3소자 야기 안테나 구조를 가지며 R이 반사기, A_1이 수신안테나, A_2가 도파기로 작용

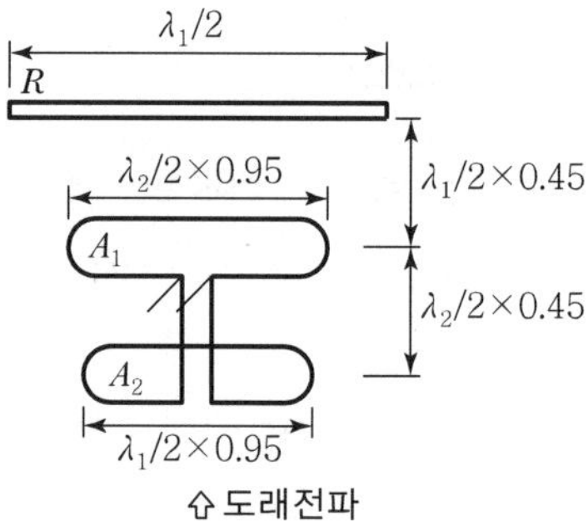

③ Conical(원추)형

High Band용 투사기, 반사기, 도파기로써 A_h, R_h, D_h가 3소자 야기 안테나를 형성하며 이득은 약 6[dB]이다. Low Band에서는 A_L과 R_L의 X자형 2소자 안테나를 형성하고, 이득은 약 4[dB]가 된다.

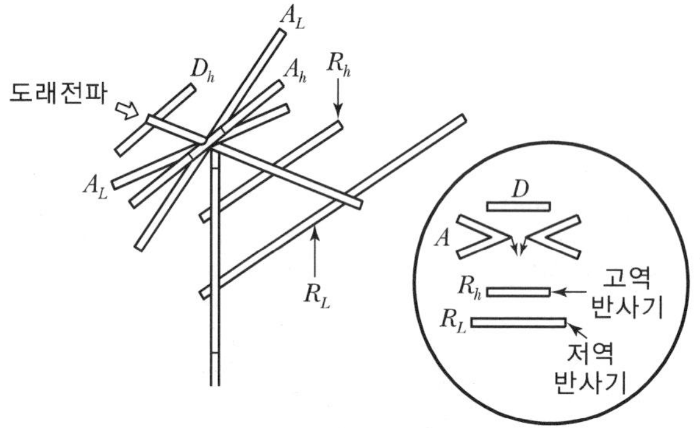

실전문제 WIRELESS COMMUNICATION ENGINEERING

01 야기 안테나의 소자 중 가장 긴 소자의 역할과 리액턴스 성분은 무엇인가?

① 도파기, 용량성
② 반사기, 유도성
③ 지향기, 유도성
④ 복사기, 용량성

02 다음은 야기안테나에 대한 설명이다. 옳지 않은 것은?

① 반사기는 용량성 성분을 가진다.
② 반사기의 길이는 반파장보다 길게 한다.
③ 단일 지향성을 가진다.
④ 각 소자의 간격은 $\lambda/4$이다.

03 야기(Yagi) 안테나에서 1번 접어진 Folded Dipole 안테나를 복사 소자로 사용했을 때 입력 임피던스는 약 몇 [Ω] 정도 되는가?

① 50　② 75
③ 150　④ 300

04 야기(Yaggi) 안테나에서 반사기의 특성에 관한 설명 중 가장 적당한 것은?

① $\lambda/2$보다 길게 해서 용량성을 갖게 함
② $\lambda/2$보다 짧게 해서 유도성을 갖게 함
③ $\lambda/2$보다 길게 해서 유도성을 갖게 함
④ $\lambda/2$보다 짧게 해서 용량성을 갖게 함

정답 01 ② 02 ① 03 ④ 04 ③

05 다음은 야기 안테나에 대한 설명이다. 옳지 않은 것은?

① 지향성은 단일방향이다.
② 반사기는 반파장보다 길므로 유도성분을 갖는다.
③ 도파기의 길이는 반파장보다 짧고 복사기보다도 짧다.
④ 각 소자의 간격은 $\lambda/4$보다 크다.

06 〈보기〉의 설명에 해당하는 안테나의 명칭은 어느 것인가?

- 급전소자(투사기)와 무급전소자(반사기, 도파기)로 구성된다.
- 초단파용 수신 안테나로 많이 사용되며, 지향 특성이 단향성이다.
- 적절한 배열 조건하에서 도파기의 수를 증가시키면 방사이득을 높일 수 있다.
- 보편적으로 반사기의 길이는 투사기보다 길게, 도파기의 길이는 투사기보다 짧게 설계한다.

① 야기 안테나 ② 롬빅 안테나
③ 슬롯 안테나 ④ 코너 리플렉터 안테나

07 야기(Yagi) 안테나의 복사방향으로 옳은 것은? '09 지방직 9급

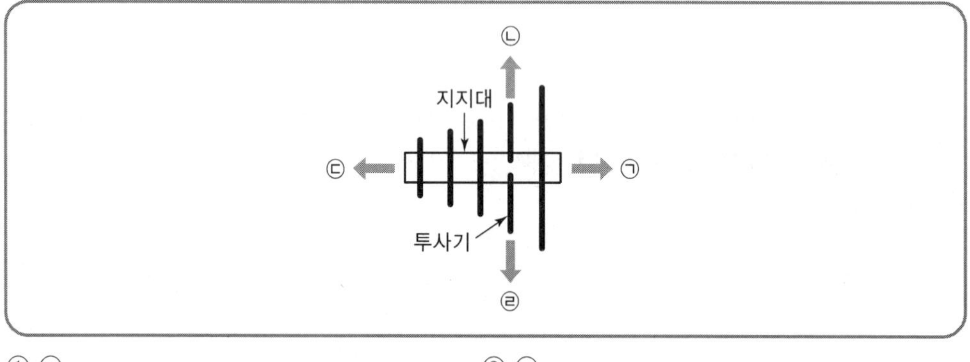

① ㉠ ② ㉡
③ ㉢ ④ ㉣

08 안테나의 종류별 특성에 대한 설명으로 옳은 것은? '08 국가직 9급

① 야기－우다(Yagi Uda) 안테나는 지향성이다.
② 파라볼라(Parabola) 안테나는 무지향성이다.
③ 수직접지 안테나는 지향성이다.
④ 루프(Loop) 안테나는 무지향성이다.

정답 05 ④ 06 ① 07 ③ 08 ①

SECTION 03 TV 송신용 안테나들(수평편파용)

VHF, UHF대의 TV방송 송신용 안테나로서, 수평편파를 모든 방향으로 균일하게 복사한다.

수평편파용 ➡ 수평면내 무지향성 안테나

1 Single Turnstile 안테나

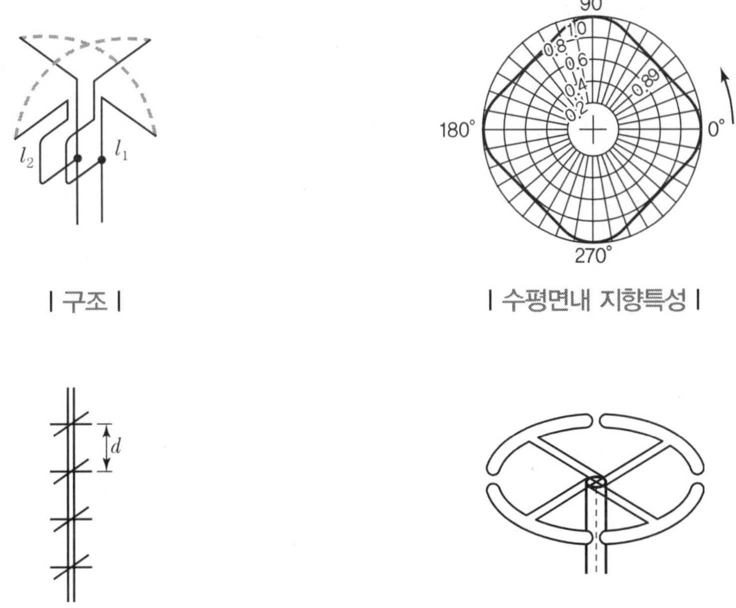

| 구조 | | 수평면내 지향특성 |

| 다단 턴스타일 | | 접힌 턴스타일 |

1) 특성

① 반파장 다이폴 안테나 두 개를 수평으로 직교시키고 90° 위상차를 주어서 여진 하는 안테나

② 이득을 높이기 위하여 다단 적립하여 사용

㉠ 최대 이득을 얻기 위한 간격

$$d = \frac{N}{N+1}\lambda$$

여기서, N : 적립단수

λ : 사용파장

㉡ 이때의 이득은

$$G \simeq 1.22N\frac{d}{\lambda}$$

2) 용도

① VHF대 기지국용

② FM 방송용

2 Super Turnstile 안테나

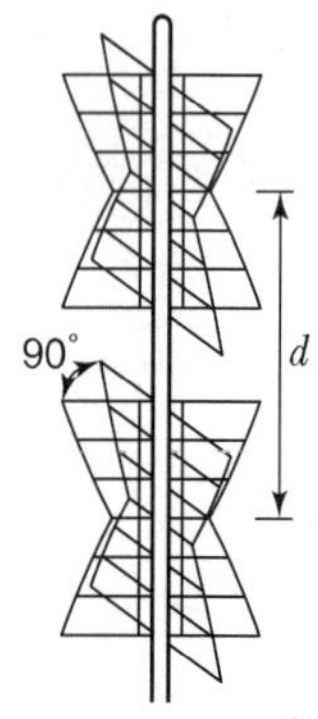

| 다단 슈퍼턴 스타일 |

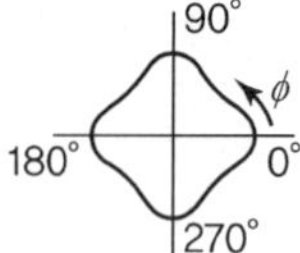

수평면 내

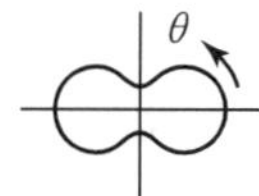

수직면 내

| 지향특성 |

1) 특성

① 길이가 다른 반파장 다이폴 안테나 여러 개를 조합한 박쥐날개(Bat Wing)형 안테나 2개를 직교하여 배치하고 90° 위상차를 주어 급전하는 안테나이다.

② 표면적이 넓게 되어 안테나의 Q가 낮아져 광대역성이 된다.

③ 큰 이득을 얻기 위하여 수직으로 다단 적립한다.

이득 $G \simeq 1.22N\frac{d}{\lambda}$

여기서, N : 적립단수

d(간격) : $d = \frac{N}{N+1}\lambda$

2) 용도

VHF대 TV 방송용

3 Super Gain 안테나

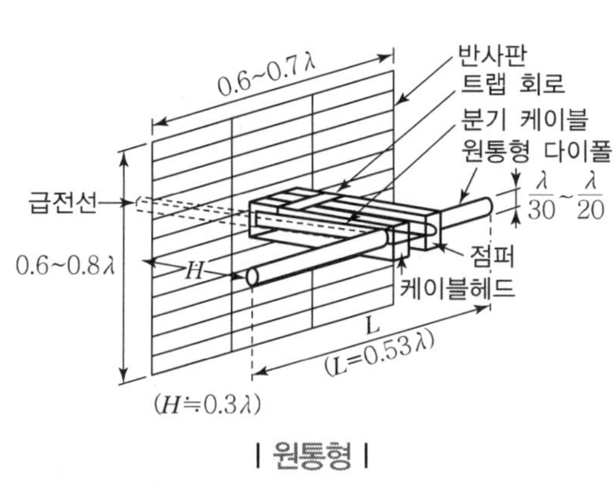

| 원통형 |

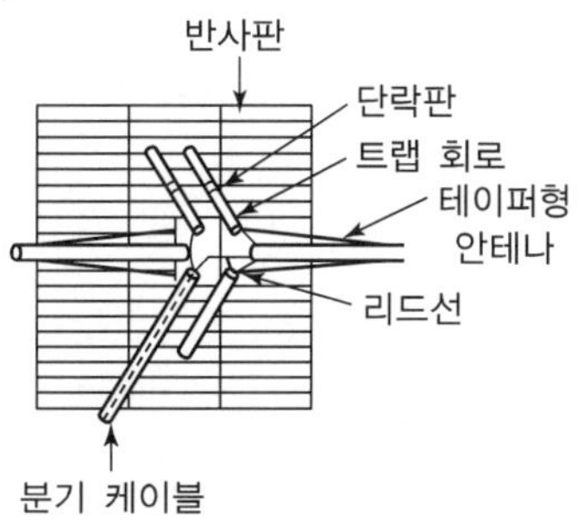

| 테이프형 |

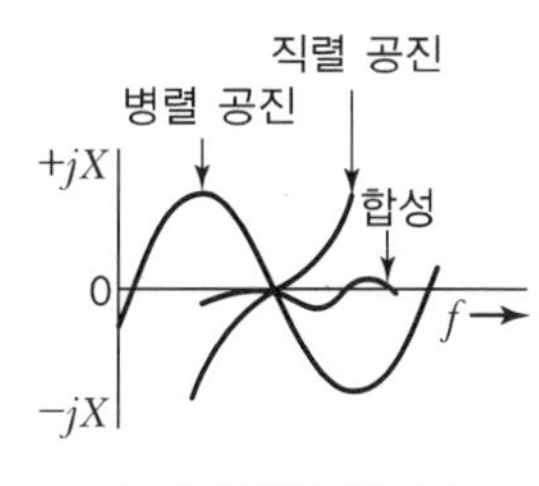

| 광대역성 원리 |

1) 특성

① 반파 다이폴 안테나와 반사판을 조합한 안테나

② 광대역 특성이 요구되는 경우 안테나 소자의 직경을 크게 하여 Q를 낮추어 광대역 특성을 갖게 한다.

③ 수평면 내 무지향성이며 수직면 내 예리한 지향특성을 갖는다.

④ 측면에 적립하는 소자수를 바꾸어 수평면 내 지향특성을 용이하게 바꿀 수 있다.

2) 용도

VHF대 TV 방송용

SECTION 04 Helical 안테나

1 End Fire Helical 안테나

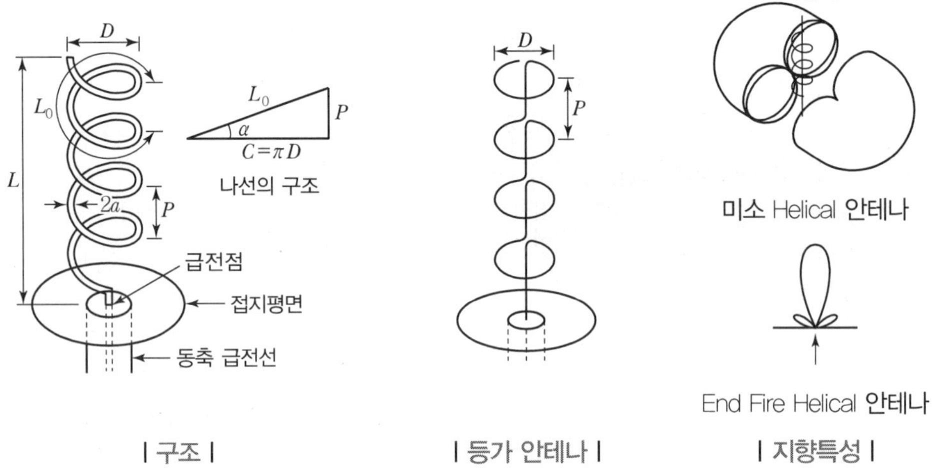

| 구조 | | 등가 안테나 | | 지향특성 |

1) 특성

① 동축 급전선의 중심도체에 나선형(Helical)의 도체를 연결한 안테나

② 반치각

$$\theta = \frac{52}{\frac{c}{\lambda}\sqrt{\frac{np}{\lambda}}}$$

여기서, c : 원둘레
n : 권수
$p(\pi tch)$: 나선의 중심에서 중심까지의 거리

③ 진행파형이며 원편파 안테나이다.

④ 광대역, 고이득(11~16[dB])이다.

2) 용도

① 10~100[MHz]대 고이득 송 · 수신 방송용

② 위성통신용

2 Broadside Helical 안테나

1) 특성

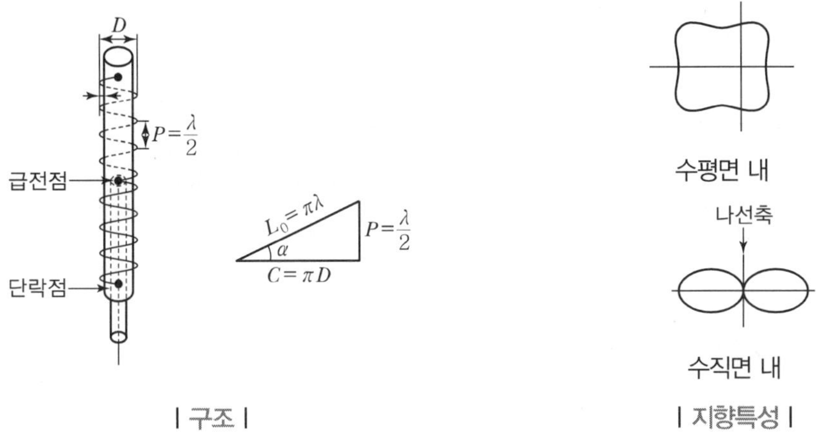

| 구조 |　　　　| 지향특성 |

① 도체 중심에서 상 · 하 반대방향으로 나선을 5~6회 정도 감고 끝을 도체 원판에 단락시켜 중앙에서 급전시킨 안테나

② 진행파형 안테나

③ 수평면 내 거의 무지향성이며 수직면 내 예리한 지향성을 갖는다.

2) 용도

UHF대 TV 수신용

실전문제

WIRELESS COMMUNICATION ENGINEERING

01 다음 중 원편파를 복사하는 안테나에 속하는 것은?

① 헬리컬(Helical) 안테나
② 롬빅(Rhombic) 안테나
③ 야기(Yagi) 안테나
④ T형 안테나

02 Helical 안테나 설명 중 틀린 것은?

① 구조가 간단하고 고이득이므로 방송용으로 사용한다.
② 반사파에 의해서 동작한다.
③ 광대역 주파수 특성이 있다.
④ 나선형 안테나라고도 한다.

03 End Fire Helical Antenna의 특징으로 맞는 것은?

① 이득이 낮다.
② 반사파가 존재한다.
③ 지향성을 갖는다.
④ HF대에 이용된다.

정답 01 ① 02 ② 03 ③

SECTION 05 광대역 안테나의 종류와 특성

정임피던스 안테나(광대역 안테나)

- 안테나의 입력 임피던스가 주파수에 따라 변화하지 않으며 지향특성도 변화하지 않는 안테나
  자기보대 안테나, 자기상사 안테나
- 안테나의 치수를 일정하게 확대하거나 축소하여도, 즉 안테나 길이의 변화에 따라 각각의 주파수는 달라도 입력 임피던스는 변화하지 않는 안테나, 자기 자신이 서로 닮은 안테나

1 쌍원추형(Biconical) 안테나(광대역 임피던스)

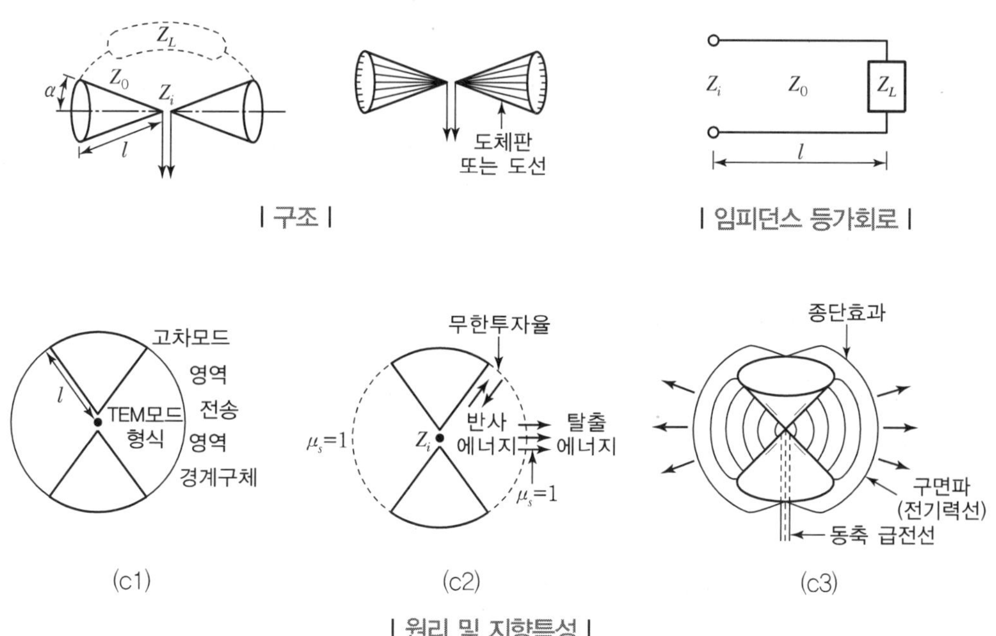

| 구조 |　　　　| 임피던스 등가회로 |

(c1)　(c2)　(c3)

| 원리 및 지향특성 |

1) 특성

① 2개의 원추형 안테나를 마주 세운 안테나이다.

② 원추형 안테나로 정점에서 여진하면 그림과 같이 구면파를 발생하여 원추 끝까지 반사 없이 진행하여 원추면에서 한정된 공간 내로 퍼져나간다.

③ 복사체 표면적이 증가하고 도체표면에 전류가 고르게 흐르면 안테나의 Q가 낮아져 광대역 특성을 갖는다.

④ 자기상사의 원리를 이용한 정임피던스 안테나이다.

2 디스콘(Discone) 안테나

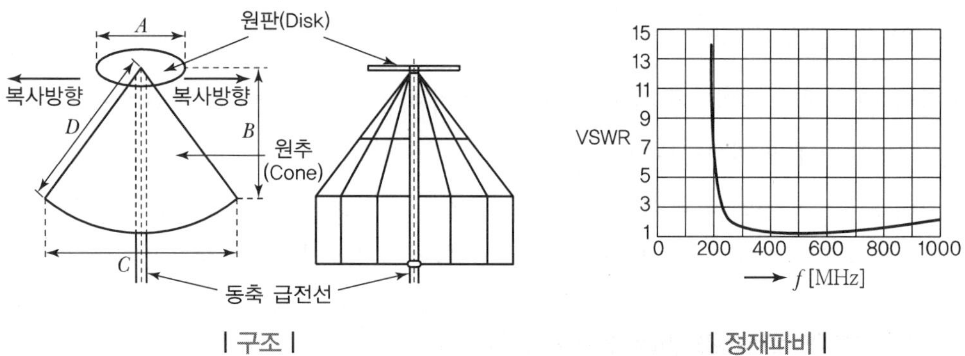

| 구조 | | 정재파비 |

1) 특성

① 쌍원추형 안테나의 한쪽 원추를 원판으로 변형한 원판과 원추로 구성된 안테나이다.

② 사용 가능한 최저와 최고 주파수 비는 약 1 : 8 정도로 광대역을 갖는다.

③ 근접점 임피던스는 50[Ω]정도로 일정하다.

④ 이득은 약 0[dB]이다.

⑤ 수직 편파용 안테나로 수평면 내 지향성은 무지향성이다.

⑥ 차단파장은 원추의 길이의 4배이다.($\lambda_C = 4D$, D=원추의 길이)

2) 용도

① 단파대부터 UHF대까지의 일반통신용

② 항공원조용

3 부채형(Fan) 안테나(광대역 임피던스)

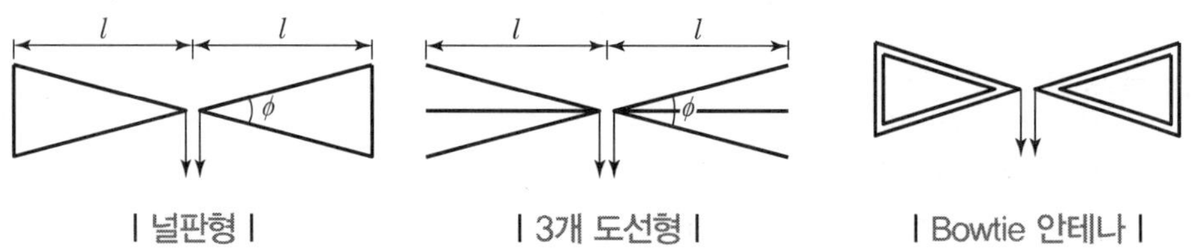

| 널판형 | | 3개 도선형 | | Bowtie 안테나 |

1) 특성

① 길이 l과 각 θ에 의해 근접점 임피던스가 변화한다.

② 수평면 내 8자형 지향특성을 갖는다.

2) 용도

TV 수신용 안테나의 투사기

4 대수주기(Log Periodic) 안테나

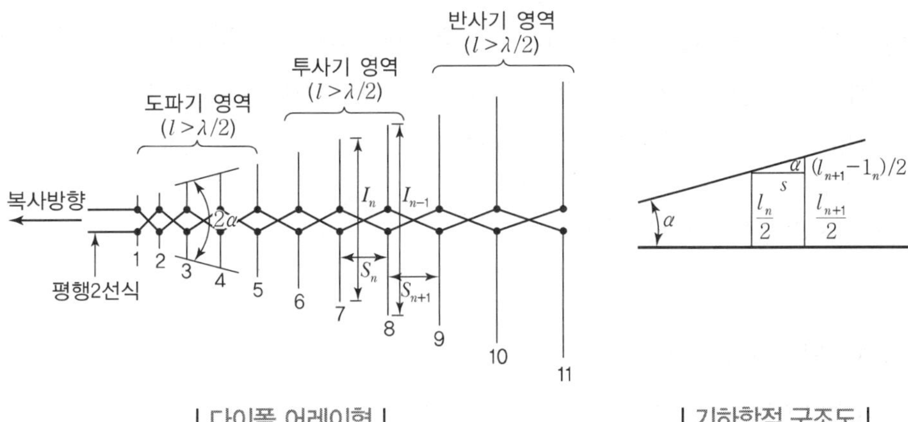

| 다이폴 어레이형 |　　　　| 기하학적 구조도 |

1) 특성

① 크기와 모양이 비례적으로 커지는 여러 개의 소자로 구성된 안테나

② 각 부분의 크기를 τ배 해도 원래의 형과 동일하게 되는 대수주기적 구조

$$\frac{L_1}{L_2} = \frac{L_2}{L_3} = \frac{L_3}{L_4} = \cdots\cdots = \frac{L_{n-1}}{L_n} = L_p$$

③ **자기상사의 원리 이용** : 안테나의 크기를 $1/n$로 하고 원래 주파수의 n배인 주파수로 급전하면 안테나의 제반 특성은 원래의 것과 완전히 같아진다.

④ 초광대역 안테나로서 단향성을 나타낸다.

2) 용도

단파대에서 마이크로파대까지 사용하며 주로 초단파대역에서 많이 사용

실전문제

WIRELESS COMMUNICATION ENGINEERING

01 대수주기형 안테나(Log Periodic Antenna)에 대한 기술로서 옳지 않은 것은 무엇인가?

① 안테나의 크기와 모양이 비례적으로 커지는 여러 개의 안테나 소자로 되어 있다.
② 주파수의 대수 값이 일정한 값만큼씩 달라지는 주파수 때마다 동일한 복사특성을 나타낸다.
③ 무지향성의 안테나로 이득이 매우 높다.
④ 매우 넓은 주파수 대역을 갖는다.

02 대수 주기(Log Periodic) 안테나의 특성과 관계없는 것은?

① 초단파대역에서 사용할 수 있다.
② 자기상사의 원리를 이용한 것이다.
③ 광대역 특성을 갖는다.
④ 입력 임피던스는 인가되는 신호의 주파수에 따라 많이 변한다.

03 안테나 특성을 광대역으로 하기 위한 방법으로 적합하지 않은 것은?

① 안테나의 Q를 적게 한다.
② 진행파 공중선으로 한다.
③ 파라볼라 안테나처럼 개구면적을 크게 한다.
④ 슈퍼게인 안테나처럼 보상회로를 사용한다.

정답 01 ③ 02 ④ 03 ③

SECTION 06 다른 종류의 초단파용 안테나들

1 Braun 안테나

〈동축급전선과의 정합을 고려한 실제의 브라운 안테나〉

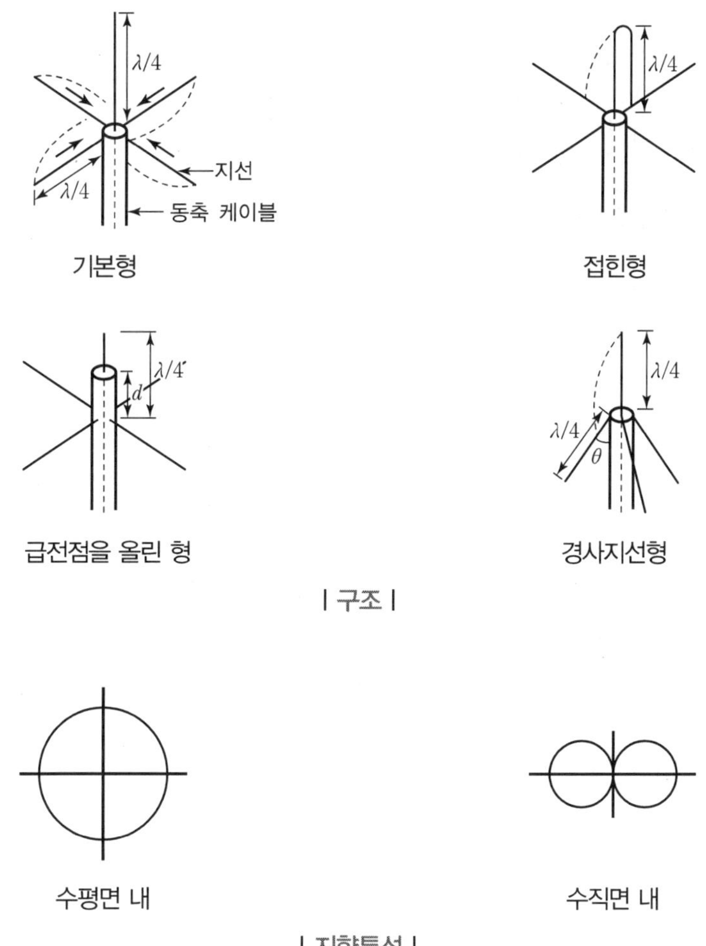

1) 특성

① 동축의 내부도체를 $\lambda/4$만큼 수직으로 세우고 외부도체에 $\lambda/4$ 길이로 몇 개의 지선을 설치한 안테나

② 지선은 외부도체로 누설전류가 흐르는 것을 방지하는 일종의 카운터 포이즈로 동작

③ 지향특성은 수평면 내 무지향성이며 수직면 내 $\lambda/4$ 수직접지 안테나의 복사 전계에서 약간상향으로 최대 복사전계가 나타난다.

2) 용도

① VHF대 기지국용

② 육상 이동국과의 통신용

2 Whip 안테나

| 구조 | | 지향특성 |

1) 특징

① 차체 등의 금속판에 구멍을 뚫고 그 위에 λ/4 수직도체를 세운 형태의 안테나로 금속판에 의한 전기영상으로 반파 다이폴 안테나와 등가이다.

② 수평면 내 무지향성이며 수직면 내 쌍반구형이다.

③ λ/4 수직접지 안테나와 같은 특성으로 수직편파를 이용

④ 도체관이 파장에 비해 충분히 크면 복사저항이 36[Ω]정도로 동축 케이블(50[Ω])에 직접 접속하여 사용할 수 있다.

2) 용도

① 이동통신용

② 지주에 부착하여 기지국용으로 사용

3 슬리브(Sleeve) 안테나

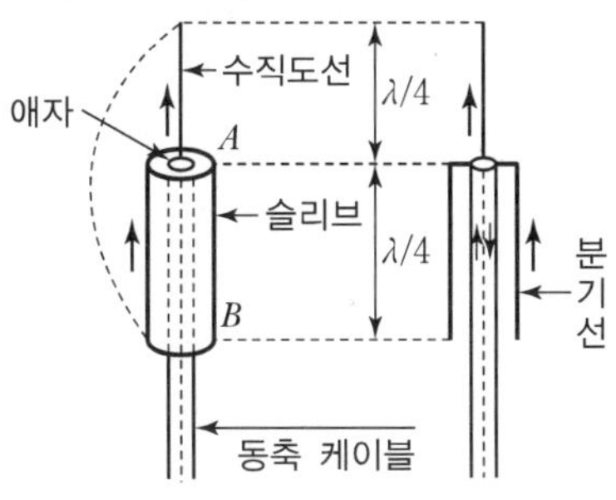

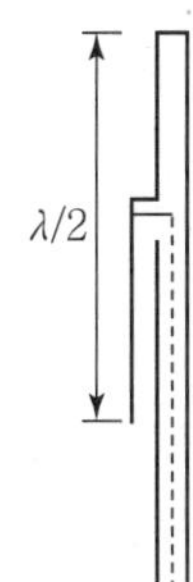

1) 특성

① $\lambda/4$길이의 슬리브는 동축 케이블의 외부도체 표면에 흘러 나가는 것을 방지한다.

② 동축 케이블로 급전하는 형식으로 동축 안테나, 슬리브 안테나라고도 한다.

③ 지향성, 이득 및 급전점 임피던스는 $\lambda/2$ 다이폴 안테나와 동일하다.

④ 수평면 내 무지향성이며, 수직면 내 8자형 지향특성을 갖는다.

⑤ 급전점 임피던스가 75[Ω]으로 동축 케이블과 별도의 정합장치 없이 직접 결합할 수 있다.

2) 용도

초단파용 안테나

4 Collinear－array 안테나

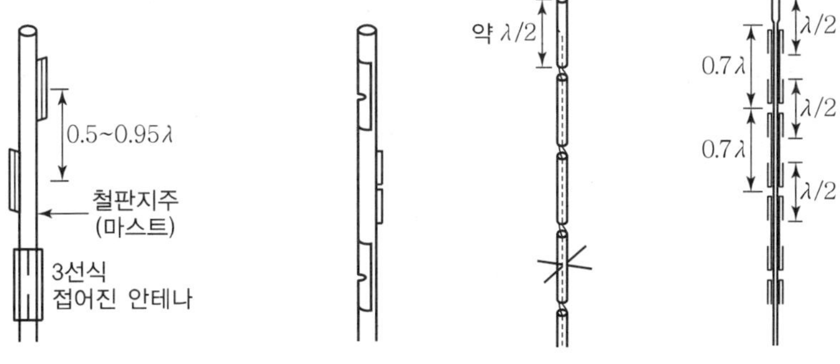

1) 특성

① 반파 다이폴 안테나를 세로로 다단 배열하고 동위상, 동진폭으로 여진하여 수직면 내 예리한 지향성을 갖게 한다.

② 소자수가 많아지면 고이득, 예리한 지향성을 갖는다.

2) 용도

① UHF대 기지국용, 중계국용

② 고이득 안테나로 사용

③ 수평편파용 수평면 내 무지향성 안테나

5 Corner Reflector 안테나

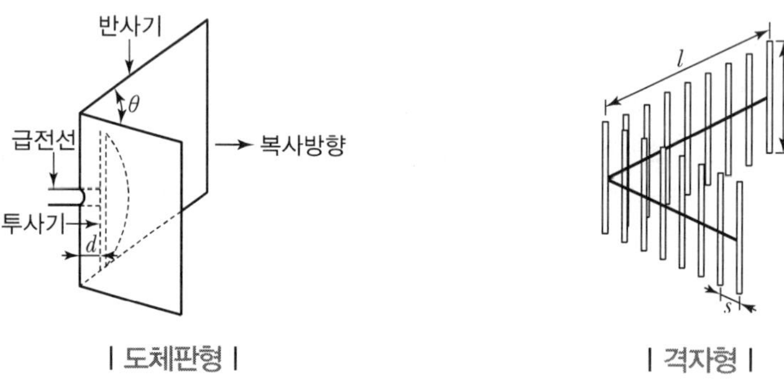

| 도체판형 | | 격자형 |

1) 특성

① 각 θ로 구부러진 병풍 모양의 반사판을 설치하고 반사판 중심선상으로부터 d만큼 떨어진 위치에 투사기($\lambda/2$ 다이폴 안테나)를 배치한 안테나이다.

② 구조가 간단하며 두 평면 반사판에 의해 단일방향으로 고이득, 예리한 지향특성을 갖는다.

③ 각 θ가 작을수록 고이득의 안테나 특성을 갖는다.

2) 용도

100~1,000[MHz]대의 고정통신용

• 실전문제 WIRELESS COMMUNICATION ENGINEERING

01 안테나를 설계할 때 반사기를 붙이는 이유로 옳은 것은?

① 임피던스 정합을 위해
② 광대역화를 위해
③ 접지저항을 적게 하기 위해
④ 단향성으로 만들기 위해

02 초단파(VHF)대 안테나로 적당하지 않은 것은?

① 롬빅(Rhombic) 안테나
② 슬리브(Sleeve) 안테나
③ 브라운(Brown) 안테나
④ 휩(Whip) 안테나

03 다음 중 가장 광대역 안테나는 무엇인가?

① Discone Ant
② Logarithmically Periodic Ant
③ Horn Reflector Ant
④ Dipole Ant

04 다음 중 무지향성 안테나는? '11 국가직 9급

① 루프(Loop) 안테나 ② 야기(Yagi) 안테나
③ 파라볼라(Parabola) 안테나 ④ 휩(Whip) 안테나

정답 01 ④ 02 ① 03 ② 04 ④

PART

09

극초단파대 안테나

IRELESS COMMUNICATION ENGINEERING

CHAPTER 01

WIRELESS COMMUNICATION ENGINEERING

극초단파대 안테나의 특성

- 극초단파대인 마이크로파는 주파수가 높아질수록 전자파의 전파손실이 크고, 급전선 손실이 증가하므로 이러한 전파를 자유공간으로 복사할 때는 모든 에너지를 한 방향으로 집중시켜, 적은 에너지를 유효하게 사용해야 하며 가능한 예리한 빔의 안테나를 만드는 것이 요구된다.
- 극초단파대 이상에서는 파장이 매우 짧고, 안테나의 크기가 매우 작아지며, 또 그 성질이 여러 측면에서 빛과 비슷하므로 광학의 원리와 메가폰이 음파를 일정한 방향으로 집중시키는 작용을 이용하여, 지향성이 예민한 안테나가 제작되어 사용되고 있다.
- 즉 電磁나팔(Electromagnetic Horn), 포물면경, 전자렌즈 및 도파관에 직접 구멍을 뚫은 slot 안테나 등 사용되고 있다.
- **단파대 이하** : 주로 선형 안테나들이 사용 ➡ 안테나 해석에 전계강도, 실효길이, 효율, 수신전압, 상대이득이 사용된다.
- **극초단파대 이상** : 주로 면상 안테나들이 사용 ➡ 전력밀도, 개구면적, 개구효율, 수신전력, 절대이득 등을 사용한다.

1 극초단파대 안테나의 특성

① 파장이 매우 짧기 때문에 안테나 크기를 소형화할 수 있으며, 고이득을 얻을 수 있다.

② 이득, 지향성은 안테나의 개구면적에 비례한다.

③ 고지향성이다.(강한 직진성)

④ 송 · 수신 안테나 간의 결합도를 작게 할 수 있으므로 송 · 수신기를 동일 장소에 설치할 수 있다.

⑤ 일반적으로 UHF대 전파의 도달범위는 가시거리 내에 한한다.

⑥ 전파 감쇠가 크다.

2 주파수대역별 주요 용도

① 470~890[MHz]의 주파수대역 : 지상파 TV 방송(UHF TV) 채널 14~83에 사용

② 400[MHz] 주파수대역 : 이동무선

③ 1,000[MHz] 이상의 주파수대역 : 마이크로파라 하여 다중통신회선으로 널리 사용되며 항공무선항행 등에 사용됨

④ UHF 주파수대

㉠ 인공위성의 발전에 따라 우주업무에도 널리 사용되고 있는 주파수대

㉡ 최근 이동전화(셀룰러 등)가 사용하는 주파수대

3 극초단파대 안테나의 종류

① 전자나팔(Horn) 안테나

② 슬롯(Slot) 안테나

③ 파라볼라(Parabola) 안테나

④ 카세그레인(Cassegrain) 안테나

⑤ Horn Reflector 안테나

⑥ 렌즈(Lens) 안테나

⑦ 유전체 안테나

실전문제

WIRELESS COMMUNICATION ENGINEERING

01 송신 안테나의 이득을 G_t, 수신 안테나의 이득을 G_a, 송신전력을 W_t[W]라 하면 수신안테나에서 취할 수 있는 최대 전력 W_a[W]는 얼마인가?(단, λ[m]는 사용파장, d[m]는 송신안테나와 수신안테나 사이의 거리이다.)

① $\left(\frac{\lambda}{4\pi d}\right)^2 G_t G_a W_t$
② $\left(\frac{\lambda}{4\pi d}\right) G_t G_a W$
③ $\left(\frac{4\pi d}{\lambda}\right)^2 G_t G_a W_t$
④ $\left(\frac{4\pi d}{\lambda}\right)^2 G_t G_a W_t$

02 파라볼라 안테나의 유효개구면적 A_{eff}와 절대이득 G_a와의 관계식은?

① $A_{eff} = \frac{4\pi}{\lambda^2} G_a$
② $G_a = \frac{4\pi}{\lambda} A_{eff}$
③ $A_{eff} = \frac{\lambda^2}{4\pi} G_a$
④ $G_a = \frac{\lambda}{4\pi} A_{eff}$

03 극초단파 통신에서는 다음 중 어느 전파방식을 주로 사용하는가?

① 대지 반사파
② 대지 표면파
③ 전리층 반사파
④ 가시선상의 직접파

04 다음과 같은 안테나의 주파수대별 사용영역을 잘못 나열한 것은 무엇인가?

① Parabola Ant ➡ 단파대
② $\lambda/2$ Dipole Ant ➡ 단파대
③ Rhombic Ant ➡ 단파대
④ Yaggi Ant ➡ 초단파대

정답 01 ① 02 ③ 03 ④ 04 ①

05 무선통신에서 무선채널 또는 안테나 특성에 대한 설명으로 적절하지 않은 것은?

'08 국가직 9급

① 송수신기 사이의 거리가 멀어질수록 신호 감쇠(Attenuation)가 커진다.

② 송신하는 전파의 주파수가 낮을수록 신호 감쇠가 커진다.

③ 송수신에 필요한 안테나의 크기가 일반적으로 주파수가 높을수록 작아진다.

④ 송신기 또는 수신기의 이동성이 커질수록 무선채널의 특성은 시간에 따라 빨리 변한다.

정답 05 ②

CHAPTER 02 WIRELESS COMMUNICATION ENGINEERING

극초단파대 안테나의 종류

SECTION 01 파라볼라(Parabola) 안테나

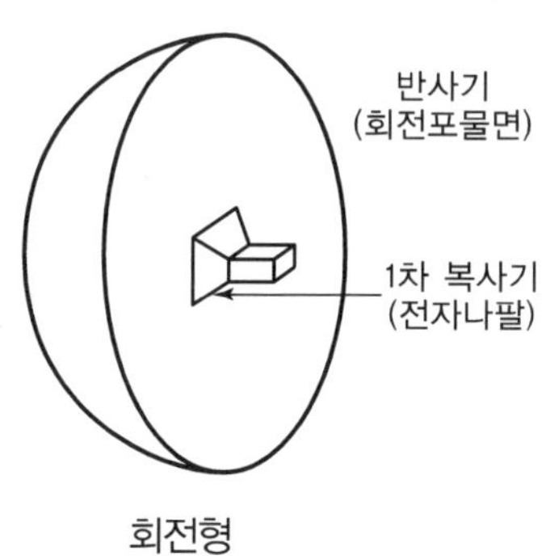

회전형

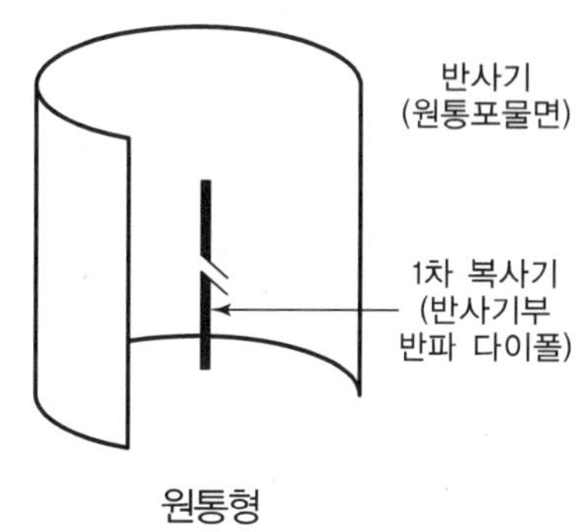

원통형

| 구조 |

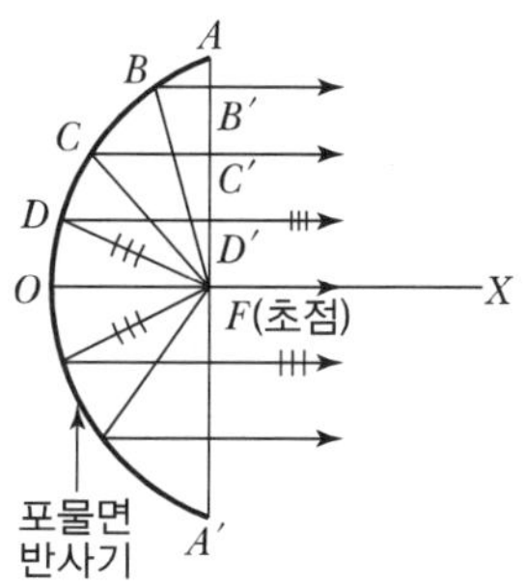

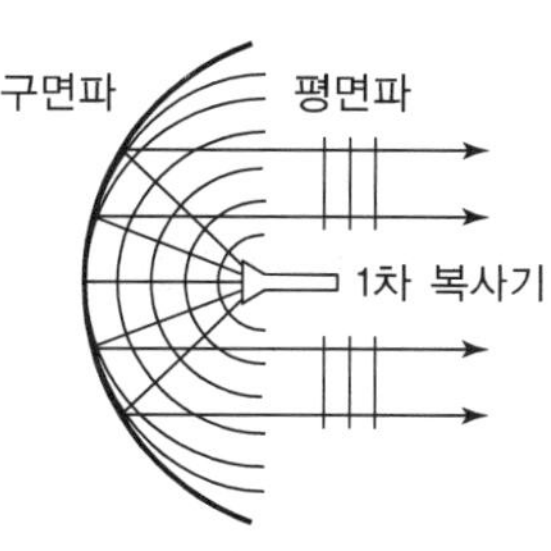

| 원리도 |

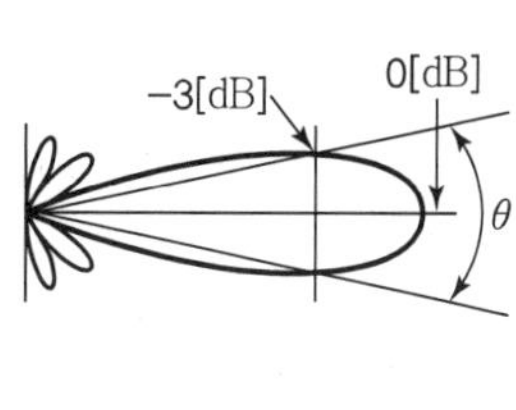

| 지향특성 |

1 파라볼라(Parabola) 안테나 특성

① 포물면 반사기의 초점에 1차 복사기를 부가한 안테나

㉠ 1차 복사기

- 동축 급전선으로 급전하는 경우 ➡ 반사기가 달린 $\lambda/2$ 다이폴, 전자나팔, 슬롯 안테나를 사용
- 도파관으로 급전하는 경우 ➡ 소형 전자혼, 슬롯식 안테나, 동축 슬롯 안테나

② 부엽이 많으며 광대역 임피던스 정합이 어렵다.(➡ Cassegrain 안테나에 비해서 비교적 협대역)

③ 지향성이 예민하며 이득이 크다.

④ 소형이며 구조가 간단하다.

⑤ 제작 및 조정이 용이하다.

⑥ 반치각

$$\theta = K\frac{\lambda}{D} \simeq 70\frac{\lambda}{D}[°]$$

여기서, K : 상수
D : 개구직경

개구면적이 파장의 10배 이상이면 $K = 70$

⑦ 절대이득

$$G = \frac{A_e}{A_o} = \frac{4\pi A_e}{\lambda^2} = \frac{4\pi A}{\lambda^2}\eta$$

여기서, A : 파라볼라 안테나 기하학적(실제) 개구면적

$$G = \eta\left(\frac{\pi D}{\lambda}\right)^2$$

$$\because A = \frac{\pi D^2}{4}$$

여기서, A_0 : 등방성 안테나의 개구면적$\left(= \frac{\lambda^2}{4\pi}\right)$
η : 개구효율
A_e : 파라볼라 안테나 실효개구면적$(= \eta A)$

2 파라볼라(Parabola) 안테나 용도

① 극초단파 고정통신용

② 선박용 레이더 송신용

③ 위성통신용

• 실전문제 WIRELESS COMMUNICATION ENGINEERING

01 파라볼라 안테나에서 사용주파수를 높이면 이득은 어떻게 변화하는가?

① f에 비례한다.　　② f에 반비례한다.
③ f^2에 비례한다.　　④ f^2에 반비례한다.

02 파라볼라 안테나의 실효 개구효율은 얼마인가?

① 안테나의 포물선의 실효 개구면적과 기하학적 개구면적의 비
② 안테나지향 이득과 안테나 손실과의 비
③ 수신전력과 잡음전력의 비
④ 안테나 주빔의 최댓값의 1/2이 되는 두 점 사이의 각

03 Parabola Ant의 반치각 θ을 구하는 식은?(단, K : 상수, λ : 파장, D : 개구직경)

① $\theta = \frac{K \cdot \lambda}{D}$[rad]　　② $\theta = \frac{K \cdot \lambda}{D^2}$[rad]
③ $\theta = \frac{K \cdot \lambda^2}{D}$[rad]　　④ $\theta = \frac{K^2 \cdot \lambda}{D}$[rad]

04 파라볼라 안테나의 유효 개구면적 A_{eff}와 절대이득 G_a와의 관계식은?

① $A_{eff} = \frac{\pi}{4\lambda^2} G_a$　　② $G_a = \frac{\pi}{4\lambda^2} A_{eff}$
③ $A_{eff} = \frac{\lambda^2}{4\pi} G_a$　　④ $G_a = \frac{\pi}{\lambda^2} A_{eff}$

정답 01 ③ 02 ① 03 ① 04 ③

SECTION 02 카세그레인(Cassegrain) 안테나

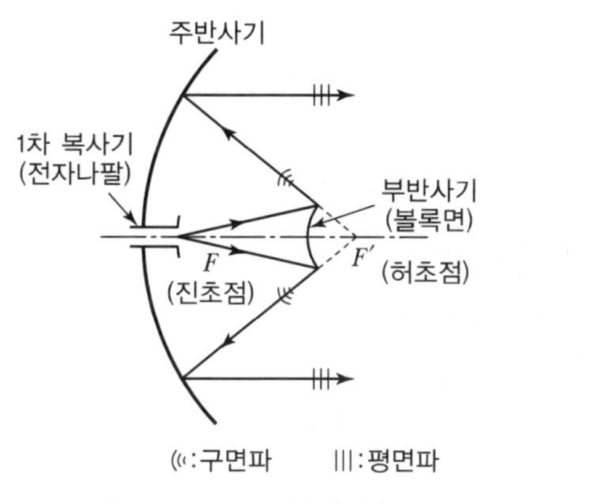

| Cassegrain 안테나 |

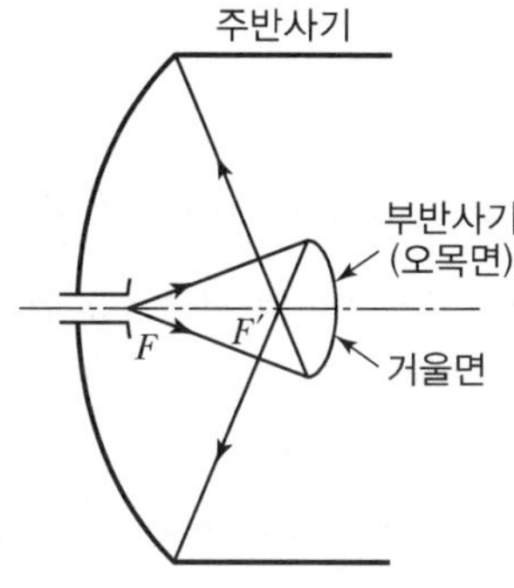

| Gregorian 안테나 |

- 광학의 카세그레인 망원경 원리를 채용한 방법으로 1개의 1차 복사기(다이폴 또는 Feed Horn)를 주반사기(회전 파라볼라) 측에 설치하고, 2개의 부 반사기를 곡면의 반사경에 회전 쌍곡면을 사용해서 1차 복사기에 발생된 전파를 우선 부반사기에서 반사하고, 주반사기에서 다시 반사시켜 예민한 빔이 복사되도록 한 것이다.
- 1차 복사기는 주반사기 쪽에 설치하고, 부반사기는 초점보다 조금 앞쪽에 있는 쌍곡면에 설치하며, 이때 부반사기로 볼록쌍곡면을 이용한 것이 카세그레인 안테나, 오목 쌍곡면을 이용한 것을 그레고리(Gegorian) 안테나라고 한다.

1 카세그레인(Cassegrain) 안테나 특성

① 카세그레인 망원경의 원리를 이용한 안테나로서 복사기 1개와 반사기(주반사기, 부반사기) 2개로 구성되어 있다.
② 1차 복사기와 송 · 수신기가 직결되기 때문에 전송손실이 적다.
③ 초점거리가 짧고 반사기에 의해 고이득이 얻어진다.
④ 부엽이 아주 적다.
⑤ 1차 복사기에서 복사된 전파는 부반사기, 주반사기 순으로 예민한 빔이 되어 복사된다.

2 카세그레인(Cassegrain) 안테나 용도

① 위성통신용 지구국 안테나
② 저잡음 특성을 갖는 안테나에 이용

• 실전문제

WIRELESS COMMUNICATION ENGINEERING

01 카세그레인(Cassegrain) 안테나에 관한 설명으로 틀린 것은?

① 현재 위성통신의 지구국용 안테나로 사용된다.
② 1차 방사기와 송신기가 직결되므로 급전계 전송이 적다.
③ 2개의 반사경과 1개의 1차 방사기로 구성된다.
④ 송신할 때 1차 방사기, 주반사경, 부반사경 순으로 진행된다.

02 2개의 반사판을 갖는 안테나는?

① 다이폴 안테나
② 야기-우다 안테나
③ 렌즈 안테나
④ 카세그레인 안테나

03 위성통신 지구국용의 고이득, 저잡음 안테나로서 보은 위성통신 지구국에서 사용하고 있는 안테나는?

① 파라볼라 안테나
② 카세그레인 안테나
③ 혼 리플렉터 안테나
④ 열 슬로브 아나테나

04 다음 중 부반사기로 볼록 타원체를 사용하고 있으며 위성 통신 지구국용 고이득 저잡음 안테나는?

① 패스렝스(Path Length) 안테나
② 카세그레인(Cassegrain) 안테나
③ 대수주기(Log Periodic) 안테나
④ 슬롯(Slot) 안테나

정답 01 ④ 02 ④ 03 ② 04 ②

05 다음 중 위성방송 수신을 위해 사용하는 접시형 반사판 안테나(Parabolic Reflector Antenna)에 대한 설명으로 옳은 것은? '15 국회직 9급

① 포물면경의 개구면이 클수록 지향성이 예민해지고 이득이 커진다.
② 안테나 이득은 파장의 제곱에 비례한다.
③ 반사면에 눈이 쌓이면 신호대 잡음비가 높아지므로 눈이 쌓이지 않도록 한다.
④ 수신부의 위치가 포물면경의 초점에서 멀어질수록 수신전력이 커진다.
⑤ 안테나 3dB 빔폭이 넓어서 등방성 수신 안테나에 가깝다.

06 극초단파(UHF) 이상에 사용하는 안테나의 종류는? '09 국가직 9급

① 헬리컬(Helical)
② 롬빅(Rhombic)
③ 카세그레인(Cassegrain)
④ 루프(Loop)

정답 05 ① 06 ③

SECTION 03 극초단파대 안테나들

1 전자나팔(Horn) 안테나

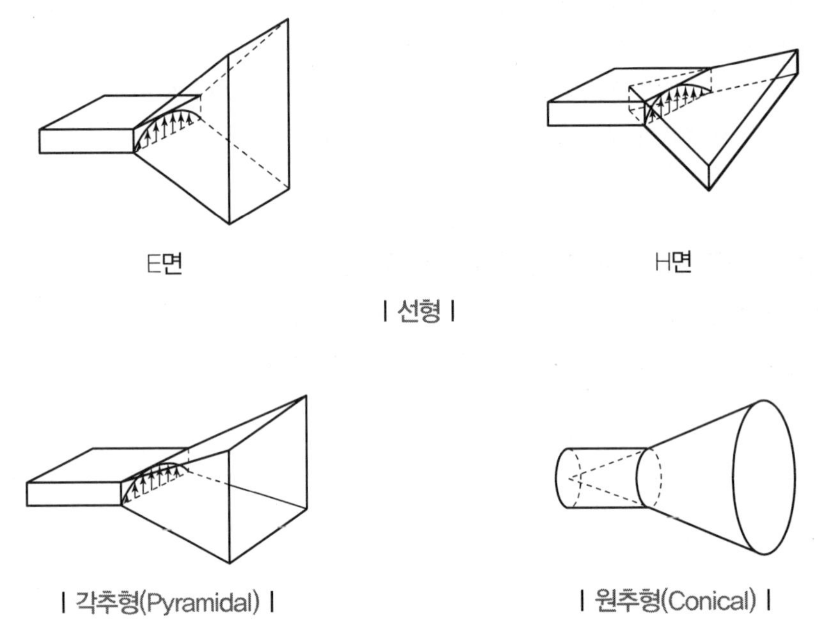

| 선형 |

| 각추형(Pyramidal) | | 원추형(Conical) |

- 도파관의 특성임피던스는 일반적으로 공간의 임피던스보다 크게 나타난다.
- 급전선으로 도파관을 통해 전달되어오는 전파를 공간으로 복사하기 위해서는 종단부를 단순히 개구시키는 것만으로는 반사파가 발생하게 되어 효율이 감소하게 된다.
- 여기서 도파관을 통해 공간으로 전파진행이 급속한 변화를 보이지 않고 점차적으로 천천히 단면적을 크게 해서 도파관 내의 특성임피던스가 자유공간의 특성과 천천히 정합하도록 해야 한다.
- 이와 같은 능력을 가진 복사기를 전자래퍼 또는 전자혼이라고 한다.

1) 전자나팔(Horn) 안테나의 특성

① 지향성이 예민하다.

㉠ 개구각(개구면적)을 일정하게 하고 혼의 길이를 길게 하는 경우

㉡ 혼의 길이를 일정하게 하고 개구각을 작게 하는 경우

② 이득

$$G = \frac{4\pi A\eta}{\lambda^2}$$

여기서, η : 효율
A : 개구면적

약 20~30[dB] 정도이다.

③ 광대역성이며 부엽이 적다.
④ 구조가 간단하며 조정이 용이하다.

2) 전자나팔(Horn) 안테나의 용도

① 포물면 반사기나 전자렌즈 등과 조합하여 여진용으로 사용
② 이득 측정의 표준 안테나

2 Horn Reflector 안테나

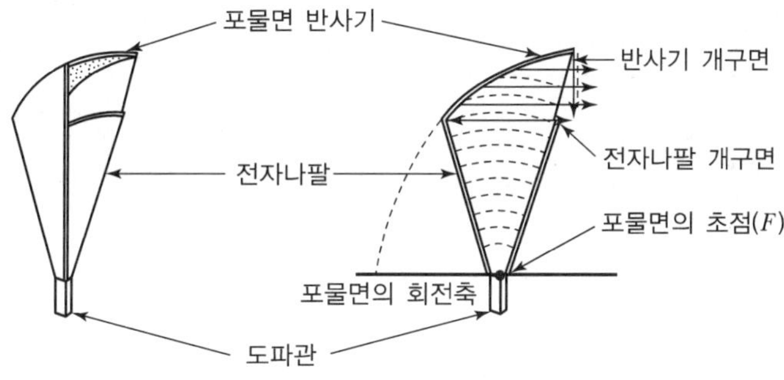

① 전자나팔과 포물선 반사기의 일부를 조합한 안테나로 1차 복사기의 정점과 반사기의 초점을 일치시킨 것으로 매우 예리한 지향성과 커다란 이득을 얻을 수 있다.
② 혼 리플렉터 안테나의 원리 및 특징은 급전점이 포물선 초점과 일치되어 있기 때문에 초점을 중심으로 한 전자나팔에서 발생되는 1차 구면파는 포물선 반사기에서 반사를 일으킨 후 평면파가 되어 안테나의 개구를 통해 복사된다.
③ 이때 반사기에서 급전하는 방향과 복사 측의 방향이 다른 오프셋 형식이기 때문에 포물선의 반사파가 급전점에 귀환되는 양이 매우 적으며 임피던스의 부정합이 일어나지 않으며 파라볼라 안테나에 비해 1차 복사기에서의 직접파 영향이 적다.
④ 포물면과 긴 전자나팔은 주파수 특성을 보이지 않기 때문에 초광대역성 특성을 갖는다.

1) 특성

① 전자나팔과 포물면 반사기를 조합한 안테나이다.
② 저잡음이며 초광대역 특성을 갖는다.
③ 부엽이 작으며 아주 예민한 지향성을 갖는다.
④ 수직, 수평, 원편파 모두 사용할 수 있다.
⑤ 개구효율이 높다.($\eta = 0.6 \sim 0.8$)
⑥ 포물면 반사파가 나팔관으로 귀환되지 않기 때문에 반사파에 의한 임피던스 열화가 적다.
⑦ 대형이며, 기계적 구조에 문제가 있다.

2) 용도

마이크로파 중계용 안테나

3 단일 슬롯 안테나

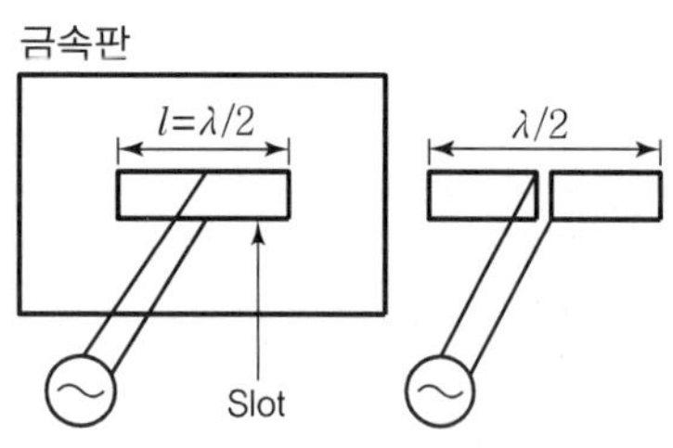

| Slot 및 등가 다이폴 |

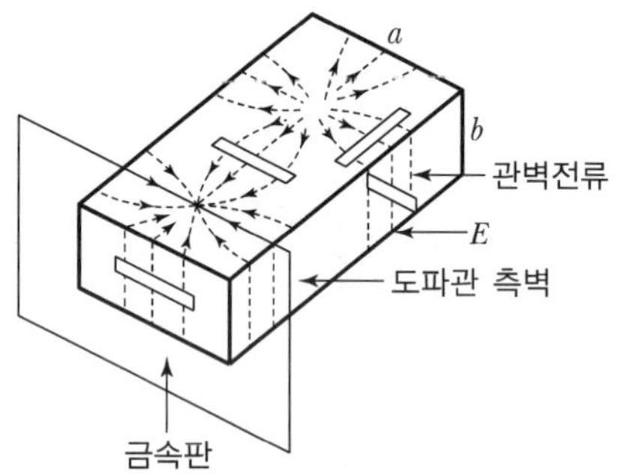

| 도파관 여진의 슬롯 안테나들 |

① 슬롯의 길이가 $\lambda/2$에 가깝게 되면 반파 다이폴과 동일한 특성을 가지게 되며 λ이면 임피던스가 50[Ω]으로 동축과 직결하여 사용할 수 있다.
② 수평 슬롯에서는 수직편파가 수직슬롯에서는 수평편파가 복사된다.
③ 슬롯의 길이에 따라 임피던스가 변화하며 슬롯을 크게 하면 광대역 특성을 갖는다.

4 Slot Array 안테나

1) 특성

① 슬롯 안테나를 배열하여 지향성과 이득을 얻게 한 안테나이다.
② 급전점의 반대편은 무반사 종단기로 반사파를 적게 한다.

③ 소형, 경량이며 고이득을 얻기 쉽다.
④ 부엽이 적고 효율이 높다.

2) 용도

① UHF TV 방송용
② 선박용, 항공용 Radar

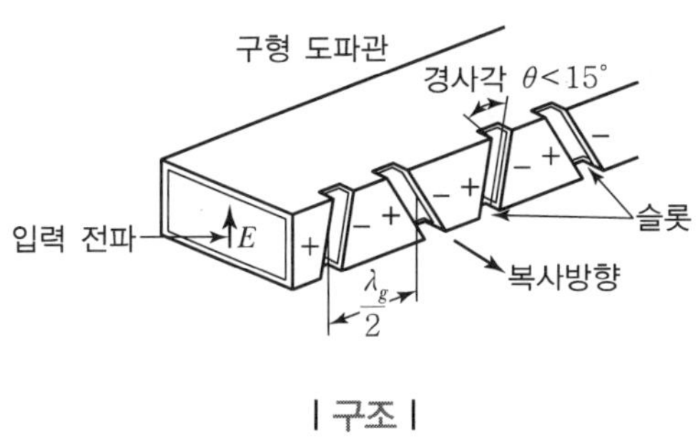

| 구조 |

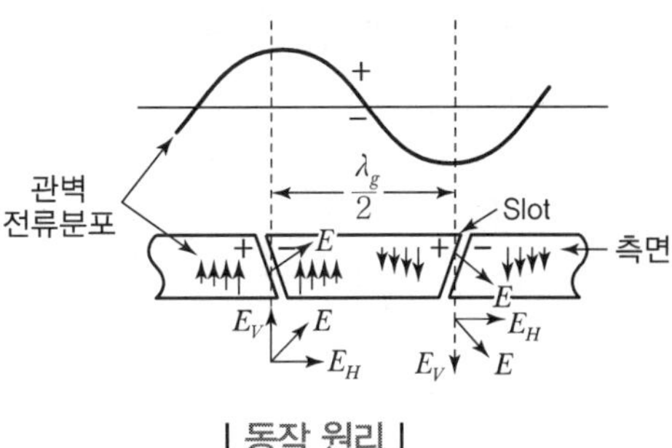

| 동작 원리 |

5 렌즈(Lens) 안테나

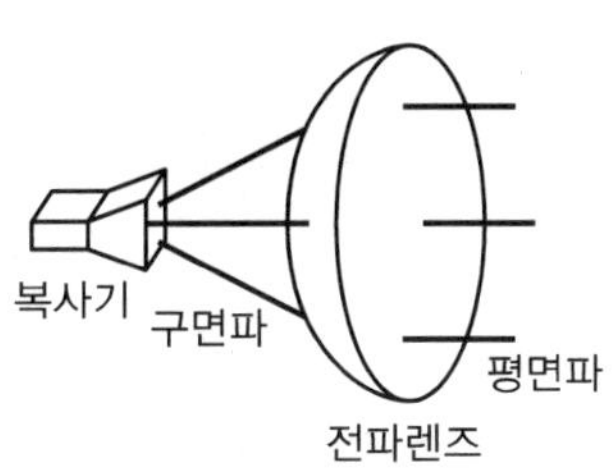

| 유전체 렌즈 |

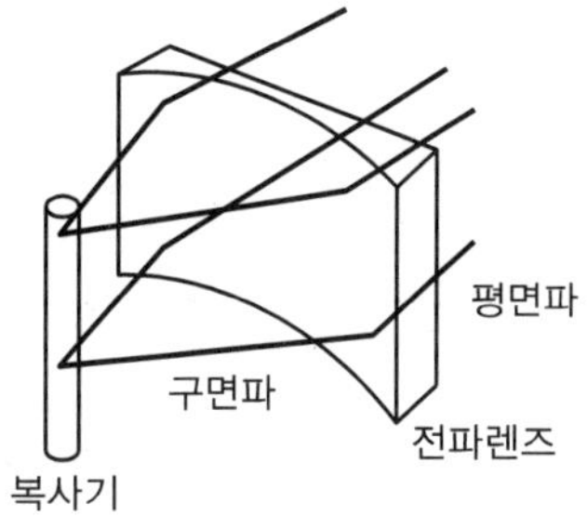

| 금속 렌즈 |

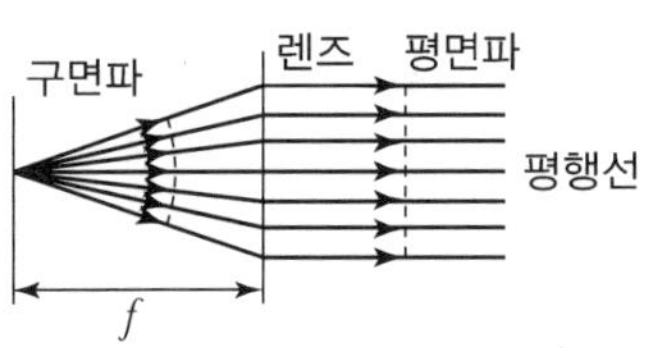

(a) 송신 모드(Transmitting Mode)

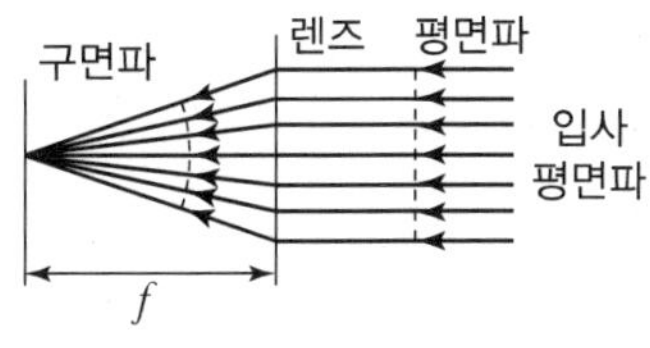

(b) 수신 모드(Receiving Mode)

| 송/수신 모드에서 집속동작 원리 |

1) 특성

① 복사기와 전파렌즈를 조합한 안테나

② 복사기에서 복사된 전파는 전파렌즈를 통하면 평면파로 되어 예민한 지향성을 갖는다.

③ 볼록렌즈 작용을 하는 유전체 렌즈와 오목렌즈 작용을 하는 금속렌즈가 있다.

2) 유전체 렌즈

3) 금속렌즈(Metal Lens)

전계가 렌즈를 구성하는 금속판 간을 평행하게 반사하면 위상속도 V_p는

$$V_p = \frac{c}{\sqrt{1-\left(\frac{\lambda}{2a}\right)^2}} = \frac{c}{n}$$

여기서, n : 굴절률

a : 극판 간격$\left(= \frac{\lambda}{\sqrt{1-n^2}}\right)$

6 유전체 안테나

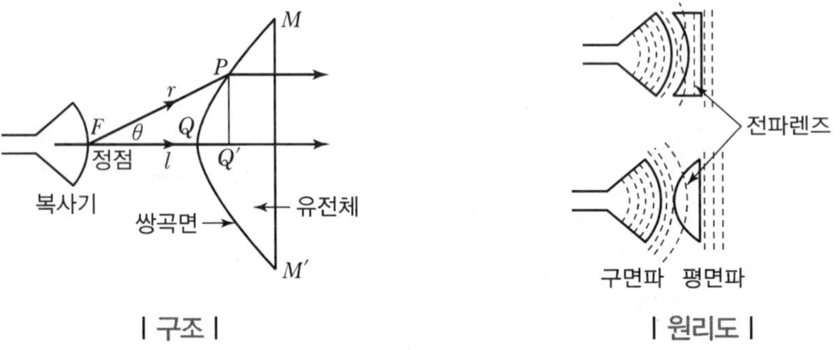

| 구조 |　　　　| 원리도 |

① 도파관의 선단에 유전체막대를 장치한 안테나로서 유전체를 여진하여 유전체로부터 전파가 복사한다.

② 특수 레이더용으로 사용한다.

SECTION 04 마이크로스트립(Microstrip)

1 집중정수와 분포정수

집중정수와 분포정수의 명확한 경계는 없다. 부품을 놓은 위치, 배선의 길이와 폭에 따라 회로의 특성, 성능이 크게 달라져 버린다면 취급하는 주파수에 관계없이, 그 회로는 분포정수회로로 받아들이지 않으면 안 된다. 예를 들면 만일 길이 1,500[km]의 송전선이 있고, 60[Hz]로 송전을 하고 있을 때, 송전선상을 광속으로 전력이 전달된다고 하면 1파장이 약 5,000[km]로 되기 때문에 송전단과 수전단에서는 위상이 90° 달라진다. 이것도 분포정수회로의 일종이다.

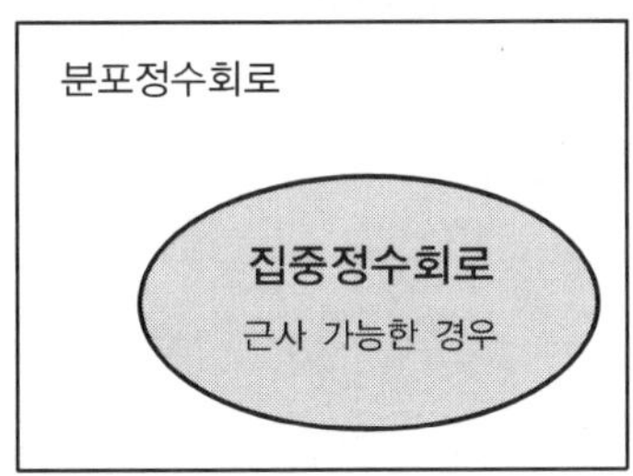

| 집중정수와 분포정수의 관계 |

2 마이크로스트립 라인(Microstrip Line)

기판상에 분포정수회로를 구성하는 경우, 가장 흔히 사용되는 것이 Micro-Strip Line이다. 마이크로스트립 라인은 그림에 나타낸 바와 같은 단면구조를 가지고 있다. 이미지로서는 고주파의 전송에 사용되는 동축 케이블을 절개하여, 중심 도체를 일그러뜨린 것

➡ 마이크로스트립 선로이다. 표면실장 부품의 실장에 적합한 구조와 구성하기가 쉽다는 이유로 널리 사용되고 있다.

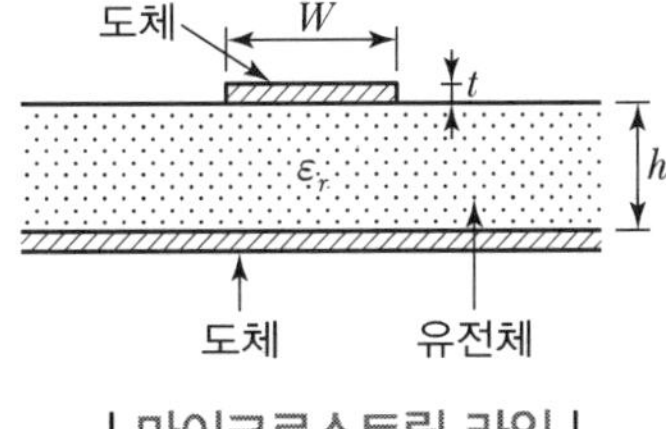

| 마이크로스트립 라인 |

유전체 기판을 사이에 두고 양면에 한 조의 도체 박막으로 되어 있는 분포정수선로. 마이크로스트립 통신 선로(Microstrip Transmission Line)라고도 한다. 윗면의 도체는 지정된 형상(스트립상)이고, 아랫면의 도체는 넓은 접지도체로 형성되어 있다. 또한 윗면의 도체상에 다시 유전체를 배치한 상하 대칭 구조의 것도 있다.

윗면의 도체가 전송선로이고, 아랫면의 도체는 GND로 되어 있다. 기판의 비유전율, 두께, 도체의 두께, 폭, 등에 의해 전송선로의 특성 임피던스가 정해진다. 비유전율이 높은 기판을 사용하면 회로를 소형화할 수 있다. 다음에 기술한 기판재료가 일반적으로 흔히 사용된다(비유전율은 일반적인 값을 나타내고 있다).

① 유리 에폭시 기판 : 비유전율 $\varepsilon r = 4.8$(UHF대~SHF대)
② 테플론 기판 : 비유전율 $\varepsilon r = 2.6$
③ 세라믹 기판 : 비유전율 $\varepsilon r = 10.0$

3 마이크로스트립의 회로

우리 주변에서 널리 사용되는 BS, CS의 컨버터(아래 그림 참조) 내부에는 십수 [GHz]의 신호를 취급하는 실제 기판이 장착되어 있다. 만일 필요없는 수신 안테나가 있으면 한번 분해해 보자. 앰프, 필터, 믹서, 국부발진회로를 볼 수 있다.

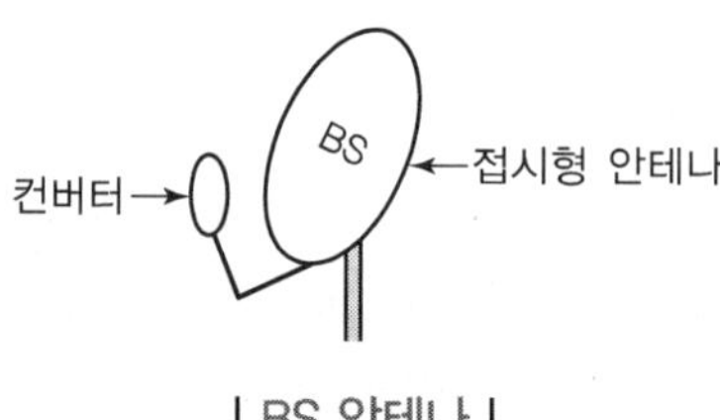

| BS 안테나 |

분포정수회로에서는 라인의 폭, 길이, 배치, 조합 등에 따라 다양한 소자와 회로를 형성하며, 마이크로스트립 회로로 사용된다. 다양한 형태의 소자, 회로 내부의 모양을 다음 그림으로 알아보자.

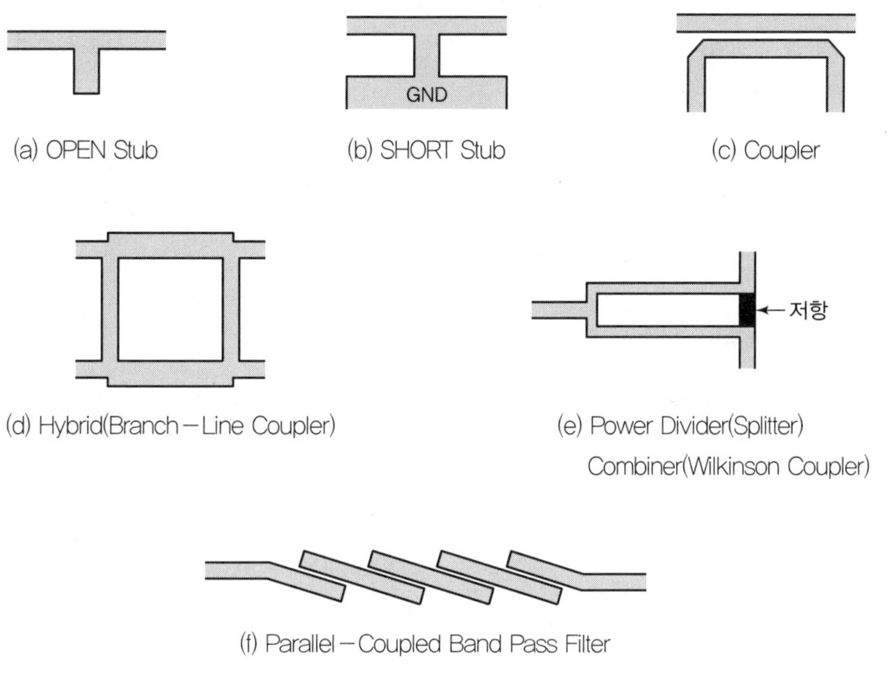

(a) OPEN Stub (b) SHORT Stub (c) Coupler
(d) Hybrid(Branch－Line Coupler) (e) Power Divider(Splitter) Combiner(Wilkinson Coupler)
(f) Parallel－Coupled Band Pass Filter

| 마이크로스트립 회로 |

4 각 회로의 간단한 설명

① **오픈 스터브(OPEN Stub)** : 스터브의 길이 L이 $L<\frac{1}{4}$파장의 범위에서는 커패시터로, $\frac{1}{4}$파장$<L<\frac{1}{2}$파장의 범위에서는 인덕터로 기능한다.

② **쇼트 스터브(SHORT Stub)** : 스터브의 길이 L이 $L<\frac{1}{4}$파장의 범위에서는 인덕터로, $\frac{1}{4}$파장$<L<\frac{1}{2}$파장의 범위에서는 커패시터로 기능한다.

③ **커플러(Coupler)** : 신호의 분배, 모니터 등 다양한 곳에서 사용된다. 라인 간격으로 커플링(결합도)을 조정한다. 커플링 부분의 길이를 중심 주파수의 $\frac{1}{4}$파장으로 한 것이 가장 기본적인 구성이다.

④ **하이브리드(Hybrid)** : 신호의 분배(등분배할 수 있다), 합성에 사용된다. 다른 소자와 조합하여, 여러 가지 기능 회로를 실현할 수 있다.(예를 들면 PIN 다이오드와 조합하여 이상기를 구성).

⑤ Power Divider(Splitter), Combiner : 신호의 분배(등분배, 부등분배), 합성에 사용된다. 고출력을 얻기 위해 PA(파워앰프)를 병렬 접속하는 경우에 입력신호의 분배와 출력신호의 합성에 흔히 사용된다.

⑥ Parallel Coupler BPF : ③의 Coupler를 복수 종속 접속으로 구성되어 있다. 수 [GHz]라고 하는 낮은 주파수에서는 형상이 너무 커지므로 그다지 사용되지 않는다(BS, CS 컨버터의 기판에서 볼 수 있을지도 모른다).

5 기타 마이크로파 전송선로

마이크로파대에서 사용하는 전송선로(기판에서)는 마이크로스트립 라인 이외에도 다음과 같은 여러 가지가 있다.

① Microstrip Line
② Strip Line
③ Slot Line
④ Coplaner Waveguide
⑤ Suspended Microstrip
⑥ Fin Line

* 다양한 전자기기의 소형화가 진행되고 있는 가운데, 프린트 기판을 소형화하기 위해 다층기판을 사용하고 있는 추세이다. 기판의 내층에 고주파의 전송선로를 통하게 하려면 어떻게 하면 되는가? 그것에 적합한 전송선로의 형태는 무엇인가?

* 상기와 같은 스트립라인의 구성이 정확하게 기판의 내층을 통하는 형태로 되어 있다. 다음 그림은 스트립라인의 단면 구조를 나타낸다.

6 Strip Line

스트립라인은 기판 내에 전자계를 감금할 수 있기 때문에 마이크로스트립 라인보다 전송손실을 작게 할 수 있다는 이점이 있다. 그러나 전송선로가 내층에 들어가므로 조정이 곤란하다는 단점이 있다.

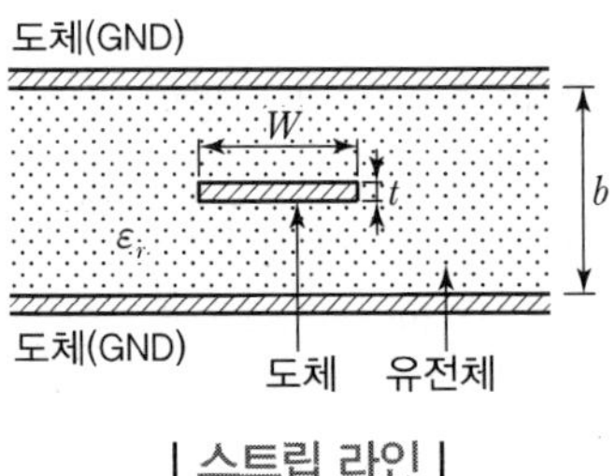

| 스트립 라인 |

SECTION 05 마이크로스트립(Microstrip) 안테나

1 Microstrip이란?

① 저주파 회로기판에서의 선로배치 문제는 효율적인 공간배치의 개념이 더 강조된다. 같은 양의 선로를 얼마나 더 좁은 공간에서 짧은 거리로 구현하는가가 생산 단가에 미치는 영향은 지대하기 때문이다. 또한 Ground의 위치는 그다지 중요하지 않고, 신호선과 Ground 간의 거리 또한 크게 고려되지 않는다. 한마디로 회로도대로 연결만 된다면 일단은 동작할 수 있다.

② 고주파회로에서는 선로의 길이 자체가 회로 소자값 그 자체인 경우도 많기 때문에, 함부로 길이를 손댈 수 없다. 또한 신호선과 Ground 사이에 다른 선로가 지나간다면 그 영향은 상당히 크기 때문에, Ground의 위치가 상당한 중요성을 가진다. 그리고 결정적으로 고주파가 될수록 선로의 내부가 아닌 외부 표면에만 전류가 흐르려는 경향이 발생하고(Skin Effect), 안테나처럼 방사하려는 경향이 강해지기 때문에 선로금속 자체로 신호를 보내기 힘들다.

③ 이러한 고주파의 모든 조건들을 만족시키기 위해 고안된 고주파용 회로기판이 바로 Microstrip이다. 전형적인 Transmission Line 구조인 Microstrip 기판은 밑면 전체를 하나의 금속판을 이용해 Ground로 처리하고, 그 바로 위에 일정두께의 유전체 기판을 올린 후 유전체 위에 선로 형상을 구현한 회로구조이다. 이를 통해 신호선과 Ground 간의 거리와 매질특성이 균일하게 배치되고, 선로와 Ground 사이에 전자파 Field에너지에 신호를 보존하며 전송하게 된다.

④ Microstrip이 저주파 회로와 차별되는 중요한 특성은 선로와 Ground 간의 매질조건을 항상 균일하게 고정하는 것이라고 볼 수 있다.

2 Microstrip의 특성

① Mocrostrip에서 신호는 윗단의 선로와 아랫단의 Ground 사이에 Field 형태로 유기되어 전달된다. 여기서 사용되는 Mode는 E Field와 H Field가 진행방향에 모두 수직인 TEM Mode를 사용하며, 실제로는 선로 옆으로 휘는 Fringing Field가 존재하기 때문에 유사 TEM(Quasi TEM)이라고 불린다.

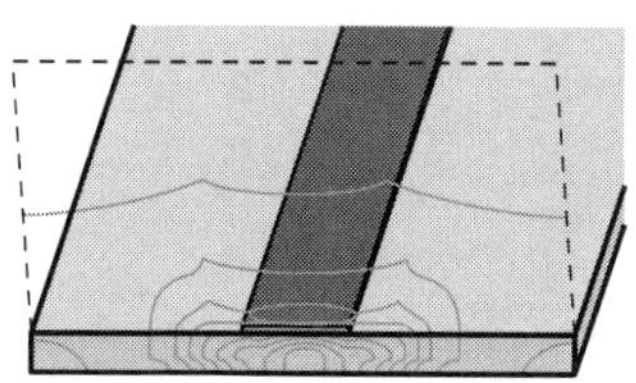

② Microstrip의 장단점

장점	단점
• 작고 가볍다. • 대량 생산이 용이하다. • 집적화가 쉽다. • 어레이 안테나 구현이 쉽다. • 기판특성으로 크기를 조절할 수 있다.	• 높은 전력을 다룰 수 없다(저전력). • 상대적으로 기판값이 비싸다. • Surface Wave Coupling이 있다. • 전송가능한 대역폭이 좁다. • 초고주파에서 Fringing Field가 늘어난다.

3 Microstrip Parameters

① 가장 중요한 파라미터 : 높이(h)와 비유전율(εr)

② 부가적인 파라미터 : 금속두께(t) ➡ 단가나 무게의 문제, $\tan\delta$ ➡ 손실 문제

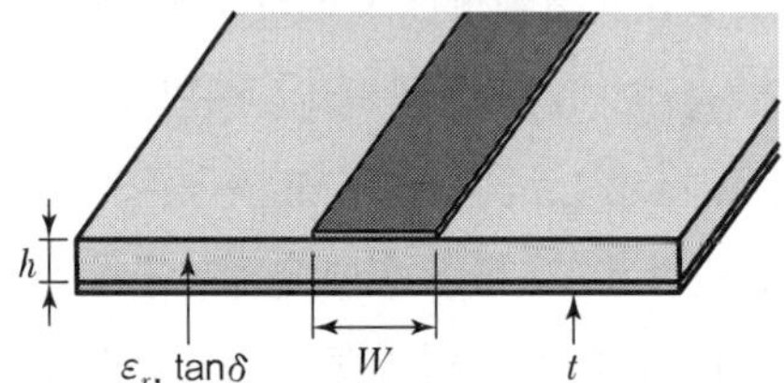

③ Microstrip 파라미터 적용시 한 가지 고려해야 할 점이 있는데 TEM이 아니라 Quasi-Tem Mode를 사용하기 때문에 기판의 유전율이 그대로 수식에 적용되지 않는다. 그래서 Effective Dielectric Constant(ε_e) 계산이 필요해지는데, 그 계산 수식은 다음과 같다. 만약 RF Circuit Tool을 사용한다면 이런 계산은 자동적으로 수행되므로 사용자가 신경 쓸 필요는 없다.

$$\varepsilon_e = \frac{\varepsilon_r + 1}{2} + \frac{\varepsilon_r - 1}{2}\frac{1}{\sqrt{\frac{1+12h}{W}}}$$

4 Microstrip 설계

Microstrip에서 선로의 폭은 곧바로 Impedance를 의미한다. 폭이 넓을수록 임피던스는 작고, 좁을수록 임피던스는 높다. 이것은 자동차 도로를 연상하면 쉽게 이해된다. 그리고 길이는 대부분 파장의 $\frac{1}{4}$, $\frac{1}{8}$과 같이 파장에 비례한 값으로 설계하게 된다. 일반적인 Microstrip 선로의 $\frac{\text{선로폭}}{\text{높이}}$와 임피던스와 관계식은 다음과 같다.

$$Z_0 = \begin{cases} \dfrac{60}{\sqrt{\varepsilon_e}} \ln\left(\dfrac{8h}{W} + \dfrac{W}{4h}\right) & \dfrac{W}{h} \leq 1 \\ \sqrt{\varepsilon_e}\left[\dfrac{W}{h} + 1.393 + 0.667\ln\left(\dfrac{W}{h} + 1.444\right)\right] & \dfrac{W}{h} \geq 1 \end{cases}$$

전자회로도를 Microstrip으로 구현하려면, 저주파의 RLC Lumped Element처럼 구현된 회로도를 Distributed Type의 소자들로 변환해야 한다. 여기서 어떠한 형태의 Distributed Type의 소자로 변환하느냐는 설계자가 결정해야 하는 문제인데, 회로기판인 경우라면 Microstrip이나 Strip-Line으로, 구조물의 경우라면 해당하는 RLC 공진구조의 형태로 변환하게 된다. 그리고 Microstrip에서는 변환된 Distributed 소자들의 전기적인 회로 소자값, 즉 임피던스와 선로 위상길이 등의 Electric Size를 실제 크기의 Physical Size로 변환한다. 여기서 변환에 필요한 변수들이 바로 주파수와 h, εr과 같은 선로 파라미터들이다.

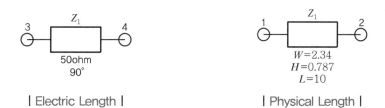

| Electric Length |　　| Physical Length |

대부분의 RF Circuit Tool은 Electric Size로 설계한 후 Microstrip 기판의 파라미터 정보만 입력하면 자동으로 Physical Size로 변환해주기 때문에 간편하게 회로설계가 가능하다.

$$Z_0 = \begin{cases} \dfrac{60}{\sqrt{\varepsilon_e}} \ln\left(\dfrac{8h}{W} + \dfrac{W}{4h}\right) & \dfrac{W}{h} \leq 1 \\ \sqrt{\varepsilon_e}\left[\dfrac{W}{h} + 1.393 + 0.667\ln\left(\dfrac{W}{h} + 1.444\right)\right] & \dfrac{W}{h} \geq 1 \end{cases}$$

5 Microstrip 안테나

평면 안테나의 하나로서, 그림과 같이 절연체 양면에 접착한 도체판 중 한쪽의 도체판을 스트립(얇은 강판)으로 한 것을 마이크로스트립 선로라고 하는데, 이 판을 인쇄판으로 제작하여 미세 구조로 할 수 있기 때문에 마이크로라는 이름이 붙었다.

스트립 선로를 종단에서 반파장 위치로 절단하고, 전송선로 대신에 스트립의 중심에 엇갈린 점을 지판의 아래쪽에서 동축 선로에 급전한 것이 마이크로스트립 안테나이다.
스트립의 폭을 넓게 하면 주파수 대역폭이 넓어지고 전파도 방사하기 쉽게 된다.
그림과 같이 정사각형으로 한 마이크로스트립 안테나를 네모형 패치 안테나, 원형으로 한 것을 원형 패치 안테나라고 한다.

마이크로스트립 안테나는 인쇄기판으로 제작하기 때문에 대량생산에 적합하며, 높이가 낮고 평면상으로 되어 있어 견고하다.

이 때문에 대량의 작은 안테나를 필요로 하는 배열 안테나 소자로서 많이 사용된다.

평면 배열 안테나는 그림과 같다.

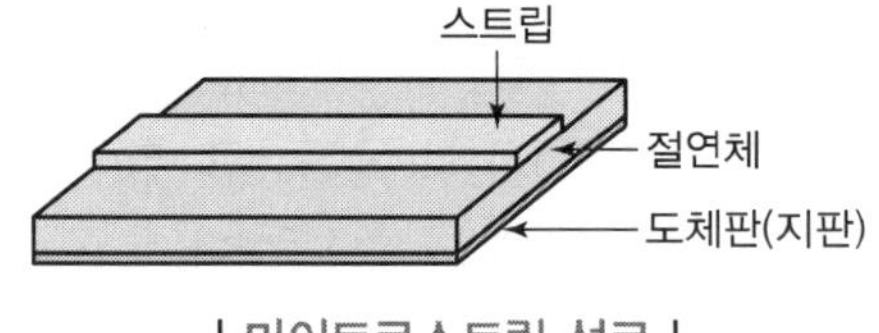

| 마이트로스트립 선로 |

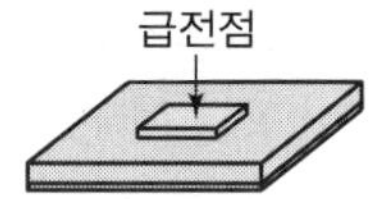

| 네모형 패치 안테나 |

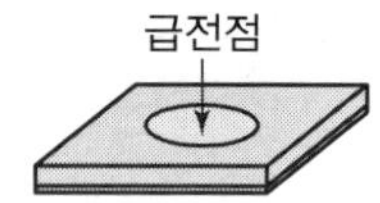

| 원형 패치 안테나 |

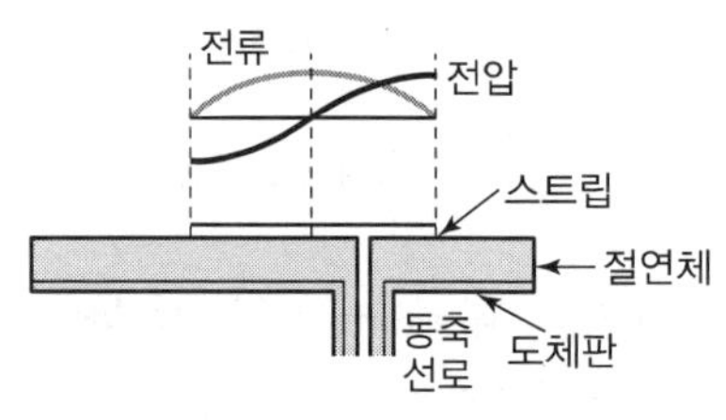

| 반파장의 마이트로스트립 안테나 |

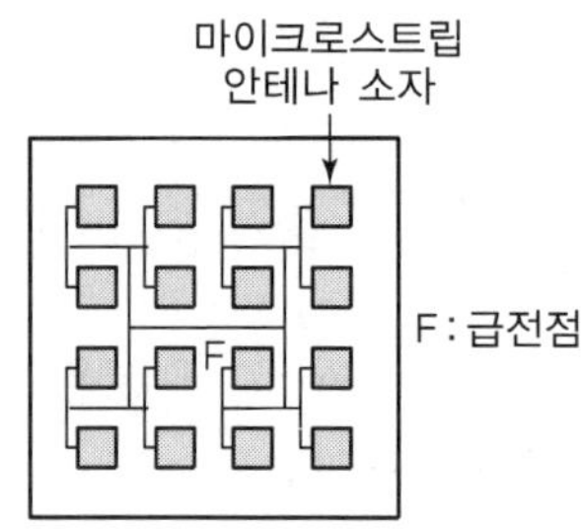

| 마이트로스트립 어레이 안테나(병렬 급전형) |

• 실전문제

WIRELESS COMMUNICATION ENGINEERING

01 마이크로파의 지향성을 증가시키기 위한 방법에 해당되지 않는 것은? '07 국가직 9급

① 전자 나팔관(Electromagnetic Horn)을 사용한다.
② 전파렌즈 안테나(Lens Antenna)를 사용한다.
③ 적당한 반사기(Reflector)를 이용한다.
④ 집중 회로(Lumped Circuit)로 구현한다.

정답 01 ④

PART

10

레이더와 항법

CHAPTER 01

WIRELESS COMMUNICATION ENGINEERING

전파와 무선통신

1 전자기파(Electromagnetic Wave)

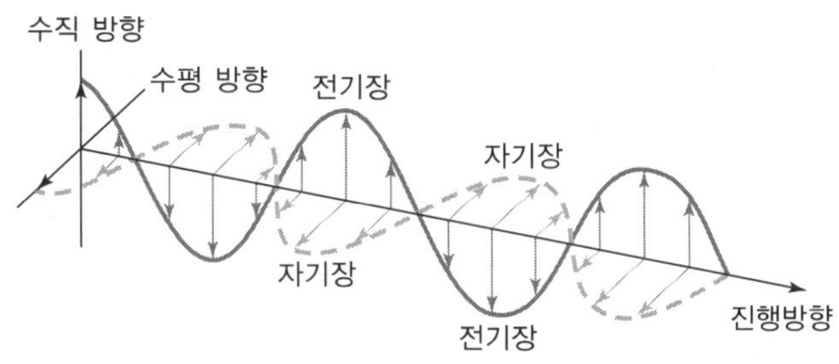

1) 수직진동이 전기장이고 수평진동이 자기장인데, 관습적으로 전기장의 방향을 기준으로 수직편파라고 부른다.

2) 전자기장(Electromagnetic Field)

   벡터 물리량인 전기장(전계) 및 자기장(자계)을 총칭

   ① 정(靜) 및 시변(時變) 전자기장으로 구분할 수 있으며,
   ② 시변 전자기장이 공간을 전파할 때 이를 전자기파라고 불린다.

3) 전자기파(Electromagnetic Wave, 전자기 복사선)

   ① 공간에서 에너지를 전달하는 파동
   서로 수직으로 진동하는 전기장, 자기장이 결합된 에너지 형태의 파동

   ② 정 전자기장의 원천은 전하이나,
   ㉠ 만일 이 전하(Charge)의 흐름이 시간에 따라 가속 또는 감속 변화하면,
   ㉡ 이에 따라 시간에 따라 변화하는 전계 및 자계를 발생시킴
   ㉢ 이때 전계 및 자계는 원인－결과를 이루며 서로 직각으로 상호 생성관계를 가지며
   ㉣ 주기적으로 어떤 파동을 이루며 에너지를 전달하게 되는데 이를 전자기파라고 함

2 전자기파 이론의 역사

1) 이론적 배경

맥스웰이 유전체 내에서 변위전류가 흐른다는 맥스웰 방정식 수식화 정리

➤ **맥스웰 방정식(Maxwell Equation)**
전자기파의 존재를 예견한 미분방정식으로 전자기학 서적에 항상 등장한다.

2) 실험적 입증

헤르츠의 불꽃방전실험으로 그 존재를 확인

3) 상용화

① 이탈리아의 마르코니가 실용화
② 또한, 대서양 횡단 무선통신 성공(20세기 초)

3 전자기파의 특징

1) 주요 특징

① 음향파처럼 매질을 필요로 하지 않는다.
② 에너지를 전달하며 진행하는 전자기파
③ 빛이나 감마선, X－선 등 모든 전자기파 스펙트럼 영역을 포함
④ 자연계에서 가장 우세한 복사선원(源)으로는 태양이 있다.

2) 전자기파 범위

무선 전파(電波)(Radio Wave), 빛(가시광선), X－선, 감마선 등 모두를 포괄하는 개념

① 그 각각은 고유한 범위의 파장(주파수)에 의해 구분됨
② 10^{-15}m(감마선)～10^{5}m(라디오파)

4 항공용 주파수 대역

	항공 전자 장치	사용 주파수	특징
통신 장치	극초단파(UHF) 통신장치	225~400[MHz]	
	초단파(VHF) 통신장치	118~136[MHz]	
	단파(HF) 통신장치	2~20[MHz]	
항법 장치	전방향 무선 표시(VOR)	108~118[MHz]	
	거리 측정 장치(DME)	960~1,215[MHz]	
	전술 항공 항법 장치(TACAN)	962~1,213[kHz]	
	자동 방위 측정기(ADF)	190~1,750[kHz]	
	K대역 도플러 레이더	13.3[GHz]	
	X대역 기상 레이더	9.4[GHz]	
	C대역 기상 레이더	5.5[GHz]	
	전파 고도계	4.2~4.4[GHz]	
관제 장치	2차 감시 레이더(SSR)	1,030[MHz]와 1,090[MHz]	
	계기 착륙 장치(ILS)	320~340[MHz](글라이드 슬로프) 108~112[MHz](로컬라이저)	

5 안테나

- 안테나는 전파를 내보내는 송신안테나, 공중의 전파를 받는 수신안테나 및 무전기기와 같은 송수신 겸용 안테나 등이 있다.
- 송신 안테나는 고주파 회로의 전력을 능률적으로 전파 에너지로 변환시켜 공간에 방사한다. 수신 안테나는 전파에너지를 효율적으로 흡수하고 전력으로 변환시켜 전기회로에 전달한다.

1) 다이폴 안테나

가장 기본적인 안테나로 수평 길이가 파장의 약 $\frac{1}{2}$이고 그 중심에서 고주파 전력을 공급하는 형태인 반파장 안테나 또는 다이폴(Dipole) 안테나이다.

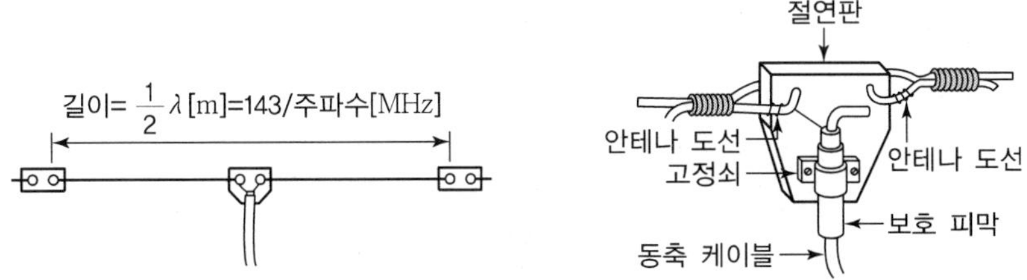

2) 루프 안테나

① 루프 안테나는 그림과 같이 다이폴 안테나의 끝을 서로 둥글게 연결한 것으로, 안테나 전체 길이가 파장과 비슷하다. 주파수가 낮아서 루프의 길이가 길어질 때는 작은 반지름으로 여러 번 감아도 상관없다.

② 루프 안테나의 특징은 원을 이루는 루프면과 수직방향으로 지향성이 가장 강하다.

③ 이 안테나를 수신 안테나로 사용하여 방향을 돌리면서 수신 감도가 가장 좋은 방향을 찾으면 송신 안테나의 방향을 찾을 수 있다. 이 원리를 이용하는 항법 장치가 자동 방위 측정기이다.

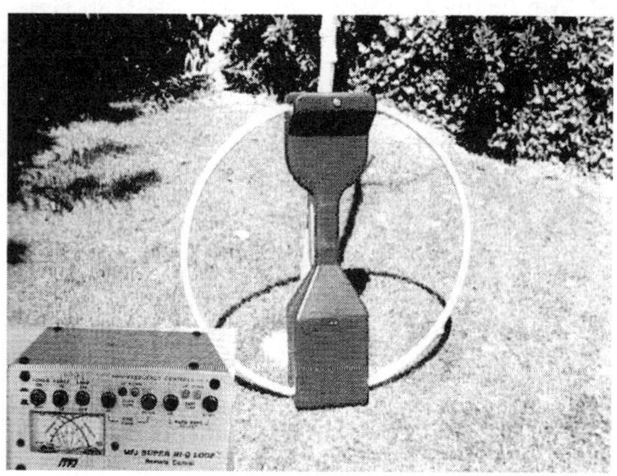

3) 접지 안테나

① 다이폴 안테나를 수직으로 세우고, 파장길이의 $\frac{1}{4}$에 해당되는 안테나의 반쪽을 지면이나 접지된 다른 도체로 대체한 안테나가 접지 안테나이다.

② 접지안테나는 수직으로 세워져 전 방위에 걸쳐 똑같은 세기로 전파가 방사되어 나가기 때문에 무지향 특성을 가진다. 그림에서 로딩 코일은 주파수 특성을 보정하기 위하여 안테나 소자 시이에 넣은 코일이다.

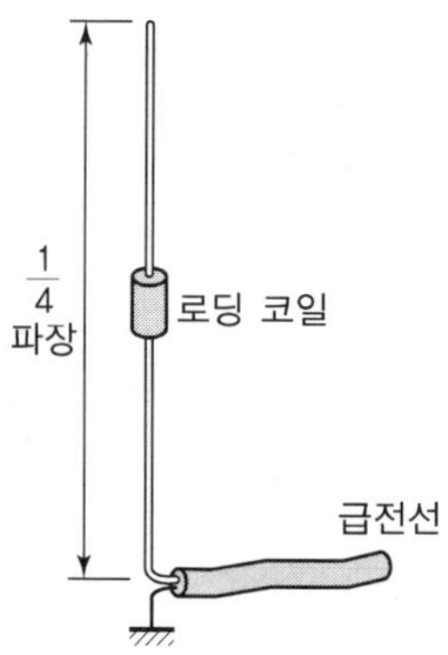

4) 야기 안테나

① 안테나의 지향특성을 강하게 만들기 위해 그림과 같이 안테나 요소 앞에 반파장보다 조금 짧은 길이의 도체인 도파기를 배열하고, 위에 반파장보다 조금 긴 길이의 도체인 반사기를 둔 안테나를 야기 안테나라고 한다.

② 야기 안테나는 주파수가 낮으면 형태가 너무 커지기 때문에 초단파 이상의 주파수 대역에서 사용된다.

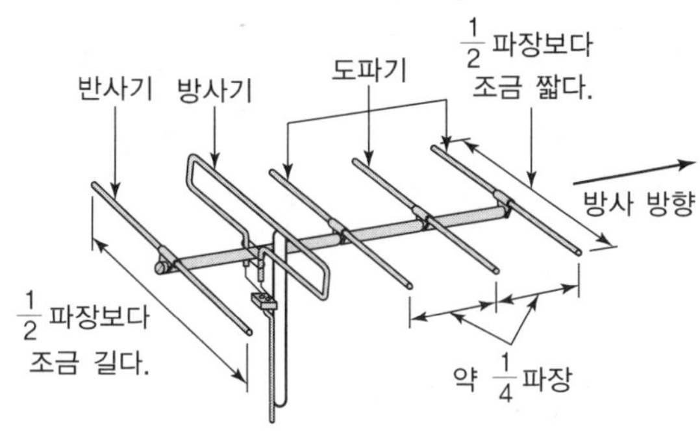

5) 파라볼라 안테나

① 주파수가 높아지고 파장이 짧아져 마이크로파가 되면 전파의 반사와 굴절 현상이 빛과 비슷해진다. 이 영역에서는 그림과 같은 파라볼라 안테나 또는 회전 포물경 안테나가 사용된다.

② 초점에 안테나를 놓으면, 포물면의 성질에 의해 반사파는 평형으로 되어 정면을 향하여 강하게 방사된다. 초점에 놓이는 안테나는 반파장 안테나 또는 전자기 나팔이 사용된다.

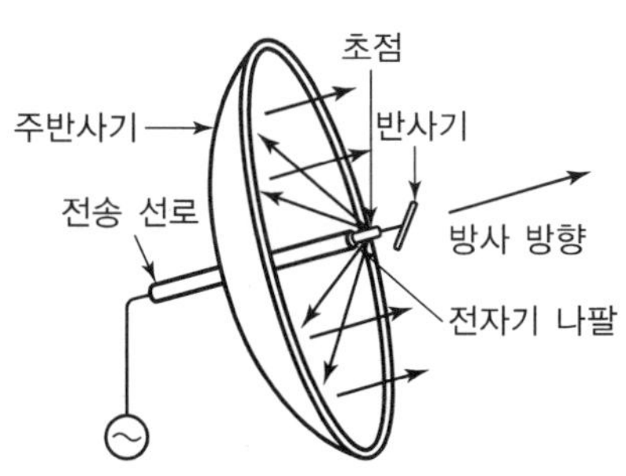

6) 전자혼

전자기 나팔은 그림과 같이 도체판으로 전파 에너지가 전달되도록 만든 나팔인데 도파관의 한쪽 끝에서 전파를 전송하고 다른 한 쪽 끝을 열어 두면 전파가 개방단에서 공간으로 방사되며, 도파관의 축방향으로 예리한 지향성을 가지게 된다.

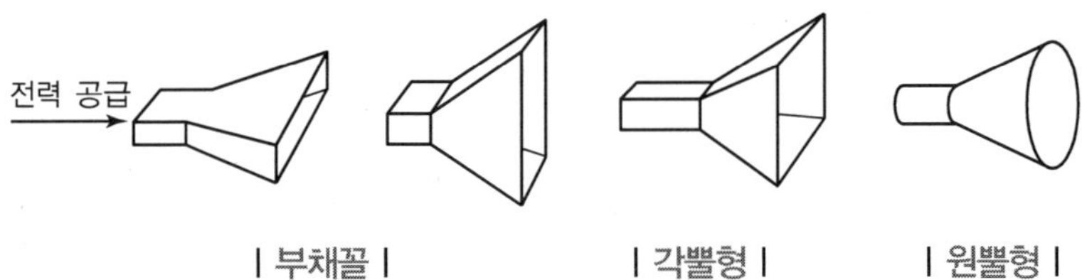

| 부채꼴 | | 각뿔형 | | 원뿔형 |

Reference

➤ **선택호출 장치**

통신장치를 통해 항공기를 호출하는 것을 기다리기 위해서는 항상 수신기를 켜 두고 귀를 기울여야 한다. 그러나 때로는 다른 복잡한 임무 때문에 호출을 듣지 못할 수도 있다. 이를 방지하기 위하여, 모든 항공기에 고유의 등록 부호를 주어 지상에서 호출할 때에는 통신에 앞서 호출 부호를 먼저 송신하면 항공기 쪽의 부호 해독기는 자기 항공기의 호출 부호를 수신하였을 때에만 벨 소리와 호출 등을 점멸하여 승무원에게 지상의 호출을 알리는 장치를 항공기 탑재 통신장치에 부가하고 있다. 이것을 선택호출장치(SELCAL ; Selective Calling System)라고 한다.

CHAPTER 02 WIRELESS COMMUNICATION ENGINEERING

항법 및 항행

SECTION 01 Navigation(내비게이션, 항법)

1 내비게이션(항법)

① 현재 위치로부터 목적지까지 이끌어가는 기술/방법을 말함

② 일상생활에 많이 쓰이는 자동차 항법의 경우에는,
거리, 교통상황을 고려하여 선택한 최적의 경로를 따라 도로 안내 및 교통정보 등을 제공하는 것

2 주요 항법 구분

① 지물 항법 : 가시범위 내 알려진 지물(地物)에 의한 위치파악

② 천문 항법 : 1700년대 영국에서 개발 사용되어 옴

③ 전파 항법 : 데카, 로란(LORAN), 오메가 등 기준점에서 발사되는 전파를 이용

④ 관성 항법 : 항공기 분야

⑤ GPS 항법 : 일종의 전파항법이나 전파발사지점이 고정된 재래식 전파항법과 다름

3 자동차 내비게이션

1) 시스템 구성

① 현재 위치 파악을 위한 GPS 안테나 ⬅ GPS 기술

② 도로 및 경로 정보를 제공하기 위한 전자지도 ⬅ GIS 기술

③ 도로 및 교통 상황을 고려하여 최적 경로를 계산하고 안내하는 소프트웨어

④ 경로 정보를 화면에 보여주기 위한 정보 단말 및 저장장치 등

2) 구동 방식

① 기존 내비게이션은 GPS 방식이 대부분
1994년부터 하이브리드(Hybrid) 방식이 증가하여 현재 50% 이상 채택

② GPS 방식
㉠ 항법화면(지도 소프트웨어)에 차량의 좌표를 표시하기 위해 3개의 위성으로부터 동시 측위를 필요
㉡ 단점으로 전파가 닿지 않는 장소에서는 현재측위위치(Location)를 알 수 없음

③ 하이브리드 방식
㉠ GPS 방식에 추가하여 자립항법을 사용하여 현재측위위치 제공
㉡ 자립항법에서는 자이로 센서(Gyro Sensor)나 거리센서를 사용하여 자동차의 방향, 이동거리를 산출해서 차량의 위치를 표시

SECTION 02 초단파 및 극초단파 항법장치

1 초단파 통신의 개요

- 초단파 통신은 가시거리 통신에만 유효하므로 보통 공대지 통신에는 초단파 대역이 이상적이다. | 30,000[ft] 상공의 항공기에서 약 180[nmile]의 통달거리를 가진다.
- 국제적으로 규정된 항공 초단파 통신 주파수 대역은 108~136[MHz]대이다.

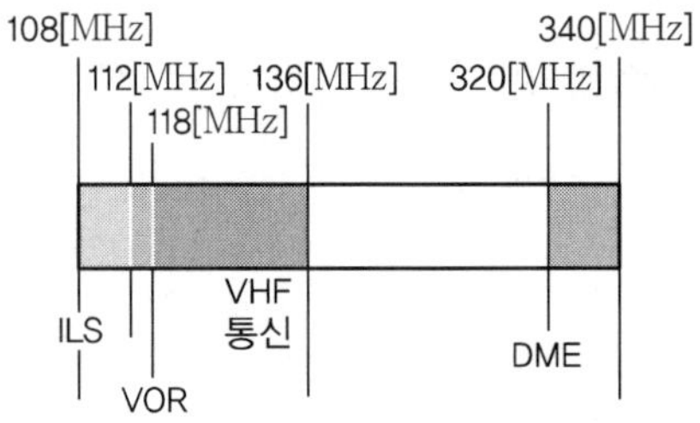

① 108~112[MHz] : 계기 착륙장치의 로컬라이저(Localizer), 낮은 출력의 초단파 전방향 무선 표지
② 112~118[MHz] : 강한 출력의 장거리용 초단파 전방향 무선 표지국
③ 118~121.4[MHz] : 관제탑에서 항공기의 이착륙 관제에 사용하는 주파수 범위
④ 121.5[MHz] : 국제적인 비상 주파수
⑤ 121.6~121.9[MHz] : 공항 지상 관제용

* 초단파 통신과 전파 항법이 같은 대역의 주파수를 사용
* 대부분의 초단파 통신장치는 보통 때는 수신 상태에 있다가 송신 스위치를 눌렀을 때만 송신상태가 되는 누름 통화(PTT : Push – To – Talk) 방식이 사용된다.

2 초단파 안테나

① 지상국의 초단파 통신용 안테나의 기본은 그림과 같이 $\frac{1}{4}$ 파장의 다이폴 안테나이다. 일반적으로 앞의 그림과 같이 $\frac{1}{4}$ 파장만큼 안테나 소자가 있으며, 나머지 $\frac{1}{4}$ 파장은 슬리브를 넣거나 $\frac{1}{4}$ 파장의 반사기를 붙인다.

② 초단파 대역의 파장에 비하면 항공기의 크기가 훨씬 크므로 기체를 대지와 같이 이용할 수 있다.

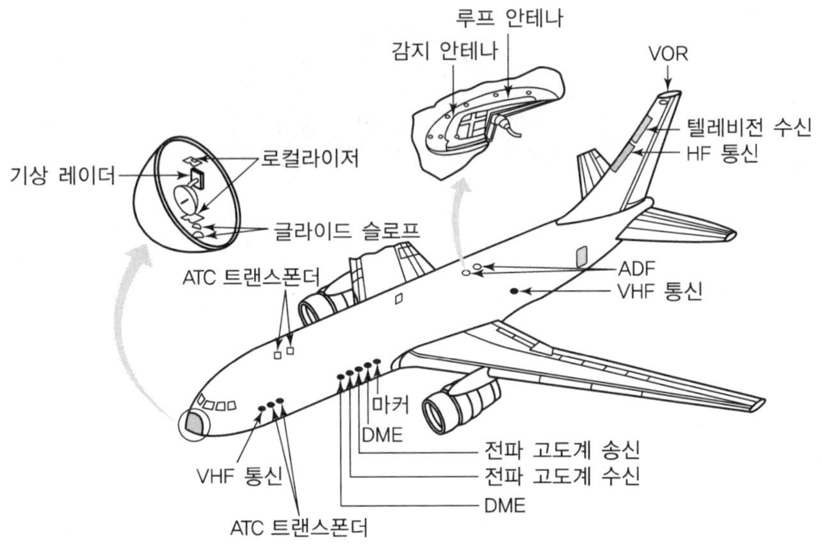

| 보잉 767 안테나 배치 |

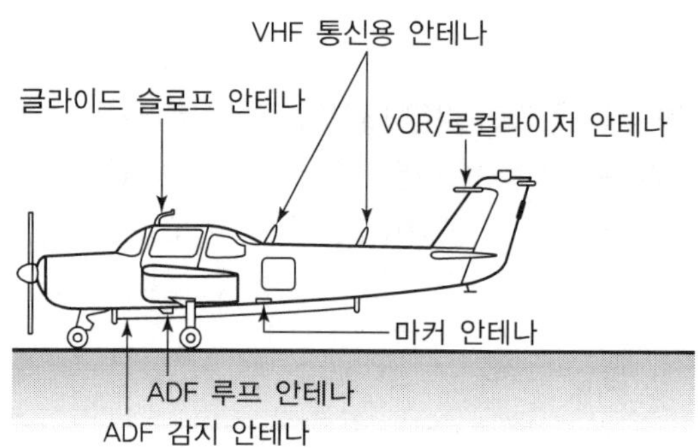

| 소형기의 안테나 배열 |

3 극초단파 통신(대부분 군용)

① 225~400[MHz] : 항공기의 극초단파 통신장치는 음성 전화로 송신과 수신을 교대로 하는 단일 통화방식에 의해 군용 항공기와 지상국, 또는 군용 항공기 상호 간의 통신에 사용되고 있다.

② 243[MHz] : 초단파 통신장치의 긴급 통신용 단일파의 고정 수신기가 있어서 사용 중인 주파수에 관계없이 항상 가드 채널을 수신할 수 있다.(121.5[MHz]의 2배의 주파수)

③ 극초단파 통신을 위한 지상의 안테나는 그림과 같은 디스콘(Discone) 안테나가 사용된다. 이 안테나는 광대역으로, 수직 편파에 무지향성이다.

SECTION 03 위성 항행 시스템

1 위성통신의 개요

1) 구성요소

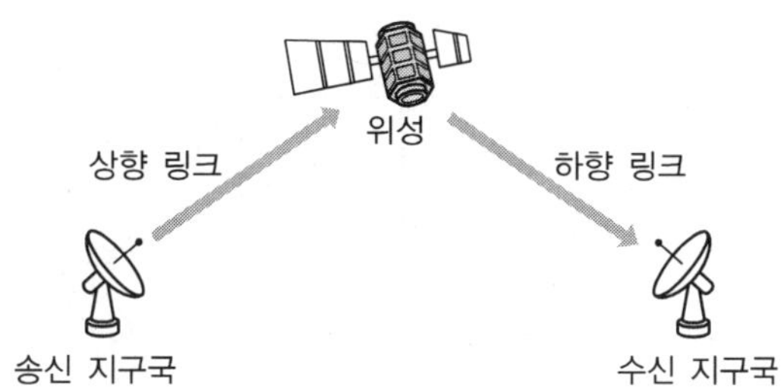

① 우주 궤도에 올려놓은 통신 위성을 이용하여 지상의 지구국과 지구국, 또는 이동국 사이의 정보를 중계하는 무선통신방식이다. 위성 통신은 중계점이 우주에 있으므로 장거리 광역 통신에 적합하고, 통신 거리 및 지형에 관계없이 전송 품질이 우수하여 신뢰성이 높다.

② **상향링크(Uplink)** : 지구에서 인공위성으로 보내는 것

③ **하향링크(Downlink)** : 인공위성에서 지구로 보내는 것

④ **FDD(Frequency Division Duplexer)** : 위성 통신용 전파는 간섭을 피하기 위하여 상향 링크 주파수와 하향 링크 주파수를 다르게 사용하고 있으며, C대역과 Ku대역이 주로 사용된다. 그 이상의 주파수인 Ka대역의 이용을 위한 연구가 진행 중이다.

	상향 링크 주파수[GHz]	하향 링크 주파수[GHz]
C-Band	5.925~6.425	3.7~4.2
Ku-Band	14~14.5	11.7~12.2
K & Ka-Band	27.5~31	17.7~21.2

2) 정지궤도 통신위성

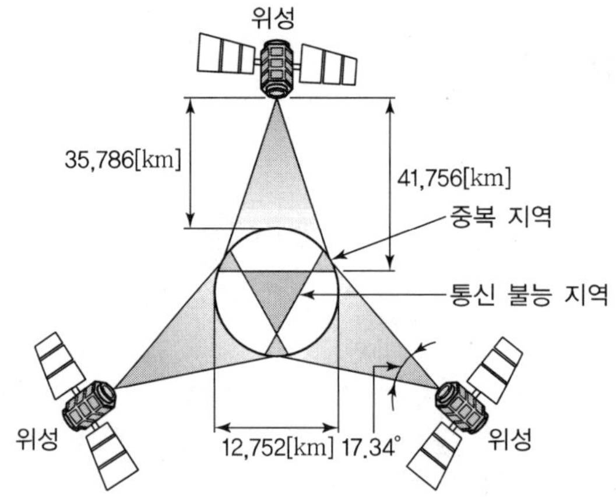

① 인공위성이 우주에서 지구 주위를 선회하고 있는 길을 궤도라고 하며, 언제나 고정된 평면 내에서 움직이는데, 이를 궤도 평면이라고 한다. 이 궤도 평면은 반드시 지구의 중심을 통과한다. 즉, 궤도 평면은 지구를 2개의 반구로 구분하고 있다고 생각하면 된다.

② 정지궤도에 있는 인공위성은 지구의 자전 주기와 같이 공전을 하고 있기 때문에 지구에서 볼 때 하늘 어느 한 곳에 정지되어 있는 것처럼 보인다.

③ 정지위성은 송신을 위한 시간 제약을 받지 않으며, 이론상으로는 3개의 인공위성으로 지구 전체를 커버할 수 있다. 그러나 정지위성 궤도는 적도상에 배치되기 때문에 극지방에서는 인공위성을 바라보는 각도가 너무 낮아 통신위성으로 사용할 수 없는 단점이 있다.

3) 저궤도 위성통신

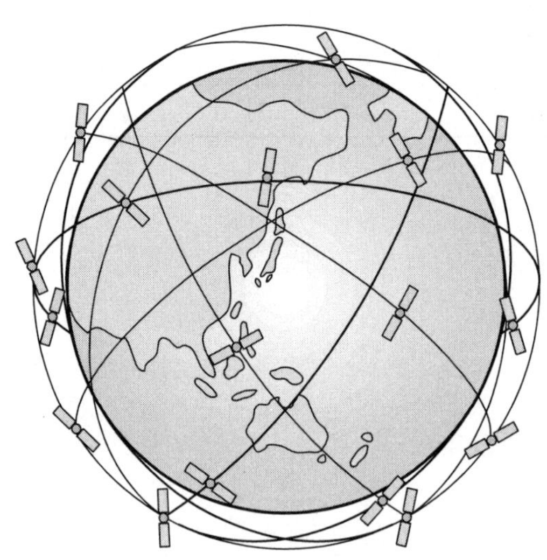

① 정지궤도위성은 적도면 상공에 위치하지만, 저궤도 통신위성은 지상 수백[km] 내지 수천[km]의 상공에서 수 시간마다 지구를 일주하는 위성이다.
② 지구상에서 보면 한 곳에 고정되지 않기 때문에 여러 개의 위성을 띄워 놓고, 보이는 인공위성만을 중계기로 사용한다. 이렇게 동작시키는 대표적인 위성통신시스템이 이리듐이다.

③ **이리듐 위성통신시스템** : 66개의 통신위성이 지구 전체를 완전하게 커버하면서 이동 통신의 기지국 역할을 한다. 이리듐 통신위성은 지상 약 780[km]의 궤도상에서 100분 주기로 돌면서 지상의 단말기와 직접 통신을 중계한다.

2 통신위성시스템

1) 통신위성의 구조

① 지구국에서 발신된 전파를 수신하여 증폭한 후에 주파수를 변환하여 재송신하는 장치를 중계기라고 하며, 통신 위성에는 한 개 이상의 중계기가 탑재된다.
② 우주에서 태양광선으로 전력을 만드는 태양 전지판과 탑재체를 실는 버스, 지상과의 통신을 위한 안테나 등으로 이루어져 있다.

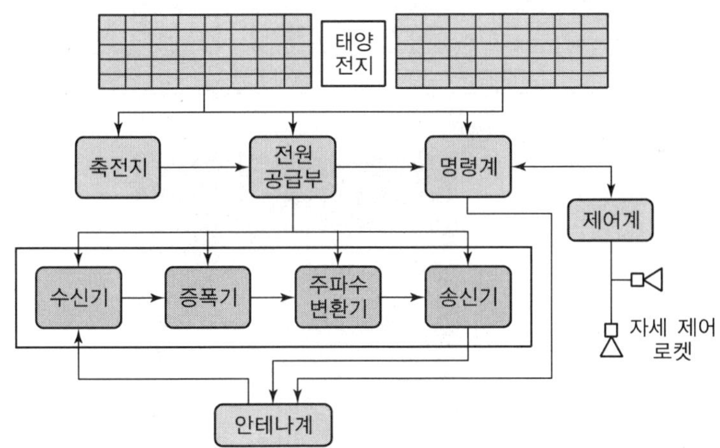

2) 지구국

① 지구국은 위성에 탑재된 중계기를 통하여 다른 지구국과 접속하고, 기존의 지상 통신망과 연결하는 기능을 한다.

② 지구국은 안테나, 송신 계통, 변조와 복조, 감시 제어 계통, 전원계로 구성된다.

③ 관제부는 복사되는 빔이 항상 통신 위성의 안테나 방향으로 향하게 하는 역할을 한다.

④ 위성통신에 사용되는 안테나는 고이득, 저잡음, 예리한 지향성 및 광대역성을 가져야 한다. 위성통신용 안테나로는 아래 그림과 같은 카세그레인(Cassegrain) 안테나가 주로 사용되고 있다.

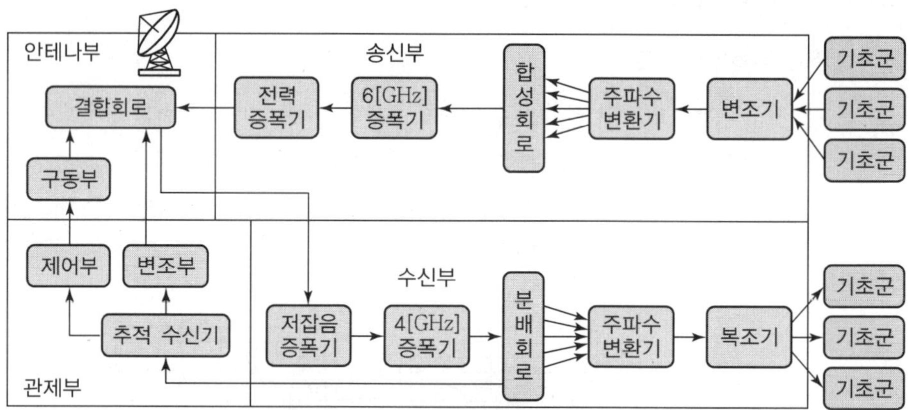

3 위성항행시스템

1) 위성항행시스템의 채택

① 조종사와 관제사가 음성 통신으로 정보를 교환하는 현재의 항공관제방식은 1960년대에 개발된 개념이다.

② 국제민간항공 기구에서는 1991년에 위성 항행(CNS/ATM ; Communication, Navigation, Surveillance & Air Traffic Management) 시스템을 21세기 표준 항행 시스템으로 채택하기로 결의하였다.

③ 위성항행시스템은 인공위성을 이용하여 통신, 항법, 감시 및 항공 관제를 통합적으로 추진하려는 새로운 개념의 항공운항 지원 시스템이다.

2) 위성항행시스템의 기본개념

① 항공기 운항에서 가장 핵심적인 장치는 초단파 통신 장치로, 관제사와 조종사가 대화를 통하여 정보를 교환한다. 그러나 음성에 의한 정보 전달은 데이터 통신에 비하여 전달 속도가 느리고, 언어 소통 장애 때문에 잘못 알아듣는 실수를 할 수도 있다. 따라서 그림과 같이 초단파 통신이나 2차 감시 레이더(SSR ; Secondary Surveillance Radar) 신호에 데이터 통신을 추가함으로써 항공기에 탑재된 컴퓨터와 지상의 컴퓨터가 데이터 통신을 통하여 안전 운항을 할 수 있게 하려는 것이다.

② 초단파 통신이나 2차 감시 레이더의 전파는 단거리밖에 도달하지 못하므로, 원거리 통신에서는 인공위성에 의한 데이터 통신을 이용한다.

3) 2차 감시 레이더의 모드 S

2차 감시 레이더의 모드 S 데이터 통신은 현재 개발 중에 있다. 그림과 같이 2차 감시 레이더에서 번지 지정 질문을 보낼 때 데이터를 같이 보내고, 응답에서도 데이터를 받도록 한다.

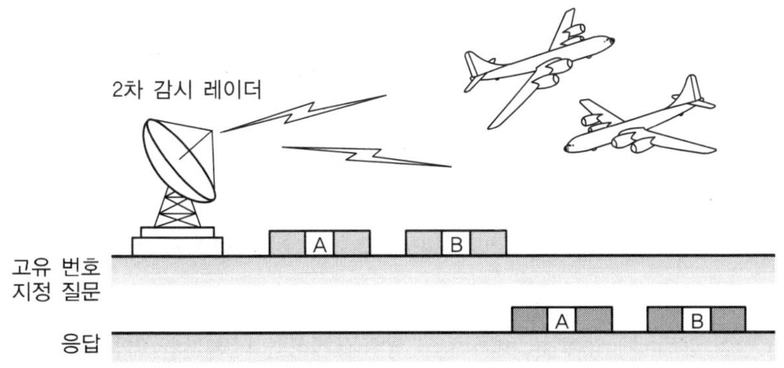

SECTION 04 항법(Navigation) 장치

항공기는 사람이나 물건을 이동하는 것이 목적이므로 어디에서 출발하여 어디에 도착할 것인가가 정해지면 바람이 불거나 난기류가 있더라도 도착지에 갈 수 있어야 한다. 항공기가 목적지까지 비행하는 과정을 항법(Navigation)이라 한다. 항법이 이루어지기 위해서는 항상 현재의 위치를 측정하여 목적지까지의 거리나 방향을 알아야 하는데, 비행 위치를 측정하는 데 사용되는 항공전자장치를 항법장치라 부른다.

1 항법의 개요

1) 항법

① 항로

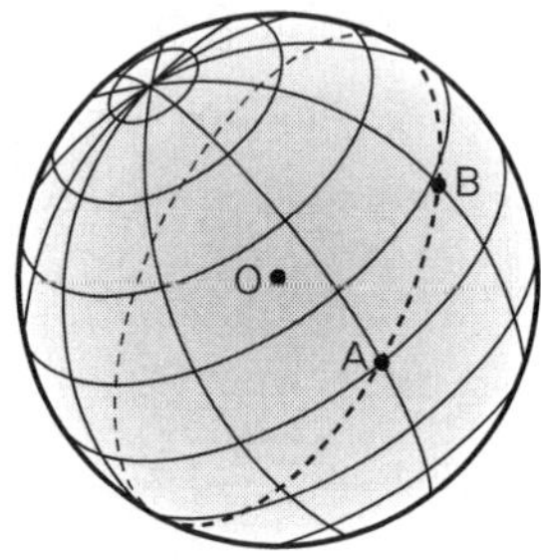

O:지구 중심
대권:AB를 연결한 굵은 점선

㉠ 지구는 지축을 중심으로 하루에 한 바퀴 자전하며, 지구 자전축의 양쪽 끝 중에서 북쪽 끝을 북극, 남쪽 끝을 남극이라 한다.

㉡ 둥근 지구 위에서 출발점과 도착점의 두 지점을 통과하면서 지구의 중심을 통하는 평면이 지구 표면과 마주치는 선을 대권(Great Circle)이라고 한다. 대권을 따라 비행하면서 가장 가까운 거리로 비행하게 되는데, 이를 대권항로라고 한다.

㉢ 침로(Heading) : 항공기가 향하고 있는 수평면의 방위

㉣ 진북(True North) : 지구 자전축의 북쪽을 진북이라 하는데, 북극성을 바라보는 방향

㉤ 진침로(True Heading) : 진북을 기준으로 한 진방위로 침로를 나타내면 진침로가 된다.

㉥ 나침 방위(Compass Bearing) : 항공기에서는 나침반을 이용하여 방위를 측정하므로 지구의 자북을 0°로 하여 표시하는 방위(우리나라에서는 진북과 자북의 차이는 6° 정도이다.)

ⓢ 진방위(True Bearing) : 지구의 진북을 0°로 하여 시계방향으로 360°까지 측정하여 모든 방위를 세 자리의 숫자로 나타낸다. 예를 들어, 방위를 나타내는 숫자가 090이라면 동쪽을 나타낸다. 이것을 진방위라 한다.

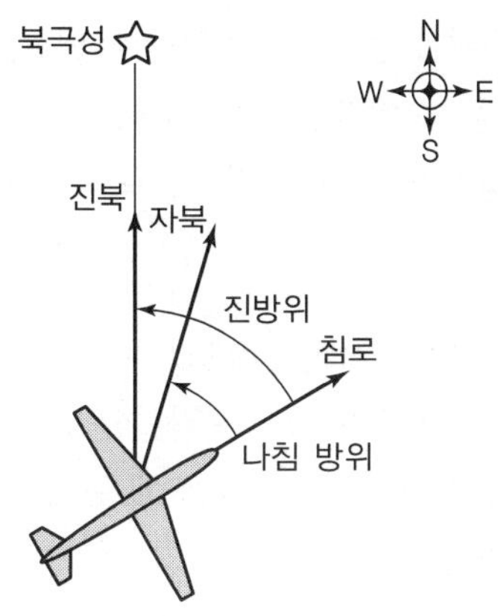

② 항공도

구면체인 지구를 평면으로 나타낸 것이 지도인데, 극히 좁은 지역을 제외하고는 구면을 평면으로 표현했기 때문에 오차가 생긴다. 따라서 공중 항법을 위해서는 항공도를 사용한다. 항공도에는 위치 확인에 필요한 표고, 시가지, 고속도로, 철도, 호수, 등대, 항법 무선 설비, 비행금지구역 등이 표시되어 있다.

③ 수동 공중 항법

㉠ 지문항법

조종사가 항법을 수행하기 위해서는 먼저 항공기의 위치를 확인해야 한다. 초기의 항공기나 소형 항공기의 경우에는 이륙하여 적정한 고도를 취하면 산, 강, 건물과 같은 지형지물을 참조하여 현재의 위치를 찾아낸다. 이를 지문항법이라 한다.

㉡ 추측항법

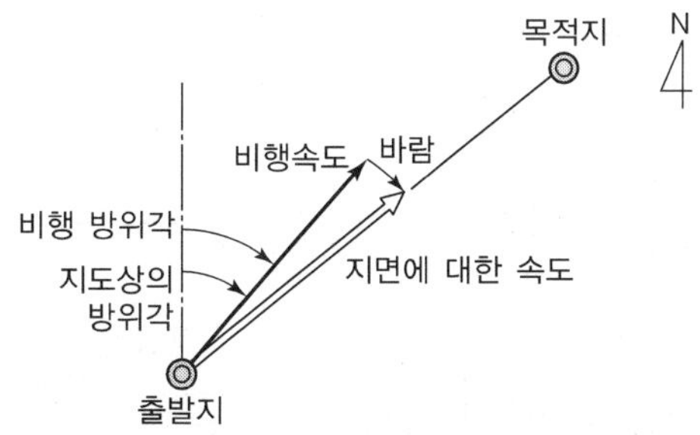

- 항공도에서 출발지와 목적지를 연결하는 선을 긋고, 바람의 크기와 방향을 화살표로 그린다. 그림에서는 북서풍을 나타내고 있다. 출발지에서 항공기의 순항 속도의 크기로 바람과 만나는 화살표를 만들면, 그 벡터가 비행해야 할 항로가 된다.

• 이와 같이 속도, 방위각, 풍속 및 시간에 기초를 두고 출발점에서부터의 위치를 구하는 방법을 추측 항법이라고 한다.

④ 자동항법

항공기의 현재 비행 위치를 정확하게 측정할 수 있고, 목적지의 위치를 미리 설정하였다면, 비행 방향을 설정할 수 있다. 여객기에서는 컴퓨터가 여러 가지 항법장치로 현재의 위치를 측정하고, 비행관리시스템에 입력된 목적지와의 차이를 계산하여 침로를 결정하는 자동항법을 수행한다.

⑤ 항공 교통 관제(ATC ; Air Traffic Control)

㉠ 항공기가 안전하게 비행할 수 있도록 적절한 조언과 정보를 제공하는 활동이다. 미리 제출된 비행 계획대로 항공기가 운항을 계속하고 있는지를 감시하며, 공항에서의 이착륙 순서를 지시한다.

㉡ 항공 교통 관제에서는 지상의 관제소에 있는 2차 감시 레이더(SSR ; Secondary Surveillance Radar)와 항공기에 탑재되어 레이더가 보낸 질문 부호에 응답하는 항공 관제 트랜스폰더(Transponder)가 사용된다.

⑥ 감시 레이더

㉠ 항공 교통 관제에 사용되는 지상의 레이더를 감시 레이더라고 한다.

㉡ 감시 레이더 정보는 항공기의 위치를 안테나로부터의 거리와 방위로 나타내고 있다. 이를 1차 감시 레이더라고 한다.

㉢ 항공 교통 관제를 위해서는 항공기의 종류나 소속을 알아야 하므로, 레이더에 항공기가 포착되면 레이더가 무선신호로 항공기에 질문을 한다. 이 질문 전파에 대해 항공기에 설치된 항공 관제 트랜스폰더가 자동적으로 항공기의 식별 부호, 고도 등을 실은 무선 신호로 응답한다. 레이더 신호와 항공관제 트랜스폰더의 신호를 혼합하여 관제소의 컴퓨터 화면에 레이더 영상과 항공기 식별 기호를 합성하여 나타내는데, 이를 2차 감시 레이더라고 한다.

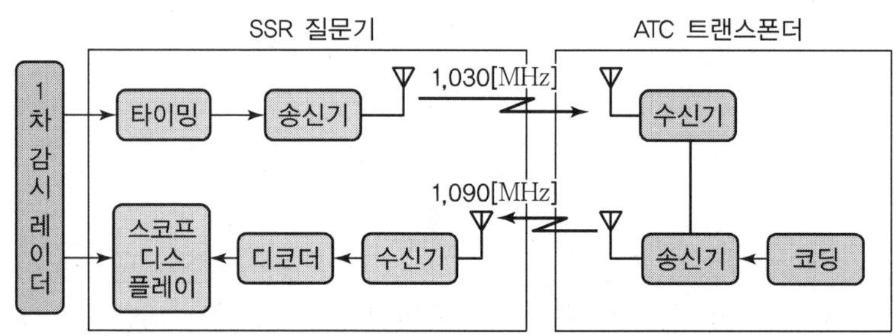

| 2차 감시 레이더와 항공 관제 트랜스폰더 |

⑦ 항공 관제 트랜스폰더

항공 관제 트랜스폰더는 지상의 질문기로부터 질문 신호를 수신한 후 부호화된 응답 신호를 자동적으로 송신하도록 설계되어 있다. 수신부는 1,030[MHz], 송신부는 1,090[MHz]에 고정되어 있으며, 송신 출력은 약 500[W]이다.

2) 항법장치의 종류

① 항법의 중요성 때문에 항공기의 개발 초기부터 항법을 지원하기 위한 여러 가지 장치가 개발되어 사용되고 있다. 지형지물이 없는 사막이나 바다를 비행할 때 현재의 위치를 알아내기 위하여 특정 전파를 내는 지상국을 설치하고, 항공기에서 두 곳 이상의 전파를 수신하면 지도에서 자기 위치를 구할 수 있는 장거리 항법장치가 먼저 개발되었다.

② 항공기의 수가 늘어나면서 단거리 정밀 항법을 위한 장치와 공항에서의 관제 및 착륙 유도 장치 등이 필요하게 되었다. 이러한 항법장치는 지상에서의 송신국을 필요로 하기 때문에 송신소를 설치할 수 없는 대양 위를 날아가는 대륙 간 비행을 위해서 외부의 도움 없이 위치를 계산하는 관성항법장치가 개발되었다.

③ 최근에는 지구 전체를 커버하는 인공위성에 의해 위치를 구하는 위성항법장치가 활용되고 있다.

3) 쌍곡선 항법(雙曲線航法, Hyperbolic Navigation)

'두 정점으로부터의 거리의 차가 일정한 궤적은 쌍곡선이다'라고 하는 정리를 이용하여 두 정점에서 전파를 발사하고, 수신 측에서는 이 전파의 도달 시간의 차 또는 위상차를 측정함으로써 하나의 위치선을 결정하는 항법

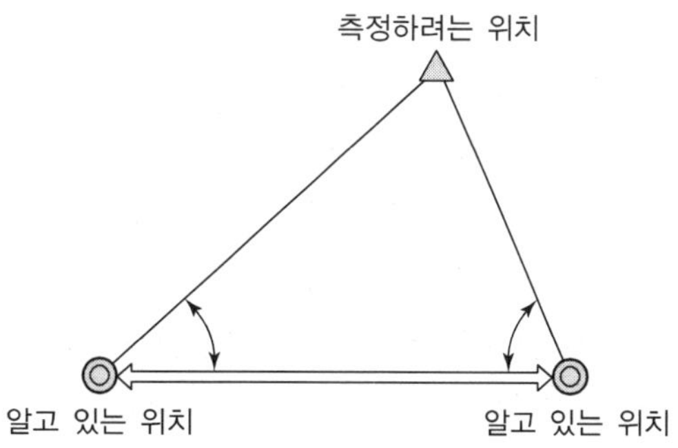

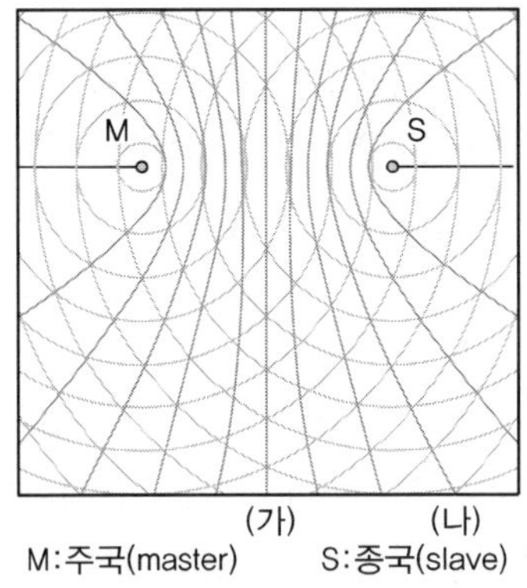

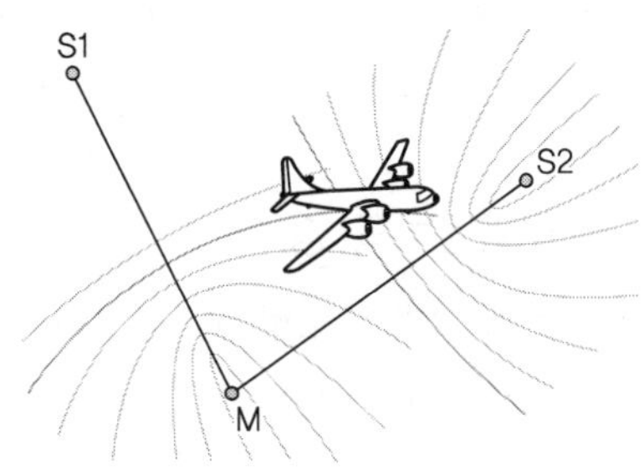

(가) (나)
M : 주국(master) S : 종국(slave)

① 로란(LORAN ; Long Range Navigation)

㉠ 쌍곡선 항법의 일종으로, 주국과 종국에서 발사하는 펄스파의 도달 시간차를 측정하여 얻어진 쌍곡선의 교차점으로부터 위치를 구하는 중장거리 항행 원조 시스템. A 방식의 로란 A와 C 방식의 로란 C가 있다.

㉡ 항해 및 항공을 위해 개발된 항법이다.

㉢ 항행의 진행방향이 서로 멀리 떨어져 있는 송신국, 즉 주국(主局)과 종국(從局)에서 동시에 발신한 파동을 수신하는 시간의 차이를 측정하여 결정된다.

㉣ 주국은 고정주기와 고정비율(예를 들면 50마이크로초에 초당 25 순간파동의 비율)로 일련의 파동을 계속해서 보낸다. 주국에서 320~430[km]쯤 떨어진 곳에 있는 종국은 주국과 같은 주기와 파동을 유지하면서 자동적으로 그 자체신호를 송신한다.

㉤ 두 송신국에서 보낸 파동을 수신하는 시간의 차이를 측정하면 종국과 주국 사이의 쌍곡선 위 어딘가에 선박이나 항공기의 위치가 나타나고, 쌍곡선 위의 모든 점은 같은 궤적 위에 있더라도 주국과 종국에서의 거리가 다르다(예를 들면 종국에서보다 주국에서 4.8[km] 더 먼 곳에 있다는 식으로).

㉥ 다음에는 주파수를 맞춘 다른 종국이 같은 방법으로 또 하나의 다른 쌍곡선에 선박이나 항공기의 위치를 나타낸다. 그러면 처음과 두 번째에 얻어진 두 궤적의 교차점에서 그 정확한 위치를 얻을 수 있다.

㉦ 항해 중인 주송신국(송신부)과 해안에 위치한 종송신국들 간의 거리를 측정하는 데 주로 이용되는 움직이는 로란 항법은 EPI(Electronic Position Indicator ; 전자위치 표시기)로 알려져 있다.

㉧ 이 항법과 관련있는 데카 항법과 덱트라 항법은 파동보다는 연속적인 신호를 이용하고, 시간의 차이보다는 파동상태의 차이를 측정함으로써 주국과 두 종국의 거리차이를 이용하는 항법이다.

➤ **로란(Loran) C**

로란(Loran) C의 주파수는 중파대(1,750~1,950[kHz])의 펄스를 사용하며, 유효 범위는 주간과 야간에 따라 다르나 약 1,450~2,250[km]로서, 위치 측정의 정확도는 150~300[m] 정도로 높다. 로란 C는 두 송신국을 한 조로 하여 그 중 하나를 주국(Master Station), 다른 하나를 종국(Slave Station)이라고 하는데, 동일 주파수의 주기 펄스를 송신한다. 종국의 전파 발사는 주국에 의해 제어되며, 국의 식별은 주파수와 펄스의 반복 주기별로 식별된다.

② 데카 항행 시스템(Decca Navigation System)

㉠ 항공기나 선박 등의 위치 측정과 항행 원조를 하는 쌍곡선 항법의 하나. 유럽에서 널리 사용되고 있다.

㉡ 데카는 중심이 되는 주국과 주위에 정삼각형으로 배치된 적 · 녹 · 자(紫)의 명칭을 가진 종국의 4국이 한 그룹이 되어 데카 체인을 구성한다. 각 국은 어느 것이나 기본 주파수(14.2[kHz] 정도)의 정수 배의 주파수(70~130[kHz])를 송신하고, 주국과 하나의 종국의 전파를 수신하여 위상차에서 쌍곡선을 구하고 다른 종국과 주국 간에서도 같은 방법으로 쌍곡선을 구하여 그 교점(交點)에서 위치를 구하는 방법으로서, 측정 정밀도는 높지만 유효범위가 좁고 방해를 받기 쉬운 결점이 있다.

③ 오메가 시스템(Omega System)

㉠ VLF 전파를 사용한 쌍곡선 항법. 해상 및 항공 항행에 이용된다.

㉡ 쌍곡선은 두 정점의 거리 차가 일정한 점의 궤적이기 때문에 두 줄의 쌍곡선이 교차하는 점으로 자기 위치를 알 수 있는 것을 이용하여, 송신국에서 방사되는 전파의 위상차를 측정하여 위치를 구하는 시스템이다. 오메가 시스템은 10~14[kHz]의 VLF를 사용하기 때문에 유효범위가 매우 넓어 송신국 8국으로 전 세계에 대응하고 있다. 이들 8국에서 적당한 3국 이상을 선정하여 각각이 방사하는 전파의 위상차를 측정하여 위치를 결정한다.

㉢ 오메가 항법(Omega Navigation)은 10~14[kHz]의 초장파를 사용한 쌍곡선 항법으로, 지구상에 총 8개의 송신국을 약 10,000[km]마다 설치하면 지구상의 어떠한 지점에서도 위치를 결정할 수 있다. 특히, 초장파는 해저 약 15[m]까지 전파하므로 잠수함이 오메가 항법을 사용하여 해저에서도 위치를 알 수 있다.

㉣ 로란 C나 오메가 항법은 위성항법장치가 보급됨으로써 현재 항공기항법장치로는 거의 사용되지 않고 있다.

4) 근거리 항법

항공기에 탑재하는 전파항법장치

① ADF : 위치가 알려진 지상국의 전파 방향을 검출하여 지상국과 항공기의 상대 방위를 계산하는 자동 방위 측정기(ADF ; Automatic Direction Finder)는 1937년부터 민간 항공기에 탑재됨

② VOR(VHF, Omnidirectional Range) : 초단파 전방향 무선 표지(VOR ; VHF Omnidirectional Range)유효거리 내에 있는 항공기에 지상국에 대한 자방위를 연속적으로 지시해 주기 때문에 정확한 항로를 구할 수 있게 한다.

③ TVOR(Terminal VOR) : 주로 공항 또는 공항 부근에 설치하여 항공기의 진입 및 강하 유도에 사용하는 것을 공항 전방향 무선 표지라고 한다.

④ NDB(지상에 설치하는 전파항법장치) : 지상국으로는 항법을 위해 설치한 무지향성 무선 표지(NDB ; Non−Directional Beacon)나 중파 방송국이 사용된다.

➡ NDB : 무지향성의 전파를 공간에 발사하여 항공기에 NDB국의 위치 방위를 알리는 시설

⑤ DME(Distance Measuring Equipment)

㉠ DME는 960~1,215[MHz]에서 동작하며, 항공기에서 지상 장치까지의 사거리를 측정하는 장치이다.

㉡ 항법에서는 지상 거리가 필요한데, 실제적으로 고도와 관계없이 사거리를 지상 거리로 보아도 그 오차는 매우 작다.

⑥ VOR/DME : 거리측정장치는 단독으로 운용되기도 하지만, 초단파 전방향 무선 표지와 병설하여 방위는 초단파 전방향 무선 표지로 측정하고, 거리는 거리측정장치로 측정하여 거리와 방위 정보를 함께 제공한다.

➡ 국제민간항공기구에서 정한 단거리 항법 체계의 국제 표준이다.

⑦ TACAN(Tactical Air Navigation System) : 군용 근거리 항법 장치로 개발되어 항공기에 대한 거리와 방위 정보를 얻는 데 쓰인다.

⑧ VOR/TACNA : 거리 측정 부분은 거리측정장치의 국제표준방식을 채택하고 있으며, 초단파 전방향 무선 표지와 병설된 VOR/TACAN국은 군용기 및 민간 항공기에 대하여 방위 및 거리 정보를 제공하는 시스템으로 이용되고 있다.

➡ 주파수 대역은 962~1213[MHz]에서 펄스 신호를 사용하고 있다.

Reference

➤ ADF와 VOR의 특성

ADF

- 190~1,750[kHz] 대역의 주파수를 사용한다.
- 안테나, 수신기, 방위 지시기 및 조종 패널로 구성된다.
- 안테나는 직교하는 2개의 고정 루프 안테나와 한 개의 감지 안테나가 동시에 사용된다.
- 방위는 지향성이 있는 각각의 루프 안테나에서 유기되는 전압의 위상 및 강도를 무지향성 감지 안테나의 수신 신호를 기준으로 비교하여 구한다.

VOR

- 108~118[MHz]의 주파수대에서 수평 편파를 사용한다.
- 160개의 채널 중 120개 채널은 항로 결정용으로 할당되고, 나머지 40개는 공항에서의 진입이나 출발에 사용하도록 할당되어 있다.
- 전방향 무선 표지로는 항공기와 송신국과의 상대 방위만을 알 수 있으므로, 정확한 항법을 위해서는 거리 정보가 별도로 필요하다.

5) 위성항법

위성항법장치(GPS ; Global Positioning System)의 원리는 쌍곡선 항법과 비슷하다.

① 지상에 있는 송신국 대신에 궤도를 알고 있는 인공위성이 송신국이 됨

② 지구 전체를 커버하기 위하여 6개의 궤도면에서 각각 4개씩 총 24개의 인공위성이 사용된다.

③ 지상에서 4개 이상의 위성이 동시에 보이면 위치를 계산할 수 있지만, 실제로는 8개 정도의 위성신호를 동시에 수신하여 처리한다.

④ 위성항법은 4개 이상의 위성을 사용하여 위치를 계산하므로 3차원 위치를 결정할 수 있다.

6) 관성항법(Inertial Navigation)

① 앞에서 본 쌍곡선 항법, 단거리 항법, 위성 항법은 모두 전파의 성질을 이용하고 있으며, 지상국과 항공기 탑재장치, 또는 인공위성과 탑재장치가 함께 결합되어야 항로를 결정할 수 있다. 이런 방식은 전파를 이용하기 때문에 전파항법(Radio Navigation)이라고 부른다.

② 관성항법은 우주 비행에서 위치를 결정하는 방법으로 개발되었다.

③ 운동에 의해 나타나는 관성인 가속도와 가속도를 측정하여 적분함으로써 속도와 위치를 계산하는 원리이다.

SECTION 05 근거리 항법장치

1 자동방위 측정기(ADF ; Automatic Direction Finder)

지향성이 강한 루프 안테나를 사용하여 전파가 들어오는 방향을 측정하여 항공기의 방위각을 나타내는 장치

1) 기본 원리

그림과 같이 루프 안테나의 면이 X방향이나 X' 방향과 평행할 때는 최소 감도가 된다. 이 원리를 자동 방위 측정기에 적용하기 위해서는 두 가지 문제가 해결되어야 한다.

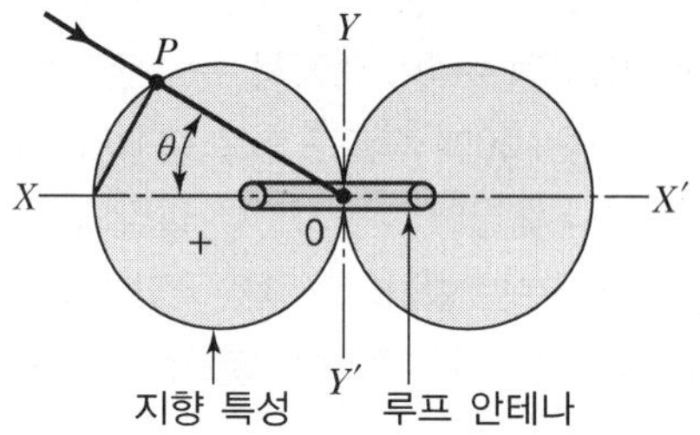

| 안테나의 지향성 |

먼저, 안테나를 회전시키지 않고 각도에 따른 감도를 측정하는 방법과 전파의 강도가 최대로 되는 X와 X′의 방향 중에서 어느 방향이 송신국이 위치한 방향인지를 찾아내는 방법이다.

그림 A와 같이 서로 직교하는 루프 안테나를 하나의 평면 페라이트 코어에 감아 두면, 전후 루프와 좌우 루프에 각각 유기되는 전압이 수신 전파의 세기에 따라 결정된다.

전후 루프를 항공기의 동체 중심축과 일치시키면 다른 루프는 좌우 방향으로 위치하게 된다.

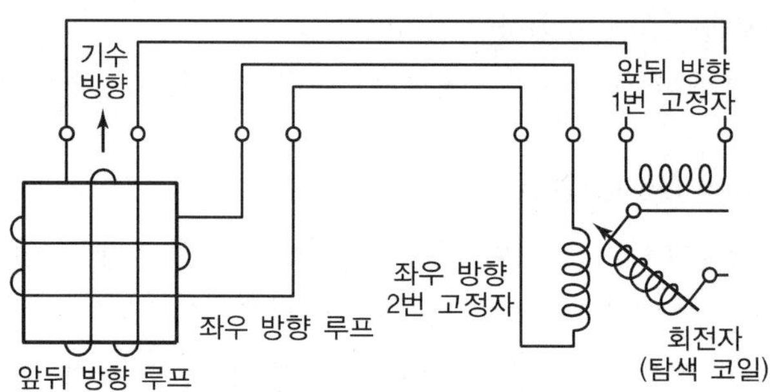

① 고니오미터(Goniometer) : 안테나 소자를 회전시키지 않고도 루프 안테나를 회전시키는 것과 같은 효과를 얻어 전파의 방향을 측정하는 장치이다.

각 루프 안테나의 코일에 유기되는 전압은 그림 A와 같은 특성에 따르므로 전파의 방향에 따라 전압의 크기가 결정된다. 하나의 루프면이 전파의 진행방향과 수직이면 전압이 전혀 유기되지 않고, 자연히 다른 루프 코일에는 최대의 전압이 유기된다.

루프 코일은 전파의 방향을 측정하는 고니오미터(Goniometer)의 고정자 코일과 연결되어 있다. 고니오미터의 회전자가 360° 회전하면 정확하게 루프 안테나의 특성을 그대로 연장하여 전파의 방향을 찾을 수 있다.

수직 편파로 송신된 자동 방위 측정기의 전파가 균일하지 않은 지구 표면과 전리층에서 반사되면서 루프 안테나에 도달할 때에는 어느 정도 수평 편파의 성분을 가지게 되므로, 이상적인 지향 특성에서 영점의 각도가 불분명해져 오차의 원인이 된다.

그림과 같은 루프 안테나의 지향성을 이용하여 전파의 방향을 측정하는 경우에 루프 안테나가 한 바퀴 도는 동안 수신 강도가 최소가 되는 점이 두 번 나타난다. 이 가운데 하나는 실제 전파의 수신방향을 지시해 주지만, 다른 하나는 그와 반대방향이므로 어느 것이 실제의 수신방향인가를 결정해야 한다.

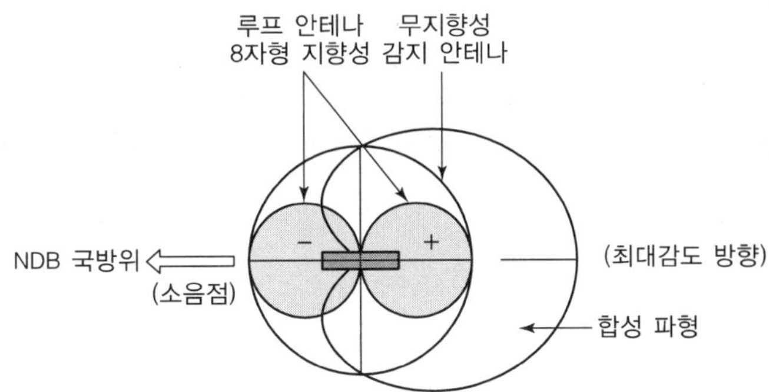

루프 안테나 출력과 감지 안테나 출력에는 90°의 위상차가 나므로, 이것을 위상 변형시켜 같은 위상이 되도록 하고, 전압도 같게 처리하여 합하면 그림과 같이 심장 보양의 지향 특성을 얻는다. 이와 같이 하면 최대 감도점, 최소 감도점이 각각 하나로 되기 때문에 전파 수신 방위를 결정할 수 있다.

2) 구성요소

지상에는 송신국, 즉 무지향성 무선 표지 시설이 있으며, 탑재 장치로는 루프 안테나, 고니오미터, 아래 그림과 같은 수신기, 표시기 등이 있다.

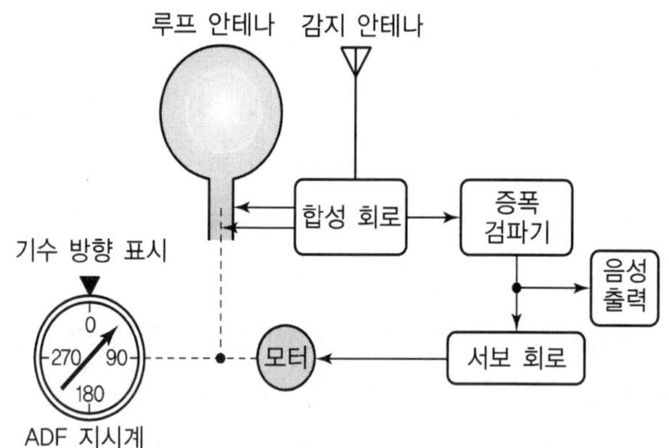

무지향성 무선 표지 시설은 장파 또는 중파인 190~1,750[kHz] 대역에 속하는 한 주파수의 전파를 지향성 없이 전방위로 발사한다. 무지향성 무선 표지 지상국은 발사 전파에 실린 송신국 부호로 식별한다.

2 초단파 전방향 무선 표지

VOR(VHF Omnidirectional Range)는 정확한 항공기의 방위각을 알려주는 장치로, 1949년부터 국제 민간 항공기구에 의해 단거리 항법 장치의 국제표준으로 채택되었다.

1) 기본 원리

① 초단파 전방향 무선 표지의 원리는 등대에 비유할 수 있다. 일정한 회전수로 회전하고 있는 불빛과 회전 불빛이 북쪽을 향하고 있을 때만 전방위로 반짝하는 불빛이 설치되어 있다고 가정하자. 회전하는 불빛이 한 바퀴 도는 데 걸리는 시간을 알고 있고, 전방위로 반

짝하는 불빛을 본 순간부터 회전하는 불빛을 보게 될 때가지 걸리는 시간을 측정하면 등대를 바라보는 방위를 결정할 수 있다.

② 그림과 같은 초단파 전방향 무선 표지의 지상국에서는 초단파 대역의 전파에 전방위로 반짝이는 불빛에 상응하는 기준 신호와 회전하는 불빛에 상응하는 가변 위상 신호를 실어 보낸다. 또, 초단파 전방향 무선 표지 송신국의 위치를 확인하도록 1,020[Hz]의 신호를 진폭 변조하여 모스 부호로 고유한 식별 부호를 송신한다. 이 신호를 30초 동안에 최소한 3번 이상 낸다.

③ 또 초단파 전방향 무선 표지 신호에 영향을 주지 않는 범위에서 지상 항공기 사이에 음성 통화를 할 수 있도록 300~3,000[Hz]의 대역폭을 가지는 음성 정보도 진폭 변조로 포함된다. 기준 신호로 중심 주파수 9,960[Hz]를 ±480[Hz]의 폭으로 주파수 변조하여 사용한다. 그림과 같이 30[Hz]의 정현파를 나타내기 위하여 자북에 해당하는 최대값일 때에는 10,440[Hz]가 되고 최소값일 때에는 9,480[Hz]가 된다.

④ 가변 위상 신호는 8자형 지향 특성을 가지는 다이폴 안테나를 1,800[rpm]으로 회전시키면서 같은 크기의 전방위 전파를 합성하여 만든다. 결과적으로, 심장형의 지향성을 가지는 전파가 송신된다. 어느 한 점에서 이 전파를 수신하면 30[Hz]로 진폭 변조된 신호를 얻을 수 있고, 기준 신호와 비교하면 송신국과의 상대 방위를 구할 수 있다.

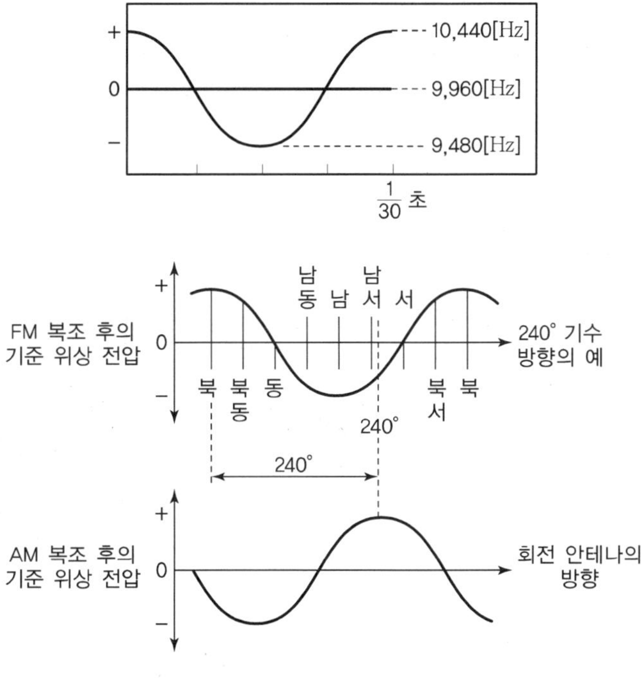

| 수신된 기준 기호와 가변 위상 신호의 예 |

⑤ 앞의 그림은 초단파 전방향 무선 표지 송신국과 수신 지점과의 상대 방위에 따라 수신되는 가변 위상 신호를 나타내고 있다.

⑥ 신호의 위상차로 얻게 되는 신호는 지상국을 중심으로 한 방위각이지만, 실제 조종사에게는 항공기를 기준으로 지상국이 위치하는 방위각을 지시한다.

⑦ 아래 그림은 초단파 전방향 무선 표지 지상국을 기준으로 한 항공기의 방위각은 135°이지만, 항공기를 중심으로 지상국의 방위는 135+180=315°를 향해 가는 것이 된다.

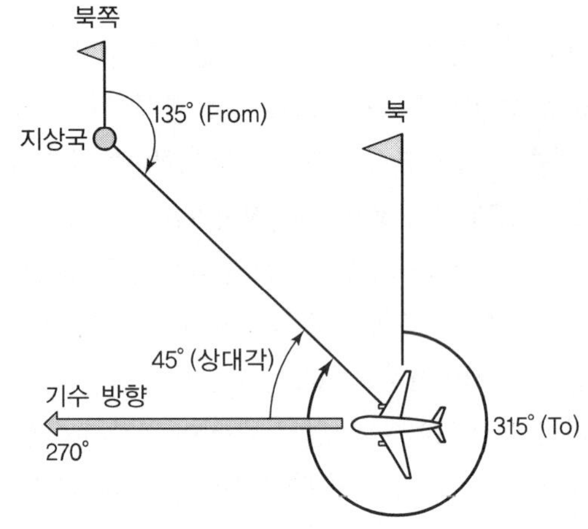

2) 초단파 전방향 무선 표지 수신기

① 초단파 전방향 무선 표지와 자동 착륙 장치의 로컬라이저가 같은 주파수 대역인 108~118[MHz]이므로 하나의 안테나에 겸용 수신기를 사용한다.

② 수신기는 주로 2중 슈퍼헤테로다인 방식을 사용한다.

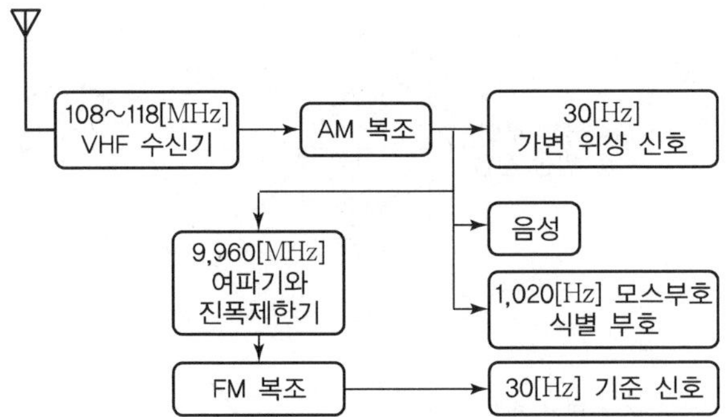

3) 도플러 초단파 전방향 무선 표지(DVOR)

① 지상국의 안테나를 넓은 면으로 펼쳐 놓은 방식을 사용하여 주변의 지형지물에 의한 오차를 줄이는 방법이다. 전파를 변조하는 방식은 다르지만 항공기 탑재장치는 같다.

② 도플러 초단파 전방향 무선 표지에서 기준 신호는 30[Hz]로 진폭변조되어 있고, 가변 위상 신호는 9,960[Hz]의 부반송파에 30[Hz]로 주파수 변조되어 있다. 이것은 기존의 초단파 전방향 무선 표지 신호체계와 비교하면 진폭변조와 주파수 변조가 서로 뒤바뀌어 있는 것과 같다.

- 도플러 효과 : 파동을 내는 장치에 대하여 상대 속도를 가진 관측자가 가까워질 때에는 관측되는 주파수가 높아지고, 멀어질 때에는 주파수가 낮아지는 현상

3 거리측정장치

거리측정장치(DME ; Distance Measuring Equipment)는 960~1,215[MHz]의 주파수 대역을 사용하며, 그림과 같이 항공기의 질문 신호에 대해 지상국에서 응답 신호를 보내 항공기와 거리 측정 지상국 사이의 거리 정보를 제공한다. 거리측정장치는 초단파 전방향 무선 표지 시설과 병설되어 VOR/DME로 불리며, 국제 표준으로 규정되어 있다.

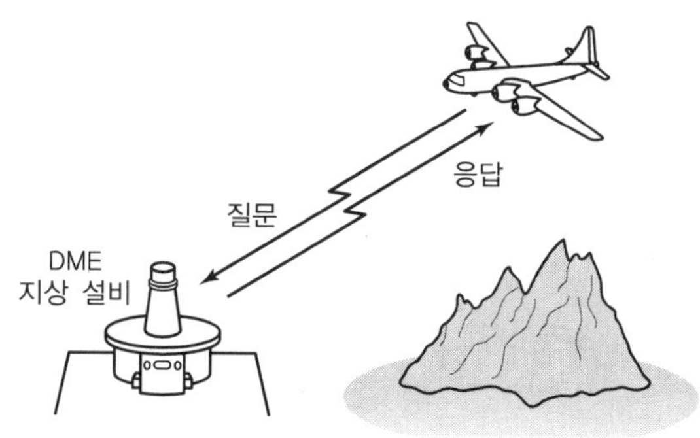

1) 기본원리

① 거리측정장치는 그림과 같이 항공기에 탑재된 질문기와 지상에 설치된 응답기로 이루어진다.

② 질문신호에 대해 응답신호가 도달하는 데 걸리는 시간차를 이용하여 거리를 계산한다. 시간차는 일정한 주기를 가지는 클럭 수를 세어 얻는다.

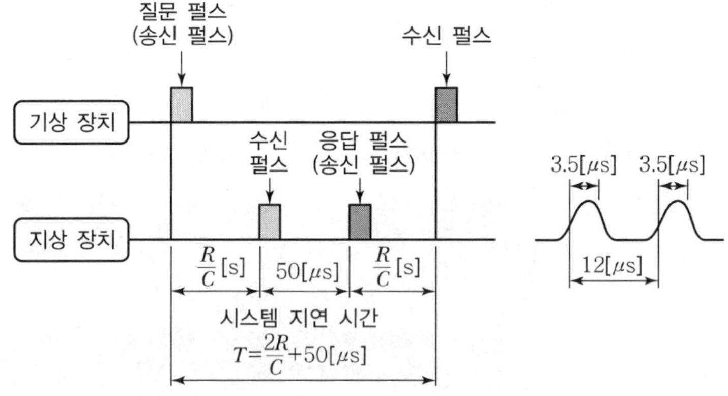

2) VOR/DME

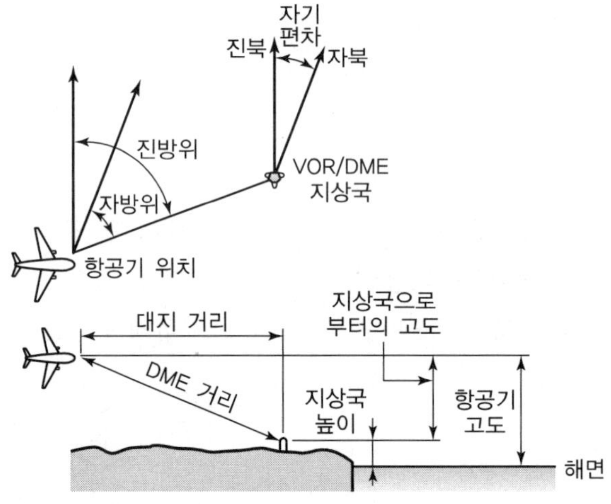

① 초단파 전방향 무선 표지 시설과 거리측정장치 지상국이 같이 설치되어 거리와 방위 정보가 얻어진다.

② VOR/DME 국으로부터 사거리와 자방위를 얻고, 압력 고도계로 얻어지는 항공기 고도 자료를 이용하여 항공기의 위치를 계산한다. 지상국에 대한 자료는 항법 계산기에 기억되어 있다.

③ 그림과 같이 항공기는 VOR/DME까지의 사거리와 자북을 얻게 되는데, 지상국의 자기 편차를 이용하여 진북을 구하고 항공기의 방위를 계산한다.

④ 항공기의 해발 고도를 압력 고도계로 알고 있으므로, 지상국의 높이를 알면 DME로 구한 사거리에서 지면에 대한 거리인 대지 거리를 구한다.

3) 지시와 작동

항공기의 자방위는 나침 원판과 지침이 가리키는 20°이며, 한 겹의 화살표가 밭은 지침이 VOR/DME－1인데, 방위각 110°에 거리가 48.5[n mile] 떨어져 있다. 두 겹의 지침으로 표시하는 방위각이 66°로, 거리가 124[n mile] 떨어져 있다.

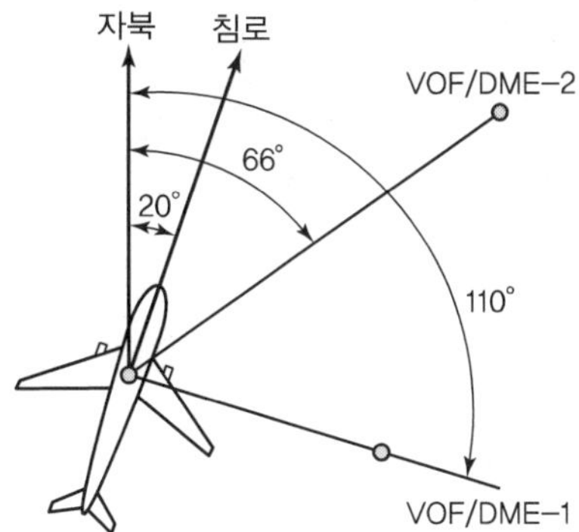

4 전술항공항법장치(TACAN ; Tactical Air Navigation)

- 전술항공항법장치는 지상국에서 항공기까지의 거리와 방위를 제공하는 전파항법장치 중의 하나이다. 운래 군용 근거리 항법 장치로 개발되었는데, 거리측정 부분이 거리측정장치의 국제표준방식을 택하고 있다. 따라서 초단파 전방향 무선 표지와 전술항공항법장치 지상국을 같이 설치하여 군용기와 민간 항공기에 방위와 거리 정보를 제공하는 시스템으로 이용하고 있다.
- 사용주파수는 962~1,213[MHz]의 극초단파 대역이며, 조종실 제어기에 의해 채널을 선택할 수 있다.

1) 기본원리

① 전술항공항법장치에 사용되는 주파수는 거리측정장치와 동일하며, 채널 수도 252개로서 모두 같다. 지상국과 기상국의 송신 및 수신 주파수의 차이도 거리측정장치와 같이 63[MHz]이다.

② 거리측정은 거리측정장치와 같이 항공기에서 질문 펄스를 보내면 지상국에서 응답 펄스를 보내 그 시간 차이로 계산한다. 다만, 거리측정장치에서는 주변에 항공기가 없더라도 초당 최소 700개의 응답 펄스를 내지만, 전술항공항법장치에서는 초당 2,700개의 응답 펄스 수를 항상 유지한다. 방위 측정 VOR와 같이 항상 지상국에서 송신되는 전파에 진폭 변조된 방위 정보를 가하여 기상 탑재 장비에서 이것을 수신하는 것이다.

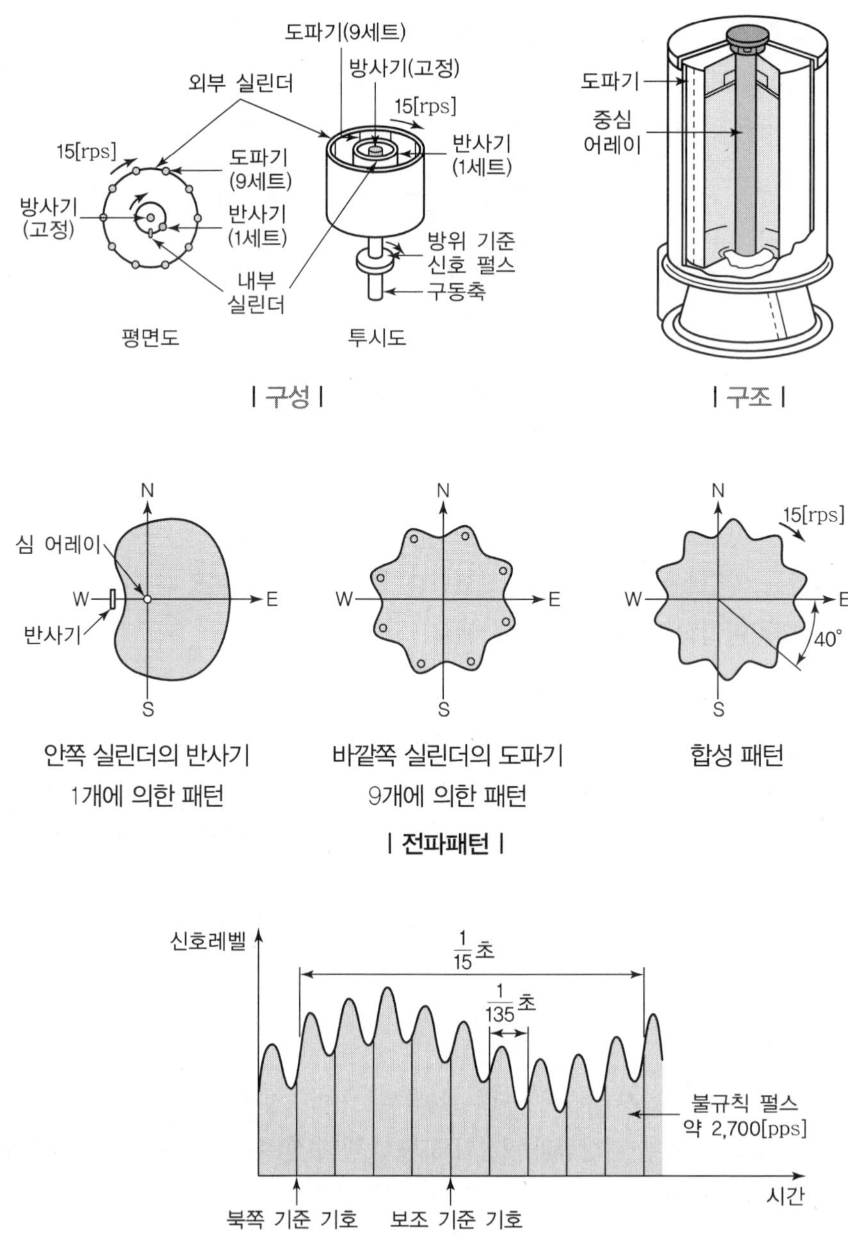

| 구성 |

| 구조 |

안쪽 실린더의 반사기 1개에 의한 패턴

바깥쪽 실린더의 도파기 9개에 의한 패턴

합성 패턴

| 전파패턴 |

| 주기적 신호 레벨 패턴 |

SECTION 06 위성항법장치

1 기본원리

1) 위성항법의 유래

위성항법장치(GPS ; Global Positioning System)는 1973년 미국 국방성에 의해 개발되기 시작하여, 1993년부터 본격적으로 가동되었다. 위성항법시스템에 적합한 장비를 갖춘 항공기, 선박뿐만 아니라 개인도 시간이나 기상 상태에 관계없이 지구 전역에서 위치정보를 제공받을 수 있는 시스템이다.

2) 위치측정 원리

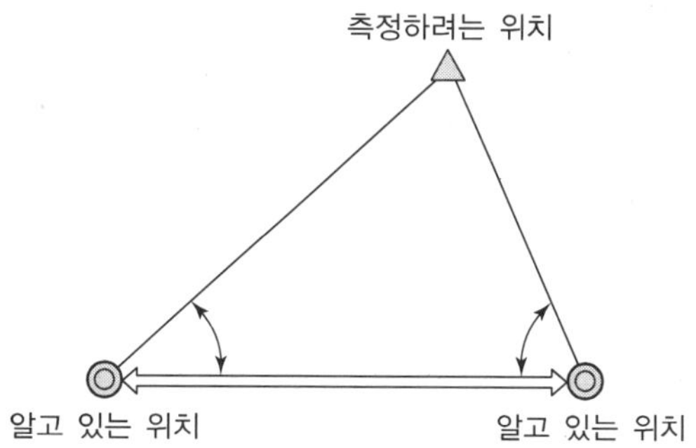

① 위치를 측정하는 가장 일반적인 방법은 삼각 측량이다. 알려지지 않은 지점의 위치를 측정하기 위하여 알고 있는 두 지점에서 측정하려는 지점을 바라보는 각의 크기와 그 사이의 변의 길이를 측정하고, 삼각함수 관계식을 사용하여 계산한다.

② 위성항법장치에서는 알고 있는 2개의 위치가 인공위성이 되고, 각도를 측정하는 대신에 인공위성까지의 거리를 측정하여 측정하려는 위치를 결정한다.

③ 인공위성에서 바라본 지구는 둥글기 때문에 그림과 같이 편면 개념을 공간으로 확장하면 인공위성 3개가 필요하며, 각각의 인공위성의 위치관계를 알고 있는 상태에서 측정하려는 위치까지의 거리를 알면 위도, 경도 및 고도로 주어지는 위치를 계산할 수 있다. 시간 차이로 거리를 계산하므로 기준 시간이 정확해야 한다. 기준 시간을 설정하기 위해 또 하나의 인공위성이 필요하기 때문에 위성항법으로 위치를 결정하려면 그림과 같이 동시에 4개 이상의 인공위성 신호를 수신할 수 있어야 한다.

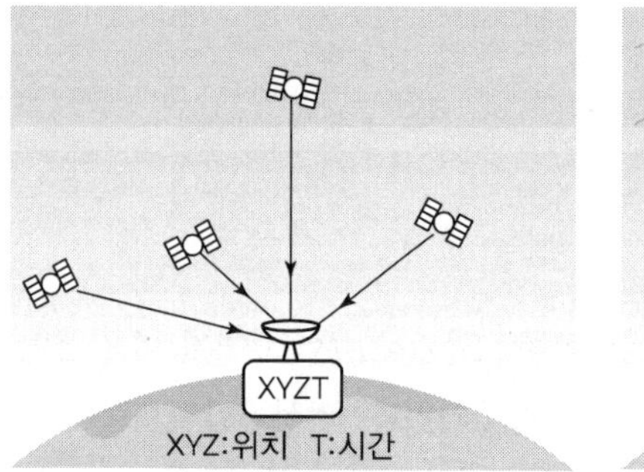

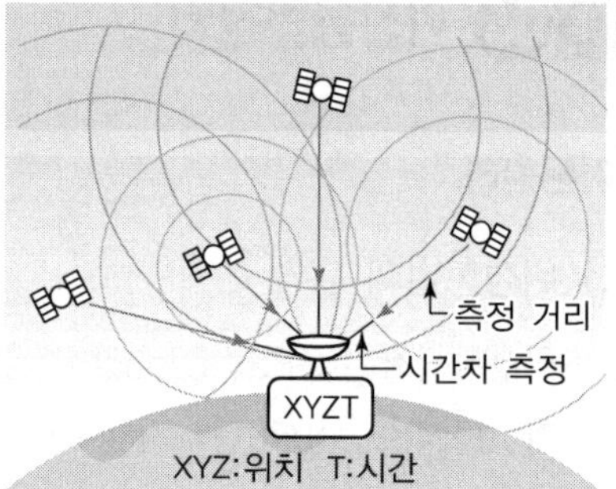

④ 실제로 위성의 위치를 기준으로 위성항법 수신기의 위치를 결정하기 위해서 위성의 정확한 위치를 알아야 하는데, 이 위성의 위치를 계산하는 데는 GPS 위성으로부터 전송되는 궤도 자료를 사용한다. 각 위성은 두 가지의 서로 다른 주파수의 신호를 동시에 발생시키는데, L1 반송파라고 부르는 1.57542[GHz] 주파수와 L2 반송파라고 부르는 1.2276[GHz] 주파수의 신호로 구성되어 있다. 이렇게 반송파에 실리는 정보는 의사 잡음 부호와 항법 메시지로 이루어진다.

3) 위성항법장치의 종류

- **단일위성항법장치** : 30~40[m] 수준의 위치 정확도를 지님
- **보정위성항법장치(DGPS ; Differential GPS)** : 수[m] 또는 수[cm] 수준의 정확도를 가짐

① 단일위성항법장치

㉠ 4개 이상의 항법용 위성신호를 수신할 수 있는 위성항법 수신기로 지구 어느 곳에서든지 30~40[m] 수준의 위치 정확도로 사용자의 위치를 구할 수 있다.

㉡ 단일위성항법장치가 제공하는 서비스는 일반 사용자를 위한 표준 위치 측정 서비스와 군사적 목적을 위한 정밀 위치 측정 서비스로 분류된다.

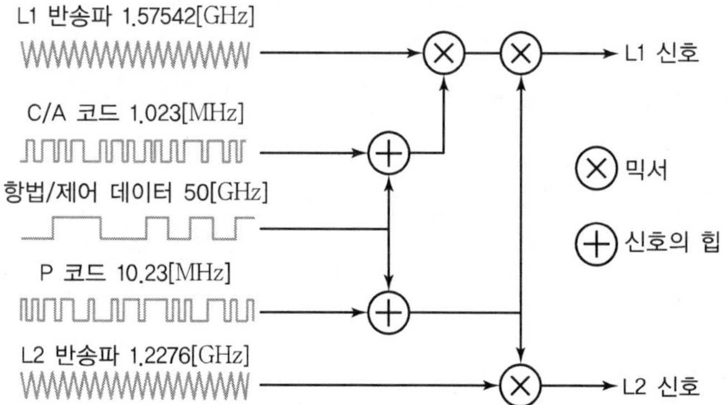

㉢ 표준 위치 측정 서비스에서는 항법 데이터 및 위치 계산을 위해 필수적인 C/A코드(Coarse Acquisition Code)를 L1 반송파만을 통하여 사용자에게 전송한다.

㉣ 정밀 위치 측정 서비스에서는 C/A 코드와 다른 P코드(Precise Code)를 L1/L2 반송파를 통하여 사용자에게 전송한다.

㉤ P코드는 C/A코드보다 10배 높은 주파수를 지니므로 정밀도가 훨씬 높지만, 암호화되어 전송되므로 정밀 위치 측정 서비스 사용 허가를 받은 사용자만이 이 암호를 해독할 수 있다.

② 보정위성항법장치

㉠ 별도의 수신기를 가진 기준국과 사용자용 수신기로 구성된다. 위치가 정확히 측정된 지점에 설치된 기준국에서는 기준국용 수신기를 사용하여 위성 데이터를 수신한다. 기준국에서는 실제 위치를 알고 위성까지의 실제 거리를 계산할 수 있으므로 포함된 거리 오차를 계산할 수 있다.

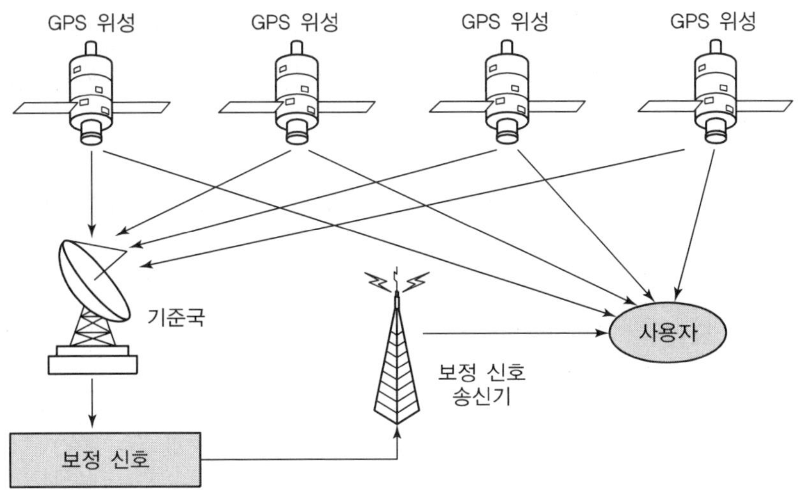

㉡ 위성항법용 인공위성은 지상으로부터 매우 먼 거리에 있으므로, 기준국과 사용자 간의 거리가 150[km] 이내로 가까울 경우에는 기준국에서 계산한 거리오차가 사용자에게 측정되는 거리오차와 거의 같다. 따라서, 기준국에서 계산한 오차항을 무선 통신으로 받아서 사용자가 측정한 거리를 보정하면 거리오차가 감소하여 수 [m] 수준의 위치 정확도로 사용자의 위치를 계산할 수 있다.

㉢ 보정항법시스템에서는 보정값 전송을 위해 부가적으로 통신망이 구축되어야 하지만, 이러한 통신망이 구축되면 보정 정보를 수신할 수 있는 모든 사용자는 수 [m] 수준의 정확도로 위치를 측정할 수 있다.

2 위성항법장치의 구성

우주 부문, 관제 부문, 사용자 부문으로 나눈다.

1) 우주 부문

① 24기의 위성을 6개의 궤도에 배치한다.
② 고도는 20,200[km] 상공에서 약 12시간을 주기로 지구 주위를 돈다.
③ 궤도면은 지구 적도면과 55°의 각도를 이루고 있다.
④ 6개의 궤도는 60°씩 떨어져 있고, 한 궤도 면에는 4기의 위성이 존재한다.
⑤ 이처럼 배치하는 것은 지구상의 어느 지점에서나 동시에 5개에서 최대 8개까지 위성을 볼 수 있게 하기 위해서이다.

2) 관제 부문

세계 각지에 널리 분포해 있는 여러 관제국을 통해 GPS 위성을 추적하고 감시함으로써 가능한 한 정확하게 위성의 위치를 추정하며, 여러 가지 보정 정보를 위성에 송신한다. 각 위성은 이렇게 설정된 보정 정보를 항법 데이터의 한 부분으로서 사용자에게 전송한다.

3) 사용자 부문

위성 신호를 수신하여 위치를 계산하는 위성 항법 수신기와 이를 응용하여 각각의 특정한 목적을 달성하기 위해 개발된 다양한 장치로 구성된다.

3 오차 요인

GPS 위치 측정의 정확성을 떨어뜨리는 요소들은 구조적 요인으로는 인공위성 궤도 오차, 인공위성시계오차, 전리층과 대류층의 굴절, 잡음 및 다중 경로 등이 있다.

1) 위성궤도오차 및 시계오차

① 위성궤도오차는 위성의 위치를 구하는 데 필요한 위성궤도 정보의 부정확성으로 인해 발생한다. 위성궤도오차의 크기는 1[m] 내외이다.
② 위성시계오차는 위성에 내장되어 있는 시계의 부정확성 때문에 발생한다. 일반적으로 위성에 내장된 시계는 매우 정확하므로 시계오차를 충분한 정확도로 예측할 수 있다. 위성오차의 크기는 1~2[m] 정도이다.
③ 고의 잡음이 제거된 이후이므로 고의 잡음이 포함되었을 경우에는 이 오차 항이 전체 측정값에 가장 큰 영향을 끼치게 된다.

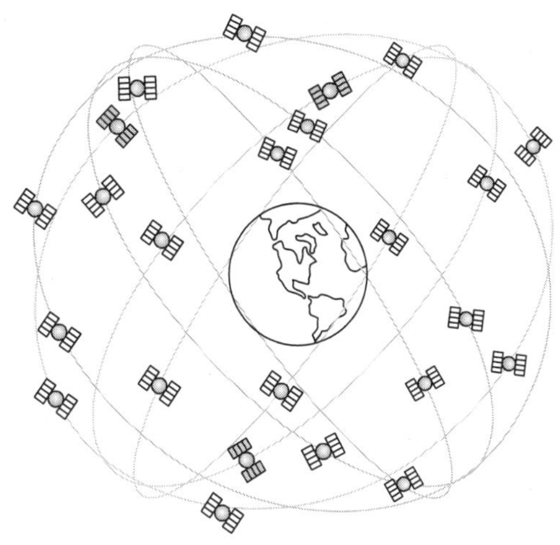

2) 경로 오차

① 위성 항법 신호가 지나는 경로에는 전리층과 대류층이 있다. 경로 오차는 이러한 층을 지날 때 전파의 지연이나 간섭에 의해 생기는 오차이다.

② 가장 큰 오차 요인인 전리층 오차는 약 350[km] 고도상에 집중적으로 분포되어 있는 자유 전자와 위성 신호와의 간섭 현상에 의해 발생한다. 전리층 오차의 크기는 약 7[m] 내외로서, 오후 2시경에 최대가 되며, 밤에는 전리층 활동이 적으므로 최소가 된다.

③ 대류권 오차는 고도 50[km]까지의 대류층에 의한 위성신호 굴절현상으로 인해 발생한다. 대류층 오차의 크기는 약 3[m]이다.

④ 다중경로 오차는 위성으로부터 직접 수신된 전파 이외에 부가적으로 주위의 지형지물에 의해 반사된 전파로 인해 발생하는 오차이다. 다중 경로 신호는 인공위성에서 바로 오는 신호가 아니라 반사되어 들어오는 신호를 받아들이는 것이다.

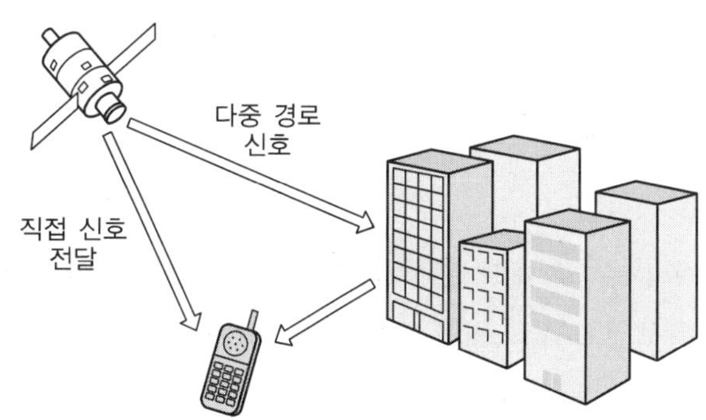

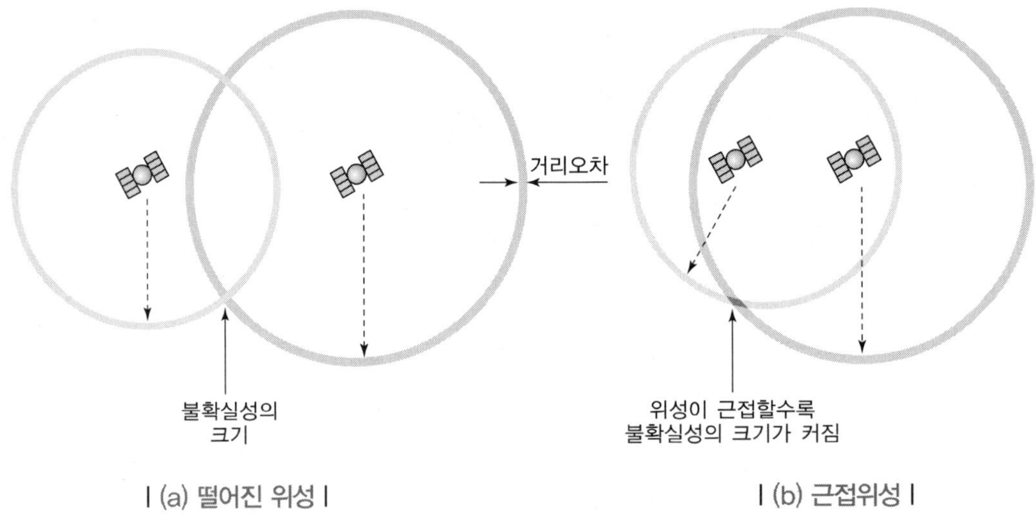

| (a) 떨어진 위성 | | (b) 근접위성 |

3) 위성 배치에 따른 오차

① 시야가 넓은 평지나 고도가 높은 지역에서는 인공위성이 8개까지 보인다. 그러나 시야가 가려서 사용할 수 있는 위성의 수가 줄어들어 최소 4개의 위성은 보이지만, 그림 (a)와 같이 배치된다면, 각각의 인공위성이 가지는 오차를 서로 상쇄하지 못하므로 전체적인 오차는 커진다. 반면 그림 (b)와 같이 인공위성 배치는 인공위성이 고르게 분포되어 있기 때문에 위성 항법 시스템의 원리에 의해 위치를 계산할 때 오차가 작다.

② 위성 항법 수신기에서는 인공위성이 고르게 배치된 정도를 나타내기 위해 희석도(DOP ; Dilution of Precision)라는 값을 계산한다. 이 값이 가장 작아지는 조합을 선택하여 위치를 계산함으로써 오차를 줄이고 있다.

4 GPS의 특징

① 전세계적이고 연속적인 위치 및 시간 결정이 무제한의 이용자에게 제공된다.

② 대역 확산 통신 방식의 채택으로 혼신의 영향을 끼칠 수 있다.

③ 이용 코드의 선택, 동시 병행 수신이 가능하므로 용도에 따라 적절한 정밀도의 자료를 얻을 수 있다.

④ GPS의 정밀도는 두 개의 이용 가능한 코드에 따라 좌우되는데,

㉠ 상용 코드인 C/A 코드(Coarse/Acquisition)인 경우, 위치오차는 100[m], 시간오차는 170×10^{-9}[sec]이고,

㉡ 고정밀 코드인 P 코드(Precision Code)인 경우에는, 위치오차 16[m], 속도오차가 0.1[m/s], 시간오차는 10^{-7}[sec]이다.

㉢ DGPS(Differential GPS)를 이용하면 정확도는 더욱 개선되어 C/A코드의 위치오차가 10[m] 정도로 된다.

SECTION 07 관성항법장치

1 관성항법장치의 원리

① 관성항법장치(INS ; Inertial Navigation System)는 외부의 도움 없이 탑재된 센서만으로 항법 정보를 계산한다. 이러한 특징 때문에 대륙 간 탄도탄이나 장거리 우주 비행체를 위해 개발되었다.

② 관성항법장치란, 가속도계로 항공기의 운동 가속도를 검출하여 이것을 적분하여 속도를 구하고, 다시 속도를 적분하여 이동거리를 구하여 초기 출발지의 위치를 기준으로 항법 정보를 계산하는 장치를 말한다.

2 관성항법장치의 종류

1) 안정대 방식

안정대 : 항공기 운동과 반대 회전을 하면서 항상 지면과 수평을 유지하는 판을 말한다.

① 각 방향에 대한 가속도를 항공기의 자세 변화와 관계없이 구하는 방법에 따라 관성항법장치의 종류가 나누어진다.

② 가장 쉽게 생각할 수 있는 방법이 안정대(Stable Platform) 위에 가속도계를 얹어 놓고 가속도계에서 측정되는 운동 가속도를 적분하여 속도와 위치를 구하는 것이다.

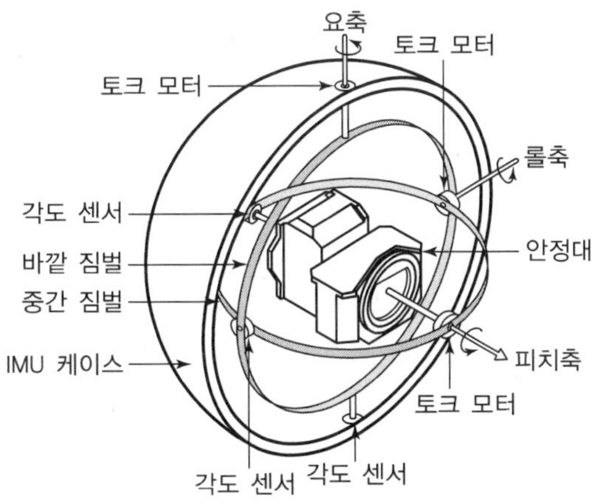

③ 그림은 안정대 방식의 관성측정장치를 나타낸 것이다. 가운데에 가속도계 3개와 자이로스코프 3개가 있는데, 각각의 자이로스코프에서 측정되는 각도 변화와 반대방향으로 토크 모터가 회전하여 항공기의 회전을 상쇄한다. 토크 모터 반대쪽에 붙어 있는 각도 센서는 자이로스코프에서 측정된 각도만큼 회전시키기 위해서 짐벌(Gimbal)의 회전 각도를 측정하는 센서이다.

2) 스트랩다운 방식

안정대 방식의 관성항법장치는 짐벌을 회전시키는 기계장치가 포함되므로 제작이 까다롭고, 비용이 많이 들며, 고장을 일으키기 쉽다. 따라서 안정대를 없애고 가속도계와 자이로스코프를 항공기의 기체에 고정시키는 스트랩다운 방식이 고안되었다.

Reference

➤ 관성 센서(자이로스코프)

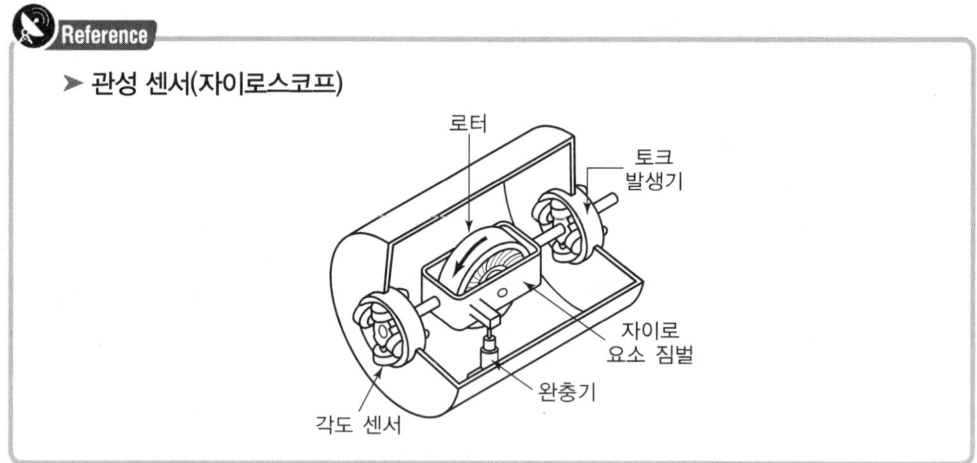

SECTION 08 보조항법장치들

1 전파 고도계

① 항공기의 고도는 피토관에서 측정되는 정압을 기준으로 고도에 따른 압력 변화표에서 고도를 환산하는 압력 고도이다. 압력 고도는 지표면의 지형과는 관계없이 해발 고도를 나타내므로 안개 속에서 산속을 비행할 때는 위험하다.

② 전파 고도계는 항공기에서 지표를 향해 전파를 발사하여 이 전파가 되돌아오기까지의 시간차를 측정하는 것으로 지표면에 대한 항공기의 절대 고도를 구하는 계기이다. 그러나 전파 고도계는 모두 저고도용이며, 측정 범위는 2,500[ft] 이하이다.

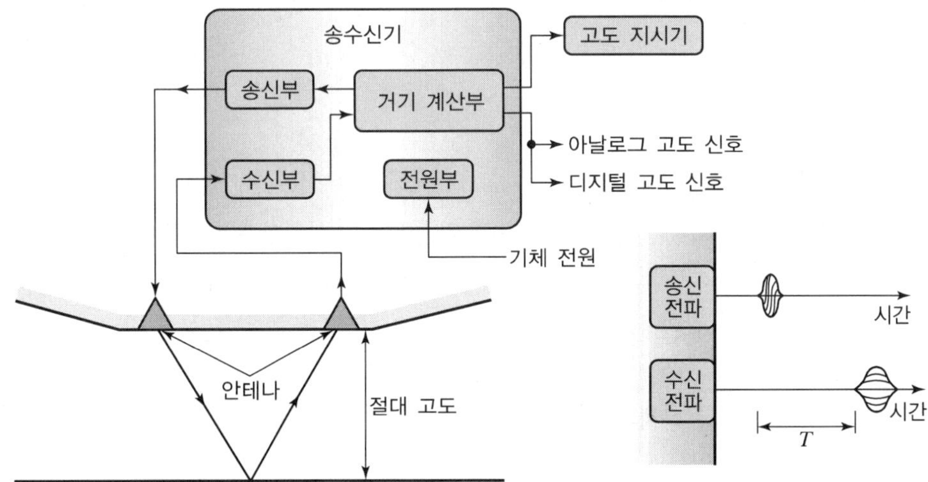

③ 전파 고도계는 펄스형의 전파를 송신하는 펄스 방법과 주파수 변조가 된 연속파를 이용하는 방법이 있다. 펄스 방법은 각종 지형과 눈, 얼음, 초목 등과 같은 지표면의 상황 및 기후의 영향을 받지 않는 장점이 있다.

2 기상 레이더

1) 레이더의 원리

레이더 안테나에서 목표물을 향하여 전파를 발사하면, 전파는 목표물에 도달하여 반사파가 다시 안테나로 돌아온다. 이 반사파를 수신하고 안테나와 목표물 사이를 왕복하는 시간을 측정하면, 전파의 속도는 광속도로 일정하므로 목표물까지의 거리를 구할 수 있다.

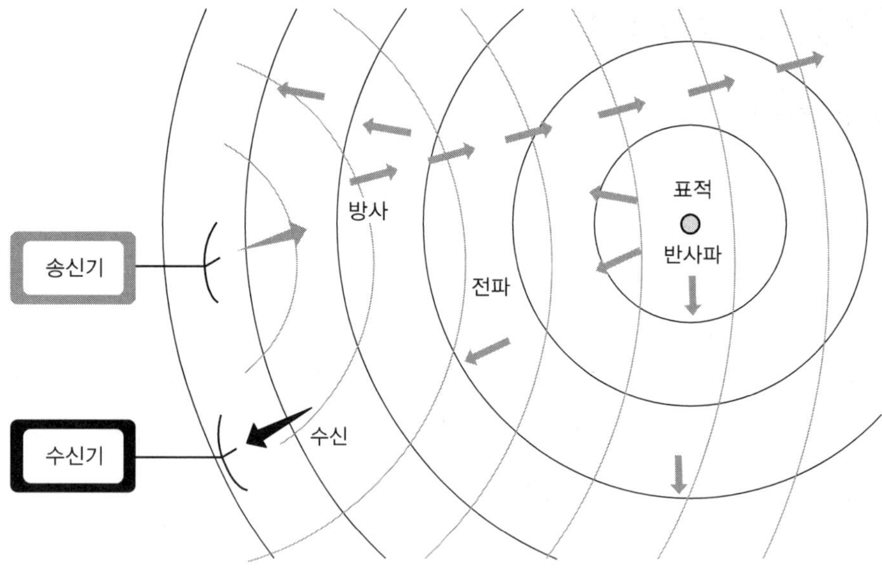

2) 레이더의 분해능

① 레이더는 멀리 있는 목표물을 가능한 한 선명하고 확실하게 탐지해 내어야 한다. 이를 위해서는 전파의 출력과 안테나의 이득이 크고, 수신기의 감도가 높아야 한다. 표적의 물리적인 크기가 같더라도 형상, 표면 처리 및 내부의 도체 구조 등에 따라 레이더 단면적(RCS ; Radar Cross-Section Area)이 달라진다. 스텔스 항공기는 레이더 단면적이 최소가 되도록 설계되어 있다.

② 같은 방향에 있는 두 표적 사이의 거리가 너무 가까우면 반사파가 서로 겹쳐져서 두 물체를 분간할 수 없게 된다. 두 표적을 서로 분간할 수 있는 최소 거리를 분해능이라고 한다.

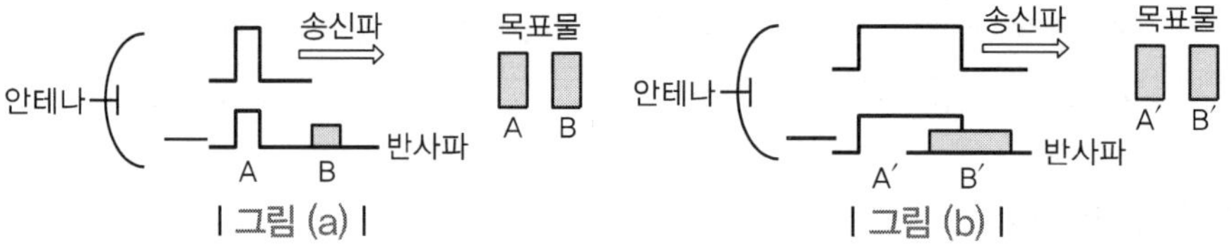

| 그림 (a) |　　| 그림 (b) |

③ 같은 거리만큼 떨어져 있는 물체에 대하여 그림 (a)와 같이 송신 펄스폭이 좁으면 반사파에서 두 물체를 서로 구별할 수 있지만, 그림 (b)와 같이 펄스폭이 넓으면 반사파가 겹치므로 구별할 수 없다. 따라서 분해능은 레이더 펄스폭에 따라 결정되며, 펄스폭이 작을수록 분해능이 좋아진다.

3) 기상 레이더

① 기상 레이더는 야간이나 시계가 나쁜 경우에도 항로 및 그 주변의 악천후 영역을 정확히 탐지하고 표시하고 조종사가 이러한 영역을 피해 비행하도록 정보를 제공하는 레이더이다. 악천후 지역의 빗방울로 인한 전파 반사를 이용하여 강우량이 많은 장소를 강우량 강약의 정보와 함께 조종실 내의 표시장치에 나타낸다. 또, 기상 레이더는 지형 탐지도 할 수 있으므로 항공기의 현재 위치를 탐지하는 데도 이용할 수 있다.

② 아래 그림은 항공기에 사용되는 기상 레이더 안테나이다.

③ 기상 레이더에 사용되고 있는 주파수는 9.375[GHz]의 X대역과 5.4[GHz]의 C대역의 두 종류가 있다.

④ 강우량이 많을 때에는 C대역이 감쇠가 작기 때문에 악천후 영역의 전방에 강우지역이 있는 경우에는 더욱 우수하다.

⑤ 전방에 강우지역이 없거나 강우량이 적은 구름인 경우에는 X대역 레이더가 유효거리가 길어서 더 우수하다.

3 STC & FTC

1) STC(Sensitivity Time Control) 회로

① 해면반사 제어회로(海面反射制御回路), STC회로. 레이더에서 목표물까지의 거리의 원근에 따라 증폭도를 변화시켜 일정한 출력이 되도록 감도를 억제하는 회로

② 레이다에서 반사에코 강도는 거리의 4승에 반비례하기 때문에 근거리에서 수신되는 목표물은 수신기가 포화되어 탐지를 못하는 경우가 발생한다. 이러한 문제점을 해결하기 위해서 수신이득은 근거리에서 축소되고 멀어질수록 서서히 증가되어 일정한 단면적을 가진 목표물로부터 수신된 신호가 거리에 따라 변화되지 않도록 하는 수신기 이득제어를

STC라고 한다. 이것은 펄스 레이다에서 수신기 이득을 시간(즉 거리)의 함수로 프로그램하여 사용할 수 있다.

③ 이득 자동조정회로 선박용 레이다에 있어서 근거리, 특히 해면반사를 억제하기 위하여 이 반사지역으로부터의 반사파가 도달하는 시간에 레이다 수신기의 중간주파수의 이득을 저하시키도록 한 회로로서 공항감시레이다에도 이 회로가 채택되고 있다.

2) FTC(Fast Time Constant) 회로

① FTC로 약기. 레이더 영상면에 비나 눈에 의한 반사가 나타나 목표물의 선명도가 저하하는 것을 제거하기 위하여 수신부의 제2 검파기와 영상증폭기 사이에 넣는 회로

② 소시상수회로(小時常數回路), FTC회로 FTC로 약기. 레이더 영상면에 비나 눈에 의한 반사가 나타나 목표물의 선명도가 저하하는 것을 제거하기 위하여 수신부의 제2 검파기와 영상증폭기 사이에 넣는 회로

CHAPTER 03

WIRELESS COMMUNICATION ENGINEERING

비행 자동제어장치

SECTION 01 자동조정의 기본모드

항공기 자동조종장치의 기본모드는 다음과 같다.

- 자세 유지 모드
- 자세 제어 모드
- 기수 방위 설정 모드
- 고도 유지 모드
- VOR/LOC 모드
- 계기 착륙 모드

1 자세 유지 모드

비행제어장치의 요댐퍼와 자동조종장치 결합 레버를 결합 위치로 한 모드이다. 피치 자세는 결합하였을 때의 자세를 유지하고, 롤 자세는 날개를 수평 위치로 돌렸을 때의 기수 방위를 유지한다.

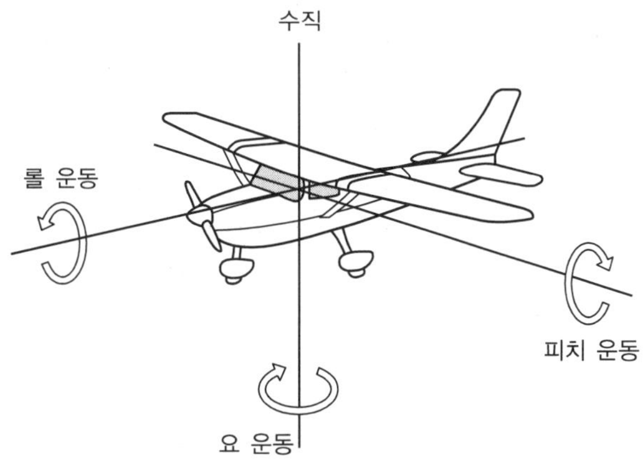

2 자세 제어 모드

비행제어장치의 선회 설정기나 피치 설정기를 돌려 기체의 자세를 바꾸는 모드이다. 기체의 롤각은 선회 설정기의 회전각에 비례하고, 기체의 피치각 속도는 피치 설정기의 회전각에 비례한다.

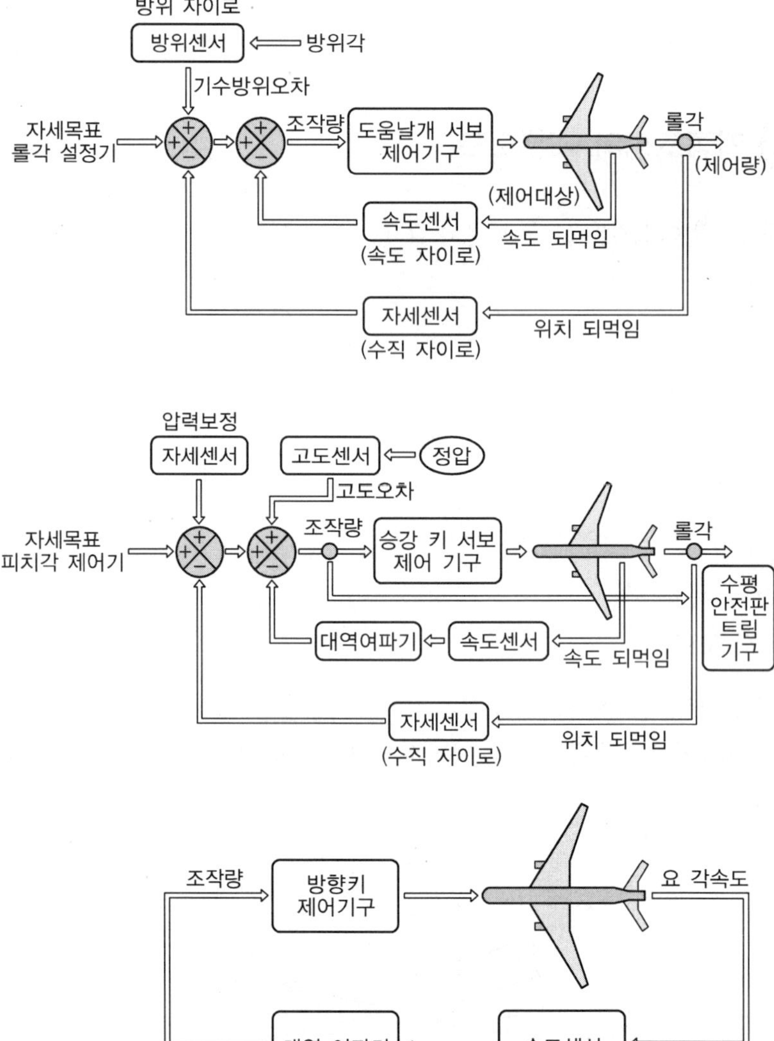

3 기수방위 설정 모드

기수방위 설정 모드는 수평 상태 지시계의 기수 방위 설정 노브를 설정한 방향으로 기수를 바꾸는 모드이다.

4 고도 유지 모드

고도 유지 모드는 자세 제어 모드 중의 하나이다. 적당한 상승 자세를 선택하면서 상승을 계속하다가 기체가 원하는 고도에 이르렀을 때 모드 선택기의 고도 유지 모드를 실행시키면, 고도 유지 모드를 실행시켰을 때의 고도로 안정되고, 이후 같은 고도를 계속 유지하며 비행한다.

5 VOR/LOC 모드

① VOR/LOC 모드는 초단파 전방향 무선 표지의 유도 전파를 이용하여 비행하는 모드이다. 항공기는 방위각을 유지하며 비행하기 위해서 전파항법시스템 중의 하나인 초단파 전방향 무선 표지를 사용한다.
② 초단파 전방향 무선표지는 거리측정장치와 함께 사용되는데, 초단파 전방향 무선 표지는 방위 정보를 제공하고, 거리측정장치는 거리정보를 제공한다.
③ 조종사는 비행 예정 코스를 수평 상태 지시계에서 설정한다. 초단파 전방향 무선 표지국을 수신할 수 있으면 모드 선택기의 VOR/LOC 버튼을 누른다. 항공기가 초단파 전방향 무선 표지 코스에 가까우면 전파를 포착할 수 있을 것이며, 초단파 전방향 무선 표지 전파에 의한 유도가 시작된다.
④ 항공기 유도에 의해 초단파 전방향 무선 표지국을 항하여 예정된 코드를 따라 직선으로 비행하게 되며, 초단파 전방향 무선 표지국 위를 통과해도 비행 경로를 계속 유지한다.

6 계기 착륙 모드

계기착륙장치(ILS ; Instrument Landing System)는 현재 가장 널리 사용되는 중요한 착륙 유도장치의 하나이다. 계기착륙장치의 전파를 수신할 수 있으면 조종사는 계기 착륙 모드를 실행시킨다. 항공기에 탑재된 수신기가 활주로에 설치되어 있는 지상장치로부터 송신되는 전파를 수신하여 활주로의 진입 착륙 코스로 유도하여 항공기는 자동 착륙하게 된다.

SECTION 02 계기착륙장치

안개가 끼었거나 낮은 구름, 폭설과 같이 비행하기에 좋지 않은 날씨, 즉 시정이 불량할 경우에 항공기가 공항에 안전하게 착륙하기 위해서는 정밀한 위치 정보가 필요하다. 이는 수평 위치나 고도에 대해 어느 정도 이상의 오차가 생길 경우, 항공기 활주로를 벗어나거나 땅과 충돌할 수도 있기 때문이다.

1 시스템의 구성

① 계기착륙장치는 안전한 착륙을 위해서 항공기의 진행방향 정보뿐 아니라 비행 자세와 활강 제어를 위한 정확한 정보를 제공해야한다. 따라서 항로 비행 중에 사용하는 고도계는 착륙 정보에 필요한 정밀고도측정기로는 부적합하다.

② 시정이 불량한 경우의 착륙을 위해서는 수평 및 수직 제어를 위한 전자적인 계기착륙장치가 필요하다.

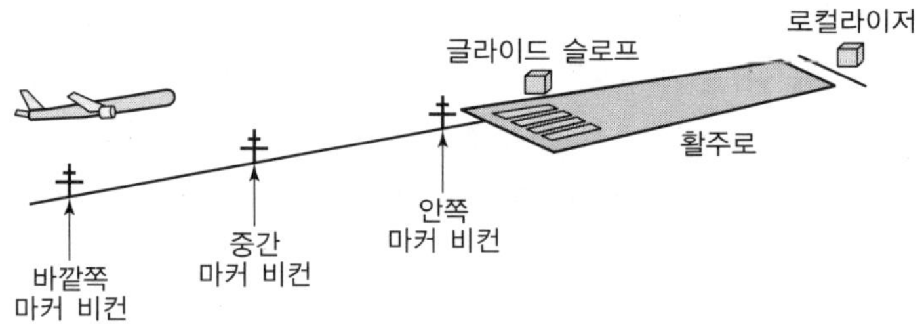

③ 계기착륙장치는 수평 위치를 알려주는 로컬라이저(Localizer), 활강경로를 전파로 나타내는 글라이드 슬로프(Glide Slope), 그리고 활주로까지의 거리를 표시해 주는 마커 비컨(Marker Beacon)으로 구성된다.

2 로컬라이저(Localizer)

① 로컬라이저는 활주로에 접근하는 항공기에 활주로 중심선을 제공해 주는 지상 시설이다.

② 아래 그림은 활주로 끝에 설치된 로컬라이저이다.

③ 지상 로컬라이저의 위치는 계기 진입 활주로의 진입단 반대쪽에 있는 활주로 중심선 연장선 상에 설치되어 있다. 이착륙 중인 항공기와 충돌하지 않도록 활주로에서 1,000[ft] 이상 떨어진 곳에 설치된다.

④ 로컬라이저 안테나는 주파수 108.1~111.95[MHz]를 50[Hz] 간격으로 구분하여 0.1[MHz] 단위가 홀수인 것을 사용한다. 항공기상의 계기에는 지상 송신기에서 나오는 좌우 주파수(90[Hz], 150[Hz])의 변조 성분에 따른 전기장 강도의 차이에 의하여 로컬라이저 지시기가 좌우로 움직이므로, 조종사는 항공기가 활주로 중앙으로부터 좌우로 벗어난 정도를 알 수 있게 된다.

⑤ 안테나로부터 나오는 지향성 전파는 활주로의 진입방향에 있는 중간 마커와 바깥쪽 마커 방향으로 발사되며, 그 반대방향으로도 전파가 발사된다. 비행 코스를 형성하는 지향성 전파는 항공기에서 활주로를 향해 오른쪽 성분은 150[Hz]의 변조 성분이 우세한 영역이고, 중심에서 왼쪽은 90[Hz]의 변조 성분이 우세한 영역이다.

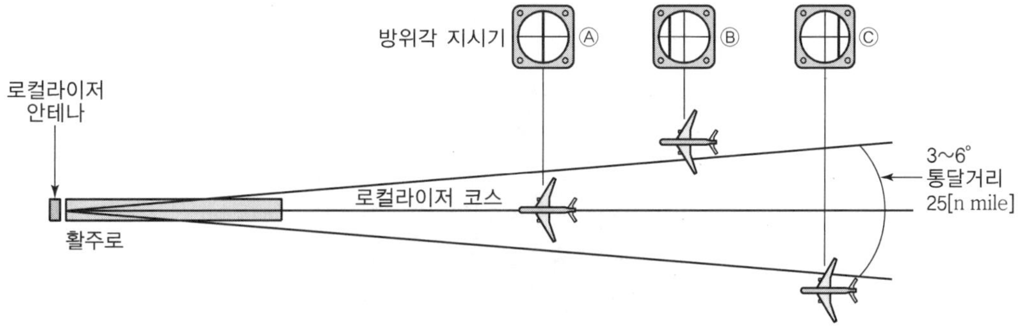

⑥ 코스의 폭은 그림에서와 같이 일반적으로 3~6° 정도이다.

⑦ 위 그림에서 Ⓐ는 활주로 중심선과 항공기의 방향이 정렬된 경우이다. Ⓑ는 항공기가 활주로에서 오른쪽으로 벗어나 있는 경우로, 로컬라이저 지시기가 왼쪽으로 치우쳐 있음을 알 수 있다. Ⓒ는 그 반대로 항공기가 활주로에서 왼쪽으로 벗어나 있는 경우로, 지시기가 오른쪽으로 벗어나 있다. 이와 같이 지시기는 활주로의 정렬방향을 나타낸다.

⑧ 항공기 탑재 수신기에서는 로컬라이저의 전파에 포함되어 있는 90[Hz]와 150[Hz] 변조파의 감도를 비교하여 진행 방향을 알아낸다. 즉, 항공기가 중심 선상을 비행할 경우에는 반송파 성분만 있으므로 양쪽 신호의 강도가 같으며, 지시기는 중앙을 지시하여 활주로를 향한 선상에 있음을 나타낸다. 이 중심선에서 항공기가 오른쪽으로 가면 150[Hz] 성분이 우세하게 되므로 지침이 왼쪽으로 치우쳐 코스는 항공기의 왼쪽에 있는 것을 타나낸다. 항공기가 왼쪽으로 가면 이와 반대가 된다.

⑨ 로컬라이저는 활주로의 설치 조건에 따라 공간의 어떤 부분에서는 자동 착륙을 위한 전파 제공 서비스를 제대로 만족시키지 못하는 경우가 있다. 이러한 경우에는 로컬라이저의 안테나 폭을 넓혀서 빔 폭을 좁힘과 동시에 중심선 방향의 전기장 강도와 장애물 방향의 전기장 강도와의 비를 크게 할 수 있는 패턴을 만들어서 개선할 수 있다. 또 다른 개선책으로 2개의 주파수를 사용하는 로컬라이저를 사용하는 방식이 있다.

⑩ 이 밖에도 접근 중이거나 이륙 중인 항공기와 같은 이동 물체로부터 반사되는 전파가 후속기나 접근기에 대하여 비교적 큰 간섭을 주는 경우도 있다.

3 글라이드 슬로프

① 글라이드 슬로프(Glide Slope)는 계기 착륙 중인 항공기가 활주로에 대하여 적절한 각도를 유지하며 하강하도록 수직방향 유도를 수행한다.

② 글라이드 슬로프 송신기는 활주로 부근에서 그림과 같은 안테나를 통하여 지향성을 가진 2개의 전파를 발사한다. 안테나는 활주로 진입단으로부터 750~1,250[ft] 안쪽에 설치되어 있는데, 활주로 중심선으로부터 400~600[ft] 옆으로 떨어진 위치가 된다. 송신 주파수는 328.6~335.4[MHz]를 사용한다.

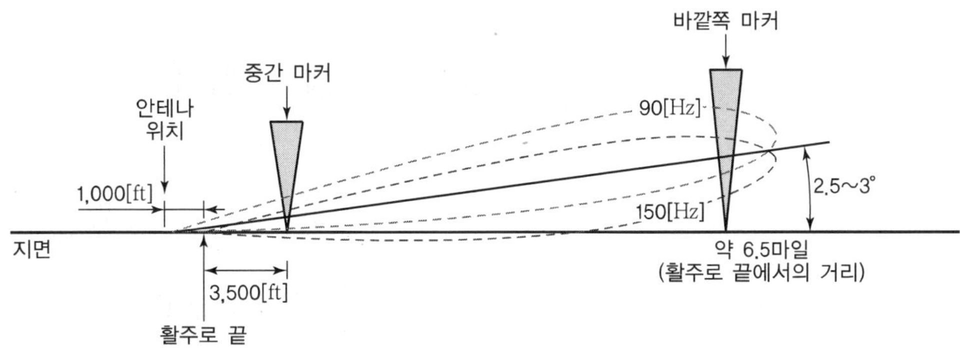

③ 글라이드 슬로프 송신기에서 발사되는 전파는 로컬라이저와 같이 강하하는 진로의 아래쪽에는 150[Hz], 위쪽에는 90[Hz]로 변조된 지향성 전파를 발사한다.

④ 위 그림은 수직면에서 전파 빔의 형태를 나타낸 것이고, 전파는 지면과 3° 정도의 각도를 이룬다.

⑤ 항공기상의 수신기는 두 변조도의 차에 의해 방위각 지시기가 아래 위로 움직여서 접근 항공기의 중심선으로부터 벗어난 정도를 알려준다.

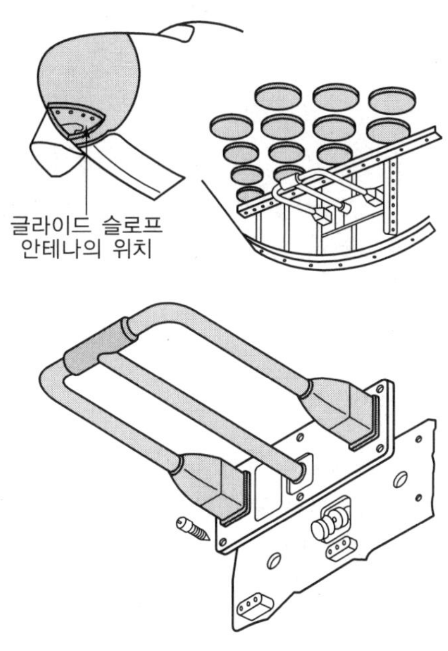

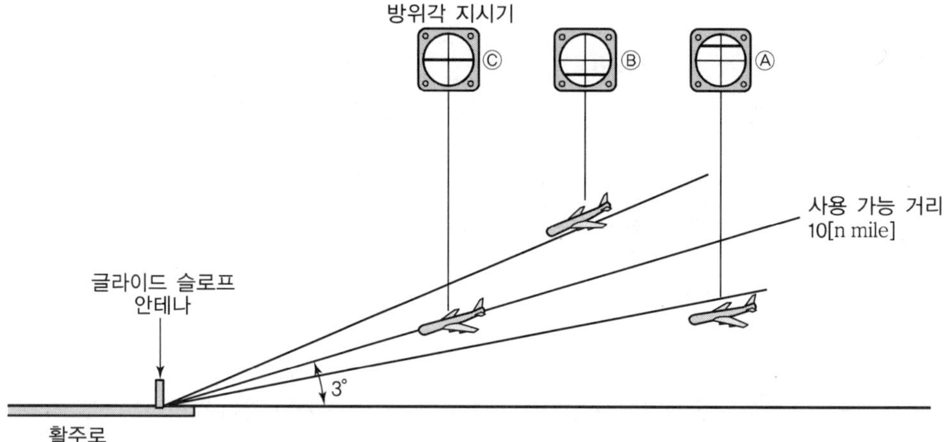

⑥ 위 그림에서 보듯이 항공기가 Ⓐ와 같이 글라이드 슬로프보다 낮게 비행하고 있으면, 지시계의 수평 바가 중앙보다 위로 올라가서 항공기가 수평 바 아래에 위치하게 되어 낮은 비행을 하고 있음을 알 수 있다. Ⓑ와 같이 글라이드 슬로프보다 높게 비행하고 있으면 지시계의 수평바가 중앙보다 아래로 내려간다. 정상적으로 비행하고 있으면 Ⓒ와 같이 지시된다.

⑦ 항공기에 실려 있는 글라이드 슬로프 안테나는 수평 편파형 안테나로 그림과 같이 대부분 항공기의 앞단에 위치한다.

⑧ 글라이드 슬로프 수신기는 단일 슈퍼헤테로다인 수신기로서, 수신 주파수 범위는 330.95~334.70[MHz]이다. 이 수신기는 10채널 주파수용과 20채널 주파수용의 2종류가 있다.

⑨ 글라이드 슬로프 수신기는 단독으로 동작하지 않고, 항상 로컬라이저 주파수와 조합하여 계기착륙장치의 일부로 동작하며, 수신기의 출력에 의하여 지시 계기의 수평 바늘을 구동시킨다.

4 마커 비컨(Marker Beacon)

① 마커 비컨은 활주로 진입로 상공을 통과하고 있다는 것을 조종사에게 알리기 위한 지상장치이다. 마커 비컨에 의해 조종사는 활주로 끝으로부터 일정하게 떨어져 있는 지상국의 바로 위를 통과했다는 것을 정확하게 알 수 있다.

② 지상에 있는 송신기로부터 그림과 같은 안테나를 통하여 75[MHz]의 초단파 전파를 역원뿔 모양으로 위를 향해 발사한다. 마커 비컨 수신기는 진폭 변조된 저주파 신호를 검출하여 가청음을 내고, 램프를 점등함으로써 통과 장소를 알린다.

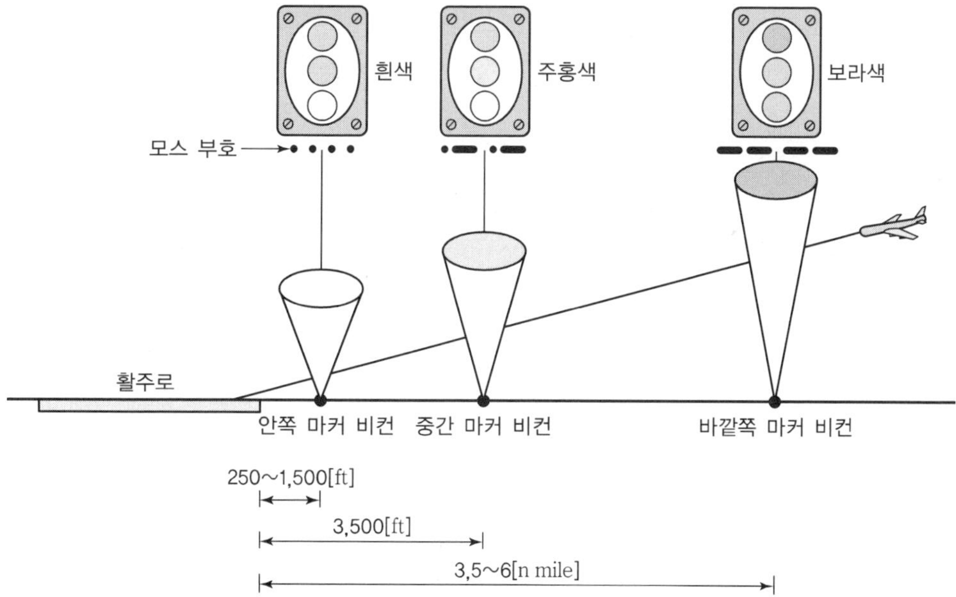

③ 마커 비컨 송신국 상공을 비행하는 항공기의 마커 수신기에서는 위치마다 모스 부호로 단속되는 가청 신호와 그 주파수를 듣고 활주로로부터의 거리를 알 수 있다. 또 색깔이 다른 표시등이 점멸하여 시청각을 통한 인식을 돕고 있다.

④ 활주로에서 3.5~6[n mile]에 위치한 바깥쪽 마커 비컨 지상국에서는 400[Hz]를 변조하여 송신하고 있다. 조종사가 이를 듣고 계기 접근에서 이 지점을 확인할 수 있게 하며, 동시에 'OM' 표시등의 보라색 등이 점멸한다.

⑤ 중간 마커 비컨은 활주로 진입단부터 약 3,500[ft]의 전방에 설치하고 1,300[Hz]로 변조된 전파를 발사하는데, 매초 2회씩 모스 신호의 단속음을 연속 발사하여 조종사가 이를 듣고 계기 접근에서 이 지점을 확인할 수 있으며, 'MM' 표시등의 주홍색 등이 점멸한다.
⑥ 마커 비컨 수신기는 75[MHz]의 전파를 수신하여 복조하고, 400[Hz], 1,300[Hz], 3,000[Hz]의 가청 주파수 필터를 통하여 각각의 신호를 분리하며, 수신된 톤 주파수로 저주파 증폭기를 통하여 스피커를 울린다.

레이더(RADAR)

SECTION 01 레이더(RAdio Detection And Range)

1 레이더의 특성

1) 레이더 정의

레이더(Radar)는 전자파를 대상물을 향해서 발사해 그 반사파를 측정하는 것으로, 대상물까지의 거리나 형상을 측정하는 장치이다(전파법 2조 19항 "결정하고자 하는 위치에서 반사 또는 재발사되는 무선신호와 기준신호와의 비교를 기초로 하는 무선측위 설비를 말한다."라고 정의되고 있다). 멀리 있는 물체와의 거리를 전자파에 의해서 계측해서 전시하는 것으로 비행기의 위치를 파악하거나, 강수량 예측 시스템 등에 사용되고 있다.

2) 레이더의 어원

RADAR는 Radio Detection And Ranging이다. 이것은 미국에서 지어진 것으로 당초 영국에서는 무선방향탐지기(RDF ; Radio Direction Finder(Finding)) 혹은 고주파방향탐지기(HFDF ; High Frequency Direction Finder(Finding))로 불리고 있었다.

3) 레이더의 원리

강한 전자파를 방사하고 반사해 되돌아오는 전자파를 분석하는 것으로 대상물과의 거리를 파악한다. 기상용 레이더인 경우 빗방울(눈송이도 포함한다)로부터 반사파의 강도의 밀도(양)를 파악하는 것으로 그 지점에서의 우량(강수 강도)을 검출한다.

① 파장이 긴(저주파) 전파를 사용하면 전파의 감쇠가 적고, 먼 곳까지 탐지할 수가 있지만, 정밀한 측정되지 않아 대상의 해상도는 나빠진다.
② 파장의 짧은(고주파) 전파는 공기 중에 포함되는 수증기, 눈, 비 등에 흡수 또는 반사되어 쉽기 때문에 감쇠가 크고 먼 곳까지 탐지하는 일은 할 수 없지만, 높은 해상도를 얻을 수가 있다.
③ 따라서 대공레이더, 대지레이더 등 원거리의 목표를 재빨리 발견할 필요성이 있는 것에서는 저주파의 전파를 사용하고 사격관제레이더 등 목표의 형태나 크기 등을 정밀하게 측정하는 필요성이 있는 것에서는 고주파의 전파를 사용하는 것이 적합하다.

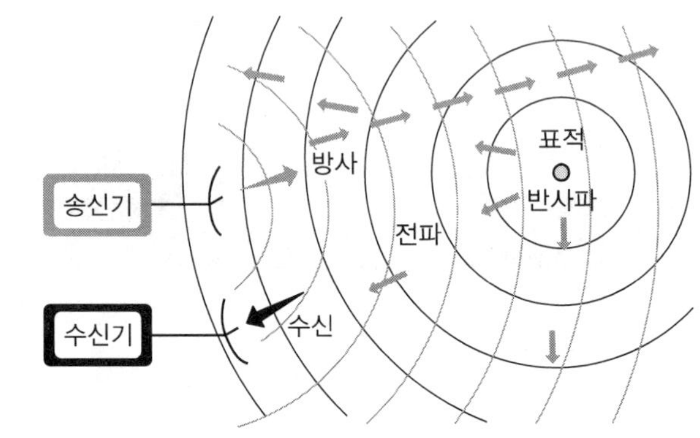

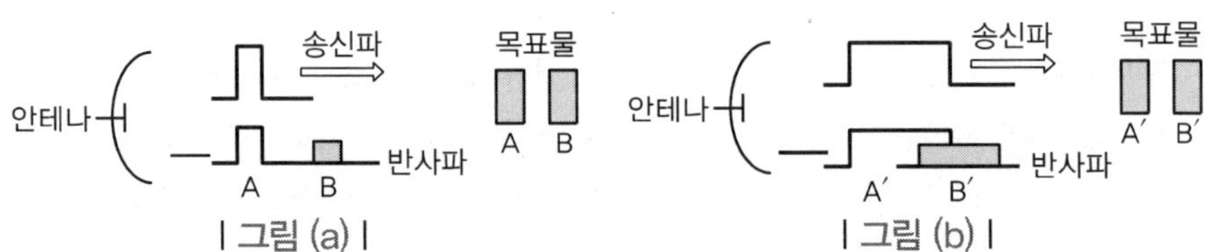

| 그림 (a) |　　| 그림 (b) |

2 표시방식 변천

① A－Scope 표시방식이 이용되었다.(초기의 레이더)
세로축에 전파 강도, 가로축에 시간을 표시며, 오실로스코프(Oscilloscope)에서도 동일한 파형을 표시(심전도와 같은 이미지) 할 수 있다. 강도가 가장 큰 반사파가 돌아오는 시간부터 대상물까지의 거리를 읽어내고 있었다. 레이더 송신기의 방향은 별도로 표시되고 있었기 때문에, 다른 방향에 다수의 대상물이 존재하는 경우에는 사용할 수 없었다.

② 다음 세대의 레이더 표시기는 PPI스코프(Plan Position Indicator Scope)로 불리는 원형의 표시기에 시계 방향으로 회전하는 주사선(안테나가 탐사파를 발사해 반사파를 받고 있을 방향을 나타낸다)에 의해서 대상물의 이차원상의 소재를 알 수 있게 되었다.

③ 또한 B스코프로 불리는 표시 방식으로는 가로축에 방위, 세로축에 거리를 나타내는 방식으로 일부의 항공기용 레이더에 적용하는 사례가 있었다.

④ 현대의 레이더 표시기는 통상 라스터 스캔 디스플레이(Raster Scan Display) 위에 대상물의 정보를 문자로 표시하거나 이미지 데이터베이스에 있는 지형 정보 등을 합성해 표시하는 것이 가능하다.

3 레이더의 종류

레이더 시스템에는 몇 가지 종류가 있는데 이들은 레이더 송신기에 각기 다른 종류의 신호를 사용하며 수신된 반향에서도 서로 다른 성질을 이용한다.

1) 펄스 레이더

① 레이더 가운데 현재까지 가장 널리 사용하는 형태는 펄스 레이더인데, 이것은 무선 에너지를 매우 강한 펄스의 형태로(펄스 사이의 간격은 비교적 긴) 송신하기 때문에 붙여진 이름이다.

② 가장 가까운 물체에서 반사하는 펄스는 전송한 직후에, 중간 거리에 있는 물체에서 반사한 펄스는 좀 더 시간이 지나서, 가장 먼 곳에 있는 물체에서 반사된 반향은 펄스 주기에 가까운 시간 뒤에 각각 레이더에서 수신되게 된다. 가장 먼 곳에서 반사된 신호를 수신할 수 있을 만큼의 충분한 시간이 지나면 송신기는 펄스를 다시 송신하게 되며 이러한 과정을 반복하게 된다.

③ 펄스를 송신하고 반향을 수신하는 시간 간격은 사용하는 전자기파가 전달되는 속력이 매우 빠르지만 유한한 광속 즉 299,792[km/s] 사실과 관계가 있다. 이 속력을 레이더 응용에 편리한 단위로 변환하면 1[μs]당 300[m]에 해당한다.

④ 레이더 송신기에서 방출된 전자기파의 에너지가 목적물까지의 거리를 왕복해야 하므로 1[μs]초의 지연(遲延)은 레이더 장치에서 물체까지의 거리로는 150[m]에 해당한다.

⑤ 거리측정에서 충분한 정밀도를 얻기 위해서는 매우 짧은 시간 간격도 측정할 수 있어야 한다. 허용 오차로 4.6m(15ft)만을 허용할 경우 펄스 시간 간격은 1/30[μs]의 정확도로 측정되어야 한다.

⑥ 전자시간 계측과 화상표시기술에 의해 이와 같이 정밀한 측정이 비교적 쉽고 신뢰성 있게 이루어질 수 있다.

2) 연속파 레이더

① 레이더 시스템의 두 번째 형식으로는 연속파 레이더이다. 이러한 형식의 레이더는 송신 신호를 짧은 펄스가 아닌 연속적인 형태로 송신하므로 반향도 연속적으로 수신된다. 반향의 특정 부분을 송신파의 특정한 부분과 관련을 지을 수 없기 때문에 단순한 연속파 레이더에서는 거리 정보를 얻을 수 없다.

② 그러나 도플러 변이(Doppler Shift), 즉 관측되는 파의 주파수가 물체의 운동에 의해 변화하는 것을 측정하면 목표물의 운동 속력을 결정할 수 있다. 특정한 주파수로 송신되는 신호를 듀플렉서(Duplexer : 동일한 안테나를 송신기와 수신기로 동시에 사용할 수 있게 하는 기구)를 통하여 공간으로 발사된 신호가 송신기와 일직선 방향으로 이동하는 물체에 의해 반사가 되면 주파수의 변화가 일어난다(→ 도플러 효과).

③ 단순한 연속파 레이더는 거리를 측정할 수 없지만 주파수 변조 레이더로 알려진 좀더 정교한 레이더는 이것이 가능하다. 주파수 변조 레이더에서는 송신되는 신호의 각 부분마다 어떤 표시를 하여 수신시에 구별이 가능하게 하는데, 이는 송신신호의 주파수를 주기적으로 계속 변화시켜 얻어진다.

④ 이 경우 수신되는 반향의 주파수는 그때 송신기가 방출하고 있는 파의 주파수와는 다른 값을 가지며 주파수가 시간에 따라 변화하는 비율을 알고 있으면 송수신 시의 주파수 차이로써 목표물까지의 거리를 알 수 있다(→ 주파수 변조 지속파 레이더).

3) 광선 레이더(라이더, LiDAR ; Light Detection and Ranging)

① 레이더의 형식 중 중요한 또 하나는 광선 레이더, 즉 라이더(Lidar)이다. 이는 무선주파수 대신 매우 좁은 폭을 가지는 레이저 광을 발사시키는 것이다. 이러한 방법은 매우 높은 주파수에서 작동하며 어떤 것은 109[MHz]의 주파수를 가지는 신호를 송신한다. 그러나 대부분의 무선감지장치는 주파수가 1~105[MHz]인 신호를 발생시킨다.

② 항공기에 레이저 펄스 송수신기, GPS수신기 및 관성항법장치(INS)를 동시에 탑재하여 비행방향을 따라 일정한 간격으로 지형의 기복을 측량한다. 이때 DGPS기법에 의해 레이저 탑재기의 정확한 위치를 결정하고, 관성항법장치로 레이저 펄스의 회전각을 측정한 후, 반사된 레이저의 정확한 수직거리를 결정하는 방법을 말한다.

③ LiDAR는 기본적으로 능동적인 센서이기 때문에 밤에도 관측이 가능하며 태양에 의한 그림자의 영향도 받지 않는다. 또한 처리속도도 빠르다. 밤에 관측하는 것은 대부분의 도시지역의 경우 구름 없는 고요한 상공에서의 관측이 가능하고 다른 항공기 비행에 방해를 받지 않기 때문에 더욱 유리하다.

④ 대부분의 중요한 지형지물들 예를 들어 건물이나 수목, 제방 등은 LiDAR 자료에서 잘 취득할 수 있으며, 이러한 것들은 기존의 사진측량을 통해 얻을 때보다 훨씬 유리하다. 또한 하나의 레이저 펄스로부터 반사된 여러 개의 신호를 기록한다면 나무의 잎을 통해 가려진 부분까지 DEM으로 제작할 수 있으며, 나무의 밀도, 높이, 나뭇잎의 모양, 식생 등에 관한 여러 가지 특성정보도 얻을 수 있다.

⑤ 레이더 반사 면적(RCS ; Radar Cross Section)은 전자기파가 어떤 대상물에 반사됨을 기술하는 것이다. 이것은 발사된 전자기파가 대상물에 반사로 흩어진 레이더 신호의 크기를 통해 측정된다. 반사 크기를 최소하는 것이 항공기 분야에 있어서 스텔스기술이다.

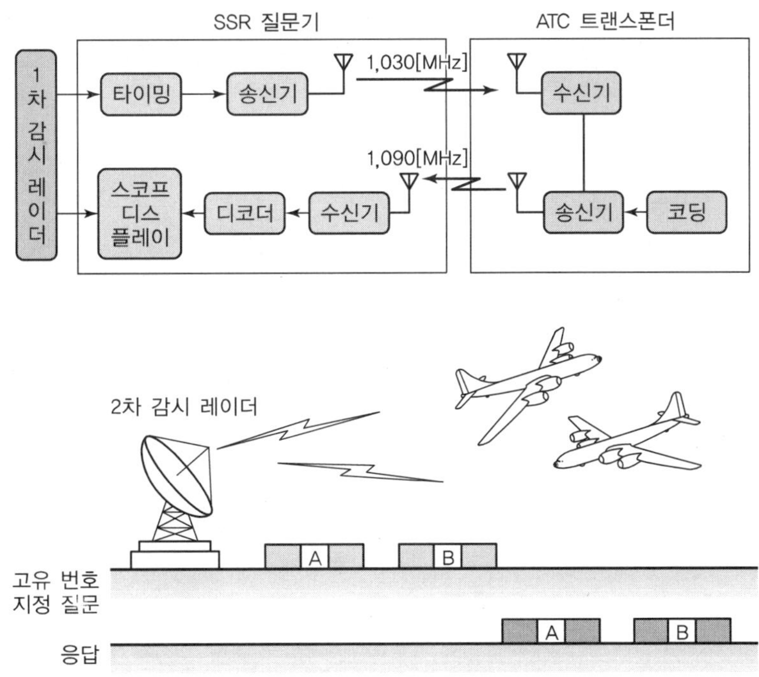

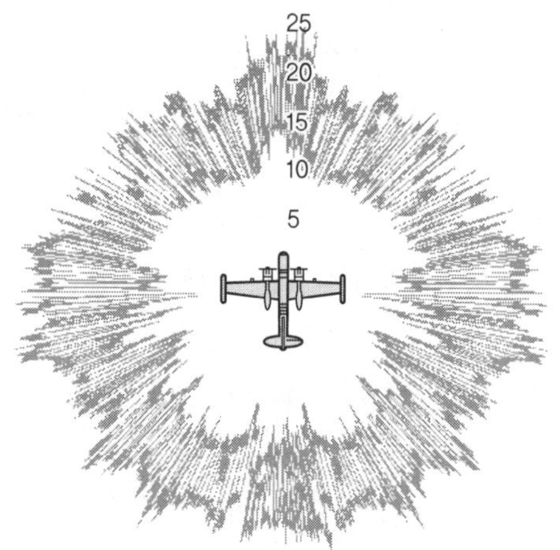
25
20
15
10
5

WIRELESS COMMUNICATION ENGINEERING

전파항법

SECTION 01 전파항법이란

전파의 직진성 · 정속성(定速性) · 반사성 등을 이용한 선박이나 항공기 항법의 총칭으로 전자항법이라고도 한다. 가시광선보다 파장이 긴 전파를 이용하므로 감쇠(減衰)가 적고, 야간이나 기상이 나쁠 때도 사용할 수 있다. 1920년대부터 무선방위신호가 쓰이기 시작했으며 제2차세계대전을 계기로 각종 측위방식이 현저히 발달하였다. 현재 선박에서 널리 사용되고 있는 방식을 크게 나누면 다음과 같다.

1) 전파의 직진성을 이용하여 발신국의 방위를 측정하는 방식

무선방위신호가 이 방식이다. 루프 안테나의 지향 특성을 이용한 무선방위측정기로 전파가 오는 방향을 측정하는 방식이다. 지상에 설치된 무선표지국에서 발사된 표지전파를 선박에서 측정하는 경우(선측무선방위)와 선박에서 발사한 전파의 방향을 지상의 방향탐지국에서 측정하여 그 결과의 통보를 받는 경우(지상무선방위)의 2종류가 있다. 선측무선방위에 의한 위치의 선은 무선표지국을 측정방위로 측정하는 등방위곡선이며, 지상 무선방위에 의한 위치의 선은 무선방향 탐지국과 측정각에서 교차하는 대권(大圈)인데 양자의 성질은 본질적으로 다르다. 무선방위신호의 사용전파는 중파(中波)로 오차가 있어서 방위측정 정밀도도 낮고 이용범위도 국으로부터 50～100해리로 짧아 둘 다 점장방위(漸長方位)로 바꾸어 교차방위법에 의해 배의 위치를 결정한다. 무선방위신호보다도 정밀도가 높은 측위방식을 쓰는 현재는 배의 위치 측정보다도 조난선 구조나 고래잡이 등에 많이 쓰인다. 마이크로파를 사용하는 코스비컨도 이 방식이다.

2) 전파의 정속성을 이용하여 두 국(局)으로부터 거리차를 측정하는 방식

로랜 · 데카 · 오메가 등이 있다. 두 정점으로의 거리차가 일정한 점의 궤적은 그 두 점을 초점으로 하는 쌍곡선이므로 두 발신국과의 거리차를 알게 되면 쌍곡선 형태로 위치의 선이 결정된다. 이와같은 측위방식을 일괄하여 쌍곡선방식(Hyperbolic System)이라고 한다. 거리차 측정법으로는 충격파를 사용하여 두 국으로부터의 전파 도달 시간차를 마이크로세컨드[μs] 단위로 측정하는 방식(로랜)과 지속파를 사용하여 위상차를 1/100 사이클 단위로 측정하는 방식(데카 · 오메가)이 있다.

3) 전파의 직진성 · 정속성 · 반사성 등을 이용하여 표적의 방위 · 거리를 측정하는 방식

레이더가 이것에 해당된다. 배의 높은 곳에 설치한 지향성회전안테나(스캐너)에서 마이크로파 펄스를 발사하여 육지나 다른 배로부터의 반사파를 수신하여 브라운관에 표시하여 표적까지의 방위와 거리를 알아내는 장치이다. 잔상시간(殘像時間)이 긴 브라운관을 사용하여 스캐너가 1회전하더라도 처음 영상이 남아 있으므로 자기 배를 중심으로 모든 주위가 동시에 보이는 이점이 있다. 유효거리는 스캐너의 높이 · 사용 파장 · 표적의 종류 등에 따라 다르지만, 배에서 사용하는 레이더는 40해리 정도까지이다. 야간이나 안개 속에서도 영상이 나타나므로 연안 항해중의 위치측정이나 연안 · 대양을 불문하고 감시할 수 있고 다른 배와의 충돌을 피하는 데 이용할 수 있으므로 항해자에게는 가장 유효한 전파항법장치이다.

1 전파항법의 종류

1) 방사상 항법1(지향성 수신 방식)

① 무지향성 선 표식(Non-Directional Beacon, NDB : 무지향성 비컨) : 송신국에서 모든 방향으로 방사되는 전파, 현재 가장 널리 이용

② 항공기용 무지향성 비컨은 반송 주파수를 200～1,750[kHz]로 하고 이것을 1,020[Hz]로 변조 전파를 연속적으로 발사하며 30초마다 모스부호(2～3문자)로 되어 있는 국 부호를 2회 반복하여 보낸다.

③ 항해용은 285～325[kHz]인 전파를 발사하며 주요한 등대에 설치되며 모스 부호 2자로 되어 있는 국부호를 2회 반복한 다음 수 초간의 연속방사를 한다.

④ 항공기나 선박을 3개의 지상국으로부터 전파를 지향성 안테나로 받아 지도상에 방위선을 그려 넣어 그 교점이 자기의 위치가 된다.

⑤ 호밍비컨(Homing Beacon) 또는 호머(Homer) : 항공기가 착륙할 때 필요한 진입로의 형성

2) 방사상 항법2(지향성 송신 방식)

① 지상국에서 전파를 발사할 때 방위를 표시하는 신호를 포함시켜 지향적으로 발사

② 회전비컨, VOR(VHF, Omni-Directional Range) 등
항공용 단거리 항행 원조 시설의 표준방식

㉠ 회전 비컨

- 지향성 안테나를 가지지 않은 소형 선박이라도 라디오 정도의 수신기가 있으면 방위를 측정할 수 있는 비컨
- 8자 특성의 지향성 전파를 시계방향으로 회전시키며 발사
- 최초 감도 방향을 정북으로 하여 국부호 2회 개시부호 2회를 중파에 실어 발사하고 그 다음 지향성 송신 안테나가 매분 1회전의 속도로 회전을 시작하는데 매 2°회전할 때마다 1초 정도의 단점 부호를 한 번씩 송출한다.
- 주로 선박에 사용된다.

㉡ VOR

- 108~118[MHz]의 초단파를 사용하는 회전비컨의 일종
- 초단파를 사용하기 때문에 NDB보다 정밀도가 높고 다른 전리의 방해를 적게 받는다.
- 수신 범위에 의해 위상이 변화하는 30[Hz]의 가변 위상 신호와 위상이 일정한 30[Hz]의 기준 위상 신호를 동시에 발사한다.
- 항공기에서 두 신호를 분리하여 가변 위상을 지연정도를 측정하여 항공기의 방위를 알게 된다.

3) $\rho-\theta$ 항법

지상국으로부터 거리와 방위각을 동시에 알 수 있는 항법

① VOR과 DME를 사용한 방법

DME는 항공기의 질문기와 지상국의 응답기로 구성되어 있으며 UHF대의 펄스를 송신하면 자동으로 UHF대의 응답펄스를 송신한다. 이와 같이 하여 거리를 측정한다.

② TACAN－VOR－DME 국과 같은 기능을 가지는 비컨국으로 거리와 방위의 두 정보를 동시에 항공기에 줄 수 있다. 주파수는 DME와 비슷한 962~1,213[MHz]이다.

㉠ 거리측정 : 항공기에서 질문 펄스를 송신하면 지상 장치에서 수신, 복조하여 50[us]를 지연시킨 후 응답펄스를 송신한다.

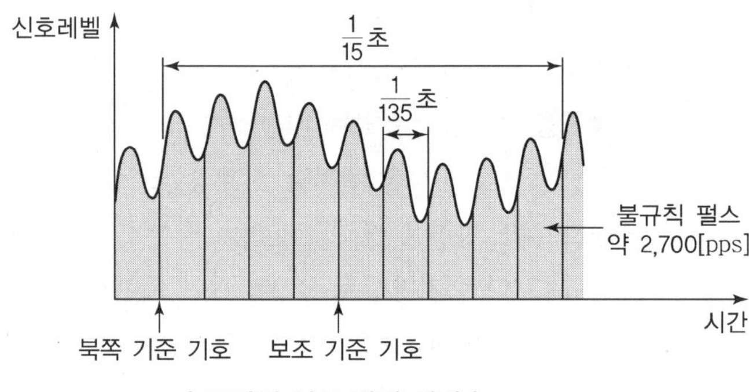

| 주기적 신호 레벨 패턴 |

㉡ 방위 측정

- TACAN은 위 그림과 같이 지향성 전파를 발사하는 안테나를 15[r.p.s]의 속도로 회전시켜서 전파를 발사한다.
- 수신파형은 15[Hz]의 사인파적 변동 위에 135[Hz]의 변동을 중첩시킨 것으로 된다.
- 15[Hz], 135[Hz]를 분리하여 15[Hz]로 대강의 방위를 측정하고 135[Hz]로 정밀방위를 측정한다.

4) 쌍곡선 항법

- 미리 위치를 알고 있는 두 송신국으로부터 전파를 수신하고 그 도달시간의 차 또는 위상차를 측정하여 위치를 결정하는 방식의 항법
- 로란방식, 데카방식

① 로란

㉠ 쌍곡선 항법의 원리를 이용한 원거리 항법장치로서 A, B 2국에서의 전파의 도달 시간차가 일정한 선이 2개 있으므로 이를 제거하기 위해여 A, B 양국의 송신 펄스를 시간 차이가 나게 보내어 쌍곡선이 1개만 나타나게 한다.

㉡ A국에서 전파를 발사하고 B국은 이 전파를 받고서 일정시간 후에 전파를 발사한다.

㉢ A국에서 T의 송신펄스를 발사하고 B국에 도달하는데 a[us]가 걸린다면 B국에서는 다시 이것보다 [us]만큼 늦게 펄스를 발사한다.

Reference

- 로란A : 1,750, 1,850, 1,950[kHz]등이 사용된다.
- 로란B : 주파수대는 A와 같으나 하나의 주국과 2의 종국으로 구성된다.
- 로란C : 100[kHz]의 주파수 사용 2,000~6,000[kW]까지 유효하고 정밀도가 높다.

② 데카

㉠ 중심이 되는 주국과 주위에 정3각형으로 배치된 적, 녹, 자의 명칭을 가진 4국이 한조를 이루어 데카체인을 형성한다.

㉡ 14.2[kHz]의 정수배 주파수 송신

㉢ 정밀도는 높으나 유효범위가 좁다.(유럽에서 주로 사용)

PART

11

실전 문제풀이

IRELESS COMMUNICATION ENGINEERING

CHAPTER 01

WIRELESS COMMUNICATION ENGINEERING

전파의 전파이론

01 전파의 속도가 300,000[km/s]라고 가정하면, 파장이 10[cm]인 전파의 주파수는?

① 30[MHz]
② 300[MHz]
③ 3[GHz]
④ 30[GHz]

풀이 $\lambda = 10[\text{cm}]$, $f\lambda = C$, $f = \dfrac{C}{\lambda} = \dfrac{3 \times 10^8}{0.1} = 3[\text{GHz}]$

02 $\lambda/4$ 수직접지 안테나의 길이가 5[cm]이다. 이 안테나의 공진 주파수는 얼마인가?

① 6[GHz]
② 3[GHz]
③ 2[GHz]
④ 1.5[GHz]
⑤ 1[GHz]

풀이 $l = 5 = \dfrac{\lambda}{4}$, $\lambda = 20[\text{cm}]$

따라서, $\lambda = 20[\text{cm}]$, $f\lambda = C$, $f = \dfrac{C}{\lambda} = \dfrac{3 \times 10^8}{0.2} = 1.5[\text{GHz}]$

03 국내 주파수 사용 현황의 연결이 옳지 않은 것은? '09 국가직 9급

① 이동전화－UHF 대역
② FM 방송－VHF 대역
③ TV 방송－VHF 대역
④ AM 방송－HF 대역

풀이 AM 방송 ➡ 중파방송을 사용한다.

04 전파의 속도가 300,000[km/s]라고 가정하면, 파장이 10[cm]인 전파의 주파수는?

'07 국가직 9급

① 30[MHz]
② 300[MHz]
③ 3[GHz]
④ 30[GHz]

풀이 $f = \dfrac{c}{\lambda}$

정답 01 ③ 02 ④ 03 ④ 04 ③

05 우리나라에서 사용이 급증하고 있는 이동 전화의 사용 주파수대는?

① HF ② SHF
③ VHF ④ UHF

풀이 이동통신 : 800[MHz], 1,800[MHz], 2,000[MHz] 영역을 주로 사용한다.

06 3~30[GHz] 범위 내에 해당하는 주파수대는 다음 중 어느 것인가?

① HF ② VHF
③ MF ④ SHF

07 다음 중 주파수대의 명칭과 주파수대가 잘못된 것은?

① L : 2,000~4,000[MHz] ② C : 4,000~8,000[MHz]
③ X : 8,000~12,500[MHz] ④ K : 18~26.5[GHz]

풀이 L : 1,000~2,000[MHz]의 주파수 대역을 의미

08 파장 3[cm]대의 레이더용 밴드는 다음 중 어느 것인가?

① S 밴드 ② C 밴드
③ X 밴드 ④ E 밴드

풀이 파장 3[cm] ➡ 주파수 10[GHz]이므로, X밴드가 됨
X : 8,000~12,500[MHz]

09 전파(Radio Wave)에 대한 설명으로 옳지 않은 것은? '10 국가직 9급

① 진공상태에서 빛의 속도로 전파(Propagation)하는 파동으로, 시간적으로 정현파 형태로 진동한다.
② 전기장과 자기장이 90°를 이루며 진행하는 파동이다.
③ 자유공간에서 전파의 세기는 거리의 제곱에 반비례한다.
④ 전파가 한 번 진동하는 데 걸리는 시간을 파장이라고 한다.

풀이 ④는 주기에 대한 설명이다.

정답 05 ④ 06 ④ 07 ① 08 ③ 09 ④

10 중파(MF)와 비교할 때, 마이크로웨이브의 특성으로 옳지 않은 것은? '12 국가직 9급

① 마이크로웨이브를 이용하면 사용 가능한 주파수 대역폭이 넓어진다.
② 마이크로웨이브는 전리층에서 휘어지지 않기 때문에 위성통신에 적합하다.
③ 파장이 길기 때문에 레이더에 사용되었을 때 목표물의 영상을 더 선명하게 얻을 수 있다.
④ 예리한 지향성을 갖으며 안테나 이득이 크다.

풀이 마이크로웨이브는 주파수가 높고, 파장이 짧은 신호이다. 레이더에 사용할 때 목표물의 해상도를 더 좋게 할 수 있다.

11 전파(電波)의 전파(傳播) 현상에 해당하지 않는 것은?

① 다중 경로 ② 산란
③ 불연속 ④ 회절

풀이 자유공간에서는 연속파

12 지상파가 아닌 것은?

① 지표파 ② 회절파
③ 전리층 반사파 ④ 지면 반사파

풀이 ㉠ **지상파**(Ground Wave)
- 직접파(Direct Wave, LOS파)
- 대지반사파(Ground Reflected Wave)
- 지표파(Surface Wave)
- 회절파(Diffracted Wave)

㉡ **상공파**(Sky Wave)
- 대류권파(Tropospheric Wave)
- 전리층파(Ionospheric Wave)

13 극초단파 통신에서는 다음 중 어느 전파방식을 주로 사용하는가?

① 대지 반사파 ② 대지 표면파
③ 전리층 반사파 ④ 가시선상의 직접파

정답 10 ③ 11 ③ 12 ③ 13 ④

14 경로에 따른 전자파의 분류에서 지상파가 아닌 것은?

① 대류권 산란파 ② 직접파
③ 대지 반사파 ④ 회절파

풀이 지상파(Ground Wave)
- 직접파(Direct Wave, LOS파)
- 대지반사파(Ground Reflected Wave)
- 지표파(Surface Wave)
- 회절파(Diffracted Wave)

15 다음 각 주파수대의 주요 전파 중에서 틀리는 것은?

① 초단파대 – 직접파와 반사파 ② 마이크로파대 – 직접파와 전리층파
③ 장 · 중파대 – 지표파 ④ 단파대 – 전리층파

풀이 M/W ➡ 직접파

16 다음 전파 통로에 의한 분류가 아닌 것은?

① 직접파(Direct Wave)
② 대지파(Surface Wave)
③ 대지 반사파(Ground Reflected Wave)
④ 극초단파

풀이 전파통로에 의한 전파의 분류
㉠ 직접파
㉡ 대지 반사파
㉢ 지표파
㉣ 전리층 반사파
㉤ 전리층 산란파
㉥ 대류권 굴절파
㉦ 대류권 반사파
㉧ 전류권 산란파
㉨ 회절파

17 극초단파에서는 어느 전파 방식을 주로 이용하는가?

① 가시선상의 직접파 ② 대지 표면파
③ 전리층 반사파 ④ 대지 반사파

정답 14 ① 15 ② 16 ④ 17 ①

18 송 · 수신 안테나의 높이가 각각 9[m] 및 4[m]일 때 직접파 통신이 가능한 최대 송 · 수신 거리는 얼마가 되는가?

① 10[km] ② 15[km]
③ 21[km] ④ 25[km]

풀이 $d = 4.11(\sqrt{h_1} + \sqrt{h_2})$
$= 4.11(\sqrt{9} + \sqrt{4}) = 4.11 \times 5 = 20.55[\text{km}]$

19 송신 안테나의 높이가 81[m], 수신안테나의 높이가 4[m]일 때 안테나가 갖는 가시거리는 얼마인가?

① 45.32[m] ② 45.21[km]
③ 42.6[m] ④ 42.6[km]

풀이 $4.11(\sqrt{81} + \sqrt{4}) = 45.21[\text{km}]$

20 송신 안테나에서 전파의 가시거리 184.95[km] 되는 지점에 높이가 400[m]인 수신 안테나를 설치하였다고 하면 송신 안테나의 최소 높이는 얼마로 해야 되겠는가?(단, 두 지점 간의 대지는 평탄하다고 가정한다.)

① 425[m] ② 525[m]
③ 625[m] ④ 725[m]

풀이 $4.11(\sqrt{400} + \sqrt{x}) = 184.95$에서
x를 구하면,
$20 + \sqrt{x} = \dfrac{184.95}{4.11} = 45$
$\sqrt{x} = 25$
$x = 625$

21 초단파(VHF)의 통달거리에 그다지 영향이 없는 것은?

① 안테나 높이 ② 복사전력
③ 지형 ④ 공전

풀이 공전 : 대기 잡음 장 · 중파대에서 일어남

정답 18 ③ 19 ② 20 ③ 21 ④

22 전파의 회절현상에 대한 설명 중 틀린 것은?

① 장파대에서 많이 발생한다. ② 파장이 길수록 심하다.
③ 주파수가 높을수록 심하다. ④ 중파대에서 많이 발생한다.

풀이 회절은 주파수가 낮을수록 많이 발생한다.

23 VHF대역의 전파가 가시거리 이외의 지역에서도 수신전계강도가 크게 나타나는 이유로 적절한 것은?

① 다중경로에 의한 페이딩 현상 ② 전파의 회절현상
③ 전파의 장애물 투과현상 ④ 전파의 굴절현상

풀이 회절파(Diffracted Wave) : 전파의 통로상에 장애물이 있을 경우 가시거리와의 기하학적 음영부분까지 도달되는 현상

24 전파가 도달할 수 없는 빌딩의 뒤편에서도 전파가 수신된 현상을 통해 알 수 있는 전파의 특성은? '09 국가직 9급

① 회절성 ② 직진성 ③ 간섭성 ④ 굴절성

풀이 회절파는 비가시거리 통신이다.

25 전파의 회절현상은 어느 때 심한가?

① 출력이 적을 때 ② 주파수가 낮을 때
③ 출력이 강할 때 ④ 파장이 짧을 때

풀이 회절은 주파수가 낮을수록 많이 발생한다.

26 회절현상에 대한 설명으로 틀린 것은?

① 극초단파대에서도 일어난다.
② 프레즈넬 존(Fresnel Zone)이 있으면 잘 일어난다.
③ 쐐기형 장애물(Knife Edge)이 있으면 잘 일어난다.
④ 직접파에 의한 전계강도보다도 더 크다.

풀이 회절이 되면, 전계의 세기가 약해진다.

정답 22 ③ 23 ② 24 ① 25 ② 26 ④

27 다음 전파 중에서 가장 회절이 잘되는 것은?

① 텔레비전파 ② 방송파
③ 마이크로파 ④ 극초단파

풀이 주파수 순 : 마이크로파 ➡ 극초단파 ➡ 텔레비전파 ➡ 방송파
따라서 방송파가 회절이 가장 잘 일어난다.

28 제 1 Fresnel Zone의 반경과 파장과의 관계는?

① 파장의 평방근에 반비례한다.
② 파장의 평방근에 비례한다.
③ 파장의 자승에 반비례한다.
④ 파장의 자승에 비례한다.

풀이 $F_n = \sqrt{n\lambda\frac{d_1 d_2}{d_1 + d_2}} = 0.55\sqrt{n\frac{d_1 d_2}{fd}}$

29 다음 중 지표파와 관계없는 것은?

① 주파수가 높을수록 감쇠가 심하다.
② 지표파의 통달거리는 주파수 외에도 대지 도전율, 유전율에 대해서도 영향을 받는다.
③ 감쇠는 해수, 습지, 건지 순으로 커진다.
④ 수직편파보다는 수평편파 쪽이 감쇠가 적다.

풀이 수평편파의 감쇠가 더 크다.

30 단파가 원거리 통신에 적합한 이유로 맞는 것은?

① 주로 지표면을 따라서 전파되기 때문이다.
② 대지와 전리층 간에서 반사되고 이것이 되풀이되기 때문이다.
③ 주로 직접파만 전파되기 때문이다.
④ 주로 구름을 따라 전파되기 때문이다.

정답 27 ② 28 ② 29 ④ 30 ②

31 지구의 실제 반경을 r, 등가반경을 R, 또 지구의 등가반경계수를 K라 할 때 이들은 어떤 관계식을 갖는가?

① $R = K^2 r$　　② $R = Kr^2$

③ $R = \frac{r}{K}$　　④ $R = Kr$

풀이 $K = \frac{R(\text{등가지구반경})}{r(\text{실제지구반경})}$ (등가지구 반경계수 : K)

32 등가지구 반경계수 설명 중 틀린 것은?

① 전파투시도를 그릴 때 편리하다.

② 온대 지방에서 그 값이 $\frac{4}{3}$을 택한다.

③ 전파 가시거리를 생각할 때 만곡한 전파로를 직선으로 간주한다.

④ 기하학적 가시거리를 구할 때 사용한다.

풀이 등가지구 반경계수(K)

가상적인 등가지구반경과 실제 지구반경의 비로서, 실제 곡선적으로 진행하는 전파를 직선적으로 진행한다고 볼 수 있어 계산상 편리하며 전파투시도를 그릴 때 이용된다.

$$K = \frac{R(\text{등가지구반경})}{r(\text{실제지구반경})}$$

온대지방은 $K = \frac{4}{3}$을 적용(우리나라는 여기에 해당됨)

33 지상으로부터의 높이가 6.37[km]인 대기의 굴절률이 1.000313이라면 수정 굴절률 M은? (단, 지구반경은 6,370[km]라고 한다.)

① 313　　② 1,313

③ 231　　④ 0.313

풀이 $\left(n + \frac{h_0}{r_0} - 1\right) \times 10^6$

$= \left(1.000313 - 1 + \frac{6.37}{6,370}\right) \times 10^6 = 1.313$

정답 31 ④ 32 ④ 33 ②

34 지구의 반경을 $R=6,370$[km]라고 할 때 표준대기의 굴절률 $n=1.000313$이고 대류권 내의 전파통로의 높이를 300[m]라 하면 M 단위의 수정 굴절률은 얼마인가?

① 313　② 340
③ 353　④ 360

풀이 $\left(n_0+\dfrac{h_0}{r_0}-1\right)\times 10^6=\left(1.000313+\dfrac{300}{6,370\times 10^3}-1\right)\times 10^6=360$

35 고도가 높아질수록 수정 굴절률 M이 감소하는 굴절률의 역전층에 대한 설명이다. 잘못 기재되어 있는 것은?

① 역전층에서는 전파통로의 곡률반경이 지표면의 곡률반경보다 작다.
② 가시거리보다 먼 거리까지 전파가 전파된다.
③ 전파의 포획현상으로 역전층은 도파관과 같은 역할을 한다.
④ 라디오 덕트가 발생한다.

풀이 곡률반경 : 곡률을 만들기 위해 필요한 원의 반지름

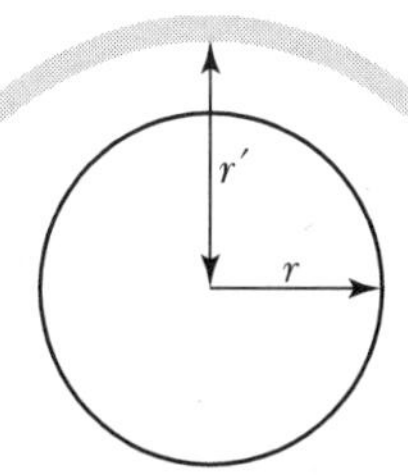

역전층에서 곡률반경이 더 크다. ➡ $r<r'$

36 라디오 덕트가 생기는 원인은?

① $\left(\dfrac{dM}{dh}>0\right)$　② $\left(\dfrac{dM}{dh}<0\right)$
③ $\left(\dfrac{dM}{dh}>1\right)$　④ $\left(\dfrac{dM}{dh}<1\right)$

풀이 굴절률의 역전층$\left(\dfrac{dM}{dh}<0\right)$

상층대기보다 기온이 더 낮아지는 영역이 존재하게 되고 이 영역에서는 굴절률의 역전층이 발생한다.

정답 34 ④ 35 ① 36 ②

37 수정 굴절률 M곡선 중에서 $\left(\dfrac{dM}{dh} < 0\right)$의 부분이 존재하지 않는 것은?

① 접지형 ② 전이형

③ 접지 S형 ④ 이지 S형

풀이 전이형

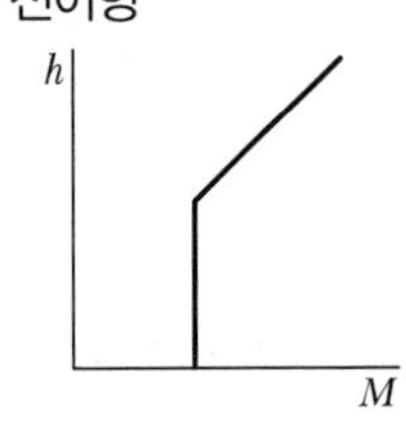

38 이지 S형 라디오 덕트가 발생하였을 때 전파통로는?

①

②

③

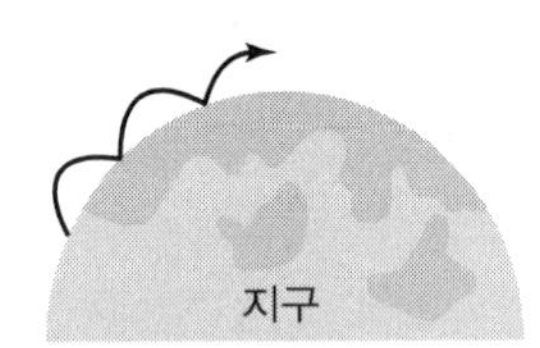

④

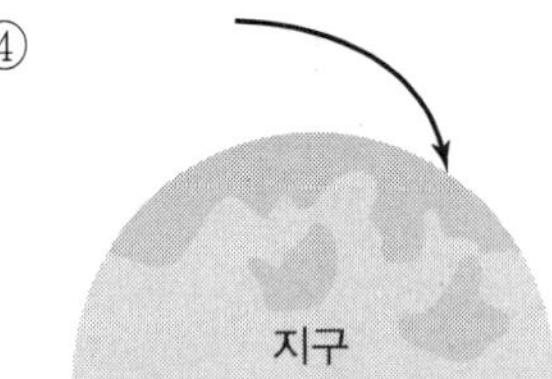

풀이

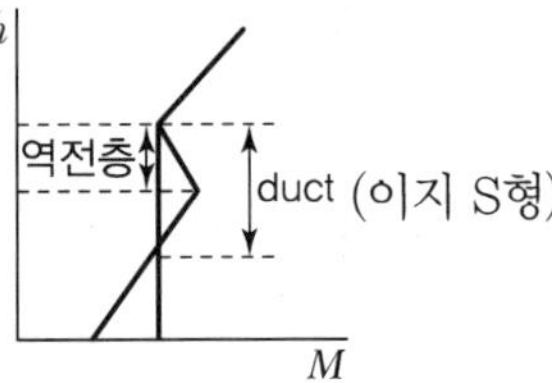

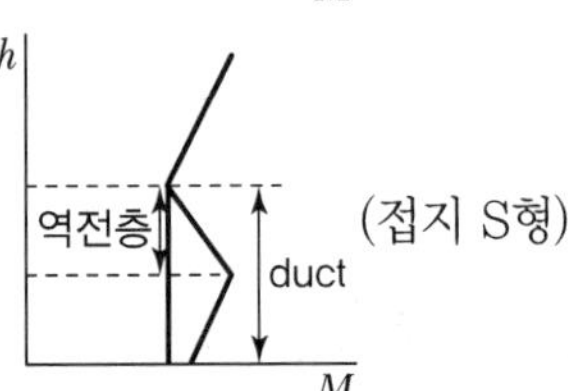

정답 37 ② 38 ②

39 그림과 같이 대류권에서 높이 h에 따른 수정 굴절률 M(Modified Index of Refraction)의 값의 변화가 주어졌다면 라디오 덕트(Radio Duct)가 가능한 범위는?

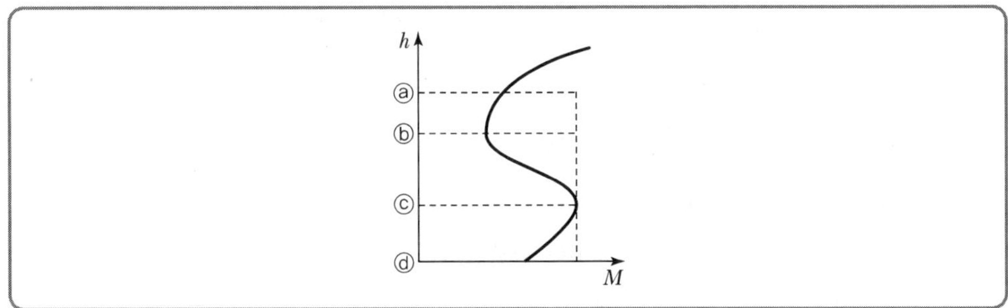

① ⓐ와 ⓑ 사이　　② ⓐ와 ⓒ 사이
③ ⓑ와 ⓒ 사이　　④ ⓑ와 ⓓ 사이

풀이

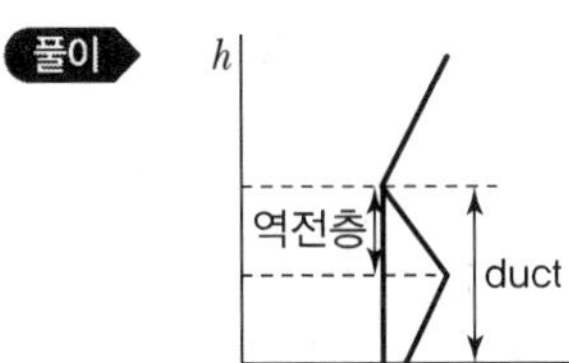

40 라디오 덕트(Radio Duct)의 발생 원인에 해당되지 않는 것은?

① 주간 냉각에 의한 라디오 덕트　　② 전선의 역전층에 의한 라디오 덕트
③ 이류에 의한 라디오 덕트　　④ 침강에 의한 라디오 덕트

풀이 라디오 덕트의 발생 원인

㉠ 이류에 의한 Duct : 육지의 건조한 대기가 해변으로 이동하여 저온 다습한 해면상의 대기와 겹쳐 기온의 역전과 습도의 불연속면에 의해 발생
㉡ 전선에 의한 Duct : 온난한 기단 밑에 한랭한 기단이 유입될 때 발생하는 것으로 굴절률이 불연속한 면에서 발생하며, S형 덕트를 발생
㉢ 야간냉각에 의한 Duct : 야간에 열복사에 의해 지면이 대기보다 빨리 냉각되어 지표면 부근에 온도의 역전층이 형성되는 것으로 접지형 덕트를 발생
㉣ 침강(하강 기류가 생기는 현상)에 의한 Duct : 고기압권 내 하강기류가 건조해 있을 때 이 기류가 습기가 많은 해면이나 지면에 도달하면 습도의 불연속성이 발생하는데 S형 덕트를 발생
㉤ 대양상의 Duct : 건조 덕트라고 하며 무역풍이 자주 일어나는 대양상에서 발생하며, S형 덕트를 발생

정답 39 ④ 40 ①

41 라디오 덕트의 발생 원인이 아닌 것은?

① 이류성 덕트 ② 전선에 의한 덕트
③ 대양상의 덕트 ④ 선택성 덕트

42 대류권 산란파의 특징이 아닌 것은?

① 기본 전파손실은 300[km]에서 약 180~200[dB]이다.
② 산란영역이 너무 크면 전파왜곡이 발생한다.
③ 적당한 주파수는 200~5,000[kHz]이다.
④ 지리적 조건의 영향을 받지 않는다.

풀이 대류권 산란파를 이용한 통신(VHF, UHF 사용)
초단파(VHF)나 극초단파(UHF)의 대류권 전파는 가시거리를 넘어 회절구역에 달하면 급격히 감쇠하여 전계가 미약하게 된다. 그러나 그것보다 더 먼 거리에선 감쇠경향이 매우 줄어든다.

43 스캐터 통신방식에 대한 설명 중 틀리는 것은?

① 설비가 대형이고 고성능이어야 한다.
② 가시거리 통신방식이다.
③ 무중계 방식이다.
④ 전파의 전파손실이 크고 페이딩이 발생하므로 다이버시티 방식을 채택한다.

풀이 스캣터(Scatter) 통신방식 : 산란파 통신을 나타내고, 산란파는 비가시거리 통신방식이다.

44 대기권의 대기 밀집지역에 의한 산란효과를 이용하는 전파는?

① 직접파(Direct Wave) ② 회절파(Diffracted Wave)
③ 지표파(Surface Wave) ④ 산란파(Scattered Wave)

45 다음 중 VHF대 이상에서의 Fading에 해당되지 않은 것은?

① 산란형 페이딩 ② 신틸레이션 페이딩
③ 도약성 페이딩 ④ Duct형 페이딩

풀이 도약성 페이딩은 단파의 특성이다.

정답 41 ④ 42 ③ 43 ② 44 ④ 45 ③

46 다음 중 초단파대 이상에서 일어나는 페이딩(Fading)이 아닌 것은?

① 신틸레이션 페이딩(Scintillation Fading)
② 덕트형 페이딩(Duct Fading)
③ 도약성 페이딩(Skip Fading)
④ K형 페이딩(K−Type Fading)

풀이 ③ 도약성 페이딩은 단파대에서 발생한다.

• 대류권파의 페이딩 종류

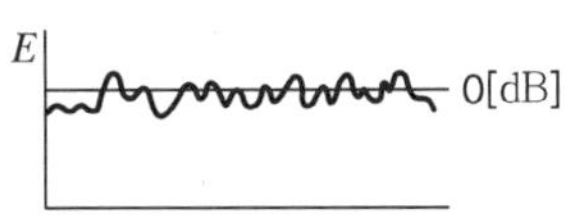

(a) 신틸레이션

(b) 덕트형

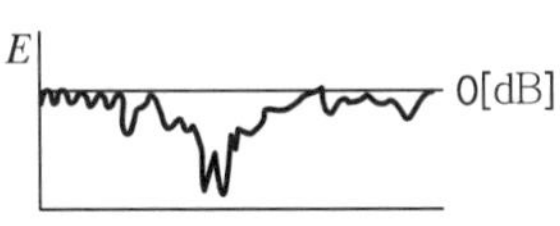

(c) K형(간섭성)

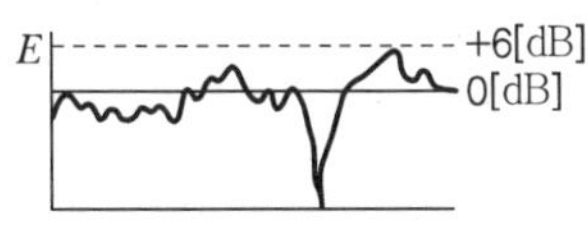

(d) K형(회절성)

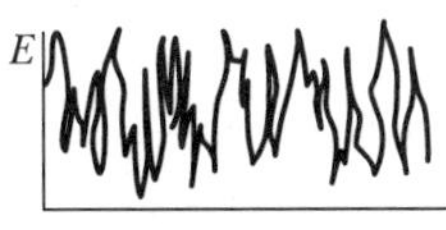

(e) 산란형

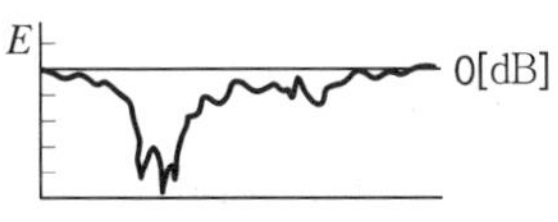

(f) 감쇠형(흡수성)

47 대기의 작은 기단군, 난류 등에 의해 초가시거리 전파에서 가장 심하게 수반하는 페이딩(Fading)은?

① 감쇠형
② K형
③ 신틸레이션(Scintillation)형
④ 산란파형

풀이 산란형 페이딩

다수 산란파의 수신전계는 수많은 간섭파의 합성이므로 진폭이 시시각각 변화하여 발생하는 페이딩

정답 46 ③ 47 ④

48 전파전파의 경로상 여러 요소의 영향 때문에, 수신전계강도에 시간적 강약의 변동이 발생하는 페이딩 중에서 대류권파의 페이딩에 해당하는 것은?

① 편파성 페이딩
② 흡수성 페이딩
③ 도약(Skip) 페이딩
④ 신틸레이션 페이딩

풀이 대류권파 페이딩의 종류
- 신틸레이션(Scintillation)형 페이딩
- 라디오 덕트(Radio Duct)형 페이딩
- K형 페이딩
- 산란형 페이딩
- 감쇠형 페이딩

49 VHF대 이상에서 발생되는 신틸레이션(Scintillation) 페이딩의 특징으로 옳은 것은?

① 반사수면의 파동으로 발생
② 레벨 변동폭은 6[dB] 이상
③ 하계(여름)보다 동계(겨울)에 많이 발생
④ 발생주기는 아주 짧고 전계강도는 수 10[dB] 이상

풀이 신틸레이션(Scintillation)형 페이딩(영향이 적음)
- 원인 : 대기 중의 와류에 의하여 유전율이 불규칙한 공기뭉치가 발생하고 이곳에 입사된 전파는 산란하게 되는데, 이 산란파와 직접파의 간섭에 의해 발생하는 Fading(주간, 여름에 발생, 풍속과 관련), 레벨 변동폭 6[dB] 이하
- 방지대책 : AGC(Automatic Gain Control), AVC(Automatic Voice Control)

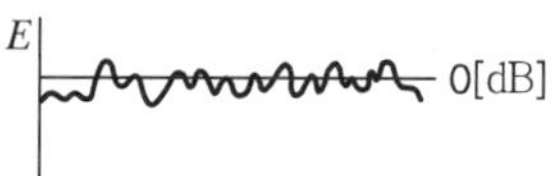

50 다음 중 신틸레이션 페이딩 설명으로 틀린 것은?

① 대기층의 동요, 강풍에 의한 기단의 변화 등의 기상 상태의 소변화에 의하여 발생한다.
② 파장이 짧을수록 전계 변동이 폭이 크다.
③ 송·수신점 간의 거리가 클수록 전계 변동의 폭이 크다.
④ 대기 굴절률 분포의 변화에 의해 전파통로가 변화함에 따른 페이딩이다.

풀이 대기굴절률 분포 변화 ➡ 등가지구반경계수 K의 변화 (K형 페이딩)

정답 48 ④ 49 ④ 50 ④

51 주간에 전리현상을 활발하게 하여 전리층의 전자 밀도가 크게 되는 원인은?

① 자외선 ② 반사, 굴절
③ 자기장 ④ 간섭

52 지표면으로부터 전리층을 향하여 수직으로 펄스파를 발사한 후 0.0004초에 반사파를 확인했다. 어느 층에서 반사되었는가?

① D층 ② E층
③ F_1층 ④ F_2층

풀이 $h = \frac{c\,t}{2}$

$$= \frac{3 \times 10^8 \times 0.0004}{2} = 6 \times 10^4 = 60[\mathrm{km}]$$

• 전리층

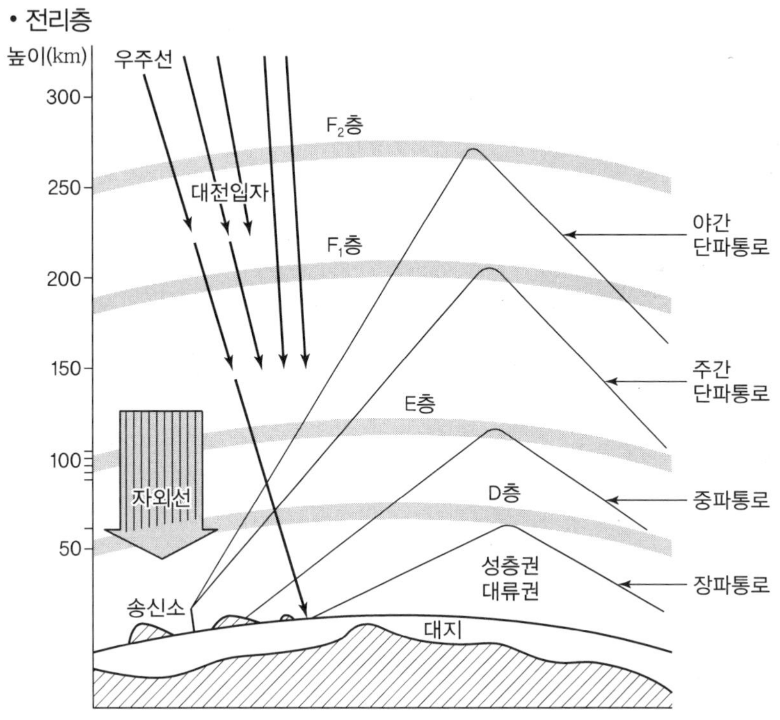

53 다음은 전리층의 종류와 높이를 열거한 것이다. 틀린 것은?

① D층 : 지상 50~90[km]
② E층 : 지상 100~120[km]
③ F층 : 지상 200[km]
④ E_s층 : 지상 300~400[km]

풀이 E_s층도 E층과 같은 높이에서 발생 : 100~120[km]

54 100[km] 높이에 존재하며 중파에 주로 이용되는 전리층은?

① D층
② E층
③ F_1층
④ F_2층

55 전파를 공중에 발사하여 0.003초 후에 전리층으로부터 반사되어 왔을 때 전리층의 높이는 몇 [km]인가?

① 300
② 450
③ 500
④ 550

풀이 $d=\dfrac{ct}{2}=\dfrac{3\times10^8\times0.003}{2}=4.5\times10^5$

56 정할 법칙으로 올바른 식은?

① $f_c=f_0\sin\theta_0$
② $f_c=f_0\cos\theta_0$
③ $f_c=f_0\sec\theta_0$
④ $f_c=f_0\tan\theta_0$

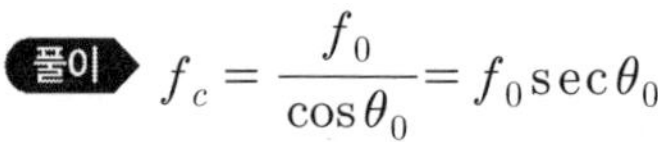

풀이 $f_c=\dfrac{f_0}{\cos\theta_0}=f_0\sec\theta_0$

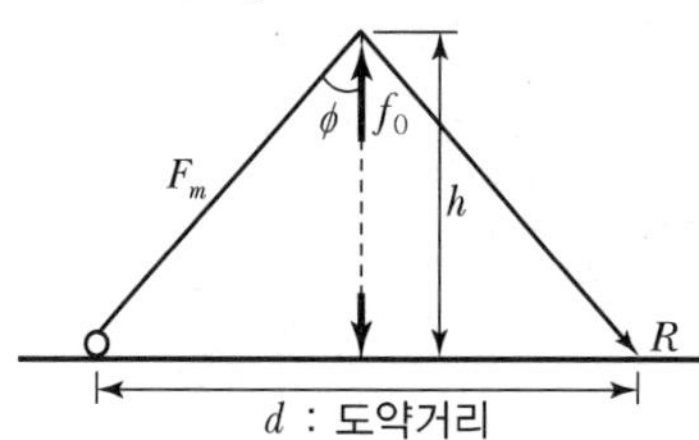

정답 53 ④ 54 ② 55 ② 56 ③

57 다음은 전리층에 대한 설명이다. 적합하지 않은 것은?

① D층은 중파 및 장파에 대하여 주야간에 관계없이 큰 감쇠를 준다.
② E층은 낮은 주파수의 단파를 반사한다.
③ F층은 단파를 반사하고, 초단파 이상은 뚫고 나간다.
④ 전자밀도는 D < E < F층의 순으로 크다.

풀이 D층 야간에 소멸

58 도약거리(Skip Distance)에 대한 설명으로 옳지 않은 것은?

① 사용주파수/임계주파수가 클수록 크게 된다.
② 사용주파수가 전리층의 임계주파수보다 높을 때에 생긴다.
③ 직접파의 도달지점에서 전리층 1회 반사지점까지의 거리를 말한다.
④ 전리층의 이론적인 높이에 비례한다.

풀이 ③은 불감지대를 의미한다.

- **도약거리**(Skip Distance)
  전리층 1회 반사파가 지표에 도달하는 최소 거리가 되는 지점과 송신점 간의 거리를 도약거리라고 한다.
  ㉠ $f \le f_0$: 도약거리가 발생하지 않는다.
  ㉡ $f > f_0$: 도약거리가 발생한다.
  ㉢ 도약거리 d

$$d = 2h'\sqrt{\left(\frac{f}{f_0}\right)^2 - 1}$$

59 다음 설명 중 도약거리(Skip Distance)와 거리가 먼 것은?

① 장 · 중파대에서 많이 생긴다.
② 전리층 반사파가 최초로 지상에 도달하는 점과 송신점 사이의 거리를 뜻한다.
③ 주간과 야간에 따라서 도약 거리가 다르다.
④ 도약거리는 사용주파수와 전리층에 입사되는 정도에 따라 다르게 나타난다.

풀이 도약거리는 단파통신에서 사용
※ 양청구역은 장 중파대에서 사용

정답 57 ① 58 ③ 59 ①

60 E층의 임계주파수가 4[MHz], 높이가 100[km]이고 송 · 수신점 간의 거리가 200[km]이다. 이때 MUF는?

① 4[MHz]
② 5.6[MHz]
③ 2.8[MHz]
④ 8[MHz]

풀이 $\text{MUF} = f_0\sqrt{1+\left(\frac{d}{2h}\right)^2} = 4\times10^6\sqrt{1+\left(\frac{200}{2\times100}\right)^2}$

$= 4\sqrt{2}\times10^6 = 5.6[\text{MHz}]$

61 최적운용 주파수(FOT)와 최고 사용 가능 주파수(MUF)의 관계 중 옳은 것은?

① FOT=MUF×0.85
② FOT=MUF×0.75
③ FOT=MUF×85
④ FOT=MUF×75

62 주간에 15[MHz]로 외국과 원거리 통신을 하고자 했을 때 이용되는 전리층은?

① E층
② D층
③ F층
④ ES층

풀이 3~30[MHz] : 단파

63 전리층의 전자밀도가 N[개/m³]일 때 임계 주파수는?

① $f_0 = 81\sqrt{N_{max}}$
② $f_0 = \sqrt{N_{max}}$
③ $f_0 = \sqrt{N_{max}}\cos\theta$
④ $f_0 = 9\sqrt{N_{max}}$

풀이 $f_0 = 9\sqrt{N_{max}}$

여기서, N_{max} : 최대전자밀도[개/m³]

64 임계주파수 9[MHz]인 전리층의 전자밀도는 몇 [개/m³]인가?

① 10^6
② 10^8
③ 10^{10}
④ 10^{12}

풀이 $f_0 = 9\sqrt{N}$

$9\times10^6 = 9\sqrt{N}$

정답 60 ② 61 ① 62 ③ 63 ④ 64 ④

65 전리층에서의 전자밀도를 N이라 할 때 전리층에 수직입사한파의 임계주파수 f_c는?

① $9\sqrt{N}$　② $90\sqrt{N}$　③ $6\sqrt{N}$　④ $60\sqrt{N}$

66 어느 송·수신소 사이의 MUF(Maximum Usable Frequency)가 10[MHz]일 때 FOT (Frequency of Optimum Transmission)는 얼마인가?

① 5[MHz]　② 6.5[MHz]
③ 7.5[MHz]　④ 8.5[MHz]

풀이 FOT = MUF × 0.85

67 도약 거리를 나타내는 식은?(단, h : 최대 전자밀도의 진리층의 이론적인 높이[m], f_0 : 임계 주파수[Hz], f : 사용 주파수[Hz]이다.)

① $d = 2h\sqrt{\left(\frac{f}{f_0}\right)^2 - 1}$　② $d = h^2\sqrt{\left(\frac{f}{f_0}\right)^2 - 1}$
③ $d = 2h\sqrt{\left(\frac{f}{f_0}\right)^2 + 1}$　④ $d = h^2\sqrt{\left(\frac{f}{f_0}\right)^2 + 1}$

풀이 도약거리(d)

- $f = f_0 \sec\theta$
- $f = f_0\sqrt{1 + \left(\frac{d}{2h'}\right)^2}$
- $d = 2h'\sqrt{\left(\frac{f}{f_0}\right)^2 - 1}$

68 전파가 전리층에 부딪쳤을 때 그 주파수 이상으로 되면 뚫고 나가는 주파수를 무엇이라 하는가?

① 임계주파수　② 자이로 주파수
③ 최고사용 주파수　④ 최저 주파수

풀이 임계주파수
1~20[MHz]로 연속적으로 변화시키며 주파수를 발사하면 어떤 주파수에 이르러 더 이상 반사되지 않고 투과하는 주파수가 발생한다. 이때 반사와 투과의 경계가 되는 주파수를 전리층의 임계주파수라 한다.

정답 65 ① 66 ④ 67 ① 68 ①

69 송・수신점 간의 거리가 주어졌을 때 전리층 반사파를 이용하여 통신할 수 있는 가장 높은 주파수를 무엇이라 하는가?

① FOT(Frequency of Optimum Transmission)
② MUF(Maximum Usable Frequency)
③ LUF(Lowest Usable Frequency)
④ 임계 주파수(Critical Frequency)

70 송・수신점이 결정된 후 전리층 반사파로 통신할 수 있는 가장 높은 주파수에 해당되는 것은?

① FOT ② LUF
③ MUF ④ 임계주파수

71 어떤 시각에서 F_1층의 임계주파수가 6.5[MHz]이고 송・수신점 간의 거리 500[km]일 때 F_1층의 반사를 이용하여 전파되는 MUF는?(단, F_1층의 겉보기 높이는 100[km]이다.)

① 13.5[MHz] ② 15.5[MHz]
③ 17.5[MHz] ④ 19.5[MHz]

풀이
$$f_m = f_0\sqrt{1+\left(\frac{d}{2h}\right)^2}$$
$$= 6.5\times10^6\sqrt{1+\left(\frac{500}{2\times100}\right)^2} = 17.5[\text{MHz}]$$

72 전리층의 굴절률을 나타내는 식은?(단, N : 전자밀도[개/m²], h' : 전리층의 높이[m]이다.)

① $n=\sqrt{1+\frac{81N}{f^2}}$ ② $n=\sqrt{1-\frac{N}{81f^2}}$
③ $n=\sqrt{1-\frac{81N}{f^2}}$ ④ $n=\sqrt{1+\frac{N}{81f^2}}$

풀이 $f_0 = 9\sqrt{N_{\max}}$ (여기서, $N_{\max}$: 최대전자밀도[개/m³])
$$n=\sqrt{1-\left(\frac{f_0}{f}\right)^2}=\sqrt{1-\frac{81N}{f^2}}$$

정답 69 ② 70 ③ 71 ③ 72 ③

73 전리층의 제 1종 감쇠에 대하여 설명을 잘못한 것은?

① 전리층을 투과할 때 받는 감쇠이다.
② 전자밀도에 비례한다.
③ 기압에 거의 비례한다.
④ 주파수의 자승에 비례한다.

풀이

특성 비교	제1종 감쇠	제2종 감쇠
감쇠 원인	전리층을 투과할 때 받는 감쇠	전리층에서 반사될 때 받는 감쇠
사용주파수	제곱에 반비례	제곱에 비례
전자밀도	비례	반비례
충돌 횟수	비례	비례
입사각(θ)	비례	반비례
영향 정도	주간>야간, 여름>겨울, 저위도>고위도	
감쇠층	• F층 반사파 ➡ D층, E층 • E층 반사파 ➡ D층	• F층 반사파 ➡ F층 • E층 반사파 ➡ E층
MUF/LUF와의 관계	LUF와 관련	MUF와 관련

74 전리층의 제2종 감쇠에 대한 설명 중 옳은 것은?

① 전리층에서 투과할 때에 받는 감쇠이다.
② 평균 충돌 횟수에 반비례한다.
③ 입사각에는 영향을 받지 않는다.
④ MUF 근처에서 최대로 된다.

풀이 문제 73번 풀이 참조

75 전파가 전리층에서 받는 감쇠 중 제2종 감쇠는?

① E층을 투과할 때 받는 감쇠
② F층을 투과할 때 받는 감쇠
③ E층 또는 F층에서 반사할 때 받는 감쇠
④ D층에서 반사할 때 받는 감쇠

정답 73 ④ 74 ④ 75 ③

76 다음 중 단파대에서 제1종 감쇠의 설명으로 맞는 것은?

① E층의 전자밀도가 클수록, 주파수가 낮을수록 크다.
② E층의 전자밀도가 클수록, 주파수가 클수록 크다.
③ E층의 전자밀도가 작을수록, 주파수가 낮을수록 크다
④ E층의 전자밀도가 작을수록, 주파수가 클수록 크다.

풀이

특성 비교	제1종 감쇠	제2종 감쇠
감쇠 원인	전리층을 투과할 때 받는 감쇠	전리층에서 반사될 때 받는 감쇠
사용주파수	제곱에 반비례	제곱에 비례

77 태양의 폭발에 의해 방출된 자외선이 E층의 전자밀도를 증가시켜 통신을 불가능하게 만드는 현상은?

① 델린저 현상　　② 대척점 효과
③ 룩셈부르크 현상　　④ 페이딩 현상

풀이 델린저 현상(Dellinger Effect)=(소실현상 : Fade-Out)
태양표면의 폭발에 의해 복사되는 자외선이 돌발적으로 증가하여 전리층을 교란하는 현상으로 자외선이 E층, D층의 전자밀도를 증가시켜 이상전리가 일어나 임계주파수의 상승, 전리층 내의 감쇠가 커짐으로써 발생한다.

78 델린저 현상에 관한 설명으로 옳은 것은?

① 주간의 구역만 영향을 받는다.
② 30[MHz] 이상의 주파수가 영향을 많이 받는다.
③ F층은 전자밀도가 현저히 증가한다.
④ 발생주기가 규칙적이다.

풀이

구분	델린저 현상	자기람 현상
발생상황	예측 불가, 돌발적으로 발생	예측 가능, 서서히 발생
발생시간	주간(여름)	주야 무관(계절 무관)
관련 전리층	D, E층의 전자밀도 증가 (F층과는 상관없다.)	F층의 전자밀도 감소
통신에 주는 영향	단파통신에 영향 (1.5~20[MHz])	단파통신에 영향 (20[MHz] 이상)

정답 76 ① 77 ① 78 ①

79 자기람과 델린저 현상에 대한 방지대책으로 옳은 것은?

① 자기람 및 델린저 현상에 대하여 모두 주파수를 높게 한다.
② 자기람 및 델린저 현상에 대하여 모두 주파수를 낮게 한다.
③ 자기람은 주파수를 낮게 하고 델린저 현상은 주파수를 높게 한다.
④ 자기람은 주파수를 높게 하고 델린저 현상은 주파수를 낮게 한다.

풀이

구분	델린저 현상	자기람 현상
관련 전리층	D, E층의 전자밀도 증가 (F층과는 상관없다.)	F층의 전자밀도 감소
통신에 주는 영향	단파통신에 영향 (1.5~20[MHz])	단파통신에 영향 (20[MHz] 이상)
극복방법	사용주파수를 높인다.	사용주파수를 낮춘다.
주파수 선정 시 유의점	LUF 선정 시 주의	MUF 선정 시 주의

80 델린저 현상(Dellinger Effect)을 가장 강하게 받는 전파대는?

① 장파
② 단파
③ 초단파
④ 극초단파

81 어떤 무선국에서 주간에 10[MHz]의 전파를 쓰고 있었으나 오후 10시경 상대방의 감도가 떨어져 야간파로 사용 주파수를 전환하였다고 한다. 전환된 주파수로 타당한 것은?

① 8[MHz]
② 10[MHz]
③ 15[MHz]
④ 20[MHz]

풀이

구분	주야 비교	FOT 선정 시 주의	이유
MUF	야간에 감소	야간에 약간 낮은 주파수를 사용한다. (Complement 주파수 사용)	전리층의 전자밀도 감소
LUF	야간에 감소		

82 중위도 지방(한국)에서는 태양폭발이 관측된 후 얼마 후에 자기람이 발생되는가?

① 수 분 후
② 수십 분 후
③ 수 시간~수십 시간 후
④ 수일 후

정답 79 ③ 80 ② 81 ① 82 ③

풀이

구분	델린저 현상	자기람 현상
발생원인	자외선의 이상 증가	하전 미립자
지속시간	수 분~수십 분	수 시간~1일~2일

83 델린저(Delinger) 현상의 특징으로 맞지 않는 것은?

① 자외선의 이상(異常) 증가로 발생한다.
② 발생지역은 저위도 지방이 심하다.
③ 1.5~20[MHz] 정도의 단파통신에 영향을 준다.
④ E층 또는 D층의 전자밀도가 감소한다.

풀이

구분	델린저 현상	자기람 현상
발생원인	자외선의 이상 증가	하전 미립자
발생지역(범위)	저위도 지방 (좁은 지역)	고위도 지방 (넓은 지역)
발생시간	주간(여름)	주야 무관(계절 무관)
발생 후 진행방향	저위도 ➡ 고위도(회복은 역순)	고위도 ➡ 저위도
관련 전리층	D, E층의 전자밀도 증가 (F층과는 상관없다.)	F층의 전자밀도 감소
극복방법	사용주파수를 높인다.	사용주파수를 낮춘다.

84 태양에서 발생하는 자외선의 돌발적 증가로 인하여 발생되는 전파방해는 다음 중 어느 것인가?

① 공전
② 델린저 현상
③ 대척점 효과
④ 에코우

85 태양의 자외선이 갑자기 증가하여 E층의 전자밀도를 증가시켜 통신을 불가능하게 만드는 현상은 무엇인가?

① 대척점효과
② 델린저 현상
③ 룩셈부르크 현상
④ 자기폭풍

정답 83 ④ 84 ② 85 ②

86 다음 중 델린저 현상과 관계없는 사항은?

① 이 현상이 발생하면 D, E층의 전자밀도가 증가하고 F층은 별로 변동이 없다.
② 출현 주기는 빈번하며 보통 27일(자전주기)을 발생주기로 주기성이 있는 것으로 믿어왔으나 명확한 주기성은 없다.
③ 이 현상이 발생하면 최소한 2~3일 정도 통신을 못 한다.
④ 태양의 방사표면에서 돌연 자외선이 증가하여 이 현상이 발생한다.

87 단파 통신과 주파수 관계에서 설명이 옳은 것은?

① 주간에 높은 주파수, 야간에 더 높은 주파수를 사용
② 주간에 낮은 주파수, 야간에 더 낮은 주파수를 사용
③ 주간에 낮은 주파수, 야간에 높은 주파수를 사용
④ 주간에 높은 주파수, 야간에 낮은 주파수를 사용

풀이

구분	주야 비교	FOT 선정 시 주의사항	이유
MUF	야간에 감소	야간에 약간 낮은 주파수를 사용한다. (Complement 주파수 사용)	전리층의 전자밀도 감소
LUF	야간에 감소		

88 단파통신의 일반적 특징이 아닌 것은?

① 소전력으로 원거리 통신이 가능하다.
② 장파에 비해 공전의 방해가 크다.
③ 페이딩(Fading)의 영향을 받는다.
④ 델린저(Dellinger) 현상의 영향을 받는다.

풀이 공전은 장 중파대에서 발생하는 대기잡음을 의미한다.

89 불감지대(Dead Zone)가 존재하는 주파수대는?

① 장파　　② 중파
③ 단파　　④ 초단파

정답 86 ③ 87 ④ 88 ② 89 ③

풀이 단파통신의 대표용어이다.

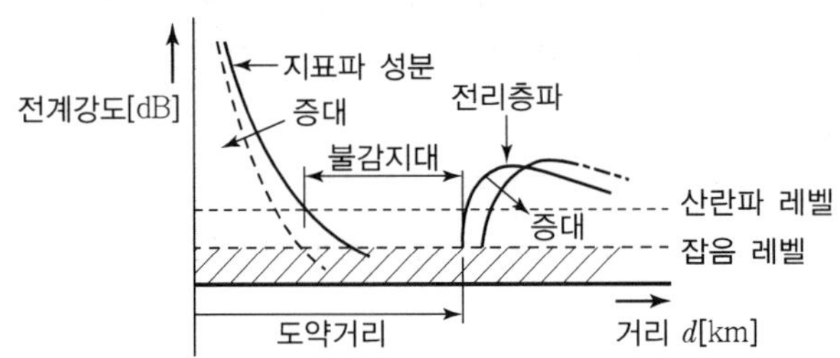

90 단파의 불감지대 내에서 미약한 전파가 수신되는 경우는 다음 중 무엇 때문인가?

① 회절파 ② 전리층 산란파
③ 산악회절파 ④ 대류권파

풀이

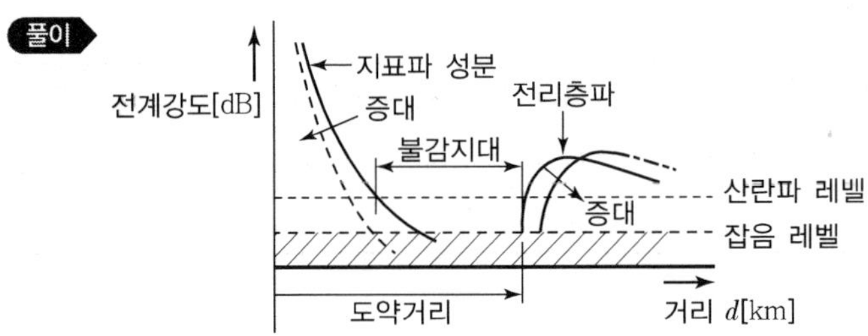

91 중파 방송의 양청 구역을 제한하는 페이딩(Fading)은 주로 다음의 어느 것인가?

① 스킵(Skip) 페이딩
② 신틸레이션 페이딩
③ 근거리 페이딩
④ 원거리 페이딩

풀이 전리층 1회 반사파와 지표파의 도달시간차에 의한 페이딩이 근거리 페이딩이다.

92 장 · 중파대에서 야간에 유용한 전리층파 전파는?

① E층 반사파 ② F층 반사파
③ 스포래딕 E층 반사파 ④ 전리층 산란파

풀이 D층은 야간에 소멸된다. 따라서, E층 반사파(야간)를 중파에 사용한다.

정답 90 ② 91 ③ 92 ①

93 다음 중 지표파와 E층 반사파의 간섭에 의해 양청구역이 제한되는 방송파는?

① 중파　　② 단파
③ 초단파　　④ 마이크로파

풀이 양청구역은 중파방송의 특징
※ 불감지대는 단파통신의 특징

94 전리층 반사파를 이용한 통신에 가장 적합한 주파수대는?

① HF　　② VHF
③ UHF　　④ SHF

풀이
- 장/중파 : 지표파
- 단파 : 전리층 반사파
- 초단파 이상 : 가시거리파

95 다음 전자 매질 중에서 초단파대는 통과시키고 단파대를 반사하여 장거리까지 전송하는 단파 통신에 이용하는 전리층은 무슨 층인가?

① F층　　② E층
③ Es층　　④ D층

풀이 단파통신에 사용하는 전리층 반사파는 F층 반사파이다.

96 전파투시도(Profile Map)에 관한 설명으로 옳지 못한 것은?

① 전파통로상에서 수평방향의 장애물에 관하여 살펴볼 때 사용한다.
② 송 · 수신점을 포함한 대지에 수직인 지형단면도이다.
③ 전파통로는 직선으로 본다.
④ 등가지구 변경계수 (K)를 고려하여 그린다.

풀이 전파투시도(Profile Map)
㉠ 송·수신점을 포함한 대지에 수직인 단면으로서 전파통로상의 수직방향의 장애물을 계산할 때 사용
㉡ 등가지구 반경계수 $K\left(\text{우리나라는 } \frac{4}{3}\right)$를 사용하여 그리며, 전파통로는 직선적으로 계산한다.

정답 93 ① 94 ① 95 ① 96 ①

97 전파투시도(Profile Map)에 관한 설명으로 적합하지 않은 것은?

① 전파통로상에서 수평방향의 장애물을 탐색할 때
② 전파통로는 직선으로 계산한다.
③ 등가지구 반경계수를 고려해서 그린다.
④ 송 · 수신점을 포함한 대지에 수직인 지형 단면도이다.

98 다음에서 프로파일 차트(Profile Chart) 작성 시에 적용하는 등가지구반경계수(K)는 우리나라의 지리적 여건을 감안할 경우 얼마가 적당한가?

① $K=\frac{4}{3}$ ② $K=\frac{1}{2}$
③ $K=0$ ④ $K=1$

99 다음 중 단파대에서 심하며 지구자계의 영향을 받는 페이딩(Fading)은?

① 편파성 페이딩 ② 선택성 페이딩
③ 간섭성 페이딩 ④ 흡수성 페이딩

풀이 편파성 페이딩

㉠ 전파가 전리층을 통과하는 경우 지구자계의 영향으로 전리층 반사파는 정상파와 이상파로 갈라지고 이들이 합성되어 타원편파가 된다. 이 타원의 축은 시시각각으로 회전하므로 일정방향의 안테나로 수신하면 안테나의 유기전압이 변한다. 이와 같이 편파면의 회전에 의해 생기는 페이딩
㉡ 방지책 : 편파합성수신법

100 페이딩(Fading)을 방지하기 위해서는 종류에 따라 적당한 방법을 선택하여야 한다. 적당한 방법이 아닌 것은?

① 간섭성 페이딩(Fading)에 대해서는 공간 다이버시티(Space Diversity)와 주파수 다이버시티(Frequency Diversity)를 합성하여 사용한다.
② 편파성 페이딩(Fading)에 대해서는 서로 수직으로 놓인 안테나를 사용하여 합성한다.
③ 흡수성 페이딩(Fading)에 대해서는 Avc(Automatic Voice Control) 회로를 첨가하여 방지한다.
④ 선택성 페이딩(Fading)은 공간 다이버시티(Space Diversity)가 적당하다.

정답 97 ① 98 ① 99 ① 100 ④

풀이 선택성(Selective) 페이딩

㉠ 동시에 2개 이상의 주파수를 전파하는 경우 두 주파수가 각기 독립적으로 발생하는 페이딩. 전리층에서의 전파의 감쇠는 주파수와 밀접한 관계를 갖고 있기 때문이다.

㉡ 선택성 페이딩 방지책 : 주파수 합성법, 단측파대(SSB) 통신방식

101 선택성 페이딩(Sading)을 경감시키는 대책으로서 적당한 것은?

① 주파수 합성법 ② 공간 합성법
③ MUSA ④ MUF

풀이 선택성 페이딩 방지책 : 주파수 합성법, 단측파대(SSB) 통신방식

102 간섭성 페이딩의 경감법은?

① 공간 다이버시티 방식 ② 편파 다이버시티 방식
③ SSB 통신 방식 ④ MUSA 방식

풀이 간섭성 페이딩 : 동일 송신전파를 수신하는 경우에 전파의 통로가 둘 이상인 경우 이들 전파가 간섭하여 일으키는 페이딩

- 원거리 페이딩 방지책 : 공간 합성수신법, 주파수 합성수신법, MUSA 방식

103 두 개 이상의 안테나를 서로 떨어진 곳에 설치하고 두 출력을 합성하여 페이딩을 방지하는 방식으로 옳은 것은?

① 주파수 다이버시티 ② 공간 다이버시티
③ 편파 다이버시티 ④ 변조 다이버시티

풀이 공간 합성 수신법(Space Diversity)

둘 이상의 수신 안테나를 서로 다른 장소에 설치하여 그 출력을 합성 또는 양호한 출력을 선택, 수신하여 페이딩의 영향을 경감시키는 방법

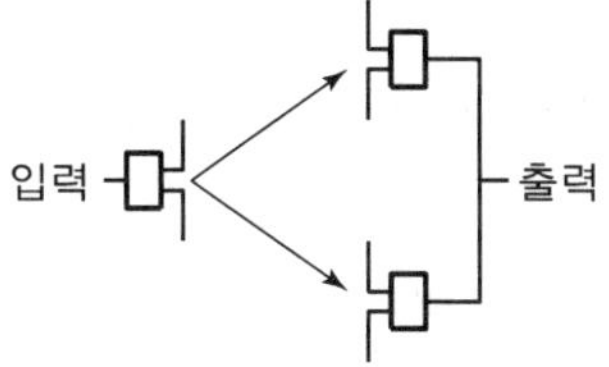

정답 101 ① 102 ① 103 ②

104 흡수형 페이딩(Fading)을 방지하는 데 적당한 방법은 다음 중 어느 것인가?

① 주파수 다이버시티(Diversity)를 사용한다.
② 수신기에 AVC회로를 부가한다.
③ 서로 수직으로 놓인 안테나를 합성하여 사용한다.
④ 공간 다이버시티와 주파수 다이버시티를 합성하여 사용한다.

풀이 흡수성 페이딩 : 전파가 전리층을 통과하거나 반사할 때 감쇠(흡수)를 받는다. 이 감쇠량의 변화 때문에 생기는 페이딩으로, 특히 동기성(Synchronous) 페이딩은 동시에 2개 이상의 주파수를 전파할 때 두 주파수에 동시에 발생하는 페이딩
• 동기성 페이딩 방지책 : 수신기에 AGC 회로를 부가

105 단파통신에서 페이딩(Fading)에 대한 방법으로 적합지 못한 것은?

① 간섭성 페이딩은 합성 수신법을 사용한다.
② 편파성 페이딩은 편파 합성 수신법을 사용한다.
③ 흡수성 페이딩은 수신기에 AVC를 부가한다.
④ 선택성 페이딩은 수신기에 AGC를 부가한다.

풀이 선택성(Selective) 페이딩
㉠ 동시에 2개 이상의 주파수를 전파하는 경우 두 주파수가 각기 독립적으로 발생하는 페이딩(전리층에서의 전파의 감쇠는 주파수와 밀접한 관계를 갖고 있기 때문)
㉡ 선택성 페이딩 경감책 : 주파수 합성법, 단측파대(SSB) 통신방식

106 전파의 수신에 있어 수신 전계강도가 시간적으로 변동하게 되는데 전송대역폭 중에서 어느 부분에 대해서만 변동하는 현상은?

① 한시성 페이딩 ② 동기성 페이딩
③ 대역성 페이딩 ④ 선택성 페이딩

107 다음은 단파에서의 페이딩의 종류에 따른 경감대책이다. 옳지 않은 것은?

① 간섭성 페이딩 – 공간 다이버시티 ② 편파성 페이딩 – 편파 다이버시티
③ 흡수성 페이딩 – AVC회로 ④ 선택성 페이딩 – AFC회로

풀이 주파수 다이버시티

정답 104 ② 105 ④ 106 ④ 107 ④

108 전리층 전자밀도의 불규칙적인 변동에 의해 생기는 페이딩(Fading)은?

① 간섭성 페이딩 ② 편파성 페이딩
③ 도약성 페이딩 ④ 선택성 페이딩

풀이 도약성 페이딩
㉠ 도약거리 근처에서 발생하는 페이딩으로 전파가 전리층을 시각에 따라 투과하거나 반사함으로써 발생하는 현상으로 전자밀도의 시간적 변화율이 큰 일출이나 일몰 시에 많이 발생
㉡ 방지책 : 주파수 합성수신법

109 전파의 페이딩(Fading) 방지책이 아닌 것은?

① 공간 다이버시티(Diversity) 또는 주파수 다이버시티를 사용한다.
② 수신기에 AVC를 첨가한다.
③ 서로 수직으로 놓인 공중선을 합성하여 사용한다.
④ 송신주파수를 안정시킨다.

풀이 페이딩은 전파경로상의 문제이다.

110 이동통신에 다경로 신호에 의한 전파의 페이딩(Fading) 방지책이 아닌 것은?

① 공간 다이버시티 및 주파수 다이버시티를 사용한다.
② 수신기에 등화기(Equalizer)를 첨가한다.
③ 서로 수직으로 놓인 안테나를 합성하여 사용한다.
④ 송신 주파수를 안정시킨다.

풀이 페이딩은 전파경로상의 문제이지 송 · 수신기의 문제가 아니다.

111 무선통신에서 야기되는 전파 잡음 중 공전방해로 인한 대기잡음이 발생한다. 이러한 공전으로 인한 잡음을 경감시키기 위한 대책으로 적당하지 못한 것은?

① 지향성이 예민한 안테나를 사용한다.
② 수신기의 선택도를 높이도록 한다.
③ 진폭 제한회로가 부가된 수신기를 설치한다.
④ 다이버시티 수신기법을 이용한다.

풀이 ④는 페이딩에 대한 대책이다

정답 108 ③ 109 ④ 110 ④ 111 ④

112 모든 통신에 있어서 구성되는 통신회선의 신뢰도는 통신망을 구성하는 가장 중요한 요소로서 특히 무선통신에서 발생하기 쉬운 페이딩(Fading)현상은 신뢰도를 저하시키는 원인이 되는 데 이러한 페이딩의 대책기술이 아닌 것은?

① 공간 다이버시티 ② 주파수 다이버시티
③ 각도 다이버시티 ④ 송신 다이버시티

풀이 합성 수신법(Diversity)
서로 상관이 적은 2대 이상의 수신기를 사용하여 그의 출력을 합성 또는 선택함으로써 페이딩 영향을 경감시키는 것이다.
㉠ 공간 합성 수신법(Space Diversity)
㉡ 주파수 합성 수신법(Frequency Diversity)
㉢ 편파 합성 수신법(Polarization Diversity)
㉣ 루트 합성 수신법(RD ; Route Diversity)
㉤ 시간 합성 수신법(Time Diversity)
㉥ MUSA(Multiple Unit Steerable Antenna System) 방식
(=입사각 합성 수신법 : Angle Diversity)

113 다음 중 전리층에서 발생하는 페이딩의 종류가 아닌 것은?

① 산란형 페이딩 ② 흡수성 페이딩
③ 도약성 페이딩 ④ 선택성 페이딩

풀이 ① : 가장 영향이 적음

114 페이딩이 생기면 수신 전력이 저하되거나 파형의 일그러짐이 발생하여 통신 에러가 증가한다. 이러한 점을 개선하기 위한 방법으로 적당하지 않은 것은? '10 국가직 9급

① 송 · 수신 안테나 수를 증가시킨다.
② 여러 주파수를 사용하여 증가시킨다.
③ 같은 정보를 반복하여 송신한다.
④ 고밀도 성상도(Constellation)를 갖는 변조방식을 사용한다.

풀이 ㉠ 공간 다이버시티
㉡ 주파수 다이버시티
㉢ 시간 다이버시티
㉣ 고밀도 성상도(Constellation)를 사용한 변조를 하면, 페이딩 환경에서는 오류 발생확률이 증가한다.

정답 112 ④ 113 ① 114 ④

115 수직 공중선에서 발사된 수직편파가 지구자계의 영향을 받는 전리층에서 반사되면 어떠한 편파가 되는가?

① 수직편파　② 타원편파　③ 원편파　④ 수평편파

풀이 전파가 전리층을 통과하는 경우 지구자계의 영향으로 전리층 반사파는 정상파와 이상파로 갈라지고 이들이 합성되어 타원편파가 된다.

116 초단파 및 극초단파대 전파가 가시거리보다 먼 지점까지 도달하는 경우에 해당되지 않는 사항은?

① 라디오 덕트에 의한 경우　② F층 반사에 의한 경우
③ 스포라딕 E층(E_s)에 의한 경우　④ 산란에 의한 경우

풀이 F층 반사에 의한 경우는 단파통신의 특징
초가시거리 전파(초단파는 가시거리 통신만 가능한데, 다음 이유들 때문에 초가시거리 통신이 가능하다.)

㉠ Radio Duct 전파
㉡ 산악회절 전파
㉢ 대류권 산란전파
㉣ 전리층 산란전파
㉤ E_s 층에 의한 전파

117 VHF대 이상의 전파는 주로 가시거리 통신에만 이용되어 왔으나 초 가시거리에서도 수신이 가능한 경우가 있다. 그 전파통로로서 적합하지 않은 것은?

① 전리층 반사파　② 스포라딕(Sporadic) E층 전파
③ 대류권 산란파　④ 라디오 덕트

풀이 ① : 단파

118 서울에서 송신된 FM 방송신호가 부산에서 어떤 시간 동안에만 일시적으로 수신되었다면 다음 중에서 어떤 경로의 전파일 가능성이 제일 높은가?

① 라디오 덕트(Radio Duct) 전파　② 전리층 반사파
③ 자기폭풍 전파　④ 산악회절이득 전파

풀이 일시적으로 발생 가능한 것은 라디오 덕트이다.

정답 115 ② 116 ② 117 ① 118 ①

119 주파수가 다른 2개의 전파가 같은 전리층의 1점을 지나갈 때 복사전력이 강한 쪽의 전파에 의하여 다른 쪽의 전파가 변조되어 강한 쪽의 전파가 혼입되는 현상을 무엇이라 하는가?

① Luxemburg Effect ② Control Point
③ Antipode Effect ④ Magnetic Storm

풀이 룩셈부르크 효과(Luxemburg Effect)의 설명이다.

120 공전의 경감대책으로 맞지 않는 것은?

① 대역폭을 좁게 하여 선택도를 좋게 한다.
② 송신출력을 증가시킨다.
③ 수신기에 억제회로를 삽입한다.
④ 사용주파수를 낮춘다.

풀이 공전은 주파수가 높을수록 적게 발생하고, 낮을수록 많이 발생한다.

121 다음 중 인공 잡음의 원인에 속하지 않는 것은?

① 글로우 방전 ② 코로나 방전
③ 불꽃 방전 ④ 공전

풀이 공전은 대기잡음이다.

122 다음 중 공전의 특징이 아닌 것은?

① 주로 초단파 통신에 방해를 주며 200[GHz] 이상에서는 문제가 되지 않는다.
② 장파대의 공전은 겨울보다 여름에 자주 나타나며 강도도 크다.
③ 공전은 적도 부근에서 가장 격렬히 발생한다.
④ 단파대에서는 한밤중 전후에 최대이고 정오경에 최소가 된다.

풀이
- 발생원인에 따라 크게 자연현상에 의해 생기는 자연잡음과 여러 가지 전기기기 · 송전선 · 자동차 등에서 생기는 인공잡음으로 나뉜다.
- 대표적인 자연잡음으로는 대기 중의 자연현상에 따라 생기는 천둥 등의 대기잡음(空電)이 있다. 이것은 수십[MHz] 이하의 주파수대에서 주된 잡음원(雜音源)이 되어 단파통신 등에 장애를 준다. 태양에서 방사되는 태양잡음이나 은하계 천체로부터 방사되는 은하잡음을 우주잡음이라 하는데, 이들은 우주통신이나 전파천문 관측에 영향을 주고 있다.
- 또 대기나 대지(大地) 등에 의한 열잡음도 우주잡음이 작아지는 수백[MHz] 이상의 주파수대에서 문제가 된다.

정답 119 ① 120 ④ 121 ④ 122 ①

- 인공잡음은 가정용 전기기기 · 자동차 · 전차 · 송전선 등 전기를 이용하는 모든 기기와 설비류에서 생긴다고 본다.
- 수십[MHz] 이하의 주파수대에서는 특히 송전선잡음이, 그 이상의 주파수대에서는 자동차잡음이 주요 잡음원이다. 그러나 잡음원의 종류 · 크기 · 장소 · 시간 등은 매우 다양하므로 인공잡음에 대하여 일반적인 경향을 단정 짓기는 어렵다.

123 공전의 잡음을 경감시키는 방법 중 적당하지 않은 것은?

① 지향성 안테나를 사용한다.
② 수신기의 수신대역폭을 넓게 하여 수신 전력을 증가시킨다.
③ 높은 주파수를 사용한다.
④ 비접지 안테나를 사용한다.

풀이 대역폭을 좁게 해야 잡음의 양이 줄어든다.

124 다음 중 혼신의 방해를 가장 적게 하는 방법은?

① 안테나의 접지를 완전하게 한다. ② 안테나의 도체 저항을 적게 한다.
③ 지향성 안테나를 사용한다. ④ 안테나의 높이를 높게 한다.

풀이 혼신을 줄이기 위해서는 한쪽 방향에서 오는 것만 수신하는 방법이 하나의 방법이 될 수 있다.

125 대기 중 H_2O에 의한 전파의 흡수감쇠가 가장 큰 주파수대역은 몇 [GHz] 대역인가?

① 0.5 ② 2.5
③ 5.5 ④ 10.5

풀이 대기잡음

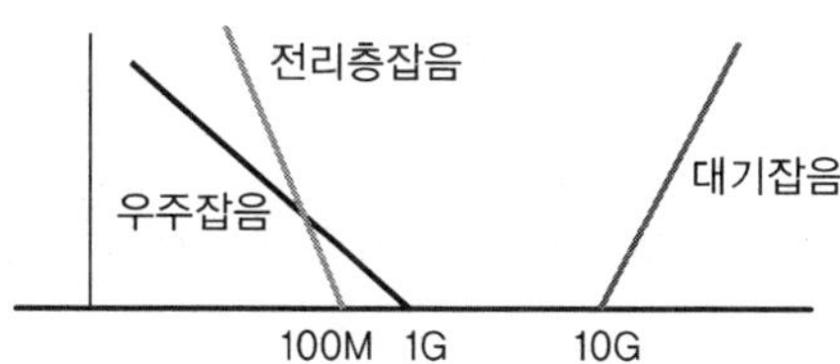

대기잡음은 10[GHz] 이상의 높은 주파수에서 많이 발생한다.

정답 123 ② 124 ③ 125 ④

126 전파의 창(Radio Window)의 범위를 결정하는 중요한 요소가 아닌 것은?

① 전리층의 영향 ② 도플러 효과의 영향
③ 대류권의 영향 ④ 우주 잡음의 영향

풀이 전파의 창
㉠ 우주통신을 하기 위한 상한과 하한의 주파수를 정해놓은 전파의 창은 1~10[GHz]의 대역을 말한다.
㉡ 전파 창의 결정요인 : 대류권의 영향, 전리층의 영향, 송 · 수신계의 문제, 정보전송량의 문제, 우주잡음의 영향

127 우주통신용 무선주파수에 대한 설명 중 틀린 것은?

① 100[MHz] 보다 낮은 주파수는 전리층에서 반사되며 흡수에 의한 감쇠를 받는다.
② 10[GHz] 보다 높은 주파수는 비, 구름, 대기에서의 흡수에 의한 감쇠를 받는다.
③ 1[GHz]에서는 우주공간의 잡음, 특히 은하계에서 발생하는 잡음이 비교적 크다.
④ 우주통신에 적합한 주파수 1[GHz] 이하이며 이를 전파의 창(Radio Window)이라고 한다.

128 우주잡음은 주파수가 얼마 이상에서 영향이 없어지는가?

① 200[MHz] ② 500[MHz] ③ 1,000[MHz] ④ 2,000[MHz]

129 전파의 전파현상 중 틀린 것은?

① 지표파가 도달하지 못하고 전리층 반사파도 도달하지 못하는 지역을 불감지대라고 한다.
② 페이딩(Fading)이란 송신안테나에서 발사된 전파가 수신 측에 도달할 때 여러 가지 통로의 차에 의해 시간적 차이가 생겨 같은 신호가 여러 번 되풀이되어 나타나는 것을 말한다.
③ 태양에 의한 무선통신에 영향을 주는 현상으로 델린저 현상과 자기람(Magnetic Storm)이 있다.
④ 공전(Atmospherics)이란 기상변화에 따른 공중전기의 변화 등에 의해서 발생하는 대기잡음을 말한다.

풀이 에코의 원인
㉠ 동일 특성의 신호가 일정한 시간간격으로 되풀이되는 현상
㉡ 하나의 송신소에서 발사된 전파가 두 개 이상의 다른 경로를 통해 수신 안테나에 도달하는데 각기 경로의 차에 의해 도달하는 시간에도 약간의 차이가 생기며, 이와 같은 시간차에 의해 동일한 신호가 여러 번 되풀이되는 현상

정답 126 ② 127 ④ 128 ④ 129 ②

130 수신 안테나에 전파가 도달할 때, 시간차에 의해 같은 신호가 여러 번 되풀이하여 나타나는 현상은?

① 페이딩(Fading) ② 에코(Echo)
③ 태양흑점(Sun Spot) ④ 자기 폭풍(Magnetic Storm)

131 공전이나 각종 인공잡음 등을 억제하기 위해 사용하는 회로는?

① AGC ② AFC
③ ANL ④ ACC

풀이 ANL : Automatic Noise Limiter(자동 잡음제한기)

132 전파(電波)의 전파(傳播) 현상에 해당하지 않는 것은? '10 지방직 9급

① 다중 경로 ② 산란
③ 불연속 ④ 회절

풀이 자유공간의 전파의 전파특성은 연속파(CW파 : Continuous Wave)를 사용한다.

133 다음 중 회절이 가장 잘 되는 전파는? '16 국가직 9급

① 장파 ② 중파
③ 단파 ④ 극초단파

134 전파에 대한 설명으로 옳지 않은 것은? '15 국가직 9급

① 주파수가 높을수록 전리층 통과가 어려워진다.
② 주파수 대역폭이 넓어지면 전송속도를 증가시킬 수 있다.
③ 주파수가 높을수록 안테나의 길이가 짧아진다.
④ 주파수가 높을수록 장애물에서 회절 능력이 감소한다.

정답 130 ② 131 ③ 132 ③ 133 ① 134 ①

135 전파의 성질에 대한 설명으로 옳지 않은 것은? '19 국가직 9급

① 전파는 횡파이며 평면파이다.
② 균일 매질에서 전파하는 전파는 직진한다.
③ 주파수가 높을수록 회절작용이 심하다.
④ 서로 다른 매질의 경계면에서 굴절과 반사되는 성질이 있다.

136 전파의 특성으로 옳지 않은 것은?

① 직진성 또는 지향성을 가지고 진행한다.
② 매질의 경계면에서 반사한다.
③ 주파수가 높을수록 회절능력이 증가한다.
④ 서로 다른 매질을 통과할 때 굴절된다.

137 전파(Radio Wave)에 대한 설명으로 옳지 않은 것은? '10 국가직 9급

① 진공상태에서 빛의 속도로 전파(Propagation)하는 파동으로, 시간적으로 정현파 형태로 진동한다.
② 전기장과 자기장이 90°를 이루며 진행하는 파동이다.
③ 자유공간에서 전파의 세기는 거리의 제곱에 반비례한다.
④ 전파가 한 번 진동하는 데 걸리는 시간을 파장이라고 한다.

풀이 ④는 주기에 대한 설명이다.

138 전파가 도달할 수 없는 빌딩의 뒤편에서도 전파가 수신된 현상을 통해 알 수 있는 전파의 특성은? '09 국가직 9급

① 회절성 ② 직진성 ③ 간섭성 ④ 굴절성

풀이 회절파는 비가시거리 통신이다.

139 전파의 주파수별 분류 중에서 3~30[MHz]를 사용하는 주파주 대역의 명칭은 무엇인가? '19 군무원

① 중파 ② 단파
③ 초단파 ④ 극초단파

정답 135 ③ 136 ③ 137 ④ 138 ① 139 ②

140 다음 전파 중 가장 짧은 길이의 안테나를 사용할 수 있는 것은? '17 국가직 9급

① 초단파 ② 단파
③ 중파 ④ 장파

141 다음 중 파장이 가장 긴 주파수 대역은?

① 마이크로파 ② 초단파
③ 단파 ④ 중파

142 일반 전화에 사용되는 음성 신호 주파수[Hz] 대역으로 가장 옳은 것은? '18 유선

① 300~3,400 ② 3,000~8,000
③ 8,000~10,000 ④ 10,000~20,000

143 국내 주파수 사용 현황의 연결이 옳지 않은 것은? '09 국가직 9급

① 이동전화-UHF 대역 ② FM 방송-VHF 대역
③ TV 방송-VHF 대역 ④ AM 방송-HF 대역

풀이 AM 방송 ➡ 중파방송을 사용한다.

144 다음 중 FM 방송에 사용되는 주파수 대역으로 옳은 것은? '17 국회 방송

① HF ② VHF
③ UHF ④ SHF
⑤ EHF

145 다음 중 전리층 반사파를 이용한 통신에 가장 적합한 주파수 대역은? '20 국회 통신

① EHF ② UHF
③ SHF ④ HF
⑤ Infrared

정답 140 ① 141 ④ 142 ① 143 ④ 144 ② 145 ④

146 무선통신 대역의 전파 특성에 대한 설명으로 가장 옳은 것은? '20 서울시 9급

① VLF : 안테나끼리 직접 전파되거나, 지구표면으로 반사되어 오게끔 대류권 상층을 향해 전송되는 방식을 사용
② HF : 지표의 굴곡을 따라 퍼지며 전파거리는 신호의 전력량에 비례
③ SHF : 대기의 굴절을 이용하지 않고 위성에 의한 중계를 이용
④ EHF : 대류권과 전리층의 밀도차를 이용하여 낮은 출력으로 원거리 전파와 무선파의 속도를 높이는 방식을 사용

147 전파의 속도가 300,000[km/s]라고 가정하면, 파장이 10[cm]인 전파의 주파수는? '07 국가직 9급

① 30[MHz] ② 300[MHz]
③ 3[GHz] ④ 30[GHz]

풀이 $f = \frac{c}{\lambda}$

148 자유공간에서 진행하는 신호 $s(t) = \cos(2\pi \times 10^5 t + 10)$가 한 주기 동안 진행하는 거리[km]는?(단, 전파의 속도는 3×10^8[m/s]이다.) '16 국가직 9급

① 1.5 ② 3
③ 4.5 ④ 6

149 신호 $s(t) = 10\cos(4 \times 10^9 \pi t)$를 반파장 다이폴 안테나로 수신할 경우, 안테나의 길이[cm]는?(단, 전파의 속도는 3×10^8[m/s]이다.) '19 국가직 9급

① 5 ② 7.5
③ 10 ④ 12.5

150 전송 신호에 맞는 1/4 파장 안테나의 길이가 0.25[m]일 때 이 신호의 주파수[MHz]는?(단, 전파의 속도는 3×10^8[m/s]이다.)

① 100 ② 200
③ 300 ④ 400

정답 146 ③ 147 ③ 148 ② 149 ② 150 ③

151 3[GHz]의 마이크로파(주기신호)가 자유 공간에서 2.5[cm] 전파할 때의 위상 변화량은?(단, 자유공간에서의 전파 속도는 3×10^8[m/sec]로 한다.) '18 국회직 9급

① 0° ② 45°
③ 90° ④ 135°
⑤ 180°

152 1.5[GHz]의 마이크로파 신호가 자유공간에서 10[cm] 진행하였을 때 발생하는 위상변화[rad]는?(단, 전파의 속도는 3×10^8[m/s]이다.) '17 국가직 9급

① $\frac{\pi}{4}$ ② $\frac{\pi}{2}$
③ $\frac{3\pi}{4}$ ④ π

153 위성 통신에 사용하는 전파의 창에 대한 주파수대로 가장 적절한 것은? '10 경찰직 9급

① 20[GHz] ② 10~15[GHz]
③ 1~10[GHz] ④ 1[GHz]

154 전파의 창(Radio Window)은 위성 통신을 행하는데 가장 적합한 주파수(1~10[GHz])를 지칭한다. 다음 중 전파의 창의 범위를 결정하는 요소는 모두 몇 개인가? '10 경찰직 9급

㉠ 우주 잡음의 영향	㉡ 대류권의 영향
㉢ 전리층의 영향	㉣ 도플러 효과

① 1개 ② 2개
③ 3개 ④ 4개

155 위성통신용 주파수 대역 중 4~6[GHz]는 어떤 대역에 속하는가? '10 경찰직 9급

① L band ② S band
③ C band ④ X band

정답 151 ③ 152 ④ 153 ③ 154 ③ 155 ③

156 다음 무선통신에 사용되는 4가지 주파수 대역 중 높은 주파수에서 낮은 주파수 순서대로 바르게 나열한 것은? '18 국가직 9급

① C－Ku－Ka－S ② Ku－Ka－S－C
③ Ka－Ku－C－S ④ S－C－Ka－Ku

157 다음 위성통신 주파수 대역 중 대기감쇠의 영향이 가장 작은 것은? '17 국가직 9급

① X－밴드 ② C－밴드
③ Ku－밴드 ④ Ka－밴드

158 자유공간 손실이 가장 큰 주파수대역[GHz]은?

① L대역 : 1～2 ② S대역 : 2～4
③ Ku대역 : 12.5～18 ④ Ka대역 : 26.5～40

159 주파수 대역과 무선통신 또는 방송 기술이 바르게 짝지어진 것은? '16 국가직 9급

	주파수 대역	무선통신/방송 기술
①	30[kHz]	AM 라디오 방송
②	200[MHz]	위성 DMB
③	1.8[GHz]	잠수함 간 무선통신
④	2.4[GHz]	무선 랜

160 중파(MF)와 비교할 때, 마이크로웨이브의 특성으로 옳지 않은 것은? '12 국가직 9급

① 마이크로웨이브를 이용하면 사용 가능한 주파수 대역폭이 넓어진다.
② 마이크로웨이브는 전리층에서 휘어지지 않기 때문에 위성통신에 적합하다.
③ 파장이 길기 때문에 레이더에 사용되었을 때 목표물의 영상을 더 선명하게 얻을 수 있다.
④ 예리한 지향성을 갖으며 안테나 이득이 크다.

풀이 마이크로웨이브는 주파수가 높고, 파장이 짧은 신호이다. 레이더에 사용할 때 목표물의 해상도를 더 좋게 할 수 있다.

정답 156 ③ 157 ② 158 ④ 159 ④ 160 ③

161 VHF파와 마이크로파의 비교에서 옳지 않은 것은? '14 국회직 9급

① 마이크로파는 VHF파보다 광대역성을 갖는다.
② VHF파는 마이크로파보다 직진성이 강하다.
③ 마이크로파는 주로 접시형 안테나를 사용한다.
④ 마이크로파는 VHF파보다 장애물의 영향을 더 받는다.
⑤ VHF파 안테나의 길이는 마이크로파 안테나의 길이보다 길다.

162 지표파의 설명으로 가장 적절하지 않은 것은? '10 경찰직 9급

① 산악이나 시가지보다 해상이 감쇠를 적게 받는다.
② 수평 편파보다 수직 편파 쪽이 감쇠가 크다.
③ 대지의 도전율이 클수록 감쇠가 적어진다.
④ 유전율이 작을수록 감쇠가 적어진다.

163 이동통신에서 수신신호의 크기가 불규칙적으로 변하는 것은 무선채널의 어떤 특성으로 인한 것인가? '15 국가직 9급

① 페이딩
② 경로손실
③ 백색잡음
④ 다이버시티

164 송신된 신호가 산란, 회절, 반사 등으로 여러 경로를 통해 수신될 때 수신된 신호의 크기와 위상이 불규칙하게 변화하는 현상을 무엇이라고 하는가? '14 국회직 9급

① 도플러 효과
② 경로 손실
③ 지연 확산
④ 페이딩
⑤ 심볼간 간섭

정답 161 ② 162 ② 163 ① 164 ④

165 전파의 '도약거리'에 대한 설명 중 옳은 것을 바르게 묶은 것은? '10 경찰직 9급

㉠ 전리층의 반사파가 처음으로 지상에 도달하는 점과 송신점 사이의 거리를 의미한다.
㉡ 사용주파수가 전리층에 입사되는 정도에 따라 다르게 나타난다.
㉢ 전리층의 높이에 반비례 한다.
㉣ 사용주파수가 임계주파수보다 클 때 생긴다.
㉤ 주간 및 야간에 관계없이 도약거리는 동일하다.

① ㉢, ㉣, ㉤
② ㉠, ㉡, ㉤
③ ㉠, ㉡, ㉣
④ ㉡, ㉢, ㉣

166 태양의 폭발에 의해 방출되는 하전 입자가 지구 전리층을 교란시켜 전파방해가 발생하는 자기 폭풍(Magnetic Storm) 현상에 대한 설명으로 옳지 않은 것은? '15 국가직 9급

① 태양폭발이 선행하기 때문에 미리 예측할 수 있다.
② 3~20MHz 주파수대역보다 낮은 주파수 신호가 더 큰 영향을 받는다.
③ 지속시간이 비교적 길어 1~2일 또는 수일 동안 계속된다.
④ 지구 전역에서 발생하며 고위도 지방에서 더 심하다.

167 전리층의 1종 감쇠에 대한 설명으로 잘못된 것은? '10 경찰직 9급

① 전리층을 통과할 때 받는 감쇠이다.
② 전자 밀도에 비례한다.
③ 주파수의 제곱에 비례한다.
④ 전리층을 비스듬히 통과할수록 크다.

168 공전(公電) 잡음을 경감시키는 방법으로 적당하지 않은 것은? '10 경찰직 9급

① 수신대역폭을 좁히고 수신기의 선택도를 좋게 한다.
② 접지 안테나를 사용한다.
③ 송신출력을 증대시켜 수신점의 S/N비를 크게 한다.
④ 수신기에 적절한 억제회로(Limiter)를 사용한다.

정답 **165** ③ **166** ② **167** ③ **168** ②

169 수신 전파의 세기가 불규칙하게 변하는 현상을 지칭하는 용어는?

① 대역확산 ② 페이딩
③ 로밍 ④ 양자화 잡음

170 페이딩이 생기면 수신 전력이 저하되거나 파형의 일그러짐이 발생하여 통신 에러가 증가한다. 이러한 점을 개선하기 위한 방법으로 적당하지 않은 것은? '10 국가직 9급

① 송 · 수신 안테나 수를 증가시킨다.
② 여러 주파수를 사용하여 증가시킨다.
③ 같은 정보를 반복하여 송신한다.
④ 고밀도 성상도(Constellation)를 갖는 변조방식을 사용한다.

풀이 ㉠ 공간 다이버시티
㉡ 주파수 다이버시티
㉢ 시간 다이버시티
㉣ 고밀도 성상도(Constellation)를 사용한 변조를 하면, 페이딩 환경에서는 오류 발생확률이 증가한다.

171 〈보기〉의 괄호에 공통으로 들어갈 전파의 성질은? '21 고졸 유선

( )은/는 파동이 장애물 뒤쪽으로 돌아 들어가는 현상이다. 예를 들어, 라디오의 AM 방송이 FM 방송에 비해서 수신이 잘 되는 이유는 AM 방송에서 사용하는 전파의 파장이 FM 방송에서 사용하는 전파의 파장보다 길어, 건물이나 장애물을 만났을 때 ( )되어 잘 전달되기 때문이다.

① 회절(Diffraction) ② 산란(Scattering)
③ 반사(Reflection) ④ 굴절(Refraction)

172 주파수 대역에서 파장이 짧은 순서대로 바르게 나열한 것은?

① EHF → SHF → UHF → VHF → LF
② EHF → UHF → SHF → VHF → LF
③ UHF → SHF → EHF → LF → VHF
④ LF → VHF → UHF → SHF → EHF

정답 169 ② 170 ④ 171 ① 172 ①

173 주파수 대역과 우리나라의 활용 분야가 잘못 짝 지어진 것은? '22 국가직 무선

① LF(Low Frequency) – TV 방송
② VHF(Very High Frequency) – FM 방송
③ UHF(Ultra High Frequency) – 이동통신
④ SHF(Super High Frequency) – 위성통신

174 극초단파(UHF) 대역의 주파수 범위는? '22 국회 방송

① 3MHz～30MHz
② 30MHz～300MHz
③ 300MHz～3GHz
④ 3GHz～30GHz
⑤ 30GHz～300GHz

175 주로 밀리미터파 응용 및 레이더에 사용되는 무선 주파수 대역은? '23 국가직 무선

① EHF(Extremely High Frequency)
② VLF(Very Low Frequency)
③ HF(High Frequency)
④ UHF(Ultra High Frequency)

176 전리층에 대한 설명으로 옳지 않은 것은?

① 장파(LF)는 전리층에 반사된다.
② 전리층은 높이에 따라 D, E, F층 등으로 구분된다.
③ 전리층은 지상 10,000[km]에 위치한다.
④ 초단파(VHF)는 전리층을 통과한다.

177 전자파용 교류신호 $s(t) = 4\cos(6.28 \times 10^6 t)$라고 주어졌을 때 신호 $s(t)$를 이상적으로 변환하여 전송하는 경우 한 주기 동안의 전파하는 거리는 다음 중 얼마인가? '22 군무원 통신7

① 30[km]
② 300[m]
③ 300[km]
④ 3[km]

정답 173 ① 174 ③ 175 ① 176 ③ 177 ②

178 전리층과 지표면 사이를 반사하면서 전파되며 원거리 통신이 가능한 단파(HF)용 안테나의 종류인 것은? '21 고졸 유선

① 루프 안테나(Loop Antenna)
② 헬리컬 안테나(Helical Antenna)
③ 카세그레인 안테나(Cassegrain Antenna)
④ 반파장 다이폴 안테나(Half Wave Dipole Antenna)

179 주파수에 대한 설명으로 가장 옳지 않은 것은? '22 고졸 유선

① 주파수는 전파가 공간을 이동할 때 1초 동안 진동하는 횟수를 말한다.
② 주기는 주파수와 비례 관계이다.
③ 파장은 주파수와 반비례 관계이다.
④ 주파수가 높은 것은 직진성이 좋고, 반사가 잘되는 성질이 있다.

180 100[MHz]의 신호를 전송하기 위한 1/4 파장 안테나의 길이는 다음 중 몇 [m]인가? '23 군무원 9급

① 0.25[m] ② 0.75[m]
③ 1[m] ④ 3[m]

정답 178 ④ 179 ② 180 ②

CHAPTER WIRELESS COMMUNICATION ENGINEERING

02 전자파 이론

01 다음 안테나 정의에 대한 설명으로 잘못된 것은?

① 안테나는 보통 고주파 회로에 접속하여 사용되는 일종의 능동회로이다.
② 전기에너지와 전파에너지 간의 상호변환장치이다.
③ 무선용의 송 · 수신기와 공간을 결합하는 중계장치이다.
④ 전파를 복사 또는 수신하는 일종의 에너지 변환장치이다.

풀이 수동회로이다.

02 평면파를 바르게 설명한 것은?

① 전자파의 진행방향에 전계, 자계의 성분이 없다.
② 전자파의 진행방향에 전계, 자계의 성분이 있다.
③ 전자파의 진행방향에 전계의 성분만 있다.
④ 전자파의 진행방향에 자계의 성분만 있다.

풀이 전파의 진행방향(z 방향)에 전계와 자계가 존재하지 않고, 진행방향에 직각인 방향에 전계와 자계가 존재하는 횡파 성분의 전자파(TEM파)이다.

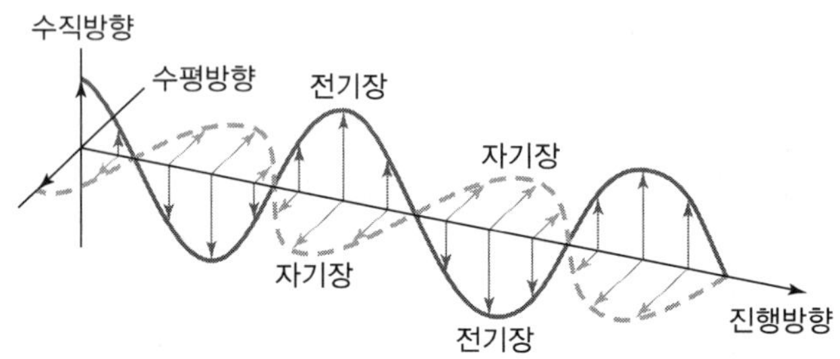

03 다음 중 잘못된 것은?

① 자유공간의 고유 임피던스는 $Z_0 = \frac{E}{H}$ 이다.
② 원거리에서는 복사전계가 정전계보다 크다.
③ 변위전류의 단위는 [A/m]이다.
④ 전계와 자계에 따라 진행하는 파를 전자파(전파)라 한다.

정답 01 ① 02 ① 03 ③

풀이 변위전류밀도 단위 : [A/m^2]
② 미소 다이폴 안테나

04 자유공간의 파동 임피던스를 나타내는 것 중에서 틀린 것은?(단, ε은 유전율, μ는 투자율, E는 전계, H는 자계로서 자유공간의 값이라 한다.)

① 120π[Ω] ② $\sqrt{\mu/\varepsilon}$ [Ω]
③ E/H[Ω] ④ μH^2[Ω]

풀이 자유공간에서의 고유임피던스(특성 임피던스)

$$Z_0 = \frac{E}{H} = \sqrt{\frac{\mu_0}{\varepsilon_0}} = 120\pi = 377[\Omega]$$

05 자유공간(유전율 = ε_0, 투자율 = μ_0)을 속도 v [m/s]로 전파하는 전자파 E[V/m] 및 H[AT/m]가 있다. 전계 및 자계 간의 관계식은?

① $\frac{E}{H} = \frac{\mu_0}{\varepsilon_0}$ ② $\frac{E}{H} = \sqrt{\frac{\mu_0}{\varepsilon_0}}$
③ $EH = \mu_0\varepsilon_0$ ④ $EH = \sqrt{\mu_0\varepsilon_0}$

풀이 문제 04번 풀이 참조

06 비유전율이 2.56, 비투자율이 1인 유전체의 고유 임피던스[Ω]는?

① 60 ② 118
③ 235 ④ 470

풀이

$$Z_0 = \frac{E}{H} = \sqrt{\frac{\mu_0\mu_s}{\varepsilon_0\varepsilon_s}} = \sqrt{\frac{\mu_0}{\varepsilon_0}}\sqrt{\frac{\mu_s}{\varepsilon_s}} = 377\sqrt{\frac{1}{2.56}} = \frac{377}{1.6} = 235[\Omega]$$

정답 04 ④ 05 ② 06 ③

07 비유전율 $\varepsilon_s = 3$, 비투자율 $\mu_s = 3$인 유리에서 전파의 속도는 자유공간 전파속도의 몇 배인가?

① $\frac{1}{3}$배　② 1배　③ 3배　④ 9배

풀이 $\nu = \frac{1}{\sqrt{\varepsilon_0 \mu_0}} = \frac{c}{\sqrt{\varepsilon_s \mu_s}} = \frac{c}{3}$

08 전파의 속도는 매질의 다음 어느 양에 따라서 변화되는가?

① 점도와 밀도　② 밀도와 도전율
③ 도전율과 유전율　④ 유전율과 투자율

풀이 $v = \frac{1}{\sqrt{\varepsilon\mu}}$

09 그림과 같이 무한장 직선도선에 전류 I[A]가 흐를 경우 P점의 자계의 세기[AT/m]는?

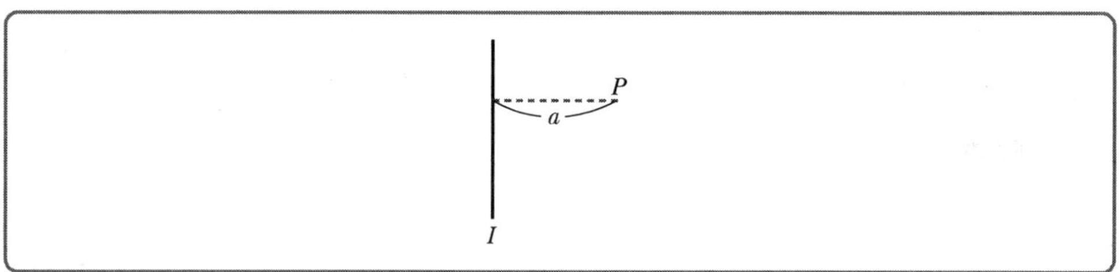

① $\frac{I}{2a}$　② $\frac{I}{2\pi}$　③ $\frac{1}{2a}$　④ $\frac{I}{2\pi a}$

풀이 $H = \frac{I}{2\pi r}$

10 빛의 속도를 c라고 할 때 자유공간(진공)의 유전율 ε_0은?(단, $\mu_0 = 4\pi \times 10^{-7}$이다.)

① $\frac{10^7}{4\pi c}$　② $\frac{10^{-7}}{4\pi c}$　③ $\frac{10^7}{4\pi c^2}$　④ $\frac{10^{-7}}{4\pi c^2}$

풀이 $v = \frac{1}{\sqrt{\varepsilon_0 \mu_0}} = c$　$\therefore\ \varepsilon_0 = \frac{1}{\mu_0 \cdot c^2} = \frac{10^7}{4\pi \cdot c^2}$

정답 07 ① 08 ④ 09 ④ 10 ③

11 자유공간 내에서 전자파의 특성임피던스의 표현으로 잘못된 것은?

① $\dfrac{H}{E}$　　② $\sqrt{\dfrac{\mu_0}{\varepsilon_0}}$

③ 120π　　④ $377[\Omega]$

풀이 $Z_0 = \dfrac{E}{H} = \sqrt{\dfrac{\mu_0}{\varepsilon_0}} = 120\pi = 377[\Omega]$

12 자유공간의 고유 임피던스 값 중에 잘못된 것은?

① $377[\Omega]$　　② $120\pi[\Omega]$

③ $\dfrac{\varepsilon}{\mu}[\Omega]$　　④ $\sqrt{\dfrac{\mu_0}{\varepsilon_0}}\ [\Omega]$

13 다음 중 자유공간의 파동 임피던스(Impedance)로서 옳은 것은?

① $\sqrt{\dfrac{\mu_0}{\varepsilon_0}}$　　② $\dfrac{H}{E}$

③ $\dfrac{1}{120\pi}$　　④ EH

14 자유공간을 전파하는 평면파의 파동 임피던스를 잘못 표시한 것은?(단, E_0는 전계, H_0는 자계, μ_0는 투자율 ε_0는 유전율, β는 전파상수, ω는 각 주파수)

① $\dfrac{E_0}{H_0}\ [\Omega]$　　② $\dfrac{\varepsilon_0\omega}{\beta}[\Omega]$

③ $\sqrt{\dfrac{\mu_0}{\varepsilon_0}}\ [\Omega]$　　④ $120\pi[\Omega]$

풀이 $Z_0 = \dfrac{E}{H} = \sqrt{\dfrac{\mu_0}{\varepsilon_0}} = 120\pi = 377[\Omega]$

정답 11 ② 12 ③ 13 ① 14 ②

15 전자계에서 전계의 세기 E, 자계의 세기 H, 전계와 자계 사이의 각이 $\theta(\theta < 90)$일 때 포인팅(Pointing) 벡터의 크기는 어떻게 표시되는가?

① $EH\sin\theta$ ② $EH\cos\theta$ ③ $EH\tan\theta$ ④ EH

풀이 포인팅 전력

$$P_y = E \times H$$

$$= EH\sin\theta = \frac{E^2}{Z_0} = \frac{E^2}{120\pi} = \frac{E^2}{377}$$

16 다음 중 전자계의 기초방정식이 아닌 것은?

① $\nabla \times H = J + \frac{\partial D}{\partial t}$ ② $\text{rot}E = -\frac{\partial B}{\partial t}$

③ $\text{div}\,D = \frac{\rho}{\varepsilon}$ ④ $\text{div}\,B = 0$

풀이 $\text{div}\,D = \rho$, $\text{div}\,E = \frac{\rho}{\varepsilon}$

17 Poynting Vector를 바르게 나타내는 식은?

① $\frac{1}{2}E \times H$ ② $div(E \times H)$

③ $E \times H$ ④ $\triangle(E \times H)$

풀이 $P_y = E \times H = EH\sin\theta\, a_n$

18 안테나의 성능과 특성은 주로 Maxwell 방정식에 의해 결정된다. 이 방정식은 Ampere 법칙과 Faraday 법칙에서 각기 1개의 식, Gauss의 법칙에서 2개의 식이 유도된다. 다음 중 Gauss의 법칙은?

① $\text{rot}\,H = \nabla \times H = J + \frac{\partial D}{\partial t}$ ② $\nabla \times E = \text{rot}\,E = -\frac{\partial B}{\partial t}$

③ $\oint_v \nabla \cdot D\,dv = Q$ ④ $\oint B \cdot ds = m$

풀이 $\oint_s D \cdot ds = \int_v \rho \cdot dv = Q$

정답 15 ① 16 ③ 17 ③ 18 ③

19 송신 전력의 크기가 10[W], 수신 전력의 크기가 1[mW]일 경우, 자유 공간 손실은 몇 [dB]인가?(단, 이상적인 전방향 안테나를 가정한다.)

① 40 ② 60 ③ 80 ④ 100

풀이

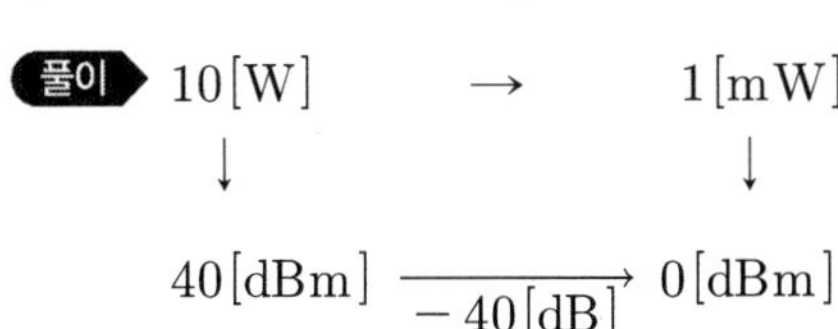

20 전파속도 v에 해당되지 않는 것은?

① $f\lambda$ ② $\frac{\omega}{\beta}$

③ $\frac{1}{\sqrt{\varepsilon\mu}}$ ④ $\sqrt{\varepsilon\mu}$

풀이 ㉠ 자유공간의 전파의 속도

$$v = \frac{1}{\sqrt{\varepsilon_0\mu_0}}$$

㉡ 일반적인 전파의 속도

$$v = \frac{1}{\sqrt{\varepsilon\mu}} = \frac{1}{\sqrt{\varepsilon_0\varepsilon_s\mu_0\mu_s}} = \frac{1}{\sqrt{\varepsilon_0\mu_0}}\frac{1}{\sqrt{\varepsilon_s\mu_s}} = \frac{c}{\sqrt{\varepsilon_s\mu_s}}$$

㉢ 도체 내 전파의 속도

$$v = f\lambda = \frac{2\pi f}{2\pi/\lambda} = \frac{w}{\beta}\ \left(\beta = \frac{2\pi}{\lambda}\ :\ \text{위상정수}\right)$$

㉣ 무손실 선로 전파의 속도

$$v = \frac{w}{\beta} = \frac{w}{w\sqrt{LC}} = \frac{1}{\sqrt{LC}}\,[\text{m/sec}]$$

21 안테나의 크기가 가장 소형인 경우는 다음 중 어느 주파수 대역의 반송파를 사용했을 때인가?

'12 국가직 9급

① X−band ② C−band ③ L−band ④ S−band

풀이 안테나의 크기가 소형이 되기 위해서는 사용주파수가 가장 높은 경우이다.
X−band가 가장 높다.(8∼12.5[GHz])

정답 19 ① 20 ④ 21 ①

22 1.9~2.1[GHz] 대역을 사용하는 통신 시스템에서 가장 성능이 좋은 송·수신기 안테나 길이[cm]는?(단, 안테나는 파장의 $\frac{1}{2}$일 때 가장 성능이 좋으며, 전파의 속도는 300,000[km/s]이다.) '12 국가직 9급

① 3.75 ② 7.5
③ 15 ④ 30

풀이 $f=2[\text{GHz}],\ f\lambda=c,\ \lambda=\frac{c}{f}=\frac{3\times10^8}{2\times10^9}=15[\text{cm}]$

따라서 안테나의 길이는 파장의 $\frac{1}{2}$이므로, 7.5[cm]가 가장 적당하다.

23 진공 중에서 주파수 3[MHz]의 파장은?

① 100[m] ② 50[m]
③ 30[m] ④ 15[m]

풀이 $f=3[\text{MHz}],\ f\lambda=c,\ \lambda=\frac{c}{f}=\frac{3\times10^8}{3\times10^6}=100[\text{m}]$

24 3~30[GHz] 범위 내에 해당하는 주파수대는 다음 중 어느 것인가?

① HF ② VHF
③ MF ④ SHF

풀이 SHF의 범위를 타나낸다.

25 전자파의 속도는 매질의 다음 어느 양에 따라서 변화하는가?

① 점도와 밀도 ② 밀도와 도전율
③ 유전율과 투자율 ④ 도전율과 유전율

풀이 $v=\frac{1}{\sqrt{\varepsilon_0\mu_0}}$

정답 22 ② 23 ① 24 ④ 25 ③

26 전파의 성질에 대한 설명 중 틀린 것은?

① 전파는 파장이 짧을수록 직진성이 강하다.

② 전파의 진행방향은 전계와 자계 모두에 대해 직각방향이다.

③ 전파의 속도는 자유공간에서 최대이다.

④ 전파는 종파로 진행한다.

풀이 전자파는 횡파(Transverse Wave)이다.
㉠ 전계, 자계의 진동방향과 직각인 방향으로 진행하는 파이다.
㉡ 전계, 자계가 서로 얽혀 도와가며 고리모양으로 진행하는 파이다.
㉢ 전자파는 평면파이다.

27 맥스웰의 파동방정식이 맞는 것은 어느 것인가?

① $\nabla \times H = J + \frac{\partial D}{\partial t}$　　② $\nabla \times E = -\frac{\partial B}{\partial t}$

③ $\nabla \cdot D = \rho$　　④ $\nabla \cdot B = 0$

⑤ $\nabla^2 E = \varepsilon_0 \mu_0 \frac{\partial^2 E}{\partial t^2}$

풀이 ㉠ 전하분포가 없는($\rho = 0,\ \sigma = 0$) 자유공간($J = 0$) 내에서는

- $\nabla^2 E = \mu_0 \varepsilon_0 \frac{\partial^2 E}{\partial t^2}$
- $\nabla^2 H = \mu_0 \varepsilon_0 \frac{\partial^2 H}{\partial t^2}$

㉡ 위 식을 전계 자계에 관한 파동방정식 또는 달랑베르 방정식이라 한다.

28 자유공간에서 진행하는 신호 $s(t) = \cos(2\pi \times 10^5 t + 10)$가 한 주기 동안 진행하는 거리 [km]는?(단, 전파의 속도는 3×10^8[m/s]이다.) '16 국가직 9급

① 1.5　　② 3

③ 4.5　　④ 6

29 진공 중에서 주파수 12[MHz]인 전자파의 파장은 몇 [m]인가? '14 서울시 9급

① 0.04　　② 0.25

③ 0.4　　④ 25

⑤ 40

정답 26 ④ 27 ⑤ 28 ② 29 ④

30 신호 $s(t) = 10\cos(4 \times 10^9 \pi t)$를 반파장 다이폴 안테나로 수신할 경우, 안테나의 길이[cm]는?(단, 전파의 속도는 3×10^8[m/s]이다.) '19 국가직 9급

① 5 ② 7.5
③ 10 ④ 12.5

31 전송 신호에 맞는 1/4 파장 안테나의 길이가 0.25[m]일 때 이 신호의 주파수[MHz]는?(단, 전파의 속도는 3×10^8[m/s]이다.)

① 100 ② 200
③ 300 ④ 400

32 다음 전파 중 가장 짧은 길이의 안테나를 사용할 수 있는 것은? '17 국가직 9급

① 초단파 ② 단파
③ 중파 ④ 장파

33 전파의 주파수별 분류 중에서 3~30[MHz]를 사용하는 주파주 대역의 명칭은 무엇인가? '19 군무원

① 중파 ② 단파
③ 초단파 ④ 극초단파

34 다음 중 파장이 가장 긴 주파수 대역은?

① 마이크로파 ② 초단파
③ 단파 ④ 중파

35 전파(電波)의 전파(傳播) 현상에 해당하지 않는 것은? '10 지방직 9급

① 다중 경로 ② 산란
③ 불연속 ④ 회절

정답 30 ② 31 ③ 32 ① 33 ② 34 ④ 35 ③

36 다음 중 회절이 가장 잘 되는 전파는? '16 국가직 9급

① 장파 ② 중파
③ 단파 ④ 극초단파

37 전파에 대한 설명으로 옳지 않은 것은? '15 국가직 9급

① 주파수가 높을수록 전리층 통과가 어려워진다.
② 주파수 대역폭이 넓어지면 전송속도를 증가시킬 수 있다.
③ 주파수가 높을수록 안테나의 길이가 짧아진다.
④ 주파수가 높을수록 장애물에서 회절능력이 감소한다.

38 전파의 성질에 대한 설명으로 옳지 않은 것은? '19 국가직 9급

① 전파는 횡파이며 평면파이다.
② 균일 매질에서 전파하는 전파는 직진한다.
③ 주파수가 높을수록 회절작용이 심하다.
④ 서로 다른 매질의 경계면에서 굴절과 반사되는 성질이 있다.

39 전파의 특성으로 옳지 않은 것은?

① 직진성 또는 지향성을 가지고 진행한다.
② 매질의 경계면에서 반사한다.
③ 주파수가 높을수록 회절능력이 증가한다.
④ 서로 다른 매질을 통과할 때 굴절된다.

40 〈보기〉의 괄호에 공통으로 들어갈 전파의 성질은? '21년 고졸 유선

( )은/는 파동이 장애물 뒤쪽으로 돌아 들어가는 현상이다. 예를 들어, 라디오의 AM 방송이 FM 방송에 비해서 수신이 잘 되는 이유는 AM 방송에서 사용하는 전파의 파장이 FM 방송에서 사용하는 전파의 파장보다 길어, 건물이나 장애물을 만났을 때 ( )되어 잘 전달되기 때문이다.

① 회절(Diffraction) ② 산란(Scattering)
③ 반사(Reflection) ④ 굴절(Refraction)

정답 36 ① 37 ① 38 ③ 39 ③ 40 ①

41 전파의 성질에 대한 설명으로 옳지 않은 것은? '22 국회 방송

① 주파수가 높을수록 동일거리에서의 수신 신호 세기는 작아진다.
② 주파수가 높을수록 직진성이 강해진다.
③ 파장과 주파수는 반비례한다.
④ 주파수가 높을수록 회절성이 강해진다.
⑤ 주파수와 파장의 곱은 속도가 된다.

42 전자파의 전파(Propagation)에 대한 설명으로 옳지 않은 것은? '22 국가직 무선

① 서로 다른 밀도를 갖는 두 매질의 경계면을 투과할 때 굴절이 일어날 수 있다.
② 반사와 굴절이 동시에 발생할 수 있다.
③ 빛과 달리 직진성 혹은 지향성을 갖지 않는다.
④ 전계와 자계 성분을 모두 갖는다.

43 다음 중 비유도 매체(무선 전송매체)에 대한 설명으로 가장 적절하지 않은 것은? '22 군무원 통신5

① 물리적 도선을 사용하지 않고 전자기 신호를 전송하는 유형의 통신을 보통 무선통신이라 부른다.
② 라디오파는 지구를 감싸는 대기의 가장 낮은 부분을 통해 이동하며 안테나는 반드시 마주보고 있어야 한다.
③ 마이크로파는 단방향으로 이동하기 때문에 벽을 통과하지 못한다.
④ 적외선파는 단거리 통신에 사용되며 태양빛이 적외선 통신을 방해하기 때문에 건물 밖에서 사용할 수 없다.

44 주파수에 대한 설명으로 가장 옳지 않은 것은? '22 고졸 유선

① 주파수는 전파가 공간을 이동할 때 1초 동안 진동하는 횟수를 말한다.
② 주기는 주파수와 비례 관계이다.
③ 파장은 주파수와 반비례 관계이다.
④ 주파수가 높은 것은 직진성이 좋고, 반사가 잘되는 성질이 있다.

정답 41 ④ 42 ③ 43 ② 44 ②

45 전파의 특성에 대한 설명으로 옳지 않은 것은? '23 국가직 무선

① 파장이란 주기적으로 변화하는 에너지 레벨이 한 주기 동안 진행한 거리이다.
② 회절이란 경계면에 도달한 전파가 새로운 파원이 되어 진행하는 현상을 말한다.
③ 전파의 직진과 반사의 특성을 이용한 것으로는 레이더가 있다.
④ 전파의 주파수가 높을수록 회절이 잘되고 낮을수록 직진성이 좋아진다.

46 마이크로파 신호의 무선 전파 환경에 대한 설명으로 옳지 않은 것은? '23 국가직 무선

① 통신거리가 증가함에 따라 전파의 세기가 감소하는 현상을 경로손실이라고 한다.
② 백색가우시안 잡음의 주요 원인은 다른 사용자들로부터 송신되는 전파에 의한 방해이다.
③ 건물, 지형 등 장애물에 의해 수신신호의 평균전력이 달라지는 현상을 섀도윙이라고 한다.
④ 송신 신호의 회절, 반사, 산란 등에 의해 다중 경로가 발생한다.

47 100[MHz]의 신호를 전송하기 위한 1/4 파장 안테나의 길이는 다음 중 몇 [m]인가? '23 군무원 9급

① 0.25[m] ② 0.75[m] ③ 1[m] ④ 3[m]

48 〈보기〉와 같은 전파의 주기(t)의 값[sec]은? '21 고졸 유선

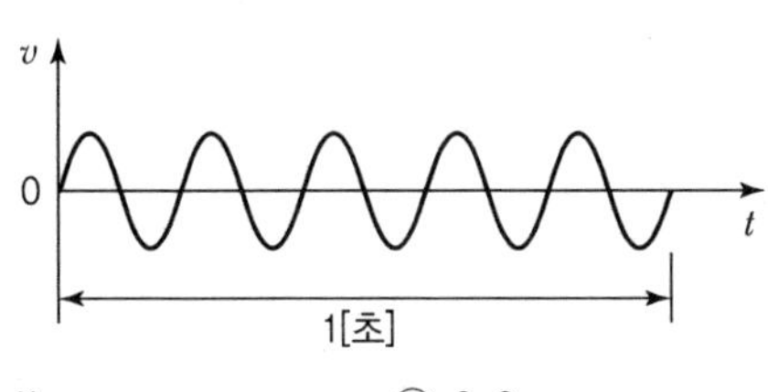

① 1 ② 5 ③ 0.2 ④ 0.5

49 비유전율 ε_r이 64이고 비투자율 μ_r이 4인 매질에서 진행하는 전파 이동속도는 자유공간에서 진행하는 전파 이동속도의 몇 배인가? '23 국가직 무선

① 16 ② 4
③ $\frac{1}{4}$ ④ $\frac{1}{16}$

정답 45 ④ 46 ② 47 ② 48 ③ 49 ④

50 전자파용 교류신호 $s(t) = 4\cos(6.28 \times 10^6 t)$라고 주어졌을 때 신호 $s(t)$를 이상적으로 변환하여 전송하는 경우 한 주기 동안의 전파하는 거리는 다음 중 얼마인가? '22 군무원 통신7

① 30[km] ② 300[m]
③ 300[km] ④ 3[km]

51 신호가 시스템에 입력될 때 신호를 구성하는 복수개의 주파수 성분마다 시스템을 통과하면서 발생되는 지연시간이 상이하게 되어 발생되는 현상을 다음 중 무엇이라고 하는가?

'22 군무원 통신7

① 위상 지연(Phase Delay) ② 군 지연(Group Delay)
③ 처리 지연(Processing Delay) ④ 왜곡(Distortion)

정답 50 ② 51 ②

CHAPTER

WIRELESS COMMUNICATION ENGINEERING

03 급전선 이론

01 다음 중 무손실 선로에서 얻어지는 조건은 어느 것인가?

① $R=0,\ G=\infty$　② $R=\infty,\ G=0$

③ $R=\infty,\ G=\infty$　④ $R=0,\ G=0$

풀이
- 무손실 선로 : $R=G=0$
- 무왜 선로 : $LG=RC$

02 무손실 선로의 등가회로로서 옳은 것은?

①

②

③

④

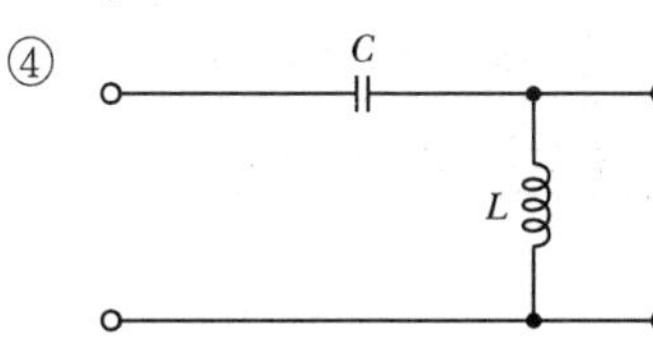

풀이

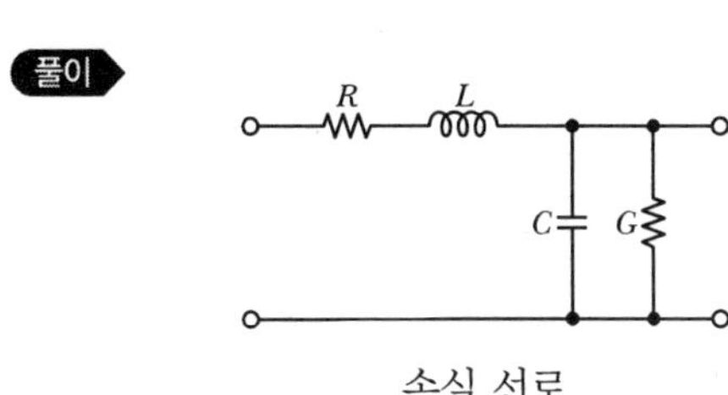

손실 선로

무손실 선로($R=G=0$)

03 도선의 고주파에 대한 표피작용의 깊이(Skin Depth)는 주파수 f와 어떤 관계가 있는가?

① f에 비례　② f의 $\frac{1}{2}$승에 비례

③ f에 반비례　④ f의 $\frac{1}{2}$승에 반비례

정답 01 ④ 02 ③ 03 ④

풀이 표피 깊이(Skin Depth) : 도체 표면과 비교해서 그 값이 e^{-1}배(0.368)로 감소되는 깊이

$$\delta = \sqrt{\frac{2}{\mu w \sigma}} = \sqrt{\frac{1}{\mu \pi f \sigma}}$$

04 다음 중 비동조 급전선의 설명 중 잘못된 것은?

① 장거리 전송에서 효율이 높다.
② 피이더(Feeder)의 길이는 임의로 할 수 있다.
③ 정합장치가 필요치 않다.
④ 피이더에는 정재파가 편승하지 않는다.

풀이 동조 급전선과 비동조 급전선의 비교

구분	동조 급전선	비동조 급전선
급전선상의 전송파	정재파	진행파
정합장치	불필요	필요
전송손실	크다.	작다.
전송효율	나쁘다.	좋다.
송신기와 안테나 사이 거리	가까울 때(단거리용)	멀 때(장거리용)
급전선 길이와 파장관계	유	무

05 다음 중 비동조 급전선의 설명으로 맞지 않는 것은?

① 임피던스 정합회로를 사용한다.
② 급전선상에는 진행파를 실어서 전송한다.
③ 전송효율이 동조 급전선보다 나쁘다.
④ 동축 케이블은 비동조 급전선으로 사용한다.

06 다음 중 급전선에 대한 설명 중 틀린 것은?

① 동조 급전선은 급전선상에 정재파를 실어서 급전한다.
② 동조 급전선은 송신기와 안테나와의 거리가 멀 경우에 사용한다.
③ 비동조 급전선은 정합장치가 필요하다.
④ 비동조 급전선은 동조 급전선보다 전송효율이 좋다.

정답 04 ③ 05 ③ 06 ②

07 동조 급전선의 설명이다. 옳지 않게 설명된 것은?

① 급전선의 길이가 짧을 때 사용한다.
② 전송효율이 비동조 급전선보다 낮다.
③ 급전선상에 정재파가 존재한다.
④ 임피던스 정합장치가 필요하다.

08 비동조 급전선의 급전점에 정합회로를 설정하는 이유는?

① 급전선의 파동 임피던스를 감소시키기 위하여
② 급전선의 파동 임피던스를 일정하게 하기 위하여
③ 급전선에 정재파를 실리지 않게 하기 위하여
④ 안테나의 고유파장을 조절하기 위하여

풀이 임피던스 매칭을 하여 반사파를 제거함

09 송신기의 결합회로와 급전선과의 접속점이 전류 파복이 될 때에는 정합회로를 어떻게 해야 하는가?

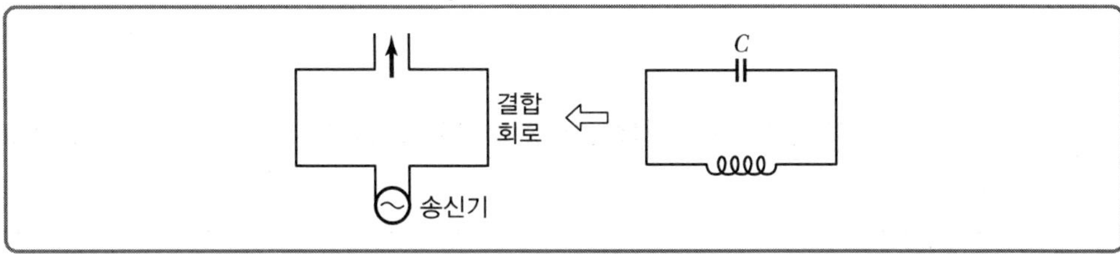

① 직렬 공진
② 병렬 공진
③ 직병렬 공진
④ 단급전

풀이 전류 급전 : 급전점이 공중선 전류 파복점에서 급전하는 방식
- 전류 파복이 되기 위해서는 직렬 공진회로를 구성해야 한다.

10 동조 급전선에서 송신기의 결합회로와 급전선과의 접속점이 정재파 전압의 파복이 되는 경우에는 결합회로의 공진회로는 어떻게 해야 하나?

① 직병렬 공진회로
② 병렬 공진회로
③ 직렬 공진회로
④ 직결합회로

풀이 전압 급전 : 급전점이 공중선 전압 파복점에서 급전하는 방식
- 전압 파복이 되기 위해서는 병렬 공진회로를 구성해야 한다.

정답 07 ④ 08 ③ 09 ① 10 ②

11 다음 그림과 같은 반파장 안테나에서 급전선의 최소길이 l은 얼마인가?(단, 파장은 40[m]이고 동조 급전방식이다.)

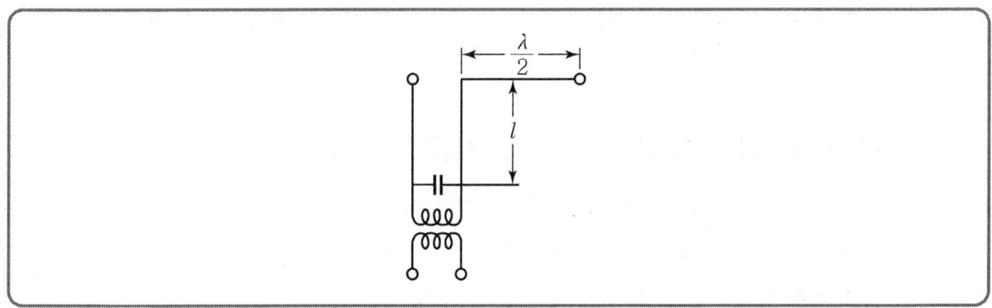

① 40[m] ② 30[m] ③ 20[m] ④ 10[m]

풀이
- 급전점에서 전류 최소
- 결합회로는 병렬공진 : 공진 시 임피던스 ∞, 전류 최소

따라서, 급전선의 길이는 최소한 반파장$\left(l=\frac{\lambda}{2}\right)$이 필요하다.

$l=\frac{\lambda}{2}=\frac{40}{2}=20[\mathrm{m}]$

12 그림과 같은 반파장 안테나에서 급전선의 최소길이 l은?(단, 파장은 10[m]이고, 전류급전방식이다.)

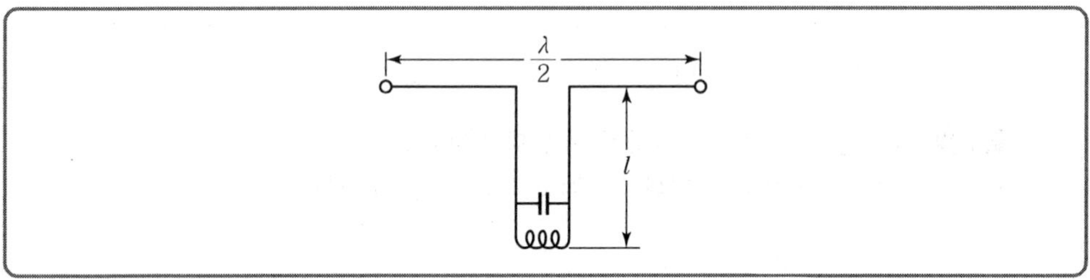

① 2.5[m] ② 5[m] ③ 7.5[m] ④ 10[m]

풀이
- 급전점에서 전류 최대
- 결합회로는 병렬공진 : 공진 시 임피던스 ∞, 전류 최소

따라서, 급전선의 길이는 $\left(l=\frac{\lambda}{4}\right)$가 필요하다.

$l=\frac{\lambda}{4}=\frac{10}{4}=2.5[\mathrm{m}]$

정답 11 ③ 12 ①

13 다음의 동조 급전방식에 대한 설명 중 옳은 것은?

① 송신기와 안테나 사이의 거리가 멀수록 많이 사용한다.

② 전압급전일 때 직렬공진의 급전회로를 사용하려면 급전선의 길이를 $\frac{\lambda}{4}$의 기수배로 사용한다.

③ 전류급전일 때 병렬공진의 급전회로를 사용하려면 급전선의 길이를 $\frac{\lambda}{4}$의 우수배로 사용한다.

④ 임피던스 정합회로를 사용하므로 진행파가 급전된다.

풀이

구분		전압급전	전류급전
안테나 길이		λ(대표)	$\frac{\lambda}{2}$(대표)
급전점		전압의 최댓값	전류의 최댓값
급전선 길이	직렬회로	$\frac{\lambda}{4}$의 기수배	$\frac{\lambda}{4}$의 우수배($\frac{\lambda}{2}$의 정수배)
	병렬회로	$\frac{\lambda}{4}$의 우수배($\frac{\lambda}{2}$의 정수배)	$\frac{\lambda}{4}$의 기수배

14 선로의 특성 임피던스를 Z_0, 부하 임피던스를 Z_R이라고 할 때, 정재파비가 1이라고 하는 경우는 다음 중 어느 것인가?

① 반사파가 없을 경우

② 반사계수가 1인 경우

③ $Z_R \neq Z_0$인 경우

④ 진행파와 반사파의 크기가 같은 경우

풀이 진행파만 존재하는 경우

㉠ 무한장 선로

㉡ 정합($Z_L = Z_0$)

㉢ 정규화 부하 임피던스가 1일 때 : $\bar{z} = \frac{Z_L}{Z_0} = 1$

㉣ 반사계수 $\Gamma = 0$

㉤ 정재파비 $S = 1$

정답 13 ② 14 ①

15 그림과 같은 무손실 급전선에서 전압 반사계수 ΓV의 값은 얼마이겠는가?

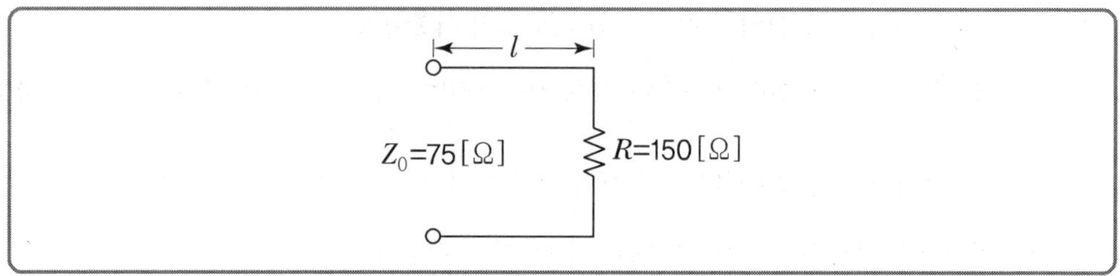

① $\Gamma V = \frac{1}{2}$ ② $\Gamma V = \frac{1}{3}$

③ $\Gamma V = 2$ ④ $\Gamma V = 3$

풀이 $\Gamma = \left| \frac{Z_L - Z_0}{Z_L + Z_0} \right| = \frac{150-75}{150+75} = \frac{1}{3}$

16 통신 선로의 임피던스를 정합시키는 이유는?

① 전력을 최소로 공급하기 위해

② 반사계수를 1로 만들기 위해

③ 투과계수를 0로 만들기 위해

④ 반사파가 생기지 않도록 하기 위해

풀이
- 급전선에서 부하로 최대 전송 효율을 전달하기 위해서 급전선의 특성 임피던스와 부하 임피던스를 같게 만드는 것
- 정합이 된 경우에는 반사파가 발생하지 않고, 부하에 최대전력을 전송한다.

17 가장 이상적인 VSWR 값은?

① 0 ② 1

③ 2 ④ 3

풀이 정합조건

㉠ 정합($Z_L = Z_0$)

㉡ 정규화 부하 임피던스가 1일 때 : $\bar{z} = \frac{Z_L}{Z_0} = 1$

㉢ 반사계수 $\Gamma = 0$

㉣ 정재파비 $S = 1$

정답 15 ② 16 ④ 17 ②

18 다음 중 진행파와 반사파가 있는 급전선은?

① 무한장 급전선
② SWR=1인 급전선
③ 정규화 부하 임피던스가 1인 급전선
④ 반사계수가 1인 급전선

풀이 $S=1,\ \Gamma=0,\ z=1$
• 무한장 도선 ➡ 진행파만

19 임피던스가 75[Ω]인 급전선의 입력전력 및 반사전력이 각각 150[W] 및 75[W]일 때의 정재파비(VSWR)는 얼마인가?

① 5.83
② 5.25
③ 4.35
④ 3.17

풀이 • $\Gamma = \dfrac{V_r}{V_f}$ (전압표현)

• $\Gamma = \dfrac{V_r}{V_f} = \sqrt{\dfrac{P_r}{P_f}}$ (전력표현)

$$\Gamma = \sqrt{\frac{P_r}{P_f}} = \sqrt{\frac{75}{150}} = \frac{1}{\sqrt{2}} = 0.707$$

$$\text{VSWR} = \frac{1+\Gamma}{1-\Gamma} = \frac{1+0.707}{1-0.707} = 5.83$$

20 임피던스가 50[Ω]인 급전선의 입력전력 및 반사전력이 각각 50[W] 및 8[W]일 때 전압 정재파비는?

① 6.25
② 2.33
③ 0.4
④ 0.16

풀이 • $\Gamma = \sqrt{\dfrac{P_r}{P_f}} = \sqrt{\dfrac{8}{50}} = \dfrac{2}{5}$

• $\text{VSWR} = \dfrac{1+\Gamma}{1-\Gamma} = \dfrac{1+0.4}{1-0.4} = 2.33$

정답 18 ④ 19 ① 20 ②

21 선로에 진행파와 반사파가 동시에 존재할 때 양파의 합성파를 정재파라 하며 전압 정재파의 최댓값과 최소값의 비를 전압 정재파비(VSWR)라 한다. 이 VSWR와 반사계수는 어떤 관계가 성립하는가?(단, VSWR를 S, 반사계수를 Γ라 한다.)

① $\Gamma = \dfrac{S-1}{S+1}$　　② $\Gamma = \dfrac{S+1}{S-1}$

③ $S = \dfrac{\Gamma+1}{\Gamma-1}$　　④ $S = \dfrac{\Gamma-1}{\Gamma+1}$

풀이
- $\Gamma = \dfrac{S-1}{S+1}$
- $\text{VSWR} = \dfrac{1+\Gamma}{1-\Gamma}$

22 특성 임피던스가 50[Ω]인 선로의 부하 측에 100[Ω]의 임피던스를 접속한 경우 정재파비는 얼마인가?

① 0.5　　② 1

③ 2　　④ 5

풀이
- 반사계수 : $\Gamma = \left|\dfrac{Z_L - Z_0}{Z_L + Z_0}\right| = \dfrac{100-50}{100+50} = \dfrac{1}{3}$
- 정재파비 : $\text{VSWR} = \dfrac{1+\Gamma}{1-\Gamma} = \dfrac{1+\frac{1}{3}}{1-\frac{1}{3}} = \dfrac{\frac{4}{3}}{\frac{2}{3}} = 2$

[다른 풀이]

$S = \dfrac{Z_L}{Z_0} = \dfrac{100}{50} = 2$

23 선로의 특성임피던스가 75[Ω]이고, 부하임피던스가 50[Ω]인 선로에서 반사계수는 얼마인가?

① 0.1　　② 0.2

③ 0.5　　④ 0.66

풀이 반사계수 : $\Gamma = \left|\dfrac{Z_L - Z_0}{Z_L + Z_0}\right| = \dfrac{75-50}{75+50} = \dfrac{1}{5}$

정답 21 ① 22 ③ 23 ②

24 부하임피던스가 600[Ω]인 회로에 특성임피던스가 75[Ω]인 패드(PAD)를 연결시키면, 이때 정재파비(S) 및 반사계수(m)는 대략 얼마인가?

① $S=0.78$, $m=8.09$
② $S=1.28$, $m=6.32$
③ $S=6.32$, $m=1.28$
④ $S=8.09$, $m=0.78$

풀이
- $m=\left|\dfrac{Z_L-Z_0}{Z_0+Z_L}\right|=\dfrac{525}{675}=0.78$
- $S=\dfrac{1+m}{1-m}=\dfrac{1.78}{0.22}=8.09$

25 600[Ω] 및 150[Ω]의 선로를 $\frac{1}{4}$파장의 선로인 임피던스 변성기로 정합시키고자 한다. 삽입해야 할 선로의 임피던스는 얼마로 해야 하는가?

① 600[Ω]
② 300[Ω]
③ 150[Ω]
④ 75[Ω]

풀이 $Z=Z_0\dfrac{Z_L+jZ_0\tan\beta l}{Z_0+jZ_L\tan\beta l}$에서,

$l=\dfrac{\lambda}{4}$, $\beta l=\dfrac{\pi}{2}$, $\tan\beta l=\infty$

따라서, $l=\dfrac{\lambda}{4}$인 선로에서 $Z_0^2=Z_L Z_{in}$

$Z_0=\sqrt{Z_L Z_{\in}}=\sqrt{600\times150}=300[\Omega]$

26 동축 급전선을 개방하고 임피던스를 측정하였을 때 100[Ω]이고, 단락했을 때의 임피던스가 25[Ω]라면 이 급전선의 특성 임피던스는 얼마인가?

① 100[Ω]
② 75[Ω]
③ 50[Ω]
④ 25[Ω]

풀이 ㉠ 수단 단락의 경우($Z_L=0$) : $Z_{SC}=jZ_0\tan\beta l$

㉡ 수단 개방의 경우($Z_L=\infty$) : $Z_{OC}=Z_0\dfrac{1}{j\tan\beta l}=-jZ_0\cot\beta l$

㉢ 수단 단락, 개방 시의 임피던스 곱이 전송선로의 특성 임피던스가 된다.

$\therefore Z_0=\sqrt{Z_{sc}\cdot Z_{oc}}=\sqrt{100\times25}=50$

정답 24 ④ 25 ② 26 ③

27 특성 임피던스 600[Ω] 및 150[Ω]의 선로를 임피던스 변성기로 정합시키고자 한다. 파장이 λ일 때 삽입해야 할 선로의 특성 임피던스와 길이는?

① 75[Ω], $\frac{\lambda}{2}$
② 300[Ω], $\frac{\lambda}{3}$
③ 300[Ω], $\frac{\lambda}{4}$
④ 377[Ω], $\frac{\lambda}{4}$

풀이 $Z = Z_0 \dfrac{Z_L + jZ_0 \tan\beta l}{Z_0 + jZ_L \tan\beta l}$에서,

$l = \frac{\lambda}{4}$, $\beta l = \frac{\pi}{2}$, $\tan\beta l = \infty$

따라서, $l = \frac{\lambda}{4}$인 선로에서 $Z_0{}^2 = Z_L Z_{in}$

$Z_0 = \sqrt{Z_L Z_{in}} = \sqrt{600 \times 150} = 300[\Omega]$

28 송신기 출력 임피던스가 75[Ω], 안테나 특성 임피던스가 75[Ω]인 경우, 급전선 임피던스로 가장 적절한 [Ω]은?

① 50
② 75
③ 150
④ 300

풀이 $Z_0{}^2 = Z_L Z_{in}$

부하나 선로가 모두 75[Ω]이므로, 급전선도 75[Ω]이 적당하다.

29 스미스 도표(Smith Chart)에서 한 좌표점이 시계방향으로 180° 회전한다는 것은 급전선에서 다음의 무엇에 해당하는가?(단, λ는 파장이다.)

① 전원 쪽으로 $\frac{\lambda}{2}$만큼 이동
② 전원 쪽으로 $\frac{\lambda}{4}$만큼 이동
③ 부하 쪽으로 $\frac{\lambda}{2}$만큼 이동
④ 부하 쪽으로 $\frac{\lambda}{2}$만큼 이동

풀이 전원 쪽(Toward Generation)으로 $\frac{\lambda}{4}$만큼 이동

정답 27 ③ 28 ② 29 ②

30 그림과 같이 도선의 길이가 $\frac{\lambda}{4}$ 인 선단을 단락할 경우 ab점에서 본 임피던스는?(단, λ는 전류의 파장이다.)

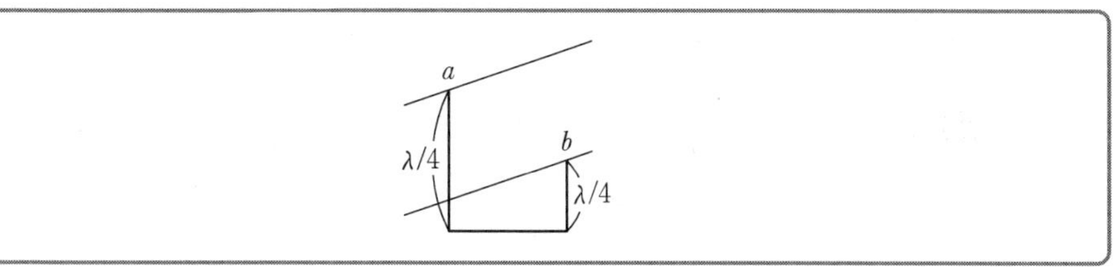

① 0 ② 유도성
③ 용량성 ④ ∞

풀이 수단 단락의 경우($Z_L = 0$) : $Z_{SC} = jZ_0 \tan\beta l$

$l = \frac{\lambda}{4}$, $\beta l = \frac{\pi}{2}$, $\tan\beta l = \infty$ 이므로, $Z_{ab} = \infty$ 이다.

31 그림에서 11′ 단자에 주파수 f 및 $2f$의 신호가 공급될 때 22′단자에 f만 나타나도록 하고자 한다. 종단 선로 l의 최소 길이는 얼마인가?(단, 주파수 f의 파장을 λ라 한다.)

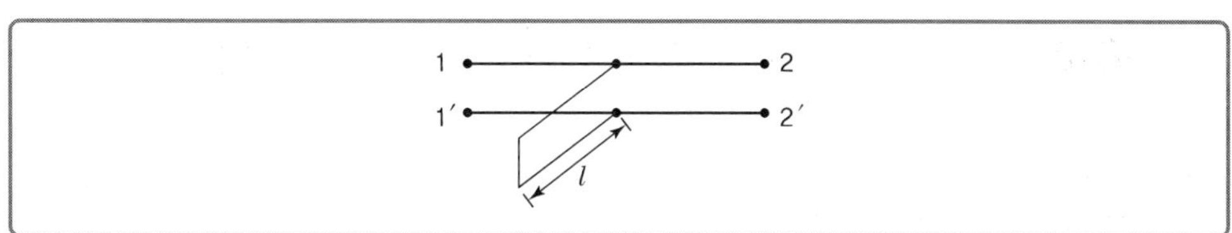

① λ ② $\frac{\lambda}{2}$
③ $\frac{\lambda}{4}$ ④ $\frac{\lambda}{8}$

풀이 수단 단락의 경우($Z_L = 0$) : $Z_{SC} = jZ_0 \tan\beta l$

㉠ f의 주파수에서는 $l = \frac{\lambda}{4}$, $\beta l = \frac{\pi}{2}$, $\tan\beta l = \infty$ 이므로, $Z_{ab} = \infty$ 이다.(따라서, f의 신호는 모두 22′로 전달된다.)

㉡ $2f$의 주파수에서는 $l = \frac{\lambda}{2}$, $\beta l = \pi$, $\tan\beta l = 0$이므로, $Z_{ab} = 0$이다.(따라서, $2f$의 신호는 모두 제거되어 22′에는 나타나지 않는다.)

정답 30 ④ 31 ③

32 $Z_0 = 60[\Omega]$인 $\frac{1}{4}$ 파장선로의 종단에 80[Ω]의 순저항 부하가 접속되었을 때 입력 임피던스는?

① 12[Ω] ② 25[Ω] ③ 38[Ω] ④ 45[Ω]

풀이 $l = \frac{\lambda}{4}$ 인 선로에서 $Z_0^2 = Z_L Z_{in}$ 에서, $Z_{in} = \frac{Z_0^2}{Z_L} = \frac{60^2}{80} = 45[\Omega]$

33 다음 그림은 $\frac{\lambda}{4}$ 결합기를 나타낸 것이다. 알맞은 것은?

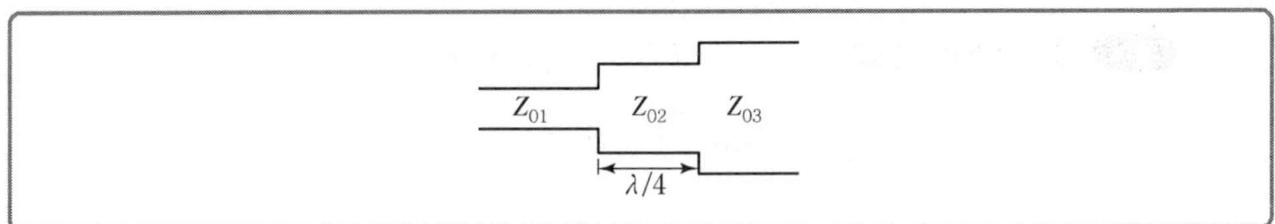

① $Z_{03} = \sqrt{Z_{02}Z_{01}}$ ② $Z_{02} = \sqrt{Z_{03}Z_{01}}$

③ $Z_{01} = \sqrt{Z_{02}Z_{03}}$ ④ $Z_{03} = \sqrt{Z_{02} + Z_{01}}$

풀이 $l = \frac{\lambda}{4}$ 인 선로에서 $Z_0{}^2 = Z_L Z_{in}$ 이므로 $Z_{02} = \sqrt{Z_{03}Z_{01}}$ 이다.

34 도파관의 성질 중 틀린 것은?

① 주파수가 높을수록 저항손실이 작아진다.
② 전송할 수 있는 파장은 모드에 따라 다르다.
③ 각 모드마다 대응하는 하나의 차단 주파수는 동일하다.
④ 고역통과 필터의 일종으로 볼 수 있다.

풀이 도파관의 특성

㉠ 저항손실, 유전체 손실이 적으며 복사손실이 없다.
㉡ 절연파괴가 일어나도 큰 문제가 되지 않는다.
㉢ 고역여파기(HPF)로서 작용한다.(차단 주파수와 차단 파장이 존재)
㉣ 취급전력이 크다.
㉤ 외부전자계와 완전히 격리할 수 있다.
㉥ 전송할 수 있는 파장은 전파모드에 따라 다르고, 차단 주파수도 모두 다르다.

정답 32 ④ 33 ② 34 ③

35 도파관은 다음 중 어떤 성질을 가진 여파기(Filter)로 생각할 수 있는가?

① 저역 여파기(Low Pass Filter)
② 고역 여파기(High Pass Filter)
③ 대역 여파기(Band Pass Filter)
④ 대역 소거 여파기(Band Elimination)

풀이 고역여파기(HPF)로서 작용한다.(차단 주파수와 차단 파장이 존재)

36 그림과 같은 도파관 창에 TE_{10}파를 전송할 때 그 등가회로는 어느 것이 되는가?

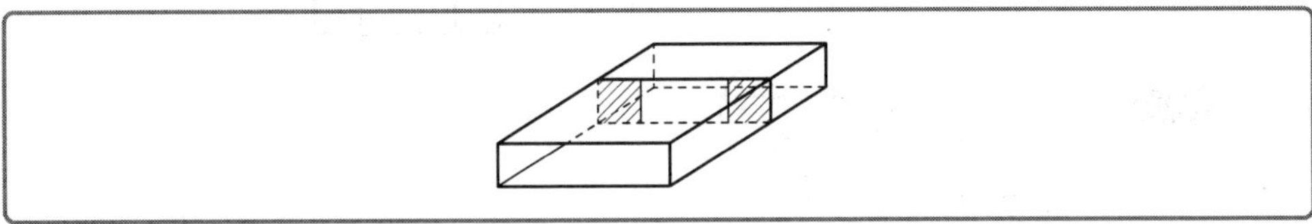

① 인덕턴스만의 회로
② 캐패시턴스만의 회로
③ 직렬공진회로
④ 병렬공진회로

풀이 도파관 창(Wave Window)에 의한 정합
㉠ 도파관 축과 직각으로 공극(Slot)이 있는 얇은 도체판을 삽입해서 정합을 얻는 방법
㉡ 도파관 창 ➡ 임피던스 변환

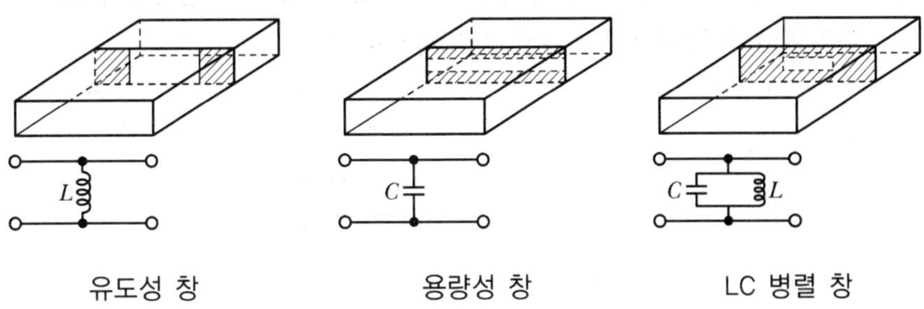

37 도파관 창(Waveguide Window)은 어떤 기능을 하는가?

① 도파관에 이물질이 들어가지 않도록 한다.
② 도파관의 임피던스를 변화시킨다.
③ 도파관 내의 반사파를 감쇠시킨다.
④ 도파관의 비틀림을 용이하게 한다.

정답 35 ② 36 ① 37 ②

38 다음 도파관 창 중에서 LC병렬회로로 볼 수 있는 것은 어느 것인가?

① 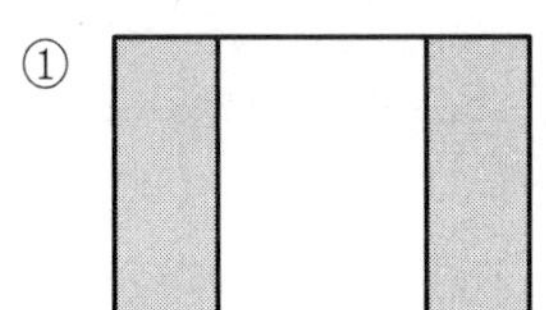

② 

③ 

④ 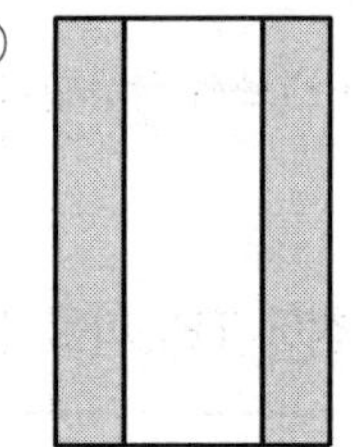

풀이

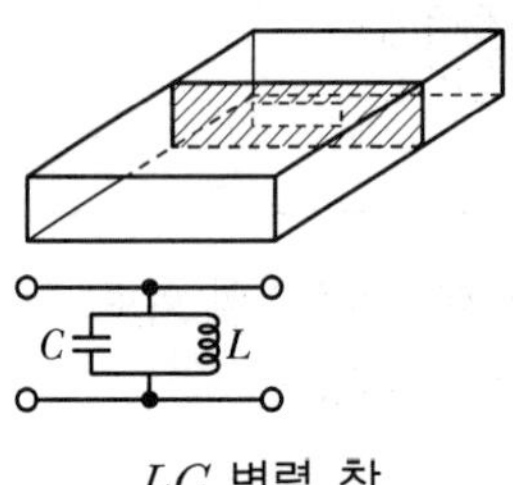

LC 병렬 창

39 그림과 같은 구형 도파관에 TE_{10}파가 진행하기 위해 도파관의 긴 변의 길이는 얼마이어야 하는가?(단, 차단 주파수 $f_c=6,000$[MHz]이다.)

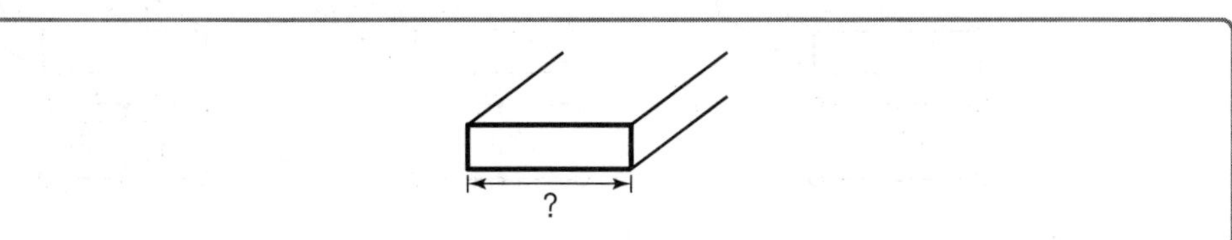

① 1.25[cm]
② 1.5[cm]
③ 2[cm]
④ 2.5[cm]

풀이 $f_c = 6,000[\text{MHz}]$, $\lambda = 5[\text{cm}]$

TE_{10} 모드 차단 파장 $\lambda_c = 2a$

$\lambda_c = 5[\text{cm}] = 2a$

정답 38 ③ 39 ④

40 그림에 표시하는 것과 같이 도파관 내의 양쪽 벽에 장애물을 삽입했을 때 장애물에 의한 전기적 등가회로는?(단, 도파관 내의 전자파는 H10mode이다.)

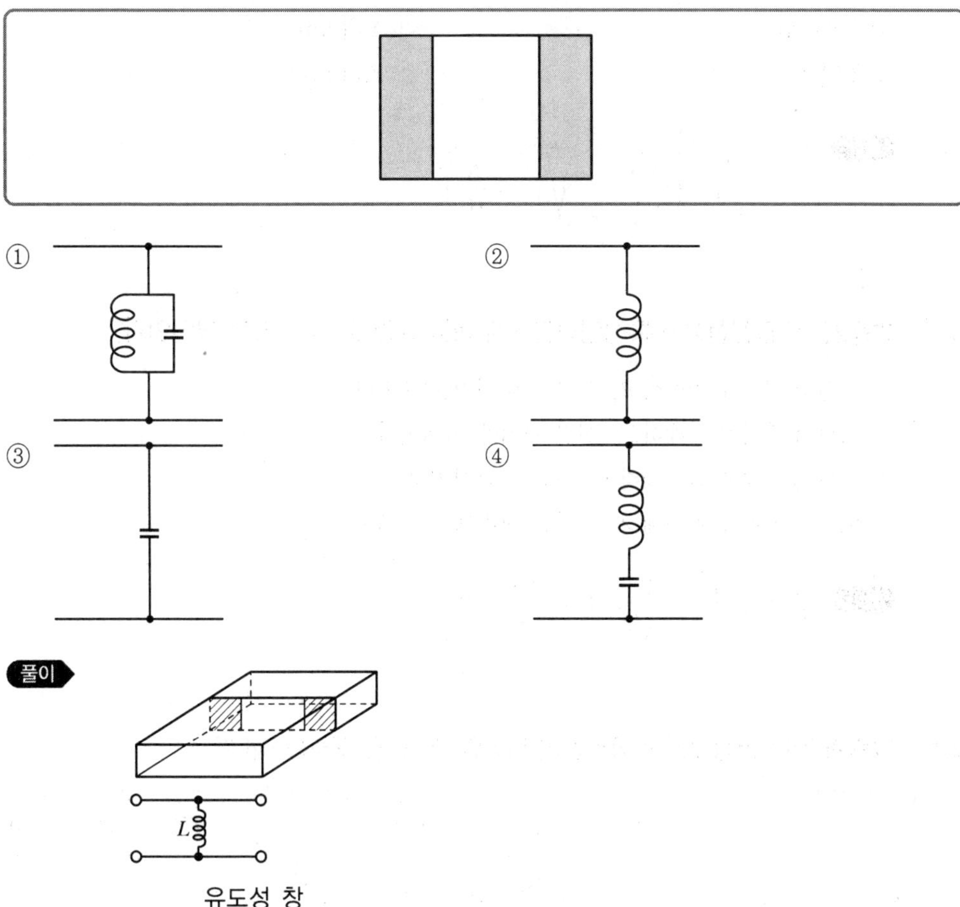

41 그림과 같은 구형 도파관에서 TE_{10}파의 차단 파장은?(단, a : 2.5[cm], b : 1.25[cm])

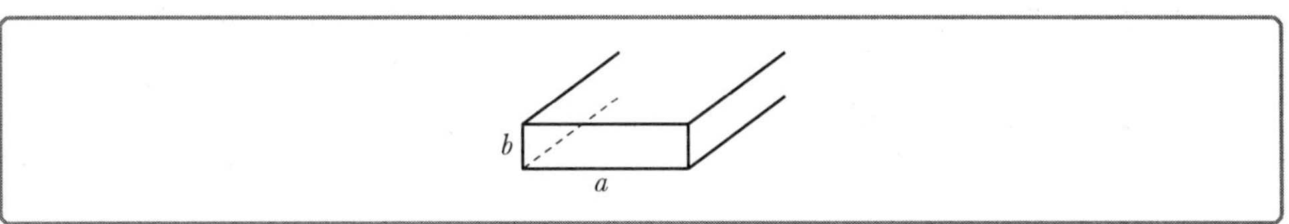

① 0.05[cm] ② 2.5[cm]
③ 3.13[cm] ④ 5[cm]

풀이 TE_{10}모드 차단 파장 $\lambda_c = 2a = 5$[cm]

정답 40 ② 41 ④

42 차단 파장이 10[cm]인 구형 도파관에 6[GHz]의 전파를 전송하고자 한다. 관내 파장은 얼마인가?

① 5.8[cm] ② 4.8[cm]
③ 3.9[cm] ④ 2.9[mm]

풀이 $\lambda_g = \dfrac{\lambda}{\sqrt{1-\left(\dfrac{\lambda}{\lambda_c}\right)^2}} = \dfrac{5}{\sqrt{1-\left(\dfrac{5}{10}\right)^2}}$

43 평행2선식 급전선에서 특성임피던스에 대한 설명 중 맞는 것은 무엇인가?

① 도선의 직경에 비례하고, 선간 거리에 반비례한다.
② 도선의 직경에 비례하고, 선간 거리에 비례한다.
③ 도선의 직경에 반비례하고, 선간 거리에 비례한다.
④ 도선의 직경에 반비례하고, 선간 거리에 반비례한다.

풀이 $Z_0 = \sqrt{\dfrac{L}{C}} = \dfrac{276}{\sqrt{\varepsilon_r}}\log_{10}\dfrac{2D}{d}\,[\Omega]$

44 그림과 같은 평행 2선식 급전선의 특성임피던스를 구하는 식은?

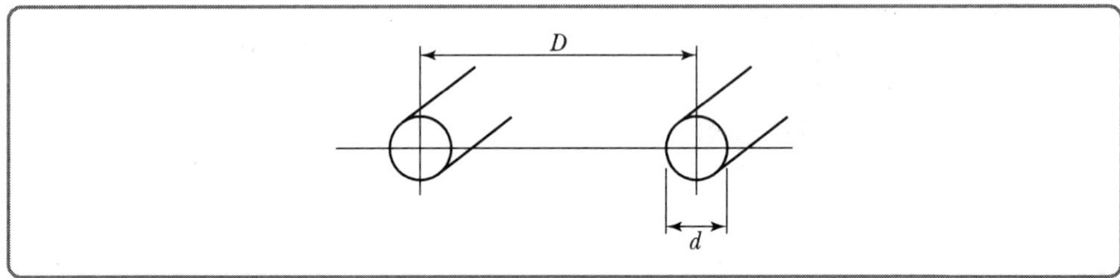

① $Z_0 = \dfrac{276}{\sqrt{\varepsilon_r}}\log_{10}\dfrac{2D}{d}\,[\Omega]$ ② $Z_0 = \dfrac{276}{\sqrt{\varepsilon_r}}\log_{10}\dfrac{D}{d}\,[\Omega]$

③ $Z_0 = \dfrac{138}{\sqrt{\varepsilon_r}}\log_{10}\dfrac{2D}{d}\,[\Omega]$ ④ $Z_0 = \dfrac{138}{\sqrt{\varepsilon_r}}\log_{10}\dfrac{D}{d}\,[\Omega]$

풀이 $Z_0 = \sqrt{\dfrac{L}{C}} = \dfrac{276}{\sqrt{\varepsilon_r}}\log_{10}\dfrac{2D}{d}\,[\Omega]$

정답 42 ① 43 ③ 44 ①

45 지름 3[mm], 선간격 30[cm]의 평행 2선식 급전선의 특성임피던스는?

① 약 300[Ω] ② 약 420[Ω]
③ 약 590[Ω] ④ 약 637[Ω]

풀이 $Z_0 = \frac{276}{1}\log_{10}\frac{2\times 30\text{cm}}{3\text{mm}} = 276(\log 200) = 637[\Omega]$

46 대기 중에서 선간 거리가 20[cm], 도선의 지름이 3[mm]인 평행 2선의 특성임피던스는 약 얼마인가?

① 320[Ω] ② 430[Ω]
③ 590[Ω] ④ 640[Ω]

풀이 $Z_0 = \frac{276}{1}\log\frac{2\times 20[\text{cm}]}{3[\text{mm}]}$
$= 276(\log 400 - \log 3) = 587.9[\Omega]$

47 동축 Cable의 특성임피던스는?(단, D : 외부 도체의 직경, d : 내부 도체의 직경)

① $Z_0 = \frac{138}{\sqrt{\varepsilon_r}}\log_{10}\frac{D}{d}[\Omega]$ ② $Z_0 = \frac{138}{\sqrt{\varepsilon_r}}\log_{10}\frac{2D}{d}[\Omega]$
③ $Z_0 = \frac{276}{\sqrt{\varepsilon_r}}\log_{10}\frac{D}{d}[\Omega]$ ④ $Z_0 = \frac{276}{\sqrt{\varepsilon_r}}\log_{10}\frac{2D}{d}[\Omega]$

풀이 $Z_0 = \sqrt{\frac{L}{C}} = \frac{138}{\sqrt{\varepsilon_r}}\log_{10}\frac{D}{d}[\Omega]$

48 평행 2선식 급전선 중 특성임피던스가 가장 큰 것은?

① 심선의 직경 1.2[mm], 선간격 10[cm]
② 심선의 직경 1.2[mm], 선간격 20[cm]
③ 심선의 직경 2.9[mm], 선간격 10[cm]
④ 심선의 직경 2.9[mm], 선간격 20[cm]

풀이 $\frac{D}{d}$의 비가 가장 큰 것이 특성임피던스가 가장 크다.

정답 45 ④ 46 ③ 47 ① 48 ②

49 동축케이블의 특성 임피던스는?(단, D : 외부도체의 지름, d : 내부도체의 지름)

① D가 클수록, d는 적을수록 커진다.
② D가 적을수록, d는 클수록 커진다.
③ D와 d가 클수록 커진다.
④ D와 d가 적을수록 커진다.

50 그림과 같은 동축 급전선의 특성 임피던스는 얼마인가?(단, $d=5$[cm], $D=20$[cm], $\varepsilon s=4$)

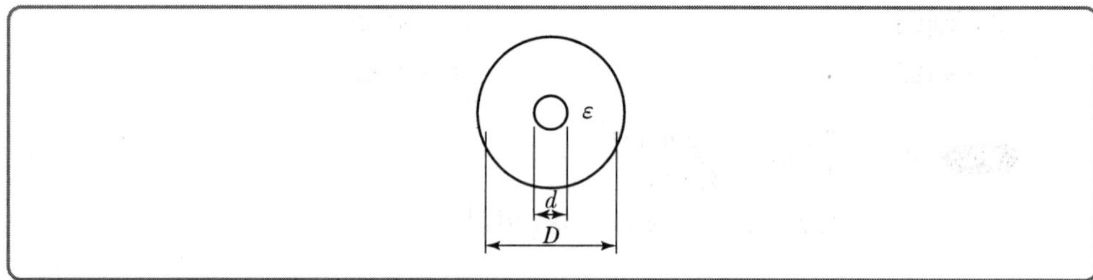

① 20.7[Ω] ② 41.5[Ω]
③ 75[Ω] ④ 350[Ω]

풀이 $\frac{138}{\sqrt{\varepsilon}}\log_{10}\frac{D}{d} = \frac{138}{\sqrt{4}}\log_{10}\frac{20}{5} = 69\times 0.6 = 41.5[\Omega]$

51 다음 중 안테나에서 임피던스 정합이 이루어지지 않는 경우 발생되는 현상과 관계가 없는 것은 무엇인가? '07 국가직 9급

① FM 방송에서 왜곡(Distortion)의 감소
② 급전선의 손실 증가
③ 최대 전력 전송의 저하
④ TV 방송에서 이중상(Ghost) 현상의 발생

풀이 정합이 이루어지지 않는 경우 발생 현상
- 급전선의 손실 증가
- 최대 전력 전송의 저하
- 대전력의 경우 급전선의 절연파괴 우려
- TV 방송의 이중상(Ghost) 현상, FM 방송의 왜율(Distortion) 증가

정답 49 ① 50 ② 51 ①

52 길이가 l이고, 부하임피던스가 Z_L인 무손실 전송선로에서 부하임피던스가 0(단락)과 무한대(개방)일 때, 전송선로의 입력임피던스는 각각 $j50[\Omega]$과 $-j200[\Omega]$이다. 이 전송선로의 특성임피던스[Ω]는? '12 국가직 9급

① 25 ② 50 ③ 75 ④ 100

풀이 전송선로의 특성 임피던스=수단 단락과 개방 시의 임피던스의 곱

$Z_0 = \sqrt{Z_{sc} \cdot Z_{oc}} = \sqrt{50 \times 200} = 100$

53 다음 그림과 같은 무손실 전송선로에서 반사파의 전력이 입사파 전력의 4[%]인 경우 전압 정재파비(VSWR ; Voltage Standing Wave Ratio)는? '07 국가직 9급

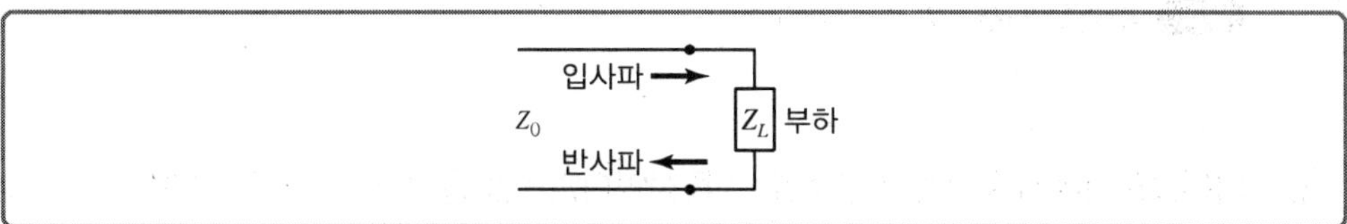

① 0.25 ② 1.5 ③ 2 ④ 2.5

풀이
- $\Gamma = \sqrt{\dfrac{P_r}{P_f}} = \sqrt{\dfrac{0.04P_f}{P_f}} = \sqrt{\dfrac{4}{100}} = \dfrac{2}{10}$
- $\text{VSWR} = \dfrac{1+\Gamma}{1-\Gamma} = \dfrac{1+0.2}{1-0.2} = 1.5$

54 그림과 같이 특성임피던스가 Z_0인 무손실 전송선로에 종단이 단락($Z_L = 0[\Omega]$)되었을 때, 입력 단에서 바라본 입력 임피던스 $Z_{in}[\Omega]$는?

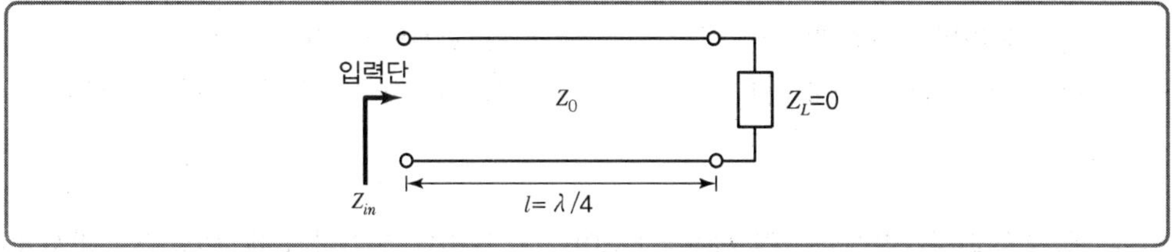

① 0 ② ∞ ③ Z_0 ④ $\dfrac{1}{Z_0}$

풀이
- 수단 단락의 경우($Z_L = 0$) : $Z_{SC} = jZ_0 \tan\beta l$
- f의 주파수에서는 $l = \dfrac{\lambda}{4}$, $\beta l = \dfrac{\pi}{2}$, $\tan\beta l = \infty$ 이므로, $Z_{in} = \infty$ 이다.

정답 52 ④ 53 ② 54 ②

55 전송선로를 다음과 같이 집중소자로 등가화할 때, 무손실 전송선로가 되기 위한 조건은?

'12 국가직 9급

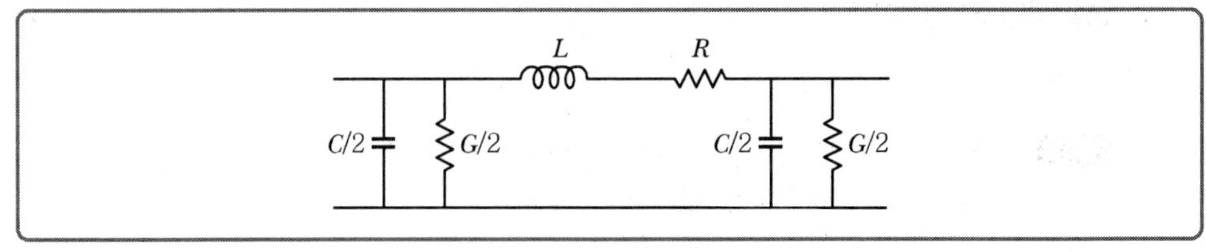

	R	G		R	G
①	0	0	②	0	∞
③	∞	0	④	∞	∞

풀이 무손실 선로 : $R = G = 0$

56 마이크로파에서 무손실 전송선로의 특성임피던스를 올바르게 나타낸 것은? '09 국가직 9급

① $\sqrt{\frac{L}{C}}$ ② $\sqrt{\frac{C}{L}}$

③ $\sqrt{\frac{1}{LC}}$ ④ $\sqrt{LC}$

풀이 $Z_0 = \frac{E}{H} = \sqrt{\frac{\mu}{\varepsilon}} = \sqrt{\frac{L}{C}}$

57 급전선과 안테나 사이에 임피던스 정합이 되었을 때 나타나는 현상으로 옳지 않은 것은?

'17 국가직 9급

① 정재파비가 무한대이다. ② 반사되는 전력이 없다.

③ 최대로 전력이 전달된다. ④ 시스템의 신호대잡음비가 향상된다.

58 특성 임피던스가 75[Ω]인 케이블과 50[Ω]인 장비를 접속시킬 때, 발생되는 반사계수는?

'17 국회 방송

① 0.5 ② 0.4

③ 0.3 ④ 0.2

⑤ 0.1

정답 55 ① 56 ① 57 ① 58 ④

59 그림과 같이 특성 임피던스(Z_0)가 50[Ω]인 전송선로와 200[Ω]의 부하저항(R_L)을 임피던스 정합하기 위하여, 중간에 임피던스가 Z_T이고 길이가 1/4파장(λ)인 전송선로를 삽입하였다. 삽입된 전송선로의 임피던스 Z_T[Ω]는? '18 국가직 9급

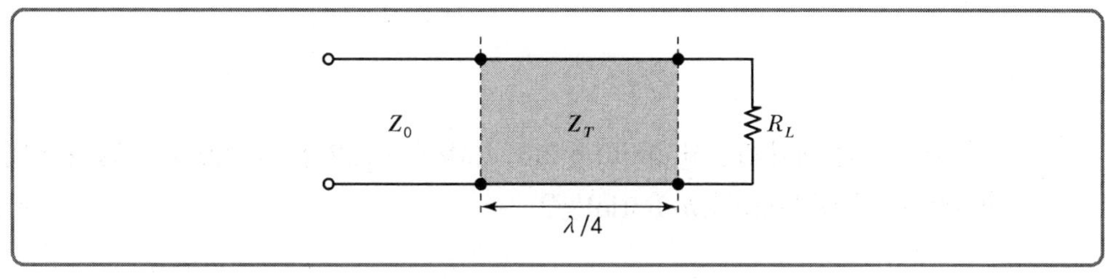

① 75
② 100
③ 125
④ 150

60 특성 임피던스가 50[Ω]인 무손실 전송선로에 100[Ω]의 부하 저항을 연결하였을 때, 부하점에서 신호의 반사계수와 전압정재파비의 크기는? '18 국가직 9급

① $\frac{1}{2}$, 2
② $\frac{1}{2}$, 3
③ $\frac{1}{3}$, 2
④ $\frac{1}{3}$, 3

61 다음 그림과 같이 A단과 B단이 연결되어 있을 경우, 전송선 ab 지점에서 A단과 B단 사이에 최대 전력이 전달되는 조건은?(단, Z_a는 ab지점에서 바라본 A단의 출력임피던스, Z_b는 ab지점에서 바라본 B단의 입력임피던스, $j=\sqrt{-1}$ 이다.) '19 국가직 9급

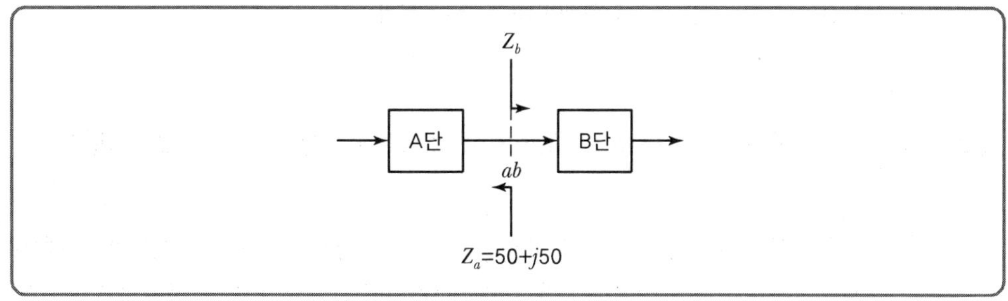

① $Z_b = 50 + j50$
② $Z_b = 50 - j50$
③ $Z_b = j50$
④ $Z_b = -j50$

정답 59 ② 60 ③ 61 ②

62 부하 임피던스가 1[Ω], 특성임피던스가 3[Ω]일 때 반사계수와 정재파비를 각각 구하면?

'14 군무원 통신공학

① 0.5, 4
② 0.5, 3
③ 2, 3
④ 2, 2

63 안테나의 급전점에서 측정된 입사파 전압이 10[V]이고, 반사파 전압이 5[V]일 때 전압정재파비(Voltage Standing Wave Ratio)는?

'14 국가직 9급

① 1.5
② 2
③ 3
④ 4

64 300[Ω]의 TV 급전선(Feeder)에 75[Ω]의 안테나를 접속하면 전압정재파비(VSWR)는?

'14 국회직 9급

① 0.25
② 4
③ 6
④ 8
⑤ 10

65 특성 임피던스가 Z_0인 전송선로에 부하 임피던스 Z_L이 연결되었을 때, 다음 중 옳지 않은 것은?

'07 7급

① 전송선로와 부하가 정합되면 ($Z_0 = Z_L$) 전압반사계수(Γ)는 0이고 반사가 일어나지 않는다.
② 전송선로와 부하가 정합되면 ($Z_0 = Z_L$) 정재파비(S)는 1이다.
③ 전송선로의 끝이 개방되면 전압반사계수(Γ)는 1이고 반사가 일어난다.
④ 전송선로의 끝이 개방되면 정재파비(S)는 0이다.

66 동조 급전선과 비동조 급전선에 대한 비교 설명으로 가장 적절하지 않은 것은?

'10 경찰직 9급

① 동조 급전선은 급전선이 짧을 때 사용하고, 비동조 급전선은 급전선 길이가 길 때 사용된다.
② 동조 급전선은 급전선 상에 정재파를 발생시켜서 급전하고, 비동조 급전선은 급전선 상에 정재파가 생기지 않도록 급전한다.
③ 동조 급전선은 정합장치가 필요하고, 비동조 급전선은 정합장치가 불필요하다.
④ 동조 급전선의 전송효율은 나쁘고, 비동조 급전선의 전송효율은 양호하다.

정답 62 ② 63 ③ 64 ② 65 ④ 66 ③

67 고주파 전력을 안테나에 공급하는 선로인 급전선(Feed Line)의 필요조건으로 옳지 않은 것은? '15 국회직 9급

① 급전선에서 전력손실이나 흡수가 없을 것
② 외부로의 전자파 복사 및 누설이 없을 것
③ 다른 통신선로에 유도 방해를 주거나 받지 않을 것
④ 전송효율이 좋고 임피던스 정합이 용이할 것
⑤ 입사파와 반사파의 크기가 동일할 것

68 전송선로에 대한 설명으로 옳지 않은 것은? '15 국가직 9급

① 반사계수가 0.5일 때 전압정재파비는 3이다.
② 이상적인 급전선에서 반사계수는 0이 되어 전압정재파비는 1이다.
③ 단락회로의 반사계수는 1이다.
④ 개방회로의 전압정재파비는 무한대이다.

69 다음 설명 중에서 옳지 않은 것은? '09 지방직 9급

① 전송선로의 특성 임피던스는 전송선로의 물리적 크기에 의해 결정된다.
② 전자기파에서 자계가 지표면과 수평하게 분포하는 경우 수직편파의 특성을 갖는다.
③ 안테나 지향성은 빔폭에 의해 결정된다.
④ 전송선로와 부하 사이에 임피던스 정합이 이루어진 경우 정재파비는 무한대와 같다.

풀이 ④ 전송선로와 부하 사이에 임피던스 정합이 이루어지면 정재파비는 0이 된다.

70 마이크로파 통신에 사용되는 도파관을 설명한 것으로 옳지 않은 것은? '09 지방직 9급

① 도파관은 저역통과 필터로 동작하여 차단주파수보다 낮은 신호를 통과시킨다.
② 도파관은 고역통과 필터로 동작하여 차단주파수보다 높은 신호를 통과시킨다.
③ TE 모드에서는 모든 전계가 신호의 전달방향과 수직이다.
④ TM 모드에서는 모든 자계가 신호의 전달방향과 수직이다.

풀이 도파관은 차단주파수보다 높은 주파수를 통과시키는 고역통과 필터의 일종이다.

정답 67 ⑤ 68 ③ 69 ④ 70 ①

71 고주파 전력신호를 안테나에 공급할 때 사용하는 도파관의 동작원리는 다음 중 어느 필터에 해당하는가? '15 국회직 9급

① 고역통과필터 ② 저역통과필터
③ 대역통과필터 ④ 대역제거필터
⑤ 전역통과필터

72 그림과 같은 산란계수(S-parameter)의 정의 중에서 입력에서 출력으로의 전송이득 또는 삽입손실의 특성을 나타낼 때 사용하는 것은? '18 국가직 9급

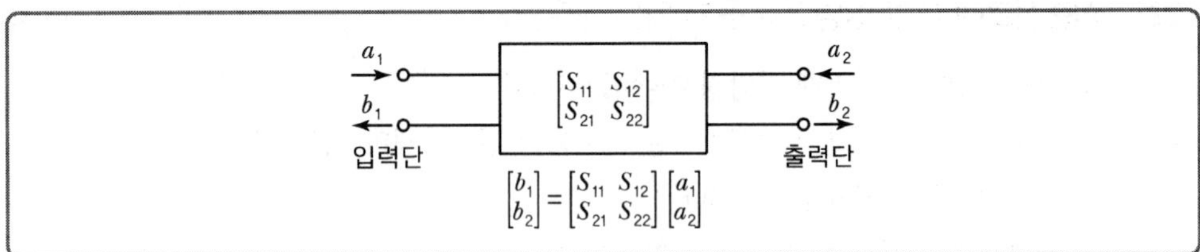

① S_{11} ② S_{12}
③ S_{21} ④ S_{22}

73 무손실 전송선로에서 부하 개방 시 입력 임피던스는 40[Ω], 부하 단락 시 입력 임피던스는 10[Ω]으로 측정될 때, 선로의 특성 임피던스는 몇 [Ω]인가? '22 국회 방송

① 4 ② 20
③ 100 ④ 400
⑤ 1,600

74 위상속도가 2×10^8[m/s]인 무손실 전송선로의 단위 길이당 등가 인덕턴스가 1[μH/m]일 때, 단위 길이당 등가 커패시턴스[pF/m]는? '22 국가직 무선

① 15 ② 20
③ 25 ④ 30

정답 71 ① 72 ③ 73 ② 74 ③

75 송신기의 출력단은 특성임피던스 50[Ω]인 무손실 동축케이블과 완벽하게 정합되어 있고, 동축케이블은 입력임피던스가 30[Ω]인 안테나와 연결되어 있다. 송신기에서 안테나로 64[W]의 신호전력을 전송할 때, 송신기로 반사되는 신호전력[W]은? '23 국가직 무선

① 2 ② 4

③ 8 ④ 10

정답 75 ②

CHAPTER WIRELESS COMMUNICATION ENGINEERING

04 안테나의 종류 및 특성

01 안테나의 전력이 10[W]에서 85[W]로 증가하였을 때 전계강도는 몇 배 증가하는가?

① 약 3.5배 ② 약 2.9배
③ 약 2.5배 ④ 약 2.4배

풀이 $E=\frac{k\sqrt{P_r}}{r}$ ➡ 전력이 8.5배 증가하므로, 전계는 2.9배가 된다.

$$E=\frac{k\sqrt{P_r}}{r}=\sqrt{\frac{85}{10}}=\sqrt{8.5}$$

02 방송국 공중선의 전력이 10[kW]에서 90[kW]로 증가되면 전계강도는 몇 배로 되는가?(단, 거리는 일정함)

① 3배 ② $\frac{1}{3}$배
③ 9배 ④ $\frac{1}{9}$배

풀이 $E=\frac{k\sqrt{P_r}}{r}$ ➡ 전력이 9배 증가하므로, 전계는 3배가 된다.

03 다음 전파의 성분 중 거리에 따라 감쇠가 가장 급격히 변하는 것은?

① 정전계 ② 복사계
③ 정자계 ④ 유도계

풀이 $E_\theta=K\left[\frac{1}{r}+\frac{1}{j\beta r^2}+\frac{1}{(j\beta)^2r^3}\right]$

- $\frac{1}{r^3}$에 비례 : 정전계
- $\frac{1}{r^2}$에 비례 : 유도(전자)계
- $\frac{1}{r}$에 비례 : 복사전계

정답 01 ② 02 ① 03 ①

04 원거리 통신에 이용될 수 있는 것은 어느 성분인가?

① 정전계 ② 전자계

③ 유도계 ④ 복사계

풀이 복사계 : $\frac{1}{r}$에 비례하는 항

- 원거리 주성분(무선통신에 이용) (복사전계, 복사자계로 구성)

05 등방성 안테나의 전계강도는?(단, P_0 : 송신공중선의 복사전력 [W], r : 거리 [m])

① $E=\frac{5.5\sqrt{P_0}}{d}$ ② $E=\frac{6.7\sqrt{P_0}}{d}$

③ $E=\frac{7\sqrt{P_0}}{d}$ ④ $E=\frac{9.9\sqrt{P_0}}{d}$

풀이
- 등방성 안테나 : $E=\frac{\sqrt{30P_T}}{d}=\frac{5.5\sqrt{P_T}}{d}$
- 미소 다이폴 안테나 : $E=\frac{\sqrt{30P_TG_a}}{d}=\frac{\sqrt{45P_T}}{d}=\frac{6.7\sqrt{P_T}}{d}$
- 반파장$\left(\frac{\lambda}{2}\right)$ 다이폴 안테나 : $E=\frac{\sqrt{30P_TG_a}}{d}=\frac{\sqrt{49P_T}}{d}=\frac{7\sqrt{P_T}}{d}$
- $\frac{\lambda}{4}$ 수직접지 안테나 : $E=\frac{\sqrt{30P_TG_a}}{d}=\frac{\sqrt{98P_T}}{d}=\frac{9.9\sqrt{P_T}}{d}$

06 등방성 공중선의 방사전력을 P_0라고 한다면 공중선으로부터 d[m] 되는 점의 전계강도 E_0는 몇 [V/m]인가?

① $E=\frac{\sqrt{30P_0}}{d}$ ② $E=\frac{\sqrt{45P_0}}{d}$

③ $E=\frac{\sqrt{49P_0}}{d}$ ④ $E=\frac{\sqrt{98P_0}}{d}$

풀이 등방성 안테나 : $E=\frac{\sqrt{30P_T}}{d}=\frac{5.5\sqrt{P_T}}{d}$

정답 04 ④ 05 ① 06 ①

07 헤르츠 다이폴에서 발생하는 세 가지 전자계에 관한 설명으로 옳지 않은 것은?

① 복사 전계는 파장과 관계가 있다.
② 0.16λ 이내의 거리에서는 복사 전계의 크기가 가장 크다.
③ 정전계는 수반하는 자계가 없으면 에너지 이동이 없다.
④ 복사계는 통신에 이용되고 있다.

풀이 $E_\theta = K\left[\frac{1}{r} + \frac{1}{j\beta r^2} + \frac{1}{(j\beta)^2 r^3}\right]$

- $\frac{1}{r^3}$ 에 비례 : 정전계
- $\frac{1}{r^2}$ 에 비례 : 유도(전자)계
- $\frac{1}{r}$ 에 비례 : 복사전계 ➡ 원거리 주성분(무선통신에 이용)

08 미소 다이폴(Dipole)로부터 발생하는 전자계의 종류 중 유도전자계는 거리(R)의 몇 승에 비례하는가?

① R^{-2} ② R^{-1} ③ R^2 ④ R^1

09 자유 공간에 놓인 미소 다이폴(Dipole)에 의한 임의의 점에서 복사전계를 나타낸 식은?

① $E = \frac{\sqrt{30P_0}}{d}$ ② $E = \frac{\sqrt{45\,P_0}}{d}$
③ $E = \frac{\sqrt{49\,P_0}}{d}$ ④ $E = \frac{\sqrt{98\,P_0}}{d}$

풀이 미소 다이폴 안테나 : $E = \frac{\sqrt{30P_TG_a}}{d} = \frac{\sqrt{45P_T}}{d} = \frac{6.7\sqrt{P_T}}{d}$

10 자유 공간 내에 헤르츠 다이폴이 있다. 그 복사 전력이 40[W]라 할 때 최대 복사 방향 1[km]에서의 전계강도는?

① 0.03[V/m] ② 0.04[V/m] ③ 0.05[V/m] ④ 0.07[V/m]

풀이 $E = \frac{\sqrt{45P_r}}{r} = \frac{\sqrt{45 \cdot 40}}{1[\text{km}]} = 0.04[\text{V/m}]$

정답 07 ② 08 ① 09 ② 10 ②

11 다음 중 길이 l[m]인 반파장 안테나의 실효고는?

① $0.32l$[m] ② $0.42l$[m]
③ $0.54l$[m] ④ $0.64l$[m]

풀이 $h_e = \frac{2}{\pi}l = \frac{2}{\pi} \times \frac{\lambda}{2} = \frac{\lambda}{\pi}, \quad \frac{\lambda}{2} = l$

12 반파장 다이폴 안테나의 복사저항은?

① 36.6[Ω] ② 73.13[Ω]
③ 293[Ω] ④ 300[Ω]

풀이 $R_r = 80\pi^2\left(\frac{h_e}{\lambda}\right)^2 = 73.13$
$(Z_0 = 73.13 + j42.56)$

13 길이 3[m]의 반파장 안테나가 있을 때 기본파의 고유주파수는 몇 [MHz]인가?

① 3 ② 6
③ 25 ④ 50

풀이 $\frac{\lambda}{2} = 3[\text{m}], \ \lambda = 6[\text{m}]$

$f = \frac{c}{\lambda} = \frac{3 \times 10^8}{6} = 50[\text{MHz}]$

14 반파장 다이폴 안테나를 사용하여 송신할 때 안테나 기저부 전류가 10[A]이었다. 100[km] 떨어진 지점에서 실효고 10[m]인 안테나로 수신했을 때 안테나에 유기되는 전압은?

① 6[V] ② 0.6[V]
③ 60[mV] ④ 6[mV]

풀이 $E = \frac{60\pi I h_e}{\lambda d} = \frac{60I}{d} = \frac{60 \cdot 10A}{100[\text{km}]} = 6[\text{mV/m}]$
$V = Ed = 6[\text{mV/m}] \cdot 10[\text{m}] = 60[\text{mV}]$

정답 11 ④ 12 ② 13 ④ 14 ③

15 반파장 다이폴(Dipole) 안테나의 실효길이는?(단, λ는 파장)

① $\frac{\lambda}{\pi}$ ② $\frac{\pi}{\lambda}$ ③ $\frac{2\lambda}{\pi}$ ④ $\frac{2\pi}{\lambda}$

풀이 $h_e = \frac{\lambda}{\pi}\left(= \frac{2}{\pi} \times \frac{\lambda}{2}\right)$

16 반파장 더블렛 안테나의 복사 임피던스는 얼마인가?

① $75.24 + j46.24[\Omega]$ ② $300 + j50[\Omega]$
③ $73.13 + j42.55[\Omega]$ ④ $100 + j215[\Omega]$

풀이 $Z_0 = 73.13 + j42.55$

17 100[MHz]용 반파장 공중선에 유기되는 기전력은?(단, 전계강도는 5[mV/m]라 한다.)

① 1.67[mV] ② 2.35[mV] ③ 4.77[mV] ④ 5.25[mV]

풀이 $h_e = \frac{\lambda}{\pi} = \frac{3}{\pi}[\mathrm{m}]$

$$V = E \cdot d = E \cdot h_e = 5[\mathrm{mV/m}] \cdot \frac{3}{\pi}[\mathrm{m}] = 4.77[\mathrm{mV}]$$

18 $\frac{\lambda}{2}$ 더블렛 안테나의 복사저항은 $73.13 + j42.55$이고 전류는 10[A]이다. 이때 복사전력은 얼마인가?

① 425.5[W] ② 4,255[W] ③ 731.3[W] ④ 7,313[W]

풀이 $P = RI^2 = 73.13 \times 10^2$

19 길이가 $\frac{\lambda}{4}$인 수직접지 안테나가 공진하고 있을 경우의 실효높이를 나타내는 식은?

① $\frac{\lambda}{\pi}$ ② $\frac{\lambda}{2\pi}$ ③ $\frac{\lambda}{2\sqrt{\pi}}$ ④ $2\pi\lambda$

풀이 $\frac{2}{\pi}l = \frac{2}{\pi} \cdot \frac{\lambda}{4} = \frac{\lambda}{2\pi}$

정답 15 ① 16 ③ 17 ③ 18 ④ 19 ②

20 수직접지 안테나의 길이가 15[m]일 때 고유 주파수는?

① 4[MHz] ② 4.5[MHz]
③ 5[MHz] ④ 5.5[MHz]

풀이 $l = \frac{\lambda}{4} = 15[\text{m}]$, $\lambda = 60[\text{m}]$, $f = 5[\text{MHz}]$

21 $\frac{\lambda}{4}$ 수직접지 안테나의 상대이득은 같은 전력의 반파장 안테나의 상대이득에 비하여 몇 배가 되는가?

① 2배 ② $\frac{1}{2}$배
③ $\sqrt{2}$ 배 ④ $\frac{1}{\sqrt{2}}$ 배

풀이 $\frac{\lambda}{4}$ 수직접지 안테나의 상대이득은 반파장 안테나의 상대이득의 2배이다.

22 수직접지 안테나의 실효높이가 25[m]인 안테나로 주파수 1[MHz]로 송신할 때 이 안테나의 기저부 전류가 4[A]라고 하면 12[km] 떨어진 거리에서의 최대 수신 전계는 얼마인가?

① 9.57[mV/m] ② 10.47[mV/m]
③ 12.61[mV/m] ④ 13.11[mV/m]

풀이 $E = \frac{120\pi I h_e}{\lambda d} = \frac{120\pi \times 4 \times 25}{300 \times 12 \times 10^3} = \frac{\pi}{300}$

23 주파수 30[MHz], 전계강도 40[mV/m]인 전파를 $\frac{\lambda}{4}$ 수직접지 안테나로 수신했을 때 안테나에 유기되는 기전력은?(단, 대지는 완전도체로 가정한다.)

① 0.318[mV] ② 6.36[mV]
③ 31.8[mV] ④ 63.6[mV]

풀이 $V = Ed = E \cdot h_e \ (h_e = \frac{\lambda}{2\pi} = \frac{10[\text{m}]}{2\pi})$

$V = 40[\text{mV/m}] \times \frac{10}{2\pi}[\text{m}] = 63.6[\text{mV}]$

정답 20 ③ 21 ① 22 ② 23 ④

24 $\frac{\lambda}{4}$ 수직접지 안테나의 길이가 15[m]일 때 고유 주파수는 얼마인가?

① 4[MHz] ② 4.5[MHz] ③ 5[MHz] ④ 5.5[MHz]

풀이 $l = \frac{\lambda}{4} = 15[\text{m}],\ \lambda = 60[\text{m}],\ f = 5[\text{MHz}]$

25 복사전력 P[W]인 수직접지 안테나에서 최대 복사방향으로 d[m] 만큼 떨어진 점의 전계강도는?

① $E = \frac{\sqrt{30P_0}}{d}$ ② $E = \frac{\sqrt{45P_0}}{d}$

③ $E = \frac{\sqrt{49P_0}}{d}$ ④ $E = \frac{\sqrt{98P_0}}{d}$

풀이 $\frac{\lambda}{4}$ 수직접지 안테나 : $E = \frac{\sqrt{30P_TG_a}}{d} = \frac{\sqrt{98P_T}}{d} = \frac{9.9\sqrt{P_T}}{d}$

26 전계강도가 50[μV/m]인 지점에서 $\frac{1}{4}$파장의 수직접지 공중선으로 수신했을 때의 공중선에 유기되는 전압은?(단, 수신주파수는 10[MHz]라고 한다.)

① 120[μV] ② 239[μV]

③ 0.4[μV] ④ 1.2[μV]

풀이 $h_e = \frac{30}{2\pi}$

$V = E \cdot h_e = 50 \times \frac{30}{2\pi} = 239[\mu\text{V}]$

27 다음 중에서 수직접지 공중선에서 고유파장은 어느 것인가?

① 공중선의 길이의 $\frac{1}{4}$배 ② 공중선의 길이의 4배

③ 공중선의 길이의 $\frac{1}{2}$배 ④ 공중선의 길이의 2배

풀이 $\frac{\lambda}{4} = l$

$\lambda = 4l$ (l = 안테나 길이)

정답 24 ③ 25 ④ 26 ② 27 ②

28 $\frac{\lambda}{4}$ 수직접지 안테나의 실효높이는 얼마인가?

① $\frac{\lambda}{2\pi}$ ② $\frac{\lambda}{\pi}$ ③ $\frac{2\pi}{\lambda}$ ④ $\frac{\pi}{\lambda}$

풀이 $h_e = \frac{\lambda}{2\pi}\left(= \frac{2}{\pi} \times \frac{\lambda}{4}\right)$

29 안테나에서 600[MHz]인 주파수를 수신하려고 한다. $\frac{\lambda}{4}$ 수직접지 안테나를 사용할 경우 안테나의 길이는 얼마인가?

① 50[cm] ② 25[cm] ③ 12.5[cm] ④ 6.25[cm]

풀이 $f = 600[\text{MHz}],\quad \lambda = 0.5[\text{m}]$

$\frac{\lambda}{4} = l,\ l = 12.5[\text{cm}]$

30 수직접지 안테나의 길이는 파장과 비교해서 얼마 정도의 크기를 가지는가?

① $\frac{1}{2}$배 ② $\frac{1}{4}$배 ③ 2배 ④ 4배

풀이 $\frac{\lambda}{4} = l,\ \lambda = 4l$

31 절대이득의 기준 안테나로 사용되는 안테나는?

① 무손실 $\frac{\lambda}{4}$ 수직접지 안테나 ② 무손실 등방성 안테나

③ 무손실 $\frac{\lambda}{2}$ 다이폴 안테나 ④ 무손실 루프 안테나

풀이 ㉠ 절대이득
- 이론적으로만 가능한 등방성 안테나(Isotropic Antenna)를 기준(대부분 1[GHz] 이상)
- 절대이득 : dBi(i=Isotropic)

㉡ 상대이득
- 기준 안테나인 무손실 $\frac{\lambda}{2}$(반파장) 안테나(Dipole Antenna)를 기준(대부분 1[GHz] 이하)
- 상대이득 : dBd(d=Dipole)

정답 28 ① 29 ③ 30 ② 31 ②

32 상대이득과 절대이득을 설명한 것으로 옳은 것은?

① 반파장 다이폴 공중선을 기준으로 하면 절대이득, 등방성 안테나를 기준으로 하면 상대이득
② 모두 등방성 안테나를 기준으로 하고 반파장 안테나일 경우 상대이득, 접지 안테나일 경우 절대이득
③ 반파장 다이폴 공중선을 기준으로 하면 상대이득, 등방성 안테나를 기준으로 하면 절대이득
④ 모두 반파장 안테나를 기준으로 하고 등방성 안테나일 경우 상대이득, 접지 안테나일 경우 절대이득

풀이 문제 31번 풀이 참조

33 안테나의 이득의 정의를 나타낸 것이다. 잘못된 것은?

① 이득 : 기준 안테나와 임의의 안테나에 동일한 전력을 공급하였을 때 최대 복사방향으로 동일 거리에서의 포인팅 전력의 비
② 절대이득 : 등방성 안테나를 기준 안테나로 사용
③ 상대이득 : $\frac{\lambda}{2}$ 다이폴 안테나를 기준 안테나로 사용
④ 지상이득 : $\frac{\lambda}{4}$ 수직 안테나를 기준 안테나로 사용

풀이

구분	기준 안테나
절대이득(G_a)	무손실 등방성 안테나
상대이득(G_h)	$\frac{\lambda}{2}$(반파장) 다이폴 안테나
지상이득(G_v)	$\frac{\lambda}{4}$보다 극히 짧은 수직접지 안테나

34 반파장 안테나와 피측정 안테나에 같은 전력을 급전한다. 같은 거리 떨어진 값에서 측정된 전계가 각각 100[μV/m], 500 [μV/m]일 때 피측정 안테나의 상대이득은 몇 [dB]인가?

① 14　② 15
③ 16　④ 17

풀이 이득 : $G = \left(\frac{E}{E_0}\right)^2 \mid_{P=P_0}$ (동일 전력 송신 시)

$20\log 5^2 = 20\log 5 = 14[\text{dB}]$

정답 32 ③ 33 ④ 34 ①

35 어떤 안테나의 복사전력이 100[W]이고, 최대 복사방향으로 거리 r인 점의 전계강도가 300[μV/m]이며, 같은 송신점에 반파장 다이폴 안테나를 세워 복사전력 200[W]일 때 동일지점 r점에서 100[μV/m]의 전계강도가 측정되었다면 피측정 안테나의 상대이득은 몇 [dB]인가?

① 9.54　　② 12.55
③ 15.03　　④ 20.14

풀이
$$G = \frac{\dfrac{\text{최대 복사방향으로 임의 거리에서의 포인팅 전력}}{\text{공급 전력}} \;\Vert\; \text{임의 안테나}}{\dfrac{\text{최대 복사방향으로 임의 거리에서의 포인팅 전력}}{\text{공급 전력}} \;\Vert\; \text{기준 안테나}}$$

$$= \frac{\dfrac{W}{P}}{\dfrac{W_0}{P_0}} = \frac{\dfrac{E^2/120\pi}{P}}{\dfrac{E_0^2/120\pi}{P_0}} = \frac{\dfrac{E^2}{P}}{\dfrac{E_0^2}{P_0}} = \left(\frac{P_0}{P}\right)\left(\frac{E}{E_0^2}\right)^2$$

[dB]로 표현

$$G\,[\text{dB}] = 10\log_{10} G\,[\text{dB}]$$
$$= 10\log_{10}\left(\frac{P_0}{P}\right) + 20\log_{10}\left(\frac{E}{E_0}\right)[\text{dB}]$$

$P = 100[\text{W}]$, $E = 300\,[\mu\text{V/m}]$

$P_0 = 200\,[\text{W}]$, $E_0 = 100\,[\mu\text{V/m}]$

$$G\,[\text{dB}] = 10\log_{10}\left(\frac{200}{100}\right) + 20\log_{10}\left(\frac{300}{100}\right) = 3 + 9.55 = 12.55\,[\text{dB}]$$

36 A, B 두 공중선에 같은 전력을 공급하고, 최대방사 방향의 동일 지점의 전계강도를 측정하니 각각 10[mV/m] 및 5[mV/m]이었다. A 공중선의 상대이득은 얼마인가?(단, B 공중선은 반파장 다이폴 공중선이다.)

① 0.5　　② 2
③ 4　　④ 0.45

풀이 이득 : $G = \left(\dfrac{E}{E_0}\right)^2 \Bigg|_{P=P_0}$ (동일 전력 송신 시)

$$G = \left(\frac{10}{5}\right)^2 = 4\text{배}$$

정답 35 ② 36 ③

37 동일 주파수를 사용하고 있는 $\frac{\lambda}{2}$ 다이폴 안테나와 $\frac{\lambda}{4}$ 수직접지 안테나에 대한 실효고의 비 및 전계강도의 비는?

① (2 : 1), (1 : $\sqrt{2}$) ② (2 : 1), ($\sqrt{2}$: 1)
③ (1 : 2), (1 : $\sqrt{2}$) ④ (1 : 2), ($\sqrt{2}$: 1)

풀이 • 반파장$\left(\frac{\lambda}{2}\right)$ 다이폴 안테나 : $he = \frac{\lambda}{\pi}\left(= \frac{2}{\pi} \times \frac{\lambda}{2}\right)$, $E = \frac{\sqrt{49P_T}}{d}$

• $\frac{\lambda}{4}$ 수직접지 안테나 : $he = \frac{\lambda}{2\pi}\left(= \frac{2}{\pi} \times \frac{\lambda}{4}\right)$, $E = \frac{\sqrt{98P_T}}{d}$

따라서, $\frac{\lambda}{4}$ 수직접지 안테나가 실효고는 $\frac{1}{2}$배이고, 전계의 세기는 $\sqrt{2}$ 배이다.

38 $\frac{\lambda}{4}$ 수직접지 안테나와 반파장 다이폴 안테나에 동일 전력을 공급했을 때 전계강도의 비는?

① 2 : 1 ② 0.5 : 1 ③ $\sqrt{2}$: 1 ④ 0.707 : 1

풀이 • 반파장$\left(\frac{\lambda}{2}\right)$ Dipole 안테나 : $E = \frac{\sqrt{30P_TG_a}}{d} = \frac{\sqrt{49P_T}}{d} = \frac{7\sqrt{P_T}}{d}$

• $\frac{\lambda}{4}$ 수직접지 안테나 : $E = \frac{\sqrt{30P_TG_a}}{d} = \frac{\sqrt{98P_T}}{d} = \frac{9.9\sqrt{P_T}}{d}$

따라서, $\frac{\lambda}{4}$ 수직접지 안테나가 $\sqrt{2}$ 배 크다.

39 같은 전력을 급전할 때 $\frac{\lambda}{4}$ 수직접지 안테나에서 발생되는 전계는 $\frac{\lambda}{2}$ 다이폴 안테나에 비하여 몇 배로 되는가?

① $\sqrt{2}$ ② $\frac{1}{\sqrt{2}}$ ③ 2 ④ $\frac{1}{2}$

40 다음 공중선 전력의 설명 중 틀린 것은?

① 평균전력은 변조에 사용되는 최고주파수의 1주기와 비교하여 매우 짧은 시간 동안에 걸쳐 평균한 것을 말한다.
② 첨두전력은 변조포락선의 첨두에서 무선주파수 1주기 동안에 걸쳐 평균한 것을 말한다.
③ 반송파전력은 무선주파수의 1주기 동안에 걸쳐 평균한 것을 말한다.
④ 규격전력은 송신장치의 종단증폭기의 정격 출력을 말한다.

정답 37 ① 38 ③ 39 ① 40 ①

풀이

용어	내용
평균전력(P_Y)	정상동작상태의 송신장치로부터 송신공중선계의 급전선에 공급되는 전력으로서 변조에 사용되는 최저주파수의 1주기와 비교하여 충분히 긴 시간 동안에 걸쳐 평균된 전력
첨두포락선전력(P_X)	정상동작상태에서 송신장치로부터 송신공중선계의 급전선에 공급되는 전력으로서 변조포락선의 첨두에서 무선주파수 1주기 동안에 걸쳐 평균된 전력
반송파전력(P_Z)	무변조상태에서 송신장치로부터 송신공중선계의 급전선에 공급되는 전력으로서 무선주파수의 1주기 동안에 걸쳐 평균된 전력
규격전력(P_R)	송신장치의 종단증폭기의 정격출력

41 복사전력밀도가 최대 복사방향의 $\frac{1}{2}$로 감소되는 값을 갖는 각도로 지향 특성의 첨예도를 표시하는 것은?

① 전후방비(Front to Back Ratio)
② 주엽(Main Lobe)
③ 부엽(Side Lobe)
④ 빔폭(Beam Width)

풀이 **반치폭**(HPBW ; Half Power Beam Width, 반전력 빔폭)
반전력 빔폭(HPBW)은 주 빔(Main Lobe)의 최대 복사방향에 대해 -3[dB](전력차원에서는 최대 복사전력의 $\frac{1}{2}$, 전계차원에서는 복사 전계강도의 $\frac{1}{\sqrt{2}}$) 되는 두 점 사이의 각을 말한다.

42 다음은 안테나의 빔(Beam) 폭에 관한 설명이다. 옳은 것은?

① 복사전계가 최대 복사 전계강도의 $\frac{1}{2}$이 되는 두 방향 사이의 각
② 복사전력밀도가 최대 복사방향의 $\frac{1}{2}$이 되는 두 방향 사이의 각
③ 복사전계가 0이 되는 두 방향 사이의 각
④ 최대 복사방향을 중심으로 총 복사 전력의 90[%]를 포함하는 범위의 사이의 각

정답 41 ④ 42 ②

43 주파수 100[MHz], 전계강도 40[dB]의 전파를 수신하였더니 수신 안테나에 유기된 전압이 300[μV]이었다. 이 안테나의 실효길이는?

① 1[m] ② 3[m] ③ 5[m] ④ 7[m]

풀이 1[μV/m] : 기준 전계강도

전계강도가 $40\,[\text{dB}] = 20\log_{10}\dfrac{x}{1\,[\mu\text{V/m}]} \Rightarrow 100\,[\mu\text{V/m}]$

$$V = E \cdot he \quad \rightarrow \quad h_e = \frac{V}{E} = \frac{300\,[\mu\text{V}]}{40\,[\text{dB}]}$$

$$h_e = \frac{300\,[\mu\text{V}]}{100\,[\mu\text{V/m}]} = 3\,[\text{m}]$$

44 다음 중에서 안테나의 전후방비(Front to Back Ratio)를 나타내는 식은?(단, E_f : 전방으로 복사되는 전계, E_b : 후방으로 복사되는 전계)

① $10\log\dfrac{E_b}{E_f}$ ② $10\log\left(\dfrac{E_f}{E_b}\right)$

③ $20\log\left(\dfrac{E_f}{E_b}\right)$ ④ $20\log\dfrac{E_b}{E_f}$

풀이 전후방비(FB)

주엽 전계강도의 최댓값과 후방($\theta = 180° \pm 60°$)에 존재하는 부엽 전계강도의 최댓값의 비(전파를 효과적으로 이용하기 위해 목적방향으로만 강한 전파를 복사하고, 지향성을 갖게 할 때 사용하는 정수)

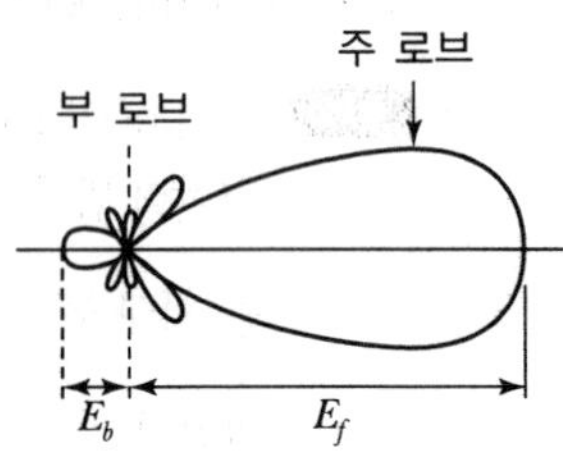

$$\text{FB} = 20\log\frac{E_f(\text{전방 전계강도의 최댓값})}{E_b(\text{후방 전계강도의 최댓값})}\,[\text{dB}]$$

45 안테나 특성을 광대역으로 하기 위한 방법으로 적합하지 않은 것은?

① 안테나의 Q를 낮춘다.

② 진행파 여진형 소자를 사용한다.

③ 정재파 안테나를 사용한다.

④ 슈퍼 게인 안테나처럼 보상회로를 사용한다.

풀이 ③ 정재파형 안테나보다 진행파형 안테나를 사용하면 광대역이 된다.

정답 43 ② 44 ③ 45 ③

46 무선통신에서 무선채널 또는 안테나의 특성에 대한 설명으로 적절하지 않은 것은?

① 송 · 수신 사이의 거리가 멀어질수록 신호감쇠(Attenuation)가 커진다.
② 송신하는 전파의 주파수가 낮을수록 신호감쇠가 커진다.
③ 송 · 수신에 필요한 안테나의 크기는 일반적으로 주파수가 높을수록 작아진다.
④ 송신기 또는 수신기의 이동성이 커질수록 무선 채널의 특성은 시간에 따라 빨리 변한다.

풀이 자유공간에서의 전파 손실(L_T)

$$L_T = \left(\frac{4\pi d}{\lambda}\right)^2 = 92.45 + 20\log F[\mathrm{GHz}] + 20\log D[\mathrm{km}]$$

47 안테나에 대한 설명으로 옳지 않은 것은?

① 지향성 안테나는 일정한 방향성을 갖는다.
② 안테나 이득의 단위로 dB를 사용할 수 있다.
③ 안테나마다 고유의 편파형태를 갖고 있다.
④ 빔 패턴의 폭이 넓어지면 이득도 커진다.

48 안테나 사용 시 고려사항으로 옳지 않은 것은?

① 송 · 수신단 간의 왜곡간섭
② 안테나의 최대이득
③ 일시적인 사용자 수요예측
④ 부엽과 부엽 사이 음영지역의 방사이득

49 기준전력이 P_1일 때 측정전력 P_2의 상대전력[dB]은?

① $10\log_{10}\frac{P_2}{P_1}$
② $20\log_{10}\frac{P_2}{P_1}$
③ $10\log_{10}\frac{P_1}{P_2}$
④ $20\log_{10}\frac{P_1}{P_2}$

50 무선통신에서의 자유공간 경로 손실(Free-Space Path Loss)에 대한 설명으로 옳지 않은 것은? '20 국회 통신

① 전자파 전파환경과는 무관하다.
② 손실은 거리의 제곱에 비례한다.
③ 손실은 파장의 제곱에 반비례한다.
④ 안테나의 이득과는 무관하다.
⑤ 다중 전파경로에 따른 손실이다.

정답 46 ② 47 ④ 48 ③ 49 ① 50 ⑤

51 송신기가 3[GHz] 반송파 주파수로 신호를 10[W]로 송출하는 경우, 송신 안테나와 수신 안테나의 이득이 각각 20[dB]이며, 시스템 손실이 10[dB]이고 경로 손실이 112[dB]일 때, 수신기에서의 수신 전력[dBm]은?

① −24　　② −28
③ −42　　④ −72

52 마이크로웨이브 전송시스템에서 송신출력이 30[dBm], 송수신 안테나 이득이 각각 20[dB], 자유공간 경로 손실이 130[dB], 수신기의 최소수신감도가 −75[dBm]일 때, 링크마진(Link Margin)[dB]은?(단, 잡음은 무시한다.) '19 국가직 9급

① 5　　② 10
③ 15　　④ 20

53 이상적인 두 개의 등방성(Isotropic) 안테나 사이의 거리를 d[m], 전파의 파장을 λ_0[m]라고 할 때, 자유공간 경로 손실은? '19 국가직 9급

① $\left(\frac{4\pi d}{\lambda_0}\right)^2$　　② $\left(\frac{2\pi d}{\lambda_0}\right)^2$
③ $\frac{4\pi d}{\lambda_0}$　　④ $\frac{2\pi d}{\lambda_0}$

54 안테나에 대한 설명으로 옳지 않은 것은? '20 국가직 9급

① 반전력 빔폭(HPBW)은 전력이 주빔의 최댓값에 비해 절반이 되는 두 지점 사이의 각이다.
② 무손실 등방성 안테나를 상대이득의 기준 안테나로 사용한다.
③ 안테나 이득은 최대 지향성과 방사효율의 곱이다.
④ 실효등방성방사전력(EIRP)은 송신 안테나의 절대이득과 송신전력의 곱이다.

55 송신안테나의 출력전력이 10[W]이고 안테나 이득이 20[dB]인 경우 실효등방성방사전력(EIRP)[W]은? '19 국가직 9급

① 10　　② 100
③ 1,000　　④ 10,000

정답 51 ③ 52 ③ 53 ① 54 ② 55 ③

56 다음 그림과 같은 위성통신 전송시스템에서 실효등방성방사전력(EIRP)[dBm]은?

'17 국가직 무선

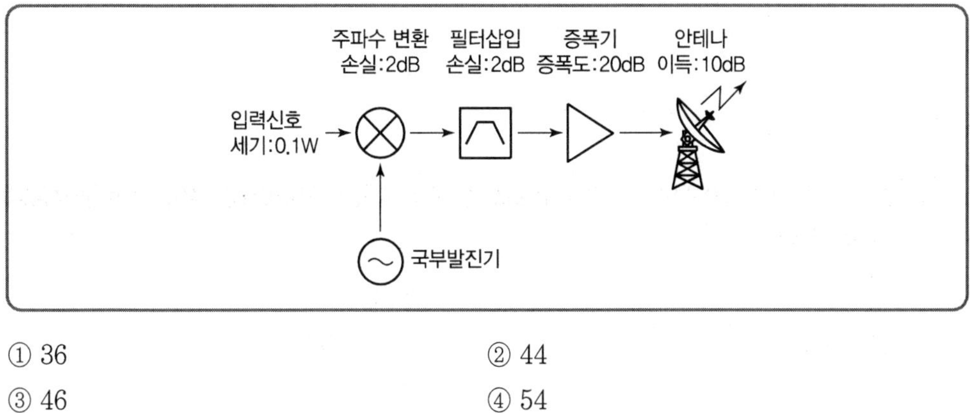

① 36　　② 44
③ 46　　④ 54

57 지구국 안테나에 급전되는 송신 전력이 30[dBW], 송신 안테나 이득이 50[dB], 위성 수신 안테나 이득이 40[dB], 안테나 지향 오차를 포함한 전파 경로상의 총 손실이 220[dB]일 때, 위성의 수신 전력[dBm]은?

'16 국가직 9급

① −70　　② −100
③ −130　　④ −140

58 다음 그림과 같이 음성신호의 분배 설비를 구축하고자 할 때, 분배기의 입력 레벨이 0[dB]가 되기 위한 증폭기의 전력이득(dB)은?(단, 전송케이블의 손실은 0.05[dB/m]이고, 증폭기와 분배기까지의 거리는 100[m]이며, 기타 다른 손실은 없다고 가정한다.)

'17 국회 방송

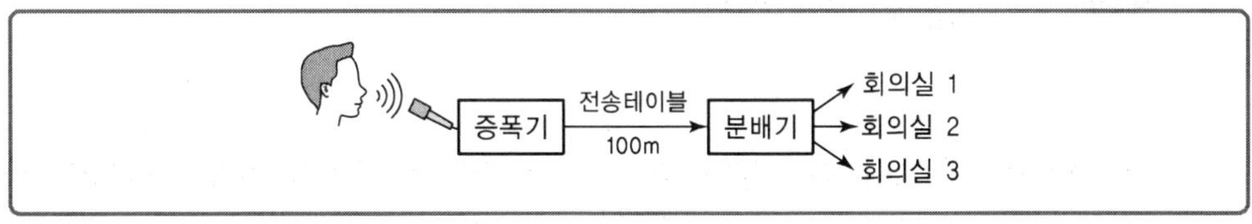

① 0　　② 3
③ 5　　④ 8
⑤ 10

정답 56 ③ 57 ① 58 ③

59 신호 $s(t)=10\cos(4\times10^9\pi t)$를 반파장 다이폴 안테나로 수신할 경우, 안테나의 길이[cm]는?(단, 전파의 속도는 3×10^8[m/s]이다.) '19 국가직 9급

① 5
② 7.5
③ 10
④ 12.5

60 송신안테나의 출력전력이 10[W]이고 안테나 이득이 20[dB]인 경우 실효등방성방사전력(EIRP)[W]은? '19 국가직 9급

① 10
② 100
③ 1,000
④ 10,000

61 안테나 이득이 20[dB]인 송신안테나에서 10[W]의 전력이 방사되었을 때 유효등방성방사전력(EIRP)[dBW]은? '15 국가직 9급

① 10
② 20
③ 30
④ 40

62 송신 전력의 크기가 10[W], 수신 전력의 크기가 1[mW]일 경우, 자유공간 손실은 몇 [dB]인가?(단, 이상적인 전방향 안테나를 가정한다.) '07 국가직 9급

① 40
② 60
③ 80
④ 100

풀이 $10\log\frac{1[\mathrm{mW}]}{10[\mathrm{W}]}=-40[\mathrm{dB}]$

63 송신 전력이 10[dBm], 송신 안테나 이득이 −1[dB], 수신 안테나 이득이 −2[dB], 자유공간 손실이 3[dB]인 경우, 수신 전력은 몇 [dBm]인가? '09 지방직 9급

① 4
② 5
③ 6
④ 7

풀이 10[dBm]−1[dB]−2[dB]−3[dB]=4[dBm]

정답 59 ② 60 ③ 61 ③ 62 ① 63 ①

64 출력이 50[dBm]이고 송신 안테나 이득이 13[dB]인 송신기로부터 50[m] 거리에서의 전력 밀도에 가장 가까운 값은?(단, 단위는 [W/m²]이고, 손실이 없다고 가정한다.)

'10 지방직 9급

① $\frac{1}{5\pi}$ ② $\frac{1}{2\pi}$

③ $\frac{1}{50\pi}$ ④ $\frac{1}{20\pi}$

풀이 $P_y = \frac{P_T G_T}{S} = \frac{P_r}{4\pi r^2}$

$$P_r = P_T G_T \Rightarrow 50[\text{dBm}] + 13[\text{dB}] = 63[\text{dBm}] \Rightarrow 2\times10^6[\text{mW}]$$

$$P_y = \frac{P_r}{4\pi r^2} = \frac{2{,}000[\text{W}]}{4\pi\times50^2} = \frac{1}{5\pi}$$

65 안테나 이득은 안테나의 지향성에 대한 척도이다. 안테나 이득과 관계가 없는 것은?

'10 지방직 9급

① 안테나의 유효면적 ② 반송파의 주파수

③ 안테나의 송신전력 ④ 반송파의 파장

풀이 안테나 이득 : $G_a = \frac{4\pi}{\lambda^2}A_e$

66 수신 전파의 세기가 불규칙하게 변하는 현상을 지칭하는 용어는?

① 대역확산 ② 페이딩

③ 로밍 ④ 양자화 잡음

정답 64 ① 65 ③ 66 ②

67 무선채널의 전파 특성에 대한 설명으로 옳은 것만을 고른 것은?

ㄱ. 경로손실은 주파수가 높아질수록 증가한다.
ㄴ. 페이딩은 수신 신호의 세기가 공간 혹은 시간에 따라 변하는 현상을 말한다.
ㄷ. 무선채널의 전파 특성은 주파수의 영향을 받지 않는다.
ㄹ. 수신단이 움직이지 않을 경우 페이딩은 발생하지 않는다.

① ㄱ, ㄴ
② ㄱ, ㄹ
③ ㄴ, ㄷ
④ ㄷ, ㄹ

68 자유공간에서 전파되는 전자파에 대한 설명으로 옳지 않은 것은? '20 국가직

① 전자파가 전파되는 도중 장애물을 만나 반사, 회절, 산란 등에 의해 분산되고, 이 분산된 신호들 중 두 개 이상이 서로 다른 경로를 통하여 수신기에 도달하는 현상을 다중경로 페이딩(Multipath Fading)이라 한다.
② 이동하는 송수신기의 상대적인 방향에 따라 수신 주파수가 변하는 현상을 도플러 효과라고 한다.
③ 전계가 시간적으로 변화하면 그 주위에는 자계의 회전이 생긴다.
④ 안테나에서 방사된 전파는 항상 지표면과 수평 방향으로 진행한다.

69 어떤 통신 시스템에서의 신호 손실과 잡음의 원인을 설명한 것으로 옳지 않은 것을 〈보기〉에서 모두 고르면? '19 국회직

ㄱ. 통신 시스템에서 송신기, 수신기, 채널에서 필터링은 심볼 간 간섭에 영향을 미친다.
ㄴ. 신호가 혼합될 때 국부 발진기의 지터(Jitter)는 신호의 위상 잡음을 증가시킨다.
ㄷ. 무선통신 시스템의 안테나 구경의 크기는 안테나 효율에 영향을 미치지 않는다.
ㄹ. 무선통신 채널에서 대기 공간은 신호 손실의 원인이며 주파수에 따라 대기 손실의 특성은 변하지 않는다.
ㅁ. 이동통신 채널은 다중 경로 페이딩으로 인하여 신호의 열화가 발생한다.

① ㄱ, ㄹ
② ㄴ, ㄷ
③ ㄴ, ㄹ
④ ㄷ, ㄹ
⑤ ㄷ, ㅁ

정답 67 ① 68 ④ 69 ④

70 반파장 다이폴(Dipole) 안테나를 사용하여 주파수 3[GHz]인 신호를 전송하는 경우, 최대 방사효율을 갖는 안테나 길이는?(단, 전파의 속도는 3×10^8[m/s]이다.) '10 국가직 9급

① 1[cm]
② 5[cm]
③ 10[cm]
④ 50[cm]

풀이 $\lambda = 0.1[\text{m}]$

$$\frac{\lambda}{2} = l = \frac{10[\text{cm}]}{2} = 5[\text{cm}]$$

71 안테나에 대한 설명으로 옳지 않은 것은? '16 국가직 9급

① 안테나 이득은 안테나 유효면적의 제곱에 비례한다.
② 안테나에서 방사된 전파의 전력은 거리의 제곱에 반비례한다.
③ 등방성 안테나(Isotropic Antenna)의 지향성은 1이다.
④ 전압정재파비(VSWR)는 1 이상이다.

72 다중입출력안테나(MIMO) 통신시스템에 대한 설명으로 옳은 것은? '19 국가직 9급

① 여러 개의 안테나를 사용해 데이터를 여러 경로로 전송한다.
② 공간 다중화 기법에서 복호 가능한 공간 스트림의 최대 개수는 송신기와 수신기 안테나 개수 중 큰 수이다.
③ 다이버시티 기법에서 페이딩의 영향을 증가시킨다.
④ 빔형성 기법에서 수신신호의 전력이 최소가 되도록 전송한다.

73 송신 안테나가 3개, 수신 안테나가 2개인 다중 안테나 시스템에서 얻을 수 있는 최대 다이버시티 이득은? '20 서울시

① 2
② 3
③ 5
④ 6

74 안테나의 최대 지향성이 10[dB]이고 방사효율이 60[%]일 때 안테나의 이득[dB]은?(단, $\log_{10}2 = 0.3$, $\log_{10}3 = 0.5$이다.)

① 8
② 6
③ 4
④ 10

정답 70 ② 71 ① 72 ① 73 ④ 74 ①

75 자유공간에서 주파수가 $f_1 = 30$[kHz]인 신호를 변조하지 않고 전송하는 경우와 이를 변조하여 $f_2 = 1$[GHz]로 전송하는 경우, 반파장 다이폴 안테나를 사용할 때 안테나의 길이[m]는 각각 얼마인가?(단, 신호의 전파속도는 3×10^8[m/s]이다.)

	f_1	f_2		f_1	f_2
①	10,000	0.3	②	5,000	0.15
③	2,500	0.075	④	1,250	0.0375

76 자유공간에서 2.5[km] 떨어진 송수신기가 주파수 1[GHz]인 신호로 통신할 때 경로손실[dB]?(단, 신호의 전파속도는 3×10^8[m/s]이고, $\pi = 3.0$이다.)

① 20　② 40　③ 80　④ 100

77 송신전력이 −10[dBm]인 마이크로파 신호를 전송하는 경우, 송수신안테나의 이득이 각각 10[dB]이고 경로 손실이 30[dB]일 때, 수신전력[mW]은? '22 국가직 무선

① 1　② 0.1　③ 0.01　④ 0.001

78 송신기는 300[MHz]의 주파수와 16[W]의 전력을 사용하여 자유공간으로 신호를 전송한다. 송신안테나와 수신안테나의 이득이 각각 30[dB]일 때, 송신기로부터 1[km] 떨어진 지점에 수신되는 전력[W]은?(단, 전파속도는 3×10^8[m/s]이고, 주어진 조건 외의 영향은 고려하지 않는다.) '23 국가직 무선

① $\frac{1}{\pi^2}$　② $\frac{8}{\pi^2}$　③ $\frac{16}{\pi^2}$　④ $\frac{30}{\pi^2}$

79 다음과 같은 변수를 갖는 디지털 위성통신에서 요구되는 비트에너지 대 잡음전력밀도 $(E_b/N_0)_q$가 10.0[dB]일 때, 수신된 비트에너지 대 잡음전력밀도 $(E_b/N_0)_r$와 $(E_b/N_0)_q$의 차이인 링크마진(Link Margin)[dB]은?(단, $\log_{10}2 = 0.3$이고, 주어진 변수 외의 영향은 고려하지 않는다.)

- 송신전력 P_t : 18.0[dBW]
- 송신안테나 이득 G_t : 51.6[dBi]
- 전파 경로 상의 총 손실 L : 214.7[dB]
- 수신안테나 이득 G_r : 35.1[dBi]
- 잡음전력밀도 N_0 : −192.5[dBW/Hz]
- 비트전송률 R : 2[Mbps]

정답 75 ② 76 ④ 77 ③ 78 ① 79 ①

① 9.5 ② 10
③ 10.5 ④ 11

80 방송통신 시스템에서 신호 세기를 데시벨 단위계로 표현한 것으로 다음 중 옳지 않은 것은? (단, p_1과 p_2는 입력과 출력 전력, i_1과 i_2는 입력과 출력의 전류, e_1과 e_2는 입력과 출력의 전압) '22 국회 방송

① $20\log_{10}\left(\frac{p_2}{p_1}\right)$[dB] ② $20\log_{10}\left(\frac{i_2}{i_1}\right)$[dB]
③ $20\log_{10}\left(\frac{e_2}{e_1}\right)$[dB] ④ 0[dBm] = 1[mW]
⑤ 20[dBW] = 100[W]

81 반송파의 주파수가 2[GHz]인 LTE(Long-Term Evolution) 단말기의 안테나에 비해 주파수가 3.6[GHz]인 반송파를 사용하는 5G(generation) 단말기의 안테나 길이는?(단, LTE 및 5G 모두 1/4 파장 안테나를 사용한다고 가정한다.) '22 국가직 무선

① 동일하다. ② 5/9배가 된다.
③ 7/9배가 된다. ④ 8/9배가 된다.

82 반파장 다이폴 안테나에 관한 설명 중 가장 옳지 않은 것은? '23 군무원 9급

① 반송 주파수의 $\lambda/2$ 길이를 갖는 공진안테나이다.
② 전류는 양쪽 끝에서 최대가 된다.
③ 수직 다이폴은 수평면 내 무지향성이다.
④ 수직 다이폴은 수직편파가 복사된다.

83 등방성 방사기가 40[W]의 송신전력으로 신호를 방사할 때, 1[km] 떨어진 지점에서의 전력밀도[μW/m²]는? '23 국가직 무선

① $\frac{2}{\pi}$ ② $\frac{5}{\pi}$
③ $\frac{10}{\pi}$ ④ $\frac{20}{\pi}$

정답 80 ① 81 ② 82 ② 83 ③

CHAPTER

WIRELESS COMMUNICATION ENGINEERING

05 장/중파대 안테나

01 수직접지 안테나의 길이가 $\frac{\lambda}{4}$ 이면 복사저항은 대략 얼마인가?

① 36.5[Ω]　　② 73.1[Ω]
③ 292[Ω]　　④ 377[Ω]

풀이 $\frac{\lambda}{4}$ 수직접지 안테나의 특성 임피던스 : $Z_0 = 36.56 + j21.28$

02 수직접지 안테나의 고유파장(λ)과 안테나 길이(l)의 관계는 어떻게 되는가?

① 안테나 길이의 $\frac{1}{2}$ 배　　② 안테나 길이의 $\frac{1}{4}$ 배
③ 안테나 길이의 2배　　④ 안테나 길이의 4배

03 $\frac{1}{4}$ 파장 수직접지 안테나의 지향 특성은?

① 수직면은 지향성, 수평면은 무지향성
② 수직선은 무지향성, 수평면은 지향성
③ 수직면과 수평면 모두 지향성
④ 수직면과 수평면 모두 무지향성

풀이 • 수직면 내 지향 특성 : 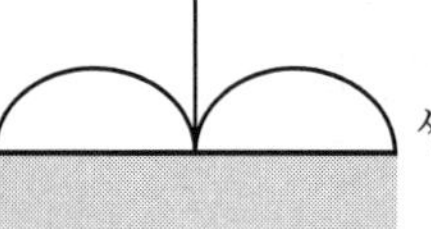 쌍반구형

• 수평면 내 지향 특성 : 무지향성

정답 01 ① 02 ④ 03 ①

04 $\frac{\lambda}{4}$ 수직접지 안테나 수직면 내 지향 특성으로 옳은 것은?

① 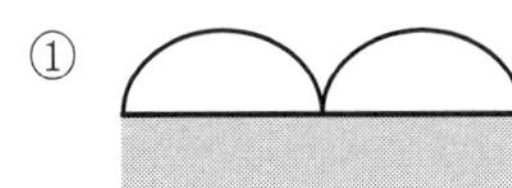

② 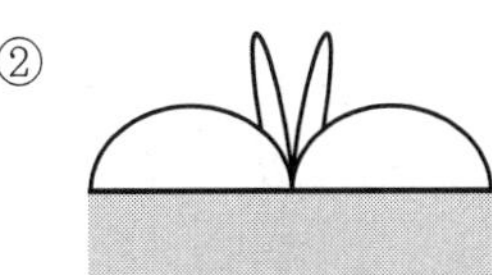

③

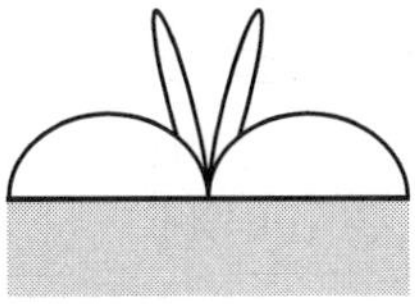

④ 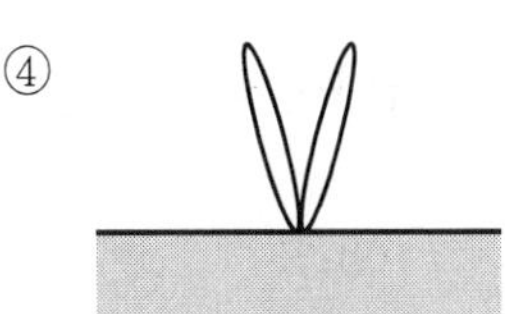

05 수직접지 안테나의 수평면 내 지향 특성으로 옳은 것은?

① 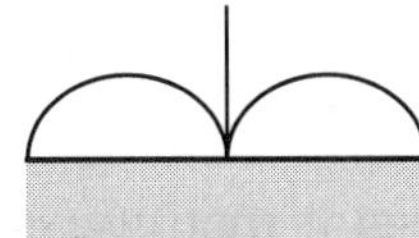

② 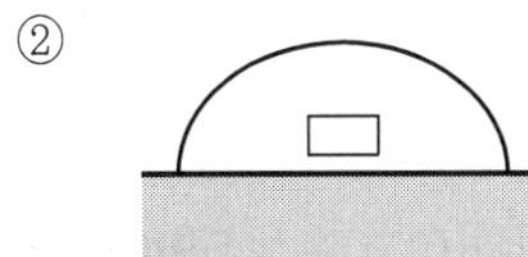

③

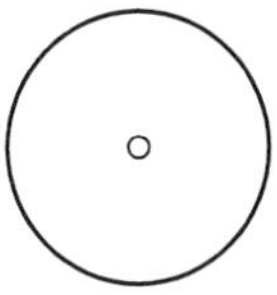

④ 

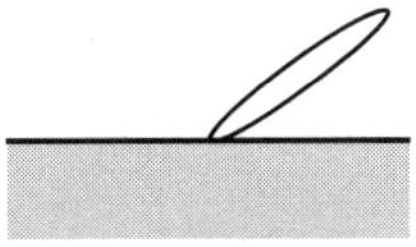

06 수직접지 안테나의 수직면 내 지향 특성으로 옳은 것은? '07 국가직 9급

① 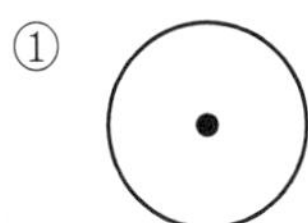

② 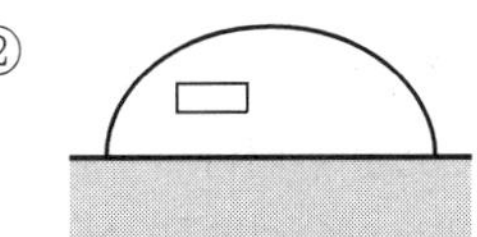

③ 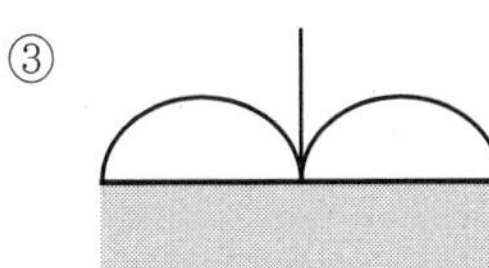

④ 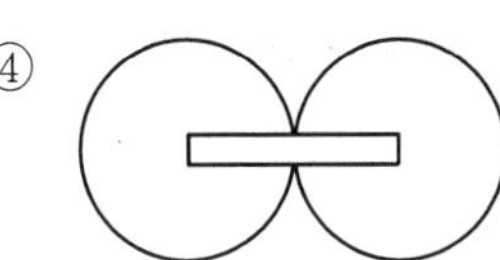

정답 **04** ① **05** ③ **06** ③

07 복사저항이 75[Ω]이고 손실저항이 25[Ω]이라고 할 때 이 안테나의 복사효율은 몇 [%]인가?

① 62.5[%] ② 65[%] ③ 72.5[%] ④ 75[%]

풀이 복사효율$=\dfrac{R_r}{R_r+R_l}=\dfrac{75}{75+25}=0.75(=75[\%])$

08 복사저항을 R_r, 안테나의 손실저항을 R_l라 할 때 안테나의 복사효율은?

① $\eta=\dfrac{R_l}{R_r+R_l}\times 100[\%]$ ② $\eta=\dfrac{R_r}{R_r+R_l}\times 100[\%]$

③ $\eta=\dfrac{R_r+R_l}{R_l}\times 100[\%]$ ④ $\eta=\dfrac{R_r+R_l}{R_r}\times 100[\%]$

풀이 안테나 복사효율 : $\eta=\dfrac{R_r}{R_r+R_l}\times 100[\%]$

09 방사저항이 90[Ω]이고 손실저항이 10[Ω]인 안테나의 공급전력이 100[W]일 때, 안테나의 방사전력은 몇 [W]인가? '09 지방직 9급

① 50 ② 70 ③ 90 ④ 100

10 방향 탐지용 안테나로 사용되지 않는 것은?

① 루프(Loop) 안테나 ② 애드콕(Adcock) 안테나

③ 파라보라(Parabola) 안테나 ④ 벨리니-토시(Bellini-Tosi) 안테나

풀이 방향탐지용 안테나(Loop 안테나)

㉠ 루프(Loop) 안테나
도선(Wire)을 정방형, 삼각형, 원형 등으로 여러 번 감아서 만든 안테나

㉡ 애드콕(Adcock) 안테나 특성
야간에 전파의 도래 방향 측정이 곤란한 루프 안테나의 결점을 제거하기 위해 고안함

㉢ 벨리니-토시(Bellini-Tosi) 안테나(직교 Loop 안테나)
Loop 안테나 두 개를 직각으로 배치하고 코일로 구성된 고니오미터의 고정 코일 L_1, L_2에 접속시킨 후 고정 코일의 중심을 축으로 하여 회전할 수 있는 탐색 코일을 수신기에 접속한 구조

정답 07 ④ 08 ② 09 ④ 10 ③

11 루프(Loop) 안테나에 관한 설명으로 옳지 못한 것은?

① 실효 길이는 권수에 비례하고 파장에 반비례한다.
② 루프 안테나의 수평면 내 지향 특성은 8자현이다.
③ 전파도래 방향과 루프면이 일치할 때 최대 감도이다.
④ 급전선과 정합이 쉬워 효율이 좋다.

풀이 루프 안테나 특성

- 실효고 $h_e = \dfrac{2\pi AN}{\lambda}$ [m](단, A : Loop 면적, N : 권수)
- 지향성 특성 : 8자형 지향 특성
- 소형화 : 소형화가 가능하며 이동이 용이
- 방사패턴 : 루프 면에서 최대, 루프 면과 수직에서 0
- 단점 : 복사저항 및 실효고가 작고 효율이 나쁘며 급전선 임피던스 정합이 어려움

12 면적 0.5[m²], 권수 100인 루프 안테나를 1[MHz]의 수신용으로 사용할 때 실효고는 얼마인가?

① π[m] ② $\dfrac{\lambda}{2}$[m]
③ $\dfrac{\pi}{3}$[m] ④ $\dfrac{\lambda}{4}$[m]

풀이 루프 안테나 특성

- 실효고 $h_e = \dfrac{2\pi AN}{\lambda}$ [m](단, A : Loop 면적, N : 권수)

$$h_e = \frac{2\pi \cdot 0.5 \cdot 100}{300} = \frac{\pi}{3}$$

13 반경 50[cm], 권수 80회의 원형루프 안테나를 사용해서 500[kHz]의 전파를 수신하는 경우 실효고는 얼마인가?

① 10[cm] ② 16[cm]
③ 66[cm] ④ 87[cm]

풀이 $r = 0.5\text{m} \rightarrow \text{A} = 0.25\pi$

$$A_e = \frac{2\pi \cdot 0.25\pi \cdot 80}{600} = 66[\text{cm}]$$

정답 11 ④ 12 ③ 13 ③

14 루프 안테나와 수직 안테나를 조합하면 수평면 내 지향성은 어떻게 되는가?

① 전방향성이 된다. ② 단일지향성이 된다.
③ 8자 지향성이 된다. ④ 무지향성이 된다.

풀이 루프 안테나 특징과 문제점

㉠ 180° 불확정성
- 방향탐지 시 수평면 내 지향 특성이 전후 대칭이므로 전방도래 전파인지 후방도래 전파인지 확정할 수 없다.
- 개선 : Loop 안테나와 수직접지 안테나를 조합하여 사용(Heart형 단일방향의 지향 특성)

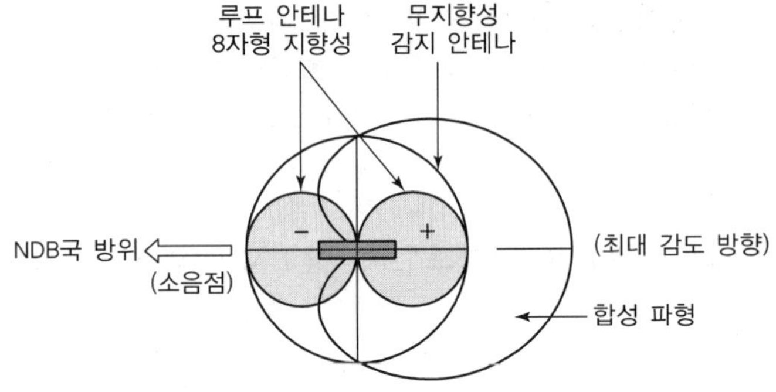

㉡ 야간오차
- 야간에 전리층 반사파에서 발생하는 편파면의 변화 때문에 발생하는데, 수평편파 성분이 안테나의 수평도선에 유기되어 발생하는 오차
- 개선 : Loop 안테나의 수평도선을 제거(Adcock 안테나)

15 수직 안테나와 루프 안테나를 조합한 안테나에 관한 설명으로 틀린 것은?

① 방향 탐지용 안테나로 사용된다.
② 두 안테나를 합성함으로써 동상의 방향이 합성되어 단일 지향 특성을 가진다.
③ 수직안테나에 유기되는 전압은 전파의 도래방위각에 따라 진폭이 변화된다.
④ 루프안테나에서 전계와 유기 기전력 사이에는 90도의 위상차가 있다.

풀이 수직안테나에 유기되는 전압은 도래방위각에 상관없이 일정하다.

16 루프 안테나 장 · 중파대의 방향 탐지에 사용하는 경우 발생되는 문제점은 야간오차이다. 이를 방지하기 위하여 루프 안테나의 수평부분을 제거한 안테나는?

① 애드콕(Adcock) 안테나 ② 웨이브(Wave) 안테나
③ T형 안테나 ④ 역 L형 안테나

정답 14 ② 15 ③ 16 ①

17 야간에 타원편파의 수평편파 성분을 상쇄시켜 야간 오차를 방지할 수 있는 안테나는?

① 웨이브 안테나(Wave Antenna)
② 루프 안테나(Loop Antenna)
③ 애드콕 안테나(Adcock Antenna)
④ 슬리브 안테나(Sleeve Antenna)

풀이 문제 14번 풀이 참조

18 루프 안테나로 방향탐지를 할 경우 야간 오차가 발생하므로 이 오차를 감소시키기 위해 쓰는 안테나는?

① 수직 안테나
② 역 L형 안테나
③ T형 안테나
④ 애드콕 안테나

19 다음 중 방위측정과 관계없는 것은?

① 루프 안테나
② 고니오미터
③ 애드콕 안테나
④ 슬리브(Sleeve) 안테나

풀이 벨리니－토시(Bellini－Tosi) 안테나(직교 루프 안테나)

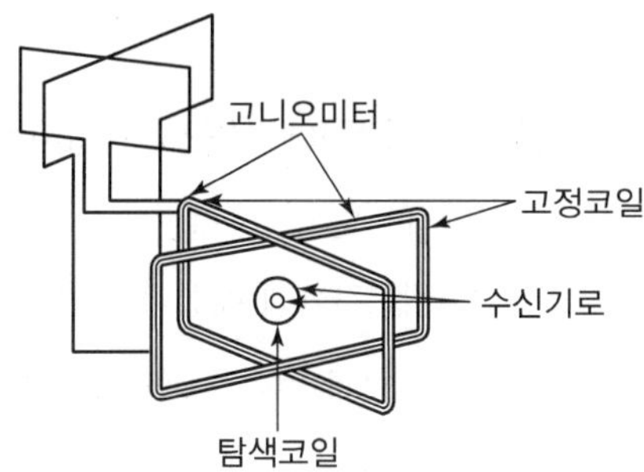

20 루프안테나로 방향 탐지를 할 경우 야간오차가 발생한다. 이 오차를 감소시키기 위해 고안된 안테나는?

① 수직안테나
② 역 L형 안테나
③ T형 안테나
④ 애드콕 안테나

정답 17 ③ 18 ④ 19 ④ 20 ④

21 루프(Loop) 안테나의 설명 중 틀린 것은?

① 8자형 지향 특성을 갖는다.
② 급전선과 정합이 쉽다.
③ 방향탐지 무선표지 또는 측정에 이용된다.
④ 소형으로 이동이 용이하다.

22 야간 오차를 방지하기 위해 루프 안테나의 수평부분을 제거한 형태의 안테나는?

① 루프 안테나
② 웨이브 안테나
③ 벨리니－토시 안테나
④ 애드콕 안테나

23 무선항행 보조장치로 사용되는 방향탐지기에 대한 설명으로 옳지 않은 것은?

'12 국가직 9급

① 고니오미터는 전파의 도래각을 측정하는 데 사용된다.
② 야간오차 경감효과를 얻고자 애드콕(Adcock) 안테나를 사용한다.
③ 루프 안테나를 사용하는 경우 전후방의 전파도래 방향을 결정하기 어렵다.
④ 공중선 장치는 방향탐지기의 전원을 공급하는 장치이다.

24 대지의 도전율이 나쁜 경유(건조지, 암산, 건물의 옥상 등)에 적용되는 접지 방식은?

① 자선망 방식
② 카운터 포이즈(Counter Poise)
③ 다중접지방식
④ 동관을 지하에 매설하는 방식

풀이 카운터 포이즈(용량접지 방식) : 대지의 도전율이 나쁜 경우, 동판 매설이 곤란한 지역에 지선망을 대지와 절연시켜 설치하는 방식
• 접지저항 : 1~2[Ω] 정도

25 다음은 정관형(Top Loading) 안테나에 대한 설명이다. 틀린 것은?

① 고각도 방사를 적게 하여 양정구역을 넓힌다.
② 대지와의 정전용량을 증가시킨다.
③ 중파방송에서 많이 사용된다.
④ 정관은 실효길이를 감소시키는 역할을 한다.

정답 21 ② 22 ④ 23 ④ 24 ② 25 ④

풀이 정관(Top Loading) 안테나 특성

㉠ 근거리 Fading 방지용 중파대 안테나 : 고각도 방사 억제
- 고각도 복사가 억제(양청구역이 확대)
- 근거리 Fading(E층 전리층 반사파와 지표파의 상호간섭에 의한 전계강도 변화)방지

㉡ 공진주파수 감소(공진파장 증가 → 실효고 증가)

㉢ 복사저항과 효율 증대, 지향성 예리해짐

㉣ 정관에 의해 고각도 복사 억제되어, 안테나 수신면 쪽으로 더 많은 전파가 복사됨

㉤ 대지와의 정전용량이 크게 되어 실효고 증대, 복사저항 증대, 전계강도 증대

㉥ 공진 주파수 $f = \dfrac{1}{2\pi\sqrt{L(C+C_e)}}$

26 정관형(Top Loading) 공중선은 다음 중 어느 페이딩을 감소시킬 수 있는가?

① 근거리 페이딩 ② 도약성 페이딩
③ 원거리 페이딩 ④ 덕트형 페이딩

27 톱 로딩(Top Loading)의 효과는 다음 중 어느 것인가?

① 고유 주파수의 증가 ② 실효길이의 감소
③ 복사 저항의 감소 ④ 복사 효율의 증가

28 정관 안테나에서 정관(Top Loading)의 역할에 해당되지 않는 것은?

① 실효길이를 증대시킨다. ② 대지와의 정전용량을 증가시킨다.
③ 고유주파수를 증가시킨다. ④ 고각도 방사를 억제시킨다.

29 안테나의 고유 주파수를 높게 하려면 다음 중 어느 방법을 사용하면 되는가?

① 안테나의 직렬로 코일을 접속한다. ② 안테나와 병렬로 코일을 접속한다.
③ 안테나와 직렬로 콘덴서를 접속한다. ④ 안테나와 병렬로 콘덴서를 접속한다.

30 안테나의 고유주파수보다 더 높은 주파수에서 공진시키기 위해 삽입하는 것은?

① 연장코일 ② 단축 콘덴서
③ R.L.C ④ 의사 안테나

정답 26 ① 27 ④ 28 ④ 29 ③ 30 ②

풀이 안테나 로딩

㉠ 연장 Coil(연장선륜)

안테나 고유파장보다 좀 더 긴 파장(좀 더 낮은 주파수)에 공진시킬 경우 연장(Coil)을 직렬로 삽입함(짧은 안테나로도 긴 안테나와 동일효력을 가짐. 즉 같은 안테나인데도 그 길이가 길어진 효과임)

㉡ 단축콘덴서(단축용량) : Base-Loading의 한 방법

안테나 고유파장보다 좀 더 짧은 파장(좀 더 높은 주파수)에 공진시킬 경우 단축 콘덴서를 직렬로 삽입함(긴 안테나를 짧은 안테나와 동일 효력을 가짐. 즉 같은 안테나인데도 그 길이가 짧아진 효과임)

31 사용하고자 하는 주파수의 파장을 λ, 안테나의 공진파장을 λ_0라고 할 때, $\lambda > \lambda_0$인 경우에는 무엇을 삽입하여 안테나를 공진시키는가?

① 의사 안테나 ② R.L.C
③ 단축 콘덴서 ④ 연장 코일

32 안테나에 사용되는 연장선륜(Loading Coil)을 사용하는 목적은 무엇인가?

① 안테나의 고유파장보다 짧은 파장의 전파에 공진시키기 위하여
② 안테나의 고유파장보다 긴 파장의 전파에 공진시키기 위하여
③ 지향성을 개선하기 위하여
④ 방사저항을 줄이기 위하여

33 안테나 소자에 연장선륜(Loading Coil)을 사용하는 이유 중 옳은 것은?

① 안테나의 고유파장보다 긴 파장의 전파에 공진시키기 위하여
② 안테나의 고유파장보다 짧은 파장의 전파에 공진시키기 위하여
③ 안테나의 지향성을 향상시키기 위하여
④ 안테나의 복사저항을 적게 하기 위하여

34 무선송신설비에 있어서 안테나의 기저부에 코일(L)을 삽입하였을 때의 효과는?

① 등가연장 ② 등가단축
③ 영향무 ④ 접합

정답 31 ④ 32 ② 33 ① 34 ①

35 안테나의 고유주파수를 높이기 위한 가장 적당한 방법은?

① 안테나에 병렬로 코일을 접속한다. ② 안테나에 직렬로 코일을 접속한다.
③ 안테나에 직렬로 콘덴서를 접속한다. ④ 안테나에 병렬로 콘덴서를 접속한다.

36 안테나를 고유주파수 이외의 주파수에서 효과적으로 사용하기 위하여 안테나의 입력 리액턴스 성분이 0이 되도록 L이나 C를 삽입하여 동조시키는 기술을 표현하는 용어는?

'11 국가직 9급

① 안테나의 로딩(loading) ② 안테나의 이득
③ 안테나의 지향성 ④ 안테나의 Q(Quality Factor)

37 다음 중 웨이브(Wave) 안테나의 특징이 아닌 것은?

① 광대역 지향성 수신 안테나이다.
② 주로 단파대 수신용 안테나이다.
③ 진행파 안테나의 일종이다.
④ 동일 방향에서 도래하는 몇 개의 전파를 동시에 수신할 수 있다.

풀이 웨이브(Wave) 안테나(베버리지(Beverage) 안테나) : '장/중파대의 진행파형 안테나'
㉠ 진행파만 존재 : 도선의 특성 임피던스와 같은 종단저항을 연결
㉡ 단일 지향성이다.(도선이 길수록 지향성은 예민하다.)
㉢ 구조가 간단하며 길이가 수 [km]이다.
㉣ 수신주파수가 변화하여도 지향성, 감도가 크게 변화하지 않으며 몇 개의 주파수를 동시에 수신 가능
㉤ 대전력 용량에도 적합하다.
㉥ 전파가 대지 표면을 전파할 때 파면이 진행 방향으로 기울어져 수평 성분이 발생되는데 이 수평 성분을 이용한 수신 공중선이다.
㉦ 광대역 주파수 특성이 있다.(진행파형 안테나)
㉧ 공중선 이득이 크다.
㉨ 다중 수신(Multiple Reception)이 가능하다.
㉩ 저효율

정답 35 ③ 36 ① 37 ②

38 공진 주파수 $f_0 = \dfrac{1}{2\pi\sqrt{L_e C_e}}$ 인 $\dfrac{\lambda}{4}$ 수직접지 안테나에 연장코일을 직렬로 연결했을 때 나타나는 현상으로 옳은 것은? '12 국가직 9급

① 공진 주파수가 높아진다.
② 공진 주파수가 낮아진다.
③ 복사저항이 커진다.
④ 복사저항이 작아진다.

풀이 연장코일을 사용하면, 사용주파수가 낮아지고, 사용파장이 커진다. 따라서, 안테나의 길이를 등가 연장한다.

39 웨이브 안테나의 설명으로 틀린 것은?

① 효율이 높다
② 광대역 특성을 갖는다.
③ 진행파 안테나이다.
④ 장 · 중대파의 수신용이다.

40 웨이브 안테나의 특징이 아닌 것은?

① 광대역성이다.
② 지향성은 단향성이다.
③ 주로 수신용에 이용된다.
④ 진행파형 공중선이 아니다.

41 장/중파대용 안테나로서 진행파만 존재하는 것은?

① 베버리지 안테나
② 루프(Loop) 안테나
③ 역 L형 안테나
④ 벨리니－토시(Bellini－Tosi) 안테나

42 수직접지 안테나의 수직면 내 지향 특성으로 옳은 것은? '07 국가직 9급

①

②
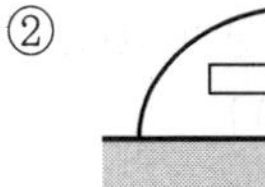

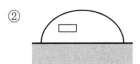

③
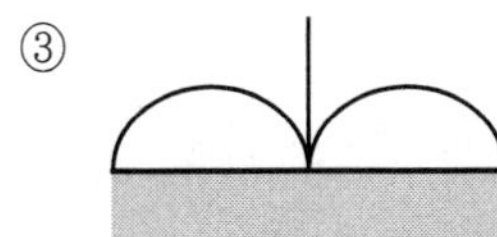

④
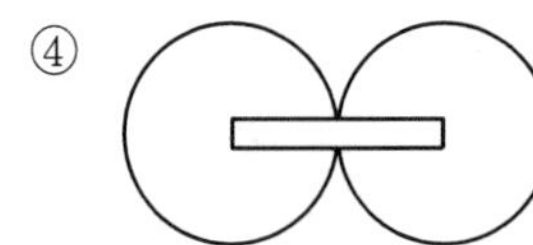

정답 38 ② 39 ① 40 ④ 41 ① 42 ③

43 무선항행 보조장치로 사용되는 방향탐지기에 대한 설명으로 옳지 않은 것은?

'12 국가직 9급

① 고니오미터는 전파의 도래각을 측정하는 데 사용된다.
② 야간오차 경감효과를 얻고자 애드콕(Adcock) 안테나를 사용한다.
③ 루프 안테나를 사용하는 경우 전후방의 전파도래 방향을 결정하기 어렵다.
④ 공중선 장치는 방향탐지기의 전원을 공급하는 장치이다.

44 안테나를 고유주파수 이외의 주파수에서 효과적으로 사용하기 위하여 안테나의 입력 리액턴스 성분이 0이 되도록 L이나 C를 삽입하여 동조시키는 기술을 표현하는 용어는?

'11 국가직 9급

① 안테나의 로딩(loading)
② 안테나의 이득
③ 안테나의 지향성
④ 안테나의 Q(Quality Factor)

45 공진 주파수 $f_0 = \dfrac{1}{2\pi\sqrt{L_e C_e}}$인 $\dfrac{\lambda}{4}$ 수직접지 안테나에 연장코일을 직렬로 연결했을 때 나타나는 현상으로 옳은 것은?

'12 국가직 9급

① 공진 주파수가 높아진다.
② 공진 주파수가 낮아진다.
③ 복사저항이 커진다.
④ 복사저항이 작아진다.

풀이 연장코일을 사용하면, 사용주파수가 낮아지고, 사용파장이 커진다. 따라서, 안테나의 길이를 등가 연장한다.

46 안테나의 고유주파수를 높게 하려면 다음 중 어느 방법을 사용하면 되는가? '10 경찰직 9급

① 안테나에 병렬로 코일을 접속한다.
② 안테나에 직렬로 코일을 접속한다.
③ 안테나에 병렬로 콘덴서를 접속한다.
④ 안테나에 직렬로 콘덴서를 접속한다.

정답 43 ④ 44 ① 45 ② 46 ④

47 공중선의 방사효율을 향상시키기 위해서는 접지저항을 경감하도록 해야 하므로 여러 가지 방법들을 고안하여 접지하고 있다. 다음 글의 접지방식은 무엇에 관한 설명인가? '10 경찰직 9급

> 안테나에서 가까운 지점에 지하수가 나올 정도의 깊이에 동봉을 상수면보다 0.5[m] 이하가 되도록 매설하고 그 주위에 수분을 흡수하도록 숯(목탄)을 넣어서 접촉저항을 감소시키는 접지방식이다. 가접지 또는 보조접지에 이용하며, 접지저항은 10[Ω] 전후인데, 수분이 많고 대지의 도전율이 양호한 경우나 소전력의 송신 공중선에 사용된다.

① 심굴 접지　　② 방사상 접지
③ 카운터 포이즈　　④ 다중 접지

48 접지방식의 명칭으로 옳지 않은 것은?

①
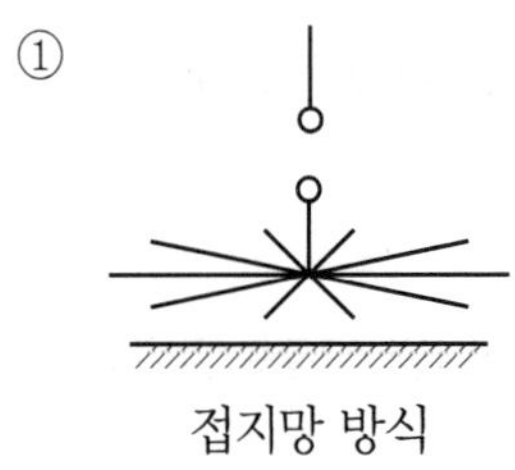
접지망 방식

②
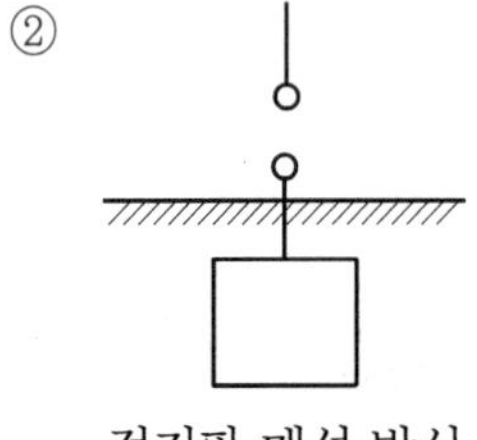
접지판 매설 방식

③
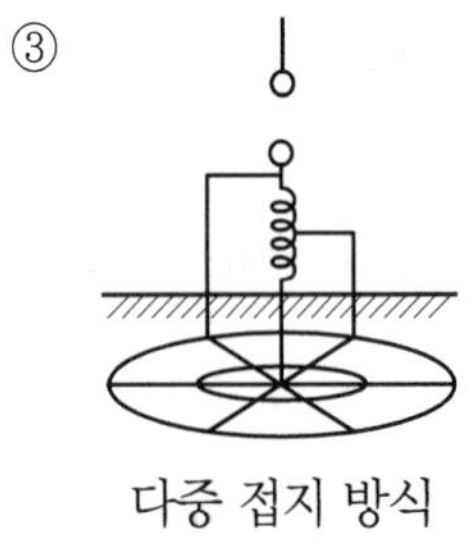
다중 접지 방식

④
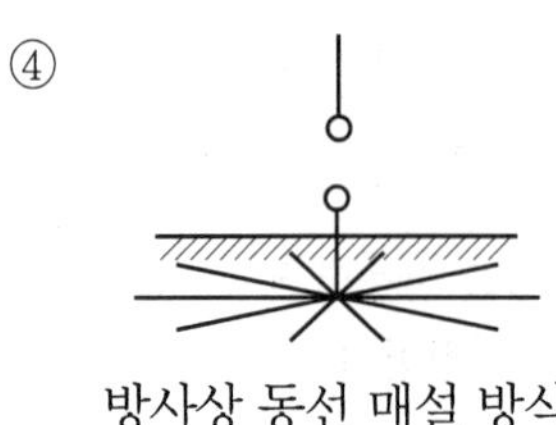
방사상 동선 매설 방식

49 무선항행 보조장치로 사용되는 방향탐지기에 대한 설명으로 옳지 않은 것은? '12 국가직 9급

① 고니오미터는 전파의 도래각을 측정하는 데 사용된다.
② 야간오차 경감효과를 얻고자 애드콕(Adcock) 안테나를 사용한다.
③ 루프안테나를 사용하는 경우 전후방의 전파도래 방향을 결정하기 어렵다.
④ 공중선 장치는 방향탐지기의 전원을 공급하는 장치이다.

풀이 공중선이란 안테나를 말하고, 전파를 보내고 받는 장치이다.

정답 47 ① 48 ① 49 ④

50 전리층과 지표면 사이를 반사하면서 전파되며 원거리 통신이 가능한 단파(HF)용 안테나의 종류인 것은? '21 고졸 유선

① 루프 안테나(Loop Antenna)
② 헬리컬 안테나(Helical Antenna)
③ 카세그레인 안테나(Cassegrain Antenna)
④ 반파장 다이폴 안테나(Half Wave Dipole Antenna)

정답 50 ④

CHAPTER 06 WIRELESS COMMUNICATION ENGINEERING

단파대 안테나

01 진행파 공중선의 특성 중 적합하지 않은 것은?

① 대역폭이 좁다. ② 구조가 간단하다.
③ 단방향성이다. ④ 넓은 설치 면적이 필요하다.

풀이 진행파형 안테나와 정재파형 안테나의 특성 비교

진행파형 안테나	정재파형 안테나
단향성	쌍향성
광대역성	협대역성
이득이 크다.	이득이 작다.
넓은 설치장소	소규모 가능
효율이 낮다. (부엽(Side Lobe)이 많다.)	효율이 높다. (부엽(Side Lobe)이 적다.)

02 다음 중 진행파 안테나에 해당하지 않는 것은?

① 롬빅 안테나 ② 베버리지 안테나
③ 반파다이폴 안테나 ④ 진행파 V형 안테나

풀이 진행파형 안테나 종류(주파수대별 분류)

㉠ 장 · 중파대 안테나
Wave 안테나(Beverage 안테나)

㉡ 단파대 안테나
- Rhombic 안테나
- Half Rhombic 안테나
- 진행파 V형 안테나
- Fishbone(어골형) 안테나
- Comb(빗형) 안테나

㉢ 초단파대 안테나
Helical 안테나

정답 01 ① 02 ③

03 단파안테나는 장파안테나에 비해 다음과 같은 특성이 있다. 틀린 것은?

① 발사하려는 파장과 같은 고유 파장의 안테나를 얻기 쉽다.
② 광대역성을 얻기 쉽다.
③ 복사효율이 좋다.
④ 안테나의 높이가 높을수록 특성이 우수해진다.

풀이 일반적으로 장파안테나를 설치하며, 단파 · 장파 안테나 둘 모두의 높이가 높아져야 수신이 잘 된다.

04 단일 방향성이 아닌 안테나는?

① 롬빅(Rhombic) 안테나
② 야기(Yagi) 안테나
③ 웨이브(Wave) 안테나
④ 루프(Loop) 안테나

05 다음 중 진행파를 이용하지 않는 안테나는?

① 웨이브 안테나(Wave Antenna)
② 롬빅 안테나(Rhombic Antenna)
③ 어골형 안테나(Fish Bone Antenna)
④ 슬리브 안테나(Sleeve Antenna)

06 단파안테나에 주로 사용되는 안테나가 아닌 것은?

① Dipole Antenna
② Beam Antenna
③ Rhombic Antenna
④ Adcock Antenna

07 롬빅(Rhombic) 안테나에 대한 설명으로 맞는 것은?

① 구조는 빔 안테나보다 간단하고 수직편파 성분이 주가 된다.
② 각 변의 주변이 안테나계의 축방향을 향하지 않도록 정한다.
③ 부엽이 비교적 많고 매우 넓은 장소가 필요하고 효율은 좋지 않다.
④ 초단파대 안테나로 협대역성이다.

정답 03 ④ 04 ④ 05 ④ 06 ④ 07 ③

08 다음 롬빅(Rhombic) 안테나에 대한 설명이다. 틀린 것은?

① 진행파형 안테나이다.
② 광대역성이다.
③ 8자형 지향성이다.
④ 단파통신에 주로 사용된다.

풀이 롬빅 안테나 특성

㉠ 진행파형으로 단향성이다.
㉡ α가 작을수록 l이 길수록 고이득, 예리한 지향성을 갖는다.
㉢ 이득은 8~13[dB] 정도이다.
㉣ 광대역성, 효율이 나쁘다.(부엽이 많다.)
㉤ 수평편파를 이용한다.
㉥ 구조는 간단하나 넓은 설치장소가 필요하다.(한 변의 길이가 3λ 정도)
㉦ 급전점의 특성임피던스 : 400~800[Ω]으로 가장 높다.
㉧ 전리층 반사를 이용하여 원거리 통신에 적합한 단파대용 안테나이다.

09 롬빅(Rhombic) 안테나와 관계없는 것은?

① 진행파 안테나이다.
② 수직편파로 효율이 좋다.
③ 종단저항이 필요하다.
④ 전리층 반사파를 수신한다.

10 제펠린 안테나는 어떤 경우에 많이 사용하는가?

① 급전선의 영향을 적게 할 때
② 임피던스 정합회로가 필요할 때
③ 전류 급전을 할 때
④ 공간적으로 반파장 더블렛을 설치하기 곤란할 때

풀이 Zeppeline 안테나(Picard 안테나)

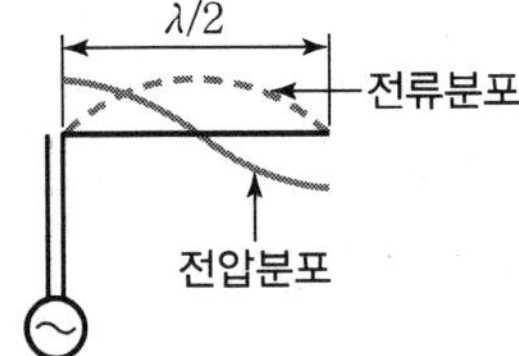

정답 08 ③ 09 ② 10 ④

11 반파장 다이폴 안테나에 대한 설명으로 잘못된 것은?

① 반송 주파수의 $\frac{\lambda}{2}$ 길이를 갖는 공진 안테나이다.

② 진행파형 안테나이다.

③ 전류는 양쪽 끝에서 0이 된다.

④ 전압은 양쪽 끝에서 최대가 된다.

풀이 [반파 다이폴 안테나 특성]

㉠ 장점 : 공진 시 입력 리액턴스가 0

㉡ 안테나 길이 : $\frac{\lambda}{2}$

㉢ 비접지 안테나

㉣ 정재파형 안테나

㉤ 대지에 수평으로 설치 : 수평 편파 다이폴 안테나

㉥ 대지에 수직으로 설치 : 수직 편파 다이폴 안테나

㉦ 복사저항 : $R_{\mathrm{rad}} = \dfrac{2P_{\mathrm{rad}}}{I_o^2} \fallingdotseq 73[\Omega]$

- 75[Ω] 동축케이블과의 임피던스 정합이 용이함

㉧ 반파장 다이폴 전류분포

- 안테나 전류 진폭이 안테나 중앙에서 최댓값
  - 정현파 반파장 범위에서 변하는 선전류 분포(필라멘트 전류)를 갖음
  - 양쪽 끝에서 0이 되며, 전압은 양쪽 끝에서 최대가 됨
- 급전 : 도선의 중앙에서 급전하는 형식

[안테나의 전류, 전압 분포]

㉠ 전류분포

$I_x = I_0 \sin\beta x = I_0 \sin\frac{2\pi}{\lambda}x$ [A]

정현적 분포(중앙 : 최대, 끝단 : 최소)

㉡ 전압분포

$V_x = V_0 \cos\beta x = V_0 \cos\frac{2\pi}{\lambda}x$ [V]

여현적 분포(중앙 : 최소, 끝단 : 최대)

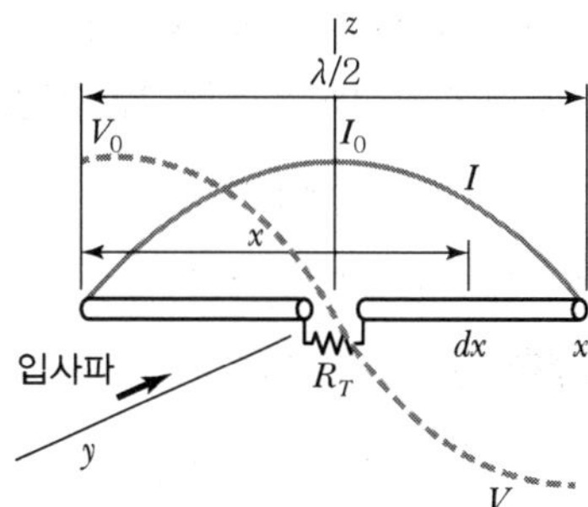

정답 11 ②

12 안테나에 반사기를 붙이면 어떤 효과가 나타나는가?

① 급전선과의 정합이 용이하다.
② 광대역 특성이 얻어진다.
③ 지향성을 갖도록 만들 수 있다.
④ 접지저항이 작아진다.

풀이 반사기

㉠ 파장의 $\frac{1}{2}$의 길이보다 긴 도체이다.
㉡ 복사기에서 발사된 전파를 반사한다. 따라서 반사기의 뒤로는 전파가 발사되지 않는다.
㉢ 보통 1개의 반사기를 사용한다.
㉣ $\frac{\lambda}{2}$보다 길게 되므로 유도 성분을 갖게 되어 전파를 반사한다.
㉤ 복사기 $\frac{\lambda}{4}$ 후방에 위치

13 반파장 안테나의 뒷면에 평면 반사기를 설치하여 안테나 이득을 높이려 한다. 안테나와 반사기의 거리는?

① λ
② $\frac{\lambda}{8}$
③ $\frac{\lambda}{4}$
④ $\frac{\lambda}{2}$

풀이 복사기 $\frac{\lambda}{4}$ 후방에 위치

14 다수의 반파장 안테나를 동일 평면상에 규칙적인 종횡으로 배열하고, 각 소자에 동일한 진폭, 동일 위상의 전류를 급전하면 배열면과 직각 방향으로 예민한 지향성을 갖는 안테나는?

① 루프(Loop) 안테나
② 애드콕(Adcock) 안테나
③ 롬빅(Rhombic) 안테나
④ 빔(Beam) 안테나

풀이 빔(Beam) 안테나

$\frac{\lambda}{2}$ 다이폴 안테나를 평면 내에 $\frac{\lambda}{2}$ 간격으로 $M \times N$개를 배열하고 동일 위상, 동일 진폭의 전류를 급전하여 각 소자의 복사방향을 한 방향으로 집중시켜 고이득, 예리한 지향성을 갖게 한 대표적인 어레이(Array) 안테나

정답 12 ③ 13 ③ 14 ④

15 자유공간 내에 있는 그림과 같은 12소자 빔 안테나의 이득은 얼마인가?(단, 반파장 다이폴의 복사저항은 73.13[Ω], 전복사 저항은 452.3[Ω]이다.)

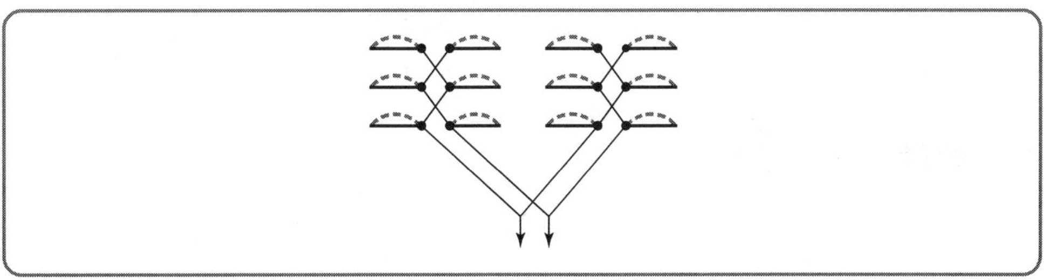

① 5.82
② 6.74
③ 7.85
④ 23.28

풀이 $G = N^2 \frac{R_0}{R_t} = 12^2 \frac{73.13}{452.13} = 23.28$

여기서, N : 소자수
R_0 : 반파장 다이폴의 복사저항 73.13[Ω]
R_t : 안테나 전체 전복사 저항 452.3[Ω]

16 빔 안테나(Beam Antenna) 소자의 총 수를 N, 복사저항을 R_1, 표준 더블렛 안테나(Doublet Antenna)의 복사저항을 R_2라고 하면 이득은?

① $G = N\frac{R_1}{R_2}$
② $G = N\frac{R_2}{R_1}$
③ $G = N^2\frac{R_1}{R_2}$
④ $G = N^2\frac{R_2}{R_1}$

17 빔(Beam) 안테나의 소자수를 2배로 하면 이득의 증가는 보통 몇 [dB]이 되는가?

① 2[dB]
② 4[dB]
③ 6[dB]
④ 8[dB]

풀이 N : 2배 → G : 4배
$10\log 4 = 6$ [dB]

정답 15 ④ 16 ④ 17 ③

18 빔 안테나의 소자수가 4개이다. 이 안테나의 이득은 얼마인가?(단, 하나의 안테나의 복사저항이 100[Ω]이고, 전 복사저항은 400[Ω]이다.)

① 1　　② 4
③ 8　　④ 16

풀이 $G = 4^2 \dfrac{100}{400} = 4$

19 안테나의 소자들을 여러 개 써서 Array로 할 때 어떤 목적으로 쓰는가?

① 임피던스 정합이 잘 된다.　　② 지향성을 갖게 할 수 있다.
③ 안테나의 전력손실이 줄어든다.　　④ 불필요한 잡음을 제거한다.

풀이 어레이(Array) 안테나

- 단일 안테나 소자로는 얻을 수 없는 방사 패턴이 요구될 때, 복수의 안테나 소자를 배열해서 각각의 안테나 소자의 여진 조건을 제어함으로써 원하는 지향성(방사 패턴)을 얻도록 하는 안테나
- 고이득, 예리한 지향성을 키우기 위하여 안테나 소자를 여러 개 배열(Array)한 안테나

20 FM 라디오 방송신호가 100[MHz]로 전송될 경우, 이 신호를 수신하는 데에 가장 적합한 안테나 길이는? '14 국회직 9급

① 2.5[m]　　② 2[m]
③ 1.5[m]　　④ 1[m]
⑤ 0.5[m]

21 반파장 다이폴 안테나에서 10[A]의 전류가 흐를 때 600[km] 떨어진 점의 최대 복사방향에서의 전계 강도는?(단, 실효길이 $h_e = \lambda/\pi$) '10 경찰직 9급

① 10[mV/m]　　② 4[mV/m]
③ 2[mV/m]　　④ 1[mV/m]

정답 18 ② 19 ② 20 ③ 21 ④

22 안테나에 대한 설명으로 가장 적절하지 않은 것은? '10 경찰직 9급

① 루프(Loop) 안테나는 8자형 지향 특성이 있고 소형이므로 이동이 용이하다.
② 빔 안테나는 안테나의 소자 수가 많을수록 지향성은 예민하게 되고 높은 이득의 안테나로 된다.
③ 롬빅 안테나는 반사파를 얻기 위하여 종단저항을 사용한다.
④ 파라볼라 안테나는 지향성이 예리하고 이득은 높으나 광대역 임피던스 정합이 어렵다.

23 반파장 다이폴 안테나에 관한 설명 중 가장 옳지 않은 것은? '23 군무원 9급

① 반송 주파수의 $\lambda/2$ 길이를 갖는 공진안테나이다.
② 전류는 양쪽 끝에서 최대가 된다.
③ 수직 다이폴은 수평면 내 무지향성이다.
④ 수직 다이폴은 수직편파가 복사된다.

24 전리층과 지표면 사이를 반사하면서 전파되며 원거리 통신이 가능한 단파(HF)용 안테나의 종류인 것은? '21 고졸 유선

① 루프 안테나(Loop Antenna)
② 헬리컬 안테나(Helical Antenna)
③ 카세그레인 안테나(Cassegrain Antenna)
④ 반파장 다이폴 안테나(Half Wave Dipole Antenna)

25 자유공간에서 주파수가 $f_1 = 30$[kHz]인 신호를 변조하지 않고 전송하는 경우와 이를 변조하여 $f_2 = 1$[GHz]로 전송하는 경우, 반파장 다이폴 안테나를 사용할 때 안테나의 길이[m]는 각각 얼마인가?(단, 신호의 전파속도 3×10^8[m/s]이다.)

	f_1	f_2		f_1	f_2
①	10,000	0.3	②	5,000	0.15
③	2,500	0.075	④	1,250	0.0375

정답 22 ③ 23 ② 24 ④ 25 ②

CHAPTER 07

WIRELESS COMMUNICATION ENGINEERING

초단파대 안테나

01 길이가 반파장인 2선식 폴디드(Folded) 안테나 도선의 굵기는 같고 두 도선은 충분히 접근해 있는 것으로 한다면 급전점 임피던스는?

① 36.56[Ω] ② 73[Ω]

③ 192[Ω] ④ 292[Ω]

풀이 폴디드 안테나의 특성

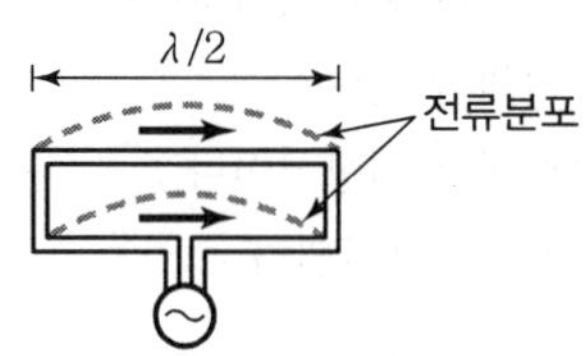

㉠ 반파장 다이폴 안테나의 양단에서 도선을 구부려 반파 다이폴에 근접시켜 설치하고 각각의 양단에 접속한 것이다.
−두 가닥의 도선에 존재하는 전류는 동위상, 동진폭을 나타냄(정현파 분포)

㉡ 급전점 임피던스
$R=n^2 \times R_0$[n : 소자수, R_0 : 반파다이폴 복사저항(=73.13[Ω])]

- 2개 접어진 안테나인 경우
  $R=4\times 73.13 \simeq 293$[Ω]
- n개 접어진 안테나인 경우
  $R=n^2\times 73.13$
- 2번 접어서 만든 폴디드 안테나인 경우 반파 다이폴 안테나 임피던스의 4배(293[Ω])가 되며, 이는 평형 2선식 급전선의 특성 임피던스(약 300[Ω])와 거의 같기 때문에 별도의 정합장치가 없이 직결된다.

㉢ 전계강도, 이득, 지향성은 반파 다이폴과 동일

㉣ 반파 다이폴에 비해 실효고는 2배이며 개방전압($V_0=E_0\cdot h_e$)도 2배가 된다.
(수신 최대 유효전력은 변화 없다.)

㉤ $\frac{\lambda}{2}$ 안테나에 비하여 광대역성을 갖는다.

㉥ 기계적으로 구조가 견고하다.
- 야기 안테나의 1차 복사기로 사용
- VHF, UHF대의 낮은 주파수대 안테나로 사용

정답 01 ④

02 폴디드 안테나(Folded Antenna)를 만들 때 일반적으로 n(소자수)개로 접으면 급전점 임피던스는 몇 배로 증가하는가?

① n^2 ② n

③ $\frac{1}{n}$ ④ $\frac{1}{n^2}$

03 야기(Yagi) 안테나에서 1번 접어진 폴디드 다이폴 안테나를 복사 소자로 사용했을 때 입력 임피던스는 약 몇 [Ω] 정도 되는가?

① 50 ② 75

③ 150 ④ 300

04 임피던스 정합회로를 쓰지 않고도 평행 2선식 급전선과 직접 연결 가능한 안테나는?

① 반파장 안테나 ② 폴디드 안테나

③ 빔 안테나 ④ 야기 안테나

05 다음 중 폴디드(Folded) 안테나의 특징에 대한 설명으로 잘못된 것은?

① 전계강도, 이득, 지향성은 반파장 안테나와 동일하다.

② 실효길이는 반파장 안테나의 2배이고, 수신안테나로서 사용할 때 개방전압은 2배로 된다.

③ TV의 75[Ω] 동축 케이블과 정합이 직결된다.

④ 반파장 안테나에 비해서도 도체의 유효단면적이 크고, 방사저항이 크며 Q가 낮게 되어 약간 광대역성을 갖는다.

06 다음 중 야기 안테나에 대한 설명으로 옳지 않은 것은?

① 지향성은 단일방향이다.

② 반사기의 길이는 반파장보다 길고 투사기보다도 길다.

③ 도파기의 길이는 반파장보다 짧고 투사기보다도 짧다.

④ 각 소자의 간격은 0.5파장 정도로 한다.

정답 02 ① 03 ④ 04 ② 05 ③ 06 ④

07 다음은 야기 안테나에 대한 설명이다. 옳지 않은 것은?

① 지향성은 단일방향이다.

② 반사기는 반파장보다 길어 유도성분을 갖는다.

③ 도파기의 길이는 반파장보다 짧고 복사기보다도 짧다.

④ 각 소자의 간격은 $\frac{\lambda}{4}$ 보다 크다.

풀이 야기(Yaggi) 안테나

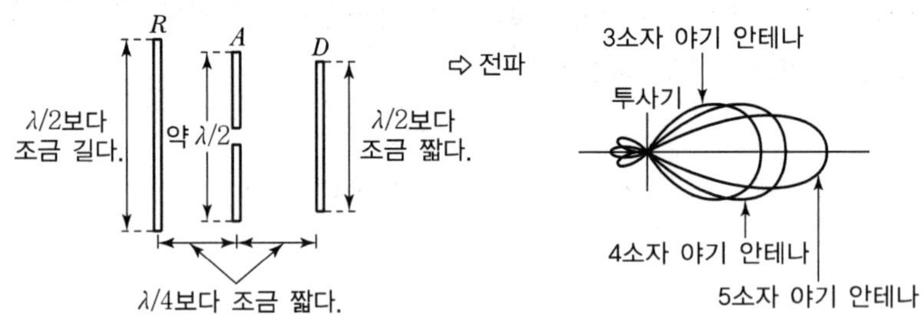

[구조]

- 급전소자(투사기)와 무급전소자(반사기, 도파기)로 구성된다.
- 도파기, 투사기, 반사기순으로 안테나 소자가 길어진다.

㉠ 반사기(Reflector)

- 파장의 $\frac{1}{2}$ 의 길이보다 긴 도체이다. 복사기에서 발사된 전파를 반사한다. 따라서 반사기의 뒤로는 전파가 발사되지 않는다. 보통 1개의 반사기를 사용한다.
- $\frac{\lambda}{2}$ 보다 길게 되므로 유도성분을 갖게 되어 전파를 반사한다.
- 투사기 $\frac{\lambda}{4}$ 후방에 위치

㉡ 도파기(Director)

- 파장의 $\frac{1}{2}$ 의 길이보다 짧은 도체이다. 복사기에서 발사된 전파를 강화시켜준다.
- 도파기의 개수가 증가할수록 지향성이 더욱 날카로워지고 이득이 증가한다.
- $\frac{\lambda}{2}$ 보다 짧으므로 용량성분을 갖게 되어 전파를 유도한다.
- 투사기 $\frac{\lambda}{4}$ 전방에 위치

㉢ 투사기(복사기)

- 일반적인 반파장 다이폴 안테나로, 전파는 이 복사기에서 송신되거나 수신된다.
- $\frac{\lambda}{2}$ 길이로써 사용파장에 공진하여 전파복사한다.

정답 07 ④

08 야기(Yagi) 안테나에서 도파기의 특성에 관한 설명 중 가장 적당한 것은?

① $\frac{\lambda}{2}$보다 짧게 하여 용량성분으로 한다.

② $\frac{\lambda}{2}$보다 짧게 하여 유도성분으로 한다.

③ $\frac{\lambda}{4}$보다 짧게 하여 용량성분으로 한다.

④ $\frac{\lambda}{4}$보다 짧게 하여 유도성분으로 한다.

09 야기(Yaggi) 안테나에서 반사기의 특성에 관한 설명 중 가장 적당한 것은?

① $\frac{\lambda}{4}$보다 길게 해서 용량성을 갖게 한다.

② $\frac{\lambda}{2}$보다 짧게 해서 유도성을 갖게 한다.

③ $\frac{\lambda}{2}$보다 길게 해서 유도성을 갖게 한다.

④ $\frac{\lambda}{4}$보다 짧게 해서 용량성을 갖게 한다.

10 다음은 야기 안테나에 대한 설명이다. 옳지 않는 것은?

① 반사기는 용량성 성분을 가진다.
② 반사기의 길이는 반파장보다 길게 한다.
③ 단일 지향성을 가진다.
④ 각 소자의 간격은 $\frac{\lambda}{4}$이다.

11 야기 안테나의 소자 중 가장 긴 소자의 역할과 리액턴스 성분은 무엇인가?

① 도파기, 용량성
② 반사기, 유도성
③ 지향기, 유도성
④ 복사기, 용량성

12 야기 안테나의 구조 중에서 가장 짧은 것은?

① 반사기
② 도파기
③ 투사기
④ 복사기

정답 08 ① 09 ③ 10 ① 11 ② 12 ②

13 야기(Yagi) 안테나의 복사방향으로 옳은 것은? '09 지방직 9급

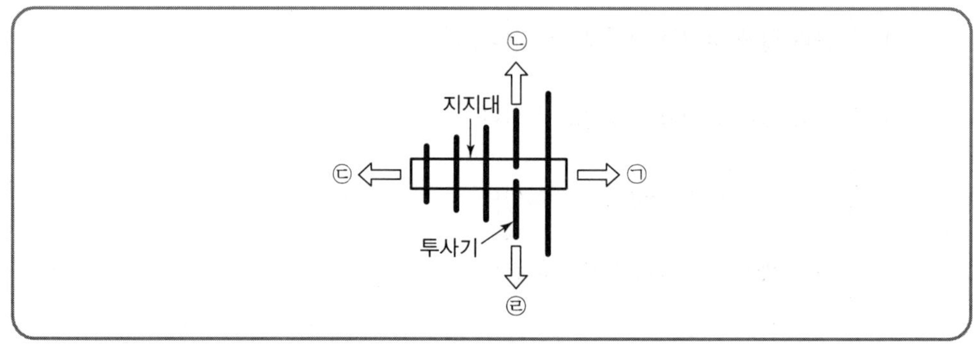

① ㉠ ② ㉡

③ ㉢ ④ ㉣

풀이

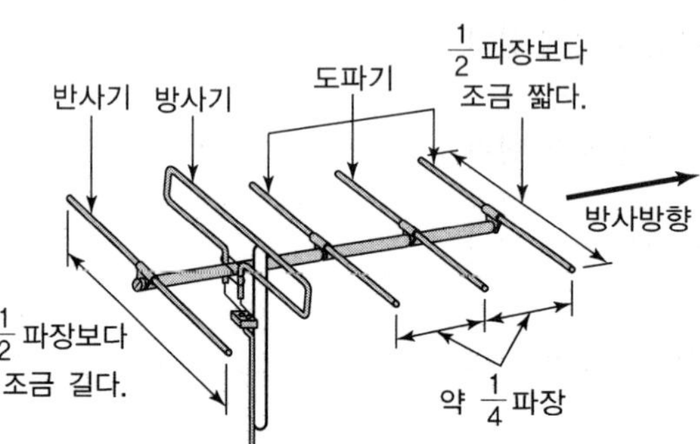

14 송신 안테나가 슈퍼 턴 스타일(Super Turn Style) 안테나인 경우에 수신 안테나로서 수평 다이폴 안테나를 사용하여야 하는 이유는?(즉, 수직 Dipole은 안 되는 이유)

① 전파의 직진성 때문에

② 전파의 회절현상 때문에

③ 전파가 횡파이기 때문에

④ 전파의 편파성 때문에

풀이 수평편파용 ➡ 수평면 내 무지향성 안테나

- Single Turnstile 안테나
- Super Turnstile 안테나
- Super Gain 안테나

정답 13 ③ 14 ④

15 VHF대 수평면 내 무지향성 안테나를 방송용으로 사용하는 경우 이득을 증가시키기 위하여 가장 적합한 것은?

① 수직으로 적립하여 사용한다.　　② 수평으로 적립하여 사용하다.
③ 반사기를 사용한다.　　④ 트랩(Trap)회로를 설치한다.

풀이 이득을 높이기 위하여 다단 적립하여 사용한다.

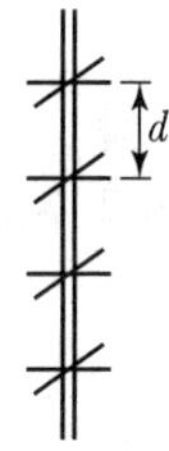

16 다음 중 원편파를 복사하는 안테나에 속하는 것은?

① 헬리컬(Helical) 안테나　　② 롬빅(Rhombic) 안테나
③ 야기(Yagi) 안테나　　④ T형 안테나

풀이 헬리컬(Helical) 안테나
㉠ 동축 급전선의 중심도체에 나선형(Helical)의 도체를 연결한 안테나이다.
㉡ 진행파형이며 원편파 안테나이다.
㉢ 광대역, 고이득(11~16[dB])이다.

17 대수 주기형(Log Periodic) 안테나에 대한 설명으로 잘못된 것은?

① 무지향성 안테나로 이득이 매우 높다.
② 안테나의 모양이 비례적으로 커지는 여러 개의 안테나 소자로 되어 있다.
③ 주파수의 대수값이 일정한 값만큼씩 달라지는 주파수 때마다 동일한 방사 특성을 나타낸다.
④ 매우 넓은 주파수 대역을 갖는다.

18 박쥐 날개형 안테나를 직각으로 교차시켜 구성한 것으로 여러 단 겹쳐서 사용하며, 단위 안테나의 표면적이 넓게 되므로 실효적으로 안테나의 Q가 저하하여 광대역 특성을 갖게 되는 안테나는?

① 헬리컬 안테나　　② 턴스타일 안테나
③ 슈퍼 턴스타일 안테나　　④ 슈퍼 게인 안테나

정답 15 ① 16 ① 17 ① 18 ③

19 대수주기(Log Periodic) 안테나의 특성과 관계없는 것은?

① 초단파대역에서 사용할 수 있다.
② 자기상사의 원리를 이용한 것이다.
③ 광대역 특성을 갖는다.
④ 입력 임피던스는 인가되는 신호의 주파수에 따라 많이 변한다.

풀이 대수주기(Log Periodic) 안테나

㉠ 크기와 모양이 비례적으로 커지는 여러 개의 소자로 구성된 안테나
㉡ 각 부분의 크기를 τ배 해도 원래의 형과 동일하게 되는 대수주기적 구조

$$\frac{L_1}{L_2}=\frac{L_2}{L_3}=\frac{L_3}{L_4}=\cdots=\frac{L_{n-1}}{L_n}=L_p$$

㉢ 초광대역 안테나로서 단향성을 나타낸다.
㉣ 자기상사의 원리 이용 : 안테나의 크기를 $1/n$로 하고 원래 주파수의 n배인 주파수로 급전하면 안테나의 제반특성은 원래의 것과 완전히 같아진다.
㉤ 지향성은 급전점 방향으로 단향성을 나타내며 이득은 약 10[dB] 정도이다.
㉥ 안테나의 치수를 일정하게 확대하거나 축소하여도, 즉 안테나 길이의 변화에 따라 각각의 주파수는 달라도 입력 임피던스는 변화하지 않는 안테나
㉦ 사기 자신이 서로 닮은 안테나

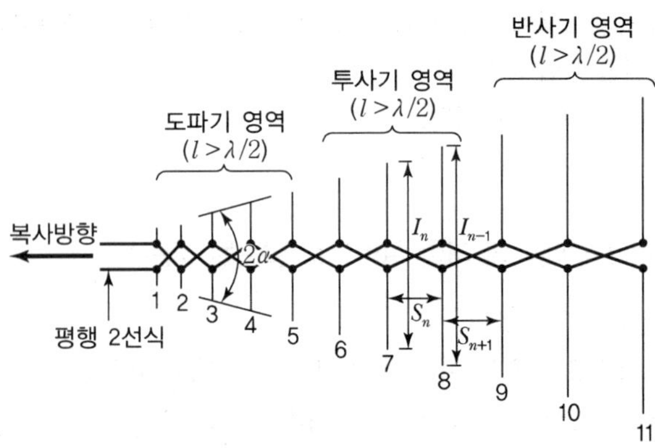

20 송신 안테나가 슈퍼 턴스타일(Super Turnstile) 안테나인 경우에 수신 안테나로서 수평 다이폴 안테나를 사용하여야 하는 이유는 무엇인가?(즉, 수직 Dipole이 안 되는 이유)

① 전파의 직진성 때문에
② 전파의 회절현상 때문에
③ 전파가 횡파이기 때문에
④ 전파의 편파성 때문에

정답 19 ④ 20 ④

21 슈퍼 턴스타일 안테나를 송신에 사용할 경우 수신용으로 수직 다이폴 안테나를 사용할 수 없는 이유는?

① 전파의 회절성 때문에
② 전파의 편파성 때문에
③ 전파의 직진성 때문에
④ 전파가 횡파이므로

22 안테나 특성을 광대역으로 하기 위한 방법으로 적합하지 않은 것은?

① 안테나의 Q를 적게 한다.
② 진행파 공중선으로 한다.
③ 파라볼라 안테나처럼 개구면적을 크게 한다.
④ 슈퍼 게인 안테나처럼 보상회로를 사용한다.

풀이 ③ 개구면적을 크게 하면, 반치각이 작아져 지향성이 예리해지는데, 이는 광대역과 무관하다.

23 다음의 설명에 해당하는 안테나의 명칭은 어느 것인가?

- 급전소자(투사기)와 무급전소자(반사기, 도파기)로 구성된다.
- 초단파용 수신 안테나로 많이 사용되며, 지향특성이 단향성이다.
- 적절한 배열 조건하에서 도파기의 수를 증가시키면 방사이득을 높일 수 있다.
- 보편적으로 반사기의 길이는 투사기보다 길게, 도파기의 길이는 투사기보다 짧게 설계한다.

① 야기 안테나
② 롬빅 안테나
③ 슬롯 안테나
④ 코너 리플렉터 안테나

24 야기(Yagi) 안테나의 복사방향으로 옳은 것은? '09 지방직 9급

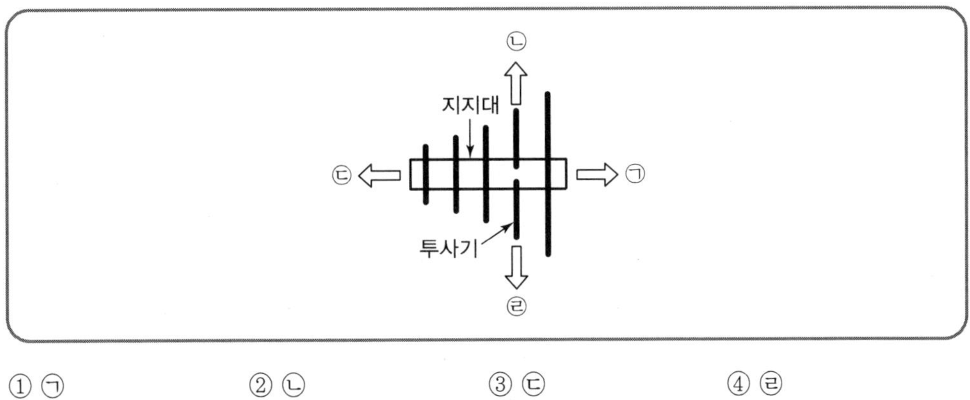

① ㉠
② ㉡
③ ㉢
④ ㉣

정답 21 ② 22 ③ 23 ① 24 ③

풀이

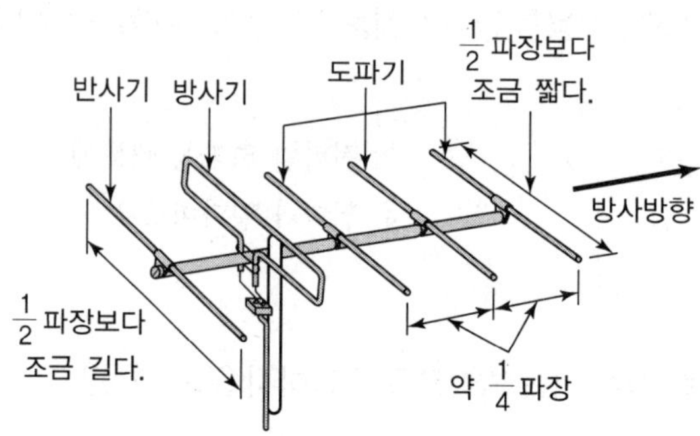

25 야기-우다(Yagi-Uda) 안테나에 대한 설명으로 옳지 않은 것은?

① 이득과 관련한 빔 패턴은 대부분 도파기에 의해 좌우된다.
② 투사기에서 도파기를 향한 예리한 지향 특성이 있다.
③ 도파기의 수를 증가시키면 이득이 증가된다.
④ 반사기의 길이는 도파기의 길이보다 짧게 한다.

정답 25 ④

CHAPTER

WIRELESS COMMUNICATION ENGINEERING

08 극초단파대 안테나

01 파라볼라 안테나(Parabola Antenna)에서 파라볼라의 개구 직경이 클수록 어떻게 되는가?

① 지향성은 커지고 이득이 적어진다.
② 지향성은 변화 없으나 이득은 커진다.
③ 지향성이 커지고 이득도 커진다.
④ 지향성은 커지나 이득은 변함없다.

풀이 파라볼라(Parabola) 안테나 특성

㉠ 포물면 반사기의 초점에 1차 복사기를 부가한 안테나

- 1차 복사기
  - 동축 급전선으로 급전하는 경우 ➡ 반사기가 달린 $\frac{\lambda}{2}$ 다이폴, 전자나팔, 슬롯 안테나를 사용
  - 도파관으로 급전하는 경우 ➡ 소형 전자혼, 슬롯식 안테나, 동축 슬롯 안테나

㉡ 부엽이 많으며 광대역 임피던스 정합이 어렵다.(비교적 협대역) (➡ Cassegrain 안테나에 비해서)

㉢ 지향성이 예민하며 이득이 크다.

㉣ 소형이며 구조가 간단하다.

㉤ 제작 및 조정이 용이하다.

㉥ 반치각

$\theta = K\frac{\lambda}{D} \simeq 70\frac{\lambda}{D}$ [°] (여기서, K : 상수, D : 개구직경)

㉦ 절대이득

$$G = \frac{4\pi A_e}{\lambda^2}$$

$$G = \eta\left(\frac{\pi D}{\lambda}\right)^2 \qquad \because\ A = \frac{\pi D^2}{4}$$

02 파라볼라 안테나의 실효 개구 효율은 얼마인가?

① 안테나의 포물선의 실효 개구면적과 기하학적 개구면적의 비
② 안테나 지향 이득과 안테나 손실의 비
③ 수신전력과 잡음전력의 비
④ 안테나 주빔의 최댓값의 $\frac{1}{2}$이 되는 두 점 사이의 각

정답 01 ③ 02 ①

03 파라볼라 안테나(Parabola Antenna)의 직경이 커지면 어떤 변화가 일어나는가?

① 이득은 작아지고 효율은 커진다.
② 이득은 커지고 효율은 변화가 없다.
③ 이득도 커지고 효율도 커진다.
④ 이득은 변화하지 않고 효율은 작아진다.

풀이
- 이득 : $G=\eta\left(\frac{\pi D}{\lambda}\right)^2$ (직경 증가 ➡ 이득 증가)
- 반치각 : $\theta = K\frac{\lambda}{D} \simeq 70\frac{\lambda}{D}$ (직경 증가 ➡ 반치각 감소 ➡ 지향성 예리해짐)
- 개구효율 : $\eta = \frac{A_e}{A}$ (직경과 무관)

04 파라볼라 안테나(Parabola Antenna)의 1차 방사기로 사용되지 않는 것은?

① 원추형 혼(Horn)
② $\frac{\lambda}{2}$ 다이폴(Dipole)
③ 슬롯 안테나(Slot)
④ Rhombic Antenna

풀이 1차 복사기
㉠ 동축 급전선으로 급전하는 경우
➡ 반사기가 달린 $\frac{\lambda}{2}$ 다이폴, 전자나팔, 슬롯 안테나를 사용
㉡ 도파관으로 급전하는 경우
➡ 소형 전자혼, 슬롯식 안테나, 동축 슬롯 안테나

05 파라볼라 안테나의 유효 개구면적 A_{eff}와 절대이득 G_a와의 관계식은?

① $A_{eff} = \frac{4\pi}{\lambda^2}G_a$
② $G_a = \frac{4\pi}{\lambda}A_{eff}$
③ $A_{eff} = \frac{\lambda^2}{4\pi}G_a$
④ $G_a = \frac{\lambda}{4\pi}A_{eff}$

풀이 $G=\frac{4\pi A_e}{\lambda^2}$

정답 03 ② 04 ④ 05 ③

06 지름 D[m]인 파라볼라 안테나의 개구효율을 η라 할 때 파장의 전파에 대한 절대이득 G의 식은?

① $G = \dfrac{\eta\pi^2 D^2}{\lambda^2}$ ② $G = \dfrac{\eta\pi^2 D^2}{16}$

③ $G = \dfrac{4\eta\pi^2 D^2}{\lambda^2}$ ④ $G = \dfrac{\eta\pi^2 D^2}{4}$

풀이 $G = \dfrac{4\pi A_e}{\lambda^2} = \dfrac{4\pi A}{\lambda^2}\eta$

단면적 $A = \dfrac{\pi D^2}{4}$을 대입하면,

$G = \eta\left(\dfrac{\pi D}{\lambda}\right)^2$

07 파라볼라 안테나의 반치각 θ를 구하는 식은?(단, K : 상수, λ : 파장, D : 개구직경)

① $\theta = \dfrac{K \cdot \lambda}{D}$[rad] ② $\theta = \dfrac{K \cdot \lambda}{D^2}$[rad]

③ $\theta = \dfrac{K \cdot \lambda^2}{D}$[rad] ④ $\theta = \dfrac{K^2 \cdot \lambda}{D}$[rad]

08 파라볼라 안테나에서 사용주파수를 높이면 이득은 어떻게 변화하는가?

① f에 비례한다. ② f에 반비례한다.

③ f^2에 비례한다. ④ f^2에 반비례한다.

09 이득 G인 안테나의 실효 면적은?

① $\dfrac{\lambda^2}{\pi}G$ ② $\dfrac{\lambda^2}{4\pi}G$

③ $\dfrac{\lambda^2}{2\pi}G$ ④ $\dfrac{4\pi}{\lambda^2}G$

풀이 $G = \dfrac{4\pi A_e}{\lambda^2}$

정답 06 ① 07 ① 08 ③ 09 ②

10 2개의 반사판을 갖는 안테나는?

① 다이폴 안테나 ② 야기-우다 안테나
③ 렌즈 안테나 ④ 카세그레인 안테나

풀이 카세그레인(Cassegrain) 안테나 특성

㉠ 카세그레인 망원경의 원리를 이용한 안테나로서 복사기 1개와 반사기(주 반사기, 부 반사기) 2개로 구성되어 있다.
㉡ 1차 복사기와 송 · 수신기가 직결되기 때문에 전송손실이 적다.
㉢ 초점거리가 짧고 반사기에 의해 고이득이 얻어진다.
㉣ 부엽이 아주 적다.
㉤ 1차 복사기에서 복사된 전파는 부 반사기, 주 반사기순으로 예민한 빔이 되어 복사된다.

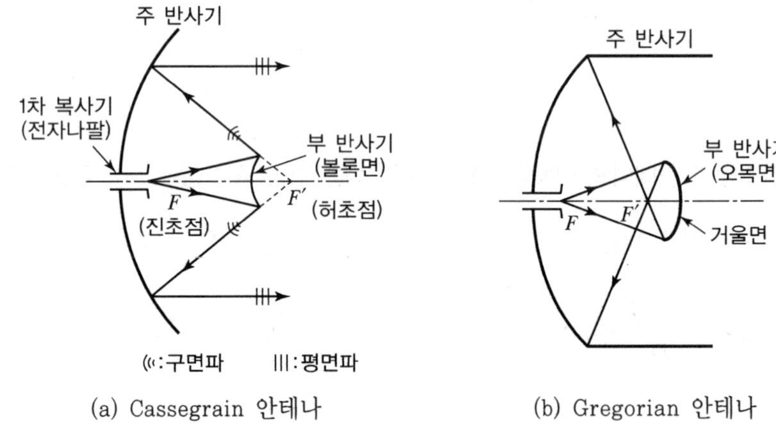

(a) Cassegrain 안테나 (b) Gregorian 안테나

[카세그레인(Cassegrain) 안테나]

11 위성통신 지구국용의 고이득, 저잡음 안테나로서 보은 위성통신 지구국에서 사용하고 있는 안테나는?

① 파라볼라 안테나 ② 카세그레인 안테나
③ 혼 리플렉터 안테나 ④ 열 슬로브 안테나

12 다음 중 부 반사기로 볼록 타원체를 사용하고 있으며 위성 통신 지구국용 고이득 저잡음 안테나는?

① 패스렝스(Path Length) 안테나 ② 카세그레인(Cassegrain) 안테나
③ 대수주기(Log Periodic) 안테나 ④ 슬롯(Slot) 안테나

정답 10 ④ 11 ② 12 ②

13 카세그레인(Cassegrain) 안테나에 관한 설명으로 틀린 것은?

① 현재 위성통신의 지구국용 안테나로 사용된다.
② 1차 방사기와 송신기가 직결되므로 급전계 손실이 적다.
③ 2개의 반사경과 1개의 1차 방사기로 구성된다.
④ 송신할 때 1차 방사기, 주 반사경, 부 반사경순으로 진행된다.

14 전자 혼으로 전파의 모드를 천천히 변화시켜 다시 구면파를 파라볼라 반사경으로 평면파로 변화시키고 동시에 빔의 방향을 거의 직각 방향으로 향하여 급전점 쪽으로 전파가 돌아오지 않도록 하고 있으며 주파수가 변화해도 지향성도 정재파비도 악화되지 않는 안테나는?

① Cassegrain 안테나　　② Horn Reflector 안테나
③ Parabola 안테나　　④ Polyrod 안테나

풀이 Horn Reflector 안테나

- 전자나팔과 포물선 반사기의 일부를 조합한 안테나로 1차 복사기의 정점과 반사기의 초점을 일치시킨 것으로 매우 예리한 지향성과 커다란 이득을 얻을 수 있다.
- 혼 리플렉터 안테나의 원리 및 특징은 급전점이 포물선 초점과 일치되어 있기 때문에 초점을 중심으로 한 전자나팔에서 발생되는 1차 구면파는 포물선 반사기에서 반사를 일으킨 후 평면파가 되어 안테나의 개구를 통해 복사된다.

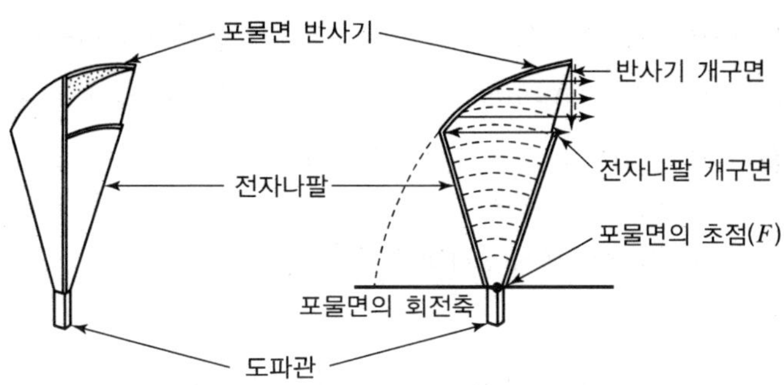

15 다음 중 방송 송신용으로 부적합한 안테나는 무엇인가?

① 탑 로딩(Top-Loading) 수직접지 안테나
② 야기(Yaggi) 안테나
③ 슈퍼 턴스타일(Super-Turnstile) 안테나
④ 슈퍼 게인(Super-Gain) 안테나

정답 13 ④　14 ②　15 ②

16 위성 통신용 안테나로 가장 적당한 것은?

① 대수주기(Log Periodic) 안테나
② 롬빅(Rhombic) 안테나
③ 카세그레인(Cassegrain) 안테나
④ 수퍼게인(Supergain) 안테나

17 다음과 같은 안테나의 주파수대별 사용영역을 잘못 나열한 것은 무엇인가?

① Parabola Ant ➡ 초단파대
② $\frac{\lambda}{2}$ Dipole Ant ➡ 단파대
③ Rhombic Ant ➡ 단파대
④ Yaggi Ant ➡ 초단파대

풀이 Parabola Ant ➡ 극초단파대

18 종단 저항을 사용하여 진행파만 존재하도록 하는 안테나는?

① 반파장 다이폴 안테나
② 롬빅 안테나
③ 야기 안테나
④ 슈퍼 게인 안테나

풀이 롬빅 안테나는 단파대의 진행파형 안테나이다.

19 극초단파(UHF) 이상에 사용하는 안테나의 종류는? '09 국가직 9급

① 헬리컬(Helical)
② 롬빅(Rhombic)
③ 카세그레인(Cassegrain)
④ 루프(Loop)

풀이 ① 헬리컬(Helical) ➡ 초단파대 안테나
② 롬빅(Rhombic) ➡ 단파대 안테나
④ 루프(Loop) ➡ 장중파대 안테나

20 안테나의 종류별 특성에 대한 설명으로 옳은 것은? '08 국가직 9급

① 야기-우다(Yagi Uda) 안테나는 지향성이다.
② 파라볼라(Parabola) 안테나는 무 지향성이다.
③ 수직접지 안테나는 지향성이다.
④ 루프(Loop) 안테나는 무지향성이다.

풀이 ② 파라볼라(Parabola) 안테나는 지향성이다.
③ 수직접지 안테나는 무지향성이다.
④ 루프(Loop) 안테나는 8자 지향성이다.

정답 16 ③ 17 ① 18 ② 19 ③ 20 ①

21 안테나 어레이(Antenna Array)를 사용하는 스마트 안테나(Smart Antenna)에 대한 설명으로 옳지 않은 것은? '08 국가직 9급

① 어레이 안테나에 수신된 신호에 동일한 가중치를 준다.
② 전파의 보강 간섭, 상쇄 간섭의 원리를 이용한다.
③ 안테나의 지향성을 강화할 수 있다.
④ 안테나 주 빔(Main Beam)의 방향을 변화시킬 수 있다.

풀이 ① 어레이 안테나에 수신된 신호 중 원하는 방향에서 진행하는 파에 더 큰 가중치를 준다.

22 무선통신에서 무선채널 또는 안테나 특성에 대한 설명으로 적절하지 않은 것은? '08 국가직 9급

① 송 · 수신기 사이의 거리가 멀어질수록 신호 감쇠(Attenuation)가 커진다.
② 송신하는 전파의 주파수가 낮을수록 신호 감쇠가 커진다.
③ 송 · 수신에 필요한 안테나의 크기가 일반적으로 주파수가 높을수록 작아진다.
④ 송신기 또는 수신기의 이동성이 커질수록 무선채널의 특성은 시간에 따라 빨리 변한다.

풀이 $L_T = \left(\frac{4\pi d}{\lambda}\right)^2 \Rightarrow f\downarrow,\ \lambda\uparrow,\ L_T\downarrow$

23 마이크로파의 지향성을 증가시키기 위한 방법에 해당되지 않는 것은? '07 국가직 9급

① 전자 나팔관(Electromagnetic Horn)을 사용한다.
② 전파렌즈 안테나(Lens Antenna)를 사용한다.
③ 적당한 반사기(Reflector)를 이용한다.
④ 집중 회로(Lumped Circuit)로 구현한다.

풀이 분포정수회로로 구현한다.

24 다음 중 무지향성 안테나는? '11 국가직 9급

① 루프(Loop) 안테나 ② 야기(Yagi) 안테나
③ 파라볼라(Parabola) 안테나 ④ 휩(Whip) 안테나

풀이 ① 루프(Loop) 안테나 ➡ 8자 지향성
② 야기(Yagi) 안테나 ➡ 단일 지향성
③ 파라볼라(Parabola) 안테나 ➡ 단일 지향성

정답 21 ① 22 ② 23 ④ 24 ④

25 송신 안테나의 이득을 G_t, 수신안테나의 이득을 G_a, 송신전력을 W_t[W]라 하면 수신안테나에서 취할 수 있는 최대 전력 W_a[W]는 얼마인가?(단, λ[m]는 사용파장, d[m]는 송신안테나와 수신안테나 사이의 거리이다.)

① $\left(\frac{\lambda}{4\pi d}\right)^2 G_t G_a W_t$　　② $\left(\frac{\lambda}{4\pi d}\right) G_t G_a W_t$

③ $\left(\frac{4\pi d}{\lambda}\right) G_t G_a W_t$　　④ $\left(\frac{4\pi d}{\lambda}\right)^2 G_t G_a W_t$

풀이 $L_T = \left(\frac{4\pi d}{\lambda}\right)^2$

26 와이브로(Wibro) 시스템에 사용되고, MIMO(다중입력 다중 출력) 신호처리 기술과 결합하여 안테나 빔 방사 방향을 컴퓨터 프로그램으로 자유롭게 제어할 수 있는 안테나는?

'11 국가직 9급

① 슬롯 안테나　　② 루프패치 안테나

③ 스마트 안테나　　④ 접시 안테나

풀이 스마트 안테나(Smart Antenna)

- 원하는 가입자가 있는 곳에서는 보강간섭이 일어나도록, 그리고 원치 않는 가입자는 간섭 신호로 상쇄간섭이 일어나도록 함
- 원하는 안테나 빔 패턴을 형성해주는 배열 안테나(공간처리 능력)와 기저대역에서의 디지털 신호처리 기술(신호처리 능력)이 결합된 안테나
- 시간 및 공간 영역에서의 신호처리 기술이 결합된 배열 안테나

27 무선통신에 사용되는 안테나는 주파수 종류에 따라 안테나 종류도 다양한데 이 중 상호 간 맞게 연결된 것은?

① 톱로딩 안테나 – 마이크로파 안테나

② 다이폴 안테나 – 장 · 중파용 안테나

③ 파라볼라 안테나 – 단파 안테나

④ 야기 안테나 – 초단파 안테나

풀이 ① 톱로딩 안테나 – 장 · 중파용 안테나

② 다이폴 안테나 – 단파 안테나

③ 파라볼라 안테나 – 마이크로파 안테나

정답 25 ① 26 ③ 27 ④

28 60[MHz] 전용 3소자 야기 안테나 설계 시 고려해야 될 값으로 틀린 것은?

① 소자 간의 간격 : 2.5[m]
② 반사기의 길이 : 2.6[m]
③ 투사기의 길이 : 2.5[m]
④ 도파기의 길이 : 2.4[m]

풀이 $\frac{\lambda}{4}$ 여야 함 ➡ $\frac{5}{4} = 1.25[\mathrm{m}]$

29 다음 중 위성방송 수신을 위해 사용하는 접시형 반사판 안테나(Parabolic Reflector Antenna)에 대한 설명으로 옳은 것은? '15 국회 9급

① 포물면경의 개구면이 클수록 지향성이 예민해지고 이득이 커진다.
② 안테나 이득은 파장의 제곱에 비례한다.
③ 반사면에 눈이 쌓이면 신호대 잡음비가 높아지므로 눈이 쌓이지 않도록 한다.
④ 수신부의 위치가 포물면경의 초점에서 멀어질수록 수신전력이 커진다.
⑤ 안테나 3[dB] 빔폭이 넓어서 등방성 수신 안테나에 가깝다.

30 극초단파(UHF) 이상에 사용하는 안테나의 종류는? '09 국가직 9급

① 헬리컬(Helical)
② 롬빅(Rhombic)
③ 카세그레인(Cassegrain)
④ 루프(Loop)

풀이 ① 헬리컬(Helical) ➡ 초단파대 안테나
② 롬빅(Rhombic) ➡ 단파대 안테나
④ 루프(Loop) ➡ 장중파대 안테나

31 위성에 장착하는 안테나 중에서 나선 형태로 도선을 감아서 구성하며 UHF 대역에서 사용할 수 있는 안테나는? '18 국회직

① 야기 안테나
② 파라볼라 안테나
③ 혼 안테나
④ 패치 안테나
⑤ 헬리컬 안테나

32 안테나의 종류별 특성에 대한 설명으로 옳은 것은? '08 국가직 9급

① 야기-우다(Yagi Uda) 안테나는 지향성이다.
② 파라볼라(Parabola) 안테나는 무지향성이다.

정답 28 ① 29 ① 30 ③ 31 ⑤ 32 ①

③ 수직접지 안테나는 지향성이다.
④ 루프(Loop) 안테나는 무지향성이다.

풀이 ② 파라볼라(Parabola) 안테나는 지향성이다.
③ 수직접지 안테나는 무지향성이다.
④ 루프(Loop) 안테나는 8자 지향성이다.

33 안테나 어레이(Antenna Array)를 사용하는 스마트 안테나(Smart Antenna)에 대한 설명으로 옳지 않은 것은? '08 국가직 9급

① 어레이 안테나에 수신된 신호에 동일한 가중치를 준다.
② 전파의 보강 간섭, 상쇄 간섭의 원리를 이용한다.
③ 안테나의 지향성을 강화할 수 있다.
④ 안테나 주 빔(Main Beam)의 방향을 변화시킬 수 있다.

풀이 ① 어레이 안테나에 수신된 신호 중 원하는 방향에서 진행하는 파에 더 큰 가중치를 준다.

34 마이크로웨이브(Microwave) 통신의 특징으로 옳은 것은? '19 국가직 9급

① 전파가 전리층의 영향을 받아 감쇠와 왜곡이 심하다.
② 사용 주파수 범위가 넓어 광대역 전송이 가능하다.
③ 1[GHz]~10[GHz]의 주파수 영역에서는 전자기 잡음레벨이 상대적으로 매우 높다.
④ 동작주파수가 높아 고이득, 고지향성 안테나의 구현이 불가능하다.

35 무선통신에서 무선채널 또는 안테나 특성에 대한 설명으로 적절하지 않은 것은? '08 국가직 9급

① 송·수신기 사이의 거리가 멀어질수록 신호 감쇠(Attenuation)가 커진다.
② 송신하는 전파의 주파수가 낮을수록 신호 감쇠가 커진다.
③ 송·수신에 필요한 안테나의 크기가 일반적으로 주파수가 높을수록 작아진다.
④ 송신기 또는 수신기의 이동성이 커질수록 무선채널의 특성은 시간에 따라 빨리 변한다.

풀이 $L_T = \left(\frac{4\pi d}{\lambda}\right)^2 \Rightarrow f\downarrow,\ \lambda\uparrow,\ L_T\downarrow$

정답 33 ① 34 ② 35 ②

36 마이크로파의 지향성을 증가시키기 위한 방법에 해당되지 않는 것은? '07 국가직 9급

① 전자 나팔관(Electromagnetic Horn)을 사용한다.
② 전파렌즈 안테나(Lens Antenna)를 사용한다.
③ 적당한 반사기(Reflector)를 이용한다.
④ 집중 회로(Lumped Circuit)로 구현한다.

풀이 분포정수회로로 구현한다.

37 다음 중 무지향성 안테나는? '11 국가직 9급

① 루프(Loop) 안테나 ② 야기(Yagi) 안테나
③ 파라볼라(Parabola) 안테나 ④ 휩(Whip) 안테나

풀이 ① 루프(Loop) 안테나 ➡ 8자 지향성
② 야기(Yagi) 안테나 ➡ 단일 지향성
③ 파라볼라(Parabola) 안테나 ➡ 단일 지향성

38 와이브로(Wibro) 시스템에 사용되고, MIMO(다중입력 다중 출력) 신호처리 기술과 결합하여 안테나 빔 방사 방향을 컴퓨터 프로그램으로 자유롭게 제어할 수 있는 안테나는? '11 국가직 9급

① 슬롯 안테나 ② 루프패치 안테나
③ 스마트 안테나 ④ 접시 안테나

풀이 스마트 안테나(Smart Antenna)
- 원하는 가입자가 있는 곳에서는 보강간섭이 일어나도록, 그리고 원치 않는 가입자는 간섭 신호로 상쇄간섭이 일어나도록 함
- 원하는 안테나 빔 패턴을 형성해주는 배열 안테나(공간처리 능력)와 기저대역에서의 디지털 신호처리 기술(신호처리 능력)이 결합된 안테나
- 시간 및 공간 영역에서의 신호처리 기술이 결합된 배열 안테나

39 무선통신에 사용되는 안테나는 주파수 종류에 따라 안테나 종류도 다양한데 이 중 상호 간 맞게 연결된 것은?

① 톱로딩 안테나 – 마이크로파 안테나 ② 다이폴 안테나 – 장 · 중파용 안테나
③ 파라볼라 안테나 – 단파 안테나 ④ 야기 안테나 – 초단파 안테나

정답 36 ④ 37 ④ 38 ③ 39 ④

풀이 ① 톱로딩 안테나－장 · 중파용 안테나
② 다이폴 안테나－단파 안테나
③ 파라볼라 안테나－마이크로파 안테나

40 다음 중 위성방송 수신을 위해 사용하는 접시형 반사판 안테나(Parabolic Reflector Antenna)에 대한 설명으로 옳은 것은? '15 국회 9급

① 포물면경의 개구면이 클수록 지향성이 예민해지고 이득이 커진다.
② 안테나 이득은 파장의 제곱에 비례한다.
③ 반사면에 눈이 쌓이면 신호대 잡음비가 높아지므로 눈이 쌓이지 않도록 한다.
④ 수신부의 위치가 포물면경의 초점에서 멀어질수록 수신전력이 커진다.
⑤ 안테나 3[dB] 빔폭이 넓어서 등방성 수신 안테나에 가깝다.

41 다중입출력안테나(MIMO) 통신시스템에 대한 설명으로 옳은 것은? '19 국가직 9급

① 여러 개의 안테나를 사용해 데이터를 여러 경로로 전송한다.
② 공간 다중화 기법에서 복호 가능한 공간 스트림의 최대 개수는 송신기와 수신기 안테나 개수 중 큰 수이다.
③ 다이버시티 기법에서 페이딩의 영향을 증가시킨다.
④ 빔형성 기법에서 수신신호의 전력이 최소가 되도록 전송한다.

42 송신 안테나가 3개, 수신 안테나가 2개인 다중 안테나 시스템에서 얻을 수 있는 최대 다이버시티 이득은? '20 서울시

① 2
② 3
③ 5
④ 6

43 고이득 특성을 가지고 점대점 위성통신을 위해 사용되는 반사경(Reflector) 안테나로 옳은 것은?

① 다이폴(Dipole) 안테나
② 파라볼라(Parabola) 안테나
③ 야기－우다(Yagi－Uda) 안테나
④ 루프(Loop) 안테나

정답 40 ① 41 ① 42 ④ 43 ②

CHAPTER 09 WIRELESS COMMUNICATION ENGINEERING

항행 보조장치

01 다음 항공기 착륙장치 중에서 항공기와 관제소 간의 교신을 통한 착륙방법은 어느 것인가?

① GCA ② TACAN
③ ILS ④ DECCA

풀이 GCA(Ground Control Approach) : 지상진입 관제장치

02 항행 계기 중 GCA의 용도는?

① 고도 측정 ② 항공기 착륙
③ 항공기의 위치 측정 ④ 거리 측정

03 다음 중 로컬라이저에 대한 설명으로 잘못된 것은?

① 활주로의 적당한 연장성을 지시하여 준다.
② 발사 주파수는 초단파를 변조하여 사용한다.
③ 항공기를 활주로 중앙선에 오도록 2개의 전파를 발사한다.
④ 동작 원리는 글라이드 패스와 같으나 주파수만 다르다.

풀이 로컬라이저 : 활주로에 접근하는 항공기에 활주로 중심선을 제공해 주는 지상 시설

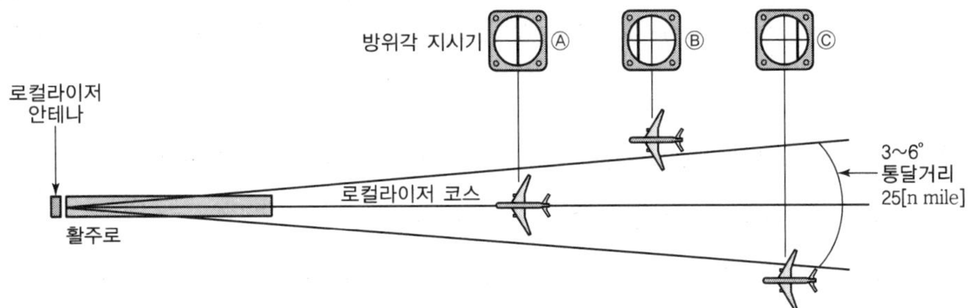

- 로컬라이저 안테나는 주파수 108.1~111.95[MHz] 사용
- 항공기상의 계기에는 지상 송신기에서 나오는 좌우 주파수(90[Hz], 150[Hz])의 변조 성분에 따른 전기장 강도의 차이에 의하여 로컬라이저 지시기가 좌우로 움직이므로, 조종사는 항공기가 활주로 중앙으로부터 좌우로 벗어난 정도를 알 수 있게 된다.

정답 01 ① 02 ② 03 ②

04 다음 중 항공관제 설비가 아닌 것은?

① ADF ② TELERAN
③ GCA ④ ILS

풀이 ① 자동방위 측정기(ADF ; Automatic Direction Finder)
③ 지상진입 관제장치(GCA ; Ground Control Approach)
④ 계기착륙장치(ILS ; Instrument Landing System)

05 글라이드 패스에 사용되는 주파수는?

① 60[Hz]와 90[Hz] ② 60[Hz]와 150[Hz]
③ 90[Hz]와 150[Hz] ④ 90[Hz]와 200[Hz]

풀이 글라이드 슬로프(Glide Slope)는 계기 착륙 중인 항공기가 활주로에 대하여 적절한 각도를 유지하며 하강하도록 수직 방향 유도를 수행한다.

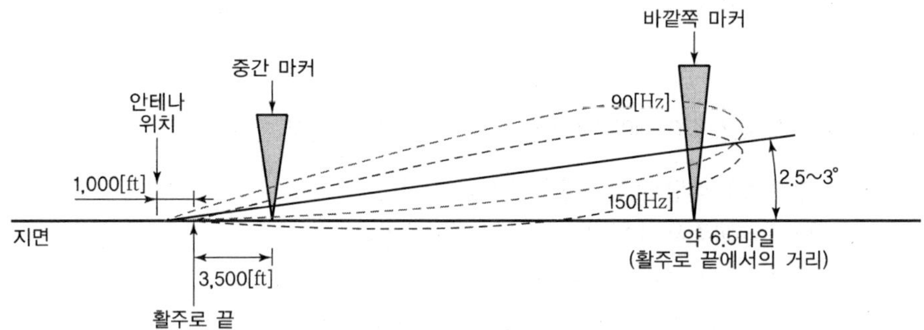

- 송신 주파수는 328.6~335.4[MHz]를 사용한다.
- 글라이드 슬로프 송신기에서 발사되는 전파는 로컬라이저와 같이 강하하는 진로의 아래쪽에는 150[Hz], 위쪽에는 90[Hz]로 변조된 지향성 전파를 발사한다.

06 항공기의 계기 착류 장치(ILS)에 대한 설명 중 옳지 않은 것은?

① 로컬라이저는 진입로 좌우 방향의 기준이 된다.
② 글라이드 패스는 진입로의 수직 방향의 기준이 된다.
③ 마커는 활주로의 끝에서 거리를 표시하는 전자파 표식이다.
④ 홀로그래피는 비행 물체의 속도 측정 시 기준 표식이다.

정답 04 ② 05 ③ 06 ④

07 계기 착륙 방식(ILS)에서 부채 모양의 전파를 방사하여 활주로 상에서 착륙점까지의 거리를 알려주는 것은?

① 로컬라이저　　② 활강로
③ 팬 마커　　④ 수색 레이더

풀이 마커 비컨은 활주로 진입로 상공을 통과하고 있다는 것을 조종사에게 알리기 위한 지상 장치이다. 마커 비컨에 의해 조종사는 활주로 끝으로부터 일정하게 떨어져 있는 지상국의 바로 위를 통과했다는 것을 정확하게 알 수 있다.

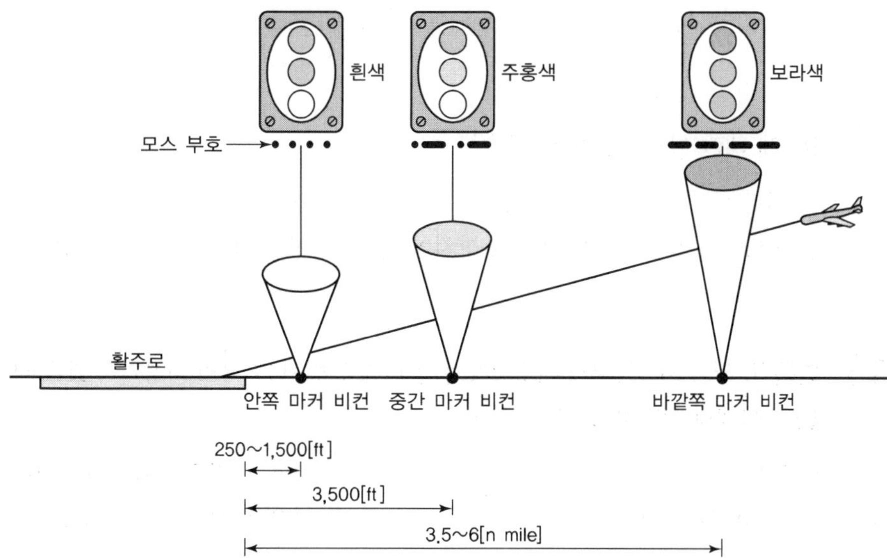

- 마커 비컨 수신기는 75[MHz]의 전파를 수신하여 복조한다.
- 400[Hz], 1,300[Hz], 3,000[Hz]의 가청 주파수 필터를 통하여 각각의 신호를 분리하며, 수신된 톤 주파수로 저주파 증폭기를 통하여 스피커를 울린다.

08 다음 중 계기 착륙 장치(ILS ; Instrument Landing System)의 구성 요소가 아닌 것은?

① TACAN　　② Glide Path
③ Localizer　　④ Marker

09 다음 중 ILS의 로컬라이저에 쓰이는 안테나는?

① 롬빅(Rhombic) 안테나　　② 애드콕(Adcock) 안테나
③ 앨포드(Alford) 안테나　　④ 더블릿(Doublet) 안테나

정답 07 ③ 08 ① 09 ③

10 ILS에서 사용되는 로컬라이저란 무엇인가?

① 비행 코스 유도기
② 활주로의 연장선을 알려주는 기기
③ 비행 · 착륙 보조장치
④ 자동적으로 전파를 발사하는 기기

11 항공기가 강하할 때 수직면 내에서 올바른 코스를 지시해 주는 것은?

① 팬 마커(Fan Marker)
② 글라이스 패스(Glide Path)
③ 로컬라이저
④ PAR

12 ILS에 대한 설명으로 옳은 것은?

① 선박의 항행로 지시장치이다.
② 쌍곡선 항법의 일종이다.
③ 선박에서 상대방의 방위 설정 장치이다.
④ 항공기의 착륙 보조장치이다.

13 다음 중 지상 시설로부터 나오고 있는 전파에 의해서 그 국의 항공기가 왔을 때 항공기의 위치를 지상에서 확인할 수 있는 것은?

① ILS
② 마커 비컨(Marker Beacon)
③ 로란(LORAN)
④ 호밍 비컨(Homing Beacon)

14 항공기가 활주로로 진입 착륙할 때, 계기착륙장치(ILS)가 항공기에 탑재된 계기와 연동해서 안전한 진입 착륙을 돕는 계기가 아닌 것은? '08 국가직 9급

① 라디오 비컨(Radio Beacon)
② 로컬라이저(Localizer)
③ 글라이드 패스(Glide Path)
④ 마커(Marker)

15 글라이드 패스(Glide Path)에 대한 설명으로 옳은 것은? '09 국가직 9급

① UHF대의 전파를 이용한다.
② 90[Hz], 150[Hz] 및 200[Hz]로 변조된 3 전파에 의해 나타나게 된다.
③ 활주로 중심선의 연장면을 나타낸다.
④ 부채꼴 형태의 지향성 전파로 나타낸다.

정답 10 ② 11 ② 12 ④ 13 ② 14 ① 15 ①

16 항공기의 지표면 또는 해면 등 항공기로부터 수직 하향 거리를 측정하는 것은?

① 전파 고도계 ② 레이더 ③ 활강로 ④ 마커(Marker)

풀이 **전파 고도계** : 비행 중인 항공기로부터 지상(地上)에 전파를 발사하여 그 반사파(反射波)가 되돌아오기까지 소요된 시간을 측정하여 고도(高度)를 알아내는 장치

17 항공기에서 VOR과 DME의 두 기능을 구비하여 자국의 방위와 거리를 직독하는 장치는?

① LORAN ② DECCA ③ TACAN ④ OMEGA

풀이 **전술 항공 항법 장치**(Tacan ; Tactical Air Navigation)

전술 항공 항법 장치는 지상국에서 항공기까지의 거리와 방위를 제공하는 전파 항법 장치 중 하나이다. 원래 군용 근거리 항법 장치로 개발되었는데, 거리 측정 부분이 거리 측정장치의 국제표준방식을 택하고 있다. 따라서, 초단파 전방향 무선 표지와 전술 항공 항법 장치 지상국을 같이 설치하여 군용기와 민간 항공기에 방위와 거리 정보를 제공하는 시스템으로 이용하고 있다.

18 VOR 비컨에 사용되는 주파수대는?

① 200～415[MHz] ② 285～325[MHz]
③ 108～118[MHz] ④ 20～85[MHz]

풀이 VOR(VHF Omnidirectional Range)

- 정확한 항공기의 방위각을 알려주는 장치
- 초단파 전방향 무선 표지와 자동착륙장치의 로컬라이저가 같은 주파수 대역인 108～118[MHz]이므로 하나의 안테나에 겸용 수신기를 사용한다.

19 다음 중 VOR에 대한 설명으로 틀린 것은?

① VHF를 사용한다.
② 반송파의 사용 주파수는 108～118[MHz]이다.
③ 지향성 안테나를 사용한다.
④ 모든 방위를 시각식 지시기에 의해서 표시한다.

풀이 **초단파 전방향 무선 표지**(VOR ; VHF Omnidirectional Range)

유효거리 내에 있는 항공기에 지상국에 대한 자방위를 연속적으로 지시해 주기 때문에 정확한 항로를 구할 수 있게 한다. 또한 모든 방향의 신호를 수신해야 하기 때문에 지향성 안테나의 사용은 불가능하다.

정답 16 ① 17 ③ 18 ③ 19 ③

20 전파 방향 탐지기는 다음 중 어느 것을 측정하는가?

① 전파의 방위　　② 전파의 위상차
③ 전파의 시간차　　④ 측정제의 거리 및 위치

21 다음 중 질문 펄스를 발사하고서부터 응답 펄스가 되돌아오기까지의 시간차를 측정함으로써 거리를 측정하는 것은?

① LORAN　　② DECCA　　③ DME　　④ GCA

풀이 거리측정장치(DME ; Distance Measuring Equipment)
960~1,215[MHz]의 주파수 대역을 사용하며, 그림과 같이 항공기의 질문 신호에 대해 지상국에서 응답 신호를 보내 항공기와 거리 측정 지상국 사이의 거리 정보를 제공한다. 거리 측정 장치는 초단파 전방향 무선 표지 시설과 병설되어 VOR/DME로 불리며, 국제 표준으로 규정되어 있다.

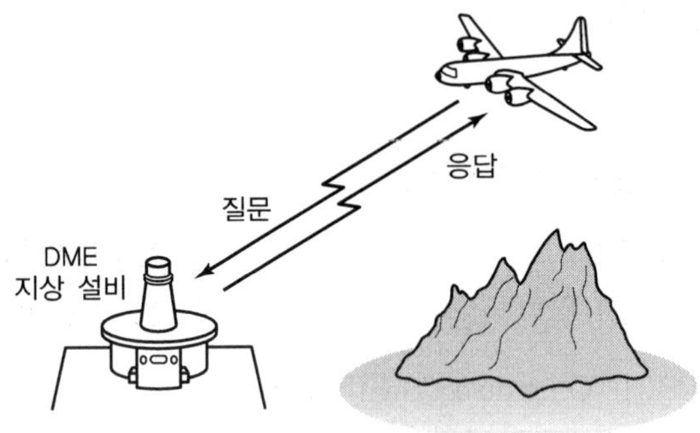

22 항법 기기에서 질문기와 응답기가 함께 구성된 기기는 어느 것인가?

① DME　　② GCA
③ NDB　　④ PAR

23 다음 중 쌍곡선 항법을 이용하지 않는 것은?

① LORAN　　② TACAN
③ Gee　　④ Decca

풀이 쌍곡선 항법
㉠ 미리 위치를 알고 있는 두 송신국으로부터 전파를 수신하고 그 도달시간의 차 또는 위상차를 측정하여 위치를 결정하는 방식의 항법
㉡ 로란(LORAN) 방식, 데카(Decca) 방식

정답 20 ① 21 ③ 22 ① 23 ②

24 로란(LORAN)에 대한 설명으로 틀린 것은?

① 지속파를 사용한다. ② 쌍곡선 항법의 일종이다.
③ 반복 주파수는 200~350[MHz]이다. ④ 유효 구역이 넓다.

풀이 로란(LORAN ; Long Range Navigation) ➡ 펄스파와 도달 시간차 이용
㉠ 쌍곡선 항법의 원리를 이용한 원거리 항법 장치
㉡ A, B 2국에서의 전파의 도달 시간차가 일정한 선이 2개 있으므로 이를 제거하기 위해여 A, B 양국의 송신 펄스를 시간차이가 나도록 보내어 쌍곡선이 1개만 나타나게 한다.
㉢ A국에서 전파를 발사하고 B국은 이 전파를 받고서 일정 시간 후에 전파를 발사한다.
- A국에서 T의 송신펄스를 발사한 후 B국에 도달하는 데 $a[\mu s]$가 소요된다면 B국에서는 다시 이것보다 $[\mu s]$만큼 늦게 펄스를 발사한다.

※ 로란 A : 1,750, 1,850, 1,950[kHz] 등을 사용
로란 B : 주파수대는 A와 같으나 하나의 주국과 2의 종국으로 구성
로란 C : 100[kHz]의 주파수 사용 2,000~6,000[kW]까지 유효하고 정밀도가 높다.

25 전파 항법 중 연속파를 발사한 후 수신 장소에서는 위상차를 이용하여 거리차를 알아내는 것은?

① 데카 방식 ② 로란 방식
③ 레이더 방식 ④ 고도계

26 데카(Decca)에 대한 설명 중 잘못된 것은?

① 그 정점으로부터의 거리의 차가 일정한 점의 궤적이 쌍곡선이 되는 것을 이용한 쌍곡선 항법 장치이다.
② 펄스파를 사용한다.
③ 위치 측정의 확도가 크고 중거리용 항법 장치로서 선박 및 항공기에 이용된다.
④ 로란에 비해 위치의 결정이 정확하다.

풀이 데카 항행 시스템(-航行-, Decca Navigation System) ➡ 연속파 사용, 위상차 이용
㉠ 중심이 되는 주국과 주위에 정삼각형으로 배치된 적, 녹, 자의 명칭을 가진 4국이 한 조를 이루어 데카체인을 형성
㉡ 14.2[kHz]의 정수배 주파수 송신(70~130[kHz])
㉢ 정밀도는 높으나 유효 범위가 좁으며, 유럽에서 주로 사용
㉣ 항공기나 선박 등의 위치 측정과 항행 원조를 하는 쌍곡선 항법 중 하나
㉤ 주국과 하나의 종국의 전파를 수신하여 위상차에서 쌍곡선을 구하고 다른 종국과 주국 간에서도 같은 방법으로 쌍곡선을 구하여 그 교점(交點)에서 위치를 구하는 방법

정답 24 ① 25 ① 26 ②

27 전파의 도래 시간차를 측정하는 방식은?

① 방사상 방식
② 원상 방식
③ 데카(Decca) 방식
④ 로란(LORAN) 방식

28 다음 무선 항행 계기 중의 로란(LORAN)과 데카(Decca)에 관한 설명으로 틀린 것은?

① 로란과 데카는 펄스파를 사용한다.
② 로란은 두 지점에서 발사한 전파의 시간차를 이용한다.
③ 데카는 4지점에서 발사되는 전파의 위상차를 이용한다.
④ 데카에서는 레인 식별방식을 이용한다.

29 다음 설명 중 틀린 것은?

① 고니오미터는 루프 안테나와 애드콕 안테나를 결합해서 사용한다.
② 로란 및 데카는 쌍곡선 항법이다.
③ 데카는 초단파대의 주파수를 이용한다.
④ ILS의 구성 요소에는 글라이드 패스, 로컬라이저, 마커 등이 있다.

풀이 데카의 사용주파수는 70~130[kHz] 정도이다.

30 선박이 A 무선 표지국이 있는 항구에 입항하려고 할 때 전파의 방향, 즉 진북에 대한 α도의 방향을 추적함으로써 A 무선 표지국이 있는 항구에 직선으로 도달하는 것은?

① 로란(LORAN)
② 데카(Decca)
③ 호밍(Homing)
④ 센스 결정(Sence Determination)

풀이 호밍 : 고도를 제외한 다른 항행 파라미터를 일정하게 유지함으로써 목표를 향해 접근해 가는 것

31 전파 방향 탐지기의 고니오미터(Goniometer)에 대한 설명으로 맞는 것은?

① 전파의 도래 방향을 결정하기 위하여 수직 안테나와 루프 안테나를 사용한다.
② 전파 방향을 탐지할 때는 안테나를 회전시킨다.
③ 2개의 루프 안테나를 직각으로 배치하고 내부에 장치된 회전 코일을 움직여 방향을 탐지한다.
④ 2개의 루프 안테나를 회전하여 합성 출력으로 전파 방향을 결정한다.

정답 27 ④ 28 ① 29 ③ 30 ③ 31 ③

풀이 고니오미터(Gonio－Meter) : 안테나 소자를 회전시키지 않고 탐색 코일만 회전시켜도 루프 안테나를 회전시키는 것과 같은 효과를 얻어 전파의 방향을 측정하는 장치이다.

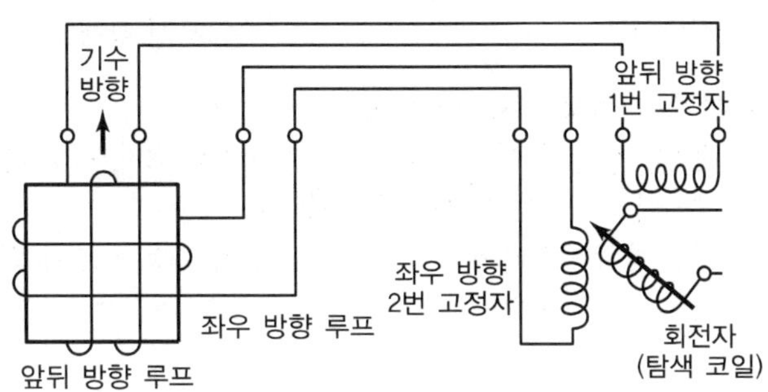

32 고니오미터(Gonio－Meter)는 무엇을 측정할 때 사용하는가?

① 전파의 도래각 ② 대지의 정전용량
③ 방송출력 ④ 상호인덕턴스

33 방향 탐지 전파가 야간이 되면 전리층에서 반사해 오는 공간파에 의해서 최소 감도점을 둔화 또는 불안정하게 하는 오차는?

① 야간 오차 ② 해안선 오차
③ 육상에 설비한 경우의 오차 ④ 방향 탐지기 교정에 의한 오차

풀이 야간오차

㉠ 야간에 전리층 반사파에서 발생하는 편파면의 변화 때문에 발생하는데, 수평편파 성분이 안테나의 수평도선에 유기되어 발생하는 오차
㉡ 개선 : Loop 안테나의 수평도선을 제거(애드콕 안테나)

34 무선항행 보조장치로 사용되는 방향탐지기에 대한 설명으로 옳지 않은 것은?

'12 국가직 9급

① 고니오미터는 전파의 도래각을 측정하는 데 사용된다.
② 야간오차 경감효과를 얻고자 애드콕(Adcock) 안테나를 사용한다.
③ 루프안테나를 사용하는 경우 전후방의 전파도래 방향을 결정하기 어렵다.
④ 공중선 장치는 방향탐지기에 전원을 공급하는 장치이다.

정답 32 ① 33 ① 34 ④

35 무선전파를 이용해 속도, 위치, 거리 등을 알아내는 것을 무엇이라 하는가?

① 무선 측위 ② 무선 탐지
③ 무선 방향탐지 ④ 무선 항행

풀이 무선 측위(Radio－Determination)
㉠ 전파의 전파(傳播) 특성을 이용하여 물체의 위치, 속도 및 기타 특성을 결정하거나 이들 제원에 관련되는 정보를 취득하는 것
㉡ 무선 방위 측정기에 의한 방향이나 위치 측정, 로란에 의한 위치 결정 등을 말한다.

36 전파 항법장치 중 방향 탐지기의 구성으로 가장 적절한 것은? '10 경찰직 9급

① 공중선장치, 송신장치, 수신장치, 전원장치
② 공중선장치, 송신장치, 지시장치, 전원장치
③ 공중선장치, 수신장치, 지시장치, 전원장치
④ 공중선장치, 송수신장치, 지시장치, 전원장치

정답 35 ① 36 ③

CHAPTER

WIRELESS COMMUNICATION ENGINEERING

10 레이더(Radar)

01 다음 중 전파가 반사하는 성질을 이용하고 있는 것은 어느 것인가?

① ADF　② 레이더
③ VOR　④ DME

02 레이더에서 마이크로파(Microwave)를 이용하는 이유가 아닌 것은?

① 분해능(Resolution)을 좋게 할 수 있다.
② 직접파 방식이므로 정확한 거리의 측정이 가능하다.
③ 적은 목표에도 잘 반사한다.
④ 전파의 회절현상을 이용하여 원거리의 목표를 쉽게 측정할 수 있다.

풀이 레이더의 원리
전파의 직진성 · 정속성 · 반사성 등을 이용하여 표적의 방위 · 거리를 측정하는 방식
㉠ 파장이 긴(저주파) 전파를 사용하면 전파의 감쇠가 적고, 먼 곳까지 탐지할 수가 있지만, 정밀하게 측정되지 않아 대상의 해상도는 나빠진다.
㉡ 파장의 짧은(고주파) 전파는 공기 중에 포함되는 수증기, 눈, 비 등에 흡수 또는 반사되기 쉽기 때문에 감쇠가 크고 먼 곳까지 탐지하는 일은 할 수 없지만, 높은 해상도를 얻을 수가 있다.
㉢ 원거리의 목표를 재빨리 발견할 필요성이 있는 것에서는 저주파의 전파를 사용한다.
㉣ 목표의 형태나 크기 등을 정밀하게 측정하는 필요성이 있는 것에서는 고주파의 전파를 사용하는 것이 적합하다.

03 레이더에 펄스를 사용하는 이유는?

① 출력의 능률을 올리기 위하여　② 기계가 간단해져서
③ 원거리 방식이 용이해져서　④ 혼신을 막기 위해서

풀이 레이더 가운데 현재까지 가장 널리 사용하는 형태는 펄스 레이더인데, 이것은 무선 에너지를 매우 강한 펄스의 형태로(펄스 사이의 간격은 비교적 긴) 송신하기 때문에 붙여진 이름이다.

정답 01 ② 02 ④ 03 ①

04 레이더에 이용되지 않는 전파의 성질은?

① 직진성　　② 반사성
③ 정속성　　④ 회절성

풀이 레이더 : 전파의 직진성 · 정속성(定速性) · 반사성 등을 이용한 선박이나 항공기 항법의 총칭

05 레이더에 대한 설명 중 잘못된 것은?

① 전파의 방사에 의하여 생긴 반사파를 수신함으로써 그 대상 목표를 탐지하고 거리 또는 방향을 측정하는 장치이다.
② 목표에서 반사해 온 반사파를 이용하는 레이더를 2차 레이더라고 한다.
③ 레이더는 전파의 송신 및 수신을 같은 장소에서 하고 전파의 직진성 · 정속성 및 반사성을 이용한다.
④ 레이더에는 대부분 펄스파를 사용한다.

06 다음 중 레이더 장치에 의해서 목표물까지의 거리를 결정하는 수단으로 사용되는 파형은?

① 정현파　　② 충격파　　③ 톱니파　　④ 구형파

07 선박용 레이더의 최대 탐지거리를 크게 할 때 옳지 않은 설명은?

① 공중선 이득을 작게 할 것　　② 송신 전력을 크게 할 것
③ 수신기의 감도를 좋게 할 것　　④ 공중선의 파장을 짧게 할 것

풀이 최대 탐지거리(최대 통달 거리, Maximum Range)
㉠ 레이더를 사용할 때 일정한 물체 표적을 탐지할 수 있는 최대 거리의 범위. 레이더의 성능을 나타내는 한 요소이다.
㉡ 목표물을 탐지할 수 있는 최대거리를 말한다.
㉢ 최대 탐지거리에 영향을 주는 요소는 주파수, 첨두 전력, 펄스의 길이, 펄스 반복률, 빔폭, 스캐너의 회전율 및 높이, 기상상태 등이다.

08 Radar의 최대 탐지거리를 크게 하기 위한 조건으로 적합하지 않은 것은?

① 송신 전력을 크게 한다.　　② 수신기 감도를 좋게 한다.
③ 안테나 이득을 크게 한다.　　④ 손실 파장을 크게 한다.

정답 04 ④ 05 ② 06 ② 07 ① 08 ④

09 다음 중 레이더의 최대 탐지 거리를 증대시키는 방법으로 틀린 것은?

① 공중선을 높게 설치한다.
② 이득이 큰 공중선을 사용한다.
③ 수신감도를 증대시킨다.
④ 펄스폭은 될 수 있는 한 적게 한다.

10 레이더의 거리 분해능과 가장 관계가 깊은 것은?

① 빔 폭　　② 안테나 높이
③ TR 관　　④ 펄스 폭

풀이 거리분해능

- 같은 방향에 있는 두 표적 사이의 거리가 너무 가까우면 반사파가 서로 겹쳐져서 두 물체를 분간할 수 없게 된다. 두 표적을 서로 분간할 수 있는 최소 거리를 분해능이라고 한다.
- 같은 거리만큼 떨어져 있는 물체에 대하여 그림 (a)와 같이 송신 펄스폭이 좁으면 반사파에서 두 물체를 서로 구별할 수 있지만, 그림 (b)와 같이 펄스폭이 넓으면 반사파가 겹치므로 구별할 수 없다. 따라서 분해능은 레이더 펄스폭에 따라 결정되며, 펄스폭이 작을수록 분해능이 좋아진다.

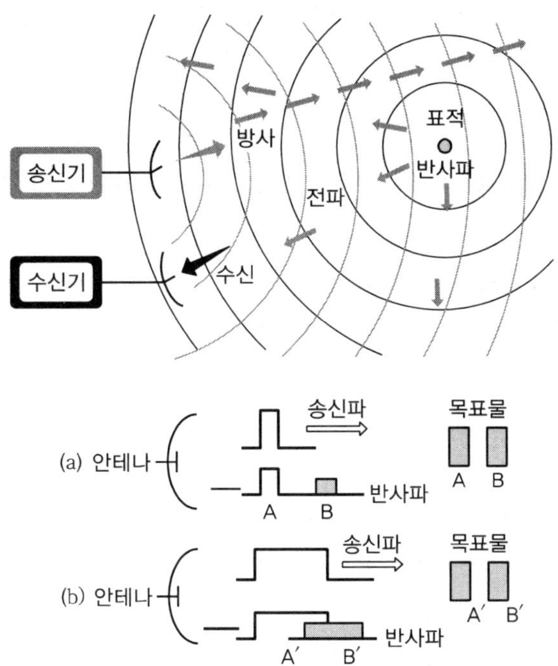

정답 09 ④ 10 ④

11 레이더의 성능 중 동일 거리에 있는 2개의 목표가 얼마만큼 서로 접근하면 하나의 점으로 지시하는가 하는 한계 능력을 무엇이라 하는가?

① 방위 분해능 ② 최소 탐지 거리
③ 거리 분해능 ④ 최대 탐지 거리

풀이
- **최소 탐지거리** : 가까운 거리에 있는 물체를 탐지할 수 있는 최소거리를 말한다. 이것에 영향을 미치는 요소는 펄스폭, 해면반사 및 측엽반사, 수직 빔폭 등이다.
- **방위 분해능** : 동일 거리에 있는 방위가 근접된 두 물체 표적을 식별하는 능력. 보통 그 두 물체 표적의 간격을 각도로 나타내는데, 빔폭이 작으면 방위분해능이 우수해진다.
- **거리 분해능** : 같은 방향에 있는 두 표적 사이의 거리가 너무 가까우면 반사파가 서로 겹쳐져서 두 물체를 분간할 수 없게 된다. 두 표적을 서로 분간할 수 있는 최소 거리를 거리 분해능이라고 한다. 펄스폭이 작으면 거리분해능이 우수해진다.

12 레이더의 성능과 전파에 관한 설명이다. 옳지 않은 것은?

① 발사파와 반사파의 상호 간섭을 없애고 발사 정지 기간 중 반사파가 수신되므로 대부분 펄스파를 사용한다.
② 짧은 펄스를 사용하면 인접 목표 거리 측정 정밀도가 저하된다.
③ 짧은 펄스파를 사용하면 근거리 측정의 정밀도가 향상된다.
④ 파장이 짧을수록 작은 물체에서 반사가 강하다.

13 펄스 레이더에 송·수신시 안테나와 도파관을 공용으로 사용하는 가장 적합한 이유는?

① 동일한 주파수를 사용하기 위해서
② 위상차만 구별하면 되므로
③ 송신하는 시간과 수신하는 시간이 다르므로
④ 전력 효율이 높으므로

풀이 송신하는 시간과 수신하는 시간이 다르므로

14 레이더에서 마이크로파(Micro-Wave)를 이용하는 이유가 아닌 것은?

① 분해능(Resolution)을 좋게 할 수 있다.
② 직접파 방식이므로 정확한 거리의 측정이 가능하다.
③ 적은 목표에도 잘 반사한다.
④ 전파의 회절현상을 이용하여 원거리의 목표를 쉽게 측정할 수 있다.

정답 **11** ① **12** ② **13** ③ **14** ④

15 레이더 안테나의 특징과 관계가 없는 것은?

① 포물면 안테나와 원통형 안테나로 구분된다.
② 안테나에는 전파를 발사하는 혼이 중앙에 있다.
③ 포물 원통형 안테나의 반사기는 포물면으로 구성된다.
④ 반사기의 여러 줄의 가느다란 틈새는 전파를 지향성이 강한 빔으로 만든다.

16 레이더로 같은 방향에 근접한 거리에 있는 두 목표를 식별하기 위해서는 어떤 방법을 사용하는가?

① 전파의 빔 폭을 두 목표 사이의 거리보다 크게 한다.
② 전파의 펄스 폭을 두 목표 사이의 거리보다 작게 한다.
③ 첨예한 빔을 형성하여 두 목표 사이의 거리를 측정한다.
④ 첨예한 빔을 형성하여 두 목표 사이의 방위를 측정한다.

풀이 거리분해능에 대한 질문이다.

17 레이더 전파의 성질 및 성능에 관한 설명 중 잘못된 것은?

① 레이더에 사용되는 전파는 일정한 속도로 진행되어야 한다.
② 전파는 직진성이어야 한다.
③ 파장이 길수록 예민한 빔을 얻기 쉽다.
④ 파장이 짧을수록 작은 물체에서 반사가 강하다.

18 선박용 레이더에 있어서 최대 탐지 거리에 영향을 주는 요소와 거리가 먼 것은?

① 송신기의 출력　　② 지시부의 성능
③ 펄스폭과 반복 주기　　④ 수신기의 감도

19 레이더 시스템에서 전파에 대한 설명 중 옳지 않은 것은? '10 지방직 9급

① 전파의 파장이 짧을수록 지향성이 강하다.
② 전파의 파형은 주로 펄스파를 이용한다.
③ 전파의 회절성과 반사성을 이용한다.
④ 매질의 종류에 따라 전파의 속도가 다르다.

정답 15 ④ 16 ② 17 ③ 18 ② 19 ③

20 일반적으로 레이더 시스템의 수신 감도를 높이기 위해 사용할 수 있는 방법으로 옳지 않은 것은? '10 국가직 9급

① 레이더 시스템의 안테나 이득을 높인다.
② 레이더 시스템의 출력을 높인다.
③ 높은 주파수의 신호를 사용한다.
④ 높은 효율을 갖는 안테나를 사용한다.

21 레이더의 최대 탐지거리를 결정하는 요소로 옳지 않은 것은? '10 국가직 9급

① 레이더 신호의 펄스폭
② 송신전력
③ 목표물의 유효 반사 단면적
④ 안테나의 이득

22 레이더에서 발사된 전파가 목표에 닿으면 전파는 반사된다. 이와 같은 반사파를 수신하는 레이더는?

① 1차 레이더 ② 2차 레이더
③ 차수신용 레이더 ④ 2차 수신용 레이더

풀이
- 1차 레이더(Primary Radar) : 목표물을 향해 발사한 전파의 반사파를 수신하여 목표물의 위치를 측정하는 레이더. 보통 레이더라고 할 경우에는 1차 레이더를 말한다.
- 2차 레이더(Secondary Radar) : 특정 신호를 목표물에 보내고 목표물에서의 응답으로 보내오는 송신 신호를 수신하여 분석한다.

23 원격 계기 장치에서 현재 가장 많이 사용되는 전송 방법에는 어떤 것이 있는가?

① 무선 통신 ② 유선 통신
③ 다중 통신 ④ 비밀 통신

24 레이더 장치에서 송신부의 출력을 안테나로 공급하는 것은?

① 도파관 ② 동축 케이블
③ 평형 2선식 선로 ④ 4선식 선로

정답 20 ③ 21 ① 22 ① 23 ① 24 ①

25 A 스코프는 주로 무엇을 지시하는가?

① 방위각 ② 고도각
③ 거리 ④ 방위각과 거리

풀이 A-Scope 표시 방식(초기의 레이더)
㉠ 세로축에 전파 강도, 가로축에 시간을 표시며, 오실로스코프(Oscilloscope)에서도 동일한 파형을 표시(심전도와 같은 이미지)할 수 있다.
㉡ 강도가 가장 큰 반사파가 돌아오는 시간부터 대상물까지의 거리를 읽는다.
㉢ 레이더 송신기의 방향은 별도로 표시되기 때문에, 다른 방향에 다수의 대상물이 존재하는 경우에는 사용할 수 없다.

26 다음 중 A 스코프의 동작 원리 및 특징에 대한 설명으로 옳지 않은 것은?

① 목표까지의 거리만을 지시한다. ② 목표까지의 고도각을 지시한다.
③ 발사 주파수는 펄스를 사용한다. ④ 1차 레이더의 원리와 같다.

27 레이더에서 가장 널리 사용되는 지시 방식으로 목표까리의 거리와 그 방위를 동시에 읽을 수 있도록 한 것은?

① A 스코프 ② PPI 방식
③ VOR 방식 ④ NDB 방식

풀이 PPI 스코프(Plan Position Indicator Scope)로 불리는 원형의 표시기에 시계 방향으로 회전하는 주사선(안테나가 탐사파를 발사해 반사파를 받고 있을 방향을 나타낸다.)에 의해서 대상물의 이차원상의 소재를 알 수 있다.

28 다음 무선통신방식 중 주파수 대역폭이 가장 넓은 것은?

① 페이징용 FSK통신 ② Cellular 전화
③ AM 방송 ④ TV 방송

풀이 TV 방송이 6[MHz]로 가장 넓다.

정답 25 ③ 26 ② 27 ② 28 ④

29 레이더 장치의 STC 회로는 무엇인가?

① 자동 주파수 제어 장치 ② 비나 눈 등의 영향 제거 장치
③ 자동 이득 제어 장치 ④ 해면 반사의 영향 제거 장치

풀이 STC(Sensitivity Time Control, 해면반사 제어) **회로**
레이더에서 목표물까지의 거리의 원근에 따라 증폭도를 변화시켜 일정한 출력이 되도록 감도를 억제하는 회로
- 이득 자동조정회로 : 선박용 레이더에 있어서 근거리, 특히 해면반사를 억제하기 위하여 이 반사지역으로부터의 반사파가 도달하는 시간에 레이더 수신기의 중간주파수의 이득을 저하시키도록 한 회로

30 FTC 회로의 중요 특징이 아닌 것은?

① 비나 눈에서 반사된 신호를 지시 화면에서 제거시킨다.
② 이 회로를 우설제거회로라고도 한다.
③ 미분 회로를 사용하는 일종의 RC 필터 회로이다.
④ 펄스파를 강하게 발사시키는 회로이다.

풀이 FTC(Fast Time Constant, 소 시상수) **회로**(우설제거회로)
레이더 영상면에 비나 눈에 의한 반사가 나타나 목표물의 선명도가 저하하는 것을 제거하기 위하여 수신부의 제2검파기와 영상증폭기 사이에 넣는 회로

31 선박용 레이더에서 해면 반사의 영향을 적게 하는 해면 반사 억제 회로는?

① FTC(Fast Time Constant) 회로
② AFC(Automatic Frequency Control) 회로
③ DAGC(Delayed Automatic Gain Control) 회로
④ STC(Sensitivity Time Control) 회로

32 레이더 부속회로 중 해면의 파도가 높을 경우에는 해면 반사의 영향을 감소시켜 목표물을 구별할 수 있도록 하는 것은 무엇인가?

① AFC ② STC
③ FTC ④ TR

정답 29 ④ 30 ④ 31 ④ 32 ②

33 다음 중 레이더에서 사용되는 우설제거회로는?

① FTC ② STC
③ VOR ④ PAR

34 레이더 안테나 반사기에 여러 줄의 가느다란 틈새가 있는 이유는?

① 중량 및 풍압을 감소시키기 위하여 ② 발사 주파수와 공진시키기 위하여
③ 빔 전파를 만들기 위하여 ④ 목표에 전파 초점을 만들기 위하여

풀이 바람의 영향을 최소화하기 위해서 사용한다.

35 펄스의 평균 전력을 P_m, 첨두 전력을 P_p, 충격 계수를 D라고 할 때 그 관계식으로 옳은 것은?

① $P_m = \frac{P_p}{D}$ ② $D = \frac{P_m}{P_p}$

③ $P_p = P_m + D$ ④ $P_m = \frac{D}{P_p}$

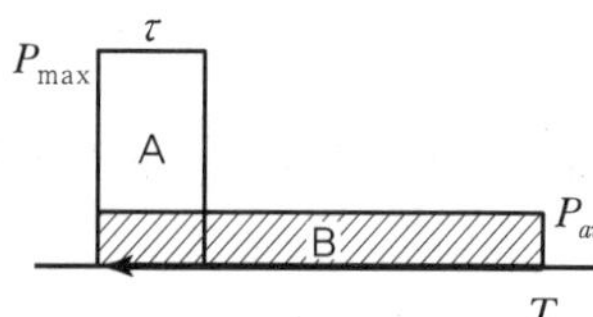

$$A = B$$
$$P_{max} \cdot \tau = P_{av} \cdot T$$
$$D = \frac{\tau}{T} = \frac{P_{av}}{P_{max}}$$

36 첨두(Peak) 전력, 1,000[kW], 평균 전력 1[kW]의 레이더에서 펄스 반복 주파수가 1,000[Hz]일 때 펄스 폭은 얼마인가?

① 0.1[μs] ② 1[μs]
③ 10[μs] ④ 100[μs]

풀이 $D = \frac{P_a}{P_m} = \frac{1}{1,000} = \frac{\tau}{T}$

$T = 1[\mu s]$이므로, 펄스 폭은 1[μs]

정답 33 ① 34 ① 35 ② 36 ②

37 레이더 송신기에서 펄스 폭 0.5[μs], 펄스 반복 주기 500[μs], 첨두 전력 50[kW]인 경우의 평균 전력은 얼마인가?

① 5[W]
② 50[W]
③ 500[W]
④ 5[kW]

풀이 $D=\dfrac{P_a}{P_m}=\dfrac{\tau}{T}=\dfrac{0.5}{500}=\dfrac{1}{1,000}$

$P_m=50$[kW]이므로, $P_a=50$[W]

38 레이더 송신기에서 펄스 폭 0.2[μs], 펄스 반복 주파수 1,000[Hz], 평균 전력 140[W]인 경우의 첨두 전력은?

① 280[kW]
② 600[kW]
③ 700[kW]
④ 1,400[kW]

풀이 $D=\dfrac{P_a}{P_m}=\dfrac{\tau}{T}=\dfrac{0.2}{1,000}=\dfrac{1}{5,000}$

$P_m=50$[kW]이므로, $P_a=700$[kW]

39 첨두(Peak) 전력 350[kW], 평균전력 280[W]의 레이더에서 펄스 반복주파수가 1[kHz]일 때 펄스 폭[μs]은?

① 0.4[μs]
② 0.5[μs]
③ 0.8[μs]
④ 1.0[μs]

풀이 $D=\dfrac{P_a}{P_m}=\dfrac{280[\mathrm{W}]}{350[\mathrm{kW}]}=\dfrac{0.8}{1,000}=\dfrac{\tau}{T}$

$T=1$[ms]이므로, 펄스 폭은 0.8[μs]

40 선박용 레이더로 목표물까지의 거리를 구하는 방법은?(단, 목표물까지의 거리 : s, 전파 도달 시간 : t , 빛의 속도 : c)

① $s=\dfrac{1}{2}(c+t)$
② $s=\dfrac{1}{2}(c\times t)$
③ $s=(c+t)$
④ $s=(c\times t)$

정답 37 ② 38 ③ 39 ③ 40 ②

41 선박용 레이더로서 반사 목표까지의 거리 s를 구하는 식은?

① $s = 3 \times 10^8 \times t$　② $s = \dfrac{3 \times 10^8 \times t}{2}$

③ $s = 3 \times 10^8 \times t^2$　④ $s = \dfrac{3 \times 10^8 \times t^2}{2}$

풀이 $s = \dfrac{1}{2}(c \times t)$

42 레이더(Radar)에서 발사된 전파가 10[μs] 후에 목표물로부터 반사되어 되돌아 왔다. 레이더에서 목표물까지의 거리는?(단, 전파속도 $v = 3 \times 10^8$[m/s])

① 1,500[m]　② 3,000[m]　③ 4,500[m]　④ 6,000[m]

풀이 문제 42번 해설 참조

43 전파가 레이더와 목표 사이를 왕복하는데 소요되는 시간이 2초라면 레이더에서 목표까지의 거리는 몇 [m]인가?

① 3×10^8　② 6×10^8　③ 3×10^{12}　④ 6×10^{12}

44 레이더에서 사용하는 전파의 펄스폭이 0.2[μs]일 때, 탐지할 수 있는 최소 탐지거리는?

① 10[m]　② 20[m]　③ 30[m]　④ 60[m]

풀이 최소 탐지거리도, 전파를 쏜 후에 되돌아오는 시간이 펄스폭보다는 커야 한다.
따라서 펄스폭의 시간이 전파도달시간이라고 계산하면 똑같은 공식으로 가능하다.

45 펄스폭이 0.1[μs]일 때 최소 탐지거리는?

① 0.1[km]　② 15[m]　③ 15[km]　④ 10[m]

46 지표면에서 충격파를 상공을 향하여 발사하였더니 $\dfrac{5}{3}$[ms] 후에 반사파를 수신하였다. 반사층의 높이는?

① 150[km]　② 250[km]　③ 500[km]　④ 750[km]

정답 41 ② 42 ① 43 ① 44 ③ 45 ② 46 ②

47 레이더에서 발사된 펄스 전파가 8[μs] 후에 목표물에서 반사되어 되돌아 왔다. 목표물까지의 거리는?

① 2,400[m] ② 1,200[m]
③ 12,000[m] ④ 600[m]

48 레이더에서 펄스폭이 2[μs]일 때 최소 탐지거리는?

① 3[m] ② 300[m]
③ 2[m] ④ 200[m]

49 레이더에서 발사된 펄스전파가 10[usec] 후에 목표물에 반사되어 돌아올 때, 목표물까지의 거리[m]는? '10 지방직 9급

① 300 ② 600 ③ 1,200 ④ 1,500

50 정지된 물체를 향하여 레이더에서 송출한 신호가 레이더로 다시 오는 데 소요되는 시간이 2[μs]이면, 레이더와 물체 사이의 거리는 몇[m]인가?(단, 전자기파의 속도는 300,000[km/s]이다.) '09 지방직 9급

① 150 ② 300 ③ 450 ④ 600

51 지구국과 위성 사이의 거리가 22,500[km] 떨어져 있을 때, 지구국에서 전파를 발사하여 지구국으로 되돌아올 때까지 걸리는 시간[ms]은?(단, 위성에서의 지연시간은 무시하고, 전파의 속도는 3×10^8[m/s]이다.) '19 국가직 9급

① 100 ② 150 ③ 200 ④ 250

52 위성통신에서 30,000km 상공에 위치한 위성을 향하여 업링크로 신호가 보내진 후에 다운링크로 신호가 되돌아오기까지의 최소 시간 지연은?(단, 빛의 속도는 3×10^8[m/sec]로 계산한다.) '17 국회 통신

① 0.1초 ② 0.2초 ③ 0.5초 ④ 1.0초
⑤ 2.0초

정답 47 ② 48 ② 49 ④ 50 ② 51 ② 52 ②

53 레이더의 거리 분해능(Range Resolution)이 30[m]일 때, 레이더의 펄스 폭[μs]은?(단, 전파의 속도는 300,000[km/s]이다.) '09 국가직 9급

① 2 ② 1
③ 0.1 ④ 0.2

54 레이더에서 발사된 펄스전파가 10[usec] 후에 목표물에 반사되어 돌아올 때, 목표물까지의 거리[m]는? '10 지방직 9급

① 300 ② 600
③ 1,200 ④ 1,500

55 레이더는 전파를 송신한 시간 t_t[s]와 전파가 목표물에서 반사된 반사파를 수신한 시간 t_r[s]을 이용해 목표물의 위치를 추정한다. 이것의 관계가 $t_r = t_t + 4$[s]일 때 레이더 기지와 목표물 사이의 거리[m]는?(단, 전파의 속도는 빛의 속도(3×10^8[m/s])로 한다.)

① 1.5×10^8 ② 3×10^8
③ 6×10^8 ④ 12×10^8

56 그림과 같이 펄스폭이 1[μs]인 신호를 사용하는 레이더를 이용하여 목표물까지의 거리를 측정하고자 한다. 레이더의 송·수신부가 동시에 동작하지 못한다고 가정할 때, 이 레이더의 최소탐지거리[m]는?(단, 전파의 속도는 300,000[km/s]이다.) '12 국가직 9급

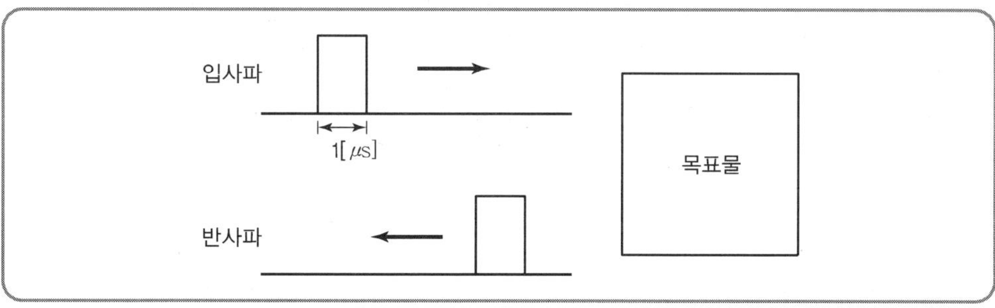

① 150 ② 300
③ 450 ④ 600

정답 53 ④ 54 ④ 55 ③ 56 ①

57 현재 위치에서 목표물까지의 거리를 R이라고 하고, 레이더를 이용하여 목표물까지의 거리를 추정하고자 한다. 레이더에서 보내는 신호를 $s(t)$라고 하면 레이더에서 수신된 신호를 다음과 같이 나타낼 수 있다.

$$r(t) = s(t - \tau_0),\ 0 \le t \le T$$

레이더에서 수신된 신호를 $\Delta = 1$[usec] 시간 간격으로 샘플링하면, $(\tau_0 = n_0 \Delta)$가 되고 수신 신호를 다음과 같은 이산 신호로 나타낼 수 있다.

$$r[n] = s[n - n_0],\ n = 0, 1, 2, \cdots, N-1$$

레이더의 신호 처리 장치를 통해 n_0가 100으로 추정되었다면, 목표물까지의 거리 R[km]은?(단, 전파의 속도는 300,000[km/s]라고 가정한다.)

① 15　　② 30
③ 1,500　　④ 3,000

풀이 전파도달 시간이 $1[\mu s] \times 100 = 100[\mu s]$가 됨을 의미한다.

58 레이더의 송수신 신호가 그림과 같을 때, 표적의 탐지거리[km]와 상대속도[m/s]는?(단, $\tau = 200[\mu s]$, $T = 500[\mu s]$, $f_0 = 1.5$[GHz], $f_d = 3$[kHz], 전파속도는 3×10^8[m/s]이다.)

'15 국가직 9급

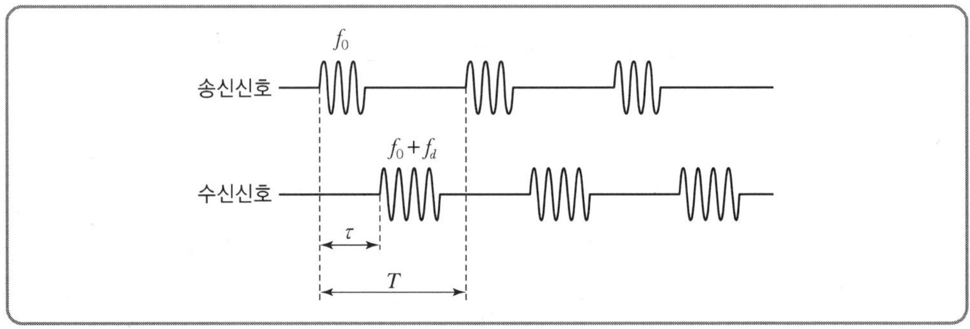

① 60[km], 600[m/s]　　② 60[km], 300[m/s]
③ 30[km], 600[m/s]　　④ 30[km], 300[m/s]

정답 57 ① 58 ④

59 레이더 시스템에서 전파에 대한 설명 중 옳지 않은 것은? '10 지방직 9급

① 전파의 파장이 짧을수록 지향성이 강하다.
② 전파의 파형은 주로 펄스파를 이용한다.
③ 전파의 회절성과 반사성을 이용한다.
④ 매질의 종류에 따라 전파의 속도가 다르다.

60 일반적으로 레이더 시스템의 수신 감도를 높이기 위해 사용할 수 있는 방법으로 옳지 않은 것은? '10 국가직 9급

① 레이더 시스템의 안테나 이득을 높인다.
② 레이더 시스템의 출력을 높인다.
③ 높은 주파수의 신호를 사용한다.
④ 높은 효율을 갖는 안테나를 사용한다.

61 레이더의 최대 탐지거리를 결정하는 요소로 옳지 않은 것은? '10 국가직 9급

① 레이더 신호의 펄스폭
② 송신전력
③ 목표물의 유효 반사 단면적
④ 안테나의 이득

62 레이더에 대한 설명으로 옳지 않은 것은? '16 국가직 9급

① 목표물에서 반사되어온 신호의 전력은 레이더 신호의 파장과 레이더의 단면적에 따라 달라진다.
② 레이더로부터 목표물까지의 방위는 일반적으로 무지향성 안테나를 사용하여 측정한다.
③ 레이더로부터 목표물까지의 거리는 송신신호가 목표물에 도달하고 다시 돌아오는 데 걸리는 시간으로 계산할 수 있다.
④ 레이더 시스템에서는 펄스파와 지속파(Continuous Wave)가 사용될 수 있다.

63 레이더에 대한 설명으로 옳지 않은 것은? '15 국가직 9급

① 전자기파를 방사하고 표적에서 반사된 신호를 감지하여 방향, 위치, 속도 등 표적에 대한 정보를 파악한다.
② RCS(Radar Cross Section)가 클수록 반사된 신호 전력의 양이 많다.
③ 레이더에서 보는 각도가 달라도 안테나로부터 동일 거리에 동일 표적이 있다면 반사된 신호 전력의 양은 동일하다.
④ 표적의 상대운동속도는 반사된 신호의 도플러 천이(Doppler Shift)로 알 수 있다.

정답 59 ③ 60 ③ 61 ① 62 ② 63 ③

64 레이더의 송신기와 수신기가 동일한 위치에 있는 경우, 송신한 신호가 먼 거리에 있는 목표물로부터 반사되어 수신되는 전력은 송신기와 목표물 사이의 거리(R)의 몇 제곱에 반비례하는가?

① 1 ② 2
③ 3 ④ 4

65 10[GHz] 레이더 신호를 송신하여 10[km] 거리에 있는 목표물에서 반사되어온 신호의 전력이 1[nW]이다. 이와 동일한 조건에서 레이더 신호의 주파수를 5[GHz]로 변경하여 송신한 경우, 5[km] 거리에 있는 목표물에서 반사되어온 신호의 전력[nW]은? '16 국가직 9급

① 4 ② 16
③ 32 ④ 64

66 레이더의 구성에서 송신부의 기능에 대한 설명으로 가장 적절한 것은? '10 경찰직 9급

① 트리거 신호 ➡ 펄스 변조 ➡ 자전관 ➡ 도파관
② 트리거 신호 ➡ 진폭 변조 ➡ 자전관 ➡ 도파관
③ 구형파 전압 ➡ 진폭 변조 ➡ 자전관 ➡ 도파관
④ 구형파 전압 ➡ 펄스 변조 ➡ 자전관 ➡ 도파관

67 레이더의 부속 회로에 대한 설명이다. 다음 ( ) 안에 들어갈 내용은 무엇인가? '10 경찰직 9급

> 최대 탐지 거리를 증가시키기 위해서는 수신기의 감도를 크게 해야 한다. 그러나 수신기의 감도를 크게 하면 근거리에서의 반사파의 영향으로 원거리의 목표물을 탐지하지 못하므로 이와 같은 결점을 제거하기 위하여 송신이 끝난 직후는 수신감도를 줄이고 일정 시간이 되면 최대의 감도를 유지시키며 근거리에서의 반사파 영향을 피할 수 있다. 즉, ( )는 해면의 파도, 풍랑 등에 의한 반사의 영향을 경감시키는 해면 반사 억제 회로이다.

① STC(Sensitivity Time Control) 회로
② FTC(Fast Time Constant) 회로
③ DAGC(Delay Automatic Gain Control) 회로
④ AFC(Automatic Frequency Control) 회로

정답 64 ④ 65 ④ 66 ① 67 ①

68 무선채널의 전파 특성에 대한 설명으로 옳은 것만을 고른 것은?

ㄱ. 경로 손실은 주파수가 높아질수록 증가한다.
ㄴ. 페이딩은 수신 신호의 세기가 공간 혹은 시간에 따라 변하는 현상을 말한다.
ㄷ. 무선채널의 전파 특성은 주파수의 영향을 받지 않는다.
ㄹ. 수신단이 움직이지 않을 경우 페이딩은 발생하지 않는다.

① ㄱ, ㄴ
② ㄱ, ㄹ
③ ㄴ, ㄷ
④ ㄷ, ㄹ

69 펄스 레이더 시스템에 대한 설명으로 옳지 않은 것은?

① 펄스 반복 주파수가 작아질수록 최대 탐지 거리가 커진다.
② 듀티 사이클은 펄스 폭이 작을수록 작아진다.
③ 탐지거리의 정확성을 높이기 위해 펄스의 주기는 신호의 왕복시간보다 작아야 한다.
④ 평균 전력과 피크 전력의 관계는 펄스 폭과 펄스 반복 주기에 따라 결정된다.

70 레이더의 성능에 대한 설명으로 옳은 것은? '19 국가직 9급

① 빔의 폭이 좁을수록 방위분해능이 좋아진다.
② 최대 탐지거리를 2배로 하려면 송신전력을 4배로 해야 한다.
③ 유효반사면적이 작을수록 탐지거리가 증가한다.
④ 펄스폭이 넓을수록 거리분해능이 좋아진다.

71 레이더에 대한 설명으로 옳지 않은 것은? '20 국가직

① 표적까지의 거리는 신호가 표적에 도달하고 귀환하는 데 걸린 시간으로 구할 수 있다.
② 표적의 방향은 귀환신호의 도착 각도로 구할 수 있다.
③ 표적의 방향을 찾기 위하여 일반적으로 광대역 지향성 안테나를 사용한다.
④ 표적의 속도는 귀환신호에 발생된 도플러 천이로 구할 수 있다.

정답 68 ① 69 ③ 70 ① 71 ③

72 자유공간에서 동작하는 레이더 시스템의 송신출력이 10[kW]일 때 탐지거리가 2[km]라면, 송신출력을 20[kW]로 증가시킬 경우의 탐지거리[km]는?(단, 레이더 시스템 및 전파 환경은 모두 동일하다.)

① 2　　② $2\times\sqrt{2}$
③ $2\times\sqrt[4]{2}$　　④ 4

73 레이더에서 펄스가 발사된 후 목표물에 반사되어 되돌아오기까지 총 2[ms]의 시간이 소요되었을 때, 레이더에서 목표물까지의 거리[km]는?(단, 레이더 전파의 속도는 3×10^8[m/s]이다.) '22 국가직 무선

① 30　　② 60
③ 300　　④ 600

74 주로 밀리미터파 응용 및 레이더에 사용되는 무선 주파수 대역은? '23 국가직 무선

① EHF(Extremely High Frequency)
② VLF(Very Low Frequency)
③ HF(High Frequency)
④ UHF(Ultra High Frequency)

75 펄스폭이 1[μs]이고 펄스 반복 주파수가 300[Hz]인 펄스 레이더의 거리 분해능[m]은?(단, 전파속도는 3×10^8[m/s]이다.) '23 국가직 무선

① 100　　② 150
③ 200　　④ 250

정답 72 ③ 73 ③ 74 ① 75 ②

CHAPTER 11

WIRELESS COMMUNICATION ENGINEERING

무선기기 보조장치

01 통신용 전원장치의 정류기 효율을 구하는 식을 바르게 설명한 것은?

① $\eta = \dfrac{\text{교류 출력전압의 출력값}}{\text{직류 출력전압의 평균값}} \times 100[\%]$

② $\eta = \dfrac{\text{무부하 시 출력전압}}{\text{부하 시 출력전압}} \times 100[\%]$

③ $\eta = \dfrac{\text{직류 출력전력의 평균값}}{\text{교류 입력전력의 실효값}} \times 100[\%]$

④ $\eta = \dfrac{\text{방전전류} \times \text{방전시간}}{\text{방전전압} \times \text{충전시간}} \times 100[\%]$

02 어떤 정현파 반파정류회로의 전압을 측정하였더니 최고치가 10[V]이었다. 이때의 파고율은 얼마인가?

① 2 ② 7.07 ③ 1.414 ④ 5

풀이 $\text{파고율} = \dfrac{\text{최댓값}}{\text{실효값}} = \dfrac{10[\text{V}]}{\dfrac{10[\text{V}]}{2}} = 2$

03 전원공급설비의 계통에 맞는 것은?

① 여파기 → 정류기 → 전압안정기 → 부하
② 정류기 → 전압안정기 → 여파기 → 부하
③ 전압안정기 → 여파기 → 정류기 → 부하
④ 정류기 → 여파기 → 전압안정기 → 부하

04 단상 반파정류회로에서 순 저항 부하 시의 이론적 최대 정류 능률은?

① 20.3[%] ② 40.6[%]
③ 91.2[%] ④ 60.9[%]

정답 01 ③ 02 ① 03 ④ 04 ②

05 구형파를 반파정류하였을 때 출력전압의 평균치는?

① 최대치의 2배
② 최대치
③ 최대치의 0.707배
④ 최대치의 0.5배

06 브리지 정류기의 특징으로 옳지 않은 것은?

① 큰 전압의 정류에 적합하다.
② 작은 변압기를 사용하기에 적합하다.
③ 첨두역전압이 작다.
④ 레귤레이션(Regulation)이 좋다.

07 다음 정류회로의 명칭은?

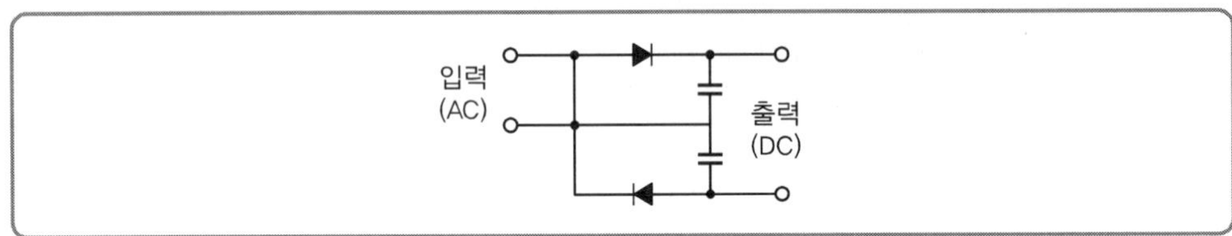

① 전파 정류회로
② 4배압 정류회로
③ 반파 정류배압회로
④ 전파 정류배압회로

08 인가 전압 V를 0에서부터 계속적으로 증대시키면 인가전압 V가 V_{ZD}를 넘은 이후의 현상은?

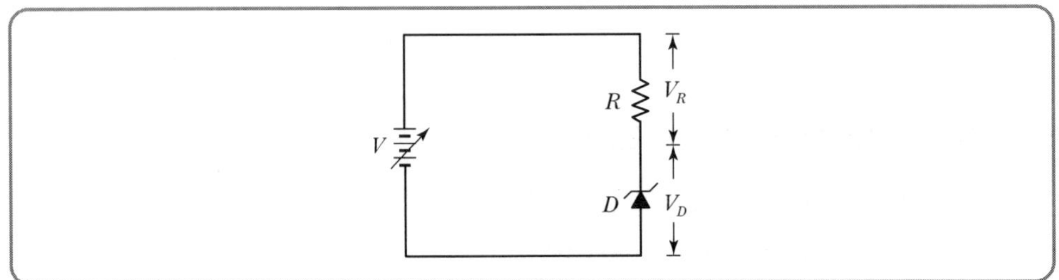

① V_R이 점차 감소된다.
② V_R이 점차 증가된다.
③ V_D가 계속 증가된다.
④ V_R 및 V_D가 변동이 없다.

풀이 V에는 일정한 전압만 걸린다.

정답 05 ④ 06 ④ 07 ④ 08 ②

09 다음 그림은 궤환형 정전압 회로의 기본 구성도이다. 빈칸에 들어갈 내용으로 옳은 것은?

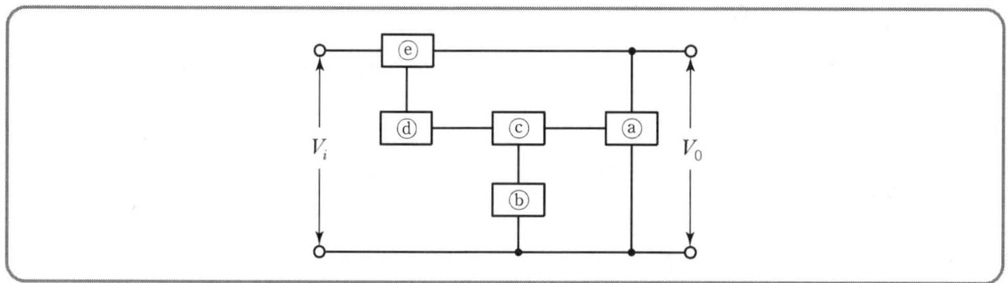

① ⓐ 검출부 ⓑ 제어부 ⓒ 비교부 ⓓ 증폭부 ⓔ 기준부
② ⓐ 검출부 ⓑ 기준부 ⓒ 비교부 ⓓ 증폭부 ⓔ 제어부
③ ⓐ 검출부 ⓑ 기준부 ⓒ 비교부 ⓓ 제어부 ⓔ 증폭부
④ ⓐ 검출부 ⓑ 제어부 ⓒ 비교부 ⓓ 기준부 ⓔ 증폭부

풀이

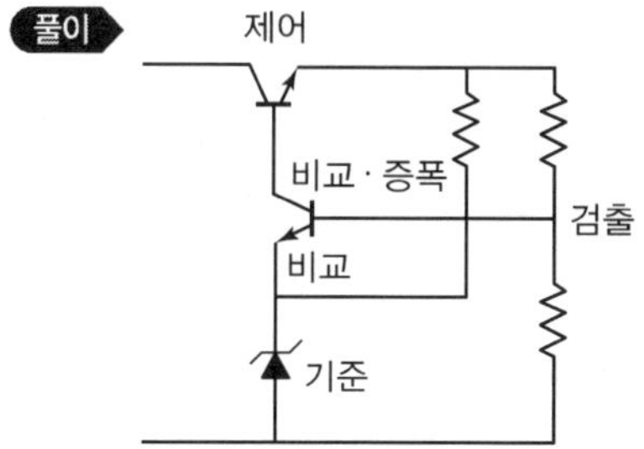

10 그림과 같은 정류회로에서 콘덴서 C_f의 리드가 단선되었을 때 출력전압의 파형은 어떤 상태가 되겠는가?(단, 입력 V_i에는 정현파가 가해진다.)

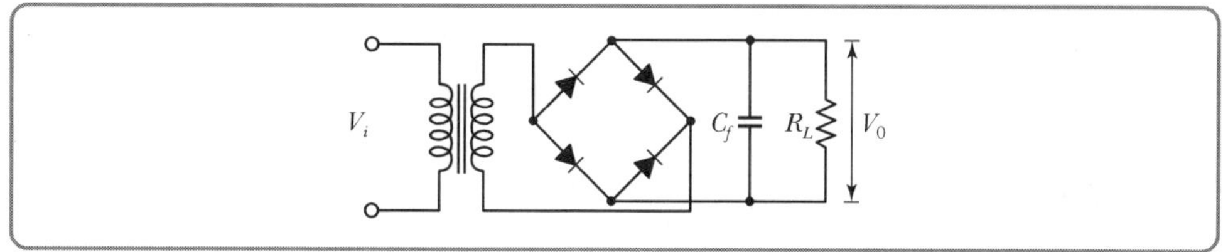

①

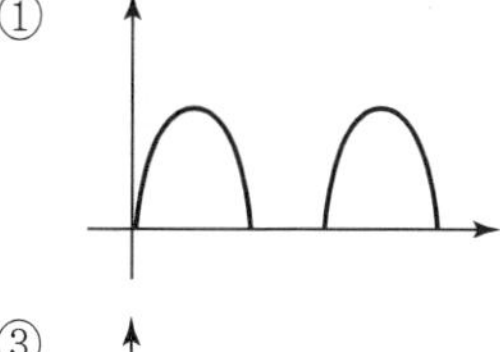

②

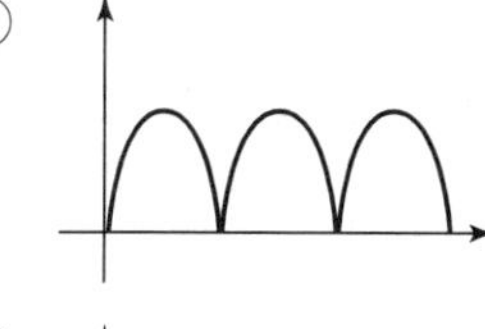

③

④

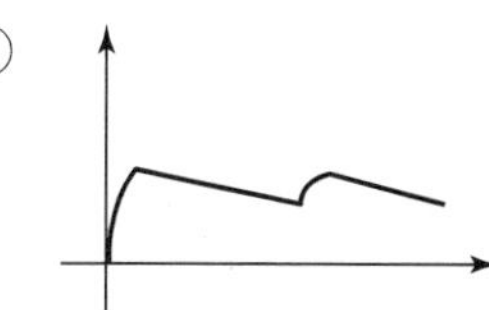

정답 09 ② 10 ②

11 무부하일 때의 전원 전압이 108[V], 부하저항을 연결했을 때 부하 양단의 전압이 90[V]였다면 전압변동 δ는 얼마인가?

① 18.5[%] ② 20[%]
③ 22.5[%] ④ 25[%]

풀이 $\delta = \frac{\text{무부하 시} - \text{부하 시}}{\text{부하 시}} \times 100 = \frac{108-90}{90} \times 100$

12 다음은 정전압 회로의 일례이다. Q_2의 역할은?

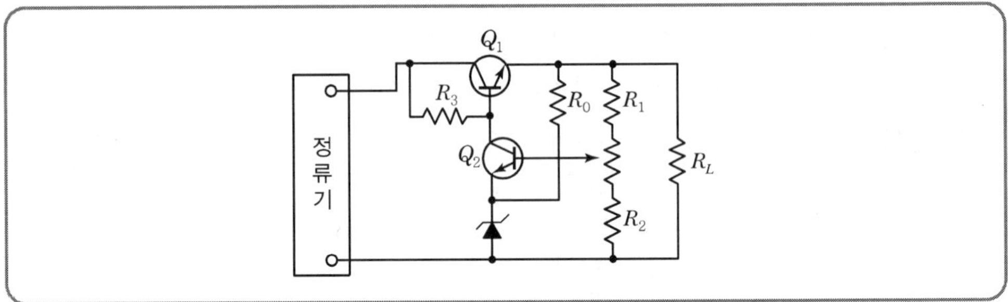

① 제어용 ② 증폭용
③ 비교부용 ④ 기준부용

13 전원회로에서 무부하 시의 전압을 측정하였더니 230[V], 전부하 시는 215[V]였다. 이 때 전압 변동률은 얼마인가?

① 약 13[%] ② 약 14[%]
③ 약 6.5[%] ④ 약 7[%]

풀이 $S = \frac{230-215}{215} \times 100 = \frac{15}{215} \times 100$

14 기본파 진폭이 20[V], 제2, 제3고조파의 진폭이 각각 2[V], 1[V] 되는 고주파 전압의 왜율은 얼마인가?

① 약 8[%] ② 약 11[%]
③ 약 14[%] ④ 약 17[%]

풀이 $D = \frac{\sqrt{2^2+1^2}}{20} = \frac{\sqrt{5}}{20}$

정답 11 ② 12 ② 13 ④ 14 ②

15 어느 전자기기의 기본파의 진폭이 150[V]이고, 제2고조파의 진폭이 10[V], 제3고조파의 진폭이 8[V], 제4고조파의 진폭이 6[V]였다. 왜율은 얼마인가?(단, 측정값은 최댓값이다.)

① 약 5([%])
② 약 10([%])
③ 약 15([%])
④ 약 20([%])

풀이 $D = \dfrac{\sqrt{10^2 + 8^2 + 6^2}}{150}$

16 어느 송신전파의 주파수를 측정하였더니 피측정 기본주파수 값이 40[dB], 제2고조파 성분이 20[dB], 제3고조파 성분도 역시 20[dB]로 측정되었다. 이 신호의 왜율은 얼마인가?

① 10[%]
② 14[%]
③ 24[%]
④ 34[%]

풀이 40[dB]→100, 20[dB]→10

$$D = \frac{\sqrt{10^2 + 10^2}}{100} = \frac{10\sqrt{2}}{100}$$

17 전원 정류기의 부하에 대한 전압 변동률을 측정하였더니 무부하 시 출력전압은 V_O이었고, 부하 시 출력 전압은 V_L이었다. 전압변동률은 얼마인가?

① $\dfrac{V_O - V_L}{V_O} \times 100[\%]$
② $\dfrac{V_O - V_L}{V_L} \times 100[\%]$
③ $\dfrac{V_L - V_O}{V_O} \times 100[\%]$
④ $\dfrac{V_L - V_O}{V_L} \times 100[\%]$

18 Distortion을 측정하는 데 기본주파수 Level을 알아보기 위해 ATT를 －35[dB]로 놓고 출력 전압을 측정하였더니 0.775[V]였다. 제2고조파 성분은 －8[dB]의 감쇠기 위치에서의 출력이 0.775[V]였다. 제2고조파 성분은 몇 [dBm]인가?

① 8[dBm]
② 16[dBm]
③ 27[dBm]
④ 43[dBm]

풀이

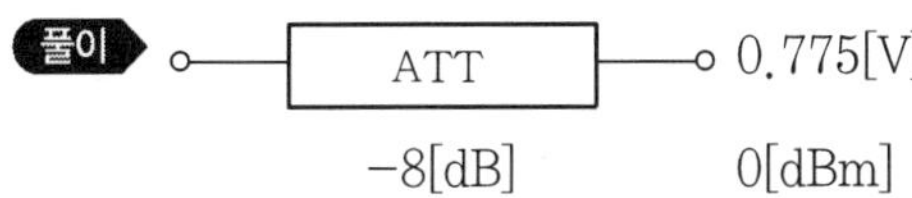

정답 15 ② 16 ② 17 ② 18 ①

19 송신기를 300[Hz]로 변조하여 송신하였을 때 수신기로 수신된 검파 출력에서 300[Hz] 성분이 2[V], 600[Hz] 성분이 0.4[V], 900[Hz] 성분이 0.2[V], 1,200[Hz] 성분이 0.1[V]이었다면 이 송신기의 왜율은 대략 몇 [dB]인가?

① −64[dB]　② −13[dB]
③ −15[dB]　④ −20[dB]

풀이

$$\frac{\sqrt{(0.4)^2+(0.2)^2+(0.1)^2}}{2[\mathrm{V}]}=\frac{\sqrt{0.16+0.04+0.01}}{2}=\frac{\sqrt{0.21}}{2}$$

$$20\log\frac{\sqrt{0.21}}{2}=20\left(\frac{1}{2}\log 21-\frac{1}{2}\log 100-\log 2\right)$$
$$=20(0.65-1-0.3)=-13[\mathrm{dB}]$$

20 다음 중 정류회로의 리플 함유율을 감소시키는 방법으로 부적합한 것은?

① 입력측보다 출력측 평활용 콘덴서 용량을 적게 한다.
② 평활용 초크의 인덕턴스를 크게 한다.
③ 입력 전원의 주파수를 높게 한다.
④ 초크 입력형으로 한다.

풀이 RC↑

21 3상 전파 정류회로를 사용한 회로의 리플전압은 단상 반파 정류회로 때보다 얼마로 감소되는가?(단, 부하조건과 전원평활회로의 조건이 일정할 때)

① $\frac{1}{2}$　② $\frac{1}{4}$　③ $\frac{1}{5}$　④ $\frac{1}{6}$

22 정현파 교류의 정류회로에서 반파정류방식의 리플률(Ripple Factor)은 전파정류방식에 비해 몇 배 정도 증가하는가?

① 약 1.4배　② 약 2배
③ 약 2.5배　④ 약 4배

풀이 반파 리플률(121[%]), 전파(48.2[%])

정답 19 ② 20 ① 21 ④ 22 ③

23 그림은 전원 정류회로의 리플(Ripple) 함유율을 측정하는 회로이다. 저항 R을 조정하여 전류계의 지시가 정격전류가 되었을 때 전압계 V_1과 V_2의 지시값이 120[V] 및 6[V]라면 리플 함유율은 얼마인가?

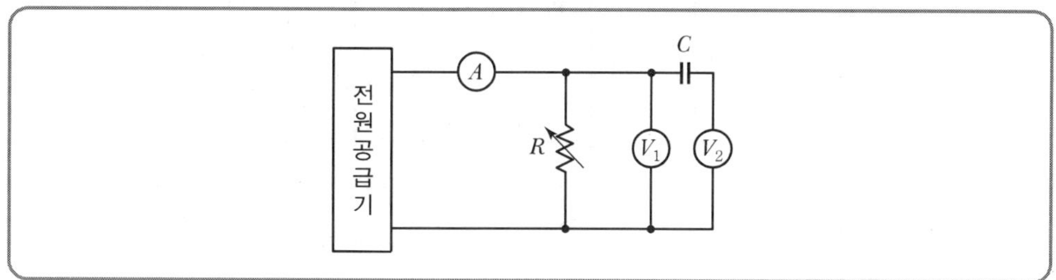

① 2[%] ② 5[%] ③ 8[%] ④ 10[%]

풀이

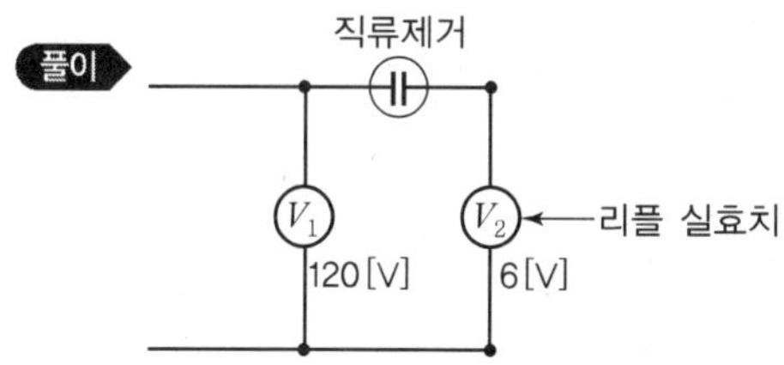

24 정류기의 양부를 비교하는 것 중의 하나인 맥동률의 식은 다음 중 무엇으로 표시되는가?

① $r=\sqrt{\left(\frac{I_{dc}}{I_{rms}}\right)^2-1}$ ② $r=\sqrt{\left(\frac{I_{rms}}{I_{dc}}\right)^2-1}$

③ $r=\frac{I_{rms}}{I_{dc}}-1$ ④ $r=\frac{I_{dc}}{I_{rms}}-1$

25 맥동률이 2[%]일 때 맥동분의 전압이 5[V]였다면 이때의 직류 전압은 얼마인가?

① 100[V] ② 125[V] ③ 250[V] ④ 200[V]

풀이 $r=\frac{V_r}{V_{dc}}=\frac{5}{x}=\frac{2}{100}$

26 정류기의 부하단의 평균전압이 200[V], 맥동률이 2[%]일 때 교류분의 전압은?

① 8[V] ② 6[V] ③ 4[V] ④ 2[V]

풀이 $\frac{x}{200}=\frac{2}{100}$

정답 23 ② 24 ② 25 ③ 26 ③

27 그림과 같은 전원회로에서 $\frac{V_2}{V_1} \times 100\,[\%]$는 무엇을 나타내는 것인가?

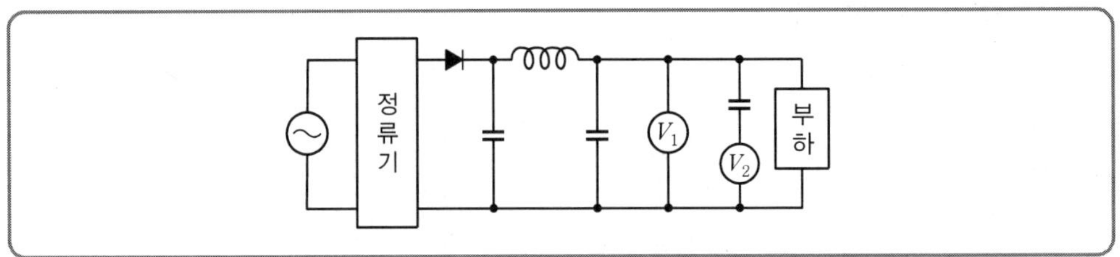

① 전압 변동률
② 리플 함유율
③ 전류 변동률
④ 파형률

28 그림과 같은 정현파 교류입력의 경우 전파정류회로의 맥동률은?

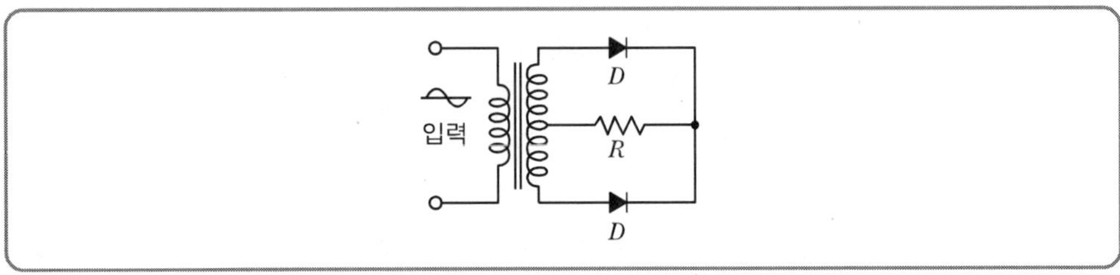

① 1.21
② 0.482
③ 0.406
④ 0.812

29 정류회로에서 다음 그림과 같은 평활회로를 사용했을 때 맥동률을 적게 하는 조건은?

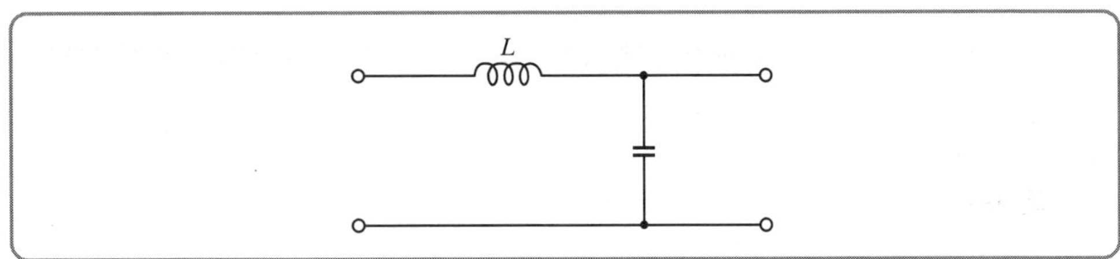

① L과 C를 모두 크게 한다.
② L과 C를 모두 적게 한다.
③ L을 적게 하고 C를 크게 한다.
④ L을 크게 하고 C를 적게 한다.

풀이 시정수$\left(\frac{L}{R} \text{ or } RC\right)$를 증가시키면 된다.

$\therefore$ L, C 모두 증가

정답 27 ② 28 ② 29 ①

30 RC 적분회로에서 $R=1[\text{M}\Omega]$, $C=1[\mu\text{F}]$일 때, 입력전압이 10[V]이고 콘덴서에 충전되는 전압이 6.32[V]가 될 때 소요되는 시간은?

① 1초 ② 2초 ③ 5초 ④ 6.32초

풀이 10[V] → 6.32[V] －시정수
RC＝1[sec]

31 정류기의 평활회로는 다음 중 어느 것을 이용하고 있는가?

① 고역필터 ② 저역필터 ③ 대역통과필터 ④ 대역소거필터

32 정류기에서 맥동성분을 제거하고 직류성분만을 얻기 위해 사용하는 회로는?

① 배전압 정류회로 ② RL 필터회로
③ 축전지 회로 ④ 평활회로

33 축전지에서 AH(암페어시)가 나타내는 것은?

① 축전지의 사용 가능 시간 ② 축전지의 용량
③ 축전지의 충전전류 ④ 축전지의 방전전류

풀이 $Q=it$[C]
[A · sec]
용량이 클 때 : $Q=it$
여기서, t가 초단위가 아니고 시간단위로 사용될 때, [$Q=it$[A · H]] 사용

34 정류회로의 L형 여파기(Filter)에 대한 설명으로 틀린 것은?

① 부하전류의 증가에 따라 맥동률이 감소한다.
② 입력 임피던스는 대략 인덕터의 임피던스 X_L과 같다.
③ 직렬 인덕터와 병렬 커패시터를 조합한 것이다.
④ 인덕터는 고주파에 대하여 높은 임피던스를 갖는다.

풀이

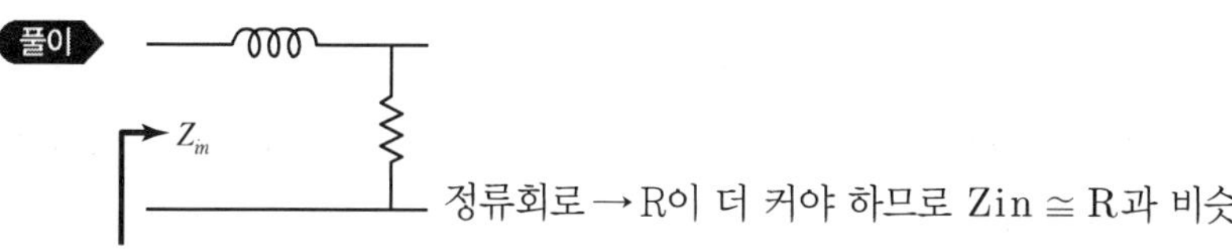
Z_{in}
정류회로 → R이 더 커야 하므로 Zin ≃ R과 비슷

정답 30 ① 31 ② 32 ④ 33 ② 34 ②

35 전파정류회로에서 평활회로 콘덴서 입력형 맥동전압을 나타낸 설명 중 옳은 것은?

① 맥동전압은 부하저항 및 콘덴서 용량 C에 반비례한다.
② 맥동전압은 부하저항에 비례하고 콘덴서 용량 C에 반비례한다.
③ 맥동전압은 콘덴서 용량 C에만 반비례하고 부하저항에는 상관이 없다.
④ 맥동전압은 부하저항 및 콘덴서 용량 C에 비례한다.

36 다음은 각 정류회로의 맥동률을 표시한 것이다. 맞지 않는 것은?(단, 저항부하 시임)

① 단상 반파정류회로 : 1.21
② 단상 전파정류회로 : 0.482
③ 3상 반파정류회로 : 1.23
④ 3상 전파정류회로 : 0.042

37 그림과 같은 무선 송신기의 최종 전력 증폭단을 공중선에 결합하여 최대출력을 얻기 위한 조정 방법으로 잘못 설명된 것은?

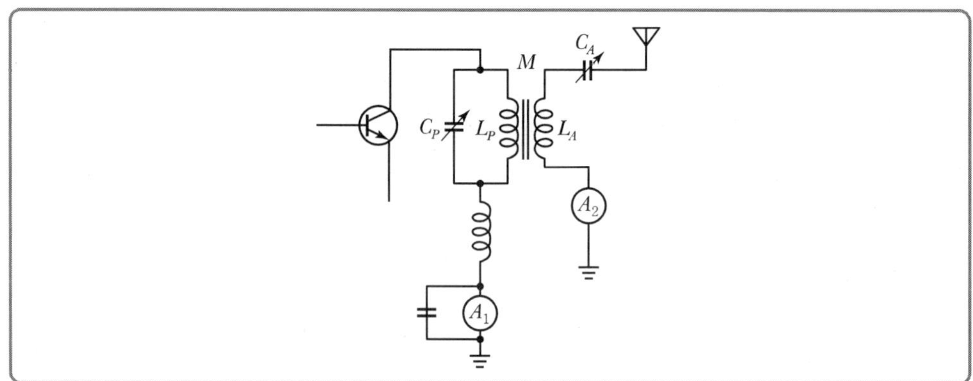

① 먼저 공중선 회로를 끊은 상태로 C_P를 조정하여 A_1이 최대가 되도록 한다.
② 공중선 회로 연결로 C_A를 조정하여 A_2가 최대가 되도록 한다.
③ 다시 재차 Tank회로의 동조를 잡기 위해 C_P를 조정한다.
④ 몇 번 반복해서 C_P, C_A를 조정하여 최대출력을 내도록 한다.

풀이 ㉠ L_P, C_P의 병렬공진회로
→공진 시 $Z=\infty$, I=0
L_P, C_P가 $Z=\infty$이기 때문에 A_1에 흐르는 전류 최소
→트랜스를 통해 최대 전압이 넘어감

㉡ C_A, L_A는 직렬공진, 공진 시 $Z=0$, $I=$최대이므로 C_A를 조절하여 A_2가 최대가 되게 함
→안테나로 최대 전력이 넘어감

정답 35 ① 36 ③ 37 ①

38 오실로스코프(Oscilloscope) 장치와 결합하여 수신기의 중간 주파 특성, 주파수 변별기 또는 광대역 증폭기 등의 특성을 조정하는 데 쓰이는 것은?

① CR 발진기 ② 소인 발진기
③ 음차 발진기 ④ 비이트 발진기

풀이 Sweep : 소인발진기

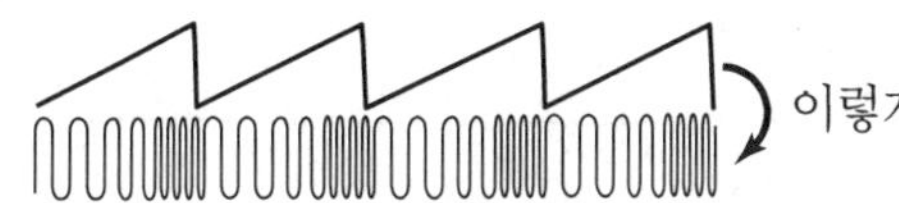

39 다음 그림과 같은 파형이 오실로스코프에 나타났을 때 두 신호의 위상차는?

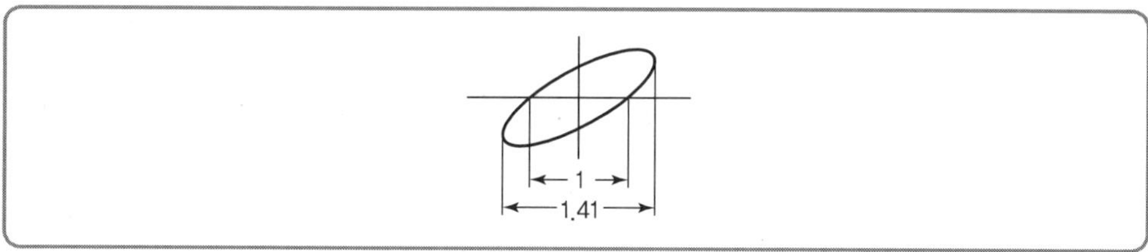

① 동위상 ② 45° ③ 90° ④ 180°

풀이

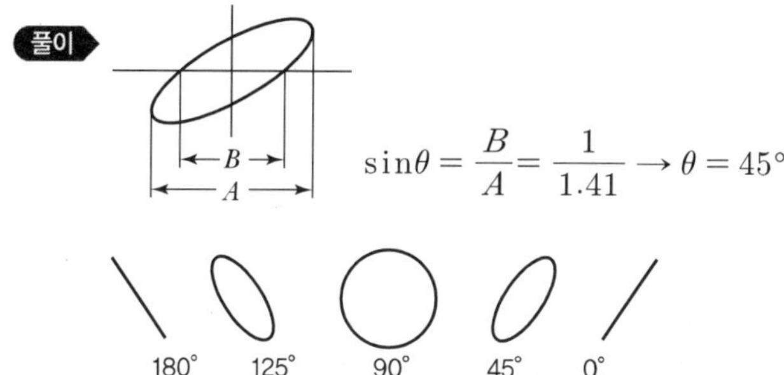

$$\sin\theta = \frac{B}{A} = \frac{1}{1.41} \rightarrow \theta = 45°$$

40 AM파 전압을 이상회로의 저항과 정전용량의 양단에 주어 90° 위상차를 가진 전압을 스코프의 수직 및 수평 측에 인가하였더니 그림과 같은 파형이 나타났다. 이때의 변조도는?

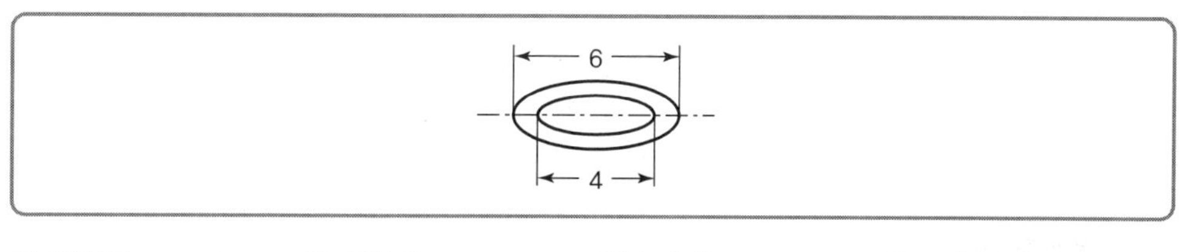

① 20[%] ② 25[%] ③ 30[%] ④ 35[%]

정답 38 ② 39 ② 40 ①

풀이

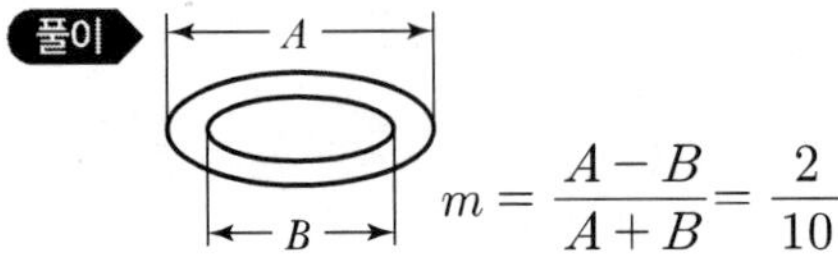

$m = \dfrac{A-B}{A+B} = \dfrac{2}{10}$

41 오실로스코프로 전압을 측정한 결과 그림과 같은 파형을 얻었다. 실효값은 몇 [V]인가?(단, 오실로스코프의 편향감도는 b[mm/V]이다.)

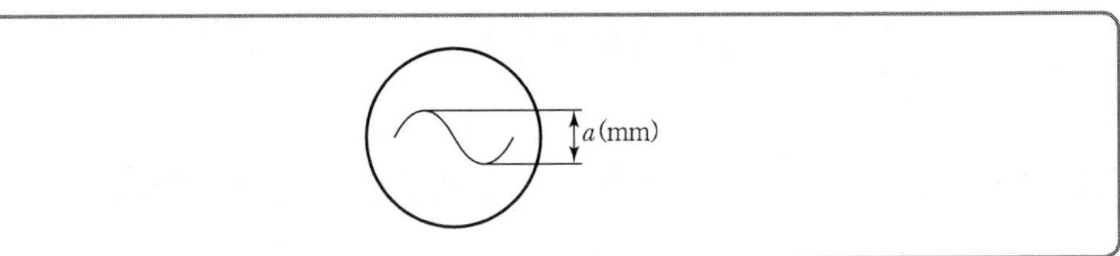

① $E = \dfrac{a}{\sqrt{2}\,b}$
② $E = \dfrac{1}{2\sqrt{2}\,b}$
③ $E = \dfrac{a}{2\sqrt{2}\,b}$
④ $E = \dfrac{a}{\sqrt{2}}$

풀이

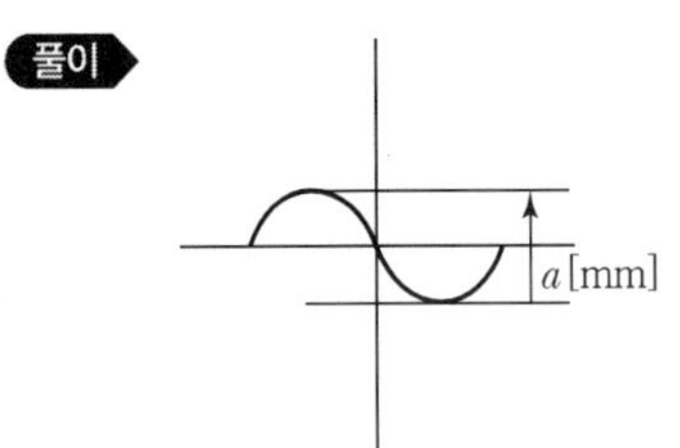

$\dfrac{a}{2}[\text{mm}] \times \dfrac{1}{b[\text{mm/V}]}$

$= \dfrac{a}{2b}[\text{V}] = \text{V}_{max}$

$\text{V}_{rms} = \dfrac{\text{V}_{max}}{\sqrt{2}} = \dfrac{a}{2\sqrt{2}\,b}$

42 진폭변조회로의 출력을 오실로스코프(Oscilloscope)로 측정하였더니 다음 그림과 같았다. $a = 2b$이면 변조율은?

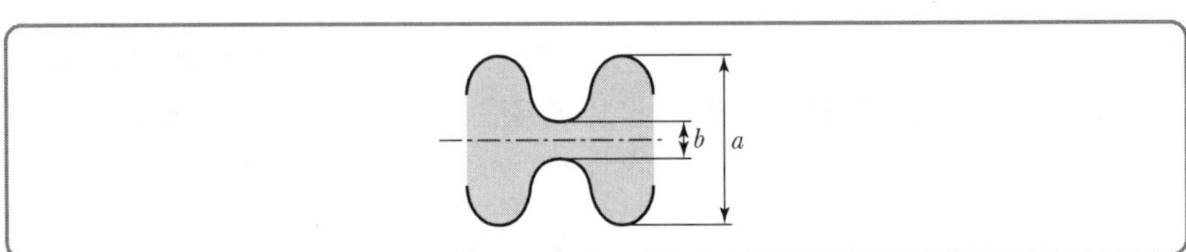

① 80[%] ② 50[%] ③ 33.3[%] ④ 25[%]

풀이 $m = \dfrac{a-b}{a+b} = \dfrac{2b-b}{2b+b} = \dfrac{1}{3}$

정답 41 ② 42 ③

43 피변조 신호를 오실로스코프에 넣었더니 그림과 같은 파형을 얻었다. 다음 설명 중 옳은 것은?

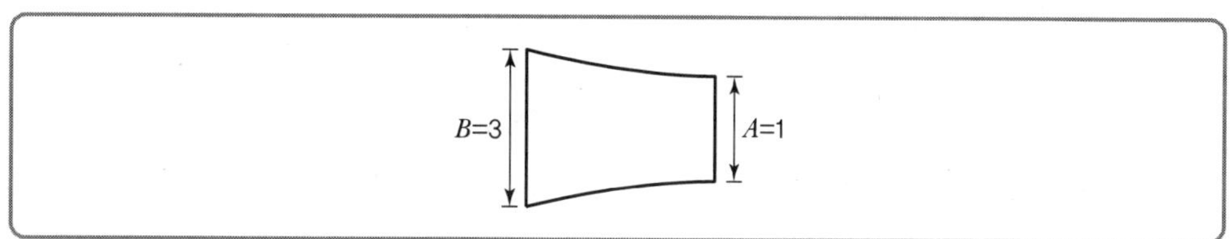

① 50[%]의 의곡을 갖는 과변조
② 50[%]의 의곡을 갖는 부족변조
③ 위상 의곡이 있는 50[%] 변조
④ 진폭 의곡이 있는 50[%] 변조

풀이 $m = \dfrac{B-A}{A+B} = \dfrac{2}{4} \rightarrow 50[\%]$

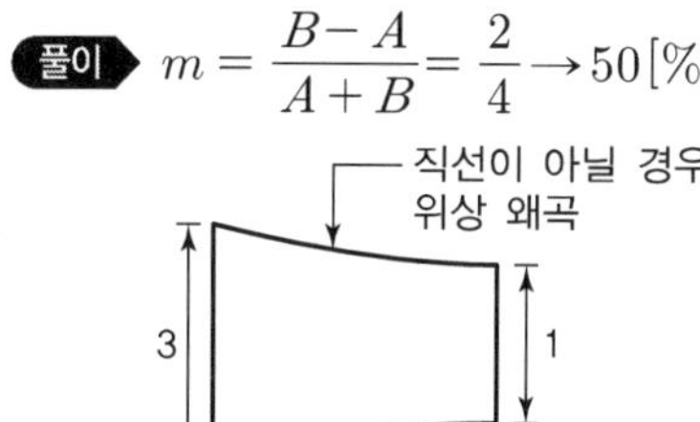

44 Brown관 Oscilloscpe에서 다음과 같은 그림을 얻었다. 이것은 무엇을 측정한 파형인가?

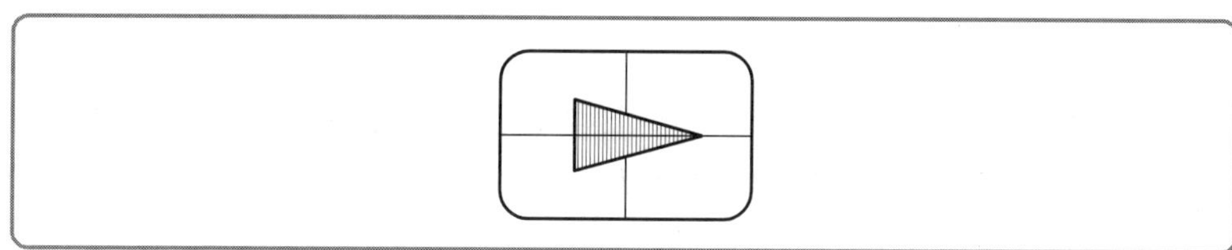

① 진폭 변조파로서 과변조파
② 주파수 f_1과 f_2의 고주파 전압의 합성파
③ 100[%] 위상 변조파
④ 100[%] 진폭 변조파

45 다음 중 AM 송신기의 변조파를 오실로스코프의 수평축 입력에 가하고 피변조파를 수직축 입력에 가했을 때 나타나는 파형은?

①, ③

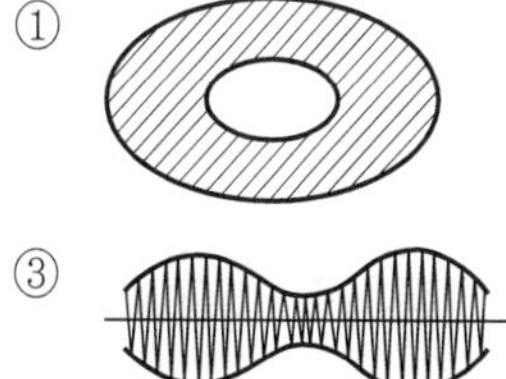

②, ④

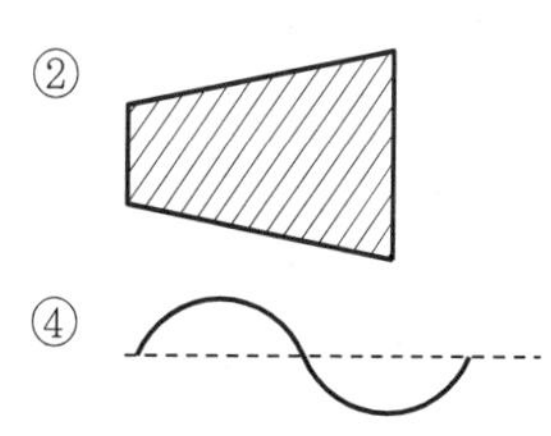

정답 43 ④ 44 ④ 45 ②

46 A의 접지 저항을 측정하기 위하여 그림과 같이 보조접지용 B, C를 세우고 콜라우시(Kohlraush) 브리지로 측정하였더니 R_1은 14[Ω], R_2는 8[Ω], R_3은 10[Ω]이었다. A의 접지 저항은 몇 [Ω]인가?

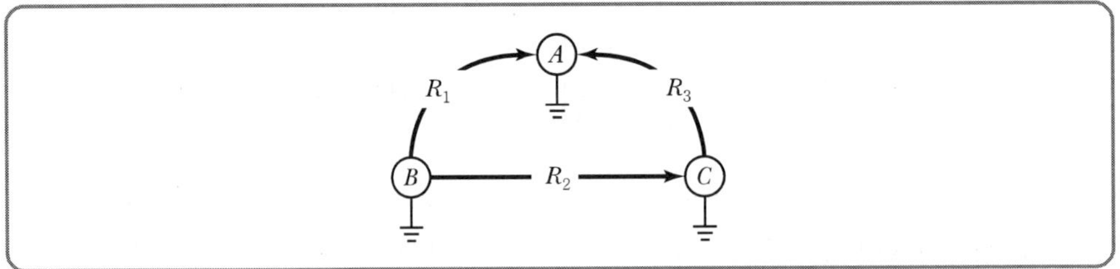

① 8[Ω]　② 10[Ω]
③ 6[Ω]　④ 2[Ω]

풀이

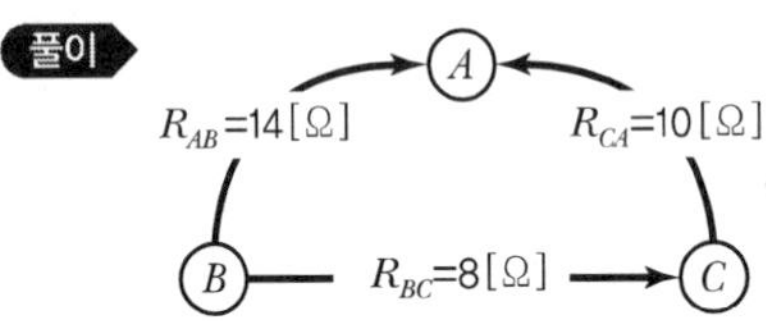

$$R_A = \frac{R_{AB} + R_{AC} - R_{BC}}{2} = \frac{14 + 10 - 8}{2} = 8$$

47 각 10[m]씩 떨어진 A, B, C의 3개소 접지판의 접지저항을 측정하기 위하여 콜라우시 브리지로 측정하였더니 $A-B$ 간의 저항은 12[Ω], $B-C$ 간은 10[Ω], $C-A$ 간은 8[Ω]이었다. A의 접지저항은 다음 중 어느 것인가?

① 15[Ω]　② 5[Ω]
③ 7[Ω]　④ 3[Ω]

풀이 $\frac{12 + 8 - 10}{2} = 5$

48 오실로스코프의 수직축과 수평축 입력에 주파수와 진폭이 같고 위상이 180° 다른 전압을 가했을 때 나타나는 리사주 도형은?

① 사선　② 원
③ 타원　④ 사각형

정답 46 ① 47 ② 48 ①

49 다음 그림에서 부하에서 소비되는 전력(P)은 얼마인가?

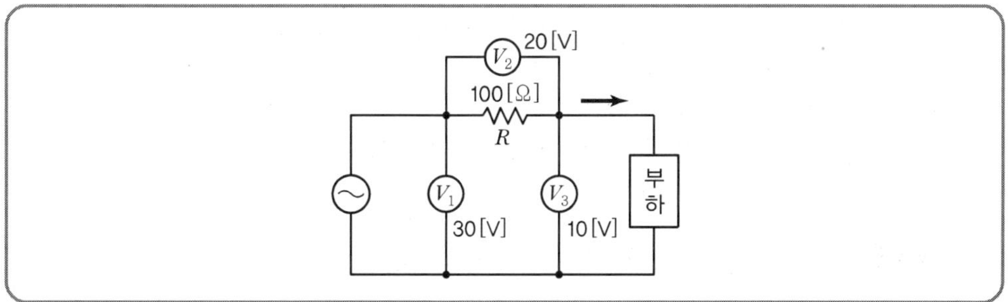

① 1[W] ② 2[W]
③ 3[W] ④ 4[W]

풀이

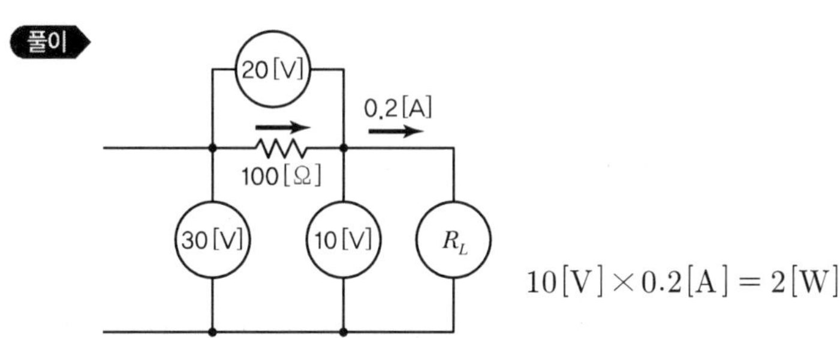

$$10[\mathrm{V}] \times 0.2[\mathrm{A}] = 2[\mathrm{W}]$$

50 2슬롯 TDMA(시분할 다원접속) 방식으로 다음 신호를 전송할 때 변조하기 전 송신되는 신호 형태로 옳은 것은?(단, 가입자 1이 전송하려는 정보 : 아버지, 가입자 2가 전송하려는 정보 : 어머니)

① 아버지어머니 ② 아어버머지니
③ 니어머지버아 ④ 섞이기 때문에 알 수 없다.

풀이 아버지 ┐
어머니 ┘— 아 어 버 머 지 니

51 마이크로 웨이브파의 파장 측정에 적합한 것은?

① 공동 파장계 ② 볼로미터
③ Sweep Generator ④ x−y 레코드

풀이 광의 고유파장에 따라 진동이 발생한다.

정답 49 ② 50 ② 51 ①

52 공동 공진기(Cavity Resonator)에 대한 다음 설명 중 틀린 것은?

① 공진회로에 사용하는 양면이 막힌 $\frac{\lambda}{2}$ 길이의 도파관을 말한다.

② 단락면에서의 전장은 "0"이다.

③ 막힌 면으로부터의 반사에 의하여 공동 내에 발진이 일어나게 된다.

④ 매우 낮은 Q의 값이 얻어진다.

풀이 광의 고유 파장에만 관련된 f가 나오므로 $Q\uparrow$

53 150[MHz] 정도의 전파의 파장을 측정하고자 한다. 레헤르선 길이는 몇 [m] 이상이어야 하는가?

① 2[m] ② 1[m] ③ 0.4[m] ④ 0.1[m]

풀이 150[MHz] → 2[m], 레헤르선 : $\frac{\lambda}{2}$

54 300[MHz] 정도의 전파의 파장을 측정하고자 한다. 레헤르선의 길이는 최소한 몇 [m] 이상이어야 하는가?

① 3 ② 2 ③ 1 ④ 0.5

55 페이딩에 의해 수신 출력이 저하되거나 파형에 일그러짐이 발생된다. 이러한 것을 개선하는 방법으로 적당하지 않은 것은?

① 2개의 수신안테나를 적당한 간격으로 설치

② 여러 주파수를 사용, 송 · 수신하여 선택

③ 고밀도 변조방식 사용

④ 2개의 수신 입력에서 선택

56 정재파비 측정에 있어서 최대 및 최소점의 고주파 전압계의 지시는 10[V]와 5[V]이다. 이때 정재파비는 얼마인가?

① 2 ② 3 ③ 0.5 ④ $\sqrt{2}$

풀이 $\text{VSWR} = \frac{V_{max}}{Vim} = \frac{10}{5}$

정답 52 ④ 53 ② 54 ④ 55 ③ 56 ①

57 어떤 급전선의 전압 반사계수를 측정하여 보니 m이었다. 정재파비는?

① $\frac{1-m}{1+m}$ ② $\frac{1+m}{1+m}$ ③ $\frac{1-m}{1-m}$ ④ $\frac{1+m}{1-m}$

58 300[Ω]의 TV 피더(Feeder)에 75[Ω]의 ANT를 접속하면 전압 정재파비(VSWR)는 얼마인가?

① $\rho = 0.25$ ② $\rho = 4$ ③ $\rho = 8$ ④ $\rho = 10$

풀이 $\text{VSWR} = \frac{300}{75}$ (허수 성분이 없을 때만)

$= 4$

59 급전선의 임피던스가 200[Ω]인 전송선로에 특성 임피던스 75[Ω]인 선을 연결한다면 반사계수와 전압 정재파비는 각각 얼마인가?

① $m = 0.45$, VSWR$=2.6$ ② $m = 0.55$, VSWR$=3.7$
③ $m = 0.65$, VSWR$=4.7$ ④ $m = 0.75$, VSWR$=7$

풀이 $\Gamma = \frac{200-75}{200+75} = \frac{125}{275} = 0.45$

$S = \frac{200}{75} = 2.6$

60 이득이 각각 G_1, G_2, G_3이고, 잡음지수가 각 F_1, F_2, F_3인 3개의 증폭기를 종속 접속하였을 때 종합잡음지수는 얼마인가?

① $F = F_1 + F_2 + F_3$ ② $F = G_1 G_2 G_3 (F_1 + F_2 + F_3)$
③ $F = F_1 + G_1 F_2 + G_2 F_3$ ④ $F = F_1 + \frac{F_2 - 1}{G_1} + \frac{F_3 - 1}{G_1 G_2}$

61 다음 다단증폭기의 종합잡음지수(N)에 관한 설명 중 틀린 것은?

① 무잡음 상태에서 잡음지수 $N = 1$이다. ② 종합잡음지수는 각 단의 잡음을 더한다.
③ 종합잡음지수$=\frac{S_i/N_i}{S_o/N_o}$이다. ④ 보통 종합잡음지수 $N > 1$이다.

정답 57 ④ 58 ② 59 ① 60 ④ 61 ②

62 다음 중 잡음지수에 대한 설명에 적당하지 않은 것은?

① 실제의 증폭기 잡음지수 NF는 1보다 크다.

② 무잡음 이상 증폭기의 잡음지수는 1이다.

③ 잡음지수 NF는 증폭기의 입력 출력단에서 $NF = \frac{S_i / N_i}{S_o / N_o}$ 이다.

④ 다단 증폭기의 종합 잡음지수는 각 단의 잡음 지수의 합이다.

63 다음 회로의 저항 R에 유기되는 전압 V를 구하면?(단, 저항 $R = 50[\Omega]$)

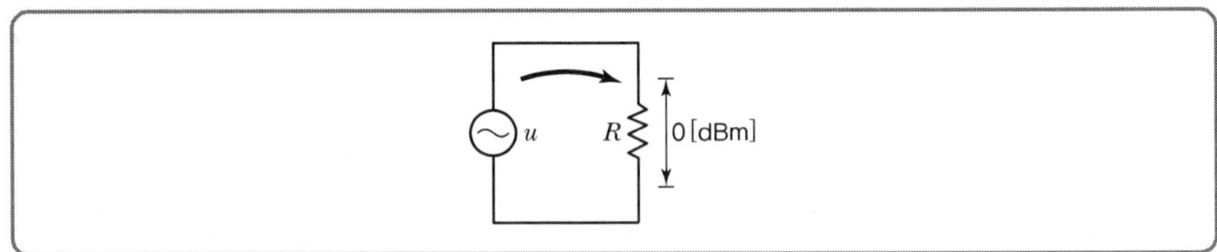

① 2.2[mV] ② 22.4[mV] ③ 223.6[mV] ④ 2,236.0[mV]

풀이 $0[\text{dBm}] \rightarrow V$

$1[\text{mW}] = \frac{V^2}{R}$ $\quad 50[\text{mW}] = V^2 = \sqrt{0.05} = \sqrt{\frac{5}{100}} = \frac{\sqrt{5}}{10}$

$= 0.23[\text{V}]$

$0.23[\text{V}] = 230 \times 10^{-3}$

64 Voltage Regulator 입력 측 Ripple을 RMS Voltmeter로 측정하였더니 100[mV]이었고, 출력 측을 Oscilloscope로 측정하였더니 10[mV]$_{P \cdot P}$이었다. 이 Regulater의 Ripple 감쇠량은?

① 29[dB] ② 25[dB] ③ 20[dB] ④ 10[dB]

풀이 $V_r = 100[\text{mV}]$

$V_{p \cdot p} = 10[\text{mV}]_{p \cdot p} = 5[\text{mV}] \rightarrow \frac{5}{\sqrt{2}} V_{rms}$

$\frac{\frac{5}{\sqrt{2}}}{100} = \frac{1}{20\sqrt{2}}$

$20\log\frac{1}{20\sqrt{2}} = -20\left(\log 20 + \frac{1}{2}\log 2\right)$

$\qquad\qquad 1.3 \quad + \quad 0.15$

정답 62 ④ 63 ③ 64 ①

65 선로의 전송레벨 측정단위에 관한 설명 중 틀린 것은?

① [dB] : 전송량의 이득, 감쇠를 절대레벨로 표시

② [dBm] : 1[mW]를 기준으로 0[dBm]의 절대전력량을 표시

③ $[\text{dB}]=10\log_{10}\dfrac{P_2(\text{수단전력})}{P_1(\text{송단전력})}$

④ [dBm0] : 0 상대레벨점을 기준으로 절대전력량을 표시

풀이 [dB] : 상대레벨

66 2[W]의 신호를 이득이 40[dB]인 시스템을 사용했을 때의 출력이 P_r[W]이다. 1[W]의 신호를 이득이 46[dB]인 시스템을 사용했을 때의 출력은 몇 [W]인가?

① $2P_r$　　② $4P_r$　　③ $6P_r$　　④ $8P_r$

풀이 $40[\text{dB}] = 10^4$배　　$2[\text{W}] \rightarrow 2\times10^4[\text{W}] = P_r$

$46[\text{dB}] = 4\times10^4$배　　$1[\text{W}] \rightarrow 4\times10^4[\text{W}] = \text{P}_\text{r}$

67 아래 그림에서 부하 R에 최대로 전력을 공급하려면 R과 R_S는 어떠한 관계가 있어야 하는가?(단, R_S는 전원 내부저항)

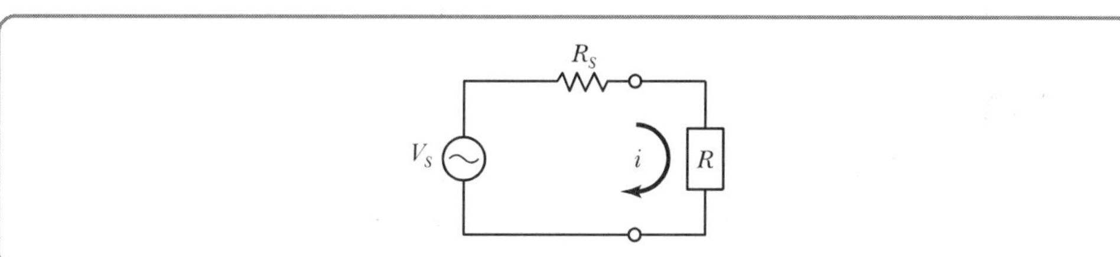

① $R=\frac{1}{2}R_S$　　② $R=R_S$

③ $R=2R_S$　　④ $R=4R_S$

68 실효높이 20[m]인 안테나에 0.1[mV]의 전압이 유기되면 이곳의 전계강도는 얼마인가?

① 5[μV/m]　　② 10[μV/m]

③ 2[μV/m]　　④ 0.1[μV/m]

풀이 $V=E\cdot d \qquad E=\dfrac{V}{d}=\dfrac{0.1[\text{mV}]}{20[\text{m}]}=5[\mu\text{V/m}]$

정답 65 ① 66 ① 67 ② 68 ①

69 어느 지점의 전계강도를 측정하였더니 40[dB]이었다. 실효길이 4[m]의 공중선에 유기되는 전압은 얼마인가?

① 80[μV] ② 400[μV]
③ 600[μV] ④ 200[μV]

풀이 $V = E \cdot d$ 여기서, $E = 40[\text{dB}] = 100[\mu\text{V/m}]$
$= 100 \cdot 4[\text{m}] = 400[\mu\text{V}]$

70 SSG(Standard Signal Generator)의 출력전압 100[μV]를 [dB]로 표시하면?

① 400[dB] ② 80[dB]
③ 40[dB] ④ 20[dB]

풀이 $20\log\frac{100[\mu\text{V}]}{1[\mu\text{V}]} = 40[\text{dB}]$

71 임피던스 정합회로에서 전압은 200[V]이고, 부하저항 R_1이 100[Ω]일 때, 부하에서 소비되는 최대 전력 P_{max}는?

① 10[W] ② 100[W]
③ 1[kW] ④ 10[kW]

풀이

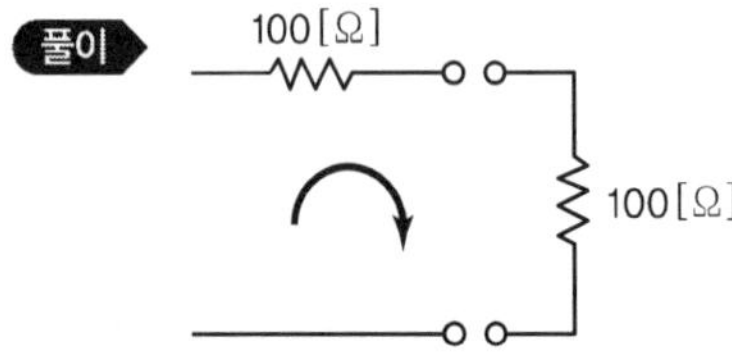

$I = \frac{200[\text{V}]}{200[\Omega]} = 1[\text{A}]$

$P_{max} = 100[\Omega](1[\text{A}])^2 = 100[\text{W}]$

72 절대레벨 표현에 있어서 10[W]의 전력을 [dBm]으로 바꾸면 얼마인가?

① 10[dBm] ② 20[dBm]
③ 30[dBm] ④ 40[dBm]
⑤ 50[dBm]

풀이 $10\log\frac{10[\text{W}]}{1[\text{mW}]} = 40[\text{dBm}]$

정답 69 ② 70 ③ 71 ② 72 ④

73 기전력 2[V], 내부저항 0.1[Ω]인 전지가 100개 있다. 이들을 전부 사용하여 2.5[Ω]의 부하 저항에 최대 전류를 흘리기 위해서는 어떻게 접속해야 되겠는가?

① 50개씩을 직렬 연결한 다음 이 2조를 병렬로 연결한다.
② 25개씩을 직렬 연결한 다음 이 4조를 병렬로 연결한다.
③ 모두 직렬 연결한다.
④ 모두 병렬 연결한다.

풀이 2[V], r = 0.1[Ω] × 100개
$R_L = 2.5[\Omega]$, 최대 전류 → 합성 저항 = R_L
$2.5 = 5 /\!/ 5 = (0.1 \times 50) /\!/ (0.1 \times 50)$

74 기전력 2[V], 내부저항이 0.1[Ω]인 전지가 100개 있다. 이 전지를 전부 사용하여 2.5[Ω]의 부하저항에 최대전류를 흘리기 위한 전지의 접속방법은?

① 100개의 전지를 직렬로 접속
② 50개의 전지를 직렬로 접속한 후 2개조를 병렬로 접속
③ 25개의 전지를 직렬로 접속한 후 4개조를 병렬로 접속
④ 20개의 전지를 직렬로 접속한 후 5개조를 병렬로 접속

75 전력변화장치를 크게 분류하면?

① 인코더(Encoder)와 디코더(Decoder)
② 인버터(Inverter)와 컨버터(Converter)
③ 정류기(Rectifier)와 발전기(Generator)
④ 계전기(Relay)와 발진기(Oscillator)

76 다음 중 안테나 실효 저항의 측정법에 해당되지 않는 것은?

① 저항 변화법　　② 코일 변화법
③ 작도법　　④ 치환법

풀이 ②는 실효 인덕턴스 측정 시 사용하는 측정법이다.

정답 73 ① 74 ② 75 ② 76 ②

PART

12

기출유사 문제

CHAPTER 01 WIRELESS COMMUNICATION ENGINEERING

2009 국가직 9급

01 무선통신의 특징으로 옳지 않은 것은?

① 무선통신을 위해서는 특정 용도에 할당된 전자파 주파수대역을 사용해야 한다.
② 유선통신 방법에 비해 전송 과정에 잡음이 많이 발생한다.
③ 무선통신을 사용하면 유선통신에 비해 주변 통신기기나 전자기기와의 전자파 간섭을 줄일 수 있다.
④ 아날로그 무선통신의 경우 신호는 다른 반송파에 실려 전송된다.

02 펄스 폭이 1[ms]인 구형파(Rectangular Pulse) 신호를 양측파 대 억압반송파(DSB-SC) 진폭변조를 한다고 할 때 변조된 신호의 대역폭[kHz]은?(단, 대역폭은 스펙트럼의 주엽(Mainlobe)의 주파수 범위(Null-to-Null Bandwidth)로 정의한다.)

① 0.5 ② 1
③ 2 ④ 4

03 이동통신시스템에 대한 설명으로 옳지 않은 것은?

① 1세대 이동통신시스템의 하나인 AMPS는 아날로그 통신시스템이다.
② 셀룰러 개념은 주파수 재사용을 통해 시스템 용량을 획기적으로 증가시킬 수 있다.
③ 셀과 셀 간에 핸드오버 기능이 없이도 이동성을 보장할 수 있다.
④ W-CDMA는 3세대 이동통신시스템의 하나이다.

04 수신측에서 아래와 같은 신호를 수신하였다. 사용된 변조 방식은?

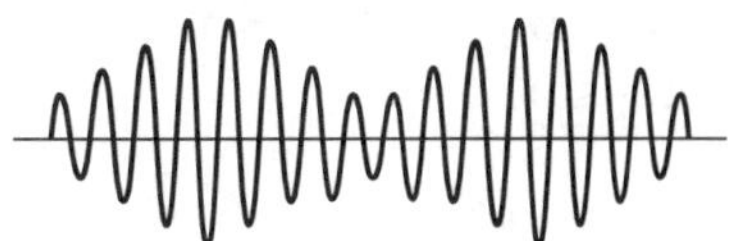

① 주파수 변조 ② 진폭 변조
③ 위상 변조 ④ 펄스 폭 변조

05 AM 라디오 방송에 할당된 주파수가 525[kHz]~1,605[kHz]이다. 혼신을 피하기 위하여 한 방송국의 점유 주파수 대역폭이 9[kHz]일 때, 수용하는 채널수는?

① 120 ② 125
③ 130 ④ 135

06 대역폭이 제한되어 8[kHz] 이상에서 신호 성분이 없는 아날로그 신호를 최소한 얼마의 표본화율[samples/s]로 표본화할 때 수신기에서 이산시간의 표본으로부터 원래의 아날로그 신호를 완벽하게 복원할 수 있는가?

① 4,000 ② 8,000
③ 16,000 ④ 32,000

정답 01 ③ 02 ③ 03 ③ 04 ② 05 ① 06 ③

07 펄스부호변조(PCM)의 구성으로 올바르게 나열한 것은?

① 정보신호－양자화－표본화－부호화－채널
② 정보신호－표본화－부호화－양자화－채널
③ 정보신호－부호화－양자화－표본화－채널
④ 정보신호－표본화－양자화－부호화－채널

08 광대역 무선 채널에서 다중경로 시간 지연확산(Delay Spread)으로 인한 페이딩으로 옳은 것은?

① 느린 페이딩(Slow Fading)
② 주파수 선택적 페이딩(Frequency Selective Fading)
③ 라이시안 페이딩(Rician Fading)
④ 빠른 페이딩(Fast Fading)

09 열잡음(Thermal Noise)에 대한 설명으로 옳은 것은?

① 특정 주파수 대역에서만 분포되어 나타난다.
② 주파수가 높아질수록 열잡음이 커진다.
③ 비연속적이고 비정규적인 펄스나 순간적인 잡음 스파이크이다.
④ 온도가 낮아질수록 열잡음은 작아진다.

10 극초단파(UHF) 이상에 사용하는 안테나의 종류는?

① 헬리컬(Helical)
② 롬빅(Rhombic)
③ 카세그레인(Cassegrain)
④ 루프(Loop)

11 전파가 도달할 수 없는 빌딩의 뒷편에서도 전파가 수신된 현상을 통해 알 수 있는 전파의 특성은?

① 회절성
② 직진성
③ 간섭성
④ 굴절성

12 GPS(Global Positioning System)에 대한 설명으로 옳지 않은 것은?

① NAVSTAR라고 부르는 24개의 위성으로 구성되어 있다.
② 모두 6개의 궤도면에서 위성이 돌고 있다.
③ 위성이 궤도를 도는 주기는 24시간이다.
④ GPS 정확도에 영향을 미치는 요인으로 다중경로 페이딩 및 섀도잉 효과가 있다.

13 사용 궤도별 이동위성시스템의 특징을 설명한 것 중에 옳지 않은 것은?

① GEO(정지궤도위성)는 적도상에 위치하며 지구의 자전주기와 일치하고 전파 지연 시간이 짧다.
② 비정지궤도위성에는 저궤도(LEO), 중궤도(MEO), 타원궤도(HEO) 위성이 있다.
③ LEO(저궤도위성)는 Little LEO와 Big LEO로 구분할 수 있다.
④ LEO(저궤도위성)는 지구와 가까워 이동통신 단말기의 출력을 낮게 해도 통화품질을 상대적으로 높일 수 있다.

정답 07 ④ 08 ② 09 ④ 10 ③ 11 ① 12 ③ 13 ①

14 마이크로파에서 무손실 전송선로의 특성임피던스를 올바르게 나타낸 것은?

① $\sqrt{\frac{L}{C}}$　② $\sqrt{\frac{C}{L}}$
③ $\sqrt{\frac{1}{LC}}$　④ $\sqrt{LC}$

15 무선 네트워크 기술에 관한 설명으로 옳지 않은 것은?

① 초광대역(UWB)기술은 임펄스 라디오 또는 무반송파 무선통신기술이라고 부른다.
② Zigbee는 저전력, 저비용의 장점을 가진 무선통신기술이다.
③ 블루투스는 2.4[MHz] ISM 대역을 사용하는 무선통신기술이다.
④ 전자태그(RFID)는 전원의 공급 여부에 따라 능동형 태그와 수동형 태그로 크게 나눌 수 있다.

16 레이더의 거리분해능(Range Resolution)이 30m일 때, 레이더의 펄스 폭[μs]은?(단, 전파의 속도는 3×10^8[m/s]이다.)

① 2　② 1
③ 0.1　④ 0.2

17 글라이드 패스(Glide Path)에 대한 설명으로 옳은 것은?

① UHF 대의 전파를 이용한다.
② 90[Hz], 150[Hz] 및 200[Hz]로 변조된 3 전파에 의해 나타나게 된다.
③ 활주로의 중심선의 연장면을 나타낸다.
④ 부채꼴 형태의 지향성 전파로 나타낸다.

18 무선통신방식의 종류인 FDMA, TDMA, CDMA의 특징 중 옳지 않은 것은?

① TDMA는 주파수대역과 타임슬롯 수에 의해 용량이 제한되지 않는다.
② FDMA는 음성부호화가 불필요하다.
③ CDMA는 사용자별로 의사잡음부호(PN : Pseudo Noise)를 할당하여 준다.
④ FDMA는 망의 동기화가 필요하지 않다.

19 스펙트럼 확산(Spread Spectrum) 통신의 장점에 대한 설명 중 옳지 않은 것은?

① 재밍(Jamming)에 강하다.
② 사용자마다 고유한 코드를 사용해 암호화함으로 통화비밀을 유지할 수 있다.
③ 페이딩(Fading) 채널 전파환경에서 영향이 적다.
④ TDMA에 비해 정확한 전송시간 조정이 필요하다.

20 국내 주파수 사용 현황의 연결이 옳지 않은 것은?

① 이동전화 - UHF 대역
② FM 방송 - VHF 대역
③ TV 방송 - VHF 대역
④ AM 방송 - HF 대역

정답 14 ① 15 ③ 16 ④ 17 ① 18 ① 19 ④ 20 ④

CHAPTER 02 WIRELESS COMMUNICATION ENGINEERING

2009 지방직 9급

01 이동통신의 전파특성 중 이동체가 송신측으로 빠르게 다가오거나 멀어짐에 따라 수신 신호의 주파수 천이가 발생하는 현상을 무엇이라고 하는가?

① 도플러 효과 ② 심볼간 간섭현상
③ 지연확산 ④ 경로손실

02 대역폭이 5[kHz]인 기저대역 통신 시스템에서 백색 잡음의 양방향 전력 스펙트럼이 10^{-14}[W/Hz]일 경우, 수신단에서 신호 전력이 10^{-9}[W]라고 할 때 수신 신호대 잡음비는?

① 7 ② 10
③ 13 ④ 15

03 100[MHz] 반송파를 10[kHz] 정현파 신호로 광대역 주파수 변조(FM)하여 최대 주파수 편이가 100[kHz]가 되었다. 다음 중 변조된 FM 신호의 가장 근사적인 대역폭의 값은 몇[kHz]인가?

① 10 ② 100
③ 220 ④ 440

04 중간주파수가 455[kHz]인 수퍼헤테로다인 수신기에서 1.8[MHz] 신호를 수신할 때, 영상 주파수는 몇[kHz]인가?

① 550 ② 890
③ 1,240 ④ 2,400

05 반송파 $v_c(t) = 5\sin 4\pi 10^6 t$[V]와 신호파 $v_s(t) = 7\sin 2\pi 10^3 t$[V]를 이용하여 진폭변조(AM)하였을 경우, 최대 진폭 크기[V]와 최대 주파수[kHz]는 각각 얼마인가?

	최대 진폭 크기[V]	최대 주파수[kHz]
①	12	2001
②	12	4002π
③	24	2001
④	24	4002π

06 다음 변조방식 중에서 반송파의 진폭에 정보를 실어서 전송하는 변조 방식만으로 구성된 것은?

- AM
- FM
- ASK
- OOK
- FSK
- PSK
- DPSK
- QAM

① AM, FSK, QAM ② FM, ASK, PSK
③ FM, FSK, DPSK ④ AM, OOK, QAM

07 4[kHz] 대역폭을 가지는 아날로그 음성신호를 표본화와 양자화를 통해 펄스부호변조(Pulse Coded-Modulation)를 수행하려고 한다. 각 표본 당 4비트의 양자화를 한 펄스부호변조된 신호를 아날로그 음성신호로 완벽하게 복원시키기 위하여, 1초당 필요한 최소의 비트 수는 몇 [bit]인가?

정답 01 ① 02 ② 03 ③ 04 ② 05 ① 06 ④ 07 ③

① 8,000 ② 16,000
③ 32,000 ④ 64,000

08 256－QAM 변조방식을 사용하여 512[Kbps]로 데이터를 전송할 경우, 심볼률은 몇 [Ksps]인가?

① 32 ② 64
③ 256 ④ 512

09 다음 설명 중에서 옳지 않은 것은?

① 전송선로의 특성 임피던스는 전송선로의 물리적 크기에 의해 결정된다.
② 전자기파에서 자계가 지표면과 수평하게 분포하는 경우 수직 편파의 특성을 갖는다.
③ 안테나 지향성은 빔폭에 의해 결정된다.
④ 전송선로와 부하 사이에 임피던스 정합이 이루어진 경우 정재파비는 무한대와 같다.

10 야기(Yagi) 안테나의 복사 방향으로 옳은 것은?

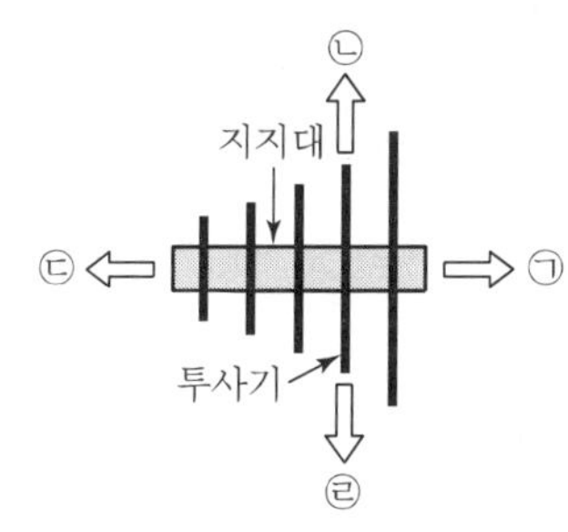

① ㉠ ② ㉡
③ ㉢ ④ ㉣

11 방사저항이 90[Ω]이고 손실저항이 10[Ω]인 안테나의 공급전력이 100[W]일 때, 안테나의 방사 전력은 몇 [W]인가?

① 50 ② 70
③ 90 ④ 100

12 전송 주파수가 450[MHz]인 저궤도 위성이 10,000[m/s] 속도로 지구국에 근접한다고 가정할 때, 도플러 편이 주파수는 몇[Hz]인가?(단, 전자기파의 속도는 300,000[Km/s]이다.)

① 5,000 ② 6,500
③ 15,000 ④ 25,000

13 2[GHz] 마이크로파 신호가 자유공간에서 3[cm] 진행하였을 때, 두 지점 사이의 위상차는?(단, 전자기파의 속도는 300,000[Km/s]이다.)

① 18° ② 36°
③ 54° ④ 72°

14 다음 중 위성통신에 대한 설명으로 옳지 않은 것은?

① 전파를 반사(수동위성) 또는 증폭(능동위성) 중계하는 무선통신이다.
② 위성통신 시스템은 위성 부분, 지상관제 부분, 지구국 부분으로 구성된다.
③ 정지위성은 적도상공 약 35,860[km] 높이에서 실제로 정지해 있는 위성을 말한다.
④ 위성방송의 경우 지형이나 고층빌딩의 영향을 적게 받으므로 방송 품질이 우수하다.

정답 08 ② 09 ④ 10 ③ 11 ③ 12 ③ 13 ④ 14 ③

15 마이크로파 통신에 사용되는 도파관을 설명한 것으로 옳지 않은 것은?

① 도파관은 저역통과 필터로 동작하여 차단 주파수보다 낮은 신호를 통과시킨다.
② 도파관은 고역통과 필터로 동작하여 차단 주파수보다 높은 신호를 통과시킨다.
③ TE 모드에서는 모든 전계가 신호의 전달 방향과 수직이다.
④ TM 모드에서는 모든 자계가 신호의 전달 방향과 수직이다.

16 송신 전력이 10[dB], 송신 안테나 이득이 −1[dB], 수신 안테나 이득이 −2[dB], 자유공간 손실이 3[dB]인 경우, 수신 전력은 몇[dB]인가?

① 4 ② 5
③ 6 ④ 7

17 OSI 참고모델의 7개 계층을 상위에서부터 하위까지 순서대로 바르게 나열한 것은?

① 응용−표현−세션−전달−네트워크−데이터링크제어−물리
② 응용−세션−표현−전달−네트워크−데이터링크제어−물리
③ 응용−표현−전달−세션−네트워크−데이터링크제어−물리
④ 응용−표현−세션−네트워크−전달−데이터링크제어−물리

18 WCDMA 방식에 대한 설명으로 옳은 것은?

① 주파수 간격은 1.25[MHz]이다.
② GPS로 기지국간 시간 동기를 맞추어 전송한다.
③ 서로 다른 코드로 기지국을 구분한다.
④ 칩 전송속도는 1.2288[Mcps]이다.

19 광통신에 대한 설명으로 옳지 않은 것은?

① 동 케이블보다 광 케이블에서 거리에 따른 에너지 감쇠가 적다.
② 광섬유에서 클래딩의 굴절률이 코어의 굴절률보다 높다.
③ 광섬유에 입사되는 입사각이 임계각보다 크면 광선은 굴절되지 않고 같은 매질내로 전반사된다.
④ 광 통신시스템에서 사용하는 광원은 LED와 레이저이다.

20 정지된 물체를 향하여 레이더에서 송출한 신호가 레이더로 다시 오는 데 걸리는 시간이 2[μs]이면, 레이더와 물체 사이의 거리는 몇 [m]인가?(단, 전자기파의 속도는 300,000[km/s]이다.)

① 150 ② 300
③ 450 ④ 600

정답 15 ① 16 ① 17 ① 18 ③ 19 ② 20 ②

CHAPTER 03

WIRELESS COMMUNICATION ENGINEERING

2010 국가직 9급

01 코드분할 다중접속(CDMA) 방식에서 통신 사용자 간의 구별을 위하여 사용되는 코드는?

① 길쌈 코드(Convolutional Code)
② RS 코드(Reed–Solomon Code)
③ PN 코드(Pseudo–Noise Code)
④ 터보 코드(Turbo Code)

02 전파(Radio wave)에 대한 설명으로 옳지 않은 것은?

① 진공상태에서 빛의 속도로 전파(Propagation)하는 파동으로, 시간적으로 정현파 형태로 진동한다.
② 전기장과 자기장이 90°를 이루며 진행하는 파동이다.
③ 자유공간에서 전파의 세기는 거리의 제곱에 반비례한다.
④ 전파가 한 번 진동하는데 걸리는 시간을 파장이라고 한다.

03 위성망의 특성상 도심건물 등 장애물에 의해 발생하는 음영지역을 커버하기 위한 장치는?

① 갭필러(Gap –Filler)
② 저잡음 증폭기(LNA)
③ 고출력 증폭기(HPA)
④ 발진기(Oscillator)

04 반파장 다이폴(Dipole) 안테나를 사용하여 주파수가 3[GHz]인 신호를 전송하는 경우, 최대 방사효율을 갖는 안테나 길이는?(단, 전파의 속도는 3×10^8[m/s]이다.)

① 1cm ② 5cm
③ 10cm ④ 50cm

05 다음 이동통신 방식들 중 사용하는 다중접속 방식이 다른 하나는?

① IS–95 ② WCDMA
③ WiBro ④ HSDPA

06 3[GHz]의 반송파를 사용하는 송신기가 있다. 시속 36[km]로 송신기를 향하여 정면으로 움직이고 있는 차량용 수신기에 발생하는 도플러 주파수 편이는?(단, 전파의 속도는 3×10^8[m/s]이다.)

① 10[Hz] ② 12[Hz]
③ 100[Hz] ④ 120[Hz]

07 코드분할 다중접속(CDMA) 이동통신 시스템의 특성으로 옳지 않은 것은?

① 원근문제(Near–far problem)는 근거리에서 전송된 강한 신호에 의해 원거리에서 전송된 약한 신호가 영향을 받는 현상이다.
② CDMA에서 성능을 열화시키는 주된 요소는 잡음과 타사용자에 의한 간섭신호이다.

정답 01 ③ 02 ④ 03 ① 04 ② 05 ③ 06 ③ 07 ③

③ 단말기는 기지국으로부터의 거리와 무관하게 동일한 전력으로 송신한다.
④ 단말기가 셀 간을 이동할 때 소프트 핸드오프를 지원한다.

08 여러 가지 방식의 진폭변조에 대한 설명으로 옳지 않은 것은?

① 양측파대 억압반송파(DSB－SC) 진폭변조 방식은 동기식 복조를 사용해야만 한다.
② 양측파대 전송반송파(DSB－TC) 진폭변조 방식은 비동기식 복조가 가능한 반면 DSB－SC 변조에 비해 전력 효율이 떨어진다.
③ 잔류측파대(VSB) 변조 방식에서 신호의 대역폭은 SSB 방식보다 넓고 DSB 방식보다 좁다.
④ 단측파대(SSB) 변조 방식은 대역폭을 가장 적게 차지하므로 광대역의 영상신호를 전송하는 데 유리하여 TV 방송에서 주로 사용된다.

09 확산대역 변조방식에 대한 설명으로 옳지 않은 것은?

① 전송하고자 하는 본래 신호에 비해 변조 후 전송신호의 대역폭이 크게 증가한다.
② FH/ SS 시스템 중 빠른 주파수 도약(Fast－frequency Hopping)에서는 데이터 심볼률(Symbol Rate)이 주파수 도약률(Hop Rate)보다 느리다.
③ DS / SS 시스템은 협대역 간섭신호를 수신단에서 넓은 주파수대역으로 확산시켜 간섭의 영향을 최소화한다.
④ 협대역 간섭신호 억제 효과는 대역 확산율과 무관하다.

10 Shannon의 이론적 채널용량을 구할 때 필요하지 않은 것은?

① 대역폭
② 주파수
③ 수신 신호전력
④ 잡음전력

11 다음 중 위상의 불연속이 발생하지 않는 변조방식은?

① PSK ② MSK
③ OQPSK ④ QAM

12 일반적으로 레이더 시스템의 수신 감도를 높이기 위해 사용할 수 있는 방법으로 옳지 않은 것은?

① 레이더 시스템의 안테나 이득을 높인다.
② 레이더 시스템의 출력을 높인다.
③ 높은 주파수의 신호를 사용한다.
④ 높은 효율을 갖는 안테나를 사용한다.

13 레이더의 최대 탐지거리를 결정하는 요소로 옳지 않은 것은?

① 레이더 신호의 펄스폭
② 송신전력
③ 목표물의 유효 반사 단면적
④ 안테나의 이득

정답 08 ④ 09 ④ 10 ② 11 ② 12 ③ 13 ①

14 동기식 수신기(Coherent Receiver)를 사용하여 진폭변조된 신호를 복조하고자 한다. 수신기를 구성할 때 필요 없는 것은?

① 포락선 검출기(Envelope Detector)
② 혼합기(Mixer)
③ 저역통과 필터(Lowpass Filter)
④ 반송파 복구회로(Carrier Recovery Circuit)

15 위성 통신에 대한 설명으로 옳은 것은?

① 적도 상공 약 36,000[km]에 위치하며 지구의 자전 주기와 동일한 궤도 주기를 갖는 위성을 중궤도 위성이라고 한다.
② 우리나라에서 발사한 무궁화 위성은 정지위성이다.
③ 단파대 주파수(3~30[MHz])를 주로 이용하여 위성의 중계를 통해 통신한다.
④ 전송 지연과 전송 손실 문제가 발생하지 않는다.

16 다음 설명 중 옳지 않은 것은?

① HSDPA는 핫스팟(Hot Spot)이라고 불리는 특정한 공공장소에서 제공되는 광대역 무선인터넷 접속 서비스이다.
② WiBro는 핸드셋, 노트북, PDA 또는 스마트폰 등 다양한 단말기를 이용하여 이동 중에도 고속으로 무선 인터넷이 가능한 서비스이다.
③ WIPI는 한국형 무선 인터넷 플랫폼이다.
④ UWB는 광대역화와 저전력을 통해서 협대역 무선기술보다 낮은 간섭을 갖는 기술이다.

17 페이딩이 생기면 수신 전력이 저하되거나 파형의 일그러짐이 발생하여 통신 에러가 증가한다. 이러한 점을 개선하기 위한 방법으로 적당하지 않은 것은?

① 송수신 안테나 수를 증가시킨다.
② 여러 주파수를 사용하여 송수신한다.
③ 같은 정보를 반복하여 송신한다.
④ 고밀도 성상도(Constellation)를 갖는 변조 방식을 사용한다.

18 다음 Fourier 변환 중 옳지 않은 것은?

① $\mathrm{rect}(t) \rightarrow \mathrm{sinc}(f)$
② $\cos 2\pi f_0 t \rightarrow \frac{1}{2}\{\delta(f-f_0)+\delta(f+f_0)\}$
③ $1 \rightarrow \delta(f)$
④ $e^{j2\pi f_0 t} \rightarrow \delta(f+f_0)$

19 음성 신호를 주파수 변조(FM ; Frequency Modulation) 방식을 통해 방송하고자 한다. 카슨의 법칙(Carson's Rule)에 의해 주파수변조된 신호의 대역폭을 결정할 때 필요한 값이 아닌 것은?

① 음성 신호의 대역폭
② 음성 신호의 최대 진폭
③ 주파수 민감도(Frequency Sensitivity)
④ 전송 주파수

20 다음 변조 방식 중 동기검파로만 복조가 가능한 것은?

① ASK(Amplitude Shift Keying)
② PSK(Phase Shift Keying)
③ DPSK(Differential Phase Shift Keying)
④ FSK(Frequency Shift Keying)

정답 14 ① 15 ② 16 ① 17 ④ 18 ④ 19 ④ 20 ②

CHAPTER WIRELESS COMMUNICATION ENGINEERING

04

2010 지방직 9급

01 일반적으로 디지털 통신 시스템은 채널에서 발생한 오류를 정정하기 위해서 입력 데이터를 채널 부호화 한 후 전송한다. 채널 부호화에 관한 설명 중 옳지 않은 것은?

① 부호율에 따라 오류 정정 능력이 달라진다.
② IS−95 통신 시스템에서 길쌈 부호를 사용한다.
③ 해밍 부호는 비선형 블럭 부호이다.
④ 와이맥스(WiMAX)에서 터보 부호를 사용한다.

02 다음 변조의 성상도(Constellation Diagram) 중 주파수효율성(Spectral Efficiency)이 가장 높은 것은?

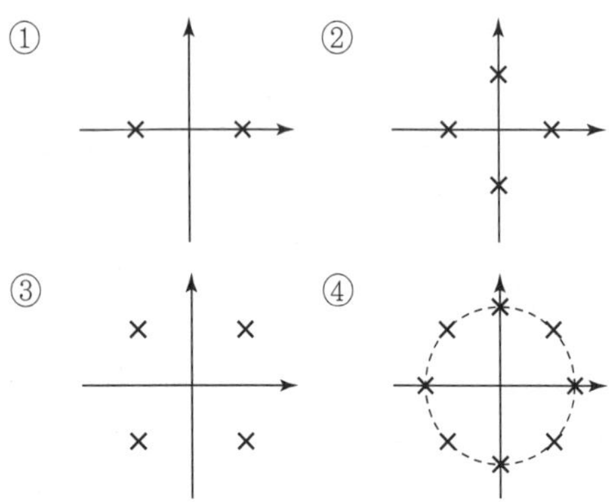

03 단일 주파수 성분의 정현파 신호에 대해서 진폭 변조된 신호의 전력이 59[kW]이다. 이때 변조지수가 0.6이라면 반송파 성분의 전력[kW]은?

① 50 ② 45
③ 37 ④ 21

04 신호 $s(t) = 2\sin 100t$[V]에 대한 설명 중 옳지 않은 것은?

① 50[Ω] 저항에 위 신호가 나타난다면, 저항에서 소모되는 평균 전력은 0.04[W]로 측정될 것이다.
② 위 신호는 주기가 100초인 주기 함수(Periodic Signal)이다.
③ 스펙트럼을 분석해보면 100[rad/sec]에서 라인 스펙트럼을 나타낸다.
④ 위상 스펙트럼은 주파수에 대해서 기함수(Odd Function)의 꼴을 나타낸다.

05 대역폭이 10[kHz]인 메시지 신호를 사용하여 중심주파수 10[MHz]인 반송파를 최대 주파수편이가 90[kHz]가 되도록 주파수 변조하였다. 이때 변조된 신호의 대역폭을 Carson's Rule에 의해 계산하면?

① 20[kHz] ② 200[kHz]
③ 10.02[MHz] ④ 20[MHz]

06 통신채널 환경이 동일한 경우, 다음 중 에러율이 가장 높은 통신 방식은?

① BPSK ② QPSK
③ 16진 QAM ④ 64진 QAM

정답 01 ③ 02 ④ 03 ① 04 ② 05 ② 06 ④

07 가청 주파수 대역 20~20,000[Hz]의 신호를 표본화(Sampling)하여 표본당 8비트의 해상도(Resolution)로 PCM화 한 후 전송하고자 한다. 이 때 사용되는 최소 표본화 주파수[kHz]와 초당 발생하는 데이터 량[바이트/초]은?

	최소 표본화주파수[kHz]	데이터 량[바이트/초]
①	40	40,000
②	40	320,000
③	20	20,000
④	20	160,000

08 전파(電波)의 전파(傳播) 현상에 해당하지 않는 것은?

① 다중 경로 ② 산란
③ 불연속 ④ 회절

09 무선신호에서 PN 코드 동기(Synchro-nization) 과정에 관한 설명 중 옳지 않은 것은?

① 수신기의 PN 신호 발생기에서는 전송지연을 알아내는 PN 부호 동기과정이 필요하다.
② 부호획득(Acquisition)은 정밀도는 낮지만 빠르게 전송지연을 찾는 과정이다.
③ 부호추적(Tracking)은 높은 정밀도로 전송지연을 찾는 과정이다.
④ PN 부호의 동기가 맞추어진 상태에서는 부호 추적을 지속적으로 할 필요가 없다.

10 출력이 50[dBm]이고 송신안테나 이득이 13[dB]인 송신기로부터 50[m] 거리에서의 전력밀도에 가장 가까운 값은?(단, 단위는 [W/m²]이고, 손실이 없다고 가정한다.)

① $\frac{1}{5\pi}$ ② $\frac{1}{2\pi}$
③ $\frac{1}{50\pi}$ ④ $\frac{1}{20\pi}$

11 안테나 이득은 안테나의 지향성에 대한 척도이다. 안테나 이득과 관계가 없는 것은?

① 안테나의 유효면적
② 반송파의 주파수
③ 안테나의 송신전력
④ 반송파의 파장

12 지구와 위성 간의 위성통신에 영향을 미치는 환경요소로 가장 관계가 적은 것은?

① 반 알란 벨트(Van Allan Belt)
② 전자 유도 현상
③ 도플러 천이(Doppler shift)
④ 위성 일식 현상

13 위성통신에서 위성을 효과적으로 운용하기 위해 사용하는 다중접속 프로토콜과 가장 관계가 적은 것은?

① CDMA ② TDMA
③ FDMA ④ WDMA

정답 07 ① 08 ③ 09 ④ 10 ① 11 ③ 12 ② 13 ④

14 위성 통신시스템의 특징 중 시변 특성에 대한 설명으로 옳지 않은 것은?

① 앙각(Elevation Angle, 仰角)이 시간에 따라 변하는 특성에 의해 발생할 수 있다.
② 도플러 천이에 의한 중심주파수 변화에 의해 발생할 수 있다.
③ 주로 정지궤도 위성에 의해 발생한다.
④ 위성의 방위각이 시간에 따라 변화함에 따른 안테나 이득 변화에 기인할 수 있다.

15 무선채널에서 신호의 전송왜곡에 대한 특징으로 옳지 않은 것은?

① 펄스의 퍼짐으로 인접펄스간섭(ISI) 영향을 받아 시분할다중화(TDM) 시스템에서 채널간 간섭이 발생한다.
② 효율이 높은 C급 증폭기는 선형 특성을 가진다.
③ 채널이 선형인 경우 출력에 새로운 주파수 성분을 만들지 않는다.
④ 채널이 비선형인 경우 출력에 새로운 주파수 성분이 발생할 수 있다.

16 레이더에서 발사된 펄스전파가 10[μsec] 후에 목표물에 반사되어 돌아올 때, 목표물까지의 거리[m]는?

① 300 ② 600
③ 1,200 ④ 1,500

17 레이더 시스템에서 전파에 대한 설명 중 옳지 않은 것은?

① 전파의 파장이 짧을수록 지향성이 강하다.
② 전파의 파형은 주로 펄스파를 이용한다.
③ 전파의 회절성과 반사성을 이용한다.
④ 매질의 종류에 따라 전파의 속도가 다르다.

18 무선전송 부호어(Codewords) X=(101000), Y=(111010)의 해밍거리(Hamming Distance)는?

① 1 ② 2
③ 3 ④ 6

19 OSI 7계층 네트워크 표준 모델 중에서 전송매체를 통해 데이터를 주고받는 하드웨어를 규정하고, 데이터 인코딩 기법을 이용하여 비트나 프레임에 대한 동기화 등의 기능을 가지는 계층은?

① 물리 계층(Physical Layer)
② 데이터 링크 계층(Data Link Layer)
③ 네트워크 계층(Network Layer)
④ 응용 계층(Application Layer)

20 UWB(Ultra Wideband)에 관한 설명으로 옳지 않은 것은?

① 넓은 커버리지가 가능하여 일반적으로 장거리 통신에 사용한다.
② 고속 전송이 가능하다.
③ 신호를 초광대역의 저전력으로 전송한다.
④ 거리측정에 사용할 수 있다.

정답 14 ③ 15 ② 16 ④ 17 ③ 18 ② 19 ① 20 ①

CHAPTER 05 WIRELESS COMMUNICATION ENGINEERING

2010 경찰직 9급

01 전파의 '도약거리'에 대한 설명 중 옳은 것을 바르게 묶은 것은?

> ㉠ 전리층의 반사파가 처음으로 지상에 도달하는 점과 송신점 사이의 거리를 의미한다.
> ㉡ 사용주파수가 전리층에 입사되는 정도에 따라 다르게 나타난다.
> ㉢ 전리층의 높이에 반비례한다.
> ㉣ 사용주파수가 임계주파수보다 클 때 생긴다.
> ㉤ 주간 및 야간에 관계없이 도약거리는 동일하다.

① ㉢, ㉣, ㉤　　② ㉠, ㉡, ㉤
③ ㉠, ㉡, ㉣　　④ ㉡, ㉢, ㉣

02 다음 DSB(A3E) 통신방식과 비교한 SSB(J3E) 통신방식의 설명으로 잘못된 것은?

① 적은 송신 전력으로 양질의 통신이 가능하다.
② 점유 주파수 대역폭은 DSB 통신방식의 2배로 늘어나게 된다.
③ 높은 주파수 안정도를 필요로 한다.
④ 수신기에 동기회로 및 국부발진기가 필요하다.

03 다음 설명 중 잘못된 것은?

① 시분할다중접속(TDMA) 방식은 시간과 주파수 대역의 곱으로 나타낼 수 있는 신호 공간을 주파수와 시간을 공유하면서 각 채널로 사용하는 방식이다.
② 로밍(Roaming)은 자신이 등록한 이동통신 교환국 서비스지역을 벗어나 다른 이동통신 교환국 서비스 지역에 들어가서도 전화를 걸거나 받을 수 있도록 하는 기능이다.
③ 레이크(RAKE) 수신기는 기지국으로부터 다중의 경로로 수신되는 신호를 구별할 수 있는 능력을 지닌 수신기로 페이딩에 강하다.
④ 핸드오프(Hand–Off)는 한 셀에서 다른 셀로 이동해 갈 때 현재의 통화 채널을 새로이 들어가게 되는 기지국의 통화 채널로 자동적으로 전환해 주는 기능이다.

04 마이크로파 다중 통신의 무급전 중계방식에서 전파손실을 경감시키기 위한 방법으로 옳은 것은?

① 반사판의 면적을 좁게 한다.
② 송수신 거리를 되도록 길게 한다.
③ 송수신 안테나의 이득을 작게 한다.
④ 반사판의 위치는 송수신점의 중앙 부근에 하지 않고 어느 한쪽에 근접시킨다.

05 다음 (　　) 안에 들어갈 내용으로 바르게 나열된 것은?

> 적도 위에 고도 약 35,860[km]에 띄워진 위성으로 지구의 자전주기와 위성의 공전주기를 같게 하고, 적도 상공의 궤도에 (　　) 간격으로 (　　)를 배치하면 이론적으로 양극지방을 제외한 전 세계를 커버(Cover)할 수 있는 경제적인 위성통신 방식은 (　　)방식이다.

정답 01 ③ 02 ② 03 ① 04 ④ 05 ①

① 120°, 3개, 정지위성
② 180°, 2개, 정지위성
③ 90°, 4개, 위상위성
④ 72°, 5개, 다중위성

06 다음 설명은 무엇에 대한 것인가?

> 위성을 단순한 반사기나 중계 기능을 제공하는 시스템으로 사용하지 않고 신호의 증폭, 변복조, 에러 정정 및 등화 등의 기능을 갖게 하여 위성을 교환기와 같은 능동적인 기능을 제공하는 시스템으로 사용하는 기법

① SNG(Satellite News Gathering)
② VSAT(Very Small Aperture Terminal)
③ OBP(On-Board Processing)
④ ISL(Inter-Satellite Link)

07 무선송신기에서 발생하는 스퓨리어스(Spurious)복사 방지에 관한 설명이다. 옳은 것을 바르게 묶은 것은?

> ㉠ 동조회로의 Q를 되도록 낮게 설계한다.
> ㉡ 전력 증폭단과 공중선 회로의 결합에 π형 회로를 사용한다.
> ㉢ 주파수가 높을 경우에 급전선에 트랩(Trap)을 설치한다.
> ㉣ 전력 증폭단을 푸시풀(Push-pull)로 접속한다.
> ㉤ 전력 증폭단의 바이어스(Bias) 전압을 깊게 하고, 여진전압을 높인다.

① ㉠, ㉡, ㉢　　② ㉡, ㉢, ㉣
③ ㉢, ㉣, ㉤　　④ ㉠, ㉢, ㉤

08 AM 슈퍼헤테로다인 수신기에서 수신 신호파가 700[KHz], 국부 발진 주파수가 1,155[kHz]라면 영상 주파수는?

① 1,610[KHz]　　② 455[KHz]
③ 3,010[KHz]　　④ 1,810[KHz]

09 수신기의 성능 평가 요소 중 수신기에 일정한 주파수와 진폭의 신호파를 인가한 경우에 재조정하지 않고 어느 정도 장시간에 걸쳐서 일정한 출력이 얻어지는가 하는 능력을 나타내는 것은?

① 감도(Sensitivity)
② 안정도(Stability)
③ 선택도(Selectivity)
④ 충실도(Fidelity)

10 전파의 창(Radio Window)은 위성통신을 행하는 데 가장 적합한 주파수(1~10[GHz])를 지칭한다. 다음 중 전파의 창의 범위를 결정하는 요소는 모두 몇 개인가?

> ㉠ 우주 잡음의 영향 ㉡ 대류권의 영향
> ㉢ 전리층의 영향　　㉣ 도플러 효과

① 1개　　② 2개
③ 3개　　④ 4개

11 전원 회로에서 부하 시의 출력전압이 25[V]일 때 전압변동률이 20[%]일 경우 무부하 시 전압은?

① 20[V]　　② 500[V]
③ 5[V]　　④ 30[V]

정답 06 ③ 07 ② 08 ① 09 ② 10 ③ 11 ④

12 반파장 다이폴 안테나에서 10[A]의 전류가 흐를 때 600[km] 떨어진 점의 최대 복사방향에서의 전계 강도는?

① 10[mV/m] ② 4[mV/m]
③ 2[mV/m] ④ 1[mV/m]

13 안테나의 고유주파수를 높게 하려면 다음 중 어느 방법을 사용하면 되는가?

① 안테나에 병렬로 코일을 접속한다.
② 안테나에 직렬로 코일을 접속한다.
③ 안테나에 병렬로 콘덴서를 접속한다.
④ 안테나에 직렬로 콘덴서를 접속한다.

14 공중선의 방사효율을 향상시키기 위해서는 접지저항을 경감하도록 해야 하므로 여러 가지 방법들을 고안하여 접지하고 있다. 다음 글의 접지방식은 무엇에 관한 설명인가?

- 안테나에서 가까운 지점에 지하수가 나올 정도의 깊이에 동봉을 상수면보다 0.5[m] 이하가 되도록 매설하고 그 주위에 수분을 흡수하도록 숯(목탄)을 넣어서 접촉저항을 감소시키는 접지방식이다.
- 가접지 또는 보조접지에 이용하며, 접지저항은 10[Ω] 전후인데, 수분이 많고 대지의 도전율이 양호한 경우나 소전력의 송신 공중선에 사용된다.

① 심굴 접지 ② 방사상 접지
③ 카운터 포이즈 ④ 다중 접지

15 전리층의 1종 감쇠에 대한 설명으로 잘못된 것은?

① 전리층을 통과할 때 받는 감쇠이다.
② 전자 밀도에 비례한다.
③ 주파수의 제곱에 비례한다.
④ 전리층을 비스듬히 통과할수록 크다.

16 공전(公電) 잡음을 경감시키는 방법으로 적당하지 않은 것은?

① 수신대역폭을 좁히고 수신기의 선택도를 좋게 한다.
② 접지 안테나를 사용한다.
③ 송신출력을 증대시켜 수신점의 S/N비를 크게 한다.
④ 수신기에 적절한 억제회로(Limiter)를 사용한다.

17 레이더의 부속 회로에 대한 설명이다. 다음 (　) 안에 들어갈 내용은 무엇인가?

최대 탐지 거리를 증가시키기 위해서는 수신기의 감도를 크게 해야 한다. 그러나 수신기의 감도를 크게 하면 근거리에서의 반사파의 영향으로 원거리의 목표물을 탐지하지 못하므로 이와 같은 결점을 제거하기 위하여 송신이 끝난 직후는 수신감도를 줄이고 일정 시간이 되면 최대의 감도를 유지시키며 근거리에서의 반사파 영향을 피할 수 있다.
즉, (　)는 해면의 파도, 풍랑 등에 의한 반사의 영향을 경감시키는 해면 반사 억제 회로이다.

정답 12 ④ 13 ④ 14 ① 15 ③ 16 ② 17 ①

① STC(Sensitivity Time Control) 회로
② FTC(Fast Time Constant) 회로
③ DAGC(Delay Automatic Gain Control) 회로
④ AFC(Automatic Frequency Control) 회로

18 주파수공용통신(TRS)에 대한 설명 중 옳은 것을 바르게 묶은 것은?

> ㉠ 통화 누설이 있어 통신비밀 유지에 적합하지 않다.
> ㉡ 사용 통화 시간에 제한이 없다.
> ㉢ 다수의 가입자군이 일정 주파수 채널을 공동으로 사용하며 서비스는 음성통신으로 제한된다.
> ㉣ 통화 폭주 시 통화 예약 등록이 가능하다.
> ㉤ 실제 통화할 때에만 채널을 차지하며, UHF 대역의 사용으로 통화 품질이 양호하고, 잡음 및 혼신에 강하다.

① ㉠, ㉡　　② ㉣, ㉤
③ ㉡, ㉢　　④ ㉠, ㉢

19 FM 수신기에서 사용되는 포스터-실리(Foster-Seely) 검파기와 비검파기(Ratio-Detector)의 비교 설명 중 잘못된 것은?

① 포스터-실리 검파기는 진폭 제한 작용이 없기 때문에 진폭 제한 회로가 필요하다.
② 비검파기의 출력 측에는 대용량의 콘덴서가 접속되어 있다.
③ 비검파기의 검파 출력(감도)은 포스터-실리 검파기의 1/2 정도이다.
④ 두 검파기의 다이오드(Diode) 방향이 같다.

20 위성통신용 주파수 대역 중 4~6[GHz]는 어떤 대역에 속하는가?

① L band　　② S band
③ C band　　④ X band

정답 18 ② 19 ④ 20 ③

CHAPTER 06 WIRELESS COMMUNICATION ENGINEERING

2011 국가직 9급

01 다음 중 전리층에서 발생하는 페이딩의 종류가 아닌 것은?

① 산란형 페이딩 ② 흡수성 페이딩
③ 도약성 페이딩 ④ 선택성 페이딩

02 다음 중 무지향성 안테나는?

① 루프(Loop) 안테나
② 야기(Yagi) 안테나
③ 파라볼라(Parabola) 안테나
④ 휩(Whip) 안테나

03 아래의 구형파 신호를 고주파의 반송파 신호에 의해 주파수 변조하였을 때의 파형은?

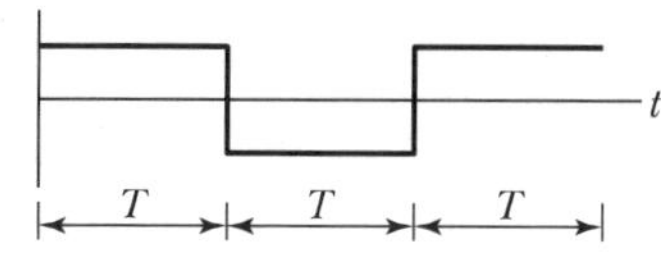

①

②

③

④

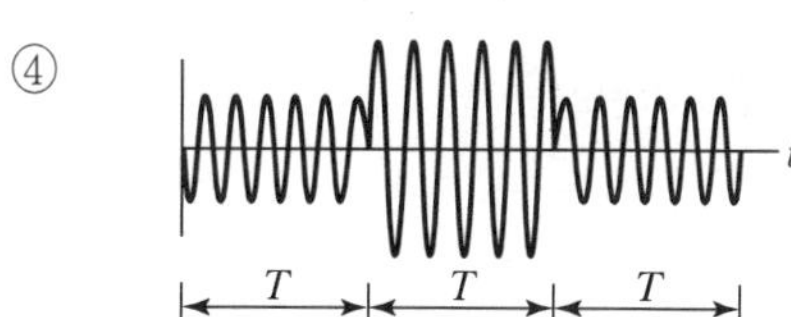

04 이동통신 시스템에서 이동전화 교환국(MTSO)의 기능이 아닌 것은?

① 통화 회선의 수용과 상호 접속에 의한 교환기능
② 회선구간별 통화량 감시 및 분석
③ 일반 공중 전화망과 이동 통신망 접속 기능
④ 통화 채널 지정 및 감시 기능

05 대역폭이 3.4[kHz]인 음성 신호에 대해 엘리어싱이 발생하지 않도록 표본화하고 256 레벨로 양자화하여 PCM 신호를 만들 경우, 조건을 만족하는 표본화율[kHz]과 그 표본화율에 대한 PCM 신호의 전송속도[kbps]는?

	표본화율[kHz]	전송속도[kbps]
①	4	64
②	4	32
③	8	32
④	8	64

정답 01 ① 02 ④ 03 ② 04 ④ 05 ④

06 주파수 대역폭이 1[MHz]인 AWGN 전송채널을 통하여 신호대잡음비(SNR)를 63으로 하여 데이터를 전송할 때, 이 채널을 통해서 오류 없이 전송할 수 있는 이론적인 최대 정보량[Mbps]은?

① 1 ② 3
③ 6 ④ 10

07 진폭변조(AM) 방식들에 대한 설명으로 옳지 않은 것은?

① DSB-SC 방식은 VSB 방식보다 더 넓은 주파수 대역폭이 사용된다.
② DSB-SC 방식은 DSB-AM 방식보다 송신 전력이 적게 사용된다.
③ SSB 방식은 동기검파기를 사용해 복조할 수 있다.
④ SSB 방식은 DSB-SC와는 달리 반송파 성분을 전송한다.

08 위치가 고정된 송신기를 향해 수신기가 그림과 같이 이동할 경우, 도플러 천이가 가장 크게 발생하게 되는 각도 θ는?

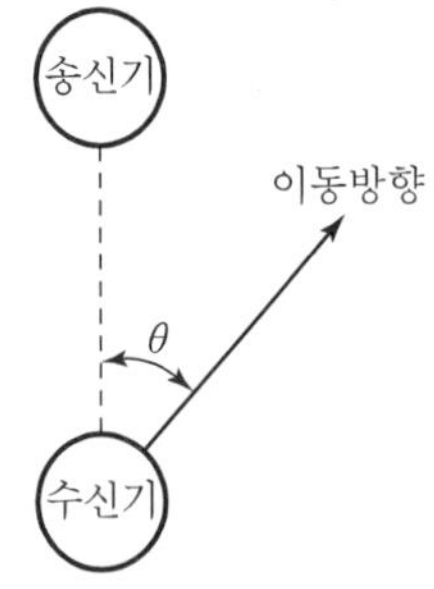

① 0° ② 45°
③ 90° ④ 270°

09 주파수가 1[kHz]인 반송파 신호를 이용하여 정보신호 $m(t)=\cos(20\pi)t$를 진폭변조(DSB-AM)하여 전송할 때, 피변조 신호의 주파수 스펙트럼 상에 나타나지 않는 주파수[kHz]는?

① 0.98 ② 0.99
③ 1.00 ④ 1.01

10 반송파 신호 $c(t)=4\cos(2\pi\times10^6)t$에 의해 정보신호 $m(t)=4\cos(20\pi)t$를 주파수변조하면, FM신호의 순시 주파수는 $f_i=10^6+k_f m(t)$로 표현된다. 여기서 k_f가 12.5일 때 주파수변조의 변조지수는?

① 0.5 ② 1.25
③ 2.5 ④ 5

11 와이브로(Wibro) 시스템에 사용되고, MIMO(다중입력 다중출력) 신호처리 기술과 결합하여 안테나 빔 방사 방향을 컴퓨터 프로그램으로 자유롭게 제어할 수 있는 안테나는?

① 슬롯 안테나
② 루프패치 안테나
③ 스마트 안테나
④ 접시 안테나

12 펄스변조에서 현재의 표본화된 값과 다음 표본화된 값의 차이를 양자화 하는 변조방식은?

① DPCM ② PNM
③ PWM ④ PAM

정답 06 ③ 07 ④ 08 ① 09 ① 10 ④ 11 ③ 12 ①

13 디지털 통신시스템에서 대역확산의 효과가 아닌 것은?

① 신호의 은폐와 암호화가 용이함
② 코드분할 다중화가 가능함
③ 주파수의 직교성이 확보됨
④ 협대역 간섭에 강인함

14 레이더는 전파를 송신한 시간 t_t[s]와 전파가 목표물에서 반사된 반사파를 수신한 시간 t_r[s]을 이용해 목표물의 위치를 추정한다. 이것의 관계가 $t_r = t_t + 4$[s]일 때 레이더 기지와 목표물 사이의 거리[m]는?(단, 전파의 속도는 빛의 속도(3×10^8m/s)로 한다.)

① 1.5×10^8
② 3×10^8
③ 6×10^8
④ 12×10^8

15 안테나를 고유주파수 이외의 주파수에서 효과적으로 사용하기 위하여 안테나의 입력 리액턴스 성분이 0이 되도록 L이나 C를 삽입하여 동조시키는 기술을 표현하는 용어는?

① 안테나의 로딩(Loading)
② 안테나의 이득
③ 안테나의 지향성
④ 안테나의 Q(Quality Factor)

16 자유공간의 전파에 대한 설명 중 옳지 않은 것은?

① 송신기와 수신기 사이의 거리가 멀수록 전송 손실이 증가한다.
② 사용하는 신호의 파장이 클수록 전송 손실은 증가한다.
③ 같은 조건에서 전송 경로상에 비가 내리면 전송 손실은 증가한다.
④ 사용하는 신호의 주파수가 높을수록 전송 손실은 증가한다.

17 통신시스템 기술에 대한 설명으로 옳지 않은 것은?

① GPS 시스템에서 위성까지의 거리를 구하기 위해서 PN 코드의 자기상관 특성을 이용한다.
② DS-CDMA 시스템에서 다중접속을 위해서 PN 코드의 상호 상관 특성을 이용한다.
③ DGPS는 알려진 위치의 기준 수신기에서 오차를 계산하여 수신기에 대한 오차를 보정한다.
④ FDMA, TDMA, CDMA는 대표적인 대역확산 기법이다.

18 다음 중 위성링크의 성능을 좌우하는 요인으로 그 영향이 가장 적은 것은?

① 기지국 안테나와 위성안테나 간의 거리
② 기지국 안테나와 위성의 목표지점 간의 지상거리
③ 대기 감쇠
④ 다중 경로 전파

정답 13 ③ 14 ③ 15 ① 16 ② 17 ④ 18 ④

19 양방향 통신 시스템에서 송신기의 출력이 1[GHz]에서 10[W]이다. 송신 안테나와 수신 안테나의 이득은 각각 20[dB]이며, 시스템 손실이 10[dB] 발생할 때, 송신기로부터 1[km] 거리에서의 수신 전력[mW]은?(단, $\pi = 3.0$이라고 근사하여 계산하고, 전파의 속도는 빛의 속도(3×10^8[m/s])로 한다.)

① $\frac{1}{16}$ ② $\frac{1}{160}$

③ $\frac{1}{10}$ ④ $\frac{1}{100}$

20 그림과 같이 특성임피던스가 Z_0인 무손실 전송선로에 종단이 단락($Z_L = 0$[Ω])되었을 때, 입력 단에서 바라본 입력 임피던스 Z_{in}[Ω]는?

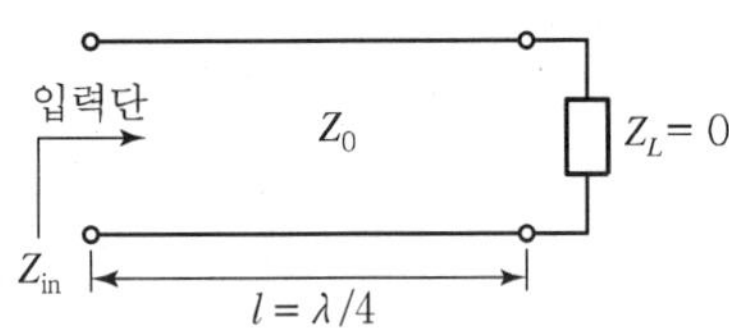

① 0 ② ∞

③ Z_0 ④ $\frac{1}{Z_0}$

정답 19 ② 20 ②

2011 경찰직 9급

01 평활회로에서 초크 입력형과 비교했을 때 콘덴서 입력형의 특징을 설명한 것으로 가장 적절하지 않은 것은?

① 정류기에 가해지는 역전압이 더 낮다.
② 직류 출력 전압이 더 높다.
③ 맥동률이 더 작다.
④ 전압변동률이 더 크다.

02 수정 발진기의 특징에 대한 설명으로 가장 적절하지 않은 것은?

① 기계적으로나 물리적으로 안정하고 수정 진동자의 Q가 높다.
② 발진주파수 변동을 방지하기 위해 부하와의 사이에 완충 증폭기를 설치한다.
③ 발진주파수 안정도가 좋으며 압전효과를 이용한다.
④ 발진조건을 만족하는 유도성 주파수 범위가 넓다.

03 송신기의 조건으로 가장 적절하지 않은 것은?

① 스퓨리어스 방사가 많고 출력이 높아야 한다.
② 점유 주파수 대역폭이 가능한 최소이어야 한다.
③ 전력효율이 높아야 하며, 일그러짐과 잡음 발생이 적어야 한다.
④ 고장이 적고 조정 및 보수가 용이해야 한다.

04 완충 증폭기와 주파수 체배기를 비교한 설명으로 가장 적절한 것은?

① 주파수 체배기의 안정도가 더 좋다.
② 완충 증폭기의 찌그러짐이 더 작다.
③ 완충 증폭기의 능률이 더 많이 떨어진다.
④ 주파수 체배기는 A급 증폭방식을 이용한다.

05 슈퍼헤테로다인 수신기에 대한 설명으로 가장 적절하지 않은 것은?

① 중간주파 증폭기의 대역폭을 넓게 취해 감도를 향상시킨다.
② 선택도와 충실도가 좋으며 감도가 양호하다.
③ 주파수 변환에 따른 혼신방해가 많고 영상주파수에 의한 혼신을 받기 쉽다.
④ 국부발진기가 동작하지 않으면 음성이 일그러진다.

06 무선 송신기에서 발생하는 스퓨리어스 복사 방지에 관한 설명으로 가장 적절하지 않은 것은?

① 전력 증폭단의 바이어스 전압을 높게 하거나 여진 전압을 가급적 크게 한다.
② 주파수가 높을 경우에 급전선에 트랩을 설치한다.
③ 전력 증폭단을 Push-pull로 접속한다.
④ 증폭단과 공중선 결합에 π형 회로를 사용하거나, 동조회로의 Q를 높게 한다.

정답 01 ① 02 ④ 03 ① 04 ② 05 ① 06 ①

07 스켈치 회로에 대한 설명으로 가장 적절하지 않은 것은?

① 신호입력이 없을 때는 저주파 증폭기의 출력을 차단시킨다.
② 잡음전력이 수준 이상으로 커졌을 때 증폭기의 기능을 정지시킨다.
③ 잡음증폭과 잡음정류 기능을 갖추고 있다.
④ 수신기 감도를 향상시켜 준다.

08 FM 스테레오 수신기에서 파일럿 신호(19[kHz])의 설명으로 가장 적절한 것은?

① 스테레오 신호인 좌우 합성 신호를 만든다.
② 스테레오 차신호용 부반송파이다.
③ FM파 중 잡음 펄스를 제거한다.
④ 스테레오 신호 복조기에서 좌우 신호를 분리시키는 스위칭 신호이다.

09 마이크로파 다중통신 방식에서 무급전 중계방식의 설명으로 가장 적절하지 않은 것은?

① 마이크로파의 직진성을 이용하고 반사판 면적의 크기가 클수록 전파손실이 적다.
② 안테나 이득을 크게 하고 사용주파수가 낮을수록 전파손실의 경감 효과가 있다.
③ 금속판이나 금속망의 반사판을 이용하여 전파를 목적지에 유도한다.
④ 비교적 근거리 송수신국 사이에 산과 같은 장애물이 있을 때 사용한다.

10 SSB 통신 방식의 특징으로 가장 적절하지 않은 것은?

① 점유 주파수 대역폭이 1/2로 축소된다.
② 주파수 안정도가 높으나 비화통신이 어렵다.
③ 회로구성이 복잡하고 가격이 고가이다.
④ 적은 송신 전력으로 양질의 통신이 가능하다.

11 레이더의 구성에서 송신부의 기능에 대한 설명으로 가장 적절한 것은?

① 트리거 신호 ➡ 펄스 변조 ➡ 자전관 ➡ 도파관
② 트리거 신호 ➡ 진폭 변조 ➡ 자전관 ➡ 도파관
③ 구형파 전압 ➡ 진폭 변조 ➡ 자전관 ➡ 도파관
④ 구형파 전압 ➡ 펄스 변조 ➡ 자전관 ➡ 도파관

12 마이크로파 통신의 특징으로 가장 적절하지 않은 것은?

① 가시거리 내 전파에 한한다.
② 광대역 신호 전송이 가능하다.
③ 중계 없이 원거리 통신이 가능하다.
④ 전파 손실과 외부 영향이 적다.

13 전파 항법장치 중 방향 탐지기의 구성으로 가장 적절한 것은?

① 공중선장치, 송신장치, 수신장치, 전원장치
② 공중선장치, 송신장치, 지시장치, 전원장치
③ 공중선장치, 수신장치, 지시장치, 전원장치
④ 공중선장치, 송수신장치, 지시장치, 전원장치

정답 07 ④ 08 ④ 09 ② 10 ② 11 ① 12 ③ 13 ③

14 안테나에 대한 설명으로 가장 적절하지 않은 것은?

① 루프(Loop) 안테나는 8자형 지향 특성이 있고 소형이므로 이동이 용이하다.
② 빔 안테나는 안테나의 소자 수가 많을수록 지향성은 예민하게 되고 높은 이득의 안테나로 된다.
③ 롬빅 안테나는 반사파를 얻기 위하여 종단 저항을 사용한다.
④ 파라볼라 안테나는 지향성이 예리하고 이득은 높으나 광대역 임피던스 정합이 어렵다.

15 동조 급전선과 비동조 급전선에 대한 비교 설명으로 가장 적절하지 않은 것은?

① 동조 급전선은 급전선이 짧을 때 사용하고, 비동조 급전선은 급전선 길이가 길 때 사용된다.
② 동조 급전선은 급전선상에 정재파를 발생시켜서 급전하고, 비동조 급전선은 급전선상에 정재파가 생기지 않도록 급전한다.
③ 동조 급전선은 정합장치가 필요하고, 비동조 급전선은 정합장치가 불필요하다.
④ 동조 급전선의 전송효율은 나쁘고, 비동조 급전선의 전송효율은 양호하다.

16 지표파의 설명으로 가장 적절하지 않은 것은?

① 산악이나 시가지보다 해상이 감쇠를 적게 받는다.
② 수평 편파보다 수직 편파 쪽이 감쇠가 크다.
③ 대지의 도전율이 클수록 감쇠가 적어진다.
④ 유전율이 작을수록 감쇠가 적어진다.

17 위성 통신에 사용하는 전파의 창에 대한 주파수대로 가장 적절한 것은?

① 20[GHz] ② 10~15[GHz]
③ 1~10[GHz] ④ 1[GHz]

18 주파수 공용 통신 시스템(TRS)의 특징으로 가장 적절하지 않은 것은?

① 넓은 지역까지 통화가 가능하다.
② 통화품질은 양호하나 셀룰러 이동통신에 비해 통화요금이 비싸다.
③ 통화 중 혼신이 없고 보안성이 우수하다.
④ 가입자의 채널 점유시간을 최소화한다.

19 셀룰러 이동 전화 시스템에서 "Hand－Off" 기능에 대한 설명으로 가장 적절한 것은?

① 이동 전화 교환국과 Cell Site 간의 정보 전송속도의 변경을 의미한다.
② 이동 전화 기지국 간의 통화 종료를 의미한다.
③ 한 지역에서 통화 도중 다른 지역으로 이동 시 통화가 끊어져 버리는 현상을 의미한다.
④ 통화 중 이동 시 인접 기지국 간 무선 통화 채널의 자동 전환을 의미한다.

20 셀룰러 방식에서 기지국의 서비스 지역을 확대시키는 방법으로 가장 적절하지 않은 것은?

① 고이득 또는 지향성 안테나를 사용한다.
② 기지국 위치 선정을 적절히 하고 안테나 높이를 증가시킨다.
③ 저잡음 수신기 또는 다이버시티 수신기를 사용한다.
④ 송신출력을 증가시키고 수신기의 수신 한계레벨을 높게 조정한다.

정답 14 ③ 15 ③ 16 ② 17 ③ 18 ② 19 ④ 20 ④

CHAPTER 08 WIRELESS COMMUNICATION ENGINEERING

2012 국가직 9급

01 변조에 대한 설명으로 옳지 않은 것은?

① 변조를 통하여 여러 메시지신호를 혼신 없이 다중화할 수 있다.
② 신호를 변조하면 효율적인 신호 전송에 적합한 무선 송수신 안테나의 크기를 줄일 수 있다.
③ 저역 메시지신호를 협대역 FM 기법을 사용하여 변조하면 변조된 신호의 대역폭은 메시지신호 대역폭의 약 2배가 된다.
④ 변조는 신호에 포함되어 있는 중복성을 제거하여 전송할 데이터량을 줄이는 과정이다.

02 안테나의 크기가 가장 소형인 경우는 다음 중 어느 주파수 대역의 반송파를 사용했을 때인가?

① X–band ② C–band
③ L–band ④ S–band

03 공진 주파수 $f_0 = \dfrac{1}{2\pi\sqrt{L_e C_e}}$ 인 $\dfrac{\lambda}{4}$ 수직 접지 안테나에 연장코일을 직렬로 연결했을 때 나타나는 현상으로 옳은 것은?

① 공진 주파수가 높아진다.
② 공진 주파수가 낮아진다.
③ 복사저항이 커진다.
④ 복사저항이 작아진다.

04 중파(MF)와 비교할 때, 마이크로웨이브의 특성으로 옳지 않은 것은?

① 마이크로웨이브를 이용하면 사용 가능한 주파수 대역폭이 넓어진다.
② 마이크로웨이브는 전리층에서 휘어지지 않기 때문에 위성통신에 적합하다.
③ 파장이 길기 때문에 레이더에 사용되었을 때 목표물의 영상을 더 선명하게 얻을 수 있다.
④ 예리한 지향성을 갖으며 안테나 이득이 크다.

05 통신 시스템에서 사용하는 채널 오류 정정기술이 아닌 것은?

① 길쌈 부호(Convolutional Code)
② LDPC(Low Density Parity Check Code)
③ CELP(Code Excited Liner Predictive Coding)
④ 터보 부호(Turbo Code)

06 길이가 l이고, 부하임피던스가 Z_L인 무손실 전송선로에서 부하임피던스가 0(단락)과 무한대(개방)일 때, 전송선로의 입력임피던스는 각각 j50[Ω]과 –j200[Ω]이다. 이 전송선로의 특성임피던스[Ω]는?

① 25 ② 50
③ 75 ④ 100

정답 01 ④ 02 ① 03 ② 04 ③ 05 ③ 06 ④

07 대역폭이 3[kHz]인 아날로그 신호를 8[kHz]의 주파수로 표본화하고, 256개의 레벨로 양자화하였다. 양자화된 표본을 이진 데이터로 표현할 때, 데이터의 비트율[Kbps]은?

① 48 ② 64
③ 192 ④ 2048

08 무선항행 보조장치로 사용되는 방향탐지기에 대한 설명으로 옳지 않은 것은?

① 고니오미터는 전파의 도래각을 측정하는 데 사용된다.
② 야간오차 경감효과를 얻고자 애드콕(Ad-cock) 안테나를 사용한다.
③ 루프안테나를 사용하는 경우 전후방의 전파도래 방향을 결정하기 어렵다.
④ 공중선 장치는 방향탐지기의 전원을 공급하는 장치이다.

09 LTE(Long-Term Evolution)에 사용되는 직교주파수분할다중화(OFDM) 방식에 대한 설명으로 옳지 않은 것은?

① 단일반송파 전송 방식에 비해 일반적으로 피크 대 평균전력비(Peak to Average Power Ratio)가 크다는 단점이 있다.
② 고속 푸리에 변환(FFT)을 사용하여 구현을 간단히 할 수 있다.
③ 페이딩을 극복하기 위해 등화기를 사용할 수 있다.
④ 직교주파수분할다중화(OFDM)는 직렬 전송 기술이다.

10 전송선로를 다음과 같이 집중소자로 등가화할 때, 무손실 전송 선로가 되기 위한 조건은?

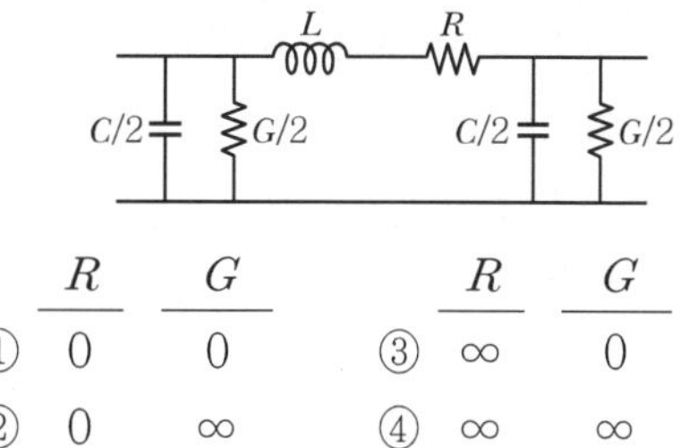

	R	G
①	0	0
②	0	∞
③	∞	0
④	∞	∞

11 차동펄스부호변조(DPCM), 델타변조(DM), 적응델타변조(ADM)에 대한 설명으로 옳지 않은 것은?(단, 델타변조(DM)에서의 표본 시간을 T, 스텝 크기를 Δ라 한다.)

① 적응델타변조(ADM)에서 신호의 기울기가 작으면 스텝 크기를 감소시켜 양자화 잡음을 감소시킨다.
② 적응델타변조(ADM)에서 신호의 기울기가 크면 스텝 크기를 증가시켜 경사 과부하 잡음을 감소시킨다.
③ 델타변조(DM)에서 입력 신호의 기울기가 계단의 기울기(Δ/T)보다 크면 경사 과부하 잡음이 발생된다.
④ 델타변조(DM)는 차동펄스부호변조(DPCM)에 비해 표본당 더 많은 비트 수를 사용한다.

12 반송파 $c(t)=A_c\cos(2\pi f_c t)$로 신호 $s(t)=A_m\cos(2\pi f_m t)$를 주파수 변조한 신호는?(단, β_f는 FM 변조지수이다.)

① $g_{FM}(t)=A_c\sin\{2\pi f_c t+\beta_f\sin(2\pi f_m t)\}$
② $g_{FM}(t)=A_c\sin\{2\pi f_c t+\beta_f\cos(2\pi f_m t)\}$
③ $g_{FM}(t)=A_c\cos\{2\pi f_c t+\beta_f\sin(2\pi f_m t)\}$
④ $g_{FM}(t)=A_c\cos\{2\pi f_c t+\beta_f\cos(2\pi f_m t)\}$

정답 07 ② 08 ④ 09 ④ 10 ① 11 ④ 12 ③

13 진폭변조 방식에서 대역폭을 가장 적게 사용하는 방식은?

① DSB-SC(Double Side Band-Suppressed Carrier)
② SSB(Single Side Band)
③ DSB-LC(Double Side Band-Large Carrier)
④ VSB(Vestigial Side Band)

14 정지궤도(GEO) 위성통신에 대한 설명으로 옳지 않은 것은?

① 주로 VHF대 주파수를 이용한다.
② 가시거리(Line-of-sight) 통신방식이다.
③ 정지궤도(GEO) 위성의 공전주기는 지구의 자전 주기와 동일하다.
④ 정지궤도(GEO) 위성통신의 단점 중의 하나는 지연시간이 길다는 것이다.

15 위성통신의 특징으로 옳지 않은 것은?

① 회선의 유연한 설정이 용이하지 않다.
② 광대역 통신회선의 구성이 가능하다.
③ 일반적으로 상향링크와 하향링크에서 서로 다른 주파수를 사용한다.
④ 점 대 다점(Point-to-Multipoint) 통신이 가능하다.

16 무선랜(WLAN)에 대한 설명으로 옳지 않은 것은?

① IEEE 802.11 규격으로 a, b, g, n이 있으며, 물리계층과 MAC 계층에 대해서 규격을 정하고 있다.
② IEEE 802.11과 802.11b를 제외하고 직교주파수분할다중화(OFDM) 기술을 적용하고 있다.
③ 사용 주파수대역은 2.4[GHz]대이며, 점유 대역폭은 20[MHz]로 모든 규격이 동일하다.
④ 직교주파수분할다중화(OFDM)에 적용되는 변조방식으로 BPSK, QPSK, 16QAM, 64QAM을 지원한다.

17 신호 $s(t)=8\cos(64\pi t)$가 주파수감도 2[Hz/volt]를 이용하여 주파수 변조될 때, 변조지수는?

① 0.25　　② 0.5
③ 1　　④ 1.5

18 1.9[GHz]~2.1[GHz] 대역을 사용하는 통신 시스템에서 가장 성능이 좋은 송수신기 안테나 길이[cm]는?(단, 안테나는 파장의 1/2일 때 가장 성능이 좋으며, 전파의 속도는 300,000[km/s]이다.)

① 3.75　　② 7.5
③ 15　　④ 30

정답 13 ② 14 ① 15 ① 16 ③ 17 ② 18 ②

19 그림과 같이 펄스폭이 1[μs]인 신호를 사용하는 레이더를 이용하여 목표물까지의 거리를 측정하고자 한다. 레이더의 송수신부가 동시에 동작하지 못한다고 가정할 때, 이 레이더의 최소탐지거리[m]는?(단, 전파의 속도는 300,000[km/s]이다.)

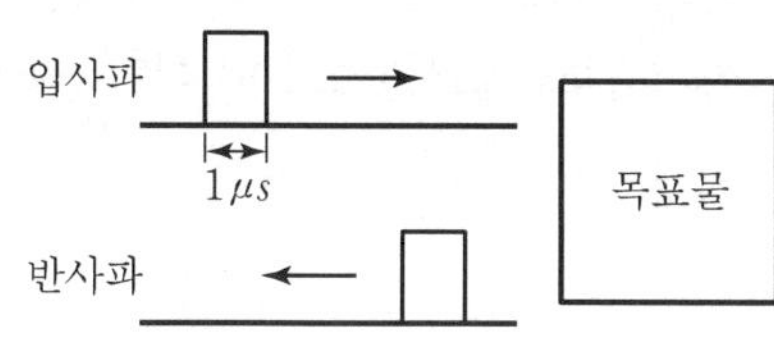

① 150　　② 300
③ 450　　④ 600

20 디지털 신호를 진폭변조 방식만으로 송신할 때 옳은 파형은?

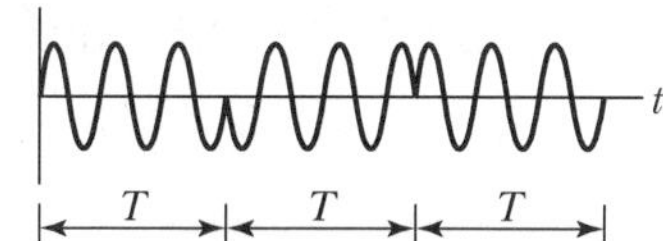

②
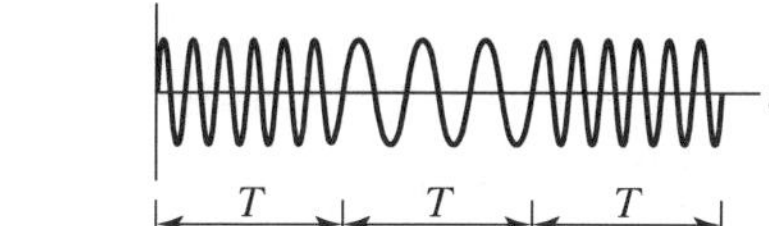

③
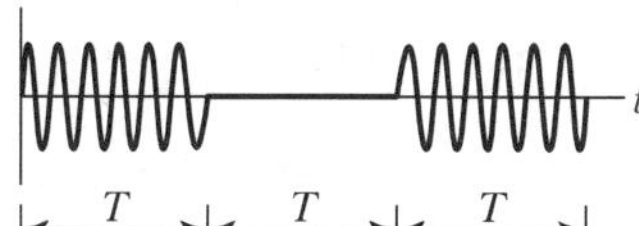

④
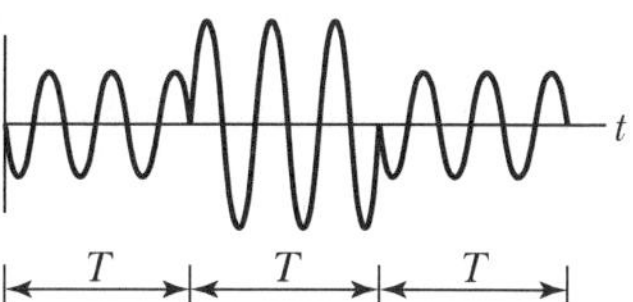

정답 19 ① 20 ③

CHAPTER 09 WIRELESS COMMUNICATION ENGINEERING

2013 국가직 9급

01 전력이 100[W]인 신호가 어떤 회로를 통과하여 전력이 36[dBm]이 되었다고 할 때, 입력 신호와 출력 신호의 전력비는?(단, log2=0.3, log3=0.48로 한다.)

① 4 : 1　② 9 : 1
③ 16 : 1　④ 25 : 1

02 전파경로 상에 장애물이 존재하는 경우, 장애물 뒤쪽으로 전파의 일부가 휘어져서 전파되는 현상은?

① 전파의 회절　② 전파의 감쇠
③ 전파의 굴절　④ 전파의 편파

03 반송파를 삽입하는 진폭 변조에 대한 설명으로 옳지 않은 것은?

① 반송파를 삽입하지 않는 방식에 비해 수신기가 복잡하다.
② 변조지수가 1보다 작으면 비동기식 복조가 가능하다.
③ 전력 효율이 낮은 전송방식이다.
④ SSB 방식에 비해 대역 효율이 낮다.

04 다음 디지털 변조 방식 가운데 대역 효율이 가장 높은 방식은?

① BPSK
② QPSK
③ 16-QAM
④ 32-ary orthogonal FSK

05 최대 초당 2,400[baud] 심볼률을 지원하는 시스템을 사용하여 5,000[bps] 디지털 음성을 보내고자 한다. 이러한 시스템을 구축하기 위해 필요한 최소의 심볼 상태 수는?

① 2　② 4
③ 8　④ 16

06 수신기에서 1[MHz]의 주기적인 신호가 2.7[MHz] 정현파를 출력하는 국부 발진기와 혼합된 후, 600[kHz]의 차단주파수를 갖는 저역통과필터(LPF)를 통과한다. 이러한 수신기의 저역통과필터(LPF) 출력에 나타나는 신호의 주파수[kHz]는?

① 300　② 400
③ 500　④ 550

07 길이가 7.5[cm]인 반파장 다이폴 안테나로 수신할 때, 수신감도가 가장 우수한 신호는?(단, 전파의 속도는 3×10^8[m/s]이다.)

① $s(t) = 7.5\cos(2\times10^8\pi t)$
② $s(t) = 7.5\cos(4\times10^8\pi t)$
③ $s(t) = 15\cos(2\times10^9\pi t)$
④ $s(t) = 15\cos(4\times10^9\pi t)$

정답 01 ④ 02 ① 03 ① 04 ③ 05 ③ 06 ① 07 ④

08 MIMO(Multi Input Multi Output) 안테나 기술에 대한 설명으로 옳지 않은 것은?

① 다수의 송수신 안테나를 사용하여 전송률을 높일 수 있다.
② 송수신 다이버시티를 기대하기 힘들다.
③ 송수신 안테나를 다수의 사용자에게 할당할 수도 있으며 한 사용자에 모두 할당할 수도 있다.
④ 무선통신 시 다중경로 페이딩과 같은 현상으로 인한 전송률 저하를 개선시킬 수 있다.

09 무선 멀티미디어 통신을 위한 OFDM 전송방식에 대한 설명으로 옳지 않은 것은?

① 다중경로에 효율적인 전송방식이다.
② CP(Cyclic Prefix)의 삽입으로 대역폭 효율이 증가한다.
③ 단일주파수망이 가능하여 방송용에도 장점으로 작용한다.
④ 협대역 간섭이 일부 부반송파에만 영향을 주기 때문에 협대역 간섭에 강하다.

10 위성통신 시스템에 대한 설명으로 옳지 않은 것은?

① 저궤도 위성과 비교하였을 때, 정지궤도 위성은 지상 기지국에서 동일한 수신 전력을 얻기 위하여 보다 큰 송신 출력이 요구된다.
② 저궤도 위성 시스템의 경우, 지상 기지국에서 위성의 위치를 추적하는 기능이 요구된다.
③ 정지궤도 위성의 경우, 3개의 위성으로 지구 대부분의 영역을 커버할 수 있다.
④ 다원접속(Multiple Access)이라 함은 하나의 기지국이 여러 대의 위성에 동시 접속하는 것이다.

11 마이크로파(Microwave)를 이용한 통신 시스템의 특징으로 옳지 않은 것은?

① 전리층의 반사를 이용한 통신이 가능하다.
② 우수한 지향성, 직진성, 반사성을 갖는다.
③ TV 중계, 위성 중계, 레이더 및 고속 데이터 통신에 사용된다.
④ 300[MHz] ~ 30[GHz]의 UHF와 SHF대의 전파가 마이크로파에 포함된다.

12 진폭 변조(AM)와 비교하여 주파수 변조(FM)의 장점으로 옳지 않은 것은?

① 진폭 리미터(Limiter)에 의해 진폭에 중첩되어 있는 잡음 성분을 효과적으로 제거할 수 있다.
② AM에 비해 높은 주파수 대역을 사용하기 때문에 채널당 주파수 간격을 충분히 취함으로써 간섭을 피하고 잡음이 적은 통신이 가능하다.
③ AM에서 100%이상 변조 시 신호 왜곡이 일어나는데 비해, FM에서는 이러한 왜곡이 문제가 되지 않아 신호대 잡음비의 개선이 비교적 용이하다.
④ AM 송신기와 수신기는 변조와 복조를 위한 회로가 복잡해지고 장치의 크기와 가격이 증가하지만, FM의 경우 상대적으로 소형·경량·저가격으로 구성할 수 있다.

정답 08 ② 09 ② 10 ④ 11 ① 12 ④

13 셀룰러 이동통신의 핵심기술에 해당하지 않는 것은?

① 핸드오프 기술
② 동기 검파 기술
③ 주파수 재사용 기술
④ 셀 분할 기술

14 안테나에 대한 설명으로 옳지 않은 것은?

① 주파수가 높아질수록 안테나 크기는 작아진다.
② 안테나의 지향성은 안테나의 전력 이득과 무관하다.
③ 야기 안테나는 지향성 안테나이다.
④ 패치 안테나는 안테나 어레이를 만들기에 직합하다.

15 대역폭이 400[Hz]인 신호를 변조지수가 2인 FM 변조하였다. 카슨(Carson)의 법칙을 이용할 때, 변조된 신호의 주파수 대역폭[Hz]은?

① 400 ② 1,200
③ 2,400 ④ 3,600

16 15[GHz]에서 동작하는 경찰 레이더가 차량의 속도를 추적하는 데 사용되고 있다. 만약 차량이 180[km/h]의 속도로 움직이고 경찰레이더에 일직선 방향으로 접근하고 있다면, 도플러 이동 주파수[Hz]는?(단, 전파의 속도는 3×10^8[m/s]이다.)

① 1,500 ② 1,800
③ 5,000 ④ 8,944

17 레이더에 대한 설명으로 옳지 않은 것은?

① 표적의 거리는 송신신호가 표적에 도달하고 다시 돌아오는 데 걸린 시간으로 계산할 수 있다.
② 표적의 방향은 귀환신호(Returned Signal)의 도래각(Arrival Angle)으로 결정한다.
③ 표적의 상대운동(Relativemotion)은 귀환신호의 반송파에서 도플러 이동(Doppler shift)으로 결정할 수 있다.
④ 레이더는 표적의 거리, 방향, 속도 등을 측정할 수 있지만, 암흑 · 안개 · 우천 시와 같은 악천후 날씨와 장거리 영역에서 동작하지 못한다는 단점이 있다.

18 광대역 무선 액세스 시스템을 설계할 때, 무선 채널의 페이딩 현상에 대처하기 위한 수단으로서 적합하지 않은 것은?

① 다수의 수신 안테나를 사용한다.
② 변조지수를 증가시킨다.
③ 채널 부호화(Channel Coding)를 적용한다.
④ 다수의 송신 안테나를 사용하고, 시공간 부호(Space-Time Code)를 적용한다.

19 셀룰러 이동통신에서 RF 중계기의 사용목적에 대한 설명으로 옳지 않은 것은?

① 신호 품질을 향상시킬 수 있다.
② 다수의 중계기를 설치함으로 인해 전송 커버리지가 확대된다.
③ 기지국 설치비용이 절감된다.
④ 전계 강도가 부족하여 발생하는 부분적인 음영지역을 해소할 수 있다.

정답 13 ② 14 ② 15 ③ 16 ③ 17 ④ 18 ② 19 ①

20 무선 도시지역 통신망 기술인 WMAN(Wireless Metropolitan Area Networks)의 기술을 규정한 국제 표준명은?

① IEEE 802.11 ② IEEE 802.15
③ IEEE 802.16 ④ IEEE 802.21

정답 20 ③

CHAPTER 10

WIRELESS COMMUNICATION ENGINEERING

2014 국가직 9급

01 다중접속방식 중 전파를 이용한 위성통신에 적합하지 않은 것은?

① 파장 분할 다중접속
② 주파수 분할 다중접속
③ 부호 분할 다중접속
④ 시간 분할 다중접속

02 위성을 이용한 통신서비스의 특징으로 옳지 않은 것은?

① 다수의 이용자들이 동시에 이용할 수 있다.
② 도심지뿐만 아니라 벽지에도 차별 없는 통신서비스가 가능하다.
③ 산악, 도서 등 지형의 영향을 많이 받는다.
④ 지상의 통신수단보다 넓은 지역에 걸쳐 통신서비스가 가능하다.

03 전파의 특성에 대한 설명으로 옳지 않은 것은?

① 가시경로가 없는 산 뒤쪽에서도 전파가 수신되는 것은 굴절(Refraction) 때문이다.
② 주파수가 높을수록 직진성이 강해진다.
③ 주파수가 낮을수록 회절(Diffraction)이 강해진다.
④ 전자파가 물체의 표면에 부딪쳐 에너지가 사방으로 분산되는 현상을 산란(Scattering)이라 한다.

04 안테나의 급전점에서 측정된 입사파 전압이 10[V]이고, 반사파 전압이 5[V]일 때 전압정재파비(Voltage Standing Wave Ratio)는?

① 1.5 ② 2
③ 3 ④ 4

05 복조기 입력단에서 측정된 잡음전력이 −120[dBm]일 때, SNR이 10[dB] 이상이 되기 위한 최소 신호전력[dBm]은?

① −100 ② −110
③ −120 ④ −130

06 DSB(Double Side Band) 진폭 변조방식과 SSB(Single Side Band) 진폭 변조방식에 대한 설명으로 옳지 않은 것은?

① SSB 방식의 점유주파수 대역폭은 DSB 방식에 비해 좁다.
② SSB 방식의 SNR은 동일한 전력일 때 DSB 방식에 비해 나쁘다.
③ SSB 방식의 시스템 구현은 DSB 방식에 비해 복잡하다.
④ SSB 방식의 주파수 이용 효율은 DSB 방식에 비해 좋다.

정답 01 ① 02 ③ 03 ① 04 ③ 05 ② 06 ②

07 10[kHz]의 아날로그 신호를 PCM(Pulse Coded Modulation) 방식으로 변환하여 실시간 전송할 때 요구되는 최소 데이터 전송률[kbps]은?(단, 양자화 레벨 수는 500이다.)

① 100 ② 120
③ 140 ④ 160

08 길이가 고정된 안테나의 고유파장보다 짧은 파장의 전파를 송신하고자 할 때 안테나에 취할 수 있는 방법으로 적절한 것은?

① 안테나 기저부에 코일을 직렬로 연결한다.
② 안테나 기저부에 코일을 병렬로 연결한다.
③ 안테나 기저부에 콘덴서를 직렬로 연결한다.
④ 안테나 기저부에 콘덴서를 병렬로 연결한다.

09 샤논(Shannon)의 채널용량 이론에 대한 설명으로 옳지 않은 것은?

① 채널용량은 SNR과 채널대역폭의 함수이다.
② 채널대역폭이 2배 증가하면 채널용량은 2배 증가한다.
③ SNR이 0[dB]일 때 단위 주파수당 채널용량은 1[bits/sec/Hz]이다.
④ SNR이 2배 증가하면 채널용량은 2배 증가한다.

10 15[kHz]의 정현파가 180[kHz]의 대역폭을 갖는 신호로 주파수 변조되었다. 칼슨(Carson)의 법칙을 이용할 때 최대 주파수편이(Peak Frequency Deviation)[kHz]는?

① 15 ② 30
③ 75 ④ 150

11 위성통신에서 사용 가능한 주파수 대역과 그 명칭이 바르게 연결되지 않은 것은?

① 1.5[GHz] 대역－L 밴드
② 6[GHz] 대역－C 밴드
③ 14[GHz] 대역－K 밴드
④ 30[GHz] 대역－Ka 밴드

12 1.5[GHz]인 신호를 반파장 다이폴(Dipole) 안테나를 이용하여 전송할 때 최대 방사효율을 얻기 위한 안테나의 길이[cm]는?(단, 전파의 속도는 300,000[km/s]이다.)

① 1 ② 2
③ 10 ④ 20

13 정지궤도 위성을 이용하여 두 지구국이 서로 통신할 때 전파의 최소 지연시간[ms]은?(단, 전파의 속도는 300,000[km/s]이고, 정지궤도 위성의 고도는 36,000[km]이다.)

① 0.24 ② 2.4
③ 24 ④ 240

14 이동통신 시스템에 대한 설명으로 옳지 않은 것은?

① 1세대 이동통신 시스템의 하나인 AMPS는 아날로그 통신 시스템이다.
② 부호 분할 다중접속 기술은 3세대 이동통신 시스템인 W-CDMA 시스템에서 처음 사용되었다.

정답 07 ② 08 ③ 09 ④ 10 ③ 11 ③ 12 ③ 13 ④ 14 ②

③ 핸드오버는 이동성을 보장하기 위한 중요한 기술 중 하나이다.

④ FDD(Frequency Division Duplexing) 방식을 사용하는 이동통신 시스템의 단말기는 송수신을 동시에 수행할 수 있다.

15 펄스레이더 장치로 최대 탐지거리를 증가시키기 위한 방법으로 옳지 않은 것은?

① 펄스폭을 좁게 한다.

② 송신전력을 증가시킨다.

③ 안테나의 개구면을 크게 한다.

④ 안테나의 이득을 증가시킨다.

16 다중 안테나를 사용하는 MIMO(Multiple Input and Multiple Output)에 대한 설명으로 옳지 않은 것은?

① 다중경로 페이딩 특성을 이용하여 공간 다중화(Spatial Multiplexing) 구현이 가능하다.

② 전체의 전송속도는 낮추고 각 안테나에서의 전송속도는 높여 전체의 채널용량을 증가시킨다.

③ 통신 링크의 채널 상태를 송 · 수신기 모두가 아는 경우, 송신기에서 안테나별 송신 전력을 적절히 조절하여 더 높은 채널용량을 얻을 수 있다.

④ 송신 안테나들을 통하여 전송되는 신호들은 서로 다른 디지털 변조방식을 사용할 수 있다.

17 GPS(Global Positioning System)를 이용하여 위치를 계산할 때 오차를 발생시키는 원인으로 적절하지 않은 것은?

① 수신기의 증폭도와 필터의 정밀도에 의한 신호 품질 차이

② 다중경로(Multi-Path)에 의한 수신 경로 차이

③ 위성과 수신기 사이의 동기 시간 차이

④ 전리층과 대기층에서의 굴절에 의한 수신 경로 차이

18 그림 ㉠~㉢의 ARQ(Automatic Repeat Request) 오류제어방식과 그 명칭이 바르게 연결된 것은?(단, 'Go Back N ARQ'는 'N 후진 ARQ', 'Stop-and-wait ARQ'는 '정지-대기 ARQ', 'Selective ARQ'는 '선택적 ARQ'이다.)

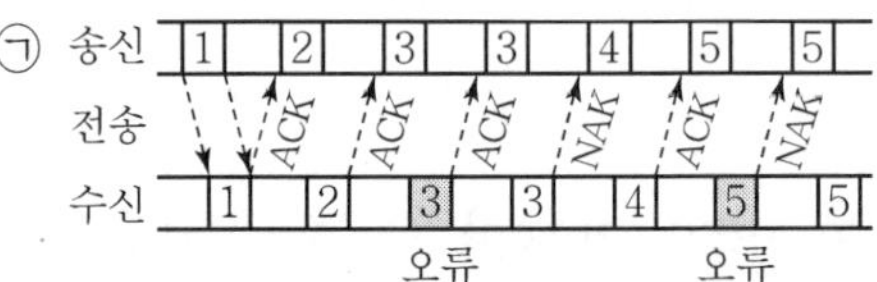

㉡ 송신 1 2 3 4 5 6 7 5 6 7 8 9 10 11 9 10
전송
수신 1 2 3 4 5 6 7 5 6 7 8 9 10 11 9
오류 오류

㉢ 송신 1 2 3 4 5 6 7 5 8 9 10 11 12 13 11 14
전송
수신 1 2 3 4 5 6 7 5 8 9 10 11 12 13 11
오류 오류

	㉠	㉡	㉢
①	N 후진 ARQ	정지-대기 ARQ	선택적 ARQ
②	N 후진 ARQ	선택적 ARQ	정지-대기 ARQ
③	정지-대기 ARQ	선택적 ARQ	N 후진 ARQ
④	정지-대기 ARQ	N 후진 ARQ	선택적 ARQ

정답 15 ① 16 ② 17 ① 18 ④

19 슈퍼헤테로다인(Superheterodyne) 수신기에 대한 설명으로 옳지 않은 것은?

① AM, FM 및 TV 방송 수신기에 모두 이용될 수 있다.

② 국부발진기의 주파수를 고정시키고 IF(Inter-mediate Frequency)를 가변시킨다.

③ 영상 주파수(Image Frequency) 제거를 위한 대책이 필요하다.

④ 주파수 하향변환을 통하여 중심주파수가 RF(Radio Frequency)에서 IF(Inter-mediate Frequency)로 변환된 신호를 검파에 사용한다.

20 PCM(Pulse Code Modulation) 전송방식에 대한 설명으로 옳지 않은 것은?

① 아날로그 신호를 디지털 신호로 변환하여 전송하는 경우 더 넓은 전송 대역폭이 요구된다.

② 표본화기에서는 일정 시간 간격으로 펄스 진폭 변조를 수행한다.

③ 양자화기를 통과하면 양자화 잡음이 발생할 수 있다.

④ 표본화 시간 간격이 좁을수록 단위 시간당 발생되는 비트의 수는 감소한다.

정답 19 ② 20 ④

CHAPTER 11 WIRELESS COMMUNICATION ENGINEERING

2014 국회사무처 9급

01 휘도신호와 색차신호(Y, C_b, C_r)로 구성된 HD 영상신호에서 1초에 생성되는 C_b 신호의 비트 수는?[단, 해상도 : 1,920×1,080, 프레임전송률: 30p(progressive), 크로마 포맷 : 4 : 2 : 2, 샘플당 비트 수 : 10]

① 1,920×1,080×30×10

② $1,920\times1,080\times30\times10\times\frac{1}{2}$

③ 1,920×1,080×60×10

④ $1,920\times1,080\times60\times10\times\frac{1}{2}$

⑤ $1,920\times1,080\times30\times10\times\frac{1}{4}$

02 영상 신호의 VMU(Video Mixing Unit) 스위칭 조작에서 화상 이득 조정기에 의해 영상 신호 이득을 증감시켜 특정 영상 화면을 서서히 나타내거나 없애는 조작을 무엇이라고 하는가?

① Switch ② Shadow
③ Fade In/Out ④ Wipe
⑤ Tally

03 방송영상신호를 측정하는 장비인 벡터스코프로 컬러 바(Color Bar) 신호를 측정할 때 컬러 버스트(Color Burst)의 기준 위상값은?

① 270도 ② 180도
③ 90도 ④ 45도
⑤ 0도

04 방송영상신호에서 컬러 버스트(Color Burst)는 색신호의 변조에 중요한 역할을 한다. 컴포지트(Composite) 신호에서 컬러 버스트가 실리는 구간은?

① 수평주사기간 내의 앞부분
② 수평주사기간 내의 뒷부분
③ 수직주사기간 내의 앞부분
④ 수직귀선기간
⑤ 수평귀선기간

05 양방향 CATV 방송 설비를 센터계(송출계), 전송계, 가입자계로 분류할 때, 다음 중 전송계에 해당되는 설비는?

① 영상과 음성의 변복조 설비
② 스튜디오 설비
③ 송출 설비
④ 편집 및 검색 설비
⑤ 간선 증폭 설비

06 라디오나 TV방송에서 입력된 스케줄에 따라 프로그램을 자동적으로 전환하여 송출하는 시스템은 무엇인가?

① APC ② CMS
③ MCT ④ NMS
⑤ VOD

정답 01 ② 02 ③ 03 ① 04 ⑤ 05 ⑤ 06 ①

07 다음 중 위성통신의 특징으로 옳지 않은 것은?

① 넓은 지역을 통신의 대상으로 삼을 수 있다.
② 지리적 제약에 좌우되지 않는 회선 설정을 할 수 있다.
③ 점 대 다점(Point-to-Multipoint) 통신이 가능하다.
④ 주파수가 높아질수록 강우 감쇄의 영향을 크게 받는다.
⑤ 지상의 무선통신 시스템과의 간섭이 없다.

08 다음 중 디지털 방송에 대한 설명으로 옳지 않은 것은?

① 디지털 방송은 영상과 음향을 모두 디지털화해서 전송하는 방식이며, MPEG 등의 데이터 압축 기술을 사용한다.
② 유럽의 디지털 음성 방송은 DAB이며 OFDM 방식을 사용한다.
③ 북미의 디지털 지상파 TV 방식은 ATSC이며 8-VSB 변조방식을 사용한다.
④ Full HD급이란 4 : 3 화면 비율을 갖는 약 10만 화소급의 영상을 제공하는 해상도를 말한다.
⑤ 유럽의 디지털 지상파 TV 방식은 ATSC 방식에 비해 이동 수신이 용이하다.

09 디지털 방송에서 사용하는 인터리버(Inter Leaver)의 사용 목적으로 옳은 것은?

① 신호 전송 시 송신 전력의 증대
② 신호 전송 시 스펙트럼 효율의 개선
③ 신호 전송 시 발생되는 도플러 주파수 편이를 보상
④ 신호 전송 시 발생되는 동기 이탈을 방지
⑤ 신호 전송 시 버스트(Burst) 오류를 랜덤 오류로 변환

10 무선 디지털 변복조 기술에 대한 설명으로 옳지 않은 것은?

① FSK는 송신내용에 따라서 전송되는 신호의 주파수가 변화되는 방식이다.
② ASK는 송신내용에 따라서 전송되는 신호의 진폭이 변화되는 방식이다.
③ PSK는 송신내용에 따라서 전송되는 신호의 위상이 변화되는 방식이다.
④ QAM은 송신내용에 따라서 전송되는 신호의 진폭 및 주파수가 변화되는 방식이다.
⑤ QPSK는 심볼당 2비트를 전송한다.

11 다음 중 송신기와 수신기 사이의 채널을 통해 보낼 수 있는 최대 정보량을 의미하는 채널 용량(단위 : 초당 비트 수)에 대한 설명으로 옳지 않은 것은?

① 백색 잡음 채널의 채널 용량은 채널의 대역폭과 신호대 잡음 전력비로 결정된다.
② 백색 잡음 채널의 대역폭이 일정할 때 신호대 잡음 전력비가 무한히 커지면 채널 용량도 이론적으로 무한히 커진다.
③ 백색 잡음 채널의 신호대 잡음 전력비가 일정할 때 채널의 대역폭이 무한히 커지면 채널 용량은 이론적으로 무한히 작아진다.
④ 백색 잡음 채널의 대역폭과 잡음전력이 일정할 때 신호전력이 커지면 채널 용량도 커진다.
⑤ 주어진 채널의 채널 용량보다 큰 정보량을 신뢰성 있게 전송하는 것은 불가능하다.

정답 07 ⑤ 08 ④ 09 ⑤ 10 ④ 11 ③

12 100[MHz]의 반송파를 최대주파수 편이 50[kHz]로 하고, 10[kHz]의 신호파로 주파수변조(FM) 할 때 카슨법칙에 의한 주파수 대역폭은?

① 120[kHz] ② 60[kHz]
③ 140[kHz] ④ 70[kHz]
⑤ 100[kHz]

13 송신된 신호가 산란, 회절, 반사 등으로 여러 경로를 통해 수신될 때 수신된 신호의 크기와 위상이 불규칙하게 변화하는 현상을 무엇이라고 하는가?

① 도플러 효과 ② 경로 손실
③ 지연 확산 ④ 페이딩
⑤ 심볼 간 간섭

14 VHF파와 마이크로파의 비교에서 옳지 않은 것은?

① 마이크로파는 VHF파보다 광대역성을 갖는다.
② VHF파는 마이크로파보다 직진성이 강하다.
③ 마이크로파는 주로 접시형 안테나를 사용한다.
④ 마이크로파는 VHF파보다 장애물의 영향을 더 받는다.
⑤ VHF파 안테나의 길이는 마이크로파 안테나의 길이보다 길다.

15 FM 라디오 방송신호가 100[MHz]로 전송될 경우, 이 신호를 수신하는 데에 가장 적합한 안테나 길이는?

① 2.5[m] ② 2[m]
③ 1.5[m] ④ 1[m]
⑤ 0.5[m]

16 아래 그림은 무선 송수신 시스템의 개념적 블록 다이어그램이다. ⓐ~ⓓ에 들어갈 적절한 기능 블록은?

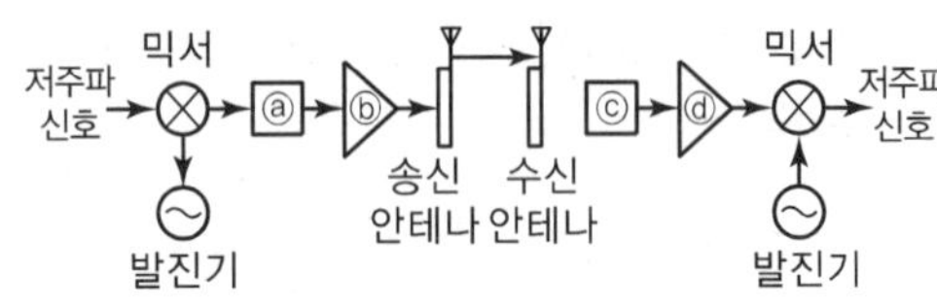

① ⓐ 저역통과필터 ⓑ 전력증폭기
ⓒ 저역통과필터 ⓓ 전력증폭기
② ⓐ 대역통과필터 ⓑ 전력증폭기
ⓒ 저역통과필터 ⓓ 저잡음증폭기
③ ⓐ 대역통과필터 ⓑ 전력증폭기
ⓒ 저역통과필터 ⓓ 전력증폭기
④ ⓐ 저역통과필터 ⓑ 저잡음증폭기
ⓒ 대역통과필터 ⓓ 전력증폭기
⑤ ⓐ 대역통과필터 ⓑ 전력증폭기
ⓒ 대역통과필터 ⓓ 저잡음증폭기

17 300[Ω]의 TV 급전선(Feeder)에 75[Ω]의 안테나를 접속하면 전압정재파비(VSWR)는?

① 0.25 ② 4
③ 6 ④ 8
⑤ 10

정답 12 ① 13 ③ 14 ② 15 ③ 16 ⑤ 17 ①

18 다음은 디지털 지상파 방송시스탬의 송신부 구성도이다. ⓐ~ⓓ에 맞는 것은?

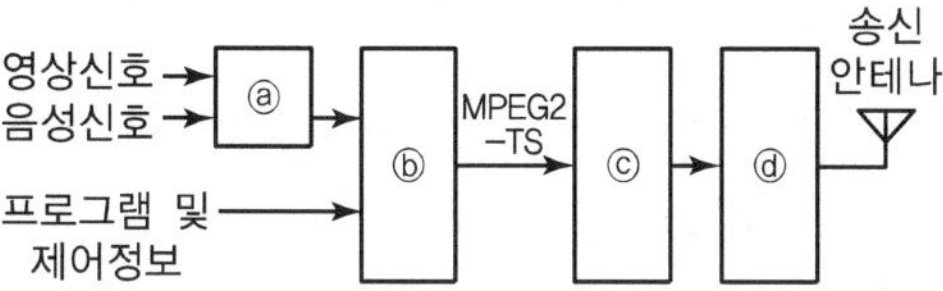

① ⓐ 원천부호화　ⓑ 다중화
　ⓒ 채널부호화　ⓓ 변조
② ⓐ 원천부호화　ⓑ 채널부호화
　ⓒ 다중화　ⓓ 변조
③ ⓐ 채널부호화　ⓑ 원천부호화
　ⓒ 변조　ⓓ 다중화
④ ⓐ 변조　ⓑ 채널부호화
　ⓒ 다중화　ⓓ 원천부호화
⑤ ⓐ 변조　ⓑ 다중화
　ⓒ 원천부호화　ⓓ 채널부호화

19 두 개의 부호어(Codewords) $X=[010010]$, $Y=[110001]$의 해밍거리(Hamming Dis-tance)는?

① 1　② 2
③ 3　④ 4
⑤ 6

20 디지털 방송통신 시스템에서 전송의 신뢰도를 높이기 위해 쓰이는 채널부호기법에 대한 설명으로 옳지 않은 것은?

① 정보 비트 이외에 부가적으로 여분 비트를 만들어 정보 비트와 같이 전송한다.
② 짝수 패리티 부호에 의해 1비트 오류 검출 및 정정이 가능하다.
③ 여분 비트를 이용하여 수신단에서 전송 오류를 정정한다.
④ ATSC 방식에서는 10바이트 오류정정 능력을 갖는 RS(207, 187)부호를 적용한다.
⑤ 부호어의 최소 해밍거리가 커질수록 오류 정정 능력은 향상된다.

정답 18 ① 19 ① 20 ②

CHAPTER 12

WIRELESS COMMUNICATION ENGINEERING

2015 국가직 9급

01 진폭변조시스템에 대한 설명으로 옳지 않은 것은?

① DSB-LC(Double Sideband-Large Carrier) 변조신호를 복조할 때 포락선검파기(Envelope Detector)를 사용할 수 있다.
② DSB-SC(Double Sideband-Suppressed Carrier)와 SSB-SC(Single Sideband-Suppressed Carrier) 변조신호는 전송신호의 평균전력을 동일하게 전송하는 경우 동기검파기의 출력 신호 대 잡음비(S/N)가 같다.
③ VSB(Vestigial Side Band) 시스템은 SSB 시스템에 비해서 대역폭을 넓게 사용한다.
④ 진폭변조된 신호를 복조할 때 포락선검파기를 주로 사용하는 이유는 동기검파기보다 복조기 출력 신호의 신호 대 잡음비가 더 우수하기 때문이다.

02 이동통신에서 수신신호의 크기가 불규칙적으로 변하는 것은 무선채널의 어떤 특성으로 인한 것인가?

① 페이딩 ② 경로손실
③ 백색잡음 ④ 다이버시티

03 저궤도(LEO) 위성통신에 대한 설명으로 옳지 않은 것은?

① 정지궤도(GEO) 위성에 비해서 도플러 효과(Doppler Effect)의 영향이 거의 없다.
② 가시가능시간이 짧아서 위성 간 핸드오버가 필요하다.
③ 정지궤도 위성보다 신호의 지연시간이 짧다.
④ 지표면으로부터 500~2,000[km] 정도의 고도에서 운용된다.

04 위성통신에 대한 설명으로 옳지 않은 것은?

① 지역 내의 여러 지구국이 동시에 정보를 수집하기 용이하다.
② 지구국을 이동시키면 어디에서든 자유로이 단시간에 회선을 설정할 수 있다.
③ 셀룰러 통신 시스템보다 신호의 지연시간이 짧다.
④ 위성이 서비스할 수 있는 범위 내에서는 지상의 거리에 관계없이 원거리 통신에서 경제적이다.

05 이동통신 채널의 특성에 대한 설명으로 옳지 않은 것은?

① 시간에 따른 채널 특성의 변화가 적어 유선통신보다 안정적인 통신이 가능하다.
② 다중경로에 따른 페이딩 채널 특성을 가진다.
③ 도플러 확산(Doppler Spread)이 클수록 채널 변화가 심하다.
④ 다이버시티 기법을 통해 성능을 개선할 수 있다.

정답 01 ④ 02 ① 03 ① 04 ③ 05 ①

06 레이더의 송수신 신호가 그림과 같을 때, 표적의 탐지거리[km]와 상대속도[m/s]는?

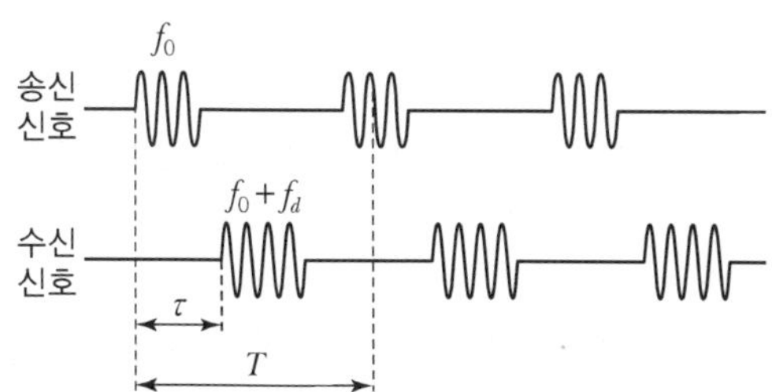

① 60[km], 600[m/s]
② 60[km], 300[m/s]
③ 30[km], 600[m/s]
④ 30[km], 300[m/s]

07 레이더에 대한 설명으로 옳지 않은 것은?

① 전자기파를 방사하고 표적에서 반사된 신호를 감지하여 방향, 위치, 속도 등 표적에 대한 정보를 파악한다.
② RCS(Radar Cross Section)가 클수록 반사된 신호 전력의 양이 많다.
③ 레이더에서 보는 각도가 달라도 안테나로부터 동일 거리에 동일 표적이 있다면 반사된 신호전력의 양은 동일하다.
④ 표적의 상대운동속도는 반사된 신호의 도플러 천이(Doppler Shift)로 알 수 있다.

08 그림과 같이 진폭 변조된 신호의 변조지수는?

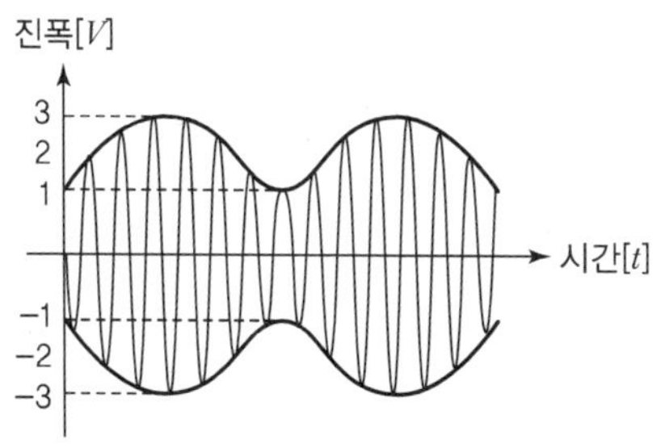

① 0.2　② 0.5
③ 0.7　④ 0.8

09 CDMA 방식으로 한 단말기에 부호[−1 +1 −1 +1 −1 +1]를 배정하였을 때 다른 단말기에 배정할 수 있는 부호는?

① [−1 −1 +1 +1 −1 +1]
② [+1 −1 +1 +1 +1 +1]
③ [+1 +1 −1 +1 −1 −1]
④ [−1 +1 +1 −1 +1 +1]

10 16−QAM 변조에서 하나의 심벌은 몇 개의 비트인가?

① 2　② 4
③ 6　④ 8

11 OFDM(Orthogonal Frequency Division Multiplexing)에 대한 설명으로 옳지 않은 것은?

① 부반송파 간의 직교성을 이용해 주파수 스펙트럼을 효율적으로 이용할 수 있다.
② 광대역 전송 시에 나타나는 주파수 선택적 채널이 심벌 간 간섭이 없는 주파수 비선택적 채널로 근사화된다.
③ FFT(Fast Fourier Transform) 기술을 사용한다.
④ PAPR(Peak−to−Average Power Ratio)이 작아 증폭기의 전력 효율이 높다.

정답 06 ④ 07 ③ 08 ② 09 ④ 10 ② 11 ④

12 전송선로에 대한 설명으로 옳지 않은 것은?

① 반사계수가 0.5일 때 전압정재파비는 3이다.
② 이상적인 급전선에서 반사계수는 0이 되어 전압정재파비는 1이다.
③ 단락회로의 반사계수는 1이다.
④ 개방회로의 전압정재파비는 무한대이다.

13 전파에 대한 설명으로 옳지 않은 것은?

① 주파수가 높을수록 전리층 통과가 어려워진다.
② 주파수 대역폭이 넓어지면 전송속도를 증가시킬 수 있다.
③ 주파수가 높을수록 안테나의 길이가 짧아진다.
④ 주파수가 높을수록 장애물에서 회절 능력이 감소한다.

14 안테나 이득이 20[dB]인 송신안테나에서 10[W]의 전력이 방사되었을 때 유효등방성 방사전력(EIRP)[dBW]은?

① 10 ② 20
③ 30 ④ 40

15 PCM(Pulse Code Modulation)에 대한 설명으로 옳지 않은 것은?

① 과표본화(Oversampling)란 최소 표본화 주파수보다 더 높은 주파수를 사용하여 표본화를 수행하는 것이다.
② 표본화 과정의 결과를 PPM(Pulse Position Modulation)이라 한다.
③ 양자화(Quantization) 레벨 수가 많을수록 근사화오차가 작아지므로 양자화 잡음은 작아진다.
④ 32개의 레벨 수로 양자화된 것을 부호화할 때 표본당 할당되는 비트의 수는 5이다.

16 지그비(ZigBee)와 블루투스(Bluetooth)에 대한 설명으로 옳지 않은 것은?

① 지그비는 물리계층 및 MAC 계층 표준으로 IEEE 802.15.1 규격을 사용한다.
② 지그비는 저전력으로 저속 데이터를 전송하는 근거리 무선통신 기술이다.
③ 블루투스는 ISM(Industrial Scientific & Medical) 대역을 사용한다.
④ 블루투스는 간섭 완화를 위해 주파수 도약을 사용한다.

17 태양의 폭발에 의해 방출되는 하전 입자가 지구 전리층을 교란시켜 전파방해가 발생하는 자기폭풍(Magnetic Storm) 현상에 대한 설명으로 옳지 않은 것은?

① 태양폭발이 선행하기 때문에 미리 예측할 수 있다.
② 3~20[MHz] 주파수대역보다 낮은 주파수 신호가 더 큰 영향을 받는다.
③ 지속시간이 비교적 길어 1~2일 또는 수일 동안 계속된다.
④ 지구 전역에서 발생하며 고위도 지방에서 더 심하다.

정답 12 ③ 13 ① 14 ③ 15 ② 16 ① 17 ②

18 사물이나 생활 공간에 부착된 태그(Tag)나 센서(Sensor)로부터 사물 및 환경 정보를 감지하는 네트워크로 옳은 것은?

① HSDPA(High Speed Downlink Packet Access)
② RFID/USN(Radio Frequency Identification/Ubiquitous Sensor Network)
③ WCDMA(Wideband CDMA)
④ LTE(Long Term Evolution)

19 이동통신 시스템의 입력 전력이 1[mW], 첫째 단의 이득이 −25[dB], 둘째 단의 이득이 50[dB], 그리고 셋째 단의 이득이 15[dB]일 때의 출력전력[W]은?

① 0.4　　② 1
③ 4　　④ 10

20 진폭변조 방식과 주파수변조 방식에 대한 설명으로 옳지 않은 것은?

① 광대역 주파수변조 방식에서 변조된 신호의 점유 대역폭은 변조 지수가 클수록 증가한다.
② 진폭변조 방식은 주파수변조 방식보다 잡음의 영향을 더 많이 받는다.
③ 주파수변조 방식의 잡음 성분을 줄이기 위해 송신기에 디엠퍼시스(Deemphasis)를, 수신기에 프리엠퍼시스(Preemphasis)를 사용한다.
④ 반송파 성분이 제거된 SSB 변조 방식은 복조를 하기 위하여 동기복조 방식을 사용한다.

정답 18 ② 19 ④ 20 ③

CHAPTER 13

WIRELESS COMMUNICATION ENGINEERING

2015 국회사무처 9급

01 다음 중 완전 고선명 TV(Full HDTV) 신호의 영상표준에 대한 내용으로 옳지 않은 것은?

① 크로마 포맷으로 4 : 2 : 2 샘플링 구조를 사용한다.

② 샘플링 주파수는 휘도신호에 대해 13.5 MHz를 사용한다.

③ 부호화 방식은 선형양자화 PCM이다.

④ 양자화 비트 수는 8비트 또는 10비트이다.

⑤ 라인당 유효 화소수는 1,920픽셀이다.

02 TV 스튜디오에서 카메라, VCR, CG 등의 모든 영상신호가 하나의 동기신호를 기준으로 동작되도록 하는 장치를 무엇이라 하는가?

① 스위처 ② VCR/VTR

③ 방송용 서버 ④ Genlock 장치

⑤ Patch Panel

03 다음 중 마이크 종류에 대한 설명으로 옳지 않은 것은?

① 압전형 마이크는 수정이나 로셀염 등의 결정체를 이용한 것이다.

② 가동코일형 마이크는 온도나 습도에 대한 영향이 적다.

③ 리본형 마이크는 벨로시티 마이크라고도 부르며, 대표적인 무지향성 마이크이다.

④ 정전용량형 마이크는 콘덴서 마이크라고도 부르며, 주파수 특성이 좋은 마이크이다.

⑤ 전기저항변환 마이크는 대리석의 절연 케이스에 카본 미립자를 넣고 전극을 배치하여 만든 것이다.

04 다음 중 TV 방송 주조정실에서 사용되는 장비가 아닌 것은?

① 프레임 동기화기

② VCR/VTR

③ 자동프로그램 송출장치

④ 오프라인 편집기

⑤ 영상절환 스위처

05 MPEG으로 압축된 비디오 데이터 구조를 최상층에서 최하층까지 옳게 나열한 것은?

① 시퀀스 ➡ GOP ➡ 픽처 ➡ 슬라이스 ➡ 블록 ➡ 매크로블록

② 시퀀스 ➡ GOP ➡ 픽처 ➡ 슬라이스 ➡ 매크로블록 ➡ 블록

③ GOP ➡ 시퀀스 ➡ 픽처 ➡ 매크로블록 ➡ 슬라이스 ➡ 블록

④ 시퀀스 ➡ GOP ➡ 슬라이스 ➡ 픽처 ➡ 블록 ➡ 매크로블록

⑤ 시퀀스 ➡ 픽처 ➡ GOP ➡ 슬라이스 ➡ 매크로블록 ➡ 블록

정답 01 ② 02 ④ 03 ③ 04 ④ 05 ②

06 국내 지상파 디지털 HDTV 방송의 규격으로 옳은 것은?

① 영상압축 : MPEG-1
음성압축 : MPEG-1
변조방식 : QPSK

② 영상압축 : MPEG-4
음성압축 : MPEG-2
변조방식 : 8-VSB

③ 영상압축 : MPEG-2
음성압축 : MPEG-2
변조방식 : OFDM

④ 영상압축 : MPEG-4
음성압축 : Dolby AC-3
변조방식 : OFDM

⑤ 영상압축 : MPEG-2
음성압축 : Dolby AC-3
변조방식 : 8-VSB

07 다음은 MPEG-2 TS(전송스트림) 패킷의 PID 및 PSI 일부를 분석한 결과이다. PID가 00, 10, 50인 패킷에 대한 설명으로 옳은 것은?

패킷헤더 / 패킷헤더 / 패킷헤더 / 패킷헤더 / 패킷헤더

00	Program1 10 Program2 20 Program3 30	10	Video 50 Audio 60	50	……	50	……	60	……

	PID : 00	10	50
①	PAT	PMT	Program1의 Video
②	PMT	PAT	Program1의 Video
③	Program1의 Video	PAT	PMT
④	PMT	Program1의 Video	PAT
⑤	PAT	Program1의 Audio	PMT

08 다음 중 제한된 채널대역을 효율적으로 사용하기 위한 방송 영상신호의 압축원리에 대한 설명으로 옳지 않은 것은?

① 영상이 변화하지 않고 평활한 경우 공간 주파수가 낮다.
② 공간 주파수가 낮은 영상을 DCT 직교변환으로 변환하면 압축률을 높일 수 있다.
③ 변환영역에서 저주파 성분은 시각적으로 민감하므로 양자화 스텝크기를 증가시킨다.
④ 변환영역에서 발생확률에 따른 가변길이 부호 방식을 사용하여 압축한다.
⑤ 움직임 보상 기법에 의해 화면 간 정보를 압축할 수 있다.

09 다음은 MPEG-2 TS 패킷의 처음 32 바이트이다. 제시된 패킷의 PID 값은 얼마인가?

47 51 00 12 00 3C BF FD 0F 35 C5
0D 0F 11 03 10 03 00 00 00 08 FF
00 0F E0 0F 35 02 FF 00 0D 2E

① 100016 ② 100116
③ 101016 ④ 101116
⑤ 110016

10 다음은 국내 지상파 디지털 TV 방송시스템에서 전송 신뢰도를 높이기 위한 채널부호화기 구조이다. (가)~(다) 블록을 순서대로 옳게 나열한 것은?

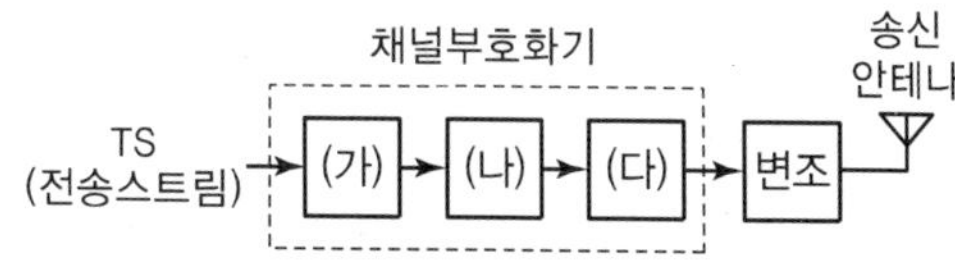

정답 06 ⑤ 07 ① 08 ③ 09 ⑤ 10 ①

① 리드–솔로몬 부호화 ➡ 인터리빙 ➡ Trellis 부호화
② 리드–솔로몬 부호화 ➡ Trellis 부호화 ➡ 인터리빙
③ 인터리빙 ➡ Trellis 부호화 ➡ 리드–솔로몬 부호화
④ Trellis 부호화 ➡ 인터리빙 ➡ 리드–솔로몬 부호화
⑤ 인터리빙 ➡ 리드–솔로몬 부호화 ➡ Trellis 부호화

11 고주파 전력을 안테나에 공급하는 선로인 급전선(Feed Line)의 필요조건으로 옳지 않은 것은?

① 급전선에서 전력손실이나 흡수가 없을 것
② 외부로의 전자파 복사 및 누설이 없을 것
③ 다른 통신선로에 유도 방해를 주거나 받지 않을 것
④ 전송효율이 좋고 임피던스 정합이 용이할 것
⑤ 입사파와 반사파의 크기가 동일할 것

12 다음 중 정보량과 엔트로피에 대한 설명으로 옳지 않은 것은?

① 심벌의 정보량은 발생확률에 반비례한다.
② 엔트로피는 심벌이 갖는 평균 정보량을 의미한다.
③ 심벌의 발생확률이 균등할 때 엔트로피가 최대이다.
④ 정보량이 큰 심벌에 보다 짧은 부호를 할당한다.
⑤ 심벌의 평균 부호길이는 엔트로피에 근접하게 설계한다.

13 방송통신 신호를 랜덤화하기 위해 의사잡음(PN) 부호를 적용할 때, 데이터 11110000_2에 PN부호 01010101_2를 가하면 출력신호는?

① 10101010_2　② 10100101_2
③ 11110101_2　④ 01010000_2
⑤ 01100110_2

14 변조지수가 0.8인 AM 변조기에서 반송파의 진폭이 10[V]일 때, 반송파와 상 · 하측대파로 구성된 AM 신호의 평균 전력은?

① 44[W]　② 55[W]
③ 66[W]　④ 77[W]
⑤ 88[W]

15 다음 중 위성방송 수신을 위해 사용하는 접시형 반사판 안테나(Parabolic Reflector Antenna)에 대한 설명으로 옳은 것은?

① 포물면경의 개구면이 클수록 지향성이 예민해지고 이득이 커진다.
② 안테나 이득은 파장의 제곱에 비례한다.
③ 반사면에 눈이 쌓이면 신호대 잡음비가 높아지므로 눈이 쌓이지 않도록 한다.
④ 수신부의 위치가 포물면경의 초점에서 멀어질수록 수신전력이 커진다.
⑤ 안테나 3dB 빔폭이 넓어서 등방성 수신 안테나에 가깝다.

정답 11 ⑤ 12 ④ 13 ② 14 ③ 15 ①

16 그림과 같은 수신기 시스템에서 RF 증폭기의 이득이 25[dB], IF 증폭기 이득이 50[dB], 주파수변환기 이득이 −5[dB]이다. RF 증폭기의 입력전력이 −80[dBm]일 때, IF 증폭기의 출력전력은 얼마인가?

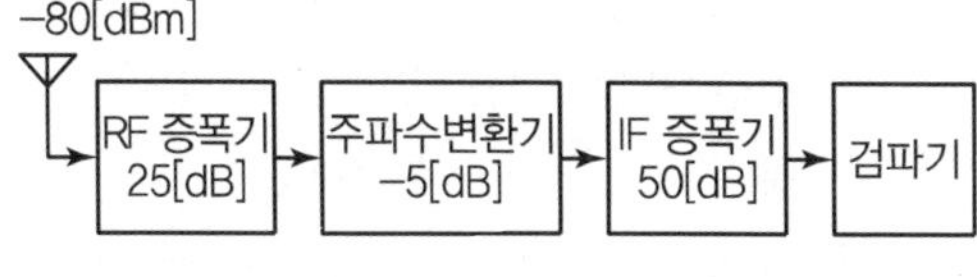

① 100[mW] ② 10[mW]
③ 1[mW] ④ 100[μW]
⑤ 10[μW]

17 다음 중 OFDM 전송방식에 대한 설명으로 옳지 않은 것은?

① 다수 개의 반송파를 동시에 사용하여 전송한다.
② 단일 반송파 방식에 비해 이동 수신성이 떨어진다.
③ 심벌 간 간섭(ISI)을 감소시키기 위하여 심벌 간에 보호구간을 둔다.
④ 다수 개의 반송파를 주파수 대역에서 중첩하기 때문에 주파수 효율이 높다.
⑤ 국내 지상파 DMB 방송에서 사용한다.

18 다음의 보기 중에서 방송통신용 송수신기에 사용하는 위상고정루프(PLL)의 구성요소를 모두 고른 것은?

㉠ 대역통과필터	㉡ 저역통과필터
㉢ 위상비교기	㉣ 전압제어발진기
㉤ 레벨변환기	㉥ 전파정류기

① ㉠, ㉢, ㉣ ② ㉠, ㉤, ㉥
③ ㉡, ㉢, ㉣ ④ ㉡, ㉣, ㉥
⑤ ㉢, ㉣, ㉥

19 직렬 연결된 2단 종속 증폭기(Cascade Amplifier)에서 초단 증폭기의 잡음지수와 이득이 각각 15, 16이고, 둘째 단 증폭기의 잡음지수와 이득은 각각 17, 18일 때, 이 증폭기의 종합잡음지수는 얼마인가?

① 15 ② 16
③ 17 ④ 18
⑤ 19

20 고주파 전력신호를 안테나에 공급할 때 사용하는 도파관의 동작원리는 다음 중 어느 필터에 해당하는가?

① 고역통과필터 ② 저역통과필터
③ 대역통과필터 ④ 대역제거필터
⑤ 전역통과필터

정답 16 ④ 17 ② 18 ③ 19 ② 20 ①

CHAPTER 14

WIRELESS COMMUNICATION ENGINEERING

2016 국가직 9급

01 주파수 대역과 무선통신 또는 방송기술이 바르게 짝지어진 것은?

	주파수 대역	무선통신/방송기술
①	30[kHz]	AM 라디오 방송
②	200[MHz]	위성 DMB
③	1.8[GHz]	잠수함 간 무선통신
④	2.4[GHz]	무선 랜

02 다음 중 회절이 가장 잘 되는 전파는?

① 장파　　② 중파
③ 단파　　④ 극초단파

03 레이더에 대한 설명으로 옳지 않은 것은?

① 목표물에서 반사되어온 신호의 전력은 레이더 신호의 파장과 레이더의 단면적에 따라 달라진다.
② 레이더로부터 목표물까지의 방위는 일반적으로 무지향성 안테나를 사용하여 측정한다.
③ 레이더로부터 목표물까지의 거리는 송신 신호가 목표물에 도달하고 다시 돌아오는데 걸리는 시간으로 계산할 수 있다.
④ 레이더 시스템에서는 펄스파와 지속파(Conti-nuous Wave)가 사용될 수 있다.

04 위성통신에 대한 설명으로 옳지 않은 것은?

① 광대역 통신이 가능하다.
② 전송 지연 문제가 발생할 수 있다.
③ 통신의 보안성이 우수하다.
④ FDMA, TDMA, CDMA 등 다원접속방식이 가능하다.

05 무선 채널에 대한 설명으로 옳지 않은 것은?

① 송신된 전파가 다중 경로로 진행하여 수신 시간이 퍼지는 현상을 지연확산(Delay Spread)이라고 한다.
② 지연확산으로 인하여 주파수 선택적 페이딩 현상이 발생한다.
③ 이동체의 속도가 느릴수록 도플러 확산(Doppler Spread)이 커진다.
④ 도플러 확산은 시간 선택적 페이딩을 발생시킨다.

06 이동통신 시스템에 대한 설명으로 옳지 않은 것은?

① 셀룰러 시스템에서 셀 크기를 줄이면 전체 가입자 용량을 증대시킬 수 있다.
② TDMA 시스템에서는 레이크 수신기(Rake Receiver)를 사용하여 다중경로 페이딩의 영향을 극복할 수 있다.
③ CDMA 셀룰러 시스템에서는 FDMA 셀룰러 시스템과 달리 인접한 셀에서 동일한 주파수를 사용할 수 있다.

정답 01 ④ 02 ① 03 ② 04 ③ 05 ③ 06 ②

④ 동기식 DS-CDMA 셀룰러 시스템에서는 PN 코드의 오프셋 값에 의해 기지국을 구별하며 멀리 떨어진 기지국에서는 PN 코드의 오프셋 값을 재사용할 수 있다.

07 안테나에 대한 설명으로 옳지 않은 것은?

① 안테나 이득은 안테나 유효면적의 제곱에 비례한다.
② 안테나에서 방사된 전파의 전력은 거리의 제곱에 반비례한다.
③ 등방성 안테나(Isotropic Antenna)의 지향성은 1이다.
④ 전압정재파비(VSWR)는 1 이상이다.

08 지구국 안테나에 급전되는 송신 전력이 30[dBW], 송신 안테나 이득이 50[dB], 위성 수신 안테나 이득이 40[dB], 안테나 지향 오차를 포함한 전파 경로상의 총 손실이 220[dB]일 때, 위성의 수신 전력[dBm]은?

① -70　② -100
③ -130　④ -140

09 디지털 통신시스템에서 정합필터에 대한 설명으로 옳지 않은 것은?

① 비트오류확률을 최소로 하는 필터이다.
② 필터의 임펄스 응답은 $Ks(T-t)$이다.
③ 시간 $T=t$에서 상관 수신기와 동일한 결과를 얻을 수 있다.
④ 시간 $T=t$에서 출력의 신호 대 잡음비를 최소로 만든다.

10 정보신호 $m(t)=A_m\cos(2\pi f_m t)$를 PM 또는 FM 변조한 후의 신호가 $s(t)=A_c\cos[\theta_i(t)]$일 때, 다음 설명 중 옳지 않은 것은?

① PM 또는 FM 변조된 신호의 진폭은 일정하다.
② PM 변조된 신호의 $\theta_i(t)$는 $m(t)$의 미분 값에 따라 선형적으로 변화한다.
③ FM 변조된 신호의 순시 주파수는 $m(t)$에 따라 선형적으로 변화한다.
④ FM 변조된 신호의 $\theta_i(t)$는 $m(t)$의 적분 값에 따라 선형적으로 변화한다.

11 MPSK(M-ary Phase Shift Keying) 변조방식에서 성상도(Constellation) 상 인접한 두 심벌 간의 위상 차이[rad]는?

① $\frac{\pi}{2M}$　② $\frac{\pi}{M}$
③ $\frac{2\pi}{M}$　④ $\frac{4\pi}{M}$

12 그림과 같이 이동체가 72[km/h]의 속도로 X에서 Z 방향으로 이동하고 있다. 송신기(S)가 3[GHz]의 반송파로 신호 전송 시, 세 지점 X, Y, Z에서 발생하는 이동체 수신기에서의 도플러 천이(Doppler Shift)[Hz]는?

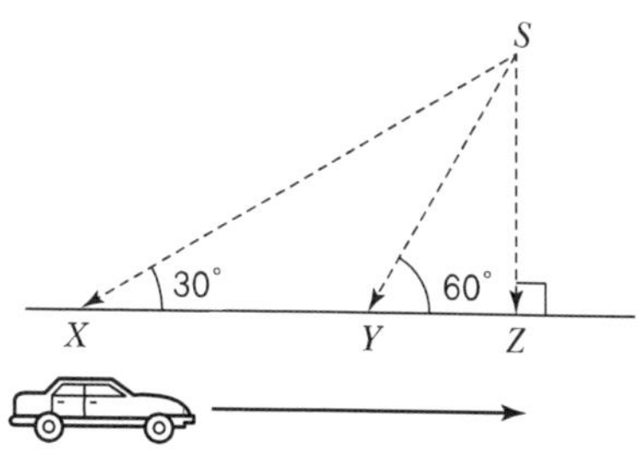

정답 07 ① 08 ① 09 ④ 10 ② 11 ③ 12 ②

	X	Y	Z
①	0	100	173
②	173	100	0
③	100	173	346
④	346	173	100

13 지구 표면으로부터 정지궤도(GEO) 위성의 고도[km]는?

① 약 6,000
② 약 12,000
③ 약 24,000
④ 약 36,000

14 FM 방식에서 사용되는 프리엠퍼시스(Pre-emphasis) 회로에 대한 설명으로 옳지 않은 것은?

① 신호의 높은 주파수 성분을 강조한다.
② 송신단에서 사용된다.
③ 일종의 고역통과필터(HPF)이다.
④ 적분기 형태의 회로이다.

15 PAM, PWM, PPM 변조방식에 대한 설명으로 옳지 않은 것은?

① 디지털 변조방식에 속한다.
② PAM은 시분할 다중화 전송이 가능하다.
③ PWM은 모터를 제어하는 데 사용된다.
④ PPM은 펄스의 폭과 진폭이 일정하다.

16 자유공간에서 송수신 안테나 사이에 형성되는 무선 채널의 경로손실에 대한 설명으로 옳지 않은 것은?

① 송신신호의 주파수가 2배로 증가하면 경로손실은 8배로 증가한다.
② 송수신단 사이의 거리가 3배로 증가하면 경로손실은 9배로 증가한다.
③ 송수신단 사이의 거리가 4배로 증가하고 송신신호 파장이 2배로 증가하면 경로손실은 4배로 증가한다.
④ 송수신단 사이의 거리가 2배로 증가하고 송신신호 주파수가 2배로 증가하면 경로손실은 16배로 증가한다.

17 정보신호 $m(t)=\frac{1}{2}\cos(2\pi f_m t)$를 주파수 f_c의 반송파를 사용하여 $s_c(t)=[1+m(t)]\cos(2\pi f_c t)$와 같이 진폭 변조하였을 때, 다음 설명 중 옳지 않은 것은?

① 변조지수는 $\frac{1}{2}$이다.
② $s_c(t)$에서 양의 주파수 성분은 f_c-f_m과 f_c+f_m의 두 가지이다.
③ $s_c(t)$에서 전력의 반 이상은 반송파 성분의 전력이다.
④ 포락선 검파기를 사용하여 복조할 수 있다.

18 자유공간에서 진행하는 신호 $s(t)=\cos(2\pi\times10^5t+10)$가 한 주기 동안 진행하는 거리[km]는?

① 1.5　② 3
③ 4.5　④ 6

정답 13 ④ 14 ④ 15 ① 16 ① 17 ② 18 ②

19 FM 방식에 대한 설명으로 옳지 않은 것은?

① 리미터의 사용으로 진폭 변화와 같은 페이딩의 영향을 억제할 수 있다.
② 전송대역폭이 넓을수록 잡음에 대한 특성이 우수해진다.
③ 변조지수는 정보신호의 진폭과 무관하다.
④ AM 방식보다 높은 주파수 대역을 사용한다.

20 10[GHz] 레이더 신호를 송신하여 10[km] 거리에 있는 목표물에서 반사되어온 신호의 전력이 1[nW]이다. 이와 동일한 조건에서 레이더 신호의 주파수를 5[GHz]로 변경하여 송신한 경우, 5[km] 거리에 있는 목표물에서 반사되어온 신호의 전력[nW]은?

① 4　　② 16
③ 32　　④ 64

정답 19 ③ 20 ④

2017 국가직 9급

01 다음 변조방식 중 가장 좁은 대역폭을 차지하는 것은?

① VSB(Vestigial Sideband)
② SSB(Single Sideband)
③ DSB-SC(Double Sideband-Suppressed Carrier)
④ DSB-TC(Double Sideband-Transmitted Carrier)

02 다음 위성통신 주파수 대역 중 대기감쇠의 영향이 가장 작은 것은?

① X-밴드 ② C-밴드
③ Ku-밴드 ④ Ka-밴드

03 최대 가청 주파수가 3[kHz]인 오디오 신호를 FM 변조할 경우, 주파수 편이가 5[kHz]일 때 일반화된 칼슨(Carson)의 법칙에 따른 전송 대역폭[kHz]은?

① 4 ② 8
③ 12 ④ 16

04 다음 전파 중 가장 짧은 길이의 안테나를 사용할 수 있는 것은?

① 초단파 ② 단파
③ 중파 ④ 장파

05 시스템에서 30[dBm]의 출력전력은 몇 와트[W]인가?

① 0.01 ② 0.1
③ 1 ④ 10

06 자유공간에서 두 안테나 사이의 간격이 5[km]이고 송신 안테나에서 주파수가 1[GHz]인 신호를 4[mW]의 전력으로 송신하고 있다. 안테나 사이의 간격을 10[km], 신호의 주파수를 2[GHz]로 변경할 때, 이전과 동일한 수신 전력을 얻기 위해 필요한 송신 전력[mW]은?

① 16 ② 32
③ 64 ④ 128

07 스펙트럼이 $M(f)$인 메시지 신호를 $\cos(2\pi f_c t)$의 반송파를 이용하여 DSB-SC 변조할 때, 변조된 신호의 스펙트럼과 전력변화가 옳게 묶인 것은?

① 전력변화 : $\frac{1}{\sqrt{2}}M(f-f_c)+\frac{1}{\sqrt{2}}M(f+f_c)$
스펙트럼 : 절반으로 감소
② 전력변화 : $\frac{1}{2}M(f-f_c)+\frac{1}{2}M(f+f_c)$
스펙트럼 : 변화 없음
③ 전력변화 : $\frac{1}{\sqrt{2}}M(f-f_c)+\frac{1}{\sqrt{2}}M(f+f_c)$
스펙트럼 : 변화 없음
④ 전력변화 : $\frac{1}{2}M(f-f_c)+\frac{1}{2}M(f+f_c)$
스펙트럼 : 절반으로 감소

정답 01 ② 02 ② 03 ④ 04 ① 05 ③ 06 ③ 07 ④

08 마이크로웨이브 전송 시스템에서 사용할 수 있는 페이딩 대처 기술로 옳지 않은 것은?

① 암호화
② 등화
③ 공간 다이버시티
④ 주파수 다이버시티

09 GPS에 대한 설명으로 옳지 않은 것은?

① 위성은 정지궤도상에 있다.
② 위도, 경도, 고도 등의 위치와 시간을 측정하는 데 사용된다.
③ 항법, 측량, 측지, 시각동기 등의 군용 및 민간용으로 사용되고 있다.
④ 수신기의 시간오차를 고려해 위치를 측정하기 위해서는 최소 4개의 위성신호가 필요하다.

10 위성통신에 대한 설명으로 옳지 않은 것은?

① 정지궤도 위성은 적도상공에 떠 있으며, 3개의 위성으로 극지방을 제외한 지구 전체에 서비스할 수 있다.
② 정지궤도 위성의 공전주기는 지구의 자전주기와 같아야 하기 때문에 고도 1,000~2,000[km]의 상공에서 운용된다.
③ 극궤도 위성은 남극과 북극의 상공을 통과하며, 정지궤도 위성보다 고도가 낮아 전파 지연이 작다.
④ 저궤도 위성 이동통신은 상시 통신을 위해 수십 개의 위성과 핸드오프가 필요하다.

11 지능화된 사물 간 통신과 인터넷을 기반으로 하는 사물인터넷을 지칭하는 용어는?

① UWB　　② MIMO
③ IoT　　④ OFDM

12 펄스파가 레이더에서 발사된 후부터 목표물에 반사되어 되돌아 올 때까지 걸린 시간이 6 [μs]인 경우 목표물까지의 거리[m]는? (단, 전파의 속도는 3×108[m/s]이다.)

① 450　　② 900
③ 1,800　　④ 3,600

13 급전선과 안테나 사이에 임피던스 정합이 되었을 때 나타나는 현상으로 옳지 않은 것은?

① 정재파비가 무한대이다.
② 반사되는 전력이 없다.
③ 최대로 전력이 전달된다.
④ 시스템의 신호대잡음비가 향상된다.

14 전통적인 AM 방식인 DSB-TC에 대한 설명으로 옳지 않은 것은?

① 비동기 복조기 구성이 가능하다.
② 다수의 사용자가 수신하는 방송시스템에 적합하다.
③ 반송파 신호를 추가적으로 보내기 때문에 복조기 구조가 간단해진다.
④ 같은 메시지 신호 전송 시 DSB-SC 방식보다 더 적은 전력이 소모된다.

정답 08 ① 09 ① 10 ② 11 ③ 12 ② 13 ① 14 ④

15 펄스변조에 대한 설명으로 옳지 않은 것은?

① PAM에서 유지회로(Holding Circuit)는 일정한 폭의 펄스를 생성한다.

② PPM은 표본화 순간의 메시지 신호에 따라 펄스의 위치를 변경한다.

③ PWM은 음의 표본값을 갖는 메시지 신호에는 적용이 불가능하다.

④ PAM은 표본화 순간의 메시지 신호에 따라 펄스의 높이를 변경한다.

16 주파수 대역이 20~40,000[Hz]인 신호를 표본화(Sampling)하고 표본당 8비트로 PCM 할 때, 에일리어싱(Aliasing)이 발생하지 않을 최대 표본화주기[ms]와 최소 데이터 전송속도[kbps]가 옳게 묶인 것은?

	최대 표본화주기	최소 데이터 전송속도
①	$\frac{1}{40}$	320
②	$\frac{1}{40}$	640
③	$\frac{1}{80}$	320
④	$\frac{1}{80}$	640

17 단일 반송파 변조와 비교되는 다중 반송파 변조의 특징으로 옳지 않은 것은?

① 더 긴 심벌시간으로 동일한 전송률을 달성할 수 있다.

② PAPR(Peak-to-Average Power Ratio)이 낮다.

③ 주파수 선택적 페이딩을 평탄(Flat) 페이딩으로 근사화할 수 있다.

④ 다중 경로로 인한 심벌 간 간섭의 영향이 더 작다.

18 반송파 주파수가 1[GHz]인 이동통신 단말기가 108[km/h]의 속도로 이동할 때 발생하는 최대 도플러 주파수[Hz]는?(단, 전파의 속도는 3×108 [m/s]이다.)

① 30 ② 36
③ 72 ④ 100

19 다음 그림과 같은 위성통신 전송시스템에서 실효등방성방사전력(EIRP)[dBm]은?

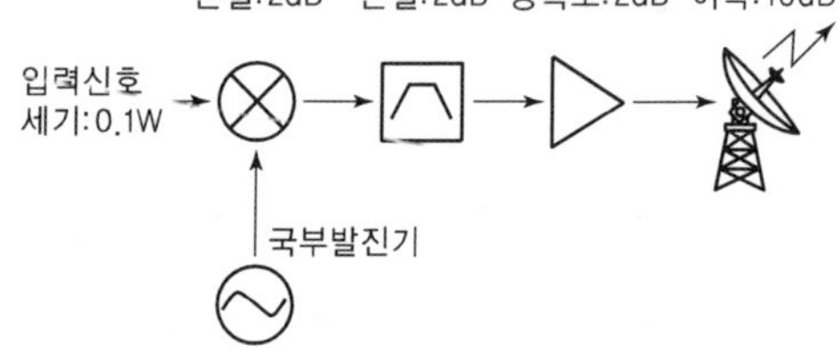

① 36 ② 44
③ 46 ④ 54

20 1.5[GHz]의 마이크로파 신호가 자유공간에서 10[cm] 진행하였을 때 발생하는 위상 변화[rad]는?(단, 전파의 속도는 3×108 [m/s]이다.)

① $\frac{\pi}{4}$ ② $\frac{\pi}{2}$
③ $\frac{3\pi}{4}$ ④ π

정답 15 ③ 16 ④ 17 ② 18 ④ 19 ③ 20 ④

CHAPTER 16 WIRELESS COMMUNICATION ENGINEERING

2018 국가직 9급

01 다음 무선통신 기술 중 최대 전송속도가 가장 낮은 것은?

① 무선 랜(WLAN)
② 지그비(ZigBee)
③ 블루투스(Bluetooth)
④ LTE(Long Term Evolution)

02 다음 무선통신에 사용되는 4가지 주파수 대역 중 높은 주파수에서 낮은 주파수 순서대로 바르게 나열한 것은?

① C－Ku－Ka－S
② Ku－Ka－S－C
③ Ka－Ku－C－S
④ S－C－Ka－Ku

03 아날로그 변조 방식에 대한 설명으로 옳지 않은 것은?

① 광대역 FM 방식의 점유 대역폭이 AM 방식보다 넓다.
② FM 방식이 AM 방식보다 잡음 세기에 대한 영향이 적다.
③ FM 방식에서 변조지수가 증가하면 FM 신호의 평균전력도 증가한다.
④ AM 방식에서 변조지수가 1보다 큰 경우 과변조되었다고 말한다.

04 펄스 변조에 대한 설명으로 옳지 않은 것은?

① 표본화된 신호로부터 원래의 신호를 복원하기 위해서는 저역통과필터가 필요하다.
② 펄스진폭변조(PAM)를 구현하는 방법으로 Sample－and－Hold 방식이 있다.
③ 표본화 정리에 따라 나이키스트 표본화 주파수는 메시지 신호의 최대 주파수의 2배이다.
④ 균일 양자화를 사용하는 PCM에서, 양자화 비트 수가 1비트 증가하면 신호대양자화잡음비는 3[dB] 증가한다.

05 특성 임피던스가 50[Ω]인 무손실 전송선로에 100[Ω]의 부하 저항을 연결하였을 때, 부하점에서 신호의 반사계수와 전압정재파비의 크기는?

① $\frac{1}{2}$, 2　　② $\frac{1}{2}$, 3
③ $\frac{1}{3}$, 2　　④ $\frac{1}{3}$, 3

06 송신기가 3[GHz] 반송파 주파수로 신호를 10[W]로 송출하는 경우, 송신 안테나와 수신 안테나의 이득이 각각 20[dB]이며, 시스템 손실이 10[dB]이고 경로 손실이 112[dB]일 때, 수신기에서의 수신 전력[dBm]은?

① －24　　② －28
③ －42　　④ －72

정답 01 ② 02 ③ 03 ③ 04 ④ 05 ③ 06 ③

07 무선채널의 전파 특성에 대한 설명으로 옳은 것만을 고른 것은?

> ㉠ 경로손실은 주파수가 높아질수록 증가한다.
> ㉡ 페이딩은 수신 신호의 세기가 공간 혹은 시간에 따라 변하는 현상을 말한다.
> ㉢ 무선채널의 전파 특성은 주파수의 영향을 받지 않는다.
> ㉣ 수신단이 움직이지 않을 경우 페이딩은 발생하지 않는다.

① ㉠, ㉡　② ㉠, ㉣
③ ㉡, ㉢　④ ㉢, ㉣

08 각 변조에 대한 설명으로 옳지 않은 것은?

① PM 신호의 위상은 메시지 신호에 대해 선형적으로 변화한다.
② 각변조는 메시지 신호에 대해 중첩의 원리가 성립하는 선형성의 특징이 있다.
③ FM 신호의 근사적인 대역폭은 변조지수와 메시지 신호의 대역폭으로 구할 수 있다.
④ 메시지 신호를 적분하여 위상 변조하면 FM 신호를 얻을 수 있다.

09 그림과 같은 산란계수(S-parameter)의 정의 중에서 입력에서 출력으로의 전송이득 또는 삽입손실의 특성을 나타낼 때 사용하는 것은?

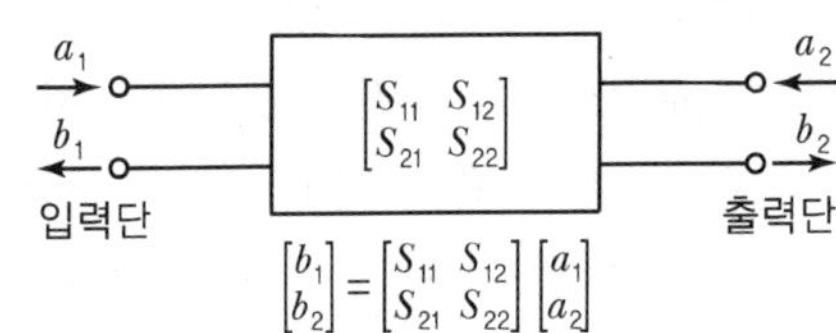

① S_{11}　② S_{12}
③ S_{21}　④ S_{22}

10 위성에 대한 설명으로 옳지 않은 것은?

① 저궤도(LEO) 위성은 지구의 자전속도와 동일한 속도로 공전하며 움직인다.
② 상업용 위성에서 사용되는 주파수 대역은 C, Ku, Ka, L 등이 있다.
③ Ku 대역 위성통신에서 상향링크 주파수가 하향링크 주파수보다 높다.
④ 정지궤도(GEO) 위성은 지표면에서 약 36,000[km]에 위치한다.

11 AWGN 채널에서 채널 대역폭이 15[kHz]이고 신호대잡음비(S/N비)가 31인 경우 이론적으로 구한 채널용량[kbps]은?

① 15　② 46
③ 75　④ 90

12 진폭변조에 대한 설명으로 옳지 않은 것은?

① 반송파 억압 양측파대(DSB-SC) 변조방식은 동기 복조기를 사용한다.
② 반송파 전송 양측파대(DSB-TC) 변조방식은 반송파 억압 양측파대(DSB-SC) 방식에 비해 송신전력 효율이 떨어진다.
③ 잔류측파대(VSB) 변조방식에서 신호의 대역폭은, 단측파대(SSB) 방식보다 크고 양측파대(DSB) 방식보다 작다.
④ 단측파대(SSB) 변조방식은 대역폭을 적게 차지하므로 영상신호를 전송하는 데 유리하여 TV 방송에서 주로 사용된다.

정답 07 ① 08 ② 09 ③ 10 ① 11 ③ 12 ④

13 레이더의 송신기와 수신기가 동일한 위치에 있는 경우, 송신한 신호가 먼 거리에 있는 목표물로부터 반사되어 수신되는 전력은 송신기와 목표물 사이의 거리(R)의 몇 제곱에 반비례하는가?

① 1　② 2
③ 3　④ 4

14 야기－우다(Yagi－Uda) 안테나에 대한 설명으로 옳지 않은 것은?

① 이득과 관련한 빔 패턴은 대부분 도파기에 의해 좌우된다.
② 투사기에서 도파기를 향한 예리한 지향 특성이 있다.
③ 도파기의 수를 증가시키면 이득이 증가된다.
④ 반사기의 길이는 도파기의 길이보다 짧게 한다.

15 무선 근거리 통신망인 무선 랜(WLAN)의 기술을 규정하고 있는 국제 표준은?

① IEEE 802.11　② IEEE 802.15
③ IEEE 802.16　④ IEEE 802.21

16 FM 방식에 대한 설명으로 옳은 것은?

① FM 신호의 대역폭은 항상 메시지 신호 대역폭의 2배이다.
② 주파수 편이는 반송파 주파수에 따라 결정된다.
③ FM 변조 지수는 메시지 신호의 대역폭과는 무관하다.
④ 광대역 FM 신호를 생성하기 위한 간접 FM 방식은 주파수체배기를 사용한다.

17 그림과 같이 특성 임피던스(Z_0)가 50[Ω]인 전송선로와 200[Ω]의 부하저항(R_L)을 임피던스 정합하기 위하여, 중간에 임피던스가 Z_T이고 길이가 1/4파장(λ)인 전송선로를 삽입하였다. 삽입된 전송선로의 임피던스 Z_T[Ω]는?

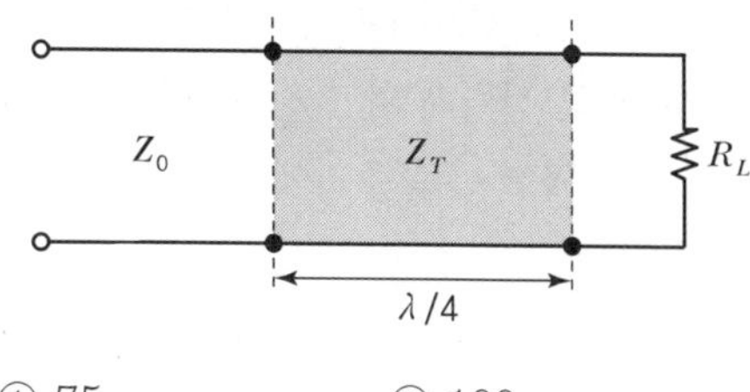

① 75　② 100
③ 125　④ 150

18 LTE 시스템의 상향 링크에서 사용되는 다중 접속 방식은?

① OFDMA　② SC－FDMA
③ TDMA　④ CDMA

19 셀룰러 이동통신에 대한 설명으로 옳지 않은 것은?

① 기지국에서 단말기로의 통신 채널을 하향 링크라고 한다.
② 지향성 안테나를 사용하여 셀을 섹터로 분할하면 동일 채널 간섭이 감소한다.
③ 주파수 재사용은 거리가 먼 기지국 간에 동일 주파수를 사용하는 기술을 말한다.
④ 단말기 대 단말기 간 직접적인 무선통신을 기반으로 한다.

정답 13 ④ 14 ④ 15 ① 16 ④ 17 ② 18 ② 19 ④

20 펄스 레이더 시스템에 대한 설명으로 옳지 않은 것은?

① 펄스 반복 주파수가 작아질수록 최대 탐지 거리가 커진다.

② 듀티 사이클은 펄스 폭이 작을수록 작아진다.

③ 탐지거리의 정확성을 높이기 위해 펄스의 주기는 신호의 왕복시간보다 작아야 한다.

④ 평균 전력과 피크 전력의 관계는 펄스 폭과 펄스 반복 주기에 따라 결정된다.

정답 20 ③

2019 국가직 9급

01 마이크로웨이브(Microwave) 통신의 특징으로 옳은 것은?

① 전파가 전리층의 영향을 받아 감쇠와 왜곡이 심하다.
② 사용 주파수 범위가 넓어 광대역 전송이 가능하다.
③ 1[GHz]~10[GHz]의 주파수 영역에서는 전자기 잡음레벨이 상대적으로 매우 높다.
④ 동작주파수가 높아 고이득, 고지향성 안테나의 구현이 불가능하다.

02 송신안테나의 출력전력이 10[W]이고 안테나 이득이 20[dB]인 경우 실효등방성방사전력(EIRP)[W]은?

① 10 ② 100
③ 1,000 ④ 10,000

03 전파의 성질에 대한 설명으로 옳지 않은 것은?

① 전파는 횡파이며 평면파이다.
② 균일 매질에서 전파하는 전파는 직진한다.
③ 주파수가 높을수록 회절작용이 심하다.
④ 서로 다른 매질의 경계면에서 굴절과 반사되는 성질이 있다.

04 신호 $s(t) = 10\cos(4 \times 10^9 \pi t)$를 반파장 다이폴 안테나로 수신할 경우, 안테나의 길이[cm]는?(단, 전파의 속도는 3×10^8[m/s]이다.)

① 5 ② 7.5
③ 10 ④ 12.5

05 다음 그림은 반송파주파수 950[kHz]로 진폭변조된 신호를 중간주파수 455[kHz]로 변환하는 슈퍼헤테로다인(Superheterodyne) 수신기이다. 하측 튜닝(Low－Side Tuning)을 사용하는 국부발진기의 주파수[kHz]는?

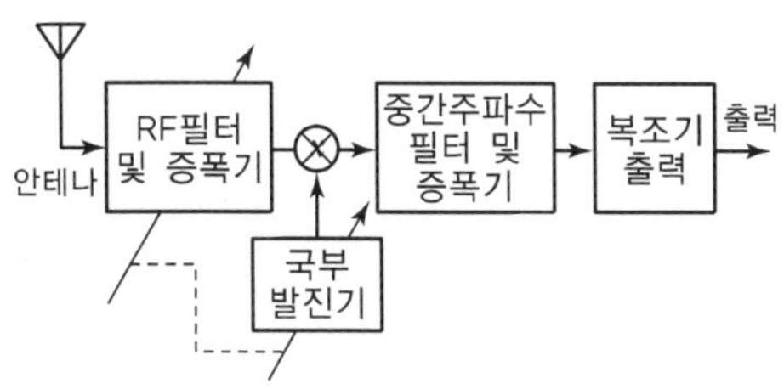

① 40 ② 495
③ 1,405 ④ 1,860

06 정지궤도 위성과 극궤도 위성에 대한 설명으로 옳은 것은?

① 극궤도 위성의 공전주기는 지구의 자전주기와 같다.
② 극궤도 위성은 적도 상공에 궤도를 유지하면서 지구 주위를 회전한다.
③ 정지궤도 위성은 남극과 북극을 통과하는 궤도를 따라 지구 주위를 공전한다.
④ 정지궤도 위성의 고도는 극궤도 위성의 고도에 비해 높다.

정답 01 ② 02 ③ 03 ③ 04 ② 05 ② 06 ④

07 PCM(Pulse Code Modulation) 방식에 대한 설명으로 옳은 것은?

① 왜곡을 발생시키지 않는 최소 표본화 주파수를 나이키스트 주파수라고 한다.
② 양자화 이후에 표본화를 진행한다.
③ 적은 비트 수로 입력신호의 넓은 범위를 양자화하기 위해서는 균일 양자화가 적합하다.
④ 양자화 비트 수가 증가할수록 양자화 잡음은 증가한다.

08 지구국과 위성 사이의 거리가 22,500[km] 떨어져 있을 때, 지구국에서 전파를 발사하여 지구국으로 되돌아올 때까지 걸리는 시간[ms]은?(단, 위성에서의 지연시간은 무시하고, 전파의 속도는 3×10^8[m/s]이다)

① 100 ② 150
③ 200 ④ 250

09 다음 그림에서 입력전력(P_{in})이 1[W]일 때, 전력이득(P_{out}/P_{in})과 출력전력(P_{out})[dBm]은?(단, $\log_{10}2=0.3$이다.)

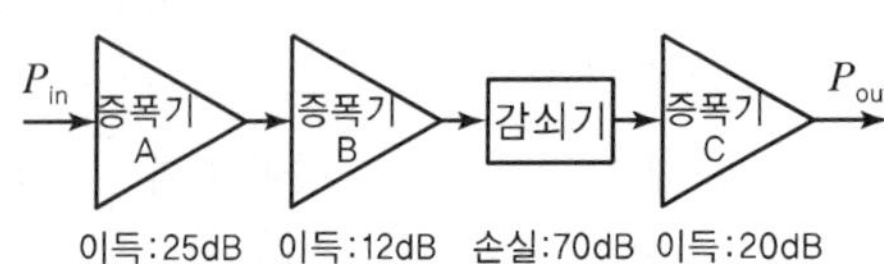

① 0.05, −13 ② 0.05, 17
③ 0.1, −13 ④ 0.1, 17

10 진폭변조(AM)된 신호 $A_c[1+am(t)]\cos(2\pi f_c t)$의 포락선검파가 왜곡 없이 가능한 경우는?(단, A_c는 반송파 진폭, f_c는 반송파 주파수, $m(t)$은 메시지 신호, f_m은 메시지 신호의 주파수이다.)

① $a=0.1,\ m(t)=12\cos(2\pi f_m t)$
② $a=0.2,\ m(t)=8\cos(2\pi f_m t)$
③ $a=0.3,\ m(t)=4\cos(2\pi f_m t)$
④ $a=0.4,\ m(t)=\cos(2\pi f_m t)$

11 다음 중 비선형 변조방식은?

① SSB(Single Sideband)
② VSB(Vestigial Sideband)
③ PM(Phase Modulation)
④ AM(Amplitude Modulation)

12 주파수변조(FM)에 대한 설명으로 옳은 것은?

① 변조된 신호의 전력은 변조되기 전 반송파의 전력보다 크다.
② 변조된 신호의 진폭이 시간에 따라 변화한다.
③ 변조지수가 작을수록 S/N비를 개선할 수 있다.
④ 프리엠퍼시스와 디엠퍼시스 기술을 이용하여 성능을 개선할 수 있다.

정답 07 ① 08 ② 09 ② 10 ④ 11 ③ 12 ④

13 이상적인 두 개의 등방성(Isotropic) 안테나 사이의 거리를 d[m], 전파의 파장을 λ_0[m]라고 할 때, 자유공간 경로 손실은?

① $\left(\frac{4\pi d}{\lambda_0}\right)^2$　　② $\left(\frac{2\pi d}{\lambda_0}\right)^2$

③ $\frac{4\pi d}{\lambda_0}$　　④ $\frac{2\pi d}{\lambda_0}$

14 마이크로웨이브 전송시스템에서 송신출력이 30[dBm], 송수신 안테나 이득이 각각 20[dB], 자유공간 경로 손실이 130[dB], 수신기의 최소수신감도가 −75[dBm]일 때, 링크마진(Link Margin)[dB]은?(단, 잡음은 무시한다.)

① 5　　② 10

③ 15　　④ 20

15 다음 그림과 같이 A단과 B단이 연결되어 있을 경우, 전송선 ab 지점에서 A단과 B단 사이에 최대 전력이 전달되는 조건은?(단, Z_a는 ab지점에서 바라본 A단의 출력임피던스, Z_b는 ab지점에서 바라본 B단의 입력임피던스, $j=\sqrt{-1}$이다.)

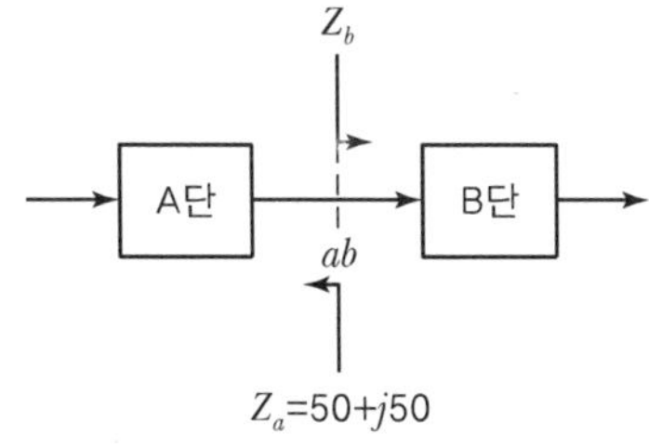

① $Z_b = 50 + j50$　　② $Z_b = 50 - j50$

③ $Z_b = j50$　　④ $Z_b = -j50$

16 반송파 전송 양측파대(DSB−TC) 변조방식에 대한 설명으로 옳은 것은?

① 변조된 신호의 진폭이 변하지 않는다.
② 힐버트(Hilbert) 변환이 반드시 사용된다.
③ 메시지신호의 대역폭이 B[Hz]이면 변조된 신호의 대역폭은 2B[Hz]이다.
④ 왜곡 없이 비동기식 복조를 하려면 변조지수는 1보다 커야 한다.

17 직교 주파수 분할 다중화(OFDM) 전송방식에 대한 설명으로 옳지 않은 것은?

① PAPR(Peak−to−Average Power Ratio)이 높아 송신기의 전력효율이 낮아진다.
② 인접심벌 간 간섭을 제거하기 위해 보호구간(Guard Interval)을 추가한다.
③ 전송할 직렬 스트림 형태의 입력데이터를 병렬데이터 스트림으로 나누어 각각에 부반송파를 할당한다.
④ 직교성이 유지되기 위해 각 부반송파의 주파수 스펙트럼이 중첩되지 않아야 한다.

18 레이더의 성능에 대한 설명으로 옳은 것은?

① 빔의 폭이 좁을수록 방위분해능이 좋아진다.
② 최대 탐지거리를 2배로 하려면 송신전력을 4배로 해야 한다.
③ 유효반사면적이 작을수록 탐지거리가 증가한다.
④ 펄스폭이 넓을수록 거리분해능이 좋아진다.

정답 13 ① 14 ③ 15 ② 16 ③ 17 ④ 18 ①

19 무선통신 시스템의 다이버시티(Diversity) 기법에 대한 설명으로 옳지 않은 것은?

① CDMA 시스템의 경우 RAKE 수신기를 활용하여 다이버시티 이득을 얻을 수 있다.
② 다수의 수신안테나들을 파장의 1/2 크기 미만으로 가깝게 위치시키면 공간다이버시티를 얻기 용이하다.
③ 동일 신호를 서로 다른 시점에서 송신하고, 이를 결합하여 시간다이버시티를 얻을 수 있다.
④ 동일 신호를 서로 다른 주파수 대역에서 송신하고, 이를 결합하여 주파수다이버시티를 얻을 수 있다.

20 다중입출력안테나(MIMO) 통신시스템에 대한 설명으로 옳은 것은?

① 여러 개의 안테나를 사용해 데이터를 여러 경로로 전송한다.
② 공간 다중화 기법에서 복호 가능한 공간 스트림의 최대 개수는 송신기와 수신기 안테나 개수 중 큰 수이다.
③ 다이버시티 기법에서 페이딩의 영향을 증가시킨다.
④ 빔형성 기법에서 수신신호의 전력이 최소가 되도록 전송한다.

정답 19 ② 20 ①

2020 국가직 9급

01 FM에서 기저대역 신호의 대역폭이 100[kHz]이고 최대 주파수편이(Frequency Deviation)가 75[kHz]일 때, 카슨(Carson) 법칙에 의한 대역폭[kHz]은?

① 250 ② 300
③ 350 ④ 400

02 저궤도 위성을 정지궤도 위성과 비교한 설명으로 옳지 않은 것은?

① 핸드오버 복잡도가 정지궤도 위성에 비해 높다.
② 신호 송수신 지연 시간이 정지궤도 위성에 비해 짧다.
③ 예상 수명이 정지궤도 위성에 비해 길다.
④ 서비스를 위한 위성의 수가 정지궤도 위성에 비해 많다.

03 무선통신 시스템에서 송신전력이 100[W]이고 수신전력이 0.1[mW]이면, 채널에서의 경로손실[dB]은?(단, 시스템에 의한 손실은 무시한다.)

① 40 ② 60
③ 80 ④ 100

04 낮은 주파수의 기저대역 신호를 멀리 보내기 위해 반송파의 진폭이나 주파수 또는 위상에 신호를 실어 보내는 기법은?

① 포매팅 ② 소스코딩
③ 변조 ④ 채널코딩

05 다음 그림에서 위성으로부터 가장 먼 지구국까지의 거리(d)는?(단, R는 지구의 반지름, h는 위성의 고도, β는 중앙각, θ는 지구국의 최소 앙각이며 $0° < \theta < 90°$이다.)

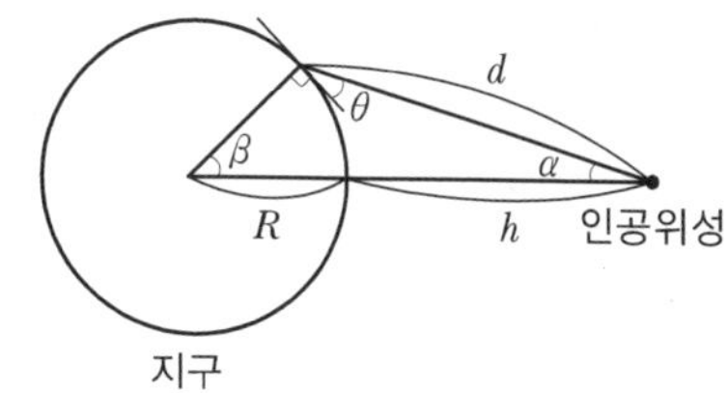

① $\dfrac{R\sin\beta}{\sin\alpha}$ ② $\dfrac{h\sin\beta}{\sin\alpha}$
③ $\dfrac{R\cos\beta}{\cos\alpha}$ ④ $\dfrac{h\cos\beta}{\cos\alpha}$

06 위성통신에서 사용되는 주파수 대역에 대한 설명으로 옳지 않은 것은?

① 상향 링크와 하향 링크의 대역을 분리해 양방향 통신이 가능하다.
② 전리층에서 반사나 흡수가 문제되지 않는 대역을 사용한다.
③ 정지궤도 위성에서는 도플러 천이 특성이 거의 나타나지 않는다.
④ 일반적으로 지구국보다 위성이 높은 주파수로 신호를 송출한다.

정답 01 ③ 02 ③ 03 ② 04 ③ 05 ① 06 ④

07 어떤 현악기가 낼 수 있는 소리의 최대 주파수가 5[kHz]이다. 이 악기로 3분 20초 동안 연주된 곡을 에일리어싱(aliasing)이 발생하지 않도록 표본화하고, 각 표본을 16비트로 변환하여 저장할 때 필요한 최소 데이터 용량[MByte]은?

① 3　　② 4
③ 5　　④ 6

08 자유공간에서 전파되는 전자파에 대한 설명으로 옳지 않은 것은?

① 전자파가 전파되는 도중 장애물을 만나 반사, 회절, 산란 등에 의해 분산되고, 이 분산된 신호들 중 두 개 이상이 서로 다른 경로를 통하여 수신기에 도달하는 현상을 다중경로 페이딩(Multipath Fading)이라 한다.
② 이동하는 송수신기의 상대적인 방향에 따라 수신 주파수가 변하는 현상을 도플러 효과라고 한다.
③ 전계가 시간적으로 변화하면 그 주위에는 자계의 회전이 생긴다.
④ 안테나에서 방사된 전파는 항상 지표면과 수평 방향으로 진행한다.

09 레이더에 대한 설명으로 옳지 않은 것은?

① 표적까지의 거리는 신호가 표적에 도달하고 귀환하는 데 걸린 시간으로 구할 수 있다.
② 표적의 방향은 귀환신호의 도착 각도로 구할 수 있다.
③ 표적의 방향을 찾기 위하여 일반적으로 광대역 지향성 안테나를 사용한다.
④ 표적의 속도는 귀환신호에 발생된 도플러 천이로 구할 수 있다.

10 반송파 전송 양측파대(DSB-TC) 변조방식에 대한 설명으로 옳은 것만을 모두 고르면?

ㄱ. 반송파 억압 양측파대(DSB-SC) 변조방식보다 전력 효율이 낮다.
ㄴ. 잔류측파대(VSB) 변조방식보다 좁은 채널 대역폭을 사용한다.
ㄷ. 단측파대(SSB) 변조방식보다 넓은 채널 대역폭을 사용한다.

① ㄱ, ㄴ　　② ㄱ, ㄷ
③ ㄴ, ㄷ　　④ ㄱ, ㄴ, ㄷ

11 10[ms] 동안 16-PSK 심벌 10개가 전송될 때, 보오율[baud]과 비트율[bps]은?

	보오율	비트율
①	1,000	2,000
②	1,000	4,000
③	2,000	4,000
④	2,000	8,000

12 위성으로부터 지구국으로 전파된 신호의 수신전력에 대한 설명으로 옳지 않은 것은?

① 수신 안테나의 이득에 비례한다.
② 송신 안테나의 이득에 비례한다.
③ 송수신기 간 거리의 제곱에 비례한다.
④ 신호 파장의 제곱에 비례한다.

정답 07 ② 08 ④ 09 ③ 10 ② 11 ② 12 ③

13 신호 $x(t) = 10\cos\left(200\pi t + \frac{\pi}{2}\right)$의 순시 주파수[Hz]는?

① 100　② 200
③ 100π　④ 200π

14 코사인 함수로 표현되는 메시지 신호의 진폭이 4[V]이고 반송파의 진폭이 2[V]일 때, 상측 단측파대(SSB) 변조된 신호 진폭의 최댓값[V]은?

① 1　② 2
③ 3　④ 4

15 차량의 속도를 측정하기 위해 10[GHz]에서 동작하는 레이더가 있다. 차량이 108[km/h]의 속도로 레이더에 일직선 방향으로 접근하고 있을 때, 레이더에서 측정된 도플러 천이[Hz]는?(단, 레이더 전파의 속도는 3×10^8[m/s]이다.)

① 100　② 200
③ 1,000　④ 2,000

16 다음 정현파 $s_1(t)$와 구형파 $s_2(t)$가 혼합기에서 서로 곱해진 후 출력될 때, 출력 신호의 스펙트럼은?(단, $T \ll \tau$이다.)

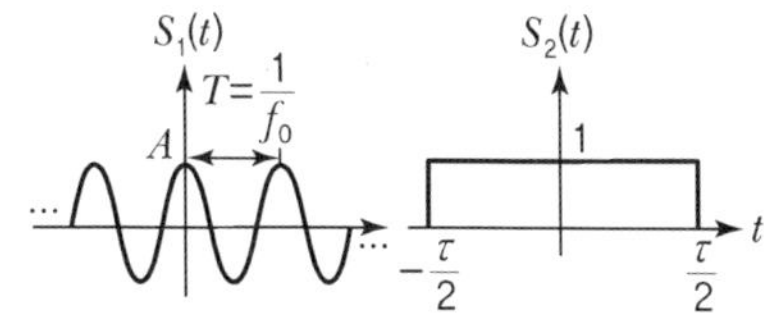

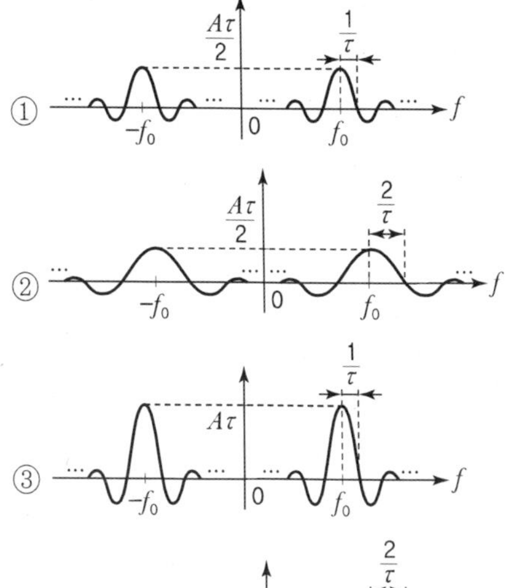

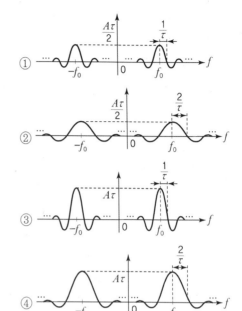

17 지구 주위를 선회하는 인공위성에 적용된 케플러 법칙(Kepler's laws)에 대한 설명으로 옳지 않은 것은?

① 위성의 궤도는 타원이며, 이때 지구는 한 초점에 위치한다.
② 위성과 지구 사이의 거리에 따라 위성의 속도는 달라진다.
③ 위성의 궤도주기의 제곱은 타원 반장축의 세제곱에 반비례한다.
④ 지구 중심과 위성을 잇는 가상적인 선은 같은 시간 동안 같은 면적을 휩쓸고 지나간다.

정답 13 ① 14 ④ 15 ④ 16 ① 17 ③

18 5G 이동통신시스템에 대한 설명으로 옳지 않은 것은?

① 모바일 환경에서 LTE보다 높은 데이터 전송률을 제공하여 UHD급 콘텐츠와 AR/VR 등의 실감 미디어서비스가 가능하다.
② 여러 서비스들이 요구하는 상이한 요구사항을 충족하기 위해 각 서비스별로 별도의 네트워크를 물리적으로 구축하여 서비스를 제공한다.
③ 대량의 디바이스가 연결되는 초연결성 제공으로 IoT 인프라 구축이 가능하다.
④ 초저지연 및 초신뢰성 제공으로 자율주행 자동차 등의 서비스가 가능하다.

19 안테나에 대한 설명으로 옳지 않은 것은?

① 반전력빔폭(HPBW)은 진력이 주빔의 최댓값에 비해 절반이 되는 두 지점 사이의 각이다.
② 무손실 등방성 안테나를 상대이득의 기준 안테나로 사용한다.
③ 안테나 이득은 최대 지향성과 방사효율의 곱이다.
④ 실효등방성방사전력(EIRP)은 송신 안테나의 절대이득과 송신전력의 곱이다.

20 주파수 선택적 페이딩(Frequency Selective Fading)이 발생하는 조건은?

① 지연 확산(Delay Spread) > 심벌지속시간
② 지연 확산(Delay Spread) < 심벌지속시간
③ 최대 도플러 주파수 > 심벌률
④ 최대 도플러 주파수 < 심벌률

정답 18 ② 19 ② 20 ①

2021 국가직 9급

01 전리층에 대한 설명으로 옳지 않은 것은?

① 장파(LF)는 전리층에 반사된다.
② 전리층은 높이에 따라 D, E, F층 등으로 구분된다.
③ 전리층은 지상 10,000[km]에 위치한다.
④ 초단파(VHF)는 전리층을 통과한다.

02 통신 시스템의 잡음에 대한 설명으로 옳지 않은 것은?

① 잡음지수(Noise Figure)는 부품이나 시스템에 의하여 잡음이 얼마나 증가되는가를 나타내는 지수로 클수록 좋은 값이다.
② 랜덤 잡음은 예측 가능하도록 결정된 신호가 아닌 무작위 신호이다.
③ 가우시안 잡음은 진폭이 가우시안 확률밀도함수를 갖는다.
④ 백색 가우시안 잡음은 모든 주파수 대역에서 균일한 전력밀도를 갖는다.

03 2.4[GHz] 대역의 주파수를 사용하지 않는 무선랜 표준은?

① IEEE 802.11a
② IEEE 802.11b
③ IEEE 802.11g
④ IEEE 802.11n

04 진폭편이변조(ASK, Amplitude Shift Keying) 방식에 대한 설명으로 옳지 않은 것은?

① 전송하고자 하는 정보 데이터에 따라 신호의 세기를 변화시킨다.
② 수신기는 심볼 구간 동안 주파수의 변화를 찾기 때문에 전압 스파크의 영향을 받지 않는다.
③ OOK(On-Off Keying)는 ASK의 일종으로 이진 데이터 중 하나를 0[V] 전압으로 표현한다.
④ 수신기에서는 정합필터를 이용하는 동기식 복조와 포락선 검파를 이용하는 비동기식 복조가 모두 가능하다.

05 지그비(Zigbee)와 블루투스(Bluetooth)의 표준에 대한 설명으로 옳지 않은 것은?

① 지그비는 변조 방식으로 DSSS(Direct Sequence Spread Spectrum) 방식을 사용한다.
② 지그비는 다중접속 방식으로 CSMA-CA (Carrier Sense Multiple Access-Collision Avoidance) 방식을 사용한다.
③ 블루투스는 변조 방식으로 FHSS(Frequency Hopping Spread Spectrum) 방식을 사용한다.
④ 블루투스는 다중접속 방식으로 CDMA (Code Division Multiple Access) 방식을 사용한다.

정답 01 ③ 02 ① 03 ① 04 ② 05 ④

06 대역폭이 200[kHz]인 채널에 대하여 신호 대 잡음비(SNR, Signal-to-Noise Ratio)가 11.76[dB]인 경우, 이 채널을 통하여 오류 없이 전송할 수 있는 최대 용량[kbps]은?(단, $10^{1.176} = 15.0$이다.)

① 600　② 800
③ 1,000　④ 1,200

07 대역폭이 2[kHz]인 신호를 변조지수 2.5가 되도록 주파수 변조하였다. 카슨(Carson)의 법칙을 적용할 때, 변조된 신호의 대역폭[kHz]과 최대 주파수 편이[kHz]는?

	대역폭	최대 주파수 편이
①	7	5
②	7	10
③	14	5
④	14	10

08 정보신호 $m(t) = 5\cos(10\pi t)$를 반송파 $10\cos(100\pi t)$로 반송파 전송 양측파대 변조(DSB-TC)할 때, 변조지수와 상측파대 신호의 주파수[Hz]는?

	변조지수	상측파대 신호의 주파수
①	0.1	55
②	0.1	45
③	0.5	55
④	0.5	45

09 디지털 펄스의 기저대역(Baseband) 전송 방식에 대한 설명으로 옳지 않은 것은?(단, 심볼 길이는 모두 동일하다.)

① RZ(Return-to-Zero) 펄스는 NRZ(Non-Return-to-Zero) 펄스에 비해 대역폭이 넓다.
② 펄스 변조된 신호에 직류성분이 존재하면 중계기 등에서 교류정합을 사용할 때 파형 왜곡이 발생할 수 있다.
③ 단극성 NRZ 신호는 직류성분을 가지는 특징이 있다.
④ 맨체스터 펄스는 직류성분이 없고 자체동기(Self-synchronization) 특성을 가지며 대역폭이 작은 장점이 있다.

10 북미지역 PCM기반 T1 다중화 시스템에서는 음성 1채널을 4[kHz]로 대역 제한하고, 표본당 8[bit]로 부호화한다. 음성 1채널과 24채널 시분할다중화 프레임의 전송률[kbps]은 각각 얼마인가?

	1채널	1프레임
①	32	1,536
②	32	1,544
③	64	1,536
④	64	1,544

정답 06 ② 07 ③ 08 ③ 09 ④ 10 ④

11 고이득 특성을 가지고 점대점 위성통신을 위해 사용되는 반사경(Reflector) 안테나로 옳은 것은?

① 다이폴(Dipole) 안테나
② 파라볼라(Parabola) 안테나
③ 야기-우다(Yagi-Uda) 안테나
④ 루프(Loop) 안테나

12 슈퍼헤테로다인 수신기에서 입력신호가 통과하는 순서대로 나열한 것은?

① RF 증폭기 → 혼합기 → 포락선 검파기 → IF 증폭기
② RF 증폭기 → IF 증폭기 → 포락선 검파기 → 혼합기
③ RF 증폭기 → IF 증폭기 → 혼합기 → 포락선 검파기
④ RF 증폭기 → 혼합기 → IF 증폭기 → 포락선 검파기

13 OFDM(Orthogonal Frequency Division Multiplexing)에 대한 설명으로 옳지 않은 것은?

① 이동통신에서는 5G 통신부터 적용되고 있다.
② 전송채널의 영향에 의한 심볼 간 간섭을 피하기 위해 시간영역의 보호구간이 필요하다.
③ 다수 부반송파 신호를 변복조하기 위하여 고속 푸리에변환(FFT, Fast Fourier Transform) 알고리즘을 이용한다.
④ 단일반송파 변조방식에 비해 다중경로 페이딩에 강인한 특성이 있다.

14 안테나의 최대 지향성이 10[dB]이고 방사효율이 60[%]일 때 안테나의 이득[dB]은? (단, $\log_{10}2 = 0.3$, $\log_{10}3 = 0.5$이다.)

① 8	② 6
③ 4	④ 10

15 자유공간에서 동작하는 레이더 시스템의 송신출력이 10[kW]일 때 탐지거리가 2[km]라면, 송신출력을 20[kW]로 증가시킬 경우의 탐지거리[km]는?(단, 레이더 시스템 및 전파 환경은 모두 동일하다.)

① 2	② $2\times\sqrt{2}$
③ $2\times\sqrt[4]{2}$	④ 4

16 다음과 같은 변수를 갖는 디지털 위성통신에서 요구되는 비트에너지 대 잡음전력밀도 $(E_b/N_0)_q$가 10.0[dB]일 때, 수신된 비트에너지 대 잡음전력밀도$(E_b/N_0)_r$와 $(E_b/N_0)_q$의 차이인 링크마진(Link Margin)[dB]은? (단, $\log_{10}2 = 0.3$이고, 주어진 변수 외의 영향은 고려하지 않는다.)

- 송신전력 P_t : 18.0[dBW]
- 송신안테나 이득 G_t : 51.6[dBi]
- 전파 경로 상의 총 손실 L : 214.7[dB]
- 수신안테나 이득 G_r : 35.1[dBi]
- 잡음전력밀도 N_0 : −192.5[dBW/Hz]
- 비트전송률 R : 2[Mbps]

① 9.5	② 10
③ 10.5	④ 11

정답 11 ② 12 ④ 13 ① 14 ① 15 ③ 16 ①

17 다음 신호 $s(t)$를 3개의 정규직교신호 $\phi_1(t)$, $\phi_2(t)$, $\phi_3(t)$를 사용하여 $s(t) = s_1\phi_1(t) + s_2\phi_2(t) + s_3\phi_3(t)$로 나타낼 때 신호 벡터 (s_1, s_2, s_3)는?

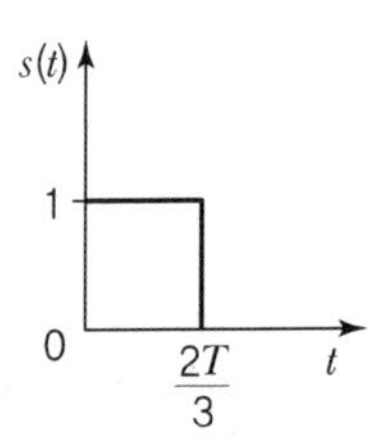

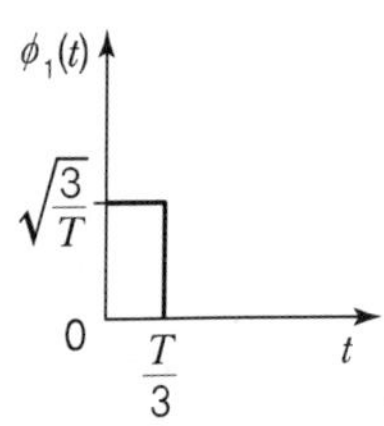

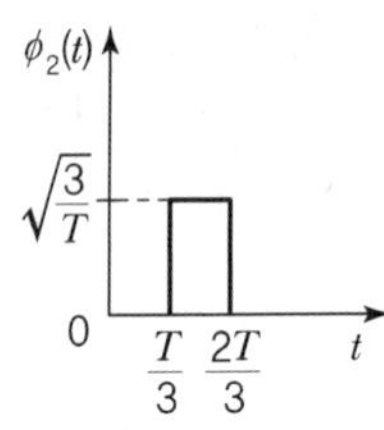

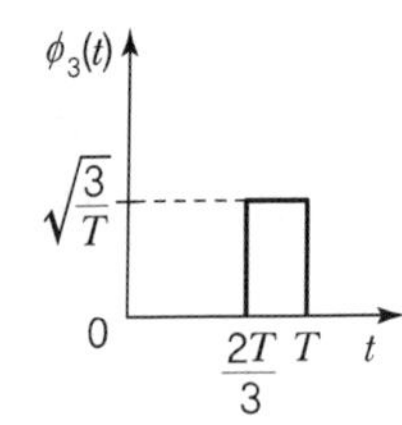

① (1,0,0)
② (1,1,0)
③ $\left(\sqrt{\frac{T}{3}}, \sqrt{\frac{T}{3}}, 0\right)$
④ $\left(0, \sqrt{\frac{T}{3}}, \sqrt{\frac{T}{3}}\right)$

18 정보신호 $s(t)$를 반송파 $A\cos(\omega_c t)$로 변조할 때, 변조 방식에 따른 신호형식으로 옳지 않은 것은?(단, K_f와 K_p는 양의 상수, A는 반송파 진폭, ω_c는 반송파 각주파수이다.)

① 반송파 전송 양측파대 변조(DSB-TC) : $[A + s(t)]\cos(\omega_c t)$
② 반송파 억압 양측파대 변조(DSB-SC) : $As(t)\cos(\omega_c t) + \cos(\omega_c t)$
③ 주파수 변조(FM) : $A\cos\left[\omega_c t + K_f \int_{t_0}^{t} s(\tau)d\tau\right]$
④ 위상 변조(PM) : $A\cos[\omega_c t + K_p s(t)]$

19 자유공간에서 주파수가 $f_1 = 30$[kHz]인 신호를 변조하지 않고 전송하는 경우와 이를 변조하여 $f_2 = 1$[GHz]로 전송하는 경우, 반파장 다이폴 안테나를 사용할 때 안테나의 길이[m]는 각각 얼마인가?(단, 신호의 전파속도는 3×10^8[m/s]이다.)

	f_1	f_2
①	10,000	0.3
②	5,000	0.15
③	2,500	0.075
④	1,250	0.035

20 자유공간에서 2.5[km] 떨어진 송수신기가 주파수 1[GHz]인 신호로 통신할 때 경로손실[dB]은?(단, 신호의 전파속도는 3×10^8[m/s]이고, $\pi = 3.0$이다.)

① 20 ② 40
③ 80 ④ 100

정답 17 ③ 18 ② 19 ② 20 ④

CHAPTER

WIRELESS COMMUNICATION ENGINEERING

20 2022 국가직 9급

01 디지털 정보의 송수신 중 발생할 수 있는 오류를 검출하거나 정정하기 위해 사용하는 기술은?

① 변조 ② 채널코딩
③ 소스코딩 ④ 암호화

02 레이더에서 펄스가 발사된 후 목표물에 반사되어 되돌아오기까지 총 2[ms]의 시간이 소요되었을 때, 레이더에서 목표물까지의 거리[km]는?(단, 레이더 전파의 속도는 3×10^8[m/s]이다.)

① 30 ② 60
③ 300 ④ 600

03 대역폭이 15[kHz]인 정보신호를 최대 주파수 편이(Frequency Deviation)가 75[kHz]가 되도록 FM(Frequency Modulation) 변조했을 때, 변조된 신호의 대역폭[kHz]은?(단, 카슨(Carson)의 법칙을 적용한다.)

① 90 ② 120
③ 150 ④ 180

04 셀룰러 통신시스템에 대한 설명으로 옳지 않은 것은?

① 주파수 재사용 기술을 사용한다.
② 사용자 위치 추적 기술을 사용한다.
③ 셀 반경을 크게 함으로써 시스템 사용자 용량을 증가시킬 수 있다.
④ 셀 간을 이동하는 단말기에 끊김 없는 서비스를 제공하기 위하여 핸드오프(Handoff) 기술이 필요하다.

05 주파수 대역과 우리나라의 활용 분야가 잘못 짝 지어진 것은?

① LF(Low Frequency) – TV 방송
② VHF(Very High Frequency) – FM 방송
③ UHF(Ultra High Frequency) – 이동통신
④ SHF(Super High Frequency) – 위성통신

06 이동통신에서 사용하는 FDD(Frequency Division Duplex)와 TDD(Time Division Duplex) 방식에 대한 설명으로 옳은 것은?

① FDD는 기지국의 송수신 주파수 채널을 분리하지 않는다.
② FDD는 상향 링크와 하향 링크의 주파수 대역폭을 비대칭으로 설계한다.
③ TDD는 상향 링크와 하향 링크 간 보호 주파수 대역이 필요하므로 주파수 효율성이 떨어진다.
④ TDD는 송수신기 간에 시각을 동기시켜야 한다.

정답 01 ② 02 ③ 03 ④ 04 ③ 05 ① 06 ④

07 위상속도가 2×10^8[m/s]인 무손실 전송선로의 단위 길이당 등가 인덕턴스가 1[μH/m]일 때, 단위 길이당 등가 커패시턴스 [pF/m]는?

① 15 ② 20
③ 25 ④ 30

08 무선이동통신의 채널 환경에 대한 설명으로 옳지 않은 것은?

① 자유공간에서 송수신기 사이의 경로손실은 거리의 제곱에 비례한다.
② 건물이나 터널 등으로 인해 전파의 음영지역이 발생할 수 있다.
③ 라이시안(Rician) 페이딩은 레일리(Rayleigh) 페이딩보다 LOS(Line-Of-Sight) 신호 성분이 더 강하다.
④ 단말기가 고속으로 이동할수록 채널이 더 시불변(Time-Invariant)해진다.

09 증폭기의 입력신호가 15[mW]이고 입력잡음이 0.3[mW], 출력신호가 240[mW]이고 출력잡음이 48[mW]일 때, 잡음지수(NF, Noise Figure)[dB]는?

① −20 ② −10
③ 10 ④ 20

10 양자화(Quantization)에 대한 설명으로 옳지 않은 것은?

① 표본화된 신호의 아날로그 레벨 값을 유한한 디지털 레벨 값으로 분류하는 과정이다.
② 비균일 양자화 방식은 균일 양자화 방식에 비해 특정 진폭 구간을 더 세분화 할 수 있다.
③ 균일 양자화 방식에서 양자화 레벨에 할당되는 이진 부호가 1비트 증가하면 신호 대 양자화잡음비가 약 3[dB] 개선된다.
④ μ−law와 A−law는 비균일 양자화에 사용된다.

11 통신시스템에서 백색가우시안 잡음에 대한 설명으로 옳지 않은 것은?

① 신호 성분과 곱해져서 왜곡을 초래한다.
② 진폭은 가우시안 확률 분포를 따른다.
③ 진폭의 평균값은 0이다.
④ 모든 주파수 대역에서 일정한 전력밀도 스펙트럼을 보인다.

12 전자파의 전파(Propagation)에 대한 설명으로 옳지 않은 것은?

① 서로 다른 밀도를 갖는 두 매질의 경계면을 투과할 때 굴절이 일어날 수 있다.
② 반사와 굴절이 동시에 발생할 수 있다.
③ 빛과 달리 직진성 혹은 지향성을 갖지 않는다.
④ 전계와 자계 성분을 모두 갖는다.

13 송신전력이 −10[dBm]인 마이크로파 신호를 전송하는 경우, 송수신안테나의 이득이 각각 10[dB]이고 경로 손실이 30[dB]일 때, 수신전력[mW]은?

① 1 ② 0.1
③ 0.01 ④ 0.001

정답 07 ③ 08 ④ 09 ③ 10 ③ 11 ① 12 ③ 13 ④

14 위성통신의 특징을 나타내는 용어에 대한 설명으로 옳지 않은 것은?

① 접속 용이성 : 동일 내용의 정보를 복수 지점에서 동시에 수신할 수 있음을 의미한다.
② 회선구성의 융통성 : 유연한 회선의 설정이 가능하고 구성이 용이함을 의미한다.
③ 광역성 : 소수의 위성으로 넓은 영역에 통신을 지원할 수 있음을 의미한다.
④ 광대역성 : 넓은 주파수 대역을 사용하여 대용량 정보 전송이 가능함을 의미한다.

15 정지위성에서 지구국으로 보내는 신호의 감쇠가 심해지는 경우가 아닌 것은?

① 위성과 지구국과의 거리가 멀수록
② 대기가 건조할수록
③ 신호의 파장이 짧을수록
④ 위성과 지구국의 앙각이 작을수록

16 민간용 GPS(Global Positioning System)를 사용할 때 위치 측정의 오차가 발생하는 원인으로 옳은 것만을 모두 고르면?

ㄱ. 위성들의 근접한 배치 형태
ㄴ. 대기층에서의 전파 지연
ㄷ. DGPS(differential GPS)의 사용
ㄹ. 위성의 제한적 선택 사용

① ㄱ, ㄴ, ㄷ　② ㄱ, ㄴ, ㄹ
③ ㄱ, ㄷ, ㄹ　④ ㄴ, ㄷ, ㄹ

17 정보신호 $m(t) = \cos\left(2\pi f_m t + \frac{\pi}{4}\right)$를 반송파 전송 양측파대(DSB-TC, Double Sideband-Transmitted Carrier)로 변조한 신호가 $s(t) = A_c\left[1 + \frac{1}{2}m(t)\right]\cos(2\pi f_c t)$일 때, 전력 효율[%]은?(단, f_m은 정보신호의 주파수이고, A_c와 f_c는 각각 반송파의 진폭과 주파수이며 $f_c \gg f_m > 0$이다.)

① 약 11.11　② 약 22.22
③ 약 33.33　④ 약 66.66

18 QPSK(Quadrature Phase Shift Keying) 변조 방식을 사용하는 통신시스템의 비트에러율(BER, Bit Error Rate)이 10^{-6}이고, 데이터 전송률이 200[Mbps]일 때, 매 초당 발생하는 에러 비트 수의 평균값은?

① 10　② 20
③ 100　④ 200

19 위상의 연속성을 언제나 유지하는 변조 방식은?

① MSK(Minimum Shift Keying)
② QPSK(Quadrature Phase Shift Keying)
③ OQPSK(Offset Quadrature Phase Shift Keying)
④ DQPSK(Differential Quadrature Phase Shift Keying)

정답 14 ① 15 ② 16 ② 17 ① 18 ④ 19 ①

20 반송파의 주파수가 2[GHz]인 LTE(Long-Term Evolution) 단말기의 안테나에 비해 주파수가 3.6[GHz]인 반송파를 사용하는 5G(Generation) 단말기의 안테나 길이는?(단, LTE 및 5G 모두 1/4 파장 안테나를 사용한다고 가정한다.)

① 동일하다.
② 5/9배가 된다.
③ 7/9배가 된다.
④ 8/9배가 된다.

정답 20 ②

CHAPTER 21

WIRELESS COMMUNICATION ENGINEERING

2023 국가직 9급

01 섀넌(Shannon)의 채널 용량 공식을 따를 때, 동일한 시간에 가장 많은 데이터를 전송할 수 있는 무선통신 시스템은?

	대역폭[MHz]	신호대잡음비
①	500	63
②	600	31
③	400	127
④	800	15

02 전파의 특성에 대한 설명으로 옳지 않은 것은?

① 파장이란 주기적으로 변화하는 에너지 레벨이 한 주기 동안 진행한 거리이다.

② 회절이란 경계면에 도달한 전파가 새로운 파원이 되어 진행하는 현상을 말한다.

③ 전파의 직진과 반사의 특성을 이용한 것으로는 레이더가 있다.

④ 전파의 주파수가 높을수록 회절이 잘되고 낮을수록 직진성이 좋아진다.

03 OFDM(Orthogonal Frequency Division Multiplexing)을 사용하는 시스템에 대한 설명으로 옳지 않은 것은?

① 다수 개의 부반송파를 사용하여 데이터를 전송한다.

② 심벌 간 간섭을 완화하기 위해 보호구간을 삽입한다.

③ 단일반송파 전송 방식에 비해 최대전력 대 평균전력비(Peak-to-Average Power Ratio)가 낮다.

④ 고속 푸리에 역변환(IFFT)을 사용하여 OFDM 변조 기능을 구현할 수 있다.

04 위성통신에 대한 설명으로 옳지 않은 것은?

① 위성과 지구국의 앙각이 증가할수록 왕복 지연시간이 짧아진다.

② 저궤도 위성통신은 정지궤도 위성통신보다 왕복지연시간이 짧아 신호 감도가 좋다.

③ 위성통신에서 사용되는 C밴드는 4~8[GHz] 주파수 범위를 갖는다.

④ 일반적으로 상향링크보다 하향링크에서 더 높은 주파수를 사용한다.

05 디지털 통신시스템의 수신 신호전력을 S[W], 잡음전력을 N[W], 전송 채널 대역폭을 W[MHz], 비트 전송률을 R[MHz]이라고 할 때, 비트에너지 대 잡음전력밀도 $\frac{E_b}{N_0}$가 가장 큰 것은?

	S	N	W	R
①	1	2	4	1
②	1	2	2	4
③	2	1	2	1
④	2	1	1	2

정답 01 ④ 02 ④ 03 ③ 04 ④ 05 ③

06 송신기는 300[MHz]의 주파수와 16[W]의 전력을 사용하여 자유공간으로 신호를 전송한다. 송신안테나와 수신안테나의 이득이 각각 30[dB]일 때, 송신기로부터 1[km] 떨어진 지점에 수신되는 전력[W]은?(단, 전파 속도는 3×10^8[m/s]이고, 주어진 조건 외의 영향은 고려하지 않는다.)

① $\frac{1}{\pi^2}$　　② $\frac{8}{\pi^2}$

③ $\frac{16}{\pi^2}$　　④ $\frac{30}{\pi^2}$

07 주파수가 20[kHz]인 정현파 신호를 100[MHz]의 반송파로 주파수 변조하여 최대 주파수 편이가 500[kHz]가 되었다. 카슨(Carson) 법칙을 이용하여 구한 변조 신호의 대역폭과 변조지수를 바르게 연결한 것은?

	대역폭[MHz]	변조지수
①	1,040	25
②	1,040	200
③	520	25
④	520	200

08 디지털 변조 방식인 ASK, PSK, FSK 및 QAM에 대한 설명으로 옳지 않은 것은?

① 이진 변조와 동기식 복조를 사용할 때, 동일한 비트오율을 얻기 위한 E_b/N_0는 PSK 방식이 FSK 방식에 비해 작다.

② ASK와 FSK는 비동기 복조가 가능하므로 수신기의 복잡도를 낮출 수 있다.

③ 임의의 E_b/N_0에서 QPSK는 BPSK와 동일한 비트오율 성능을 얻을 수 있지만 대역폭 효율은 감소한다.

④ M진 QAM에서 M을 증가시킬 경우, 심벌당 전송할 수 있는 비트 수가 증가하여 대역폭 효율이 개선된다.

09 송신기의 출력단은 특성임피던스 50[Ω]인 무손실 동축케이블과 완벽하게 정합되어 있고, 동축케이블은 입력임피던스가 30[Ω]인 안테나와 연결되어 있다. 송신기에서 안테나로 64[W]의 신호전력을 전송할 때, 송신기로 반사되는 신호전력[W]은?

① 2　　② 4

③ 8　　④ 10

10 그림과 같이 주기 T가 200[μs]인 사각파 정보신호를 1[MHz]의 반송파로 진폭 변조할 때, 변조된 신호에 나타나지 않는 주파수[kHz]는?

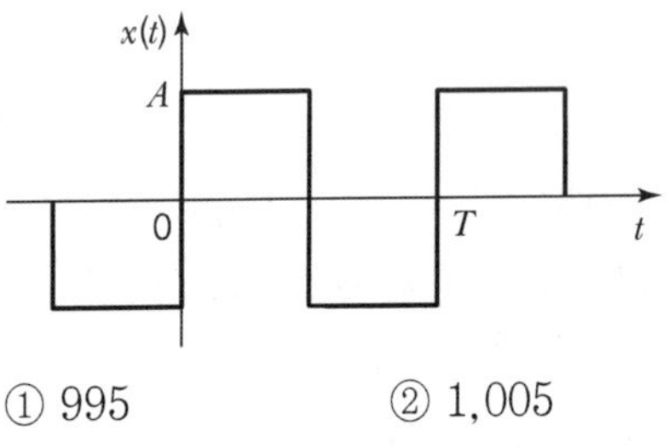

① 995　　② 1,005

③ 1,010　　④ 1,015

정답 06 ① 07 ① 08 ③ 09 ② 10 ③

11 비유전율 ε_r이 64이고 비투자율 μ_r이 4인 매질에서 진행하는 전파 이동속도는 자유공간에서 진행하는 전파 이동속도의 몇 배인가?

① 16 ② 4

③ $\frac{1}{4}$ ④ $\frac{1}{16}$

12 마이크로파 신호의 무선 전파 환경에 대한 설명으로 옳지 않은 것은?

① 통신거리가 증가함에 따라 전파의 세기가 감소하는 현상을 경로손실이라고 한다.
② 백색가우시안 잡음의 주요 원인은 다른 사용자들로부터 송신되는 전파에 의한 방해이다.
③ 건물, 지형 등 장애물에 의해 수신신호의 평균전력이 달라지는 현상을 섀도윙이라고 한다.
④ 송신 신호의 회절, 반사, 산란 등에 의해 다중 경로가 발생한다.

13 주로 밀리미터파 응용 및 레이더에 사용되는 무선 주파수 대역은?

① EHF(Extremely High Frequency)
② VLF(Very Low Frequency)
③ HF(High Frequency)
④ UHF(Ultra High Frequency)

14 지구국과 12[GHz]의 주파수로 통신하는 정지궤도위성이 최대 10[kHz]의 주파수 편이를 허용할 때, 위성과 통신 연결을 유지할 수 있는 지구국의 최대 이동속도[m/s]는?(단, 전파속도는 3×10^8[m/s]이다.)

① 100 ② 150
③ 200 ④ 250

15 펄스폭이 1[μs]이고 펄스 반복 주파수가 300[Hz]인 펄스 레이더의 거리 분해능[m]은?(단, 전파속도는 3×10^8[m/s]이다.)

① 100 ② 150
③ 200 ④ 250

16 그림은 이동통신 시스템에서 주파수 재사용을 위해 인접한 3개의 셀을 하나의 클러스터로 구성한 것이다. 셀 반경이 2[km]이고 각 셀에 주파수 대역폭을 균등하게 할당할 때, 동일 주파수 대역을 사용하는 셀 중심 간 최소거리[km]는?(단, 셀은 그림에 도식된 6각형 1개를 의미한다.)

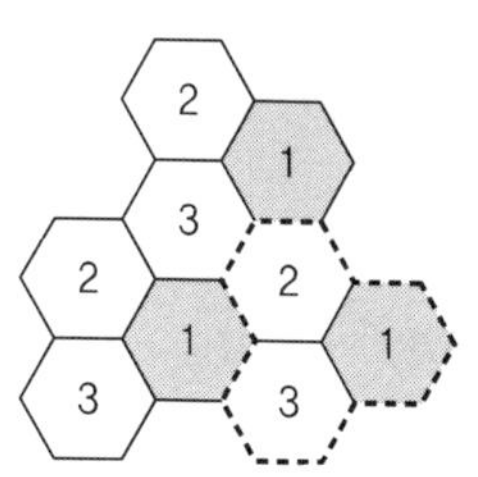

① 6 ② 7
③ 8 ④ 9

정답 11 ④ 12 ② 13 ① 14 ④ 15 ② 16 ①

17 정보신호 $m(t) = 2 + 5\sin(2\pi t)$를 반송파 전송 양측파대(DSB-TC, Double Side-band-Transmitted Carrier) 방식으로 변조하여 $[A_c + m(t)]\cos(2\pi f_c t)$ 신호를 생성할 때, 포락선 검파가 가능하도록 하는 A_c의 최솟값은?

① 1　　② 2
③ 3　　④ 4

18 반송파 억압 양측파대(DSB-SC, Double Sideband-Suppressed Carrier) 방식으로 변조된 신호 $s_m(t)$에 대한 복조기 구조가 그림과 같을 때, 곱셈기 출력 신호 $y(t)$의 스펙트럼 $Y(f)$는?(단, $s_m(t) = m(t)\cos(2\pi f_c t)$이고, 정보신호 $m(t)$의 푸리에 변환은 $M(f)$이다.)

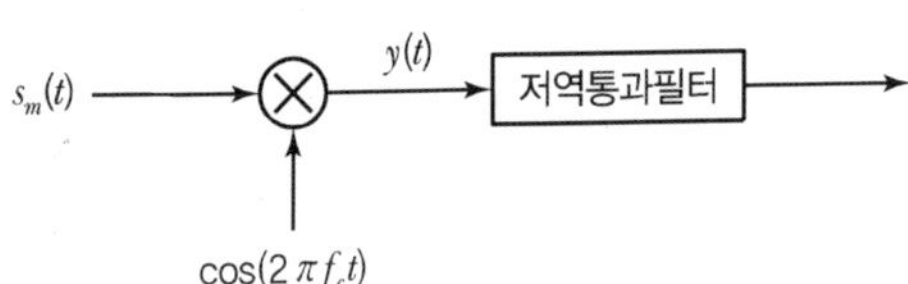

① $M(f) + \frac{1}{2}M(f-f_c) + \frac{1}{2}M(f+f_c)$

② $M(f) + \frac{1}{2}M(f-2f_c) + \frac{1}{2}M(f+2f_c)$

③ $\frac{1}{2}M(f) + \frac{1}{4}M(f-f_c) + \frac{1}{4}M(f+f_c)$

④ $\frac{1}{2}M(f) + \frac{1}{4}M(f-2f_c) + \frac{1}{4}M(f+2f_c)$

19 등방성 방사기가 40[W]의 송신전력으로 신호를 방사할 때, 1[km] 떨어진 지점에서의 전력밀도[μW/m^2]는?

① $\frac{2}{\pi}$　　② $\frac{5}{\pi}$
③ $\frac{10}{\pi}$　　④ $\frac{20}{\pi}$

20 그림은 펄스부호변조(PCM, Pulse Code Modulation)된 이진 데이터에 대해 차동 부호화(Differential Encoding)를 수행하는 과정이다. 이에 대한 설명으로 옳지 않은 것은?

이진 데이터		0	1	1	0	1	0	0	1
차동 부호화된 데이터	1	0	0	0	1	1	0	1	1

① 차동 부호화된 데이터에 양극성 NRZ(Non-Return to Zero)를 이용하여 라인 코딩하였다.

② 차동 부호화된 데이터에서 현재 비트의 전송 오류는 다음 비트의 검출에 영향을 주지 않는다.

③ 기준 비트를 제외한 차동 부호화된 데이터는 XNOR 연산으로 생성할 수 있다.

④ 수신기에서도 차동 방식으로 복호화(Decoding)를 수행한다.

정답 17 ③ 18 ④ 19 ③ 20 ②

무선공학개론

발행일 | 2014. 10. 5 초판발행
2016. 2. 20 개정 1판1쇄
2017. 2. 10 개정 1판2쇄
2018. 5. 10 개정 2판1쇄
2020. 2. 20 개정 2판2쇄
2021. 1. 15 개정 3판1쇄
2023. 11. 30 개정 4판1쇄

저 자 | 최 우 영
발행인 | 정 용 수
발행처 | 예문사

주 소 | 경기도 파주시 직지길 460(출판도시) 도서출판 예문사
TEL | 031) 955-0550
FAX | 031) 955-0660
등록번호 | 11-76호

• 예문사 홈페이지 http : //www.yeamoonsa.com

정가 : 29,000원

ISBN 978-89-274-5236-2 13560